Herausgeber:
Prof. Dr. Holger Dette • Prof. Dr. Wolfgang Härdle

T0224629

Statistik und ihre Anwendungen

Azizi Ghanbari, S.
**Einführung in die Statistik für Sozial- und Erziehungs-
wissenschaftler** 2002

Brunner, E.; Munzel, U.
Nichtparametrische Datenanalyse 2003

Dehling, H.; Haupt, B.
**Einführung in die Wahrscheinlichkeitstheorie
und Statistik** 2. Auflage 2004

Dümbgen, L.
Stochastik für Informatiker 2003

Falk, M.; Becker, R.; Marohn, F.
Angewandte Statistik 2004

Franke, J.; Härdle, W.; Hafner, C.
Statistik der Finanzmärkte 2. Auflage 2004

Greiner, M.
Serodiagnostische Tests 2003

Handl, A.
Mulitvariate Analysemethoden 2003

Hilgers, R.-D.; Bauer, R.; Scheiber, V.
Einführung in die Medizinische Statistik 2003

Kohn, W.
Statistik Datenanalyse und Wahrscheinlichkeitsrechnung 2005

Ligges, U.
Programmieren mit R 2005

Meintrup, D.; Schäffer, S.
Stochastik Theorie und Anwendungen 2005

Plachky, D.
Mathematische Grundbegriffe der Stochastik 2002

Schumacher, M.; Schulgen, G.
Methodik klinischer Versuche 2002

Steland, A.
Mathematische Grundlagen der empirischen Forschung 2004

Wolfgang Kohn

Statistik

Datenanalyse und Wahrscheinlichkeitsrechnung

 Springer

Wolfgang Kohn
Fachhochschule Bielefeld
Fachbereich Wirtschaft
Universitätsstraße 25
33615 Bielefeld
e-mail: wolfgang.kohn@fh-bielefeld.de

Bibliografische Information der Deutschen Bibliothek
Die Deutsche Bibliothek verzeichnet diese Publikation in der Deutschen
Nationalbibliografie; detaillierte bibliografische Daten sind im Internet
über http://dnb.ddb.de abrufbar.

Mathematics Subject Classification (2000): 62H17, 62H20, 62H25, 62H30, 62G10, 62J05

ISBN 3-540-21677-4 Springer Berlin Heidelberg New York

Springer ist ein Unternehmen von Springer Science+Business Media

springer.de

© Springer-Verlag Berlin Heidelberg 2005
Printed in Germany

Einbandgestaltung: *design & production,* Heidelberg
Datenerstellung durch den Autor unter Verwendung eines Springer LATEX-Makropakets
Herstellung: LE-TEX Jelonek, Schmidt & Vöckler GbR, Leipzig
Gedruckt auf säurefreiem Papier   40/3142YL - 5 4 3 2 1 0

Für Coco, Hannah, Sophia, Leonhard
und meine Eltern

Vorwort

> Schriftlichkeit ist nichts anderes als eine Gedächt-
> nishilfe, die nicht von sich allein Weisheit vermit-
> teln kann.   Sokrates

Die Statistik ist ein enorm umfangreiches Wissensgebiet. Jede Wissenschaft entwickelt nicht nur eigene statistische Verfahren, sondern es sind auch viele Kenntnisse aus verschiedenen Wissensgebieten erforderlich, um diese Verfahren, ihre Anwendung und ihre Ergebnisse zu verstehen. So könnten bei einer Datenerhebung per
Fragebogen oder Interview psychologische Kenntnisse benötigt werden. Für die Datenverarbeitung und Berechnung der statistischen Verfahren werden in der Regel mathematische und informatische Kenntnisse eingesetzt. Die Interpretation der Ergebnisse setzt wiederum sehr gute Fachkenntnisse des entsprechenden Wissensgebiets
voraus. Von daher ist es schwierig, in einer Darstellung alle Aspekte gleichermaßen
zu berücksichtigen. Ich habe mich bemüht, die Eigenschaften und Zusammenhänge
statistischer Verfahren aufzuzeigen und ihre Anwendung durch zahlreiche Beispiele
und Abbildungen verständlich zu machen.

Die Auswahl der statistischen Methoden von der Erhebung über beschreibende
Techniken (Teil I) hin zur schließenden Analyse (Teil II) einschließlich einiger multivariater Verfahren (Teil III) erfolgte unter wirtschaftswissenschaftlicher Sicht. In
einem Buch zur Einführung in die Statistik können außerdem nur die grundlegenden
statistischen Verfahren berücksichtigt werden. Aber auch unter diesen ist nur eine
Auswahl erfolgt. Dennoch sind über 500 Seiten zustandegekommen und es gäbe zu
dieser Auswahl noch mehr zu schreiben!

Während der langen Zeit an der Arbeit an diesem Buch ist es mir immer wieder
schwergefallen, bestimmte Themen und Aspekte nicht mehr aufzunehmen. Erst die
Zeit wird zeigen, ob ich an den richtigen Stellen die Darstellung beendet habe.

Ich bedanke mich sehr herzlich bei Prof. Dr. Peter Naeve von der Universität
Bielefeld für seine große Diskussionsbereitschaft und hilfreiche Kritik.

Bielefeld, im Mai 2004   *Wolfgang Kohn*

Inhaltsverzeichnis

1

Einleitung

Statistik hat ursprünglich mit der zahlenmäßigen Erfassung von Information zu tun, und zwar der eines Staats. Der Begriff leitet sich aus dem italienischen *statista* (Staatsmann) ab und wurde von dem Göttinger Staatenkundler Achenwall 1749 als neulateinisches Wort *statistica* im Zusammenhang mit der Verfassung eines Staates verwendet. Daraus resultiert auch, dass Volkswirtschaftslehre (ehemals auch Staatskunde genannt) und Statistik oft in einem Zusammenhang genannt werden. Daher spricht man auch von einer Statistik, wenn im Rahmen empirischer Fragestellungen Daten erhoben, dargestellt und analysiert werden (z. B. Volkszählung).

Die elementaren Methoden der beschreibenden oder deskriptiven Statistik reichen ebenso weit zurück, wie sich die Existenz von Erhebungsstatistiken nachweisen lässt. Etwa 3000 v. Chr. wurde in Ägypten der Verbrauch an Nahrungsmitteln beim Pyramidenbau festgehalten, etwa 2300 v. Chr. wurden in China die Bevölkerungs- und Besitzverhältnisse aufgelistet und etwa 400 v. Chr. wurde in Rom eine Volkszählung durchgeführt. Zu dieser historischen Herkunft der Statistik haben sich ab dem 17. Jahrhundert die Fragestellungen aus dem Glücksspiel gesellt. Viele Erkenntnisse sind aber erst in neuerer Zeit entwickelt worden. Heute wird dieser Bereich als induktive, mathematische Statistik oder Stochastik bezeichnet, wobei zwischen diesen Begriffen auch wieder inhaltliche Abgrenzungen existieren.

Allgemein lässt sich die Statistik als ein Instrument zur Informationsgewinnung und Informationsverdichtung beschreiben. Aus einer großen Zahl von Beobachtungen, wenn sie korrekt erhoben worden sind, können Informationen gewonnen werden, die – zumindest tendenziell – dann die Masse aus der sie stammen, beschreiben.

Beispiel 1.1. Ein Auto eines bestimmten Typs wird als sehr langlebig angesehen. Dies kann als Vorinformation oder Vorurteil gewertet werden. Woher kommt eine solche Aussage? Werden z. B. die Laufleistung der Motoren, das Durchschnittsalter von verkehrstauglichen Fahrzeugen, die Reparaturanfälligkeit erhoben (gemessen), so kann man aus diesen Daten, die im Einzelnen keine Übersicht geben und keine Aussage erkennen lassen, Kennzahlen (Maßzahlen) berechnen, die die Einzelinformationen verdichten und somit dann einen einfachen Vergleich zwischen verschiedenen Autotypen erlauben. Aus diesem Vergleich wird dann eine solche Aussage hergeleitet und die Vorinformation überprüft. Jedoch kann aus einer solchen Aussage keine Vorhersage über die Haltbarkeit eines einzelnen, spezifischen Autos abgeleitet werden.

Wenn Sie die im Folgenden beschriebenen Verfahren unter diesem Aspekt betrachten, wird hoffentlich verständlich, dass es sich bei der Statistik nicht um eine Art anderer Mathematik handelt, sondern um ein Konzept, mit dem aus vielen Einzelinformationen eine Gesamtinformation abgeleitet wird, die zur Überprüfung einer Vorinformation (Vorurteil?), eines Erklärungsansatzes verwendet wird. Nun beeinflusst die Vorinformation aber häufig die Sicht der Dinge und damit wie und was untersucht wird, so dass zwischen Vorinformation und statistischer Untersuchung eine Art Wechselwirkung / Zusammenhang existieren kann. Bei der Statistik handelt es sich also um einen ähnlichen Vorgang wie bei einem (Landschafts-) Maler der ein Bild erstellt: Der Maler versucht eine Situation zu erfassen, auf Details zu verzichten und dennoch eine Abbildung der Realität in seinem Bild wiederzugeben. Dabei gehen natürlich seine Empfindungen, seine Interpretation, seine Sicht der Dinge (Vorurteil) in das Bild ein. Der Statistiker möchte ebenfalls ein Bild malen, jedoch misst er die Situation mit Zahlen und fasst diese in einer Statistik und/oder Abbildung zusammen. Dabei muss er wegen der Übersichtlichkeit ebenfalls auf Details verzichten, aber nicht auf die wesentlichen Dinge. Hierbei gehen, wie bei dem Maler, seine Erklärungsmodelle (Interpretationen) der Realität, seine Vorinformationen, seine Hypothesen in die Statistik ein. Dabei muss aber klar sein, dass die Daten – in Analogie zum Maler, das Wetter, die Wahl der Farben – „zufällig" auch anders hätten ausfallen können.

In den Wirtschaftswissenschaften werden häufig neue Erkenntnisse durch Beobachtungen induziert. Auf der anderen Seite sollte jede theoretische Überlegung durch Beobachtungen an der Realität überprüft werden. Jeder Jahresbericht enthält Statistiken, jede Investition wird aufgrund von Absatzerwartungen – dies ist eine statistische Prognose, basierend auf einer statistischen Erhebung – mit entschieden. Die wenigen Beispiele zeigen, dass beinahe bei jeder Entscheidung, nicht nur in den Wirtschaftswissenschaften, Zahlen mitspielen, die statistisch ausgewertet und analysiert werden müssen. Aufgrund dieser Auswertungen und Analysen werden dann z. B. im betrieblichen Bereich (Management-) Entscheidungen vorbereitet und vielleicht sogar entschieden.

An dieser Stelle soll schon darauf hingewiesen werden, dass mit „Statistik" nichts bewiesen werden kann. Mit der Statistik können theoretische Überlegungen überprüft, gestützt werden, jedoch die Richtigkeit im Sinne eines Beweises kann sie nicht liefern, da die Aussage immer an den untersuchten Datensatz gebunden ist. Wesentlich für die Interpretation statistischer Ergebnisse sind Kausalmodelle, die der Beobachter als Vorwissen für die Analyse der Daten miteinbringt (siehe Kapitel 5.7, 9.6).

Im vorliegenden Text werden immer wieder Herleitungen zu Formeln angegeben. Sie erklären die Entstehung der Formel und damit z. T. die aus ihr abgeleitete Interpretation. Die Zusammenhänge sind leider nicht immer auf den ersten Blick einsichtig. Daher ist es für ein Erfassen der Zusammenhänge m. E. unerlässlich, die

Beispiele nachzurechnen und die Übungen zu lösen. Diese Erkenntnis kann aber auch mit einer Statistik belegt werden: Handlungsorientiertes Lernen ist am effektivsten: Von dem, was wir mit den eigenen Händen tun, behalten wir 90 Prozent im Gedächtnis. Von der reinen Lektüre eines Buches werden nur 10 Prozent erinnert! (siehe Tabelle 1.1).

Tabelle 1.1. Lernerfolg

Der Mensch behält von dem ...	
was er liest	10%
was er hört	20%
was er sieht	30%
was er sieht und hört	50%
was er spricht	70%
was er selbst ausführt	90%

[68, Seite 46]

Teil I

Deskriptive Statistik

2

Grundlagen

Inhaltsverzeichnis

2.1 Einführung

In der deskriptiven Statistik werden Verfahren zur Beschreibung bestimmter Charakteristiken einer beobachteten Stichprobe erklärt. Es interessieren also die beobachteten Werte selbst, nicht die Grundgesamtheit, aus der sie stammen, es sei denn, die Grundgesamtheit selbst wird erhoben und untersucht. Interessiert die übergeordnete Grundgesamtheit, obwohl man nur eine Stichprobe erhoben hat, so begibt man sich in das Teilgebiet der induktiven (schließenden) Statistik. Sie bedient sich formaler Modelle. Innerhalb dieser ist es möglich, Rückschlüsse von einer zufällig ausgewählten Teilmenge auf die Gesamtheit, aus der sie entnommen wurde, zu ziehen.

Statistische Untersuchungen gliedern sich im Allgemeinen in vier Phasen, für die jeweils entsprechende statistische Methoden existieren.

1. Vorbereitung
   - Zweck der Untersuchung bestimmen

2. Datenerhebung durch
   - Primärstatistik (Experiment, Beobachtung, Befragung)
   - Sekundärstatistik (aus Primärstatistiken erstellt)
3. Datenaufbereitung und -darstellung
   - grafisch
   - tabellarisch
4. Datenauswertung und -analyse
   - Berechnung von Maßzahlen
   - Darstellung von Verteilungsfunktionen

Bei empirischen Arbeiten benötigen die ersten beiden Phasen in der Regel häufig mehr als Zweidrittel des Zeitbudgets. Diese Phasen sind von größter Bedeutung, weil mit der Zweckbestimmung die interessierenden Daten und mit der Erhebung der Daten deren Skalenniveau (Informationsgehalt) und damit die Analysemethoden festgelegt werden. Die Datenanalyse selbst ist durch den Einsatz von Tabellenkalkulationsprogrammen und speziellen Statistikprogrammen leicht geworden.

Der Erfolg einer Untersuchung hängt von einer klaren Zweckbestimmung ab. Einstein schrieb, dass die Formulierung eines Problems häufig von größerer Bedeutung ist als die Lösung (vgl. [27, Seite 92]). Dies fängt bei der Bewilligung der Untersuchung an, setzt sich bei der Datenerhebung fort und endet bei der Präsentation der Ergebnisse. Niemand wird Zeit und Geld für eine statistische Untersuchung bewilligen, deren Ziel unklar ist. Befragte werden Antworten verweigern oder die Fragen unwissentlich oder wissentlich falsch beantworten, weil sie unklar sind oder wegen der schlechten Begründung nicht akzeptiert werden. Aufgrund einer unklaren Aufgabenstellung können irrelevante oder sogar falsche Daten erhoben werden. Dies alles wirkt sich natürlich fatal auf die Ergebnisse aus. Denn eine statistische Auswertung kann keine Fehler in den Daten beseitigen! Also legen Sie größte Sorgfalt auf die Erhebung der Daten, überprüfen Sie die Qualität der Daten und der Datenquellen kritisch!

2.2 Grundbegriffe der deskriptiven Statistik

Ein gegebener Vorgang soll aufgrund von Beobachtungen statistisch erfasst werden. Dies geht, wie in der Einleitung beschrieben, mit einer Reduktion der Komplexität einher. Bevor jedoch mit der Datenerhebung begonnen wird, müssen einige Festlegungen erfolgen. Die Grundbegriffe der Statistik dienen zur Bestimmung, was statistisch erfasst und was analysiert werden soll. Sie beschreiben den statistischen Messvorgang.

Definition 2.1. *Die* **statistische Einheit** *(Element)* ω_i *($i = 1, \ldots, n$) ist das Einzelobjekt einer statistischen Untersuchung. Sie ist Träger der Information, für die man sich bei der Untersuchung interessiert. Die statistischen Einheiten heißen auch Merkmalsträger. Der Laufindex i kennzeichnet die statistische Einheit, n bezeichnet die Gesamtzahl der erfassten Elemente.*

Beispiel 2.1. Bei einer statistischen Untersuchung der Einkommensverteilung in der Bundesrepublik Deutschland sind die „Einkommensbezieher" die statistischen Untersuchungseinheiten.

Beispiel 2.2. Die Besucherdichte auf einer Messe kann durch Zählung der pro Zeiteinheit an festgelegten Beobachtungspunkten passierenden Besucher gemessen werden. Die statistischen Einheiten sind die „Beobachtungspunkte", denn an diesen Einzelobjekten der Untersuchung werden die Informationen „Anzahl der pro Zeiteinheit passierenden Besucher" erfasst.

Jede statistische Einheit muss im Hinblick auf das Untersuchungsziel durch

- sachliche
- räumliche
- zeitliche

Kriterien identifiziert bzw. abgegrenzt werden.

Beispiel 2.3. Für die in Beispiel 2.1 genannte Untersuchung der Einkommensverteilung sind die Identifikationskriterien

- räumlich: Gebiet der BRD
- sachlich: Einkommensbezieher
- zeitlich: Zeitraum (z. B. Jahr) der Untersuchung

Die Kriterien für die Abgrenzung von statistischen Einheiten ergeben sich meistens unmittelbar aus der jeweils zu behandelnden Fragestellung. Die Kriterien sind mit großer Sorgfalt auszuwählen, denn eine ungeeignete Abgrenzung der Einheiten macht die gesamte Untersuchung wertlos. Durch die Kriterien der Abgrenzung wird die statistische Grundgesamtheit bestimmt.

Definition 2.2. *Die* **statistische Masse** *oder* **Grundgesamtheit** Ω *ist die Menge von statistischen Einheiten, die die vorgegebenen Abgrenzungskriterien erfüllen.*

$$\Omega = \left\{ \omega_i \mid auf\, \omega_i\; treffen\; die\; Abgrenzungskriterien\; zu \right\} \qquad (2.1)$$

Beispiel 2.4. Die Grundgesamtheit Ω in Beispiel 2.1 könnten alle Einkommensbezieher sein, die mehr als 10 000 € und weniger als 75 000 € pro Jahr verdienen.

$$\Omega = \left\{ \omega_i \mid 10\,000 \leq Einkommen\,(\omega_i) \leq 75\,000 \right\} \qquad (2.2)$$

Bei der statistischen Grundgesamtheit kann es sich um so genannte Bestands- oder Ereignismassen handeln. Bei **Bestandsmassen** gehören die statistischen Einheiten nur für ein gewisses Zeitintervall zur Masse, d. h. sie treten zu einem bestimmten Zeitpunkt ein und zu einem späteren Zeitpunkt aus der Masse wieder aus. Bei einer **Ereignismasse** sind die statistischen Einheiten Ereignisse, die zu einem bestimmten Zeitpunkt auftreten und die statistische Masse nicht mehr verlassen.

Beispiel 2.5. Die Bestandsmasse „Einwohner einer Stadt" oder „Auftragsbestand" kann nur innerhalb eines bestimmten Zeitintervalls angegebenen werden, da sie fortlaufend durch Ereignisse wie z. B. Geburten verändert wird. Die Angabe muss daher auf einen Zeitpunkt bezogen sein. Die Ereignismasse „Geburten in einem Jahr" oder „Auftragseingang" kann hingegen nur in einem Zeitraum z. B. in einem Jahr gemessen werden. Sie muss daher auf einen Zeitraum bezogen sein.

Für eine statistische Untersuchung wird in der Regel nur ein Teil der Grundgesamtheit Ω untersucht. Aus der Grundgesamtheit wird dann die so genannte Ergebnismenge $\mathcal{X}$ gezogen, die auch als Stichprobe bezeichnet wird (siehe auch Kapitel 3.2).

Definition 2.3. *Wird bei einer statistischen Untersuchung nur ein Teil der Grundgesamtheit Ω (interessierenden Masse) erfasst, dann heißt dieser Teil* **Stichprobe** *und wird $\mathcal{X}$ bezeichnet.*

Meistens interessiert man sich nicht für die statistischen Einheiten selbst, sondern für bestimmte Eigenschaften der Einheiten wie z. B. Alter, Geschlecht, Einkommen. Diese werden als Merkmale einer statistischen Einheit bezeichnet.

Definition 2.4. *Eine bei einer statistischen Untersuchung interessierende Eigenschaft einer statistischen Einheit heißt* **Merkmal** $X(\omega_i)$ *oder kurz X.*

Da die Merkmale an den statistischen Einheiten erhoben werden, sind die Merkmale als eine Funktion (Abbildung) der statistischen Einheiten zu sehen.

Beispiel 2.6. In Beispiel 2.1 (Seite 9) ist das Einkommen das Merkmal X. Es wird an der statistischen Einheit ω_i „Einkommensbezieher" erhoben.

Der bisher beschriebene statistische Messvorgang umfasst die Bestimmung der statistischen Einheit sowie des Merkmals. Jedoch muss auch bestimmt werden, wie das Merkmal erfasst werden soll. Dazu wird der Begriff der Merkmalsausprägung definiert.

Definition 2.5. *Die interessierenden Werte (Kategorien), die ein Merkmal annehmen kann, heißen* **Merkmalsausprägungen** *und werden mit der Menge*

$$\mathcal{A}_X = \{x_1, \dots, x_m\} \tag{2.3}$$

festgelegt. Mit m wird die Zahl der interessierenden Merkmalsausprägungen bezeichnet.

In der Regel ist $m \leq n$, d. h. die Anzahl der Merkmalsausprägungen m ist in der Regel kleiner als die Anzahl der Beobachtungen n. Davon zu unterscheiden ist, dass theoretisch weit mehr Merkmalsausprägungen existieren können.

Definition 2.6. *Die Menge $\mathcal{A}$ der möglichen Merkmalsausprägungen wird mit $\mathcal{A}$ bezeichnet.*

Es gilt: $\mathcal{A}_X \subseteq \mathcal{A}$. Die Zahl der beobachteten Merkmalsausprägungen kann wiederum kleiner sein als die Zahl der interessierenden Merkmalsausprägungen. Die Zahl der beobachteten Merkmalsausprägungen wird aber ebenfalls mit m bezeichnet, weil einerseits davon auszugehen ist, dass die interessierenden Merkmalsausprägungen auch beobachtet werden. Andererseits werden Merkmalsausprägungen die nicht beobachtet werden, auch nicht die Berechnungen beeinflussen, so dass die Unterscheidung nicht notwendig ist.

Die Festlegung der Merkmalsausprägungen sollte vor einer statistischen Untersuchung geschehen, um sicherzustellen, dass keine interessierenden Merkmalsausprägungen übersehen werden. Dies ist vor allem bei der Erhebung vom Daten wichtig.

Beispiel 2.7. Bei einer Untersuchung zum gewünschten Koalitionspartner mit der SPD könnten die interessierenden Merkmalsausprägungen sich nur auf $x_1 =$ CDU, $x_2 =$ Grüne beschränken.

$$\mathcal{A}_X = \{\text{CDU}, \text{Grüne}\} \tag{2.4}$$

Die Menge $\mathcal{A}$ der möglichen Merkmalsausprägungen umfasst alle zur Wahl zugelassenen Parteien. Bei einer Wahlprognose sollten hingegen alle antretenden Parteien als interessierende Merkmalsausprägungen in die Menge $\mathcal{A}_X$ aufgenommen werden.

Bei dieser Art der Merkmalsausprägungen werden dann häufig die Merkmalsausprägungen bei der Weiterverarbeitung mit Zahlen kodiert (siehe Kapitel 2.4).

Beispiel 2.8. Bei dem Merkmal „Einkommenshöhe" sind die möglichen Merkmalsausprägungen alle positiven reellen Zahlen: $\mathcal{A}_X = \mathbb{R}^+$. Hier ist $\mathcal{A}_X = \mathcal{A}$.

Man beobachtet mittels der statistischen Einheiten eine bestimmte Merkmalsausprägung. Durch die Beobachtung wird dem Merkmal die entsprechende Merkmalsausprägung zugeordnet. Dieser Vorgang ist der eigentliche statistische Messvorgang. Die beobachtete Merkmalsausprägung wird als Merkmalswert oder Beobachtungswert bezeichnet.

Definition 2.7. *Eine bei einer statistischen Untersuchung an einer bestimmten statistischen Einheit festgestellte Merkmalsausprägung heißt* **Merkmalswert** *oder* **Beobachtungswert** *und wird mit x_i bezeichnet. Dem Merkmal X wird ein Element aus der Menge der Merkmalsausprägungen $\mathcal{A}_X$ zugeordnet und zwar jenes, das beobachtet wurde.*

$$X : \omega_i \mapsto X(\omega_i) = x_i \in \mathcal{A}_X \tag{2.5}$$

Die Schreibweise $x \mapsto f(x)$ bedeutet, dass die Funktion f (hier X) den Elementen x (hier ω_i) das Bild $f(x)$ (hier $X(\omega_i) = x_i$) zuordnet. Der statistische Messvorgang kann damit als folgende Abbildung beschrieben werden:

$$(\Omega, \mathcal{A}) \xrightarrow{X} (\mathcal{X}, \mathcal{A}_X) \tag{2.6}$$

Ein Teil der Grundgesamtheit Ω wird auf die Stichprobe $\mathcal{X}$ abgebildet. Die Menge der theoretischen Merkmalsausprägungen $\mathcal{A}$ – also aller möglichen Merkmalsausprägungen – wird dabei auf die Menge der Merkmalsausprägungen $\mathcal{A}_X$ abgebildet, die die Menge der interessierenden Merkmalsausprägungen ist. Durch die Beobachtung, bezeichnet mit $\xrightarrow{X}$, wird den statistischen Einheiten ω_i das Bild $X(\omega_i) = x_i$ zugeordnet.

Beispiel 2.9. Es ist eine Person (statistische Einheit) nach der gewählten Partei (Merkmal) befragt worden. Die Antwort „SPD" ist der Beobachtungswert, der aus der Menge der Merkmalsausprägungen $\mathcal{A}_X$ dem Merkmal „gewählte Partei" gegeben wird.

Der Unterschied zwischen den Merkmalsausprägungen und den Merkmalswerten ist, dass die Merkmalsausprägungen vor der Untersuchung festgelegt werden, während die Merkmalswerte (auch Beobachtungswerte genannt) die beobachteten Ausprägungen sind. Es kann also durchaus sein, dass eine Merkmalsausprägung definiert ist, die nicht beobachtet wird.

Hat man nun den Messvorgang abgeschlossen, so werden die Beobachtungswerte in einer Urliste notiert, mit der dann die statistische Analyse durchgeführt wird.

Definition 2.8. *Die Aufzeichnung der Merkmalswerte für die statistischen Einheiten heißt* **Urliste***. Sie enthält die* **Rohdaten** *einer statistischen Untersuchung.*

Beispiel 2.10. Die Erhebung statistischer Daten läuft nun wie folgt ab: Von der statistischen Einheit ω_i „Student" werden die Merkmale X „Alter" und Y „Studienfach" erhoben. Die möglichen Merkmalsausprägungen bei dem ersten Merkmal sind das Alter $\mathcal{A}_X \subset \mathbb{R}^+$ und bei dem zweiten Merkmal die möglichen (interessierenden) Studienfächer $\mathcal{A}_Y = \{\text{BWL}, \text{Mathematik}, \dots\}$. Die in der Urliste gemessenen Merkmalswerte für einen befragten Studenten ω_i könnten dann beispielsweise $x_i = 21$ Jahre und $y_i = \{\text{BWL}\}$ sein.

Häufig werden Merkmalsausprägungen, die selbst keine Zahlenwerte sind, mit Zahlen kodiert; z. B. könnte das Studienfach „BWL" durch eine 2 kodiert sein: $y_i = 2$. Dadurch wird die Verarbeitung mittels der EDV ermöglicht (siehe Kapitel 2.4).

Zusammenfassend läuft also folgender Prozess von der Erhebung der statistischen Einheit bis zur Messung des entsprechenden Merkmalswertes ab, der die Merkmalsausprägung repräsentiert: An den statistischen Einheiten ω_i mit den Merkmalen $X, Y, \dots$ und der festgelegten Menge der Merkmalsausprägungen $\mathcal{A}_X, \mathcal{A}_Y$, $\dots$ werden die Merkmalswerte $x_i, y_i, \dots$ gemessen.

Die folgenden beiden Definitionen werden zur weiteren, genaueren Charakterisierung von Merkmalen benötigt.

Definition 2.9. *Ein Merkmal heißt* **häufbar***, wenn an derselben statistischen Einheit mehrere Ausprägungen des betreffenden Merkmals vorkommen können.*

$$X(\omega_i) = \{x_i \mid x_i \in \mathcal{A}_X\} \tag{2.7}$$

Beispiel 2.11. An dem Merkmal „Unfallursache" können z. B. „überhöhte Geschwindigkeit" und „Trunkenheit am Steuer" die Unfallursachen sein. Hingegen kann beim Merkmal „Geschlecht" dieselbe statistische Einheit nicht beide mögliche Ausprägungen gleichzeitig auf sich vereinen.

Definition 2.10. *Kann ein Merkmal nur endlich viele Ausprägungen annehmen oder abzählbar unendlich viele Ausprägungen, so heißt es ein* **diskretes Merkmal**. *Kann ein Merkmal alle Werte eines Intervalls annehmen, heißt es ein* **stetiges Merkmal**.

Beispiel 2.12. Diskrete Merkmale sind z. B. Kinderzahl, Anzahl der Verkehrsunfälle und Einkommen. Es können nur einzelne Zahlenwerte auftreten, Zwischenwerte sind unmöglich.

Stetige Merkmale sind z. B. Körpergröße, Alter und Gewicht. Ein stetiges Merkmal kann wenigstens in einem Intervall der reellen Zahlen jeden beliebigen Wert aus dem Intervall annehmen.

2.3 Messbarkeitseigenschaften von Merkmalen

Merkmalsausprägungen werden in qualitative (klassifikatorische), komparative (intensitätsmäßige) und quantitative (metrische) Merkmale unterteilt. Die Ausprägungen qualitativer Merkmale unterscheiden sich durch ihre Art, die komparativer durch ihre intensitätsmäßige Ausprägung und die quantitativer Merkmale durch ihre Größe.

Um die Ausprägungen eines Merkmals zu messen, muss eine Skala festlegt werden, die alle möglichen Ausprägungen des Merkmals beinhaltet. Die Skala mit dem niedrigsten Niveau ist die so genannte Nominalskala. Auf ihr werden qualitative Merkmale erfasst. Ein etwas höheres Messniveau hat die Ordinalskala. Auf ihr werden komparative Merkmale gemessen, die intensitätsmäßig unterschieden werden können. Die Skala mit dem höchsten Messniveau ist die metrische Skala. Auf ihr werden quantitative Merkmale gemessen, die metrische Eigenschaften aufweisen.

2.3.1 Nominalskala

Definition 2.11. *Eine Skala, deren Skalenwerte nur nach dem Kriterium gleich oder verschieden geordnet werden können, heißt* **Nominalskala**.

Beispiel 2.13. Qualitative Merkmale sind z. B. Geschlecht, Beruf, Haarfarbe. Die Merkmalsausprägungen lassen sich nur nach ihrer Art unterscheiden. Eine Ordnung der Merkmalsausprägungen ist nicht möglich. Man kann nicht sagen, dass der Beruf Schlosser besser als der Beruf Bäcker ist oder umgekehrt.

2.3.2 Ordinalskala

Definition 2.12. *Eine Skala, deren Skalenwerte nicht nur nach dem Kriterium gleich oder verschieden, sondern außerdem in einer natürlichen Reihenfolge geordnet werden können, heißt* **Ordinalskala**.

Beispiel 2.14. Komparative Merkmale sind z. B. Zensuren, Güteklassen oder Grad einer Beschädigung. Bei Zensuren weiß man, dass die Note 1 besser als die Note 2 ist, aber der Abstand zwischen 1 und 2 lässt sich nicht bestimmen. Ebenso verhält es sich mit den anderen aufgeführten Beispielen. Die Ausprägungen unterliegen einer Rangfolge, die Abstände sind aber nicht interpretierbar.

Da qualitative und komparative Merkmale nur in Kategorien eingeteilt werden können, werden sie auch als **kategoriale Merkmale** bezeichnet. Die Kategorien, auch als Merkmalsausprägungen dann bezeichnet (siehe Definition 2.5) werden manchmal auch (diskrete) Klassen genannt.

2.3.3 Kardinalskala

Definition 2.13. *Eine Skala, deren Skalenwerte reelle Zahlen sind und die die Ordnungseigenschaften der reellen Zahlen besitzt, heißt* **Kardinalskala** *oder* **metrische Skala***.*

Beispiel 2.15. Quantitative Merkmale sind z. B. Alter, Jahreszahlen, Einkommen oder Währungen. Diese Merkmalsausprägungen können nicht nur nach ihrer Größe unterschieden werden, sondern es ist auch der Abstand zwischen den Merkmalsausprägungen interpretierbar.

Bei der Kardinalskala bzw. metrischen Skala wird die Skala weiterhin dahingehend unterschieden, ob ein natürlicher Nullpunkt und eine natürliche Einheit existieren. Diese Unterscheidung ist von nachgeordneter Bedeutung.

Definition 2.14. *Eine metrische Skala, die keinen natürlichen Nullpunkt und keine natürliche Einheit besitzt, heißt* **Intervallskala***.*

Beispiel 2.16. Kalender besitzen keinen natürlichen Nullpunkt und auch keine natürliche Einheit. Der Anfangspunkt der Zeitskala wird willkürlich auf ein Ereignis gesetzt, von dem aus die Jahre der Ära gezählt werden. Solche Zeitpunkte sind z. B. in der römischen Geschichte das (fiktive) Gründungsjahr Roms (753 v. Chr.), in der islamischen Geschichte das Jahr der Hedschra (622 n. Chr.) und in der abendländischen Geschichte die Geburt Christi. Die heute übliche Einteilung der Zeitskala wird nach dem gregorianischen Kalender (der auf Papst Gregor XIII (1582) zurückgeht) vorgenommen. Die Zeitabstände (Intervalle) auf der Skala können miteinander verglichen werden. Eine Quotientenbildung 1980/1990 ergibt jedoch kein interpretierbares Ergebnis.

Definition 2.15. *Eine metrische Skala, die einen natürlichen Nullpunkt, aber keine natürliche Einheit besitzt, heißt* **Verhältnisskala***.*

Beispiel 2.17. Bei Währungen existiert ein natürlicher Nullpunkt. Null Geldeinheiten sind überall in der Welt nichts. Jedoch sind 100 $ in der Regel nicht gleich 100 €. Jede Währung wird auf einer anderen Skala gemessen. Das Verhältnis zweier Währungen ist interpretierbar und wird als Wechselkurs bezeichnet.

$$Y[\$] = \text{Wechselkurs} \left[\frac{\$}{€}\right] \times X[€] \qquad (2.8)$$

Definition 2.16. *Eine metrische Skala mit einem natürlichen Nullpunkt und einer natürlichen Einheit heißt* **Absolutskala**.

Beispiel 2.18. Stückzahlen besitzen einen natürlichen Nullpunkt und eine natürliche Einheit.

2.4 Skalentransformation

Bei der praktischen statistischen Analyse ist man manchmal daran interessiert, alle erhobenen Daten auf einer Skala zu messen. Sind nun die Merkmale auf unterschiedlichen Skalen erfasst, so kann man durch eine Skalentransformation eine Skala mit höherem Messniveau durch eine mit niedrigerem ersetzen. Andersherum geht es nicht!

Daraus ergibt sich auch, dass Maßzahlen, die für Merkmale eines niedrigeren Messniveaus konstruiert sind, auf Merkmale eines höheren Messniveaus angewandt werden können. Dabei werden dann aber nicht alle Informationen, die die Merkmalsausprägungen enthalten, verwendet. Wird beispielsweise eine Maßzahl für komparative Merkmale auf metrische angewendet, so bleibt die Abstandsinformation unberücksichtigt. Dies ist sogar manchmal wünschenswert (siehe Beispiel 4.22 auf Seite 65 und Vergleich von Mittelwert und Median auf Seite 67). Maßzahlen für z. B. metrische (quantitative) Merkmale dürfen aber nicht auf komparative oder qualitative Merkmale angewandt werden.

Definition 2.17. *Unter einer* **Skalentransformation** *versteht man die Übertragung der Skalenwerte in Werte einer anderen Skala, wobei die Ordnungseigenschaften der Skala erhalten bleiben müssen.*

Beispiel 2.19. Wird bei einer Befragung von Familien die Kinderzahl ermittelt und ist allein die Unterscheidung der Familien nach der Kinderzahl von Interesse, so reichen die Ordnungskriterien der Nominalskala für die Analyse aus. Es wird eine Absolutskala in eine Nominalskala transformiert.

Definition 2.18. *Mit* **Kodierung** *bezeichnet man die Transformation der Merkmalsausprägungen, ohne dass dabei das Messniveau der erhobenen Daten geändert wird.*

Die Gefahr bei einer Kodierung von kategorialen Daten in eine Zahlenskala besteht darin, dass die Daten als rechenbare Größen aufgefasst werden.

Beispiel 2.20. Die Merkmalsausprägungen „männlich" und „weiblich" einer Nominalskala können durch die Werte „0" und „1" kodiert werden. Diese Zahlenwerte dürfen daher nicht durch Addition und Multiplikation oder andere Operationen bearbeitet werden.

Beispiel 2.21. Die Noten „sehr gut" bis „mangelhaft" werden im Allgemeinen mit den Zahlen 1 bis 5 kodiert. Obwohl Zahlen verwendet werden, handelt es sich weiterhin um ordinale Merkmalsausprägungen. Deshalb ist es unzulässig Notendurchschnitte zu berechnen.

Statistische Merkmale unterscheiden sich also durch ihren Skalentyp, dem Informationsgehalt der Merkmalswerte. Will man die erhobenen Daten mit Hilfe statistischer Methoden verdichten, d. h. durch Maßzahlen beschreiben, so ist dem Skalentyp des betrachteten Merkmals Rechnung zu tragen. Daraus ergibt sich auch ein Teil der Gliederung in dem vorliegenden Text.

2.5 Häufigkeitsfunktion

In der Urliste kommen häufig einige oder alle Merkmalswerte mehrmals vor. Um die mehrmals vorkommenden Merkmalswerte nicht mehrmals aufschreiben zu müssen, werden diese mit der Anzahl des Auftretens der Merkmalsausprägung gekennzeichnet.

Definition 2.19. *Die Anzahl der Beobachtungswerte mit der Merkmalsausprägung x_j heißt* **absolute Häufigkeit** $n(x_j)$. *Die absolute Häufigkeit ist eine natürliche Zahl oder null.*

$$n(x_j) = \left| \left\{ \omega_i \mid X(\omega_i) = x_j \right\} \right| \quad i = 1, \ldots, n; \; j = 1, \ldots, m \qquad (2.9)$$

Bei kategorialen Daten (nominales oder ordinales Merkmalsniveau) werden häufig die Kategorien auch als Klassen bezeichnet. In diesem Fall spricht man dann auch von **diskreter Klassierung**, wenn die Merkmalsausprägungen in einer Tabelle mit der auftretenden Häufigkeit aufgelistet werden. Die Anzahl der Kategorien bzw. Klassen m ist bei der Analyse von kategorialen und metrischen Daten in der Regel kleiner als die Anzahl der Beobachtungen: $m \leq n$. Im Text wird die Kategorie bzw. Klasse mit dem Index $j = 1, \ldots, m$ gekennzeichnet.

Beispiel 2.22. Die Stimmen, die auf die Merkmalsausprägung „Partei" entfallen, sind die absoluten Häufigkeiten. Bei der Landtagswahl am 27. Februar 2000 in Schleswig-Holstein erzielten die Parteien die in Tabelle 2.1 angegebenen Stimmen.

Die absolute Häufigkeit, mit der die Merkmalsausprägung auftritt, kann in Beziehung zu der Gesamtzahl n der Beobachtungswerte gesetzt werden. Dann erhält man relative Häufigkeiten.

Definition 2.20. *Der relative Anteil der absoluten Häufigkeiten einer Merkmalsausprägung x_j an der Gesamtzahl der Beobachtungswerte heißt* **relative Häufigkeit**.

$$f(x_j) = \frac{n(x_j)}{n} \qquad (2.10)$$

---

[1] Mit SSW wird die Süd-Schleswigsche-Wählervereinigung bezeichnet.

Tabelle 2.1. Landtagswahl Schleswig-Holstein vom 27. Februar 2000

Partei x_j	Stimmen $n(x_j)$
SPD	689 764
CDU	567 428
F.D.P.	78 603
Grüne	63 256
SSW[1]	37 129
sonstige	13 189
$\sum$	1 449 369

Quelle: Statistisches Landesamt Schleswig-Holstein

Für die relativen Häufigkeiten gilt:

$$0 \leq f(x_j) \leq 1 \qquad (2.11)$$

Die relative Häufigkeit kann null oder größer als null sein. Negative Werte kann sie nicht annehmen, da auch keine negativen absoluten Häufigkeiten beobachtet werden können. Ferner gilt:

$$\sum_{j=1}^{m} f(x_j) = 1 \qquad (2.12)$$

Die relative Häufigkeit kann nicht größer als eins werden, da sie als Relation zu der Gesamtzahl aller Beobachtungen formuliert ist. Es ist dabei darauf zu achten, dass man auch die richtige Gesamtheit n in Beziehung setzt.

Beispiel 2.23. Soll beispielsweise ermittelt werden, ob bestimmte Autotypen besonders von „Dränglern" gefahren werden, so ist die Zahl der „Drängler" eines bestimmten Autotyps zur Zahl der insgesamt beobachteten Zahl der Autos dieses Typs und nicht zur Gesamtzahl der beobachteten Autos in Relation zu setzen.

Für kategoriale und klassierte metrische Daten sind die absoluten und relativen Häufigkeiten auf Kategorien bzw. Klassen bezogen, d. h. $n(x_j)$ gibt die Anzahl der Beobachtungswerte bzw. $f(x_j)$ den Anteil in der j-ten Kategorie bzw. Klasse an.

Beispiel 2.24. In der Landtagswahl am 27. Februar 2000 in Schleswig-Holstein waren 2 134 954 Personen wahlberechtigt. Davon haben 1 484 128 Personen insgesamt gewählt, wovon aber nur 1 449 369 Stimmen gültig waren. 689 764 Stimmen entfielen davon auf die „SPD", die hier mit der Merkmalsausprägung x_j bezeichnet wird.

Merkmalsausprägung x_j: „SPD"
absolute Häufigkeit: $n(x_j) = 689\,764$
relative Häufigkeit: $f(x_j) = 689\,764/1\,449\,369 = 0.476$

Das Gesamtergebnis der Wahl ist im Beispiel 2.22 (siehe Seite 16) wiedergegeben.

Die Verwendung von Prozenten ist immer wieder eine Quelle für Fehler. Änderungsraten werden häufig zur Beschreibung einer Entwicklung verwendet (siehe hierzu auch Kapitel 7). Hierbei werden sehr häufig Prozent und Prozentpunkt verwechselt. Mit **Prozent** wird ein relativer Anteil von etwas ausgedrückt. Um eine Entwicklung zu beschreiben, verwendet man die Veränderung der relativen Anteile (Prozente). Hierzu benutzt man meistens die absolute Änderung des relativen Anteils, den **Prozentpunkt**, weil der leicht auszurechnen ist. Aber auch die Verwendung der relativen Änderung der relativen Anteile ist zulässig.

Beispiel 2.25. Die Änderung des Stimmenanteils für eine Partei von 36% auf 45% bedeutet eine Zunahme um 9 Prozentpunkte (45% − 36%). Die relative Zunahme des Stimmenanteils beträgt aber 25% (9%/36%) und nicht 9%!

2.6 Klassierung von metrischen Merkmalswerten

Bei der Untersuchung von metrischen Merkmalswerten ist die Erfassung und Auszählung aller einzelnen Merkmalsausprägungen nicht sinnvoll oder nicht möglich, weil

- die Anzahl der Merkmalsausprägungen zu groß ist,
- das Merkmal stetig ist,
- die Übersichtlichkeit bei der Darstellung und Datenaufbereitung verloren geht.

In diesem Fall werden die Merkmalswerte klassiert. Man spricht dann von einer **stetigen Klassierung**. Es werden nicht alle möglichen Merkmalsausprägungen einzeln erfasst, sondern benachbarte Merkmalsausprägungen zu einer Klasse zusammengefasst. Damit ist zwangsläufig ein Verlust an Information verbunden, da sich die einzelnen Ausprägungen der in eine Klasse fallenden Merkmalswerte nachträglich nicht mehr feststellen lassen.

Werden bei diskreten Merkmalen gleiche Merkmalswerte zusammengefasst, so spricht man von einer diskreten Klassierung.

Definition 2.21. *Eine **Klasse** mit stetigen Merkmalswerten wird durch zwei Grenzen bestimmt, die untere Klassengrenze (x_{j-1}^*) und die obere Klassengrenze (x_j^*). Diese Klasse wird als j-te Klasse bezeichnet. Um alle Beobachtungswerte eindeutig einer Klasse zuordnen zu können, müssen die Klassen nicht überlappend sein. Die Merkmale x_i mit $i = 1, \dots, n$ Merkmalswerten werden in $j = 1, \dots, m$ Klassen eingeteilt mit $m < n$.*

Es ist Konvention, den Wert der oberen Klassengrenze einzuschließen und den Wert der unteren Klassengrenze auszuschließen. Dies wird auch mit dem halboffenen Intervall $(x_{j-1}^*, \ x_j^*]$ beschrieben. Die Wahl der Klassengrenzen beeinflusst die Häufigkeit in den Klassen und damit die Verteilung der klassierten Werte (siehe hierzu auch Beispiel 4.18, Seite 57).

Beispiel 2.26. Die Merkmalswerte $x_1 = 1$, $x_2 = 3$, $x_3 = 5$, $x_4 = 2$ und $x_5 = 4$ ($i = 1, \ldots, n = 5$) sollen in drei Klassen ($j = 1, \ldots, m = 3$) mit den Klassengrenzen $x_0^* = 0$, $x_1^* = 1$, $x_2^* = 3$, $x_3^* = 6$ eingeteilt werden.

Dann ist $x_1^* = 1$ die Obergrenze der ersten Klasse und $x_0^* = 0$ die Untergrenze der ersten Klasse. Die Untergrenze der zweiten Klasse ist $x_1^* = 1$ und die Obergrenze der zweiten Klasse ist $x_2^* = 3$. Der Merkmalswert $x_1 = 1$ wird aufgrund der Klassenabgrenzung der ersten Klasse zugeordnet; der Merkmalswert $x_2 = 3$ liegt ebenfalls an der Klassengrenze und wird der zweiten Klassen zugeordnet. Es ergibt sich dann die Häufigkeitsverteilung in Tabelle 2.2.

Tabelle 2.2. Klasseneinteilung

	1. Klasse	2. Klasse	3. Klasse
	$(x_0^* = 0,\ x_1^* = 1]$	$(x_1^* = 1,\ x_2^* = 3]$	$(x_2^* = 3,\ x_3^* = 6]$
x_j	0.5	2	4.5
$n(x_j)$	1	2	2

Wird nun die Klassengrenze um 0.5 reduziert, so ergibt sich folgende veränderte Verteilung der klassierten Werte, obwohl es sich um die gleiche Urliste handelt (siehe Tabelle 2.3).

Tabelle 2.3. Klasseneinteilung

	1. Klasse	2. Klasse	3. Klasse
	$(x_0^* = -0.5,\ x_1^* = 0.5]$	$(x_1^* = 0.5,\ x_2^* = 2.5]$	$(x_2^* = 2.5,\ x_3^* = 5.5]$
x_j	0	1.5	4
$n(x_j)$	0	2	3

Definition 2.22. *Sei x_i ein kardinal skaliertes Merkmal, so wird die Differenz zweier aufeinander folgender Klassengrenzen*

$$\Delta_j = x_j^* - x_{j-1}^* \quad mit \quad j = 1, \ldots, m \tag{2.13}$$

als **Klassenbreite** Δ_j *bezeichnet.*

Nach Möglichkeit sollten alle Klassen gleich breit sein (äquidistant). Jedoch ist die Verwendung gleich breiter Klassen nicht immer sinnvoll. Wenn sehr viele Beobachtungswerte in einem kleinen Bereich der Merkmalsausprägungen liegen und ein geringer Rest in einem sehr weiten Bereich, sollte man im kleinen Bereich vieler Werte fein klassieren, während man im übrigen Bereich breite Klassen wählen sollte. Ferner sollte darauf geachtet werden, dass die Klassen gleichmäßig besetzt sind, denn viele Berechnungen mit klassierten Werten unterstellen eine Gleichverteilung der Merkmalswerte innerhalb der Klassen (siehe z. B. auch Beispiel 4.24 auf Seite 66 und Beispiel 17.3, Seite 427).

Beispiel 2.27. Bei einer Einkommensverteilung ist der untere und mittlere Einkommensbereich wesentlich stärker besetzt als der hohe und man wird daher in dem Bereich niedrigerer Einkommen eine kleinere Klassenbreite wählen, um nicht zu viel Information zu verlieren. Im Bereich hoher Einkommen wählt man hingegen breitere Klassen, um nicht insgesamt zu viele Klassen zu bekommen, von denen viele nur gering oder gar nicht besetzt sind. Die Nettoeinkommen der Erwerbstätigen in Ost- und Westdeutschland in Tabelle 2.4 sind hier in $m = 8$ Klassen eingeteilt.

Tabelle 2.4. Nettoeinkommen der Erwerbstätigen 1998

Klasse	von	bis	West	Ost
j	in DM		in %	
1		unter 600	6.6	6.6
2	600	1 000	8.7	8.0
3	1 000	1 400	6.8	11.2
4	1 400	1 800	7.5	17.3
5	1 800	2 200	11.8	20.1
6	2 200	3 000	25.2	23.5
7	3 000	4 000	16.9	8.8
8	4 000	und mehr	16.6	4.5

(aus [55, Tabelle 19])

In der Regel möchte man die durch einen Wert repräsentieren. Dies geschieht bei stetigen Merkmalen meistens durch die Klassenmitte (siehe Tabelle 2.2 und Tabelle 2.3, Seite 19). Bei diskreten Klassen repräsentiert der Merkmalswert selbst die Klasse.

Definition 2.23. *Sei x_i eine kardinal skaliertes Merkmal so wird die Mittelung zwischen der Klassenuntergrenze x^*_{j-1} und der Klassenobergrenze x^*_j als **Klassenmitte** x_j bezeichnet.*

$$x_j = \frac{(x^*_j + x^*_{j-1})}{2} \quad mit \quad j = 1, \dots, m \tag{2.14}$$

Man geht davon aus, dass sich alle Beobachtungswerte einer Klasse gleichmäßig über die Klasse verteilen (**Gleichverteilung innerhalb der Klasse**), so dass die Klassenmitte Repräsentant der Klasse ist. Mit diesen Klassenrepräsentanten und den entsprechenden Häufigkeiten werden dann die Berechnungen durchgeführt.

Bei der Klassenbildung erfolgt eine Zusammenfassung von Merkmalsausprägungen. Damit ist zwangsläufig ein Verlust an Information verbunden, da sich die einzelnen Ausprägungen der in eine Klasse fallenden Merkmalswerte nachträglich nicht mehr feststellen lassen. Verzerrungen können sich zusätzlich ergeben, wenn die Beobachtungswerte nicht gleichmäßig in der Klasse verteilt sind (siehe hierzu das Beispiel 4.24 auf Seite 66).

Eine weitere Schwierigkeit bei der Klassenbildung stellen die so genannten offenen **Randklassen** dar. Sie werden eingeführt, um die Zahl der Klassen zu begrenzen und dennoch alle Werte zu erfassen oder weil die Angabe des kleinsten bzw. größten Wertes nicht möglich ist.

Beispiel 2.28. Werden bei einer Befragung die Einkommen durch bestimmte Einkommensklassen erfragt, so ist das größte Einkommen nicht im Vorhinein bekannt. Ist man hingegen in Besitz der Einzelangaben und kennt den größten Wert, so möchte man beispielsweise aus Gründen der Diskretion den größten Wert nicht durch die oberste Klassengrenze mitteilen.

Bei offenen Randklassen ergibt sich die Schwierigkeit der Bestimmung des repräsentativen Wertes. Als Klassenmitte kann man einen geschätzten Wert oder den aus den ursprünglichen Merkmalswerten berechneten Mittelwert der Klasse, sofern möglich, verwenden.

Beispiel 2.29. Fortsetzung von Beispiel 2.27 (Seite 20): Die Berechnung der Klassenmitte für die offenen Randklassen aus den Ursprungswerten scheidet bei dem Beispiel aus, da die Ursprungswerte nicht bekannt sind. Die Klassenmitte der unteren Randklasse könnte hier z. B. durch den Abstand der zweiten Klasse zur Klassenmitte approximiert werden. In diesem Fall ergäbe dies die Klassenmitte: $x_0 = x_1^* - (x_2 - x_1^*) = 600 - (800 - 600) = 400$. Die Bestimmung der Klassenmitte für die obere Randklasse könnte analog erfolgen: $x_8 = x_7^* + (x_7^* - x_7) = 4\,000 + (4\,000 - 3\,500) = 4\,500$. Wenn einem der Klassenrepräsentant für die offenen Randklassen zu hoch bzw. zu niedrig erscheint, wäre es auch möglich, die zweite Klassenbreite auf die erste Klasse und die vorletzte Klassenbreite auf die letzte Klasse zu übertragen: $x_1 = x_1^* - \Delta_2 = 600 - 400 = 200$ bzw. $x_8 = x_7^* + \Delta_7 = 4\,000 + 1\,000 = 5\,000$. Auch jede andere Berechnung ist grundsätzlich möglich, solange sie durch Plausibilitätsüberlegungen gerechtfertigt ist.

2.7 Übungen

Übung 2.1. Geben Sie für folgende Fragestellungen die statistischen Massen und Einheiten an und grenzen Sie diese räumlich, sachlich und zeitlich ab:

- Wählerverhalten in einer Landtagswahl
- Durchschnittliche Studiendauer von Studenten an deutschen Hochschulen bis zum Abschluss

Übung 2.2. Geben Sie zu den folgenden statistischen Massen an, ob es sich um Bestands- oder Ereignismassen handelt:

- Eheschließungen in Bielefeld

- Wahlberechtigte Bundesbürger
- Zahl der Verkehrsunfälle 1998 in Deutschland
- Auftragseingang

Übung 2.3. Geben Sie zu folgenden Merkmalen mögliche Merkmalsausprägungen an:

- Haarfarbe
- Einkommen
- Klausurnote
- Schulabschluss
- Freizeitbeschäftigung

Welche der Merkmale sind häufbar?

Übung 2.4. Geben Sie zu den folgenden Merkmalen an, auf welcher Skala die Merkmalsausprägungen gemessen werden können: Semesterzahl, Temperatur, Klausurpunkte, Längen- und Breitengrade der Erde, Studienfach, Handelsklassen von Obst.

Übung 2.5. Geben Sie für die beiden Klasseneinteilungen im Beispiel 2.26 auf Seite 19 jeweils die Verteilung der relativen Häufigkeiten die an.

Übung 2.6. Fuhr vor einigen Jahren noch jeder zehnte Autofahrer zu schnell, so ist es heute nur jeder fünfte. Doch auch fünf Prozent sind zu viel. Welcher Fehler wird in dieser Mitteilung begangen?

3

Datenerhebung und Erhebungsarten

Inhaltsverzeichnis

3.1 Datenerhebung

Unter einer **Primärstatistik** wird die Datenerhebung für eine bestimmte Untersuchung verstanden. Diese Form der Erhebung wird hier kurz erläutert. Unter **Sekundärstatistiken** werden Statistiken verstanden, die auf Einzelangaben zurückgreifen, die bereits an anderer Stelle (z. B. bei Verwaltungsvorgängen) erhoben wurden. Viele amtliche Statistiken (Statistiken der statistischen Ämter der Europäischen Union, des Bundes und der Länder) sowie nicht amtliche Statistiken (Statistiken der internationalen Organisationen wie OECD, Weltbank und internationaler Währungsfonds, der Wirtschaftsforschungsinstitute, der Gewerkschaften und verschiedener Verbände wie BDI, DIHT) sind Sekundärstatistiken. Abhängig von der Fragestellung liefern jedoch in vielen Fällen Sekundärstatistiken nicht die erwünschten Daten, insbesondere bei vielen betriebswirtschaftlichen Untersuchungen wie z. B. bei der Marktforschung. Dann müssen die Daten durch eine Primärstatistik erhoben werden.

Im Folgenden werden die wichtigsten Erhebungsarten kurz mit ihren Vor- und Nachteilen aufgeführt (weiterführende Literatur vgl. u. a. [16], [17], [46], [53], [54]). Nur sorgfältig erhobene Daten erlauben nachher eine aussagekräftige statistische

Analyse. Sind die erhobenen Angaben von schlechter Qualität, so ist die beste statistische Analyse ohne Wert.

Wenn hier von Befragung oder Interview gesprochen wird, so ist damit nicht jede beliebige Form der mündlichen oder schriftlichen Erkundigung bei einer anderen Person gemeint, sondern ein planmäßiges Vorgehen mit (wissenschaftlicher) Zielsetzung, bei dem die Versuchsperson durch eine Reihe gezielter Fragen zu den gewünschten Informationen veranlasst werden soll.

3.1.1 Fragebogenerhebung

Die Fragebogenerhebung ist eine sehr geläufige Form der Datengewinnung. Grundvoraussetzung eines guten Fragebogens ist, dass er den Eindruck einer echten Gesprächssituation erzeugt, die der Befragte interessant findet (vgl. [53, Seite 93]). Es sollte besonders darauf geachtet werden, dass der Grund der Untersuchung klar und einfach erläutert wird, um bei den Befragten Akzeptanz für die Befragung zu erreichen. Der Fragebogen enthält neben den Fragen vielfach auch Beantwortungsbeispiele, Erläuterungen und Mitteilungen sowie Angaben zur Rechtsgrundlage und zu den Geheimhaltungsbestimmungen. Neben der Rücksicht auf die Auskunftspflichtigen wird die Gestaltung des Fragebogens auch von den Anforderungen der EDV zur Datenaufnahme beeinflusst.

Der Vorteil einer Fragebogenerhebung sind die

- relativ geringen Kosten,

die sie verursacht. Datenerhebungen verursachen generell schnell erhebliche Kosten. Daher ist dieser Punkt nicht unwesentlich. Nachteile der Fragebogenerhebung liegen in folgenden Punkten:

- Hat der Befragte Schwierigkeiten mit der Interpretation der Frage, bekommt er in der Regel keine Hilfe und es kann zu verkehrten oder fehlenden Antworten kommen. Tritt dies bei vielen Befragten auf, wird das Ergebnis verzerrt. Die Erhebung wird wertlos.
- Es ist nicht sichergestellt, dass die Zielperson auch den Fragebogen beantwortet.
- Der Rücklauf von Fragebögen ist erfahrungsgemäß gering. Häufig liegt die erste Rücklaufrate unter 30%. Eine Nachfrage oder Erinnerung ist meistens notwendig, was die Kosten erhöht.

3.1.2 Interview

In vielen Fällen ist das Interview die beste Informationsgewinnung. Der Interviewer befragt die Testpersonen und trägt die Antworten in Fragebögen ein. Sehr wichtig hierbei ist, dass der Interviewer keinen Einfluss auf die Testperson nimmt. Dies würde die Vergleichbarkeit der Ergebnisse erheblich beeinflussen und die Ergebnisse der Untersuchung möglicherweise wertlos machen.

Beispiel 3.1. Bei einer Umfrage an einer großen Gesamtschule antworteten 80% der befragten türkischen Schüler, sie seien mit ihrer Situation zufrieden. Bei einer zweiten Umfrage waren plötzlich nur noch 20% zufrieden. Der Grund für diese gewaltige Differenz: Bei der ersten Befragung war der Interviewer ein deutscher Lehrer und bei der zweiten Umfrage ein türkischer Mitschüler.

Die Vorteile eines Interviews liegen bei einer

- geringen Anzahl von falschen Antworten, vor allem durch Missverständnis der Fragen und
- bei einem höheren Rücklauf als bei Fragebögen.

Die Nachteile eines Interviews sind die

- deutlich höheren Kosten als bei einer Fragebogenerhebung.
- Ferner muss der Interviewer sorgfältig auf die Aufgabe vorbereitet werden. Falsche Betonung der Frage, Gestik, etc. können sonst Verzerrungen bei den Antworten ergeben. Ferner muss natürlich sichergestellt sein, dass die Personen tatsächlich befragt werden.

3.1.3 Gestaltung von Befragungen

Die Gestaltung von Befragungen umfasst Ablauf, Design, Test und Auswertung der Fragebögen. Unter dem Design des Fragebogens werden die Frageart, die Reihenfolge der Fragen sowie die Wortwahl in der Frage verstanden. Bei der Frageart unterscheidet man einerseits:

- Ja / Nein Fragen und direkte Fragen nach der Merkmalsausprägung sind einfach und meistens problemlos.
- Rangfragen ermöglichen den der Grad der Zustimmung bzw. Ablehnung zu messen. Die Antworten werden auf einer Rangskala von z. B. 1 bis 7 erfasst. Die Skala sollte dabei nicht zu klein sein, um eine differenzierte Antwort in der Mitte zu ermöglichen, da die Extremantworten meistens selten gewählt werden.
- Multiple Choice Fragen: Aus verschiedenen vorgegebenen Antworten muss der Befragte eine auswählen. Multiple Choice Fragen ermöglichen eine genauere Beantwortung als Ja / Nein Fragen. Probleme können hier in der Bewertung der Alternativen auftreten.
- freie Fragen: Die Klassifizierung der Antworten ist schwierig.

Mit der Frage selbst wird auch das Messniveau der Merkmale festgelegt. Es ist deswegen unerlässlich, sich während der Frageentwicklung schon darüber im Klaren zu sein, auf welchem Messniveau die formulierte Frage misst. Entsprechend werden die Fragen auch hinsichtlich des Messniveaus unterschieden (vgl. [53, Seite 37ff]).

Bei einer nominalen Frage können die Antworten nur bestimmten Klassen zugeordnet werden, entsprechend dem Skalenniveau qualitativer Merkmale.

Beispiel 3.2. Welches Studienfach studieren Sie? Die Antworten können nur entsprechend der Angaben ausgezählt werden; eine Rangfolge und ein Abstand können zwischen den verschiedenen Antworten nicht gemessen werden.

Bei ordinalen Fragen können die Antworten in eine Rangfolge gebracht werden, jedoch ist der Abstand zwischen den einzelnen Kategorien nicht definiert.

Beispiel 3.3. Welchen Schulabschluss besitzen Sie?

1. keinen Abschluss
2. Hauptschulabschluss
3. mittlere Reife
4. Fachhochschulreife
5. Abitur

Die zugeordnete Rangzahl (hier die Ziffer vor der Kategorie) drückt den Grad an Schulbildung des Befragten aus.

Bei metrischen Fragen weisen die Antworten die Eigenschaften der metrischen Skala auf.

Beispiel 3.4. Welche Raumtemperatur bevorzugen Sie für Wohnräume? Wie alt sind Sie?

Häufig kommt nicht nur eine bestimmte Frageart im Fragebogen vor, sondern man kombiniert entsprechend der Fragestellung die Fragearten.

Die Reihenfolge der Fragen kann sehr wichtig sein. Testpersonen gruppieren häufig Fragen, so dass die Fragen in einem bestimmten Kontext eventuell anders beantwortet werden. Dies ist häufig dann der Fall, wenn keine dezidierte Meinung oder Wissen über die Frageinhalte vorliegen.

Die erste Frage findet häufig eine höhere Beachtung und beeinflusst damit wahrscheinlich positiv das Antwortverhalten hinsichtlich der nachfolgenden Frage. Dreht man die Reihenfolge der Fragen um, könnte nun die zweite Frage (ursprünglich Frage 1) ablehnender beantwortet werden (vgl. [17, Seite 186]).

Beispiel 3.5. Frage 1: Stimmen Sie Importquoten für chinesische Güter zu, um den europäischen Markt vor so genannten Billigimporten zu schützen?

Frage 2: Ist es gerechtfertigt, dass China seinen Markt durch Importquoten schützt?

Ferner sollte der Fragebogen mit einfachen Fragen beginnen. Es ist sehr wichtig, dass die ersten Fragen akzeptiert werden, um eine Akzeptanz für den Fragebogen zu erreichen. Ist die Beantwortung der Fragen bereits zum großen Teil erfolgt, so werden häufig auch schwierigere Fragen im hinteren Teil des Fragebogens beantwortet. Es sollten keine Suggestivfragen gestellt werden. Die Fragen sollten so kurz wie möglich und so einfach wie möglich sein.

Die Direktheit der Frage ist von größter Bedeutung. Bei sensiblen Frageinhalten können aber zu direkte Fragen zu Antwortverweigerung führen. Solche Informationen müssen in der Regel über indirekte Fragen erhoben werden.

Beispiel 3.6. Eine direkte Frage über die Einkommenshöhe würde sehr wahrscheinlich keiner beantworten. Über vorgegebene Einkommenskategorien wird die Einkommensklasse erfragt. Weiter hinten im Fragebogen erfragt man den Anteil des Einkommens für die Lebenshaltung. Und sehr viel später fragt man nach den durchschnittlichen Ausgaben für die Lebenshaltung als weitere Kontrollfrage zur Einkommenshöhe. Mit der Kenntnis, dass rund 70% vom Nettoeinkommen für die Lebenshaltung ausgegeben wird, kann man nun die Einkommensangabe auf ihre Plausibilität hin überprüfen.

Ist der Fragebogen entworfen, so ist es wichtig, diesen zuvor einer Auswahlgruppe zum Beantworten vorzulegen, um Fehler, Unklarheiten, etc. zu eliminieren. Ferner kann mit diesen Daten eine Vorauswertung erfolgen und die Eignung der statistischen Methoden überprüft werden. Anschließend erfolgt die Fragebogenerhebung. Die Auswertung muss sorgfältig erfolgen, um Ausreißer und offensichtlich unsinnige oder falsche Antworten aus der Stichprobe herauszufiltern. Ausreißer sind Werte, die einem im Vergleich zu den anderen Werten besonders klein oder besonders groß vorkommen. Sie können das Bild einer statistischen Analyse erheblich beeinflussen. Häufig sind in Fragebögen Fragen zur logischen Konsistenz enthalten (siehe Beispiel 3.6), um unsinnige Angaben herauszufinden. Diese müssen vor einer Auswertung der Daten herausgefiltert werden, um Verzerrungen im Ergebnis zu vermeiden. Ferner stellen fehlende Angaben ein häufiges Problem dar, dem teilweise durch einen geschickten Fragebogenaufbau begegnet werden kann.

Insgesamt ist festzuhalten, dass die Gestaltung von Fragenbögen viel Erfahrung und ein gewisses Geschick benötigt, um verlässliche Angaben über den Untersuchungsgegenstand zu erhalten. Denn es gilt uneingeschränkt die Weisheit: Wer ungenaue Fragen stellt bekommt ungenaue Antworten!

3.2 Erhebungsarten

Eine andere Frage ist, wie man die Personen, Gegenstände, allgemein die Merkmalsträger auswählt. Da es aus Zeit-, Kosten- und anderen Gründen häufig nicht möglich ist, im Rahmen einer statistischen Untersuchung eine statistische Masse vollständig zu erfassen, wählt man nur einen Teil der statistischen Masse aus. Diese Teilmenge wird als **Stichprobe** bezeichnet (siehe Definition 2.3, Seite 10). Diese sollte nun so gewählt werden, dass sie ein wesentliches Bild der statistischen Masse liefert (weiterführende Literatur z. B. [72]).

Für Stichprobenuntersuchungen stellt sich häufig die Frage, wie und mit welchen möglichen Fehlern die aus der Stichprobe gewonnenen Ergebnisse bzw. Aussagen auf die Grundgesamtheit übertragen werden können. Diese Untersuchungen sind ein Teilgebiet der Wahrscheinlichkeitsrechnung und der induktiven Statistik. Die folgenden Ausführungen stehen daher in Verbindung mit den Ausführungen zu Stichproben in Kapitel 14.

3.2.1 Zufallsstichproben

Definition 3.1. *Ein Verfahren zum Ziehen einer Stichprobe aus der Grundgesamtheit Ω heißt* **Zufallsstichprobe** *aus Ω, wenn jedem Element $\omega_i \in \Omega$ (nach den Regeln der Wahrscheinlichkeitsrechnung) eine von Null verschiedene Auswahlchance (Wahrscheinlichkeit) zugeordnet werden kann.*

Es gibt zwei Möglichkeiten Zufallsstichproben zu erheben. Bei der einen werden die gezogenen Elemente wieder in die Grundgesamtheit zurückgegeben. Diese wird **Zufallsstichprobe mit Zurücklegen** genannt. Bei der anderen Möglichkeit werden die gezogenen Elemente nicht wieder in die Gundgesamtheit zurückgegeben. Diese wird **Zufallsstichprobe ohne Zurücklegen** genannt.

Definition 3.2. *Eine Stichprobe mit Zurücklegen, bei der die Elemente zufällig ausgewählt werden, heißt* **einfache Zufallsstichprobe.**

Um eine Zufallsstichprobe ziehen zu können, müssen die Elemente der Grundgesamtheit nummerierbar sein. Hierfür wird häufig das so genannte **Urnenmodell** verwendet. Es wird eine Urne angenommen, die n gleiche Kugeln enthält, die sich nur durch ein Merkmal z. B. eine Zahl oder Farbe unterscheiden. Es gibt mindestens zwei Arten von Kugeln in der Urne. Die Kugeln werden als gut durchmischt angenommen. Die Entnahme der Kugeln kann auf zwei verschiedene Arten erfolgen: mit und ohne Zurücklegen. Zieht man die Stichprobe mit Zurücklegen, dann liegt eine einfache Zufallsstichprobe vor. Die einzelnen Stichprobenzüge sind voneinander unabhängig. Werden die gezogenen Elemente nicht mehr in die Urne zurückgelegt, wie beim Ziehen der Lottozahlen, so handelt es sich auch um eine Zufallsstichprobe, bei der aber die einzelnen Züge abhängig voneinander sind (siehe hierzu auch Kapitel 13.4).

Eine andere Möglichkeit eine Zufallsstichprobe durchzuführen besteht in der Ziehung von Zufallszahlen. Diese Verfahren sind technisch aber schwer umzusetzen, insbesondere wenn eine große Anzahl von Zufallszahlen erstellt werden muss. Bei großen Urnen mit vielen Kugeln ist es nicht möglich, alle Kugeln gleich gut zu erreichen und damit allen eine gleiche Auswahlchance zu kommen zu lassen. Ferner kann auch das Problem auftreten, dass die Suche nach der durch einen Zufallsprozess bestimmten Zielperson zu einem Verlust der Anonymität führen kann, was datenschutzrechtlich problematisch ist (vgl. [54, Seite 93]). Daher werden in der Praxis häufig keine echten einfachen Zufallsstichproben gezogen.

Eine Variante der Zufallsstichprobe ist die geschichtete Zufallsstichprobe (vgl. [98, Seite 122]).

Definition 3.3. *Eine* **geschichtete Zufallsstichprobe** *liegt vor, wenn die Grundgesamtheit in nicht überlappende Schichten zerlegt und aus jeder Schicht eine einfache Zufallsstichprobe gezogen wird.*

Eine geschichtete Zufallsstichprobe wird häufig als das beste Verfahren empfohlen, wenn die Grundgesamtheit wenig homogen ist. Bei diesem Verfahren wird die Grundgesamtheit zunächst in möglichst homogene Schichten zerlegt und dann erfolgt innerhalb derselben eine einfache Zufallsstichprobe. Die Zahl der aus jeder Schicht ausgewählten Elemente kann, muss aber nicht dem Anteil entsprechen, den die Schicht in der Grundgesamtheit hat; man spricht dementsprechend von einer proportionalen oder disproportionalen geschichteten Zufallsstichprobe. Eine disproportional geschichtete Zufallsstichprobe nimmt man z. B. dann vor, wenn alle Schichten unabhängig von ihrem Anteil in der Grundgesamtheit mit gleicher Chance erfasst werden sollen, um Aussagen über die bzw. Vergleiche zwischen den einzelnen Schichten zu erleichtern (vgl. [33, Seite 24]).

Beispiel 3.7. In einem Sportverein mit 350 männlichen und 150 weiblichen Mitgliedern über 14 Jahren will man 50 Mitglieder mittels einer Stichprobe über ihre Zufriedenheit mit dem Sportangebot des Vereins befragen.

1. Bei einer einfachen Zufallsstichprobe könnte man sich nicht darauf verlassen, dass die Verteilung der Geschlechter der Verteilung in der Grundgesamtheit entspricht, da die Stichprobe relativ wenig Elemente umfasst. Bei einer proportional geschichteten Zufallsstichprobe wäre dieses Problem gelöst. Dazu schreibt man die männlichen und weiblichen Mitglieder jeweils auf eine gesonderte Liste und wählt aus der Liste der männlichen Mitglieder zufällig 35 und aus der der weiblichen zufällig 15 Mitglieder aus. Eine solche Schichtung nach dem Geschlecht garantiert eine proportionale Repräsentation jedes Geschlechts und schaltet die Gefahr aus, eine in dieser Hinsicht verzerrte Stichprobe auszuwählen.
2. Ist man hingegen weniger an Aussagen über die Grundgesamtheit insgesamt interessiert, sondern eher an möglichen Unterschieden in der Zufriedenheit zwischen männlichen und weiblichen Mitgliedern, so lassen sich auf der Basis von nur 15 ausgewählten weiblichen Mitgliedern kaum verlässliche Schlussfolgerungen ziehen. In einem solchen Fall ist eine disproportional geschichtete Zufallsstichprobe angebracht, bei der man etwa aus einer Liste der weiblichen Mitglieder mit Hilfe von Zufallszahlen die gleiche Anzahl auswählt wie bei den männlichen, nämlich 25.

Eine geschichtete Zufallsstichprobe ist häufig einfacher umzusetzen, als eine einfache Zufallsstichprobe, weil hier die Grundgesamtheit in kleinere disjunkte Teilmengen zerlegt wird. Durch die Schichtenbildung wird häufig gleichzeitig erreicht, dass die Stichprobe die Struktur der Grundgesamtheit sogar besser repräsentiert als eine einfache Zufallsstichprobe. Eine geschichtete Zufallsstichprobe kann also informativer als eine einfache Zufallsstichprobe sein. Dieses Phänomen wird auch als **Schichtungseffekt** bezeichnet. Der Schichtungseffekt hängt entscheidend von einer Schichtungsvariablen ab, einem Merkmal, das zur Bildung der Schichten herangezogen wird. Diese Schichtungsvariable sollte mit dem interessierenden Merkmal hoch korreliert (zur Definition der Korrelation siehe Definition 5.8, Seite 110) sein, d. h. eine hohe Beziehung zu dem interessierenden Merkmal aufweisen und Schichten erzeugen, die in sich möglichst homogen und untereinander sehr heterogen bzgl. des zu untersuchenden Merkmals sind.

Beispiel 3.8. Ist man etwa an dem durchschnittlichen Einkommen der Bundesbürger interessiert, so bietet sich eine Schichtung nach sozialem Status oder bestimmten Berufsfeldern an. Die Schichtungsvariable wären hier die Berufsfelder.

Definition 3.4. *Eine* **Klumpenstichprobe** *liegt vor, wenn die Grundgesamtheit in natürliche Klumpen (Schichten) zerfällt und einige dieser Klumpen durch eine einfache Zufallsstichprobe ausgewählt und vollständig erfasst werden.*

Der Unterschied zu einer geschichteten Zufallsstichprobe liegt darin, dass dort die Schichtenbildung künstlich durchgeführt wird. Die Grundgesamtheit zerfällt nicht auf natürliche Weise in Schichten. Bei einer Klumpenstichprobe hingegen liegt eine natürlich Schichtung vor. Die praktische Umsetzbarkeit ist damit einfacher, da aus der Gesamtheit aller Klumpen lediglich einige wenige erhoben werden. Die Klumpen werden zufällig ausgewählt. Die ausgewählten Klumpen werden dann aber vollständig erfasst.

Beispiel 3.9. Solche natürliche Anhäufungen von Untersuchungseinheiten, so genannte Klumpen, sind beispielsweise Städte und Gemeinden.

Allerdings führt eine solche Erhebung nur dann zu einem Informationsgewinn, wenn die einzelnen Klumpen hinsichtlich der Untersuchungsvariable sehr heterogen, also kleine Abbilder der Grundgesamtheit und untereinander sehr homogen sind. Es werden schließlich nicht aus allen Klumpen Stichproben gezogen, sondern nur einige komplett erfasst. Unterscheiden sich die Klumpen auch wesentlich hinsichtlich der Größe von den nicht erfassten Klumpen, so ist mit erheblichen Verfälschungen der gewonnenen Ergebnisse zu rechnen (vgl. [98, Seite 128]). Dies bezeichnet man als **Klumpeneffekt**.

Eine direkte Ziehung der Untersuchungseinheiten ist oft nur schwer oder gar nicht umzusetzen. Daher verwendet man oft mehrstufige Auswahlverfahren. Dies sind Verfahren, bei denen die Auswahl der Elemente auf mehreren Stufen erfolgt.

Definition 3.5. *Eine* **mehrstufige Auswahl** *liegt vor, wenn die Auswahl der Untersuchungseinheiten in mehreren Stufen erfolgt. Die ersten Auswahlstufen können dabei durchaus bewusst, d. h. systematisch ausgewählt werden; erst auf der letzten Auswahlstufe erfolgt dann eine einfache Zufallsstichprobe.*

Beispiel 3.10. In der Waldschadensforschung könnte man die Forstbesitzer als Untersuchungseinheiten auf der ersten Stufe zugrunde legen, aus denen zunächst eine Stichprobe gezogen wird. Auf der zweiten Stufe könnten Waldstücke ausgewählt werden, bevor schließlich auf der dritten Stufe eine Zufallsstichprobe unter den Bäumen als eigentlich interessierende Untersuchungseinheiten getroffen wird (vgl. [33, Seite 25]).

3.2.2 Nicht zufällige Stichproben

Definition 3.6. *Ein* **Stichprobenplan** *beschreibt, wie aus der Grundgesamtheit eine Stichprobe gezogen werden soll.*

Bei Meinungsumfragen werden häufig Verfahren eingesetzt, die nicht mehr als zufällig angesehen werden können. Ein Grund liegt in dem bereits angesprochenen datenschutzrechtlichen Problem. Von den nicht zufälligen Stichproben ist eine willkürliche Auswahl, bei der kein Stichprobenplan zugrunde liegt, strikt zu unterscheiden. Ein solches Vorgehen führt in der Regel nicht zu verallgemeinerungsfähigen Aussagen. Eine willkürliche Auswahl liegt z. B. vor, wenn man Menschen, die zu einer bestimmten Tageszeit an einer bestimmten Straßenecke vorübergehen, befragen würde.

Definition 3.7. *Wird ein Stichprobenplan eingesetzt, spricht man von* **bewussten Auswahlverfahren**. *Diese können nicht mehr als zufällig angesehen werden.*

Bewusste Auswahlverfahren werden mit dem Ziel durchgeführt, die Repräsentativität der gezogenen Stichprobe zu erhöhen. Der bekannteste Vertreter ist die so genannte **Quotenauswahl**. Damit wird erreicht, dass die Stichprobe bzgl. dieses Merkmals ein repräsentatives Abbild der Grundgesamtheit ist. Die Quoten legen bestimmte Verhältnisse von Merkmalen in der Stichprobe fest. Ermittelt werden diese Quoten, falls möglich, aus der Grundgesamtheit. Der wesentliche Unterschied gegenüber einer geschichteten Zufallsstichprobe ist, dass bei einer Quotenauswahl der Interviewer im Rahmen einer vorgegebenen Quote die Elemente frei auswählen kann. Die Bestimmung der in die Erhebung einzubeziehenden Elemente wird also dem Interviewer überlassen. Der Ermessensspielraum, den der Interviewer im Rahmen der ihm vorgegebenen Quote bei der Auswahl der Personen hat, kann durch seine Präferenzen zu systematischen Auswahlfehlern führen. Bei einer geschichteten Zufallsstichprobe hingegen wird die Auswahl durch den Zufall bestimmt.

Beispiel 3.11. Sind 40% aller Studierenden weiblich, so sollen auch 40% der Studierenden in der Stichprobe weiblich sein.

Oft reicht aber die Angabe der Quote bzgl. eines Merkmals nicht aus. Stattdessen werden **Quotenpläne** erstellt, die die Quoten für verschiedene relevante Merkmale enthalten. Der Nachteil dieses Verfahrens besteht, wie oben erwähnt, in der Beeinflussbarkeit durch die durchführenden Personen.

Die Quotenauswahl ist das – zumindest in der Praxis – am häufigsten angewandte Auswahlverfahren, jedoch auch gleichzeitig das am heftigsten umstrittene. Der schwerwiegendste Einwand ist, dass nach der theoretischen Statistik nur Zufallsstichproben die Anwendung wahrscheinlichkeitstheoretischen Modelle methodisch rechtfertigen. Sie dürfen daher bei einer Quotenauswahl nicht angewendet werden. Dieser Aspekt spielt in der deskriptiven Statistik jedoch keine Rolle. In der Praxis haben sich bei bestimmten Fragestellungen die Quotenverfahren als brauchbar gezeigt. Sie sind gegenüber einer Zufallsstichprobe schneller und billiger in der Durchführung. Ferner kann bei einer Zufallsauswahl ein datenschutzrechtliches Problem auftreten. Eine ausführliche Diskussion über die verschiedenen Vor- und Nachteile der unterschiedlichen Arten der Datenerhebung findet man z. B. in [1, Seite 83ff].

Ein anderes Auswahlverfahren ist die so genannte **Auswahl typischer Fälle**. Hier werden nach subjektiven Kriterien Untersuchungseinheiten als typische Vertreter der Grundgesamtheit ausgewählt. Ein solches Vorgehen ist natürlich wegen der subjektiven Auswahl der Kriterien problematisch. Ferner können hier leicht entscheidende Kriterien bei der Auswahl übersehen werden.

Die Repräsentativität einer Stichprobe ist nicht, wie oft angenommen, abhängig von dem Prozentsatz der untersuchten Elemente der Grundgesamtheit, sondern von der methodisch richtigen Auswahl der Elemente und von der absoluten Anzahl der untersuchten Elemente. Die theoretische Bestimmung des Stichprobenumfangs ist eine Frage der induktiven Statistik. Für die deskriptive Statistik ist die Größe der Stichprobe nachrangig, da keine Schlüsse auf die statistische Masse gezogen werden.

3.3 Datenschutz

Bei der Erhebung von Daten müssen entsprechende Rechtsvorschriften eingehalten werden, da es einen „unantastbaren Bereich privater Lebensgestaltung" (Entscheidung des Bundesverfassungsgerichts 1983 Bd. 27, 1 (6)) gibt, der den Bürger vor ungerechter Durchleuchtung seines Lebensraumes schützt. Jeder hat das Recht, grundsätzlich selbst über die Preisgabe und Verwendung seiner persönlichen Daten zu bestimmen. Dieses Recht auf „informationelle Selbstbestimmung" wird durch das allgemeine Persönlichkeitsrecht, das seine Grundlage in den Artikeln 1 und 2 des Grundgesetzes hat, garantiert; es nimmt in der Wertordnung der deutschen Verfassung einen hohen Stellenwert ein. Daher ist der Datenschutz, genauer der Schutz personenbezogener Daten und der Schutz von Betriebs- und Geschäftsgeheimnissen vor Missbrauch bei der Datenverarbeitung eine zentrale Aufgabe.

Vor Missbrauch dieser Art schützen ca. 70 statistische Einzelgesetze und ca. 55 Rechtsverordnungen (vgl. [24]). Im Vordergrund steht das Bundesdatenschutzgesetz (BDSG), das im öffentlichen Bereich für den Bund (nicht für die Länder und Kommunen) sowie für den nicht-öffentlichen Bereich, z. B. Unternehmen der Wirtschaft, Auskunftsdateien und Meinungsforschungsinstitute gilt (vgl. [121]). Es enthält allgemeine Begriffsbestimmungen für die Erhebung, Verarbeitung und Nutzung personenbezogener Daten. Der öffentliche Bereich der Länder unterliegt Landesdatenschutzgesetzen. Ferner enthält das Sozialgesetzbuch (SGB) eine Vielzahl von Regelungen zum Schutz von personenbezogenen Daten und von Betriebs- und Geschäftsgeheimnissen. Da die Statistik erhebliche Bedeutung für wirtschafts- und sozialpolitische Entscheidungen besitzt, wird mit dem Gesetz über die Statistik für Bundeszwecke (Bundesstatistikgesetz BStatG) die Erhebung bestimmter Daten durch das Statistische Bundesamt bestimmt. Im BStatG werden Verfahrensregeln für die Erhebung und Geheimhaltung der Angaben genannt. In der Neufassung des BDSG von 1991 wird nicht nur auf die Geheimhaltung von personenbezogenen Daten und von Betriebs- und Geschäftsgeheimnissen Bezug genommen, sondern allgemein von der Geheimhaltung der Angaben gesprochen. Parallel zur Neugestaltung des BDSG hat der Bundesgesetzgeber weitere bereichsspezifische Datenschutzvorschriften erlassen. Ferner verfügen die Länder über Datenschutzgesetze sowie eine Vielzahl von Institutionen. In §3 des BDSG wird der Begriff der personenbezogenen Daten bestimmt:

Definition 3.8. „**Personenbezogene Daten** *sind Einzelangaben über persönliche oder sachliche Verhältnisse einer bestimmten oder bestimmbaren natürlichen Person (Betroffener).*"

Einzelangaben sind Informationen über die persönlichen Verhältnisse, die Aussagen über die betroffene Person enthalten. Dies können auch Werturteile und Äußerungen Dritter sein. Die Daten müssen also nicht mit dem Namen der betroffenen Person versehen sein, um als Einzelangabe zu gelten, sondern es reicht aus, dass die Verbindung zur Person ohne größeren Aufwand hergestellt werden kann.

§4 BDSG legt die Zulässigkeit der Datenverarbeitung und -nutzung fest. Sie ist nur zulässig, wenn das BDSG oder eine andere Rechtsvorschrift sie erlaubt oder der Betroffene eingewilligt hat. Allein die Anonymität der befragten Personen ist nach dem BDSG nicht ausschlaggebend, sondern die Zulässigkeit im Sinne der Rechtsvorschriften. Dies ist bei jeder statistischen Erhebung bzw. Untersuchung zu beachten.

4

Eindimensionale Datenanalyse

Inhaltsverzeichnis

4.1 Einführung

Untersucht man jeweils nur ein Merkmal an den statistischen Einheiten, spricht man von eindimensionalen Merkmalen. Zur Analyse eindimensionaler Merkmale werden Maßzahlen verwendet, die die Häufigkeitsverteilung der Merkmalswerte beschreiben. Werden hingegen an den Untersuchungseinheiten mehrere Merkmale zugleich erhoben und untersucht, spricht man von mehrdimensionalen Merkmalen.

Bei der statistischen Analyse sollte man mit einer grafischen Darstellung der Merkmalswerte beginnen. Sie muss die Messeigenschaften der Merkmale berücksichtigen. Eine Grafik gibt ein Bild über die Verteilung der Werte und erlaubt eine Interpretation der statistischen Reihe. Daneben möchte man auch die Verteilung unter bestimmten Aspekten wie Lage, Streuung, Schiefe und Wölbung quantifizieren. Im zweiten Schritt steht daher die Berechnung von Maßzahlen an. Die Lage kann auch als Niveau bezeichnet werden. Die Streuung beschreibt die Ähnlichkeit der Werte, die Schiefe die Symmetrie und mit der Wölbung den Verlauf der Symmetrie. Auf die beiden letzten wird hier kaum bzw. nicht eingegangen.

Mit den Maßzahlen kann man die Verteilung der statistischen Reihe charakterisieren und gegebenenfalls mit anderen Verteilungen vergleichen. Sie verdichten die Information der Verteilung zu einer Zahl. Hierbei geht Information verloren. Dies schränkt die Aussagekraft der Maßzahl erheblich ein. Um die Maßzahl zuverlässig interpretieren zu können, muss man deren Verhalten bei Variation der Werte kennen. Dies ist insbesondere dann schwieriger, wenn die Maßzahl nicht direkt interpretierbar ist, also ihre Größe keine Aussage selbst liefert. Ob die Zahl nun als groß oder klein einstufen ist, kann dann mittels einer Normierung auf die Werte $[0, 1]$ gelöst werden. Ferner muss aber auch das Verhalten der Maßzahl innerhalb des Intervalls beachten. Verhält sie sich linear mit der Variation der Werte, so ist die Interpretation problemloser als wenn sie sich nicht linear verhält. Das Problem ist also die Informationsverdichtung auf eine Zahl, die dann eine Eigenschaft der Daten aufzeigen soll. Dieser eingeschränkte Blick, ein sorgloser Umgang mit den Maßzahlen kann natürlich schnell zu falschen Aussagen führen.

Grundsätzlich sind Grafiken und Maßzahlen, die für qualitative Merkmale konstruiert sind, auch für komparative und quantitative Merkmale zu verwenden. Grafiken und Maßzahlen, die für komparative Merkmale geeignet sind lassen sich auch für quantitative Merkmale einsetzen. Umgekehrt können jedoch Grafiken und Maßzahlen für metrische Merkmale nicht für komparative oder qualitative Merkmale, die für komparative Merkmale nicht für qualitative Merkmale verwendet werden, da ihnen die Vergleichs- bzw. Abstandsinformationen fehlen.

4.2 Qualitative Merkmale

Die Berechnung von relativen Häufigkeiten ist für (einzelne) qualitative Merkmalsausprägungen oft die einzig sinnvolle Beschreibung. Dazu werden die Merkmalswerte und deren Häufigkeiten in einer Tabelle erfasst.

Bei der Erstellung von Tabellen sollten folgende Hinweise beachtet werden:

- Tabellen sollten ausreichend informierende Überschriften haben.
- Kopfzeile bzw. Vorspalte enthalten die zur Gruppenbildung verwendeten Merkmalsausprägungen.
- Es sollten möglichst alle Zwischensummen gebildet werden.
- Kein Tabellenfeld darf leer bleiben. Hier kann man sich an die Symbolik des Statistischen Bundesamts anlehnen:

0	Der Wert liegt in der letzten besetzten Stelle zwischen über 0 und unter 0.5.
–	Es ist nichts vorhanden.
...	Die Angaben fallen später an.
/	Keine Angabe, da der Zahlenwert nicht sicher genug ist.
(Zahl)	Der Aussagewert der Angabe ist eingeschränkt.
•	Der Zahlenwert ist unbekannt oder geheim zu halten.
|	Es liegt eine grundsätzliche Änderung innerhalb einer Reihe vor, die den zeitlichen Vergleich beeinträchtigt.

Beispiel 4.1. In dem Beispiel 2.22 (Seite 16), das das Ergebnis der Landtagswahl vom 27. Februar 2000 in Schleswig-Holstein wiedergibt, werden die relativen Häufigkeiten durch die Relation zur Gesamtzahl der abgegebenen Stimmen berechnet (siehe Tabelle 4.1).

Tabelle 4.1. Landtagswahl Schleswig-Holstein vom 27. Februar 2000

Partei x_j	Stimmen $n(x_j)$	Stimmenanteil $f(x_j)$
SPD	689 764	47.6%
CDU	567 428	39.2%
F.D.P.	78 603	5.4%
Grüne	63 256	4.4%
SSW	37 129	2.6%
sonstige	13 189	0.8%
$\sum$	1 449 369	100.0%

Quelle: Statistisches Landesamt Schleswig-Holstein

Bei einer Nominalskala gibt es keine natürliche Anordnung der Merkmale. Für die grafische Darstellung wählt man deshalb gerne ein Kreisdiagramm. Sie veranschaulichen am besten, wie sich die einzelnen Ausprägungen aufteilen. In der Darstellung können jedoch Probleme auftreten, wenn zu viele Merkmalsausprägungen vorliegen oder einige Merkmalsausprägungen nur sehr kleine Häufigkeiten aufweisen; die Tortenstücke werden dann zu klein. Daher ist das Ergebnis der Wahl in einem Stabdiagramm wiedergegeben (siehe Abbildung 4.1, Seite 38). Es zeigt die hohen Stimmenanteile der beiden großen Parteien.

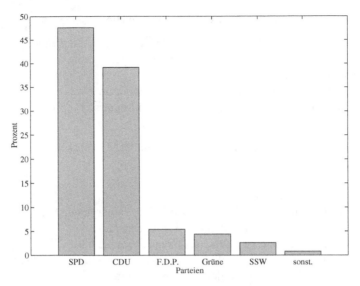

Abb. 4.1. Wahlergebnis Landtagswahl Schleswig-Holstein 2000

4.2.1 Modus

Für nominal messbare Merkmale ist der häufigste Wert, der Modus, die einzig sinn-volle Lagemaßzahl.

Definition 4.1. *Der* **Modus** *ist diejenige Merkmalsausprägung, die am häufigsten vorkommt. Sei X eine klassifikatorische Variable mit den Ausprägungen $x_1, \ldots, x_m$. Dann ist x_{mod} ein Modus, wenn er die folgende Bedingung erfüllt:*

$$x_{mod} = \left\{ x_j \mid \max_j f(x_j) \right\}, \quad j = 1, \ldots, m \tag{4.1}$$

Der Modus kann mehrdeutig sein. Die Schreibweise in der obigen Definition setzt für den Modus also eine Menge von Merkmalsausprägung fest, für die gilt, dass deren relative Häufigkeit $f(x_j)$ ein Maximum besitzt. Wenn nur ein größter Wert unter den relativen Häufigkeiten existiert, so ist der Modus eindeutig. Gibt es aber mehrere relative Häufigkeiten, die gleich groß sind, so ist der Modus mehrdeu-tig; dann ist jede der Merkmalsausprägungen, die zu diesen Häufigkeiten gehört, ein Modus.

Beispiel 4.2. Im Beispiel 2.22 (Seite 16) hat die „SPD" die meisten Stimmen erhalten $x_{mod} = \{SPD\}$. Hätten die „SPD" und die „CDU" einen gleich hohen Stimmen-anteil errungen, so wäre $x_{mod} = \{CDU, SPD\}$. Der Modus wäre dann mehrdeutig.

4.2.2 Informationsentropie

Nominale Merkmalswerte können für die statistische Analyse nicht numerisch inter-pretiert werden. Daher können bei einem nominalskalierten Merkmal X die Merkmalsausprägungen x_j (mit $j = 1, \ldots, m$ Kategorien) selbst nicht verwendet werden. Die Anzahl der Beobachtungen jedoch die auf jede Merkmalsausprägung x_j entfallen, die absoluten Häufigkeiten $n(x_j)$, können statistisch ausgewertet werden. Daher stellt sich auch bei nominalskalierten Merkmalen die Frage nach der Streuung: Wie gleichmäßig verteilen sich die Merkmalsausprägungen auf die Kategorien?

Wenn alle Merkmalsausprägungen auf eine Kategorie entfallen, liegt keine Streuung vor; die statistischen Einheiten unterscheiden sich bzgl. des Merkmals X nicht. Sind hingegen nicht alle Merkmalsausprägungen identisch, so kann aus der Kenntnis einer Merkmalsausprägung nicht auf die der anderen geschlossen werden. Es liegt eine Unsicherheit bzgl. der Vorhersage einer anderen Merkmalsausprägung vor. Es gibt also auch eine Streuung bei nominalskalierten Merkmalen. Wie misst man diese Streuung?

Zur Messung der Streuung bei nominalskalierten Daten wird das Konzept der Informationsentropie verwendet, dass auf C. E. Shannon mit seinem Artikel „A Mathematical Theory of Communication" [107], [108], [109] zurückgeht. Der Begriff der Informationsentropie und der Entropie der Thermodynamik stehen in einer gewissen Verbindung, jedoch weit weniger als die beiden Namen suggerieren.

Zur Erläuterung des Konzepts der Informationsentropie wird folgende Überlegung angestellt: Bei der Übertragung von Information über einen Draht können zufällige Störungen die Informationsübertragung nachteilig beeinflussen. Angenommen es werden von einem Sender (S) binäre Informationen, also 0 und 1, an einen Empfänger (E) übertragen. Die binären Daten können als ein nominalskaliertes Merkmal aufgefasst werden, mit den Ausprägungen 0 und 1.

Wenn von einem Sender S als Information eine 1 übertragen wird, kann sich der Empfänger E nicht sicher sein, ob tatsächlich eine 1 gesandt wurde.

$$S \rightarrow E$$
$$1 \rightarrow 1 \quad ?$$

Wird hingegen dieselbe Information dreimal übertragen, z. B. eine 1, so kann der Empfänger aus dem Übertragungsergebnis sicherer auf die tatsächlich übertragene Information schließen.

$$S \rightarrow E$$
$$1 \rightarrow 1$$
$$1 \rightarrow 1$$
$$1 \rightarrow 0$$

In der obigen Situation wird der Empfänger sich für eine 1 entscheiden (mit 2/3 zu 1/3, siehe hierzu Kapitel 9). Die empfangenen Daten streuen; man hat keine Sicherheit über die tatsächlich übertragene Ausprägung. Läge keine Streuung vor, wäre die Datenübertragung störungsfrei; alle empfangenen Werte wären identisch. In der Statistik wird die Übereinstimmung aller Merkmalswerte als Einpunktverteilung bezeichnet.

Wie groß ist die tatsächlich übertragene Information? Die tatsächlich übertragene Information ist genau 1 *bit*, weil nur zwei Zustände möglich sind.

$$H_2(2) = \log_2 2 = 1 \; bit \qquad (4.2)$$

Durch die Kodierung wird aber nicht eine, sondern dreimal eine 1 übertragen, um die Übertragungssicherheit zu erhöhen. Mit den drei bit können insgesamt $2^3 = 8$ verschiedene Muster übertragen werden.

$$H_2(8) = \log_2 8 = 3 \; bit \qquad (4.3)$$

Beispiel 4.3. Bei einer Münze können ebenfalls nur $m = 2$ Ereignisse eintreten. Bei einem Würfel können $m = 6$ Ereignisse eintreten. Es werden gegenüber der Münze mit jedem Wurf

$$H_2(6) = \log_2 6 = 2.585 \; bit \qquad (4.4)$$

mehr mitgeteilt. Wird hingegen der Würfel als Referenz genommen, so liefert die Münze mit jedem Ereignis nur

$$H_6(2) = \log_6 2 = 0.387 \; iu \qquad (4.5)$$

gegenüber dem Würfel, da $\log_6 6 = 1$ gilt. iu steht für Informationseinheiten (information unit). Ein bit ist nur auf zwei Zustände (an, aus) definiert.

Jedes Ereignis liefert also eine bestimmte Menge an Information, wobei gilt: Je mehr Ereignisse möglich sind und je seltener ein Ereignis auftritt, desto mehr Information liefert jedes Ereignis. Bei einem Würfel liefert also ein Ereignis mehr Information als bei einer Münze. Die Anzahl der möglichen Ereignisse steht also in einem Zusammenhang mit der mitgeteilten Information. Nimmt man den Extremfall, dass nur ein Ereignis eintreten kann ($m = 1$), so wird mit dem Ereignis keine Information übertragen, da ja die Information schon vor Eintritt des Ereignisses vorliegt.

$$H_b(1) = \log_b 1 = 0 \quad \text{mit } b > 1 \qquad (4.6)$$

Mit der Basis b wird der Bezug zum Referenzsystem festgelegt. In dem Beispiel 4.3 war einmal $b = 2$, aufgrund der zwei Ausprägungen 0 und 1 und einmal $b = 6$, aufgrund der 6 Ereignisse beim Würfel. Bei dem Spiel mit zwei Würfeln (Beispiel 4.4) könnte auch die Basis $b = 36$ gewählt werden.

Wieso wird die Logarithmusfunktion für die Bestimmung der Information verwendet? Dies wird mit der Überlegung begründet, dass sich Information additiv verhält, jedoch die Anzahl der Möglichkeiten, wie schon oben gesehen, multiplikativ.

Beispiel 4.4. Erhöht sich die Anzahl der Ereignisse – z. B. dadurch, dass mit zwei Würfeln gespielt wird –, so treten $m = 6 \times 6$ Ereignisse auf, aber es wird nur doppelt soviel Information mitgeteilt.

$$H_2(36) = \log_2 36 = 2 \log_2 6 = 2 \, H_2(6) = 5.170 \; bit \qquad (4.7)$$

bzw.

$$H_6(36) = \log_6 36 = 2 \; iu \qquad (4.8)$$

Die Anzahl der Ereignisse hat sich multiplikativ erhöht, hingegen hat sich die Information nur additiv erhöht. Daraus ergibt sich die Anforderung, dass die Information $H_b(m)$ die Eigenschaft

$$H_b(m_1, m_2) = H_b(m_1 \times m_2) = H_b(m_1) + H_b(m_2) \qquad (4.9)$$

erfüllen muss. Die Logarithmusfunktion weist genau diese Eigenschaft auf:

$$H_b(m_1, m_2) = \log_b(m_1 \times m_2) = \log_b(m_1) + \log_b(m_2) \qquad (4.10)$$

Nun treten in der Regel die Ereignisse nicht gleichhäufig (gleichwahrscheinlich) auf. Werden m Kategorien angenommen, dann treten in (hinreichend langen) Folgen der Länge n bestimmte Merkmalswerte x_j häufiger auf als andere.

Die Gesamtzahl verschiedener Folgen der Länge n mit $x_1, \ldots, x_m$ nicht unterscheidbaren Elementen ist eine Permutation mit Wiederholung (weil eine Merkmalsausprägung mehrmals auftreten kann, siehe Kapitel 8.2):

$$\frac{n!}{n(x_1)! \times \cdots \times n(x_m)!} \qquad (4.11)$$

Die in einer Folge der Länge n mit m möglichen Ausprägungen (Kategorien) enthaltene Information beträgt folglich:

$$\begin{aligned}
H_b\big(n(x_1), \ldots, n(x_b)\big) &= \log_b \left(\frac{n!}{n(x_1)! \times \cdots \times n(x_m)!} \right) \\
&= \log_b n! - \log_b n(x_1)! - \ldots - \log_b n(x_m)!
\end{aligned} \qquad (4.12)$$

Was nun folgt sind einige Umformungen, damit die obige Gleichung (4.12) leichter berechenbar ist. Dazu wird die Stirlingsche Formel

$$n! = 1 \times 2 \times \cdots \times n \qquad (4.13)$$

$$\ln n! = \sum_{i=1}^{n} \ln i \approx \int_{1}^{n} \ln x \, dx = n \ln n - (n-1) \approx n \ln n - n \qquad (4.14)$$

verwendet, unter der Voraussetzung, dass n und $n(x_j) \; \forall \; j$ groß ist. Aus der Gleichung (4.12) ergibt sich dann unter gleichzeitiger Verwendung der Beziehung $\log_b a = \ln a / \ln b$:

$$\begin{aligned}
H_b\big(n(x_1), \ldots, n(x_m)\big) &\approx \frac{1}{\ln b} \Big(n \ln n - n - \big(n(x_1) \ln n(x_1) - n(x_1)\big) \\
&\quad - \ldots - \big(n(x_m) \ln n(x_m) - n(x_m)\big) \Big) \\
&\approx \frac{1}{\ln b} \left(n \ln n - \sum_{j=1}^{m} n(x_j) \ln n(x_j) \right)
\end{aligned} \qquad (4.15)$$

Unter Berücksichtigung der Beziehung

$$n(x_j) = n\,f(x_j) \tag{4.16}$$

und

$$\ln n(x_j) = \ln n + \ln f(x_j) \tag{4.17}$$

erhält man dann aus der Gleichung (4.15):

$$H_b\big(f(x_1), \ldots, f(x_m)\big) \approx -\frac{n}{\ln b} \sum_{j=1}^{m} f(x_j) \ln f(x_j) \tag{4.18}$$

Eine Merkmalsausprägung in der Folge besitzt dann die durchschnittliche Information:

$$h_b(\cdot) = \frac{H_b(\cdot)}{n} \tag{4.19}$$

Definition 4.2. *Sei x_j ein qualitatives Merkmal mit der relativen Häufigkeit $f(x_j)$, mit $j = 1, \ldots, m$ Kategorien. Die* **Informationsentropie** *(nach Shannon) h_b der Verteilung ist dann wie folgt definiert:*

$$h_b\big(f(x_1), \ldots, f(x_m)\big) = -\frac{1}{\ln b} \sum_{j=1}^{m} f(x_j) \ln f(x_j) \tag{4.20}$$

Der Wertebereich von $h_b(\cdot)$ liegt zwischen 0 und $\ln m$. Damit die Informationsentropie nur Werte zwischen 0 und 1 annimmt, wird die Basis $b = m$ gesetzt, so dass mit dem Faktor $1/\ln m$ normiert wird.

$$0 \leq h_m\big(f(x_1), \ldots, f(x_m)\big) \leq 1 \tag{4.21}$$

Die Informationsentropie beschreibt den mittleren Informationsgehalt von (empfangenen) Daten. Weisen die Daten eine hohe Streuung auf, so besitzen diese einen hohen Informationsgehalt; jede Beobachtung transportiert eine Information (-seinheit). Ist die Streuung gering, dann sind viele Beobachtungen identisch und die gleiche Menge Daten transportiert weniger Information als die mit hoher Streuung. Im Extremfall mit einer Streuung von null sind alle Beobachtungen identisch. Es reicht ein Wert aus, um die Datenmenge zu beschreiben. Die restlichen Daten sind redundant; sie transportieren keine neue Information. Die Informationsentropie nimmt den Wert null an.

Ein Streuungsmaß für nominalskalierte Merkmale soll also angeben können, wie weit die Verteilung von der Einpunktverteilung entfernt ist, d. h. es tritt nur eine Merkmalsausprägung auf für die $f(x_k) = 1$ für ein $k \in \{1, \ldots, m\}$ gilt und für die restlichen $j \neq k$ Merkmalsausprägungen aus $j \in \{1, \ldots, m\}$ gilt dann $f(x_j) = 0$. Im Fall der Einpunktverteilung soll das Streuungsmaß seinen minimalen Wert, z. B.

null, annehmen. Als Zustand maximaler Streuung ist bei qualitativen Merkmalen eine Gleichverteilung des Merkmals anzusehen: $f(x_1) = \ldots = f(x_j) = \ldots = f(x_m)$ für alle $j = 1, \ldots, m$. In diesem Fall sollte das Streuungsmaß seinen Maximalwert annehmen. Genau diese Eigenschaften weist die Informationsentropie auf (vgl. [57, Kapitel 11]).

Die Informationsentropie h_m nimmt den Wert null genau dann an, wenn nur eine Merkmalsausprägung vorkommt bzw. nur eine Kategorie von null verschieden ist. Es wird außerdem

$$0 \times \log 0 = 0 \qquad (4.22)$$

gesetzt. $h_m = 1$ tritt genau dann ein, wenn alle Merkmalswerte verschieden sind bzw. wenn alle Kategorien gleich häufig besetzt sind.

Die Informationsentropie beschreibt also die Gleichmäßigkeit der Häufigkeiten bzw. die Streuung des Merkmals X. Im Extremfall der Einpunktverteilung herrscht extreme Ungleichverteilung; das Merkmal X streut überhaupt nicht, denn alle Elemente nehmen dieselbe Ausprägung an. Man sagt auch, dass keine Unsicherheit über potenzielle Ausprägungen des Merkmals X existiert: denn greift man willkürlich ein Element aus der Stichprobe heraus, so kann man im Fall der Einpunktverteilung seine Ausprägung hinsichtlich des Merkmals X mit Sicherheit vorhersagen. Die Informationsentropie nimmt dann den Wert null an. Je näher die Informationsentropie in die Nähe ihres Maximums rückt, um so stärker streut das Merkmal X auf der Grundgesamtheit, um so gleichmäßiger fallen die Häufigkeiten in den Klassen aus, um so höher ist die Unsicherheit über die potenzielle Merkmalsausprägung eines zufällig ausgewählten Elements der Grundgesamtheit. Die Informationsentropie ist somit ein Maß für die mittlere Unsicherheit bzw. den mittleren Informationsgehalt von nominalskalierten Merkmalen. Interessant ist die Informationsentropie vor allem zum Vergleich von verschiedenen Verteilungen.

Die Informationsentropie wächst jedoch nicht linear mit der Streuung. Dies wird durch eine kleine Simulation verdeutlicht, in der bei 32 Stichproben die Streuung schrittweise von einer Einpunktverteilung (keine Unsicherheit über die potenzielle Merkmalsausprägung) in eine Gleichverteilung (maximale Unsicherheit über die potenzielle Merkmalsausprägung) verändert wurde. Die Abbildung 4.2[1] zeigt deutlich die nicht lineare Verteilung der Informationsentropie. Sie rührt unverkennbar aus der Logarithmusfunktion her. Dies bedeutet, dass die Informationsentropie schnell Werte von 0.5 ausweist, obwohl noch eine relativ starke Konzentration der Merkmalswerte vorliegt. Dagegen werden Werte der Informationsentropie nahe eins erst bei sehr starker Streuung, wenn also nahezu eine Gleichverteilung der Werte vorliegt, erzielt.

Beispiel 4.5. Bei einem fairen Würfel mit $m = 6$ möglichen Ereignissen tritt langfristig jedes Ereignis mit der relativen Häufigkeit $f(x_j) = 1/6$ auf ($x_j = 1, \ldots, 6$). Die Informationsentropie h_6 liegt damit bei dem maximal möglichen Wert:

---

[1] In der Abbildung ist eigentlich eine empirische Verteilungsfunktion abgetragen, bei der allerdings die Achsen vertauscht sind. Ferner wurde die Anzahl der Werte absolut und nicht wie bei einer Verteilungsfunktion üblich relativ abgetragen. Dies soll hervorheben, dass sich die Verteilung mit der Anzahl der vorliegenden Beobachtungen ändert.

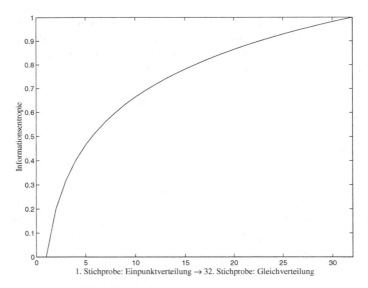

1. Stichprobe: Einpunktverteilung → 32. Stichprobe: Gleichverteilung

Abb. 4.2. Simuliertes Verhalten der Entropie

$$h_6\big(f(x_1),\dots,f(x_6)\big) = -\sum_{j=1}^{6}\frac{1}{6}\log_6\frac{1}{6} = 1 \qquad (4.23)$$

Der faire Würfel liefert also je Ereignis die maximal mögliche Information. Die Ereignisse streuen maximal!

Es wird nun angenommen, dass der Würfel nicht jedes Ereignis gleichhäufig liefert: Die Werte $x_1 = 1,\dots,x_5 = 5$ treten mit der relativen Häufigkeit von $f(x_j) = 1/8$ und $x_6 = 6$ mit $f(x_6) = 3/8$ auf. Das Ereignis $x_6 = 6$ tritt häufiger auf als die restlichen Ereignisse, so dass die Werte nicht mehr so stark streuen. Die durchschnittlich gelieferte Information je Ereignis ist nun geringer; es ist Information redundant, da ja die gleiche Menge an Ereignissen übertragen wird.

$$h_6\big(f(x_1),\dots,f(x_6)\big) = -\frac{1}{\ln 6}\left(5\,\frac{1}{8}\ln\frac{1}{8} + \frac{3}{8}\ln\frac{3}{8}\right) = 0.93 \qquad (4.24)$$

Es werden durchschnittlich nur 93% der maximal möglichen Information je Ereignis geliefert. Die Werte streuen weniger stark im Vergleich zum letzten Fall.

Wird nun unterstellt, dass der Würfel das Ereignis $x_6 = 6$ sogar mit einer relativen Häufigkeit von $f(x_6) = 15/20$ liefert und die restlichen Ereignisse nur mit $f(x_j) = 1/20$ für $j = 1,\dots,5$ auftreten, so liegt der Wert der Informationsentropie bei

$$h_6\big(f(x_1),\dots,f(x_6)\big) = 0.54. \qquad (4.25)$$

Es ist offensichtlich, dass die Zahl H_m nicht linear interpretiert werden darf. Die obige Abbildung 4.2 zeigt dies deutlich an.

Beispiel 4.6. Fortsetzung von Beispiel 2.22 (Seite 16): Aus der Landtagswahl vom 27. Februar 2000 in Schleswig-Holstein ergibt sich eine Informationsentropie von:

$$h_6\big(f(x_1), \ldots, f(x_6)\big) = 0.6429 \tag{4.26}$$

Die Stimmenanteile für die Parteien streuen nur mäßig stark. Dies zeigt sich auch an der folgenden Überlegung: Für die Wahlentscheidung waren nur $0.6429 \times 1\,449\,369 = 931\,774$ Stimmen entscheidend. Teilt man diese Stimmen wieder mittels $f(x_j)$ auf die Parteien auf, so wird das gleiche relative Wahlergebnis mit dem gleichen Entropiewert erzeugt (siehe Tabelle 4.2).

Tabelle 4.2. Wahlergebnis mit gleichem Entropiewert

SPD	CDU	F.D.P.	Grüne	SSW	sonstige	$\sum$
443 437	364 790	50 532	40 666	23 870	8 479	931 774

4.3 Komparative Merkmale

Bei komparativen Merkmalen hat man die Möglichkeit, die Ausprägungen $x_1, \ldots,$ x_m der Größe nach zu ordnen. Sie besitzen gegenüber den qualitativen Merkmalen zusätzlich Ordnungsinformationen. Die Darstellungsmöglichkeiten der qualitativen Merkmale können dennoch angewendet werden, wenngleich sie nicht die Ordnungsinformation der komparativen Merkmale berücksichtigen.

4.3.1 Empirische Verteilungsfunktion

Definition 4.3. *Die nach der Größe sortierten, bis zu einer bestimmten Merkmalsausprägung kumulierten relativen Häufigkeiten eines komparativen Merkmals heißt* **empirische Verteilungsfunktion**.

$$F(x_k) = \sum_{j=1}^{k} f(x_j), \quad 0 \le k \le m \tag{4.27}$$

Die empirische Verteilungsfunktion beantwortet die Fragestellung „Welcher Anteil der Daten ist kleiner oder gleich einem interessierenden Wert: $x_j \le x_k$?".

Beispiel 4.7. Bei einer Klausurprüfung wurden von 15 Teilnehmern die Punktzahlen in Tabelle 4.3 erzielt.

Zum Beispiel haben 60% der Schüler 11 Punkte oder weniger erreicht. Der Anteil der Schüler die zwischen 8 und 12 Punkten liegen, ist 53%.

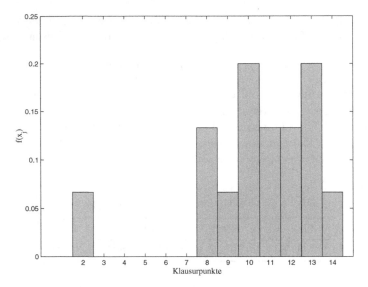

Abb. 4.3. Häufigkeitsverteilung der Klausurpunkte

Tabelle 4.3. Klausurprüfung

	Punkte x_j							
	2	8	9	10	11	12	13	14
$n(x_j)$	1	2	1	3	2	2	3	1
$f(x_j)$	7%	13%	7%	20%	13%	13%	20%	7%
$F(x_k)$	7%	20%	27%	47%	60%	73%	93%	100%

$$f(8 < x_j \le 12) = f(x_j \le 12) - f(x_j < 8)$$
$$= F(12) - F(8) = 0.73 - 0.20 = 0.53 \tag{4.28}$$

Dieses Ergebnis lässt sich auch aus der empirischen Verteilungsfunktion ablesen (siehe Abbildung 4.4).

Die grafische Darstellung der relativen Häufigkeiten legt bei komparativen Merkmalen ein Balken- bzw. Stabdiagramm nahe, bei der die natürliche Rangordnung der Merkmalsausprägungen berücksichtigt wird. Die Balkenhöhen sind proportional zu den relativen Häufigkeiten (siehe Abbildung 4.3).

Für die grafische Darstellung der empirischen Verteilungsfunktion wird ebenfalls als Grundmuster ein Balkendiagramm gewählt. Hier werden jedoch nur die oberen Kanten der Balken angezeigt, so dass der Verlauf den einer steigenden Treppe aufweist. Der Verlauf dieser Funktion wird daher auch als **Treppenfunktion** bezeichnet (siehe Abbildung 4.4). Sie besitzt Sprungstellen an den Werten x_j und ist aufgrund der Definition der empirischen Verteilungsfunktion rechtsseitig stetig, d. h. nähert man sich einer Sprungstelle der Funktion von rechts, so ist der Funktionswert jener, den die Funktion rechts von der Sprungstelle hat.

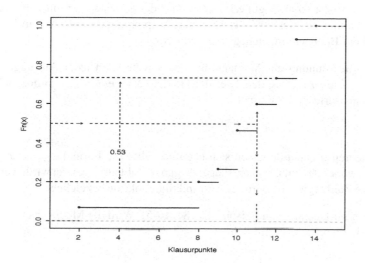

Abb. 4.4. Empirische Verteilungsfunktion der Klausurpunkte

4.3.2 Quantile

Als Lagemaße für komparative Merkmale werden Quantile definiert. Sie geben die Merkmalsausprägung an, die einem bestimmten relativen Anteil der Verteilungsfunktion entspricht. Das Quantil ist also die Umkehrfunktion der empirischen Verteilungsfunktion.

Definition 4.4. *Die kleinste Merkmalsausprägung* $x_{(p)}$, *die die geordnete Reihe der Beobachtungswerte so unterteilt, dass mindestens p% aller Merkmalsausprägungen erfasst werden, wird* **p-Quantil** $x_{(p)}$ *genannt. Es gilt:*

$$x_{(p)} = F^{-1}(p) = F^{-1}\left(\min_x \left(F(x_{(p)}) \geq p \right) \right)$$

$$= F^{-1}\left(\min_x \sum_{x_j \leq x} f(x_j) \geq p \right) \tag{4.29}$$

Typische p-Quantile sind $p = 0.25$, $p = 0.50$, $p = 0.75$, die auch als 1., 2. und 3. **Quartil** bezeichnet werden. Das 2. Quartil wird auch **Median** genannt und häufig mit dem med Operator bezeichnet.

$$x_{(0.5)} = F^{-1}(0.5) = \underset{j}{\text{med}}\,\{x_j\} \tag{4.30}$$

Beispiel 4.8. Der Median kann auch mittels der Grafik in Abbildung 4.4 bestimmt werden. Dazu wird auf der Ordinaten der Wert 0.5 gewählt. Von diesem Punkt aus wird horizontal bis zum ersten Schnittpunkt mit der Treppenfunktion gezeichnet. Der Median kann dann unmittelbar auf der Abszissen abgelesen werden (siehe Abbildung 4.4). Es ist so auch gut erkennbar, dass der Median hier mit dem Wert 11 Punkte verbunden ist, der 60% der Merkmalsausprägungen umfasst. Ein Wert für exakt 50% der Beobachtungen liegt hier nicht vor.

Bei der Berechnung des Medians für Einzelwerte kann jeder Ausprägung das Gewicht $1/n$ zugeordnet werden. Dies führt in der nach der Größe geordneten Reihe der Merkmalswerte zu der Formel:

$$x_{(0.5)} = x_{i=\lceil 0.5 \times n \rceil} \tag{4.31}$$

Die anderen p-Quantile lassen sich ebenfalls über die Formel $x_{(p)} = x_{i=\lceil p\,n \rceil}$ berechnen, wobei $p\,n$ auf die nächstliegende ganze Zahl aufgerundet wird, wenn $p\,n$ keine ganze Zahl ergibt. $\lceil\ \rceil$ wird als Aufrundungsfunktion bezeichnet.

Beispiel 4.9. Fortsetzung von Beispiel 4.7 (Seite 45): Wird der Median nach der Formel (4.31) berechnet, so ergibt sich

$$x_{(0.5)} = x_{\lceil 0.5 \times 15 \rceil} = x_8 = 11. \tag{4.32}$$

Das erste Quartil ist

$$x_{(0.25)} = x_{\lceil 0.25 \times 15 \rceil} \Rightarrow x_4 = 9; \tag{4.33}$$

das dritte Quartil liegt bei

$$x_{(0.75)} = x_{\lceil 0.75 \times 15 \rceil} = x_{12} = 13. \tag{4.34}$$

Nach der Definition 4.4 (Seite 47) errechnen sich die Quartile aus der empirischen Verteilungsfunktion $F(x_k)$ (siehe Tabelle 4.3). Der Median ist die Merkmalsausprägung, für die die empirische Verteilungsfunktion erstmals den Wert 0.5 übersteigt, also die unteren 50% der geordneten Beobachtungswerte erfasst werden.

$$x_{(0.5)} = F^{-1}(0.5) = F^{-1}\left(\min_x \left(F(x_{(0.5)}) \geq 0.5 \right) \right) = x_8 = 11 \tag{4.35}$$

50% der Klausurteilnehmer haben 11 Punkte oder weniger. Das erste Quartil bestimmt sich aus dem Wert, bei dem der Wert der empirischen Verteilungsfunktion erstmals den Wert 25% überschreitet: $x_{(0.25)} = 9$. Das dritte Quartil liegt bei $x_{(0.75)} = 13$.

Bei der Berechnung des Medians mittels Computerprogrammen wird häufig zwischen den Merkmalswerten, die den Median umgeben, linear interpoliert, da ein linearer Verlauf zwischen den Werten angenommen wird (Feinberechnung des Medians). Dies ist in der Regel aber nicht der Fall und es wird dabei auch unterstellt, dass es sich um metrische Merkmale handelt, da der Abstand zwischen den Werten zur Interpolation eingesetzt wird. Der Median ist für komparative Merkmale definiert; dieses Vorgehen entspricht daher nicht dem Konzept des Medians bzw. der Quantile. Wird der Median für metrische Merkmalswerte berechnet, so ist dieses Vorgehen zulässig, jedoch wird damit ein fiktiver Wert berechnet, der nicht gemessen werden muss. Der Median liefert aber seiner Definition nach nur tatsächlich gemessene Werte (siehe auch Beispiel 4.22 auf Seite 65).

Definition 4.5. *Als* **Interquartilsabstand** *(IQA) wird die Differenz zwischen dem 3. Quartil und dem 1. Quartil bezeichnet.*

$$IQA = x_{(0.75)} - x_{(0.25)} \tag{4.36}$$

Der Interquartilsabstand ist ein einfaches Streuungsmaß für komparative Merkmale. Je größer die Differenz zwischen den beiden Quartilen ist, desto stärker streuen die Werte innerhalb des 50%-Kerns.

4.3.3 Boxplot

Die Visualisierung des kleinsten und größten Werts sowie der Quartile einer Häufigkeitsverteilung erfolgt in einem Boxplot. Die Darstellung ist gut zum Vergleich verschiedener Häufigkeitsverteilungen geeignet. Es lässt sich schnell ein Eindruck darüber gewinnen, ob die Beobachtungen z. B. annähernd symmetrisch verteilt sind oder ob Ausreißer in den Daten auftreten. **Ausreißer** sind Werte, die besonders klein und / oder besonders groß im Vergleich zu den restlichen Werten sind. Um Ausreißer zu identifizieren, werden Werte abgeschätzt, die noch als „typisch" gelten können. Dies geschieht mit folgender Rechnung:

$$\hat{x}_{\min} = x_{(0.25)} - 1.5\,IQA \tag{4.37}$$

$$\hat{x}_{\max} = x_{(0.75)} + 1.5\,IQA \tag{4.38}$$

Der Faktor 1.5 hat sich zum Identifizieren von Ausreißern bewährt, ist jedoch theoretisch nicht begründet. Daher ist auch jeder andere Faktor möglich. Diese hypothetischen Extremwerte werden zur Bestimmung des minimalen und maximalen gemessenen Wertes verwendet, die noch als „normal, typisch" in der vorliegenden Verteilung gelten. Dabei wird der Wert $\hat{x}_{\min}$ auf den Wert der nächst höherliegenden Beobachtung gesetzt, wenn er nicht mit einem beobachteten Wert übereinstimmt und nun mit $x_{\min}$ bezeichnet. Der Wert $\hat{x}_{\max}$ wird auf den Wert der nächst darunterliegenden Beobachtung gesetzt, wenn er nicht mit einem beobachteten Wert übereinstimmt und entsprechend mit $x_{\max}$ bezeichnet.

$$x_{\min} = \min_{j \in m} \left(\{ x_j \mid x_j \geq \hat{x}_{\min} \} \right) \tag{4.39}$$

$$x_{\max} = \max_{j \in m} \left(\{ x_j \mid x_j \leq \hat{x}_{\max} \} \right) \tag{4.40}$$

Definition 4.6. *Der* **Boxplot** *besteht aus einer Box, deren Anfang das erste Quartil und das Ende das dritte Quartil ist. Der Median wird durch einen Strich in die Box gekennzeichnet. Hinzukommen zwei Linien (whiskers), die vom Boxrand jeweils bis zu den Werten x_{min} und x_{max} gezogen werden. Werte die außerhalb dieser Schranken liegen, werden mit einem Punkt als Ausreißer eingezeichnet. Die Höhe der Box hat keine Bedeutung.*

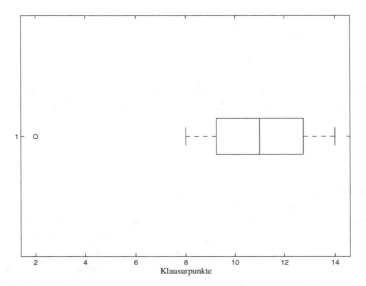

Abb. 4.5. Boxplot der Klausurpunkte

Beispiel 4.10. Fortsetzung von Beispiel 4.9 (Seite 48): Die Quartile sind bereits angegeben worden und werden als senkrechte Striche abgetragen. Der Interquartilsabstand beträgt $IQA = 13 - 9 = 4$. Dieser wird mit dem Faktor 1.5 multipliziert und zum dritten Quartil hinzuaddiert bzw. vom ersten Quartil abgezogen. So errechnen sich $\hat{x}_{min} = 3$ und $\hat{x}_{max} = 19$. Der Vergleich mit den Merkmalswerten führt zur Bestimmung von x_{min} und x_{max}.

$$x_{min} = \min_{j \in m} \left(\{x_j \mid x_j \geq 3\} \right) = 8 \tag{4.41}$$

$$x_{max} = \max_{j \in m} \left(\{x_j \mid x_j \leq 19\} \right) = 14 \tag{4.42}$$

In dem Beispiel liegt die Klausur mit 2 Punkten unterhalb von x_{min} und wird daher als Ausreißer mit einem Punkt gekennzeichnet. Nach oben liegen keine Ausreißer vor. Die Box wird hier so durch den Median geteilt, dass für den 50%-Kern eine symmetrische Verteilung der Werte angezeigt wird (siehe Abbildung 4.5).

Wie in dem obigen Beispiel bereits erwähnt, lässt sich aus dem Boxplot ablesen, ob die inneren 50% der Verteilung symmetrisch um den Median verteilt sind. Liegt dies vor, so spricht man von einer **symmetrischen Verteilung**. Unterteilt der Median die Box ungleich, so spricht man von einer **linkssteilen Verteilung**, wenn der Median mehr links liegt und von einer **rechtssteilen Verteilung**, wenn der Median rechts der Boxmitte liegt. Mit dem Quartilskoeffizient der Schiefe wird die Lage des Medians quantifiziert.

Definition 4.7. *Als* **Quartilskoeffizient der Schiefe** *(QS) bezeichnet man die Relation der Differenz des ersten und dritten Quartils zum Median. Eine Verteilung wird als rechtssteil bezeichnet, wenn $QS > 1$ gilt, als symmetrisch, wenn $QS = 1$ gilt und als linkssteil, wenn $QS < 1$ gilt.*

$$QS = \frac{x_{(0.5)} - x_{(0.25)}}{x_{(0.75)} - x_{(0.5)}}$$

$$QS > 1 \quad \textit{rechtssteile Verteilung} \qquad (4.43)$$
$$QS = 1 \quad \textit{symmetrische Verteilung}$$
$$QS < 1 \quad \textit{linkssteile Verteilung}$$

Beispiel 4.11. Im Beispiel 4.9 (Seite 48) gilt:

$$x_{(0.5)} - x_{(0.25)} = 11 - 9 = 2 \qquad (4.44)$$
$$x_{(0.75)} - x_{(0.5)} = 13 - 11 = 2 \qquad (4.45)$$
$$QS = 1 \qquad (4.46)$$

Die Klausurpunkteverteilung ist, abgesehen von dem Ausreißer, symmetrisch. Der Quartilskoeffizient der Schiefe ist gegenüber diesem Ausreißer unempfindlich.

4.3.4 Summenhäufigkeitsentropie

Die Streuung der komparativen Werte ist durch den Boxplot visualisiert worden. Daneben ist es aber auch wünschenswert, diese in einem Streuungsmaß zu erfassen. Ein Streuungsmaß, das hierfür geeignet ist, ist eine Erweiterung des Informationsentropiekonzepts. Vogel und Dobbener (VD) schlagen dazu die Summenhäufigkeitsentropie vor. Bei qualitativen Merkmalen ist die Streuung maximal, wenn eine Gleichverteilung des Merkmals vorliegt, also alle Merkmalsausprägungen gleich häufig vorkommen. Diese Festlegung könnte man auch für komparative Merkmale verwenden. Jedoch haben Vogel und Dobbener bestimmt, dass für komparative Merkmale die Streuung um so größer ist, je stärker die niedrigsten und gleichzeitig die höchsten Merkmalswerte besetzt sind, also wenn eine Zweipunktverteilung vorliegt. Es gilt dann also: $f(x_1) = f(x_m) = 0.5$ und $f(x_2) = \ldots = f(x_{m-1}) = 0$. Keine Streuung liegt vor, wenn alle Merkmalswerte in eine Klasse fallen (vgl. [122, Seite 29ff], [123], [103, Seite 57]).

Definition 4.8. *Die* **Summenhäufigkeitsentropie** VD_m *ist die Funktion:*

$$VD_m = -\sum_{j=1}^{m-1} \left(F(x_j) \log_2 F(x_j) \right.$$

$$\left. + \left(1 - F(x_j)\right) \log_2 \left(1 - F(x_j)\right) \right) \tag{4.47}$$

$$= -1.443 \sum_{j=1}^{m-1} \left[F(x_j) \ln F(x_j) \right.$$

$$\left. + \left(1 - F(x_j)\right) \ln \left(1 - F(x_j)\right) \right]$$

Anmerkung: Die Summation muss nur bis $m-1$ durchgeführt werden, weil der letzte Summand gleich null ist.

Eigenschaften der Summenhäufigkeitsentropie:

- VD_m ist von der Kodierung der Ausprägungen $x_1, \dots, x_m$ unabhängig, weil nur die relativen Häufigkeiten in die Funktion eingehen.
- VD_m ist abhängig von der Anzahl der Klassen bzw. der Klasseneinteilung.
- $0 \leq VD_m \leq m - 1$, wobei die beiden Extremfälle bei einer Einpunkt- bzw. Zweipunktverteilung auftreten.
- VD_m ist nicht linear verteilt.

Definition 4.9. *Als* **normierte Summenhäufigkeitsentropie** *wird*

$$VD_m^* = \frac{VD_m}{m - 1} \tag{4.48}$$

bezeichnet.

Beispiel 4.12. Fortsetzung von Beispiel 4.7 (Seite 45): Es wird von 14 Klassen ausgegangen, bei denen die Klassen 3 bis 7 keine Beobachtungen aufweisen.

$$VD_{14} = -1.443 \sum_{j=1}^{13} \left[F(x_j) \ln F(x_j) \right.$$

$$\left. + \left(1 - F(x_j)\right) \ln \left(1 - F(x_j)\right) \right]$$

$$= -1.443 \Big(0.0 \ln 0 + (1 - 0) \ln(1 - 0)$$

$$+ 0.07 \ln 0.07 + (1 - 0.07) \ln(1 - 0.07) \tag{4.49}$$

$$+ 0.2 \ln 0.2 + (1 - 0.2) \ln(1 - 0.2)$$

$$+ \dots \Big)$$

$$= 6.836$$

$$VD_{14}^* = \frac{6.836}{13} = 0.526$$

Die Klausurpunkte streuen eher wenig, wenn man die Verteilung[2] der Summen-häufigkeitsentropie bei 14 Klassen betrachtet (siehe Abbildung 4.6), obwohl nach dem Boxplot ein Ausreißer in der zweiten Klasse vorliegt. Nimmt man diesen Wert aus der Verteilung, so fällt der Wert der Summenhäufigkeitsentropie deutlich ab: $VD_{14} = 4.55$, $VD_{14}^* = 0.349$. Um die Streuungsabnahme beurteilen zu können, muss man die Verteilung der Summenhäufigkeitsentropie kennen. Die Verteilung der Summenhäufigkeitsentropie bei 14 Klassen ist aus allen möglichen Klassenbe-setzungen zu berechnen. Die Anzahl der möglichen Klassenbesetzungen bei jeweils k besetzten Klassen ist eine Kombination ohne Wiederholung (siehe Kapitel 8.4.1). Bei 14 Klassen bestehen dann

$$\sum_{k=1}^{14} \binom{14}{k} = 16383 \tag{4.50}$$

verschiedene Anordnungen. $k = 0$ ist hier nicht sinnvoll.

Diese nicht lineare Verteilung tritt schon bei wenigen Klassen auf, wobei dann die Verteilungsfunktion aufgrund der wenigen Werte sehr springend verläuft. Mit zunehmender Klassenzahl prägt sich die nicht lineare Verteilung der Summenhäu-figkeitsentropie stärker aus.

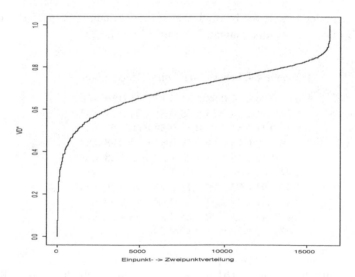

Abb. 4.6. Verteilung von VD_{14}^*

---

[2] siehe Fußnote Seite 43

4.4 Quantitative Merkmale

4.4.1 Stamm-Blatt Diagramm

Bei quantitativen Merkmalen können Häufigkeitsverteilung in der gleichen Weise analysiert werden, wie bei einem kategorialen Merkmal, jedoch vernachlässigen diese dann die metrische Abstandsinformation. Daher hat man für quantitative Merkmale weitere Darstellung erfunden. Eine davon ist das so genannte Stamm-Blatt Diagramm (stem-leaf display). Es ist nicht nur einfach und schnell anzufertigen, sondern zeigt auch die Abstandsinformation der Merkmale an. Es ist eine semigrafische Darstellung, die für mittleren Datenumfang auch per Hand zu bewältigen ist.

Definition 4.10. *Das* **Stamm-Blatt Diagramm** *besteht aus einem Stamm, der aus den Anfangsziffern der Daten gebildet wird. Je nach Größe der Zahlen ist die Anfangsziffer dann mit der entsprechenden Zehnerpotenz zu multiplizieren. Rechts neben diesem Stamm werden dann der Größe nach folgend die zweite Ziffer der ggf. gerundeten Zahlen notiert; diese Ziffern ergeben die sog. Blätter. Die verbleibenden Ziffern der Beobachtungswerte werden vernachlässigt.*

Im ersten Schritt zur Erstellung eines Stamm-Blatt Diagramms werden aus der Urliste die Daten gerundet. Die Rundung sollte sich grundsätzlich danach richten, welche Bedeutung, Genauigkeit die kleinste gemessene Ziffer aufweist.

Beispiel 4.13. In der Tabelle 4.4 ist die Lebensdauer (in Jahren) von 87 Kühlaggregaten (der Größe nach geordnet) angegeben (aus [49, Seite 25]).

Tabelle 4.4. Lebensdauer von Kühlaggregaten

0.05 0.06 0.06 0.08 0.11 0.13 0.15 0.16 0.20
0.22 0.24 0.25 0.25 0.28 0.31 0.34 0.37 0.42
0.43 0.47 0.51 0.51 0.53 0.59 0.60 0.61 0.63
0.68 0.75 0.76 0.76 0.79 0.87 0.88 0.88 0.92
0.99 1.12 1.16 1.18 1.22 1.27 1.35 1.38 1.39
1.42 1.45 1.49 1.53 1.69 1.74 1.81 1.83 1.87
1.92 1.93 2.07 2.09 2.15 2.22 2.24 2.36 2.39
2.41 2.47 2.49 2.53 2.64 2.69 2.83 2.90 3.21
3.25 3.49 3.61 3.80 3.88 4.37 4.58 4.62 5.29
5.68 6.02 6.23 6.71 7.82 9.93

Erster Schritt: Die Daten der Urliste werden auf eine Stelle hinter dem Komma gerundet, weil hier in etwa ein Monatszeitraum interessiert. Ein Monat entspricht aufgrund der dezimalen Zeiteinteilung einer Zahl von $0.08\overline{33}$.

Im zweiten Schritt wird der so genannte Stamm definiert, d. h. eine vertikale Liste geordneter Zahlen, in der jede Zahl die erste(n) Ziffer(n) von Werten in den zugehörigen Klassen enthält.

Tabelle 4.5. Gerundete Werte der Lebensdauer

0.1 0.1 0.1 0.1 0.1 0.1 0.2 0.2 0.2
0.2 0.2 0.3 0.3 0.3 0.3 0.3 0.4 0.4
0.4 0.5 0.5 0.5 0.5 0.6 0.6 0.6 0.6
0.7 0.8 0.8 0.8 0.8 0.9 0.9 0.9 0.9
1.0 1.1 1.2 1.2 1.2 1.3 1.4 1.4 1.4
1.4 1.5 1.5 1.5 1.7 1.7 1.8 1.8 1.9
1.9 1.9 2.1 2.1 2.2 2.2 2.2 2.4 2.4
2.4 2.5 2.5 2.5 2.6 2.7 2.8 2.9 3.2
3.3 3.5 3.6 3.8 3.9 4.4 4.6 4.6 5.3
5.7 6.0 6.2 6.7 7.8 9.9

Beispiel 4.14. 2. Schritt: Es wird die Klassenbreite 1 Jahr gewählt. Der Stamm enthält dann die Ziffern 0, 1, ... , 9 (siehe auch nachfolgendes Beispiel 4.15).

Im dritten Schritt trägt man die erste Nachkommastelle als Blätter rechts von den zugehörigen Ziffern des Stammes zeilenweise und der Größe nach ab.

Beispiel 4.15. Fortsetzung von Beispiel 4.13 (Seite 54), 3. Schritt: Das Blatt 1 in der ersten Zeile ergibt sich aus der ersten Nachkommastelle. Es entsteht eine Grafik, die die Häufigkeiten horizontal anzeigt (siehe Abbildung 4.7).

```
0   111111222223333344445555566666788889999
1   01222344445557788999
2   112224445556789
3   235689
4   466
5   37
6   027
7   8
8
9   9
```

Abb. 4.7. Stamm-Blatt Diagramm

Ähnlich wie bei einem Häufigkeitsdiagramm (Balkendiagramm) können die Zahlenkolonnen als Balkenhöhen gesehen werden. Jedoch geht der Informationsgehalt der Zahlenkolonnen über die der Balken hinaus. Man kann ablesen, wie die Verteilung innerhalb einer Klasse ist. Zum Beispiel zeigt sich, dass in der ersten Klasse (Stamm 0) sehr viele Kühlaggregate bereits innerhalb der ersten sechs Monate einen Defekt aufweisen. Das Stamm-Blatt Diagramm liefert somit mehr Information als ein Häufigkeitsdiagramm.

Für größere Datensätze kann es zweckmäßig sein, die Zahlen am Stamm aufzuteilen. Die Zahlen des Stammes erscheinen dabei zweimal. Auf der zugehörigen oberen Zeile werden dann die Blätter 0 bis 4 und auf der unteren die Blätter 5 bis 9 eingetragen.

Beispiel 4.16. Für das obige Stamm-Blatt Diagramm sind die Zahlen am Stamm zweimal abgetragen worden, wobei die obere Zeile der entsprechenden Ziffer jeweils die Werte bis 5 und die untere Zeile die Werte ab 5 enthält (siehe Abbildung 4.8).

```
0   1111112222233333444
0   55556666788889999
1   0122234444
1   5557788999
2   11222444
2   5556789
3   23
3   5689
4   4
4   66
5   3
5   7
6   02
6   7
7
7   8
8
8
9
9   9
```

Abb. 4.8. Stamm-Blatt Diagramm

Hier zeigt sich etwas deutlicher, dass innerhalb der ersten sechs Monate des ersten Jahres mehr Kühlaggregate einen Defekt aufweisen, als in den darauf folgenden sechs Monaten.

Bei der Wahl der Intervallbreite versucht man, einerseits das Stamm-Blatt Diagramm so übersichtlich wie möglich zu gestalten und andererseits möglichst wenig Information durch Rundung zu verlieren. Eine Faustregel, die bei einer großen Anzahl von Werten eine brauchbare Anzahl von Zeilen liefert, ist (vgl. [51, Seite 47 und 73]):

$$\text{Anzahl der Zeilen} \approx 10 \log_{10} n \qquad (4.51)$$

Bei unter 100 Werten weist die Faustregel (4.51) eine recht hohe Zahl von Zeilen aus. Hier ist häufig die Hälfte der Anzahl der Zeilen für eine gute Darstellung der Merkmalswerte ausreichend.

Beispiel 4.17. Für die Werte im Beispiel 4.13 (Seite 54) würden sich nach der Gleichung (4.51) ungefähr 19 Blätter am Stamm ergeben.

$$10 \log_{10} 87 \approx 19 \tag{4.52}$$

Dies entspricht etwa dem Stamm-Blatt Diagramm in 4.8. Im Vergleich mit der Abbildung 4.7 erscheint die Zahl von 10 Zeilen ausreichend, um die vorliegenden Beobachtungen gut darzustellen.

4.4.2 Histogramm

Definition 4.11. *Das* **Histogramm** *ist eine flächenproportionale Darstellung, bei der die Merkmalswerte entsprechend ihren Häufigkeiten gegen die Abszisse abgetragen werden.*

Diese Darstellung ist dann sinnvoll, wenn die Werte in Klassen eingeteilt werden. In einem Histogramm wird die Klassenbreite berücksichtigt, um den Umstand einzubeziehen, dass eine größere Klasse auch mehr Werte enthält. Die Balkenflächen werden daher proportional zu den relativen Häufigkeiten auf der Ordinaten abgetragen, so dass die Summe der Teilflächen gerade eins entspricht. Es wird so die durchschnittliche relative Häufigkeit in der Klasse, die **Dichte**, beschrieben. Mit

$$f^*(x_j) = \frac{f(x_j)}{\Delta_j} \quad \text{mit } j = 1, \ldots, m \tag{4.53}$$

wird die Dichte der Klasse j bezeichnet.

Bei Histogrammen mit unterschiedlicher Klassenbreite ist also die Häufigkeitsdichte (Häufigkeit/Klassenbreite) die Maßzahl für die Rechteckhöhe. Eine Häufigkeitsdichte von $f^*(x_j)$ über eine Klassenbreite von $\Delta_j = x_j^* - x_{j-1}^*$ kann näherungsweise so interpretiert werden, dass in jeder Teillänge von $\Delta\%$ der Klasse etwa $\Delta\% \times f^*(x_j)$ der Merkmalsausprägungen liegen.

Beispiel 4.18. Fortsetzung von Beispiel 4.13 (Seite 54): Die Lebensdauer der Kühlaggregate wird nun in 4 Klassen eingeteilt: $K_1 = (0, 1]$, $K_2 = (1, 3]$, $K_3 = (3, 5]$, $K_4 = (5, 10]$ (siehe Tabelle 4.6).

Tabelle 4.6. Klassierte Lebensdauer der Kühlaggregate

Klasse	x_j	Δ_j	$n(x_j)$	$f(x_j)$	$F(x_k)$	$f^*(x_j)$
$(0, 1]$	0.5	1	37	0.43	0.43	0.43
$(1, 3]$	2	2	34	0.39	0.82	0.20
$(3, 5]$	4	2	9	0.10	0.92	0.05
$(5, 10]$	7.5	5	7	0.08	1.00	0.02
$\sum$	–	–	87	1.00	–	–

Um aus der vorliegenden Häufigkeitsverteilung ein Histogramm zu erstellen, müssen die relativen Häufigkeiten der jeweiligen Klasse zu deren Klassenbreite in Relation gesetzt werden (siehe letzte Spalte in Tabelle 4.6 mit $f^*(x_j)$). Diese geben dann die Höhe der entsprechenden Rechtecke an. Die Breite der Rechtecke bestimmt sich aus der Klassenbreite, wobei die Klassenuntergrenze konventionsgemäß nicht zur Klasse gehört. Die Einheiten auf der x-Achse bedeuten *von ... bis ...* Jahren. Zum Beispiel für die erste Säule: von 0 Jahren bis unter 1 Jahr (siehe Abbildung 4.9, obere Grafik). In diesem Histogramm ist mit zunehmender Lebensdauer der Kühlaggregate die Klassenbreite vergrößert worden. Das Histogramm ist hier um einen „Teppich" erweitert, der die Verteilung der einzelnen Datenpunkte auf der Abszissen zeigt. Diese zusätzlich eingebundene Grafik wird im englischen als **Rug-Grafik** bezeichnet.

Wird die Klasseneinteilung wie in Abbildung 4.10 (obere Grafik) kleiner gewählt (Klassenbreite $\Delta_j = 0.5$), so ist das Histogramm „unruhiger" im Verlauf. Die „richtige" Klasseneinteilung ist oft nur durch Probieren zu finden. Die Letztere ist hier für die grafische Darstellung gut, für eine tabellarische hingegen ungeeignet, weil die Tabelle zu groß würde.

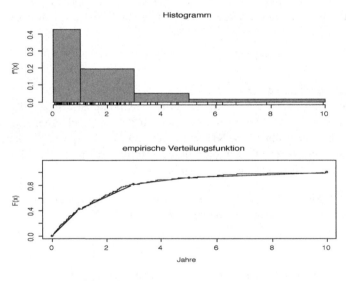

Abb. 4.9. Lebensdauer der Kühlaggregate

Bei der Darstellung der Werte in einem Histogramm stellt sich immer die Frage nach der Klasseneinteilung. Je größer die Klassen sind, desto „gleichmäßiger" verläuft das Histogramm. Wählt man aber zu wenig Klassen, so werden die Details „verschluckt". Die Wahl der Klassengrenzen kann die Dichten im Histogramm erheblich beeinflussen (siehe Abbildung 4.10).

Die empirische Verteilungsfunktion kann analog zu der Definition 4.3, die für komparative Merkmale gilt, auch für klassierte quantitative Merkmale angewendet werden. Es werden die relativen Häufigkeiten bis zu den Klassenobergrenzen jeweils sukzessive aufaddiert. Die empirische Verteilungsfunktion $F(x_k)$ gibt die Fläche unter dem Histogramm bis zu einem bestimmten Wert von x_k an. In den Klassenobergrenzen sind diese Flächen gleich den kumulierten relativen Häufigkeiten. Die Werte von den Klassenuntergrenzen zu den Klassenobergrenzen verbindet man dabei linear, womit eine Gleichverteilung innerhalb der Klassen angenommen wird.

Beispiel 4.19. Für die Klasseneinteilung in Beispiel 4.18 (Seite 57) ist die empirische Verteilungsfunktion in der unteren Grafik in Abbildung 4.9 abgetragen. Die Treppenfunktion ist die empirische Verteilungsfunktion der Einzelwerte; der Polygonenzug ist die empirische Verteilungsfunktion aus den klassierten Werten. Man sieht auch hier wieder den Effekt der Klassierung.

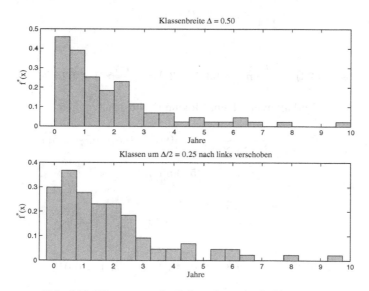

Abb. 4.10. Histogramm der Lebensdauer der Kühlaggregate

4.4.3 Dichtespur

Ein anderer Weg stellt die Schätzung der empirischen Dichten mittels der so genannte Dichtespur dar. Im einfachsten Fall wird die lokale Dichte an der Stelle x_k mittels der Funktion

$$f^*(x_k) = \frac{1}{2\,n\,h}\,n\left(\left[x_k - h, x_k + h\right]\right), \quad k = 1,\dots,n \qquad (4.54)$$

berechnet. Die Gleichung (4.54) gibt die Dichte im Intervall der Breite $\Delta = 2\,h$ an. Dies ist die Höhe eines Histogrammbalkens in der Klasse x_k mit der Breite Δ. Mit dem Parameter h, der so genannten Fensterbreite (hier halbe Klassenbreite), wird die „Feinheit" der lokalen Dichteschätzung gesteuert. Wird die lokale Dichte für jedes beobachtete x berechnet, so ergibt sich die **Dichtespur**. Je kleiner die Fensterbreite ist, desto „unruhiger" wird der Verlauf der lokalen Dichten.

Beispiel 4.20. Die lokale Dichteschätzung der Lebensdauer bei den Kühlaggregate ist für eine Fensterbreite von $h = 1$ dann folgende:

$$f^*(x_k) = \frac{1}{2 \times 87 \times 1}\, n\left(\left[x_k - 1, x_k + 1\right]\right) \tag{4.55}$$

$$f^*(x_1 = 0.05) = \frac{1}{174}\, n\left(\left[0.05 - 1, 0.05 + 1\right]\right)$$

$$= \frac{1}{174}\, n\left(\left[-0.95, 1.05\right]\right) \tag{4.56}$$

$$= \frac{1}{174} \times 37 = 0.213$$

$$\vdots$$

$$f(x_{87} = 9.93) = \frac{1}{174}\, n\left(\left[8.93, 10.93\right]\right) = \frac{1}{174} \times 1 = 0.0006 \tag{4.57}$$

Für ein $h = 0.5$ erhält man folgende lokale Dichteschätzungen:

$$f^*(x_1 = 0.05) = \frac{1}{2 \times 87 \times 0.5}\, n\left(\left[0.05 - 0.5, 0.05 + 0.5\right]\right)$$

$$= \frac{1}{87}\, n\left(\left[-0.45, 0.55\right]\right) \tag{4.58}$$

$$= \frac{1}{87} \times 23 = 0.264$$

$$\vdots$$

$$f^*(x_{87} = 9.93) = \frac{1}{87}\, n\left(\left[9.43, 10.43\right]\right) = \frac{1}{87} \times 1 = 0.011 \tag{4.59}$$

Je kleiner das h gewählt wird, desto kleiner ist der Ausschnitt (Fenster) der Werte, die in den betrachteten Bereich fallen. Damit werden weniger Werte zusammengefasst und der Verlauf der Werte wird detaillierten abgebildet. Werden mehr Werte durch ein größeres Fenster zusammengefasst, so werden die Dichten stärker geglättet. Dies ist der gleiche Effekt, der bei einer größeren Klasseneinteilung auftritt. Die einzelnen Werte werden dann im $(x, f^*(x))$-Koordinatensystem abgetragen. Die Zeichnung wird als Dichtespur bezeichnet (siehe Abbildung 4.11).

Die Berechnung der lokalen Dichte in der Gleichung (4.54) kann auch mittels einer Kernfunktion (oder Fenster) beschrieben werden. Sie gewichtet die Werte entsprechend ihrem Abstand zum Wert x_k im Intervall $[x_k - h, x_k + h]$. In Gleichung (4.54) hat sie die Form:

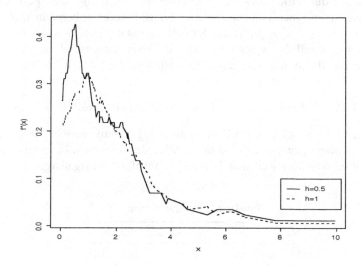

Abb. 4.11. Dichteschätzung für Lebensdauer der Kühlaggregate

$$w(u) = \frac{1}{2}\,\mathbf{1}_{[-1,1]}(u) \quad \text{mit } u = \frac{x_k - x_i}{h} \tag{4.60}$$

Die Gleichung (4.60) bedeutet, dass die Werte u, die in das Intervall $[-1,1]$ fallen, alle mit $1/2$ gleich gewichtet werden, gleichgültig ob sie am Rand oder in der Mitte des Intervalls liegen. Dies ist gerade die Gewichtung, die in einem Histogramm unterstellt wird. u gibt dabei den Abstand der Werte x_i zur Stelle x_k an, relativiert zur Fensterbreite, da dem Umstand Rechnung zu tragen ist, dass mit größerer Fensterbreite h mehr Abstände $x_k - x_i$ in das Intervall $[-1,1]$ fallen. Mit dem Faktor $1/2$ wird dann gerade sichergestellt, dass die Klassenbreite Δ eingehalten wird.

Definition 4.12. *Die Funktion* $\mathbf{1}_{[-1,1]}(u)$ *wird als* **Indikatorfunktion** *bezeichnet und bedeutet, dass für Werte von u die zwischen -1 und 1 liegen, die Funktion* $\mathbf{1}_{[-1,1]}(u)$ *den Wert eins annimmt, für alle anderen Werte den Wert null. Allgemeiner:*

$$\mathbf{1}_{[a,b]}(u) = \begin{cases} 1 & \text{für } a \le u \le b \\ 0 & \text{sonst} \end{cases} \tag{4.61}$$

Damit kann die lokale Dichte $f^*(x_k)$ in der Gleichung (4.54) auch in der Form beschrieben werden:

$$\begin{aligned} f^*(x_k) &= \frac{1}{n\,h} \sum_{i=1}^{n} w\left(\frac{x_k - x_i}{h}\right) \\ &= \frac{1}{n\,h} \sum_{i=1}^{n} w\big(u(x_k, x_i)\big) \end{aligned} \tag{4.62}$$

$w(u)$ ist hier durch die Gewichtungsfunktion der Gleichung (4.60) gegeben. Mit der Summe über $w(u)$ wird an der Stelle x_k für alle Werte x_i berechnet, ob x_i im Intervall $[x_k - h, x_k + h]$ liegt. Ist das der Fall, nimmt die Funktion $w(u)$ den Wert 0.5 an, ansonsten null. Es werden also so alle Werte, ausgehend vom jeweiligen Wert x_k, gezählt, die im Intervall liegen. Anschließend wird die Dichte wie gewohnt berechnet.

Definition 4.13. *Die Funktion $w(u)$ wird auch als* **Kernfunktion** *bezeichnet.*

Mit anderen Kernfunktionen, z. B. einer dreieckig verlaufenden, werden die Werte am Rand geringer gewichtet als die in der Mitte des Intervalls. Eine Auswahl von in der Praxis verwendeten Kernfunktionen ist in Tabelle 4.7 aufgelistet.

Tabelle 4.7. Kernfunktionen

Name	Kernfunktion $w(u)$
Rechteckkern	$\frac{1}{2}\,\mathbf{1}_{[-1,1]}(u)$
Dreieckskern	$(1 - |u|)\,\mathbf{1}_{[-1,1]}(u)$
Epanechnikowkern	$\frac{3}{4}\left(1 - u^2\right)\mathbf{1}_{[-1,1]}(u)$
Bisquarekern	$\frac{15}{16}\left(1 - u^2\right)^2\mathbf{1}_{[-1,1]}(u)$
Normalkern	$\frac{1}{\sqrt{2\pi}}\,e^{-u^2/2}$

(vgl. [51, Seite 56])

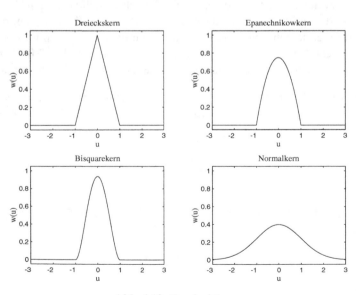

Abb. 4.12. Kernfunktionen

Definition 4.14. *Als* **lokale Dichte** *wird die Funktion*

$$f^*(x_k) = \frac{1}{n\,h} \sum_{i=1}^{n} w\big(u(x_k, x_i)\big), \quad k = 1, \dots, n \qquad (4.63)$$

bezeichnet. $w(u)$ *ist die Kernfunktion.*

Definition 4.15. *Als* **Dichtespur** *wird die Berechnung der lokalen Dichten für alle Merkmalswerte bezeichnet.*

Beispiel 4.21. Wird die Dichtespur für die Lebensdauer der Kühlaggregate mit einem Normalkern berechnet, so werden folgende Rechenschritte (mit einem Computer) durchgeführt. Es wird hier $h = 0.5$ gesetzt. Als erstes werden die Abstände für jedes x_k $k = 1, \dots, 87$ jeweils zu allen x_i ermittelt. Für $x_{k=1} = 0.05$ ergeben sich dann folgende Werte 87 für u.

$$u = \frac{x_{k=1} - x_i}{0.5} = \{0, -0.02, -0.02, -0.06, \dots, -19.76\} \qquad (4.64)$$

Diese Abstände werden hier mit dem Normalkern gewichtet. Große Abstände von x_k werden dadurch mit einem kleinen Gewicht und kleine Abstände von x_k mit einem großen Gewicht bewertet.

$$w(u) = \left\{ \frac{1}{\sqrt{2\,\pi}}\, e^{-\frac{0^2}{2}}, \frac{1}{\sqrt{2\,\pi}}\, e^{-\frac{-0.02^2}{2}}, \dots, \frac{1}{\sqrt{2\,\pi}}\, e^{-\frac{-19.76^2}{2}} \right\} \qquad (4.65)$$

Diese Gewichte werden dann aufsummiert und zur Anzahl der Werte und Fensterbreite relativiert.

$$f^*(x_{k=1}) = \frac{1}{87 \times 0.5} \sum_{i=1}^{87} w\big(u(x_{k=1}, x_i)\big) = \frac{1}{43.5}\, 10.353 = 0.238 \qquad (4.66)$$

Dies ist der erste Wert der lokalen Dichteschätzung für die Dichtespur, der in einer Grafik abgetragen wird. Die Rechenschritte werden für alle 87 Werte wiederholt und dadurch entsteht die „Spur".

Der Vorteil, die Daten mit einer Dichtespur, statt mit einem Histogramm darzustellen, liegt darin, dass die Klasseneinteilung entfällt und nun mit einer Gewichtungsfunktion über die Werte gleitet wird. Dafür treten neue Entscheidungen auf: Welche Gewichtungsfunktion soll gewählt werden? Wie groß soll die Fensterbreite h sein? Die dazu anstehenden Überlegungen sind u. a. in [51] und [111] ausgeführt, führen hier aber zu weit. Ferner ist die Berechnung der Dichtespur rechenaufwendig, so dass sie nur mit dem Computer bestimmt wird.

Ein pragmatischer Ansatz ist es, durch Experimentieren mit verschiedenen Kernfunktionen und verschiedenen Fensterbreiten eine angemessene Dichtespur für die Verteilung zu finden. In den Abbildungen 4.13 und 4.14 wurde z. B. mit einem Rechteckkern und einem Normalkern (Dichte der Normalverteilung) und verschiedenen

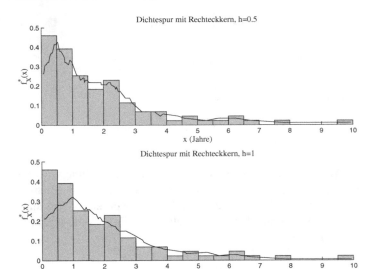

Abb. 4.13. Lebensdauer der Kühlaggregate

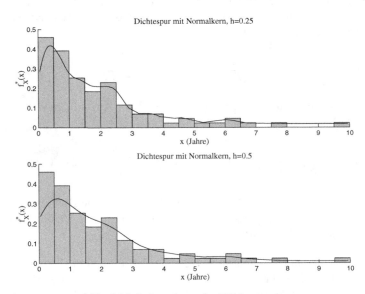

Abb. 4.14. Lebensdauer der Kühlaggregate

Werten von h experimentiert. Es ist offensichtlich, dass mit größer gewählter Fensterbreite h die Dichtespur „glatter" wird. Ferner verläuft die Dichtespur mit dem Rechteckkern bei gleichem h deutlich unruhiger als mit dem Normalkern.

In der unteren Grafik der Abbildung 4.13 zeigt sich allerdings, dass $h = 1$ eine zu starke Glättung bewirkt; die Dichtespur zeigt die höchste Lebensdauer der Kühlaggregate bei einem Jahr an, obwohl das Histogramm dies bei etwa einem halben Jahr ausweist. Bei einer Fensterbreite von $h = 0.5$ wird der Verlauf unruhiger, gleichzeitig wird die häufigste Lebensdauer der Kühlaggregate genauer angezeigt. Die Kerndichteschätzung mit einem Normalkern weist bereits mit einer Fensterbreite von $h = 0.25$ (siehe Abbildung 4.14) einen sehr glatten Verlauf der Dichtespur aus. Die Verteilung der Werte wird gut angezeigt. Sie scheint hier die beste Präsentation der Verteilung für die Werte zu sein.

4.4.4 Arithmetisches Mittel

Das arithmetische Mittel ist eine Lagemaßzahl, die die Mitte, dem Schwerpunkt von (geordneten) metrischen Daten berechnet. Die Berechnung des arithmetischen Mittels setzt Abstandsinformationen der Daten voraus, die nur bei metrischen Daten vorliegen. Nur dann ist der Mittelwert im oben genannten Sinn interpretierbar. Sie ist die am häufigsten verwendete Lagemaßzahl für metrische Daten, auch weil es in der induktiven Statistik eine besondere Rolle spielt (siehe Kapitel 12 und 14.3).

Definition 4.16. *Für n gegebene quantitative Beobachtungswerte ist das* **arithmetische Mittel** *definiert als:*

$$\bar{x} = \frac{1}{n} \sum_{i=1}^{n} x_i \tag{4.67}$$

Beispiel 4.22. Eine Befragung von 8 Personen nach der Anzahl ihrer Kinder ergibt: $3, 0, 2, 2, 1, 3, 1, 1$. Als arithmetisches Mittel erhält man:

$$\bar{x} = \frac{1}{8} \sum_{i=1}^{8} x_i = \frac{13}{8} = 1.625 \tag{4.68}$$

Das arithmetische Mittel ist hier zwar die geeignete Maßzahl, gleichwohl ist die Aussage einer durchschnittlichen Kinderzahl von 1.625 wenig sinnvoll. Der Median wäre hier die bessere Maßzahl, da er eine tatsächlich existierende Merkmalsausprägung liefert ($x_{(0.5)} = 1$), obwohl die Abstandsinformation des quantitativen Merkmals nicht ausgewertet wird.

Für metrische Merkmale können das arithmetische Mittel und der Median (und der Modus) auch dazu verwendet werden, um die Symmetrie bzw. **Schiefe** einer Verteilung zu beurteilen. Gilt

$$\bar{x} = x_{(0.5)}(= x_{mod})\,, \text{ so liegt eine symmetrische Verteilung,} \tag{4.69}$$

$$\bar{x} > x_{(0.5)}(> x_{mod})\,, \text{ so liegt eine linkssteile Verteilung,} \tag{4.70}$$

$$\bar{x} < x_{(0.5)}(< x_{mod})\,, \text{ so liegt eine rechtssteile Verteilung} \tag{4.71}$$

vor. Je stärker sich $\bar{x}$ und $x_{(0.5)}$ unterscheiden, desto schiefer sind die Verteilungen. In Abbildung 4.15 sind die Situationen abgetragen. Hier bezeichnet $\mu = \bar{x}$. Die Lageregeln gelten auch im Fall von klassierten Daten.

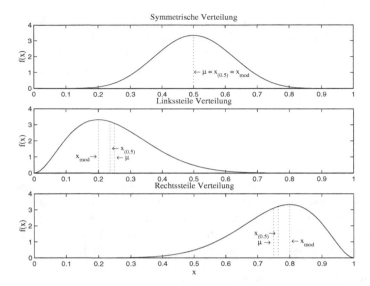

Abb. 4.15. Symmetrische, links- und rechtssteile Verteilung

Beispiel 4.23. Einkommensverteilungen verlaufen in der Praxis immer linkssteil. Deshalb liegt der Mittelwert auch stets oberhalb des Medians. Die Einkommenshöhe, die von mindestens 50% der Personen bezogen wird, ist somit stets geringer als die durchschnittliche Einkommenshöhe.

Sind die Merkmalsausprägungen in Klassen zusammengefasst, so muss das gewogene arithmetische Mittel berechnet werden. Der Klassenrepräsentant, die Klassenmitte, wird dabei mit der Häufigkeit, die in dieser Klasse auftritt, gewichtet.

Definition 4.17. *Gegeben sei die Häufigkeitsverteilung des quantitativen Merkmals X, dessen Ausprägungen x_j ($j = 1, \dots, m$) mit den absoluten Häufigkeiten $n(x_j)$ bzw. relativen Häufigkeiten $f(x_j)$ auftreten. Das* **gewogene arithmetische Mittel** *ist dann:*

$$\bar{x} = \frac{1}{n} \sum_{j=1}^{m} x_j \, n(x_j) = \sum_{j=1}^{m} x_j \, f(x_j) \tag{4.72}$$

Bei klassierten Merkmalswerten müssen nicht notwendigerweise Klassenmitte und Klassenmittelwert übereinstimmen. Deshalb kann das gewogene arithmetische Mittel der klassierten Werte von dem (wahren) arithmetischen Mittel der Einzelwerte abweichen. Diese Abweichung wird als **Verzerrung** des gewogenen arithmetischen Mittels bezeichnet. Sie ist um so größer, je weiter die Klassenmitten systematisch vom Klassenmittel abweichen.

Beispiel 4.24. Fortsetzung von Beispiel 4.13 (Seite 54) bzw. Beispiel 4.18 (Seite 57): Aus den Ursprungswerten errechnet sich ein arithmetisches Mittel von 1.89 Jahren als durchschnittliche Funktionsdauer der Kühlaggregate. Für die klassierten Werte erhält man

$$\bar{x} = \frac{(0.5 \times 37 + 2 \times 34 + 4 \times 9 + 7.5 \times 7)}{87} = 2.01 \qquad (4.73)$$

Der Unterschied zwischen den beiden Mittelwerten ergibt sich aus der Tatsache, dass das gewogene arithmetische Mittel der klassierten Werte bei Verwendung der Klassenmitten nur dann mit dem aus den Ursprungswerten berechneten arithmetischen Mittel übereinstimmt, wenn die Werte einer Klasse sich gleichmäßig über diese Klasse verteilen, wenn also die Klassenmitten mit den Klassenmitteln übereinstimmen. In dem Beispiel liegt dies aber nicht vor. In der Regel werden zwar die Klassenmitten mit dem Klassenmittel nicht übereinstimmen, aber es ergibt sich mal eine Abweichung nach oben und mal eine nach unten, so dass sich die Abweichungen bei der Mittelung über die Klassen in etwa aufheben.

Die Verwendung des arithmetischen Mittels wirft immer dann Probleme auf, wenn die Verteilung Ausreißer enthält oder nach einer Seite weit ausläuft. Der Median ist gegenüber Ausreißern hingegen unempfindlich. Allerdings benutzt das arithmetische Mittel alle Daten der Urliste, der Median letztlich nur einen Wert dieser Liste. In den Median gehen nur die Ordnungsinformationen der Beobachtungswerte ein, in das arithmetische Mittel auch die Abstandsinformationen.

In der Abbildung 4.16 obere Grafik sind das arithmetische Mittel und der Median für 50 Stichproben mit jeweils $n = 20$ Zufallszahlen (die aus einer diskreten Gleichverteilung im Bereich zwischen 0 und 100 stammen) berechnet und abgetragen worden. Es zeigt sich, dass der Median stärker streut als der Mittelwert. Dies ist ein Vorteil des arithmetischen Mittels.

In der Abbildung 4.16 untere Grafik ist bei den obigen Zufallszahlen die jeweils größte Zufallszahl durch einen zufälligen Ausreißer ersetzt worden (der aus einer diskreten Gleichverteilung aus dem Bereich zwischen 0 und 1000 stammt). Die Abbildung zeigt deutlich, dass der Mittelwert durch den Ausreißer wesentlich stärker beeinflusst wird als der Median. Dies ist ein Vorteil des Medians. Dieses Verhalten des Medians wird als robust bezeichnet.

4.4.5 Harmonisches Mittel

Das harmonische Mittel wird dann verwendet, wenn die Merkmalsausprägung als Verhältnis zweier Einheiten beschrieben ist, z. B. €/Stück, €/kg, km/h, etc. Es kann als Sonderfall des gewogenen arithmetischen Mittels dargestellt werden.

$$\bar{x} = \frac{\sum\limits_{j=1}^{m} x_j\, n(x_j)}{\sum\limits_{j=1}^{m} n(x_j)} = \frac{\sum\limits_{j=1}^{m} x_j\, n(x_j)}{\sum\limits_{j=1}^{m} \frac{x_j\, n(x_j)}{x_j}} \qquad (4.74)$$

Diese auf den ersten Blick als sinnlos erscheinende Erweiterung wird dadurch sinnvoll, dass zu den Merkmalswerten x_j Einheiten angegeben werden.

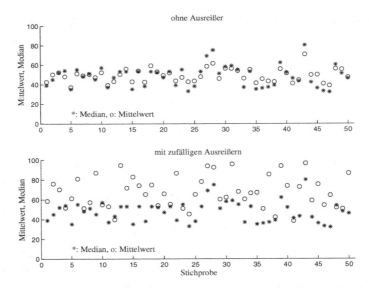

Abb. 4.16. Arithmetisches Mittel und Median

Beispiel 4.25. Wird die Einheit x_j [€/kg] gewählt, so stellt sich $x_j \, n(x_j)$ als Preis €
mal Menge kg dar und wird als Umsatz oder Erlös bezeichnet. Die obige Gleichung
(4.74) lässt sich in diesem Fall dann wie folgt umschreiben:

$$
\overline{\text{Preis}} = \frac{\sum\limits_{j=1}^{m} \text{Umsatz}_j}{\sum\limits_{j=1}^{m} \text{Menge}_j} = \frac{\sum\limits_{j=1}^{m} \text{Preis}_j \times \text{Menge}_j}{\sum\limits_{j=1}^{m} \text{Menge}_j}
$$

$$
= \frac{\sum\limits_{j=1}^{m} \text{Preis}_j \times \text{Menge}_j}{\sum\limits_{j=1}^{m} \frac{\text{Preis}_j \times \text{Menge}_j}{\text{Preis}_j}} = \frac{\sum\limits_{j=1}^{m} \text{Umsatz}_j}{\sum\limits_{j=1}^{m} \frac{\text{Umsatz}_j}{\text{Preis}_j}}
$$

(4.75)

Die j-te Menge wird durch die Beziehung j-ter Umsatz / j-ter Preis bestimmt.

Dieser Zusammenhang wird als harmonisches (ausgewogenes) Mittel bezeichnet. Die Anwendung erfolgt immer dann, wenn die Mengengröße $n(x_j) = \text{Menge}_j$
nicht direkt angeben ist. Sie lässt sich aber über den Zusammenhang der Umsatzde-
finition zurückrechnen.

Definition 4.18. *Ist das quantitative positive Merkmal X mit den Ausprägungen x_i
$(i = 1, \ldots, n)$ gegeben, so ist als* **harmonisches Mittel** *definiert:*

$$
\bar{x}_h = \frac{n}{\sum\limits_{i=1}^{n} \frac{1}{x_i}}
$$

(4.76)

Definition 4.19. *Ist eine Häufigkeitsverteilung für das quantitative positive Merkmal* X *gegeben, dessen Ausprägungen* x_j *mit den absoluten bzw. relativen Häufigkeiten* $n(x_j)$ *bzw.* $f(x_j)$ *auftreten, so ist als* **gewogenes harmonisches Mittel** *definiert:*

$$\bar{x}_h = \frac{n}{\sum_{j=1}^{m} \frac{n(x_j)}{x_j}} = \frac{1}{\sum_{j=1}^{m} \frac{f(x_j)}{x_j}} \tag{4.77}$$

Beispiel 4.26. Angenommen es werden jeweils ein Kilogramm

$$n(x_1) = n(x_2) = 1\,[\text{kg}] \tag{4.78}$$

einmal zu

$$x_1 = 60\,[\text{€/kg}] \tag{4.79}$$

und einmal zu

$$x_2 = 120\,[\text{€/kg}] \tag{4.80}$$

eingekauft. Der Durchschnittspreis läge dann bei:

$$\bar{p} = \frac{1\,[\text{kg}] \times 60\,[\text{€/kg}] + 1\,[\text{kg}] \times 120\,[\text{€/kg}]}{2\,[\text{kg}]} = 90\,[\text{€/kg}] \tag{4.81}$$

Diese Rechnung entspräche der mit dem gewogenen arithmetischen Mittel. Wären nun die Mengen unbekannt, so ließen sie sich zwar über den Zusammenhang

$$\text{Menge} = \frac{\text{Umsatz}}{\text{Preis}} \tag{4.82}$$

die Menge zurückrechnen, aber einfacher geht es, wenn dieser Zusammenhang unmittelbar in der Mittelwertbildung berücksichtigt wird.

$$\bar{p} = \frac{180\,[\text{€}]}{\frac{60\,[\text{€}]}{60\,[\text{€/kg}]} + \frac{120\,[\text{€}]}{120\,[\text{€/kg}]}} = \frac{180\,[\text{€}]}{2\,[\text{kg}]} \tag{4.83}$$

Beispiel 4.27. Ein häufiger Fehler bei der Anwendung der Mittelwertbildung ist, dass die falschen Gewichte gewählt werden. Angenommen ein Zug durchfahre ein Strecke von 600 km einmal mit 60 km/h und einmal mit 120 km/h. Dann wird die mittlere Geschwindigkeit oft als $(120 + 60)/2 = 90$ berechnet. Der auf eine falsche Gewichtung zurückgehende Fehler wird offensichtlich, wenn man zu den unterstellten Gewichten von eins die Einheiten hinzusetzt.

$$\frac{1\,[?] \times 60\,[\text{km/h}] + 1\,[?] \times 120\,[\text{km/h}]}{2\,[?]} = 90\,[?] \tag{4.84}$$

Die Einheiten der Gewichte könnten zum Beispiel 1 km sein, dann wäre aber offensichtlich, dass zum einen die unsinnige Einheit $[\text{km}^2/\text{h}]$ entsteht, zum anderen der Nenner 2 km keinen Sinn ergibt.

Setzt man für die Gewichte die Einheit h ein, so wird auch sofort klar, dass der Zug unmöglich bei 90 km/h die Gesamtstrecke von 1200 km innerhalb von 2 h durchfahren kann.

Die richtige Einheit für die Gewichte sind zwar Stunden, aber die Gewichte betragen 10 h und 5 h, da der Zug einmal mit 60 km/h und einmal mit 120 km/h die angegebene Strecke durchfährt.

$$\bar{x} = \frac{10\,[\text{h}] \times 60\,[\text{km/h}] + 5\,[\text{h}] \times 120\,[\text{km/h}]}{15\,[\text{h}]} = 80\,[\text{km/h}] \qquad (4.85)$$

bzw.

$$\bar{x}_h = \frac{2}{1/60\,[\text{km/h}] + 1/120\,[\text{km/h}]} = 80\,[\text{km/h}] \qquad (4.86)$$

4.4.6 Geometrisches Mittel

Hat man es mit zeitlich aufeinander folgenden Zuwächsen bzw. Wachstumsraten zu tun, ist das arithmetische Mittel nicht der sachlich richtige Durchschnittswert, sondern das geometrische Mittel.

Ausgehend von einem Anfangsbestand B_0 seien $B_0, B_1, \ldots, B_n$ eine Reihe von Bestandsdaten in den Perioden $0, 1, \ldots, n$. Dann ist für $i = 1, \ldots, n$

$$x_i = \frac{B_i}{B_{i-1}} \qquad (4.87)$$

der i-te Wachstumsfaktor und

$$r_i = \frac{B_i - B_{i-1}}{B_{i-1}} = x_i - 1 \qquad (4.88)$$

die i-te Wachstumsrate. Es gilt dann: $B_n = B_0\,x_1 \times \cdots \times x_n$.

Analog zum arithmetischen Mittel erhält man das geometrische Mittel, indem alle Faktoren miteinander multipliziert werden und daraus die n-te Wurzel gezogen wird.

Definition 4.20. *Gegeben seien n Wachstumsfaktoren x_i $(i = 1, \ldots, n)$ eines Merkmals X. Das* **geometrische Mittel** *ist definiert als:*

$$\bar{x}_g = \sqrt[n]{\prod_{i=1}^{n} x_i} \qquad (4.89)$$

Es gilt dann:

$$B_n = B_0\,\bar{x}_g^{\,n} \qquad (4.90)$$

Aufgrund der Zusammenhänge kann das geometrische Mittel auch durch

$$\bar{x}_g = \sqrt[n]{\frac{B_n}{B_0}} \qquad (4.91)$$

berechnet werden.

Beispiel 4.28. Der Umsatz eines Unternehmens wachse wie in Tabelle 4.8 angegeben.

Tabelle 4.8. Umsätze

Jahr	Umsatz	Zuwachsrate	Zuwachsfaktor
1	100 000 €	–	–
2	160 000 €	60%	1.6
3	176 000 €	10%	1.1

Der Gesamtzuwachs in den 2 Jahren ist das Produkt der Zuwachsfaktoren ergibt $1.6 \times 1.1 = 1.76$. Die Gesamtzuwachsrate beträgt somit 76%. Das geometrische Mittel beträgt:

$$\bar{x}_g = \sqrt[2]{1.1 \times 1.6} = 1.3266 \qquad (4.92)$$

Der durchschnittliche Zuwachs betrug in den 2 Jahren somit 32.66%: $100\,000\,€ \times 1.3266^2 = 176\,000\,€$.

Zu beachten ist, dass das geometrische Mittel nicht aus Zuwachsraten, Zinssätzen, etc. berechnet wird, sondern dass man diese zunächst in Zuwachsfaktoren, Zinsfaktoren, etc. umwandelt, indem man zu dem als Dezimalbruch gegebenen Wert der Zuwachsrate eins addiert. Es werden Wachstumsfaktoren multiplikativ auf die Basis angewendet, um den Zuwachs zu errechnen. Dabei wird der Zuwachs aus der Vorperiode mit berücksichtigt (Zinseszins). Das arithmetische Mittel hingegen addiert die Wachstumsfaktoren auf, was inhaltlich bedeutet, dass der Zinseszins nicht berücksichtigt wird. Das arithmetische Mittel weist daher bei monoton wachsenden Folgen stets eine zu hohe Wachstumsrate aus. In allen Fällen, in denen Merkmalsausprägungen sinnvoll nur durch Multiplikation verknüpft werden können, ergibt das geometrische Mittel einen geeigneten Durchschnitt.

Beispiel 4.29. Ein Kapital verzinst sich in 3 aufeinander folgenden Jahren wie folgt:

$$4\% \quad 5\% \quad 6\% \qquad (4.93)$$

Wie hoch ist die durchschnittliche Verzinsung?

$$\bar{x}_g = \sqrt[3]{1.04 \times 1.05 \times 1.06} = 1.0499 \qquad (4.94)$$

Der Durchschnittszins beträgt 4.99%. Eine Anlage über 3 Jahre mit diesem Zinssatz führt zum gleichen Zuwachs.

Anmerkung: Wenn sich die Wachstumsrate r nicht auf ein Jahr, sondern auf eine unterjährige Periode $1/k$ mit $k = 2, 4, 12, 365$ bezieht, so beträgt die **annualisierte (jährliche) Wachstumsrate** der jeweiligen Teilperiode:

$$r = (1 + r_{1/k})^k - 1 \qquad (4.95)$$

Beispiel 4.30. Es liegt ein Umsatzwachstum von monatlich 1% vor. Wie hoch wäre das jährliche Wachstum, wenn sich das monatliche Wachstum über 12 Monate konstant fortsetzen würden?

$$r = (1 + 0.01)^{12} - 1 = 0.1268 \tag{4.96}$$

Es würde 12.68% betragen und nicht 12%. Dies liegt am Zinseszins.

Für weitere Einzelheiten zu der so genannten Zinseszinsrechnung wird auf die Finanzmathematik verwiesen.

Definition 4.21. *Gegeben sei die Häufigkeitsverteilung des quantitativen Merkmals X, dessen Ausprägungen x_j mit absoluten bzw. relativen Häufigkeiten $n(x_j)$ bzw. $f(x_j)$ auftreten, dann ist das* **gewogene geometrische Mittel** *definiert als:*

$$\bar{x}_g = \sqrt[n]{\prod_{j=1}^{m} x_j^{n(x_j)}} = \prod_{j=1}^{m} x_j^{f(x_j)} \tag{4.97}$$

Das geometrische Mittel wird oft auch dort als Lagemaß verwandt, wo eine logarithmische Skala sinnvoll ist, denn wenn man den Logarithmus des geometrischen Mittels bildet, erhält man wieder ein arithmetisches Mittel der logarithmierten Beobachtungswerte:

$$\ln \bar{x}_g = \ln \left(\sqrt[n]{x_1 \times \cdots \times x_n} \right) = \frac{1}{n} \left(\ln x_1 + \ldots + \ln x_n \right) \tag{4.98}$$

Die Mittelwerte allein liefern nur eine unvollständige Beschreibung einer Verteilung, da sie nichts über die Größe der Abweichung der einzelnen Merkmalswerte aussagen. Eine Streuungsmaßzahl soll messen, wie stark die Verteilung von einem Zentrum abweicht. Im Folgenden werden Streuungsmaße für quantitative Merkmale beschrieben.

4.4.7 Spannweite

Das einfachste Streuungsmaß für quantitative Merkmale ist die Spannweite.

Definition 4.22. *Gegeben seien n Beobachtungswerte x_i $(i = 1, \ldots, n)$ eines quantitativen Merkmals X. Die Differenz zwischen dem größten Beobachtungswert $\max_i x_i$ und dem kleinsten Beobachtungswert $\min_i x_i$ heißt* **Spannweite** w *der Verteilung des Merkmals.*

$$w = \max_i x_i - \min_i x_i \tag{4.99}$$

Beispiel 4.31. Für die Beobachtungswerte aus dem Beispiel 4.22 (Seite 65) beträgt die Spannweite $3 - 0 = 3$.

Ist die Häufigkeitsverteilung eines Merkmals gegeben, für dessen Ausprägungen Klassen gebildet wurden, dann ist w wie folgt definiert.

Definition 4.23. *Gegeben seien die Klassengrenzen x_j^* ($j = 1, \ldots, m$) der Häufigkeitsverteilung von X. Die Differenz zwischen größter Klassengrenze x_m^* und kleinster Klassengrenze x_1^* heißt* **Spannweite** w *der Verteilung.*

$$w = x_m^* - x_1^* \tag{4.100}$$

Die Spannweiten verschiedener Beobachtungsreihen kann man nur vergleichen, wenn die Beobachtungsreihen die gleiche Anzahl von Beobachtungen haben.

4.4.8 Median der absoluten Abweichung vom Median

Der Interquartilsabstand, ein Streuungsmaß für komparative Merkmale, gehen nur zwei Werte ein, nämlich das erste und das dritte Quartil. Ein Streuungsmaß, welches alle Werte einer Verteilung berücksichtigt, ist der Median der absoluten Abweichung vom Median. Er misst die Streuung vom Zentrum mittels des Medians. Da sich positive und negative Abweichungen vom Zentrum nicht aufheben dürfen, sonst hätten ja alle symmetrischen Verteilungen eine Streuung von null, wird hier der Betrag der Abweichung verwendet.

Definition 4.24. *Der* **Median der absoluten Abweichung vom Median** *(MAD: median absolute deviation from the median) ist bei Einzelwerten definiert als*

$$MAD = \underset{i}{\mathrm{med}} \left\{ |x_i - x_{(0.5)}| \right\}, \quad i = 1, \ldots, n \tag{4.101}$$

und bei klassierten Werten definiert als:

$$MAD = \underset{j}{\mathrm{med}} \left\{ |x_j - x_{(0.5)}| \right\}, \quad j = 1, \ldots, m \tag{4.102}$$

Der med Operator ist das 0.5-Quantil (siehe Definition 4.4, Seite 47) der empirischen Verteilungsfunktion von $|x_j - x_{(0.5)}|$:

$$F^{-1}(0.5) = |x_j - x_{(0.5)}|_{(0.5)} \tag{4.103}$$

Da der Median gegenüber Ausreißern resistent ist, ist auch der MAD ein so genanntes robustes Streuungsmaß und daher eine Alternative zur mittleren absoluten Abweichung sowie zur nachfolgenden Varianz, wenn es nur um die Beschreibung der Streuung geht.

Beispiel 4.32. Aus dem Beispiel 4.7 (Seite 45) sind die Werte zur Berechnung des MAD entnommen. Der Median liegt hier bei $x_{(0.5)} = 11$, so dass sich die in Tabelle 4.9 berechnete geordnete Reihe der absoluten Abweichungen vom Median ergibt.

Der Median der absoluten Abweichung vom Median beträgt $MAD = 2$. Mindestens fünfzig Prozent (hier 73%) der Abweichungen vom Median liegen bei zwei Punkten.

Tabelle 4.9. MAD Berechnung

$\lvert x_j - x_{(0.5)} \rvert$	0	1	2	3	9
$n(\lvert x_j - x_{(0.5)} \rvert)$	2	5	4	3	1
$F(\lvert x_k - x_{(0.5)} \rvert)$	0.13	0.47	0.73	0.93	1.00

Anmerkung: Unter MAD wird häufiger auch die mittlere absolute Abweichung vom Median verstanden. Hierbei wird dann das arithmetische Mittel der absoluten Abweichung vom Median berechnet[3]. Diese alternative Vorgehensweise ist insofern inkonsistent, da sie das robuste Mediankonzept mit dem Mittelwertskonzept vermischt.

$$\widetilde{MAD} = \frac{1}{n} \sum_{i=1}^{n} \lvert x_i - x_{(0.5)} \rvert \qquad (4.104)$$

bzw. für klassierte Daten

$$\widetilde{MAD} = \frac{1}{n} \sum_{j=1}^{m} \lvert x_j - x_{(0.5)} \rvert \, n(x_j) \qquad (4.105)$$

4.4.9 Varianz und Standardabweichung

Bei der mittleren absoluten Abweichung werden die einfachen absoluten Abweichungen zur Messung der Streuung verwendet. Bei der Varianz benutzt man für die Messung die quadratischen Abweichungen. Größere Abstände zum Mittelwert werden auf diese Weise stärker berücksichtigt. Daher gehen Ausreißer hier wesentlich stärker ein. Ist dies unerwünscht, so sollte man auf den Median der absoluten Abweichung vom Median zurückgreifen.

Die Varianz ist das am meisten verwendete Streuungsmaß. Zum einen, weil es mathematisch relativ einfach handhabbar ist, zum anderen, weil sie in der Normalverteilung als Parameter für die Streuung auftritt (siehe Kapitel 12).

Definition 4.25. *Gegeben seien n Beobachtungswerte x_i ($i = 1, \ldots, n$) eines quantitativen Merkmals X. Das arithmetische Mittel der quadrierten Abweichungen der Beobachtungswerte x_i von ihrem arithmetischen Mittel $\bar{x}$ heißt **Varianz**.*

$$\sigma^2 = \frac{1}{n} \sum_{i=1}^{n} (x_i - \bar{x})^2 \qquad (4.106)$$

In einigen Lehrbüchern (und auf Taschenrechnern) wird die Varianz mit dem Faktor $1/(n-1)$ definiert. Diese Form liefert aber keine mittlere quadratische Abweichung im hier definierten Sinn. Sie ist bei Stichprobenuntersuchungen von Interesse,

---

[3] Dieser Vorschlag geht auf Laplace zurück. Er hat aber kaum Verwendung gefunden, da Gauss mit der Normalverteilung die Varianz als Streuungsparameter gefunden hatte.

wenn mit der Varianz der Stichprobe die Varianz der übergeordneten Grundgesamtheit geschätzt werden soll (siehe Kapitel 15.4).

Durch Auflösen der Gleichung (4.106) erhält man folgende vereinfachte Form:

$$\sigma^2 = \frac{1}{n} \sum_{i=1}^{n} \left(x_i^2 - 2\, x_i\, \bar{x} + \bar{x}^2 \right)$$

$$= \frac{1}{n} \sum_{i=1}^{n} x_i^2 - 2\, \bar{x}\, \frac{1}{n} \sum_{i=1}^{n} x_i + \bar{x}^2 \qquad (4.107)$$

$$= \frac{1}{n} \sum_{i=1}^{n} x_i^2 - \bar{x}^2$$

Beispiel 4.33. Für die Anzahl der Kinder (Beispiel 4.22 auf Seite 65) ergibt sich als Varianz:

$$\sigma^2 = \frac{29}{8} - 1.625^2 = 0.98 \qquad (4.108)$$

Beispiel 4.34. Die Varianz der Lebensdauer der Kühlaggregate (Beispiel 4.13, Seite 54) beträgt:

$$\sigma^2 = \frac{1}{87}\, 622.147 - 1.892^2 = 3.573 \qquad (4.109)$$

Die obige Vereinfachung ist ein Spezialfall des Varianzverschiebungssatzes:

$$\sigma^2 = \frac{1}{n} \sum_{i=1}^{n} (x_i - c)^2 - (\bar{x} - c)^2 \quad \text{mit } c \in \mathbb{R} \qquad (4.110)$$

Der **Varianzverschiebungssatz** ergibt sich, wenn statt des arithmetischen Mittels eine beliebige Zahl c in die Varianzformel eingesetzt wird.

$$\sum_{i=1}^{n} (x_i - c)^2 = \sum_{i=1}^{n} \left((x_i - \bar{x}) + (\bar{x} - c) \right)^2$$

$$= \sum_{i=1}^{n} \left((x_i - \bar{x})^2 + 2\, (x_i - \bar{x})\, (\bar{x} - c) + (\bar{x} - c)^2 \right)$$

$$= \sum_{i=1}^{n} (x_i - \bar{x}^2) + 2 \underbrace{\sum_{i=1}^{n} (x_i - \bar{x})(\bar{x} - c)}_{=0} + n\, (\bar{x} - c)^2 \qquad (4.111)$$

$$= \sum_{i=1}^{n} (x_i - \bar{x})^2 + n\, (\bar{x} - c)^2$$

$$\frac{1}{n} \sum_{i=1}^{n} (x_i - c)^2 = \frac{1}{n} \sum_{i=1}^{n} (x_i - \bar{x})^2 + (\bar{x} - c)^2 \qquad (4.112)$$

Für $c = 0$ ergibt sich die Beziehung in Gleichung (4.107). Die Varianz in Abweichung von c gemessen erhöht sich gegenüber der Varianz in Abweichung vom Mittelwert gemessen um den Faktor $(\bar{x} - c)^2$. Daher wählt man bei der Varianz das arithmetische Mittel als Bezugsgröße, da es die Minimumeigenschaft für den quadratischen Abstand besitzt.

$$S = \frac{1}{n} \sum_{i=1}^{n} (x_i - c)^2 = \min \quad \text{für alle } c \tag{4.113}$$

$$\frac{dS}{dc} = -\frac{2}{n} \sum_{i=1}^{n} (x_i - c) \stackrel{!}{=} 0 \Rightarrow \tag{4.114}$$

$$c = \frac{1}{n} \sum_{i=1}^{n} x_i = \bar{x} \tag{4.115}$$

$$\frac{d^2 S}{dc^2} = \frac{2}{n} > 0 \rightarrow \min \tag{4.116}$$

Diese Eigenschaft des arithmetischen Mittels wird bei der Regressionsrechnung verwendet.

Infolge des Quadrierens hat σ^2 nicht die gleiche Maßeinheit wie die Werte selbst. Die Standardabweichung σ hingegen misst die Streuung um das Mittel $\bar{x}$ mit der gleichen Maßeinheit.

Definition 4.26. *Die positive Quadratwurzel aus der Varianz heißt* **Standardabweichung**.

$$\sigma = +\sqrt{\sigma^2} \tag{4.117}$$

Ähnlich wie im Boxplot eine „typische" Streuung mit dem Intervall von $x_{\min}$ bis $x_{\max}$ ausgewiesen wurde, kann die Standardabweichung dazu verwendet werden, ein Streuungsintervall um den Mittelwert anzugeben, dessen Werte als „typisch" oder „normal" beurteilt werden. Werte außerhalb des Intervalls können dann als Ausreißer bezeichnet werden. Die Standardabweichung gewinnt mehr an Bedeutung, wenn die Normalverteilung verwendet wird (siehe Kapitel 12). Dann kann eine Wahrscheinlichkeit dafür angegeben werden, dass x innerhalb des Intervalls (4.118) liegt.

$$[\bar{x} - c\sigma, \bar{x} + c\sigma] \quad \text{mit } c > 0 \tag{4.118}$$

Es ist aufgrund der Konstruktion der Varianz offensichtlich, dass diese und die Standardabweichung sich nicht linear bei einer Veränderung der Werte verhält (siehe hierzu Kapitel 4.4.10, 14.7.1 und 14.8).

Beispiel 4.35. Für das Beispiel 4.33 (Seite 75) errechnet sich eine Standardabweichung von

$$\sigma = +\sqrt{0.98} = 0.99. \tag{4.119}$$

Die Kinderzahl streut mit etwa einem Kind um den Mittelwert von $\bar{x} = 1.625$ Kindern. Ob dies eine hohe oder niedrige Streuung ist, lässt sich nur im Vergleich mit anderen Untersuchungen feststellen.

Das einfaches Streungsintervall umfasst hier die Werte von 0.6 bis 2.6 Kinder. Damit könnten Familien ohne Kinder und mit mehr als 2 Kindern hier als untypisch bezeichnet werden.

$$[0.635, 2.615] \tag{4.120}$$

Wählt man ein zweifaches Streuungsintervall ($c = 2$), so dehnt sich das Intervall auf -0.355 bis 3.605 aus. Alle vorliegenden Werte könnten nun als typisch bezeichnet werden. Welches c gewählt wird, ist eine willkürliche Entscheidung.

Beispiel 4.36. Die Standardabweichung der Lebensdauer der Kühlaggregate beträgt siehe Beispiel 4.34, Seite 75):

$$\sigma = +\sqrt{3.573} = 1.890 \tag{4.121}$$

Das einfache Streuungsintervall umfasst hier die Wert von 0 bis 3.78. Damit wären alle Werte größer als 3.8, als „untypisch " zu bewerten. Ein zweifaches Streuungsintervall umfasst die Werte von -1.89 bis 5.67. Kühlaggregate mit einer Funktionsdauer von mehr als 5.68 Jahren werden jetzt noch als „untypisch" beurteilt.

Wird die Varianz aus klassierten Werten berechnet, so muss beachtet werden, dass jeder Klassenrepräsentant x_j mit der Häufigkeit $n(x_j)$ auftritt.

Definition 4.27. *Gegeben sei die Häufigkeitsverteilung eines quantitativen Merkmals X mit den Merkmalsausprägungen x_j bzw. mit den Klassenmitten x_j, den absoluten bzw. relativen Häufigkeiten $n(x_j)$ bzw. $f(x_j)$ und dem arithmetischen Mittel $\bar{x}$. Das gewogene arithmetische Mittel der quadratischen Abweichungen der Merkmalsausprägungen bzw. Klassenmitten x_j vom arithmetischen Mittel $\bar{x}$ heißt* **Varianz.**

$$\sigma^2 = \frac{1}{n} \sum_{j=1}^{m} (x_j - \bar{x})^2 \, n(x_j) = \sum_{j=1}^{m} (x_j - \bar{x})^2 \, f(x_j) \tag{4.122}$$

Durch Auflösen der Gleichung in Definition 4.27 erhält man folgende vereinfachte Form:

$$\sigma^2 = \frac{1}{n} \sum_{j=1}^{m} x_j^2 \, n(x_j) - \bar{x}^2 = \sum_{j=1}^{m} x_j^2 \, f(x_j) - \bar{x}^2 \tag{4.123}$$

Beispiel 4.37. Fortsetzung von Beispiel 4.24 (Seite 66): Aus den klassierten Werten errechnet man die Varianz wie in Tabelle 4.10 dargestellt:

$$\sigma^2 = \frac{683}{87} - \left(\frac{175}{87}\right)^2 = 3.80 \tag{4.124}$$

Die Standardabweichung beträgt:

$$\sigma = +\sqrt{3.80} = 1.95. \tag{4.125}$$

Tabelle 4.10. Klassierte Kühlaggregate

Klasse	x_j	Δ_j	$n(x_j)$	$x_j\, n(x_j)$	$x_j^2\, n(x_j)$
$[0, 1)$	0.5	1	37	18.5	9.25
$[1, 3)$	2.0	2	34	68.0	136.00
$[3, 5)$	4.0	2	9	36.0	144.00
$[5, 10)$	7.5	5	7	52.5	393.75
$\sum$	–	–	87	175.0	683.00

Liegen die Einzelwerte vor, aus denen die klassierten Werte erzeugt wurden, so lässt sich mittels des Varianzverschiebungssatzes (Gleichung 4.110) die Varianz innerhalb der Klassen (Gruppen) und zwischen den Klassen (Gruppen) berechnen.

Definition 4.28. *Die Zerlegung der Varianz in eine Varianz innerhalb der Klassen (Gruppen) und eine zwischen den Klassen (Gruppen) wird als* **Streuungszerlegung** *bezeichnet.*

$$\underbrace{\sigma^2}_{\text{Gesamtvarianz}} = \underbrace{\frac{1}{n}\sum_{j=1}^{m}\sigma_j^2\, n(x_j)}_{\text{Varianz innerhalb der Klassen}} + \underbrace{\frac{1}{n}\sum_{j=1}^{m}(\bar{x}_j - \bar{x})^2\, n(x_j)}_{\text{Varianz zwischen den Klassen}} \tag{4.126}$$
$$= \sigma_w^2 + \sigma_b^2$$

Mit σ_j^2 wird die Varianz und mit $\bar{x}_j$ wird der Mittelwert innerhalb der j-ten Klassen bezeichnet. Mit σ_w^2 die Varianz innerhalb (within) der Gruppe, mit σ_b^2 zwischen (between) den Gruppen.

Zum Nachweis der Streuungszerlegung werden die Werte in der j-ten Klasse mit x_{ij}, $i = 1, \dots, n(x_j)$ bezeichnet. Nach dem Verschiebungssatz gilt mit $c = \bar{x}$ für die j-te Klasse (siehe letzte Zeile in Gleichung (4.111), links der Gleichung steht noch keine Varianz):

$$\sum_{i=1}^{n(x_j)}(x_{ij} - \bar{x})^2 = \sum_{i=1}^{n(x_j)}(x_{ij} - \bar{x}_j)^2 + (\bar{x}_j - \bar{x})^2\, n(x_j) \tag{4.127}$$
$$= \sigma_j^2\, n(x_j) + (\bar{x}_j - \bar{x})^2\, n(x_j)$$

Die Addition aller m Klassen führt zu der Gesamtvarianz:

$$\sigma^2 = \frac{1}{n}\sum_{j=1}^{m}\sum_{i=1}^{n(x_j)}(x_{ij} - \bar{x})^2 = \frac{1}{n}\sum_{j=1}^{m}\sigma_j^2\, n(x_j) + \frac{1}{n}\sum_{j=1}^{m}(\bar{x}_j - \bar{x})^2\, n(x_j) \tag{4.128}$$

Beispiel 4.38. Aus den klassierten Einzelwerten des Beispiels 4.13 (Seite 54) errechnen sich folgende Varianzen innerhalb der Klassen:

$$\sigma_1^2 = \frac{1}{37}\,10.5880 - 0.4551^2 \qquad\qquad = 0.0790 \qquad (4.129)$$

$$\sigma_2^2 = \frac{1}{34}\,134.4873 - 1.9185^2 \qquad\qquad = 0.2748 \qquad (4.130)$$

$$\sigma_3^2 = \frac{1}{9}\,136.9909 - 3.8678^2 \qquad\qquad = 0.2615 \qquad (4.131)$$

$$\sigma_4^2 = \frac{1}{7}\,340.0812 - 6.8114^2 \qquad\qquad = 2.1875 \qquad (4.132)$$

$$\sigma_w^2 = \frac{1}{87}\left(\sigma_1^2 \times 37 + \sigma_2^2 \times 34 + \sigma_3^2 \times 9 + \sigma_4^2 \times 7\right) = 0.3440 \qquad (4.133)$$

Die Varianz zwischen den 4 Klassen ergibt sich aus:

$$\sigma_b^2 = \frac{1}{87}\sum_{j=1}^{4}(\bar{x}_j - 1.8915)^2\,n(x_j)$$

$$= \frac{1}{87}\sum_{j=1}^{4}\bar{x}_j^2\,n(x_j) - 1.8915^2 \qquad\qquad (4.134)$$

$$= 6.8071 - 1.8915^2 = 3.2293$$

Die Gesamtvarianz ist damit:

$$\sigma^2 = \sigma_w^2 + \sigma_b^2$$

$$= 0.3440 + 3.2293 = 3.5734 \qquad\qquad (4.135)$$

Dies ist die Varianz, die sich aus den Einzeldaten ergibt. Die Varianz, die sich aus den klassierten Werten errechnet, ist eine Approximation der tatsächlichen Varianz aus den Einzeldaten.

Die Klassierung von Daten bedeutet immer einen Informationsverlust. Daher ist eine Analyse der klassierten Werte immer ungenauer als der Einzelwerte. Der im Allgemeinen kleine Fehler bei der Berechnung des arithmetischen Mittels, da sich positive oder negative Werte in der Summation fast zu null addieren, gilt bei der Berechnung der Varianz nicht. Hier tritt ein systematischer Fehler auf, da die Abweichungen vom Mittelwert quadriert werden. Durch die Repräsentation der in Klassen zusammengefassten Merkmalsausprägungen mit den Klassenmitten fällt die Varianz meist etwas größer aus als die aus den Einzeldaten berechnete. Mit zunehmender Klassenbreite nimmt im allgemeinen die Varianz aus den gruppierten Daten zu. Daher sollte die Klassenbreite nicht zu groß gewählt werden. Dies liegt daran, dass i. d. R. die Verteilung in den Klassen nicht symmetrisch ist, was bedeutet, dass die Klassenmitte nicht dem Klassenmittel entspricht. Folglich ist die mit der Klassenmitte berechnete Varianz nicht die kleinst möglichste. Hat die Verteilung ungefähr die Form einer Normalverteilung (siehe Kapitel 12) und wird innerhalb der Klassen eine Gleichverteilung unterstellt, so kann bei gleicher Klassenbreite Δ die **Sheppard-Korrektur** $\Delta^2/12$ angebracht werden (vgl. [36, Seite 97], [49, Seite 46, 86]). Der Faktor $1/12$ ist die Varianz einer **Gleichverteilung** zwischen 0 und 1 (siehe Beispiel 10.16, Seite 245). Ferner ist zu beachten, dass mit der Varianzberechnung aus klassierten Daten nur die Streuung zwischen den Klassen, nicht aber die Streuung innerhalb der Klassen, approximiert wird.

$$\sigma^2_{korr} = \sigma^2 - \frac{\Delta^2}{12} \qquad (4.136)$$

Diese Korrektur braucht nur bei grober Klasseneinteilung ($n > 1000$ und $m < 20$) angewandt zu werden. Ferner muss beachtet werden, dass mit korrigierten Varianzen keine statistischen Tests vorgenommen werden dürfen. Es empfiehlt sich daher, sofern möglich, immer Mittelwert und Varianz aus der Urliste zu errechnen.

Soll die Varianz für Wachstumsraten $r_i = x_i - 1$ (siehe Gleichung 4.88) berechnet werden, empfiehlt es sich die Wachstumsfaktoren $x_i = r_i + 1$ zu logarithmieren, da gilt: $d\ln x/dx = 1/x \Rightarrow d\ln x = dx/x \Rightarrow \Delta\ln x \approx \Delta x/x = r$. Die Varianz berechnet sich dann wie folgt:

$$\sigma^2 = \frac{1}{n-1} \sum_{i=2}^{n} (\ln x_i - \ln \bar{x}_g)^2 \qquad (4.137)$$

Bei n Beobachtungswerten treten nur $n-1$ Wachstumsraten auf. Daher läuft hier die Summe von $i = 2$ bis n und es wird mit $n - 1$ Beobachtungen gemittelt[4].

Beispiel 4.39. Wird für das Beispiel 4.28 (Seite 71) die Varianz berechnet, so sollte aufgrund der Wachstumsraten die Varianz nach der Form in Gleichung (4.137) bestimmt werden.

$$\sigma^2 = \frac{1}{3-1} \sum_{i=2}^{3} (\ln x_i - \ln 1.407)^2 \qquad (4.138)$$
$$= 0.0606$$

Die Wachstumsraten streuen im Mittel um $\pm\sqrt{0.0606} = \pm0.2462$ oder um 24.62 Prozentpunkte.

4.4.10 Variationskoeffizient

Varianz und Standardabweichung benutzen zwar als Bezugspunkt das arithmetische Mittel, werden jedoch nicht ins Verhältnis zu diesem gesetzt. Ist aber der Mittelwert einer Beobachtungsreihe z. B. 10 000, so wird man sagen, dass eine Varianz von 10 recht klein ist, dagegen ist diese Varianz ziemlich groß zu nennen, wenn das Mittel 1 ist. Ein vom arithmetischen Mittel bereinigtes Streuungsmaß ist der Variationskoeffizient. Dieser ist besonders zum Vergleich von verschiedenen Häufigkeitsverteilungen geeignet.

---

[4] Der Faktor $n - 1$ steht in keinem Zusammenhang mit den $n - 1$ Freiheitsgraden, die bei der Schätzung der Varianz aus einer Stichprobe berücksichtigt werden (siehe Kapitel 15.4).

Definition 4.29. *Gegeben sei ein quantitatives Merkmal X mit ausschließlich positiven oder negativen Merkmalswerten, mit dem arithmetischen Mittel $\bar{x}$ und der Standardabweichung σ. Das relative Streuungsmaß*

$$| \, v \, |= \frac{\sigma}{\bar{x}} \tag{4.139}$$

heißt **Variationskoeffizient.**

Man beachte, dass der Variationskoeffizient nur dann ein sinnvolles Maß ist, wenn ausschließlich positive oder negative Merkmalswerte vorliegen. Nur dann ist sichergestellt, dass der Mittelwert nicht null wird.

Das Maximum des Variationskoeffizienten liegt für Einzeldaten bei $\sqrt{n-1}$; sein Minimum liegt bei null. Letzteres ist leicht einzusehen: Die Varianz σ^2 ist null, wenn alle x_i identisch sind. Dann liegt keine Streuung vor. Um das Maximum des Variationskoeffizienten zu ermitteln, werden folgende Umformungen vorgenommen:

$$
\begin{aligned}
v^2 = \frac{\sigma^2}{\bar{x}^2} &= \frac{\frac{1}{n} \sum\limits_{i=1}^{n} x_i^2 - \bar{x}^2}{\bar{x}^2} \\
&= \frac{1}{n} \frac{\sum\limits_{i=1}^{n} x_i^2}{\bar{x}^2} - 1 \\
&= \frac{1}{n} \frac{\sum\limits_{i=1}^{n} x_i^2}{\frac{1}{n^2} \left(\sum\limits_{i=1}^{n} x_i \right)^2} - 1 = n \frac{\sum\limits_{i=1}^{n} x_i^2}{\left(\sum\limits_{i=1}^{n} x_i \right)^2} - 1
\end{aligned}
\tag{4.140}
$$

Der Nenner wird durch

$$\left(\sum_{i=1}^{n} x_i \right)^2 = \sum_{i=1}^{n} x_i^2 + 2 \sum_{i=1}^{n} \sum_{j=i+1}^{n} x_i x_j \tag{4.141}$$

ersetzt.

$$
\begin{aligned}
v^2 &= n \frac{\sum\limits_{i=1}^{n} x_i^2}{\sum\limits_{i=1}^{n} x_i^2 + 2 \sum\limits_{i=1}^{n} \sum\limits_{j=i+1}^{n} x_i x_j} - 1 \\
&= n \frac{1}{1 + \dfrac{2 \sum\limits_{i=1}^{n} \sum\limits_{j=i+1}^{n} x_i x_j}{\sum\limits_{i=1}^{n} x_i^2}} - 1
\end{aligned}
\tag{4.142}
$$

Das Maximum für v^2 liegt vor, wenn $2 \sum_{i=1}^{n} \sum_{j=i+1}^{n} x_i x_j / \sum_{i=1}^{n} x_i^2$ minimal wird. Dies ist dann der Fall, wenn ein $x_i \neq 0$ und alle anderen $x_i = x_j =$

0 sind; der Fall maximaler Streuung der Merkmalswerte. Dann ist die Summe $\sum_{i=1}^{n} \sum_{j=i+1}^{n} x_i x_j = 0$ und somit $2 \sum_{i=1}^{n} \sum_{j=i+1}^{n} x_i x_j / \sum_{i=1}^{n} x_i^2 = 0$. Der Nenner wird eins und der quadrierte Variationskoeffizient nimmt den Wert $n - 1$ an. Somit besitzt der Variationskoeffizient den maximalen Wert $\sqrt{n - 1}$. Teilt man den Variationskoeffizienten durch sein Maximum erhält man einen normierten Variationskoeffizienten, da er dann nur Werte zwischen 0 und 1 annehmen kann (siehe auch Kapitel 4.4.12.1). Nun verhält sich der Variationskoeffizient innerhalb des Intervalls nicht linear bzgl. einer Veränderung der Streuung der Merkmalswerte (siehe Abbildung 4.19, Seite 98). Zusätzlich wird sein Verhalten von der Anzahl der beobachteten Werte bestimmt. Ob also ein Wert des Variationskoeffizienten von z. B. 0.2 eine geringe oder hohe Streuung anzeigt, hängt von der Anzahl der Beobachtungen ab. Bei 8 Werten bedeutet dies eine hohe Variation, bei 32 Werten nur eine „mittlere" Variation der Werte. Dies ist bei der Interpretation der Größe der Werte zu beachten.

Definition 4.30. *Als* **normierter Variationskoeffizient** *ist das Verhältnis von Variationskoeffizient v zu $\sqrt{n - 1}$ definiert.*

$$| v^* | = \frac{| v |}{\sqrt{n - 1}} \quad mit \; 0 \leq | v^* | \leq 1 \qquad (4.143)$$

Beispiel 4.40. Fortsetzung von Beispiel 4.35 (Seite 76): Die relative Streuung der Kinderzahl beträgt:

$$| v | = \frac{0.992}{1.625} = 0.611 \qquad (4.144)$$

$$| v^* | = \frac{0.611}{\sqrt{8 - 1}} = 0.231 \qquad (4.145)$$

Die Standardabweichung beträgt rund 61% des Mittelwerts. Auf die maximal mögliche Streuung (Verteilung) der 8 Werte bezogen ergibt sich, dass diese davon mit rund 23% variieren. Nach der Verteilung des Variationskoeffizienten bei 8 Werten (siehe obere Grafik in Abbildung 4.19, Seite 98) ist der Variationskoeffizient hier mit einer mäßigen Variation der Werte verbunden.

Beispiel 4.41. Fortsetzung Beispiel 4.36 (Seite 77): Die Variation der Lebensdauer der Kühlaggregate beträgt:

$$| v | = \frac{1.890}{1.892} = 0.999 \qquad (4.146)$$

Die Standardabweichung beträgt rund 100% des Mittelwerts

$$| v^* | = \frac{0.999}{\sqrt{87 - 1}} = 0.108 \qquad (4.147)$$

Jedoch variiert die Lebensdauer der Kühlaggregate auf die maximal mögliche Verteilung bezogen mit nur rund 11%. Dieser Wert zeigt trotz des progressiven Verhaltens des Variationskoeffizienten (siehe Abbildung 4.19, Seite 98) bei dieser hohen

Zahl von Beobachtungen eine relativ geringe Variation der Werte an. Die Werte konzentrieren sich also relativ stark zwischen 0.5 und 3 (siehe Abbildungen 4.7 Seite 55 und 4.11 Seite 61).

Beispiel 4.42. Die monatliche Preiserhebung der internationalen Energie Agentur (IEA) wies für Frankreich (x) und Deutschland (y) im Zeitraum von Mai 2000 bis April 2001 die Preise in Tabelle 4.11 für Benzin aus.

Tabelle 4.11. Benzinpreise

Preis in nationaler Währung/ℓ
x 7.159 7.448 7.496 7.422 7.186 7.180
6.851 6.611 6.803 6.810 7.109
y 1.914 2.060 2.040 2.000 2.094 2.049
2.048 1.953 1.962 2.079 2.051 2.116

Quelle: [56, April 2001]

Arithmetisches Mittel und Standardabweichung nehmen folgende Werte an:

$$\bar{x} = 7.098 \quad \bar{y} = 2.031 \quad \sigma_x = 0.282 \quad \sigma_y = 0.058 \qquad (4.148)$$

Die Variationskoeffizienten errechnen sich aus:

$$\mid v_x \mid = \frac{0.282}{7.098} = 0.040 \quad \mid v_x^* \mid = \frac{0.040}{\sqrt{10}} = 0.013 \qquad (4.149)$$

$$\mid v_y \mid = \frac{0.058}{2.031} = 0.029 \quad \mid v_y^* \mid = \frac{0.029}{\sqrt{11}} = 0.009 \qquad (4.150)$$

Obwohl der Benzinpreis in Frankreich stärker streut als in Deutschland ($\sigma_x > \sigma_y$), weisen die normierten Variationskoeffizienten eine fast gleiche hohe relative Streuung aus: $\mid v_x^* \mid \approx \mid v_y^* \mid$. Beide Preise streuen insgesamt relativ wenig. Der Streuungsunterschied ist nur auf die unterschiedlich hohen Preisniveaus zurückzuführen.

4.4.11 Relative Konzentrationsmessung

Bei Untersuchungen von quantitativen Merkmalen ist häufig die Frage von Interesse, ob sich die Summe der Merkmalswerte „gleichmäßig" auf die Merkmalsträger bzw. die statistischen Einheiten verteilt oder ob eine Konzentration auf wenige Merkmalsträger vorliegt. Voraussetzung für eine solche Untersuchung ist, dass sich die Summe der Merkmalswerte $\sum_{i=1}^{n} x_i$ sinnvoll interpretieren lässt.

Definition 4.31. *Ein Merkmal dessen Summe $\sum_{i=1}^{n} x_i$ sinnvoll interpretierbar ist, wird als* **extensives Merkmal** *bezeichnet. Ist der Durchschnitt $1/n \sum_{i=1}^{n} x_i$ interpretierbar, wird das Merkmal als* **intensives Merkmal** *bezeichnet.*

Beispiel 4.43. Bei dem Merkmal „Umsatz" ist die Summe der Umsätze als Marktvolumen interpretierbar. Hingegen ist für das Merkmal „Alter" nur der Durchschnitt sinnvoll interpretierbar.

Stimmen die Beobachtungswerte x_i aller n untersuchten Einheiten überein, dann verteilt sich die Summe der Beobachtungswerte gleichmäßig auf die Einheiten und es liegt keine Konzentration vor. Es liegt also nur eine Merkmalsausprägung vor; es handelt sich um eine Einpunktverteilung; es liegt dann keine Streuung der Merkmalswerte vor. Es liegen nur identische Beobachtungswerte vor.

Beispiel 4.44. Es ist der Umsatz x_i (in Mio €) von 10 Firmen gegeben, die in einem Markt operieren (siehe Tabelle 4.12, vgl. [105, Seite 270]).

Tabelle 4.12. Umsätze von 10 Firmen

i	1	2	3	4	5	6	7	8	9	10	$\sum$
x_i	0.5	0.7	0.9	1.0	1.2	1.3	1.4	8.0	10.0	15.0	40.0

Aus den Angaben ist ersichtlich, dass sich der Umsatz auf 3 große Firmen konzentriert.

Das Beispiel 4.44 zeigt, dass der Begriff der **Konzentration** mit dem Begriff der Streuung zu tun hat. Es besteht also ein Zusammenhang zwischen Streuung und Konzentration: Je weniger die Merkmalswerte streuen, desto ähnlicher sind die Merkmalsausprägungen und desto geringer ist die Konzentration. Je stärker die Merkmalsausprägungen streuen, desto stärker weichen sie vom Durchschnitt ab und desto mehr wird die Merkmalssumme durch eine Merkmalsausprägung bestimmt. Im Beispiel 4.44 läge der Extremfall vor, wenn die ersten neun Merkmalsausprägungen null wären und der zehnte den Wert 40 besäße. Die Streuung wäre (für gegebene Merkmalssumme) maximal; die Konzentration ebenfalls. Streuungsmaße messen, wie sich die Merkmalswerte um ein Zentrum herum verteilen. Konzentrationsmaße messen hingegen, wie sich die Merkmalswerte auf die Merkmalsträger verteilen. Im Beispiel 4.44 (Seite 84) stimmen nicht alle Beobachtungswerte überein. Es liegt eine Streuung der Merkmalswerte vor, d. h. die Merkmalswerte konzentrieren sich nicht alle auf eine Merkmalsausprägung; es liegt ein gewisser Grad an Konzentration vor.

Definition 4.32. *Gegeben sei ein quantitatives Merkmal mit den geordneten nicht negativen Beobachtungswerten x_i ($i = 1, \dots, n$) bzw. den geordneten nicht negativen Ausprägungen x_j ($j = 1, \dots, m$) mit den Häufigkeiten $n(x_j)$ bzw. $f(x_j)$. Die Summe aller Beobachtungswerte*

$$G = \sum_{i=1}^{n} x_i = n\,\bar{x} \tag{4.151}$$

$$G = \sum_{j=1}^{m} x_j\, n(x_j) \quad \textit{für klassierte Werte} \tag{4.152}$$

heißt **Merkmalssumme**. *Die Summation der Beobachtungswerte bis zum Punkt k, mit* $k \leq n$

$$G(x_k) = \sum_{i=1}^{k} x_i \qquad\qquad (4.153)$$

$$G(x_k) = \sum_{j=1}^{k} x_j\, n(x_j) \quad \textit{für klassierte Werte} \qquad (4.154)$$

heißt **anteilige Merkmalssumme** *(bis zur Merkmalsausprägung x_k) und*

$$g(x_k) = \frac{G(x_k)}{G} \qquad\qquad (4.155)$$

heißt **relative Merkmalssumme**.

4.4.11.1 Konzentrationsmessung bei Einzelwerten

Liegt keine Konzentration vor, dann haben alle Einheiten bei Einzeldaten denselben Beobachtungswert und es muss für alle Werte x_i gelten:

$$x_1 = x_2 = \ldots = x_n = x \qquad\qquad (4.156)$$

Daraus folgt, dass

$$G = \sum_{i=1}^{n} x_i = n\,x \qquad\qquad (4.157)$$

und

$$G(x_k) = \sum_{i=1}^{k} x_i = k\,x \qquad\qquad (4.158)$$

gilt, woraus folgt, dass

$$g(x_k) = \frac{k\,x}{n\,x} = \frac{k}{n} \qquad\qquad (4.159)$$

gilt. Für die relativen Häufigkeiten gilt:

$$f(x_1) = f(x_2) = \ldots = f(x_n) = \frac{1}{n} \qquad\qquad (4.160)$$

Die empirische Verteilungsfunktion besitzt daher folgende Form:

$$F(x_k) = \sum_{i=1}^{k} f(x_i) = \frac{k}{n} \qquad\qquad (4.161)$$

Daraus folgt unmittelbar, dass im Fall keiner Konzentration die empirische Verteilungsfunktion mit der anteiligen Merkmalssumme übereinstimmen muss.

$$g(x_k) = F(x_k) \tag{4.162}$$

Liegt Konzentration vor, wenn auch nur eine geringe, so gilt für wenigstens ein i

$$x_i < x_{i+1} \tag{4.163}$$

und damit für wenigstens ein k

$$G(x_k) = \sum_{i=1}^{k} x_i < k\,x \Rightarrow g(x_k) < \frac{k}{n} \Leftrightarrow g(x_k) < F(x_k). \tag{4.164}$$

Bei maximaler Konzentration gilt:

$$x_1 = \ldots = x_{n-1} = 0 \tag{4.165}$$

$$x_n > 0 \tag{4.166}$$

Beispiel 4.45. Fortsetzung von Beispiel 4.44 (Seite 84): Die Berechnung der empirischen Verteilungsfunktion und der relativen Merkmalssumme mit den Werten aus Beispiel 4.44 (siehe Tabelle 4.13) bestätigt den ersten Eindruck: Da $g(x_k) \leq F(x_k)$ ist, liegt eine Konzentration der Firmenumsätze vor. Die anteilige Merkmalssumme $g(x_k)$ ist mit 100 multipliziert, um zu kleine Werte zu vermeiden.

Tabelle 4.13. Berechnung von $g(x_k)$

i	1	2	3	4	5	6	7	8	9	10
x_i	0.50	0.70	0.90	1.00	1.20	1.30	1.40	8.00	10.00	15.00
$f(x_i)$	0.10	0.10	0.10	0.10	0.10	0.10	0.10	0.10	0.10	0.10
$F(x_k)$	0.10	0.20	0.30	0.40	0.50	0.60	0.70	0.80	0.90	1.00
$g(x_k) \times 100$	1.25	3.00	5.25	7.75	10.75	14.00	17.50	37.50	62.50	100.00

Grafisch kann die Konzentration anhand einer so genannten Lorenzkurve veranschaulicht werden.

Definition 4.33. *Gegeben seien ein quantitatives Merkmal X, die empirische Verteilungsfunktion $F(x_k)$ und die relativen Merkmalssummen $g(x_k)$. Die Verbindung der Wertepaare $\big(F(x_k), g(x_k)\big)$ heißt* **Lorenzkurve**.

Liegt keine Konzentration vor, so gilt $g(x_k) = F(x_k)$ für alle i und es ergibt sich als Lorenzkurve eine Ursprungsgerade mit der Steigung 1 (siehe gestrichelt gezeichnete Linie in Abbildung 4.17).

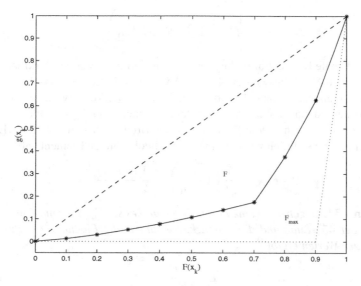

Abb. 4.17. Lorenzkurve

Beispiel 4.46. Fortsetzung von Beispiel 4.44 (Seite 84) bzw. 4.45 (Seite 86): In Abbildung 4.17 ist die Lorenzkurve für die Werte in Tabelle 4.13 gezeichnet.

Man benutzt die Lorenzkurve (durchgezogene Linie in Abbildung 4.17) auch zur Bestimmung einer Kennzahl, die die Stärke der Konzentration misst. Dazu wird das Verhältnis von gemessener Konzentration zu maximaler Konzentration gebildet. Die Konzentration der Werte wird durch die Fläche F, die zwischen der 45°-Linie und der Lorenzkurve liegt, gemessen.

Die Fläche F wird bestimmt, indem man zunächst die Fläche unter der Lorenzkurve berechnet. Sie besteht aus einem Dreieck und $n - 1$ Trapezen. Die Differenz zwischen der Dreiecksfläche unter der 45°-Linie und der Summe der Teilflächen ergibt die Fläche F.

Die Summe der Trapeze plus dem Dreieck beträgt:

$$\frac{g(x_1)}{2n} + \frac{g(x_1) + g(x_2)}{2n} + \ldots$$
$$+ \frac{g(x_{n-1}) + 1}{2n} = \frac{1}{2n} \left(\sum_{i=1}^{n-1} 2g(x_i) + 1 \right)$$
$$= \frac{1}{n} \left(\sum_{i=1}^{n-1} g(x_i) + \frac{1}{2} \right) \quad (4.167)$$

Um die Fläche zwischen der Lorenzkurve und der 45°-Linie zu erhalten, muss man die eben erhaltene Fläche von der Dreiecksfläche unter der 45°-Linie, die $1/2$ beträgt, subtrahieren. Als Ergebnis erhält man:

$$F = \frac{1}{2} - \frac{1}{n} \left(\sum_{i=1}^{n-1} g(x_i) + \frac{1}{2} \right) \tag{4.168}$$

Die maximale Konzentration liegt vor, wenn sich die gesamte Merkmalssumme nur durch einen Merkmalswert ergibt. Dann verläuft die Lorenzkurve bis zum vorletzten Merkmalswert entlang der Abszisse, da $n - 1$ Merkmalswerte den Wert Null haben und steigt dann auf eins an. Es entsteht die maximal mögliche Fläche.

Sie beträgt $1/2$ minus dem Dreieck mit der Breite $1/n$ und der Höhe 1. Diese Fläche hängt offensichtlich von der Anzahl der beobachteten Elemente ab.

$$F_{\max} = \frac{1}{2} \left(1 - \frac{1}{n} \right) = \frac{1}{2} \frac{(n-1)}{n} \tag{4.169}$$

Definition 4.34. *Gegeben sei eine Lorenzkurve und es sei $F_{\max}$ die maximale Fläche zwischen der $45°$-Linie und der Lorenzkurve und F die Fläche, die sich aus den vorliegenden Werten ergibt.*

$$L = \frac{F}{F_{\max}} \tag{4.170}$$

heißt **Gini-Koeffizient** *und gibt die Stärke der Konzentration an.*

Es gilt $0 \leq L \leq 1$. Bei $L = 0$ liegt keine Konzentration vor. Bei $L = 1$ besteht völlige Konzentration. Bezogen auf das Beispiel 4.44 (Seite 84) bedeutet maximale Konzentration, dass ein Unternehmen den gesamten Umsatz im Markt auf sich konzentriert.

Die maximale Konzentration ist theoretischer Natur, weil sich Beobachtungswerte mit dem Wert Null nicht messen lassen. Damit ist auch deren Zahl nicht bekannt. Daher wird in der Praxis nie eine maximale Konzentration eintreten bei mehr als einem Beobachtungswert. Der Gini-Koeffizient wird daher stets unterhalb von 1 liegen.

Ferner ist das Verhalten des Gini-Koeffizienten bei unterschiedlichen Graden der Konzentration interessant. In der Abbildung 4.19 (Seite 98) wird gezeigt, dass sich dieser linear mit der Konzentration verhält. Dies erleichtert die seine Interpretation. Ein Wert 0.5 könnte somit als mittlere Konzentration aufgefasst werden, wenn auch Werte von 1 auftreten könnten. Daher muss man Werte oberhalb von 0.5 wohl schon als eine starke Konzentration verstehen.

Durch Einsetzen der Gleichung (4.169) in Gleichung (4.170) erhält man den Gini-Koeffizienten nur in Abhängigkeit von der Fläche F.

$$L = \frac{2\,n\,F}{n - 1} \tag{4.171}$$

Aus den Gleichungen (4.168) und (4.171) kann damit eine alternative Formel für den Gini-Koeffizient angegeben werden:

$$L = 1 - \frac{2}{n - 1} \sum_{i=1}^{n-1} g(x_i) \tag{4.172}$$

Beispiel 4.47. Fortsetzung von Beispiel 4.44 (Seite 84): Die maximale Konzentration für 10 Beobachtungswerte beträgt.

$$F_{\max} = \frac{1}{2}\left(1 - \frac{1}{10}\right) = 0.45 \tag{4.173}$$

Über die Gleichung (4.168) wird F berechnet.

$$F = \frac{1}{2} - \frac{1}{10}\,(1.595 + 0.5) = 0.2905 \tag{4.174}$$

Der Gini-Koeffizient beträgt somit:

$$L = 1 - \frac{2}{10 - 1}\,1.595 = 0.65 \tag{4.175}$$

Es liegt eine stark ausgeprägte Konzentration in dem Beispiel vor.

4.4.11.2 Konzentrationsmessung für klassierte Werte

Einkommens- und Vermögensverteilungen stehen oft nur in klassierter Form zur Verfügung. Eine Konzentrationsmessung muss dann mit klassierten Werten berechnet werden. Hier stellt sich die Frage wie die minimale und die maximale Konzentration festgelegt wird. Die Konzentrationsextreme aus den Einzelwerten lässt sich nicht direkt übertragen. Liegen alle Werte in einer Klasse, liegt dann minimale oder maximale Konzentration vor? Die Vorgehensweise von Vogel und Dobbener [123] bietet hier ein Lösung: Minimale Konzentration der Merkmalswerte liegt vor, wenn sie sich ausschließlich in einer Klasse befinden (Einpunktverteilung). Maximale Konzentration der Merkmalswerte liegt vor, wenn sie sich ausschließlich auf die erste und die letzte Klasse verteilen (Zweipunktverteilung). Man kann aber auch die Situation der Konzentration der Merkmalswerte in einer Klasse als maximale Konzentration interpretieren. Als minimale Konzentration wäre dann eine Situation denkbar, in der die Häufigkeiten von der ersten in die letzte Klasse hin abnehmen.

$$n(x_1) > n(x_2) > \ldots > n(x_m) \tag{4.176}$$

Diese Verteilung könnte man damit begründen, dass es als „natürlich" angesehen werden könnte, wenn mehr kleine als große Merkmalswerte auftreten (Benfordsches Gesetz). Bei der relativen Konzentrationsmessung wird die erste Interpretation der Konzentrationsextreme zugrunde gelegt, weil der Gini-Koeffizient per Konstruktion Null wird, wenn alle Werte in einer Klasse liegen. Daher muss die maximale Konzentration mit der Zweipunktverteilung assoziiert werden. Die Interpretation der maximalen Konzentration als Einpunktverteilung ist mit der absoluten Konzentrationsmessungen verbunden.

Bei klassierten Werten muss bei der Berechnung des Gini-Koeffizienten berücksichtigt werden, dass nun jeder Klassenrepräsentant x_j mit einer bestimmten Häufigkeit $n(x_j)$ auftritt.

Ausgehend von der Situation keiner Konzentration, alle Beobachtungen liegen in einer Klasse (Einpunktverteilung), stellt sich die Gleichheit zwischen relativer Merkmalssumme und Verteilungsfunktion ein. Unterschiede innerhalb der Klasse werden vernachlässigt. Dies bedeutet, dass für ein $n(x_\ell) = n$ und für $\ell \neq j$ $n(x_j) = 0$ gilt. Daraus folgt:

$$G = \sum_{j=1}^{m} x_j\, n(x_j) = x_\ell\, n \qquad (4.177)$$

$$G(x_k) = \sum_{j=1}^{k} x_j\, n(x_j) = \begin{cases} 0 & \text{für } k < \ell \\ x_\ell\, n & \text{für } k \geq \ell \end{cases} \qquad (4.178)$$

und daraus folgt wiederum:

$$g(x_k) = \begin{cases} 0 & \text{für } k < \ell \\ 1 & \text{für } k \geq \ell \end{cases} \qquad (4.179)$$

Für die empirische Verteilungsfunktion gilt:

$$F(x_k) = \sum_{j=1}^{k} f(x_j) = \begin{cases} 0 & \text{für } k < \ell \\ 1 & \text{für } k \geq \ell \end{cases} \qquad (4.180)$$

Es gilt also:

$$g(x_k) = F(x_k) \quad \text{für alle } k \qquad (4.181)$$

Der Fall alle Werte liegen in einer Klasse ist also bei der Lorenzkurve mit der Situation verbunden, alle Werte liegen in einer Klasse.

Maximale Konzentration liegt vor, wenn sich die Beobachtungen in der ersten und in der m-ten (letzten) Klasse konzentrieren (Zweipunktverteilung, siehe auch Summenhäufigkeitsentropie). In den Klassen dazwischen liegen keine Beobachtungen vor:

$$n(x_2) = \ldots = n(x_{m-1}) = 0 \qquad (4.182)$$

Wie sich die Beobachtungen auf die erste und letzte Klasse verteilen ist dabei unerheblich. Bei einer Konzentration unterhalb der maximalen Konzentration sind die Klassen dazwischen besetzt. In diesen Fällen gilt:

$$g(x_k) \leq F(x_k) \qquad (4.183)$$

Aus der geordneten Merkmalswertereihe $x_1 \leq x_j \leq x_m$ folgt, dass für x_1 stets gilt, dass $x_1/G \leq 1$ ist. Daraus folgt unmittelbar, dass auch die Ungleichung

$$\frac{x_1\, f(x_1)}{G} \leq f(x_1) \qquad (4.184)$$

erfüllt ist und aufgrund der obigen Annahme der Ordnung auch

$$\frac{\sum\limits_{j=1}^{k} x_j \, f(x_j)}{\sum\limits_{j=1}^{m} x_j \, f(x_j)} \le \sum_{j=1}^{k} f(x_k), \tag{4.185}$$

so dass die Beziehung (4.183) gilt.

Die Fläche zwischen der Lorenzkurve und der 45°-Linie wird wieder mit F bezeichnet und berechnet sich aus der relativen Merkmalssumme und den Klassenhäufigkeiten. Unter dem Summenzeichen sind die Flächen berechnet, die sich unterhalb der Lorenzkurve ergeben. Es handelt sich um das anfängliche Dreieck und die folgenden Trapeze.

$$F = \frac{1}{2} - \frac{1}{2} \sum_{j=1}^{m} \left(g(x_{j-1}) + g(x_j) \right) f(x_j) \tag{4.186}$$

Die Fläche unter der Lorenzkurve hängt aufgrund der Zweipunktverteilung bei maximaler Konzentration von den relativen Häufigkeiten $f(x_1)$ und $f(x_m)$ ab, die in der ersten und letzten Klasse beobachtet werden. Daher ist für die maximale Fläche zwischen der Lorenzkurve und der 45°-Linie die anteilige Merkmalssumme mitbestimmend, da sie mitteilt, wie viel Prozent der Werte in der ersten Klasse beobachtet wurden. Der Rest der Werte befindet sich dann in der m-ten Klasse (siehe Abbildung 4.18).

$$F_{\max} = \frac{1}{2} - \left(\frac{g(x_1)\, f(x_1)}{2} + \frac{g(x_1) + 1}{2}\, f(x_m) \right) \tag{4.187}$$

Liegen alle Werte in der ersten oder letzten Klasse, nimmt $F_{\max}$ den Wert null an. Diese Situation ist aber gleich mit der, wenn alle Beobachtungen in eine der anderen dazwischen liegenden Klassen fallen, d. h. es liegt keine Konzentration vor. Da der Gini-Koeffizient L für klassierte Werte die gleiche Definition wie für Einzelwerte hat (Definition 4.34, Seite 88), führt dies dann zu einem unbestimmten Ausdruck.

Der Wert für $F_{\max}$ wird daher für diese beiden Fälle (alle Werte fallen in die erste $f(x_1) = 1, g(x_1) = 1$ oder letzte Klasse $f(x_m) = 1, g(x_1) = 0$) auf einen positiven Wert korrigiert. Der Gini-Koeffizient nimmt dann den Wert null an, da F null ist. Daher ist es ohne Belang, welcher Wert für $F_{\max}$ gewählt wird. Es wird $F_{\max} = 0.5$ gesetzt.

$$F_{\max} = \begin{cases} 0.5 & \text{für } f(x_1) = 1 \text{ und } g(x_1) = 1 \text{ oder} \\ & \quad\;\; f(x_m) = 1 \text{ und } g(x_1) = 0 \\ F_{\max} & \text{nach Gleichung (4.187) sonst} \end{cases} \tag{4.188}$$

Die Festlegung der Konzentrationsextreme auf eine Einpunkt- und eine Zweipunktverteilung ist also mit der relativen Konzentrationsmessung durch die Lorenzkurve und dem Gini-Koeffizienten verbunden.

Beispiel 4.48. Es wird eine Häufigkeitsverteilung (fiktive Monatseinkommen) für $n = 5000$ Elemente untersucht. Die Beobachtungen werden in der ersten und der letzten Klasse konzentriert (siehe Tabelle 4.14). Es ist dabei egal, wie die Häufigkeiten sich auf die erste und letzte Klasse verteilen (auch $n(x_1) = 4999$ und $n(x_m) = 1$ oder $n(x_1) = 1$ und $n(x_m) = 4999$ führen zur gleichen Konzentration!).

Tabelle 4.14. Berechnung von $g(x_k)$ für klassierte Werte

j	x_j	$n(x_j)$	$f(x_j)$	$F(x_k)$	$g(x_k)$
1	250	3 500	0.7	0.7	0.189
2	750	0.0	0.0	0.7	0.189
3	1 250	0.0	0.0	0.7	0.189
4	1 750	0.0	0.0	0.7	0.189
5	2 500	1 500	0.3	1.0	1.000
$\sum$	–	5 000	1.0	–	–

Die Fläche F errechnet sich aus den Werten mittels der Gleichung (4.186):

$$F = 0.255 \qquad (4.189)$$

Die maximale Fläche bestimmt sich aus der Gleichung (4.187):

$$F_{\max} = 0.255 \qquad (4.190)$$

Der Gini-Koeffizient ist folglich $L = 1$. In der Abbildung 4.18 ist die Lorenzkurve für die maximale Konzentration wiedergegeben.

4.4.12 Absolute Konzentrationsmessung

Der Gini-Koeffizient ist ein relatives Konzentrationsmaß, welches die Anzahl der Erhebungselemente unberücksichtigt lässt. Dies ist bei manchen Fragestellungen unbefriedigend. Wird bei zwei verschiedenen Stichproben jeweils ein Gini-Koeffizienten von null errechnet, wobei die eine Stichprobe 3 Beobachtungswerte, die andere Stichprobe aber 3000 Beobachtungswerte enthält, so ist es sicherlich nicht angemessen, beide Stichproben bzgl. der Konzentration als identisch einzustufen. Konzentrationsmaßzahlen, die die Anzahl der Erhebungselemente berücksichtigen, heißen Maße der absoluten Konzentration. Ein Maß der absoluten Konzentration ist der Herfindahl-Index (vgl. [36, Seite 140]).

4.4.12.1 Herfindahl-Index

Definition 4.35. *Sei π_i bzw. π_j der Anteil des i-ten (j-ten) Elements an der Merkmalssumme.*

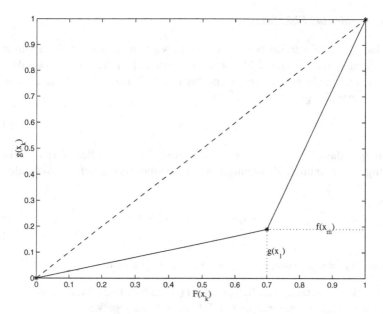

Abb. 4.18. Lorenzkurve für klassierte Werte

$$\pi_i = \frac{x_i}{\sum\limits_{i=1}^{n} x_i} \tag{4.191}$$

$$\pi_j = \frac{x_j \, n(x_j)}{\sum\limits_{j=1}^{m} x_j \, n(x_j)} \quad \textit{für klassierte Werte} \tag{4.192}$$

Dann ist der **Herfindahl-Index** *HF definiert als*

$$HF = \sum_{i=1}^{n} \pi_i^2, \quad \frac{1}{n} \leq HF \leq 1 \tag{4.193}$$

$$HF = \sum_{j=1}^{m} \pi_j^2, \quad \frac{1}{m} \leq HF \leq 1 \tag{4.194}$$

Anmerkung: Zwischen anteiliger Merkmalssumme $g(x_k)$ und π_i bzw. π_j besteht folgende Beziehung:

$$g(x_k) = \sum_{i=1}^{k} \pi_i \tag{4.195}$$

bzw.

$$g(x_k) = \sum_{j=1}^{k} \pi_j \tag{4.196}$$

Herfindahl-Index bei Einzelwerten

Die Größe von HF variiert bei Einzeldaten zwischen 1 (die Merkmalssumme ist auf ein Element vereinigt) und $1/n$ (alle Elemente haben dieselbe Merkmalsausprägung). Dies ist leicht einzusehen, wenn für den Fall minimaler Konzentration die Merkmalswerte alle gleich sein müssen.

$$x_1 = \ldots = x_n \qquad (4.197)$$

Dann gilt, dass $\sum_{i=1}^{n} x_i = n\,x$ ist und somit für π_i sich der Wert $1/n$ einstellt. Liegt hingegen maximale Konzentration vor, so sind bis bis auf ein Wert alle Werte null.

$$x_1 = \ldots = x_{n-1} = 0 \qquad (4.198)$$
$$x_n > 0 \qquad (4.199)$$

Daraus ergibt sich dann, dass π_i den Wert eins annimmt.

Beispiel 4.49. Fortsetzung von Beispiel 4.44 (Seite 84): Die Anteile π_i des i-ten Elements an der Merkmalssumme sind in Tabelle 4.15 angegeben.

Tabelle 4.15. Berechnung von π_i

i	1	2	3	4	5	6	7	8	9	10	$\sum$
x_i	0.5	0.7	0.9	1.0	1.2	1.3	1.4	8.0	10.0	15.0	40.0
π_i	0.0125	0.0175	0.0225	0.0250	0.0300	0.0325	0.0350	0.2000	0.2500	0.3750	1.0000

Der Herfindahl-Index besitzt somit den Wert

$$HF = 0.25 \qquad (4.200)$$

Der Herfindahl-Index könnte bei dem Stichprobenumfang von $n = 10$ zwischen $1/10$ und 1 liegen. Insofern weist er hier auf eine geringe Konzentration hin.

Herfindahl-Index bei klassierten Werten

Bei klassierten Werten liegt für den Herfindahl-Index das Minimum bei $1/m$ und das Maximum bei 1. Wenn sich alle Merkmalswerte auf eine Ausprägung konzentrieren (maximale Konzentration) gilt:

$$n(x_\ell) = n \quad \text{für ein } \ell \text{ aus } j = 1, \ldots, m \qquad (4.201)$$

und

$$n(x_j) = 0 \quad \text{für } j \neq \ell \qquad (4.202)$$

Daraus folgt für π_j unmittelbar

$$\pi_j = 1 \quad \text{für alle } j \tag{4.203}$$

und damit

$$HF = 1. \tag{4.204}$$

Die maximale Konzentration bei Herfindahl-Index ist also mit der Konzentration aller Werte in einer Klasse verbunden.

Die minimale Konzentration der Merkmalswerte liegt vor, wenn das Produkt

$$x_j\, n(x_j) = konst. \quad \text{für alle } j \tag{4.205}$$

konstant ist. Die Überlegung für diese Bedingung rührt aus der Festlegung der minimalen Konzentration bei Einzelwerten her. Dort wird diese bei Identität aller Merkmalswerte erreicht. Nun können hier nicht die Merkmalswerte (Merkmalsrepräsentanten) variiert werden. Die Klasseneinteilung wird ja als gegeben angenommen; an ihr wird die Konzentration gemessen[5]. Es können daher nur die Häufigkeiten variieren. Daher erhebt sich die Forderung nach Konstanz des Produkts. Gilt diese, so nimmt HF den Wert $1/m$ an. Die zuvor festgelegte Klasseneinteilung bestimmt also die Verteilung der Häufigkeiten $n(x_j)$.

Die Verteilung der Häufigkeiten, die zu einer minimalen Konzentration führt, lässt sich für gegebene x_j nur mit einer numerischen Minimierung bestimmen:

$$z = HF \to \min \tag{4.206}$$

unter den Nebenbedingungen:

$$n(x_j) \geq 0 \quad j = 1, \dots, m \tag{4.207}$$

$$\sum_{j=1}^{m} n(x_j) = n \tag{4.208}$$

Das Ergebnis der Minimierung führt stets zu einer von der ersten Klasse an abnehmenden Verteilung der Häufigkeiten:

$$n(x_1) > n(x_2) > \dots > n(x_m) \tag{4.209}$$

Dies liegt daran, dass die Merkmalswerte x_j in einer aufsteigenden Folge geordnet sind.

---

[5] Würde man die Klasseneinteilung variieren, also bei minimaler Konzentration auf eine Klasse reduzieren, so ergäbe sich das gleiche Ergebnis $HF = 1/m$. Jedoch würde sich der Widerspruch ergeben, dass maximale und minimale Konzentration mit der Vereinigung aller Werte in einer Klasse beschrieben würde.

Beispiel 4.50. Für die Merkmalsausprägungen x_j aus dem Beispiel 4.48 (Seite 92) ist die Verteilung der Häufigkeiten mittels des linearen Minimierungsproblems so bestimmt worden, dass HF seinen minimalen Wert $1/5$ annimmt. Diese Aufgabe lässt sich z. B. mit einem Tabellenkalulationsprogramm unter Berücksichtigung der Ganzzahligkeitsrestriktion für $n(x_j)$ lösen. Das Ergebnis der Berechnung ist in Tabelle 4.16 ausgewiesen.

Tabelle 4.16. Berechnung von π_j

j	x_j	$n(x_j)$	π_j	π_j^2
1	250	2 816	0.2	0.04
2	750	938	0.2	0.04
3	1 250	563	0.2	0.04
4	1 750	402	0.2	0.04
5	2 500	281	0.2	0.04
$\sum$	–	5 000	1.0	0.20

Es zeigt sich, dass der Herfindahl-Index bei klassierten Daten den Fall ohne Konzentration mit einer Gleichverteilung der relativen Anteilswerte π_j misst. Die Abnahme der absoluten Häufigkeiten mit zunehmendem Merkmalswert kann auch grob so beschrieben werden: Keine Konzentration liegt vor, wenn kleine Zahlen häufiger vorkommen als große Zahlen. Dies erscheint fast natürlich (siehe auch Benfordsches Gesetz). Ob man damit übereinstimmen kann, muss an konkreten Sachverhalten beantwortet werden.

Der Herfindahl-Index nimmt sein Maximum an, wenn alle Beobachtungen in eine Klasse fallen. Die Beobachtungen konzentrieren sich in einer Klasse (Einpunktverteilung von π_j). Der Herfindahl-Index interpretiert diese Situation als maximal mögliche Konzentration. Die relative Konzentrationsmessung durch den Gini-Koeffizienten bewertet diese Situation genau entgegengesetzt als Fall minimaler Konzentration. Insofern ist die Konzentrationsmessung bei klassierten Daten äußerst problematisch. Es sollte, wenn möglich, bei der Konzentrationsmessung auf Einzelwert zurückgegriffen werden.

Normierter Herfindahl-Index

Definition 4.36. *Als* **normierter Herfindahl-Index** HF^* *ist die Größe*

$$HF^* = \frac{HF - \frac{1}{n}}{1 - \frac{1}{n}} \tag{4.210}$$

$$HF^* = \frac{HF - \frac{1}{m}}{1 - \frac{1}{m}} \tag{4.211}$$

definiert.

Es gilt $0 \leq HF^* \leq 1$. Der normierte Herfindahl-Index HF^* für Einzelwerte ist mit dem quadrierten normierten Variationskoeffizienten (siehe Definition 4.30, Seite 82) identisch. Es lässt sich zeigen, dass

$$HF^* = \frac{v^2}{n-1} = (v^*)^2 \tag{4.212}$$

gilt (vgl. [36, Seite 140]).

Beispiel 4.51. Fortsetzung von Beispiel 4.44 (Seite 84) bzw. 4.49 (Seite 94): Für den normierten Herfindahl-Index (identisch mit dem quadrierten normierten Variationskoeffizienten) errechnet sich ein Wert von

$$
\begin{aligned}
HF^* &= \frac{0.2479 - \frac{1}{10}}{1 - \frac{1}{10}} \\
&= \frac{\sigma^2}{\bar{x}^2} \frac{1}{n-1} = \frac{4.86^2}{4^2} \frac{1}{10-1} \\
&= 0.164.
\end{aligned}
\tag{4.213}
$$

4.4.12.2 Informationsentropie

Zur Messung der Konzentration wird auch die Informationsentropie herangezogen. Die in Definition 4.2 (Seite 42) definierte Informationsentropie wird hier auf die Anteilswerte π_i angewandt. Da die relativen Anteilswerte π_i die gleichen Eigenschaften aufweisen wie relative Häufigkeiten, ist die Informationsentropie auch als Konzentrationsmaß für Einzelwerte geeignet (vgl. [93, Seite 162]).

$$h_n(\pi_1, \ldots, \pi_n) = -\sum_{i=1}^{n} \pi_i \log_n \pi_i \tag{4.214}$$

Es gilt $0 \leq h_n(\pi_1, \ldots, \pi_n) \leq 1$. Achtung: Die Informationsentropie $h_n(\cdot)$ fällt mit steigender Konzentration. Dies liegt in dem Konzept der Informationsentropie begründet. Der Informationsgehalt einer Stichprobe nimmt mit steigender Konzentration, fallender Streuung, ab. Im Extremfall wird die Information nur noch durch einen Merkmalsträger transportiert, alle anderen transportieren nur redundante Information. Die Informationsentropie nimmt ihren minimalen Wert an. Liegt hingegen keine Konzentration vor, so transportiert jeder Merkmalsträger eine Informationseinheit. Die Informationsentropie nimmt ihren maximalen Wert an.

Beispiel 4.52. Fortsetzung von Beispiel 4.44 (Seite 84): Für die Informationsentropie h_n ergibt sich folgender Wert:

$$h_{10}(\pi_1, \ldots, \pi_{10}) = 0.727 \tag{4.215}$$

Die Informationsentropie weist wie der Herfindahl-Index eine relativ geringe absolute Konzentration aus.

Für klassierte Werte ist die Informationsentropie als Konzentrationsmaß nicht geeignet, da das Maximum nicht bei $\log_m m$ (bzw. $\log_2 m$) liegt.

4.4.12.3 Vergleich von h, HF^*, v^* und L

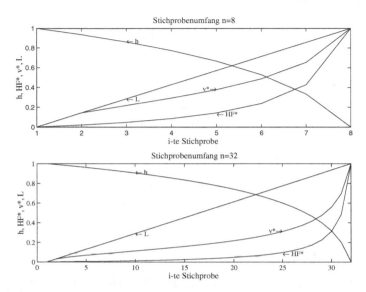

Abb. 4.19. Verhalten der Konzentrationsmaße in kleinen und mittelgroßen Stichproben

Um die in den Beispielen relativen und absoluten Konzentrationsmaße besser interpretieren zu können, wird im Folgenden ein Vergleich der Maßzahlen mit simulierten Werten bei den Stichprobenumfängen $n = 8$ und $n = 32$ gezeigt. Die Gleichverteilung wird schrittweise in der Stichprobe abgebaut. Erst haben alle Merkmalsausprägungen den gleichen Wert, dann werden sukzessive Werte auf null gesetzt, bis nur noch ein Wert ungleich null ist (Einpunktverteilung).

In der Abbildung 4.19[6] zeigt sich deutlich das nicht lineare Verhalten der absoluten Konzentrationsmaße. Es zeigt sich ferner die erwartete Abhängigkeit dieser Maße vom Stichprobenumfang. Bei höherem Stichprobenumfang verlaufen die Kurven der absoluten Konzentrationsmaße deutlich stärker gewölbt. Der Gini-Koeffizient ist hingegen konstruktionsgemäß unabhängig vom Stichprobenumfang und verhält sich linear.

4.5 Übungen

Die Tabelle 4.17 gibt die Lebensdauer von 30 Glühbirnen in Stunden an (vgl. [49, Seite 41]). Die Daten werden in den Übungen 4.2, 4.3, 4.4 und 4.6 verwendet.

Übung 4.1. Berechnen Sie die normierte Informationsentropie für folgende Zweipunktverteilungen ($m = 2$):

---

[6] siehe Fußnote Seite 43

Tabelle 4.17. Beispieldaten

i	x_i	i	x_i	i	x_i	i	x_i	i	x_i	i	x_i
1	375.3	6	657.8	11	772.5	16	810.5	21	918.3	26	1 006.5
2	392.5	7	738.5	12	799.4	17	812.1	22	935.4	27	1 014.7
3	467.9	8	749.6	13	799.6	18	848.6	23	951.1	28	1 189.0
4	503.1	9	752.0	14	803.9	19	867.0	24	964.9	29	1 207.2
5	591.2	10	765.8	15	808.7	20	904.3	25	968.8	30	1 215.6

$$f(x_1) = 0.0 \quad f(x_2) = 1.0 \tag{4.216}$$
$$f(x_1) = 0.1 \quad f(x_2) = 0.9 \tag{4.217}$$
$$f(x_1) = 0.3 \quad f(x_2) = 0.7 \tag{4.218}$$
$$f(x_1) = 0.5 \quad f(x_2) = 0.5 \tag{4.219}$$

Übung 4.2. Klassieren Sie die Werte der Tabelle 4.17 in Klassen mit der Breite 200 Stunden und beginnen Sie mit dem Wert 300 Stunden. Berechnen Sie für die klassierten Daten die Quantile $x_{(0.25)}$, $x_{(0.5)}$, $x_{(0.75)}$ und zeichnen Sie einen Boxplot. Um welches Messniveau handelt es sich bei den Daten?

Übung 4.3. Berechnen Sie den mittleren Quartilsabstand und die Summenhäufigkeitsentropie für die klassierten Daten aus der Übung 4.2.

Übung 4.4. Zeichnen Sie für die Daten in der Tabelle 4.17 ein

- Stamm-Blatt Diagramm und
- ein Histogramm. Wählen Sie dabei eine Klassenbreite von 200 Stunden und beginnen Sie mit dem Wert 300 (siehe Übung 4.2).

Übung 4.5. Ein Aktienfonds konnte folgende Gewinne erzielen, die in Tabelle 4.18 dargestellt sind (in 1 000 €).

Tabelle 4.18. Gewinne

Jahr	1993	1994	1995	1996	1997
Gewinne	500.0	525.0	577.5	693.0	900.9

Berechnen Sie den durchschnittlichen Gewinnzuwachs. Begründen Sie kurz, warum das arithmetische Mittel ungeeignet ist.

Übung 4.6. Nehmen Sie die Daten aus der Tabelle 4.17 und berechnen Sie für die Urliste und die Häufigkeitsverteilung aus der Übung 4.4 die folgenden Maße:

- Median
- Mittelwert

- Standardabweichung
- Sheppard-Korrektur
- Variationskoeffizient und normierten Variationskoeffizienten

Übung 4.7. Beurteilen Sie die Verteilung anhand der Grafiken und Maßzahlen, die Sie hier und in den Übungen 4.2, 4.4 und 4.6 berechnet haben.

Übung 4.8. Fünf Unternehmen agieren auf einem Markt. Drei Hersteller besitzen jeweils gleiche Marktanteile von jeweils 12 Prozent. Die beiden anderen Unternehmen teilen das restliche Marktvolumen gleich unter sich auf.

- Zeichnen Sie die Lorenzkurve und berechnen Sie den Gini-Koeffizienten.
- Berechnen Sie den Herfindahl-Index und die Informationsentropie.

Übung 4.9. Berechnen Sie für die klassierten Daten aus der Übung 4.4 den Gini-Koeffizienten und zeichnen Sie die Lorenzkurve. Interpretieren Sie ihr Ergebnis.

5

Zweidimensionale Datenanalyse

Inhaltsverzeichnis

5.1 Zweidimensionale Daten und ihre Darstellung

Oft werden bei statistischen Untersuchungen mehrere Merkmale gleichzeitig an den statistischen Einheiten erfasst. Merkmale, die gemeinsam auftreten und im Rahmen einer statistischen Erhebung auch gemeinsam erhoben werden, müssen nicht notwendigerweise gemeinsam weiterverarbeitet werden. In vielen Fällen legt jedoch das gemeinsame Auftreten von Merkmalen eine ganz bestimmte Frage nahe: Gibt es zwischen den gemeinsam auftretenden Merkmalen einen Zusammenhang?

Besteht zwischen den Merkmalen ein Zusammenhang, so spricht man bei qualitativen Merkmalen von **Assoziation** oder **Kontingenz**, bei quantitativen und komparativen Merkmalen von **Korrelation**. Die Stärke oder Ausgeprägtheit eines Zusammenhangs wird durch Assoziations- bzw. Kontingenz- und Korrelationskoeffizienten angegeben.

Definition 5.1. *Gegeben seien die Merkmale X mit den Ausprägungen x_i ($i = 1, \ldots, k$) und Y mit den Ausprägungen y_j ($j = 1, \ldots, m$), die an den selben statistischen Einheiten erhoben werden. Die Anzahl der Beobachtungswerte, bei denen die Merkmalsausprägung (x_i, y_j) auftritt, heißt* **absolute Häufigkeit** *und wird mit $n(x_i, y_j)$ bezeichnet. Der Anteil der absoluten Häufigkeiten an der Gesamtzahl n der Beobachtungen heißt* **relative Häufigkeit**.

$$f(x_i, y_j) = \frac{n(x_i, y_j)}{n} \tag{5.1}$$

Tabelle 5.1. Kontingenztabelle

Merkmal	x_1	$\ldots$	x_i	$\ldots$	x_k	$\sum$
y_1	$n(x_1, y_1)$	$\ldots$	$n(x_i, y_1)$	$\ldots$	$n(x_k, y_1)$	$n(y_1)$
$\vdots$	$\vdots$				$\vdots$	$\vdots$
y_j	$n(x_1, y_j)$	$\ldots$	$n(x_i, y_j)$	$\ldots$	$n(x_k, y_j)$	$n(y_j)$
$\vdots$	$\vdots$				$\vdots$	$\vdots$
y_m	$n(x_1, y_m)$	$\ldots$	$n(x_i, y_m)$	$\ldots$	$n(x_k, y_m)$	$n(y_m)$
$\sum$	$n(x_1)$	$\ldots$	$n(x_i)$	$\ldots$	$n(x_k)$	n

Definition 5.2. *Die Gesamtheit aller auftretenden Kombinationen von Merkmalsausprägungen und der dazugehörigen absoluten oder relativen Häufigkeiten heißt* **zweidimensionale Häufigkeitsverteilung**.

Definition 5.3. *Die tabellarische Darstellung der beobachteten Häufigkeitsverteilung heißt allgemein* **Häufigkeitstabelle**. *Die Häufigkeitstabelle zweier qualitativer Merkmale heißt speziell* **Kontingenztabelle** *(siehe Tabelle 5.1). Die Häufigkeitstabelle zweier komparativer oder quantitativer Merkmale wird als* **Korrelationstabelle** *bezeichnet. Für quantitative Merkmale werden meistens Klassen gebildet.*

Beispiel 5.1. Die komparativen Merkmalsausprägungen Mathematik- und Englischnote wurden bei Schülern gleichzeitig erhoben. Das Ergebnis ist in der Korrelationstabelle 5.2 zusammengefasst (vgl. [105, Seite 114]).

Die grafische Darstellung zweidimensionaler Häufigkeitsverteilungen ist für nicht quantitative Merkmale häufig schwierig, da drei Dimensionen benötigt werden. Die

Tabelle 5.2. Korrelationstabelle

Mathenoten	Englischnoten					
	$x_1 = 1$	$x_2 = 2$	$x_3 = 3$	$x_4 = 4$	$x_5 = 5$	$n(y_j)$
$y_1 = 1$	1	2	3	0	0	6
$y_2 = 2$	3	5	8	2	1	19
$y_3 = 3$	2	4	12	10	2	30
$y_4 = 4$	2	2	2	5	1	12
$y_5 = 5$	0	0	2	1	0	3
$n(x_i)$	8	13	27	18	4	70

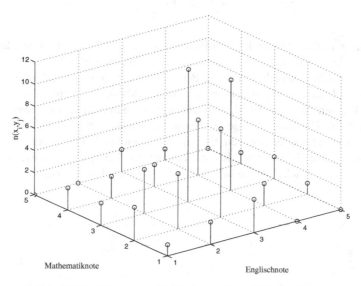

Abb. 5.1. Stabdiagramm der Mathematik- und Englischnoten

Darstellungen werden schnell unübersichtlich. In der Abbildung 5.1 sind die Schulnoten für Mathematik und Englisch aus dem Beispiel 5.1 abgetragen.

Zwei quantitative Merkmale können in einem kartesischen Koordinatensystem abgetragen. Dieses Diagramm wird als Streuungsdiagramm bezeichnet, weil es die gemeinsame Verteilung der Merkmalswerte zeigt. Was aus dem Diagramm nicht hervorgeht, ist, wie oft eventuell eine bestimmte Kombination auftritt. Dies tritt bei quantitativen Merkmalen auch relativ selten auf, da die Merkmalswerte aus der Menge der reellen Zahlen stammen. Daher ist die Häufigkeit eines Merkmalpaares in der Regel eins, so dass diese nicht extra dargestellt werden muss.

Definition 5.4. *Ein kartesisches Diagramm in dem eine zweidimensionale Verteilung quantitativer Merkmale abgetragen wird, heißt* **Streuungsdiagramm***.*

Beispiel 5.2. Aus der volkswirtschaftlichen Gesamtrechnung der Bundesrepublik Deutschland sind für den Zeitraum 1993 bis 1999 die Änderungen der privaten Kon-

Tabelle 5.3. Zeitreihenwerte

Jahr t	Konsumausgaben $\Delta\%$ gegen Vorjahr	Inflationsrate $\Delta\%$ gegen Vorjahr
1993	0.2	4.4
1994	1.0	2.8
1995	2.1	1.7
1996	0.8	1.4
1997	0.7	1.9
1998	2.3	0.9
1999	2.1	0.6

Quelle: [55, Tabelle 27, 148]

sumausgaben in Preisen von 1995 in Prozent gegen Vorjahr (y_t) und aus der Preisstatistik die Änderungen der Verbraucherpreise in Prozent gegen Vorjahr (Inflationsrate) (x_t) gegenübergestellt. Für jeden Beobachtungszeitpunkt erhält man dann ein Paar von Merkmalsausprägungen (x_t, y_t) (siehe Tabelle 5.3). Eine Korrelationstabelle mit Klassen, die hier erforderlich wären, stellt man bei Zeitreihenwerten in der Regel nicht auf. Die Daten werden in einem Streuungsdiagramm (siehe Abbildung 5.2, Seite 104) gut wieder gegeben. Es zeigt einen tendenziell fallenden Zusammenhang zwischen Inflationsrate und Konsumausgabenänderung an. Dies wird durch die Tendenzgerade deutlicher (siehe hierzu Kapitel 6 lineare Regression).

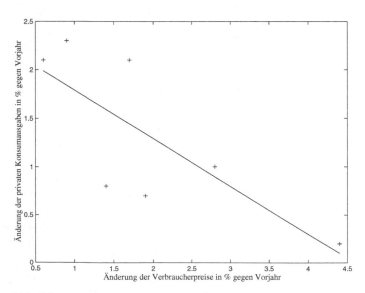

Abb. 5.2. Streuungsdiagramm Verbraucherpreise und Konsumausgaben

5.2 Randverteilungen und bedingte Verteilungen

5.2.1 Randverteilung

Bei einer zweidimensionalen Häufigkeitsverteilung kann man sich außer für die gemeinsame Verteilung der beiden Merkmale auch wieder für die zwei eindimensionalen Verteilungen der Merkmale interessieren. Das andere Merkmal bleibt dabei unberücksichtigt. Diese Verteilungen nennt man Randverteilungen. Man erhält sie durch Berechnung der Zeilen- bzw. Spaltensummen.

Definition 5.5. *Gegeben sei die zweidimensionale Häufigkeitsverteilung der Merkmale X und Y. Die zugehörige eindimensionale Verteilung des Merkmals X bzw. Y, bei der das Auftreten des Merkmals Y bzw. X unberücksichtigt bleibt, heißt* **Randverteilung** *oder marginale Verteilung von X bzw. Y und wird wie zuvor mit $n(x_i), n(y_j)$ bzw. $f(x_i), f(y_j)$ bezeichnet.*

Beispiel 5.3. Fortsetzung von Beispiel 5.1 (Seite 102): Für die Notenverteilung ergeben sich die Randverteilungen der beiden Noten (Merkmale) aus den Zeilen- bzw. Spaltensummen in Tabelle 5.2 (Seite 103). In der letzten Spalte der Tabelle 5.2 steht die Randverteilung der Mathematiknoten, der so genannte Klassenspiegel in Mathematik. In der letzten Zeile steht die Randverteilung der Englischnoten.

Der Boxplot eignet sich hier gut zum Vergleich der Randverteilungen. Die Abbildung 5.3 (erzeugt aus den geordneten Merkmalswerten) zeigt deutlich, dass die Leistungen in den beiden Fächern differieren. Während bei den Englischnoten der 50% Kern deutlich größer ausfällt als bei den Mathematiknoten, wird bei den Mathematiknoten die Note 5 als Ausreißer ausgewiesen. Bei der Verteilung der Mathematiknoten fällt auch auf, dass das 3. Quartil mit dem Median zusammenfällt. Die Verteilung ist also deutlich rechtssteil.

Es wird hier bei der Achsenskalierung des Boxplots unterstellt, da es sich um komparative Merkmale handelt, dass die Bewertungen in Mathematik und in Englisch gleich sind. Diese Annahme muss getroffen werden, weil bei komparativen Merkmalen die Abstände zwischen den Merkmalsausprägungen nicht definiert sind. Diese Problematik tritt bei metrischen Merkmalen nicht auf, sofern in gleichen Einheiten gemessen wird.

Eine weitere Grafik zur Analyse zweier Verteilungen ist die Quantil-Quantil Grafik (QQ-Grafik). Es werden die p%-Quantile der beiden Verteilungen (hier Randverteilungen) gegeneinander abgetragen. Liegen die Quantile auf einer Geraden, die zwischen dem 1. und 3. Quartil gezogen wird, so sind die Häufigkeitsverteilungen einander gleich. Je weiter die Merkmalswerte neben dieser Geraden liegen, desto unähnlicher sind sich die beiden Verteilungen. Die Steigung der Geraden ist ohne Bedeutung. Die Quantile werden häufig aus den Einzeldaten mit $x_{(p)} = x_{\lceil p\,n \rceil}$ bestimmt.

Definition 5.6. *Ein Diagramm in dem die Quantile zweier Randverteilungen gegeneinander abgetragen werden, heißt* **Quantil-Quantil Grafik**.

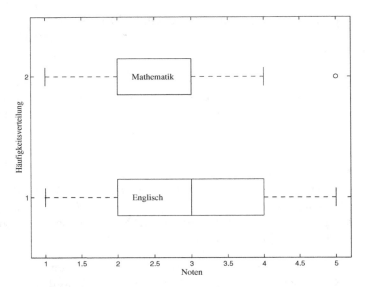

Abb. 5.3. Boxplots der Mathematik und Englischnoten

Beispiel 5.4. Fortsetzung von Beispiel 5.1 (Seite 102): Die Werte in der QQ-Grafik in Abbildung 5.4 (Seite 107) liegen nicht auf oder nahe der Geraden. Die Englisch- und Mathematiknoten sind also unterschiedlich verteilt. Dieses Ergebnis war auch durch die Boxplots angezeigt worden. Die Quantile sind aus den Verteilungsfunktionen der beiden Randverteilungen ermittelt worden, wobei die Quantile jeweils in 10%-Schritten abgetragen wurden (siehe Tabelle 5.4).

Tabelle 5.4. Quantile der Englisch- und Mathematiknoten

p	10	20	25	30	40	50	60	70	75	80	90	100
$x(p)$	1	2	2	2	3	3	3	4	4	4	4	5
$y(p)$	2	2	2	2	3	3	3	3	3	3	4	4	5

Auch bei dem QQ-Plot tritt das oben genannte Problem der Achsenskalierung für komparative Merkmale auf. Da jedoch die beiden Merkmale auf verschiedenen Achsen abgetragen werden, ist es weniger offensichtlich.

Mit den beiden Grafiken Boxplot und QQ-Grafik können leicht zwei Verteilungen miteinander verglichen werden. Diese grafischen Techniken werden vor allem auch für metrische Merkmale angewandt (vgl. [20]).

5.2.2 Bedingte Verteilung

Eine bei zweidimensionalen Häufigkeitsverteilungen oft auftretende Frage ist die nach der Verteilung eines Merkmals für einen gegebenen Wert des anderen Merk-

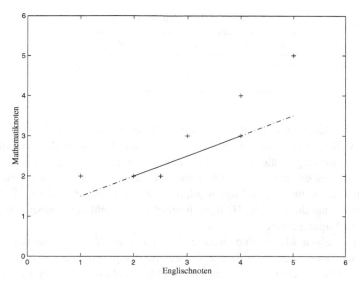

Abb. 5.4. QQ-Grafik der Mathematik und Englischnoten

mals. Aus allen gegebenen Merkmalskombinationen (x_i, y_j) werden nur noch die betrachtet, bei denen X oder Y einen vorgegebenen Wert annimmt. Für ein gegebenes x_i bzw. y_j betrachtet man dann die Häufigkeitsverteilung von X bzw. Y. Solche Verteilungen werden bedingte Verteilungen genannt.

Definition 5.7. *Gegeben sei die zweidimensionale Häufigkeitsverteilung der Merkmale X und Y. Die Verteilung, die sich für eine gegebene Ausprägung von y_j bzw. x_i ergibt, heißt* **bedingte Verteilung** *von X bzw. Y. Die absoluten Häufigkeiten bezeichnet man mit $n(x_i \mid y_j)$ bzw. $n(y_j \mid x_i)$, die relativen Häufigkeiten mit $f(x_i \mid y_j)$ bzw. $f(y_j \mid x_i)$.*

Die absoluten Häufigkeiten der bedingten Verteilungen können unmittelbar aus der Häufigkeitstabelle abgelesen werden. Die bedingten relativen Häufigkeiten erhält man, indem die absoluten bzw. relativen Häufigkeiten der entsprechenden Zeilen oder Spalten der zweidimensionalen Häufigkeitsverteilung in der Häufigkeitstabelle durch den zugehörigen Wert der Randverteilung dividiert werden.

$$f(x_i \mid y_j) = \frac{f(x_i, y_j)}{f(y_j)} = \frac{n(x_i, y_j)}{n(y_j)} \tag{5.2}$$

$$f(y_j \mid x_i) = \frac{f(x_i, y_j)}{f(x_i)} = \frac{n(x_i, y_j)}{n(x_i)} \tag{5.3}$$

für $i = 1, \dots, k$ und $j = 1, \dots, m$

Beispiel 5.5. Fortsetzung von Beispiel 5.1 (Seite 102): Aus der zweidimensionalen Verteilung der Mathematik- (y_j mit $j = 1, \dots, m$) und Englischnoten (x_i mit $i = 1, \dots, k$) ergibt sich für die Schüler mit der Englischnote 2 ($= x_2$) die bedingte Verteilung der Mathematiknoten in Tabelle 5.5.

Tabelle 5.5. Bedingte Verteilung

Mathematiknote	1	2	3	4	5	$\sum$
$n(y_j \mid x_2)$		2	5	4	2	0 13
$f(y_j \mid x_2)$	0.15	0.38	0.31	0.15	0.00	1

Die bedingten Verteilungen der absoluten Häufigkeiten sind zum Vergleich ungeeignet, weil sie bei unterschiedlichen Gesamthäufigkeiten für die verschiedenen bedingten Verteilungen nicht vergleichbar sind. Formal gilt sogar $n(y_j \mid x_i) = n(y_j, x_i)$, d. h. es existiert eigentlich keine eigenständige bedingte absolute Verteilung. Daher muss man die bedingten relativen Häufigkeiten berechnen. Um sie zu erhalten, teilt man die absolute Häufigkeit durch die Anzahl der Beobachtungen, die unter der Bedingung auftreten.

Bei abhängigen Merkmalen hängen die bedingten Verteilungen der relativen Häufigkeiten eines Merkmals davon ab, welche Ausprägungen das andere Merkmal annimmt bzw. welche Klasse des anderen Merkmals vorliegt. Bei unabhängigen Merkmalen stimmen alle bedingten Verteilungen der relativen Häufigkeiten eines Merkmals überein. Die Bedingung übt keinen Einfluss darauf aus, welche Merkmalsausprägung eintritt. Bei unabhängigen Merkmalen sind nicht nur alle bedingten Verteilungen eines Merkmals gleich, sondern sie stimmen auch mit der entsprechenden Randverteilung überein. Für unabhängige Merkmale X und Y gilt also:

$$f(x_i \mid y_j) = f(x_i) \quad \text{für alle } i \text{ und } j \tag{5.4}$$

$$f(y_j \mid x_i) = f(y_j) \quad \text{für alle } i \text{ und } j \tag{5.5}$$

Bei der Betrachtung der gemeinsamen Verteilung zweier (oder mehrerer) Merkmale interessiert häufig die Frage, inwieweit Beziehungen oder Abhängigkeiten zwischen den Merkmalen existieren. Welches Aussehen hat eine zweidimensionale Häufigkeitsverteilung, wenn die beiden Merkmale unabhängig voneinander sind?

Tabelle 5.6. Zweidimensionale Häufigkeitsverteilung

Merkmal	x_1	x_2	x_3	x_4	$n(y_j)$
y_1	20	12	8	4	44
y_2	10	6	4	2	22
y_3	5	3	2	1	11
$n(x_i)$	35	21	14	7	77

Beispiel 5.6. Es wird die Häufigkeitsverteilung mit den absoluten Häufigkeiten in Tabelle 5.6 betrachtet. Aus ihr ergeben sich die bedingten Verteilungen der relativen Häufigkeiten in den Tabellen 5.7 und 5.8, die auch aus der relativen Häufigkeitsverteilung errechnet werden können.

Tabelle 5.7. Bedingte Verteilung von X

$f(x_i \mid y_1)$	0.46	0.27	0.18	0.09
$f(x_i \mid y_2)$	0.46	0.27	0.18	0.09
$f(x_i \mid y_3)$	0.46	0.27	0.18	0.09
$f(x_i)$	0.46	0.27	0.18	0.09

Tabelle 5.8. Bedingte Verteilung von Y

$f(y_j \mid x_1)$	$f(y_j \mid x_2)$	$f(y_j \mid x_3)$	$f(y_j \mid x_4)$	$f(y_j)$
0.57	0.57	0.57	0.57	0.57
0.29	0.29	0.29	0.29	0.29
0.14	0.14	0.14	0.14	0.14

Die bedingten Verteilungen für X bzw. Y hängen nicht davon ab, welche Ausprägungen vorgegeben werden. Sie sind gleich der Randverteilung und daher sind X und Y statistisch unabhängig.

Beispiel 5.7. Fortsetzung von Beispiel 5.5 (Seite 107): Sind die Merkmale X (Englischnote) und Y (Mathematiknote) in der Tabelle 5.2 (Seite 103) unabhängig voneinander oder hängen die Häufigkeiten, mit denen die Ausprägungen des Merkmals X auftreten, davon ab, welche Ausprägungen das Merkmal Y annimmt? Im letzteren Fall werden die bedingten Verteilungen der relativen Häufigkeiten des Merkmals X für die verschiedenen Ausprägungen des Merkmals Y nicht übereinstimmen und umgekehrt. Für die bedingten Verteilungen von X und Y ergeben sich die Ergebnisse in den Tabellen 5.9 und 5.10.

Tabelle 5.9. Bedingte Verteilung von X

$f(x_i \mid y_1)$	0.167	0.333	0.500	0.000	0.000
$f(x_i \mid y_2)$	0.158	0.263	0.421	0.105	0.053
$f(x_i \mid y_3)$	0.067	0.133	0.400	0.333	0.067
$f(x_i \mid y_4)$	0.167	0.167	0.167	0.417	0.083
$f(x_i \mid y_5)$	0.000	0.000	0.667	0.333	0.000
$f(x_i)$	0.114	0.186	0.386	0.257	0.057

Die Tabelle 5.9 muss zeilenweise gelesen werden, da die Verteilung von X unter Bedingung von Y betrachtet wird und die Häufigkeiten hier zeilenweise notiert sind; die Tabelle 5.10 muss spaltenweise gelesen werden, weil die Verteilung von Y unter der Bedingung von X betrachtet wird. Die bedingten Verteilungen unterscheiden sich hier für jede Bedingung. Die bedingte Verteilung von X hängt davon ab, welche Ausprägung von Y vorgegeben wird. Die bedingte Verteilung von Y hängt davon

Tabelle 5.10. Bedingte Verteilung von Y

$f(y_j \mid x_1)$	$f(y_j \mid x_2)$	$f(y_j \mid x_3)$	$f(y_j \mid x_4)$	$f(y_j \mid x_5)$	$f(y_j)$
0.125	0.154	0.111	0.000	0.000	0.086
0.375	0.385	0.296	0.111	0.250	0.271
0.250	0.308	0.444	0.556	0.500	0.429
0.250	0.154	0.074	0.278	0.250	0.171
0.000	0.000	0.074	0.056	0.000	0.043

ab, welche Ausprägung von X vorgegeben wird. Die beiden Merkmale „Mathematiknote" und „Englischnote" hängen also statistisch voneinander ab. Die Frage nach der Stärke des Zusammenhangs wird im anschließenden Kapitel 5.3 beantwortet.

Es genügt aber, alle bedingten Verteilungen eines Merkmals zu bestimmen. Weist diese statistische Unabhängigkeit zwischen X und Y aus, so ist dies auch für die bedingte Verteilung des anderen Merkmals gegebenen. Ferner gilt, dass bei statistischer Unabhängigkeit auch die Randverteilungen mit den bedingten Verteilungen übereinstimmen müssen, wovon man sich leicht in dem Beispiel 5.6 überzeugen kann. Diese Identität liegt darin begründet, dass die Bedingung von z. B. Y dann wirkungslos bzgl. X ist. Das Merkmal X ist ja unabhängig von Y. Die bedingte Häufigkeit $f(x \mid y)$ ist gleich $f(x)$ bzw. $f(y \mid x) = f(y)$. Daraus ergibt sich bei statistischer Unabhängigkeit die Bedingung, dass

$$f(x, y) = f(x) \, f(y) \tag{5.6}$$

sein muss.

Anders formuliert: Die Informationsvorgabe durch die Bedingung von Y nützt nichts um die Häufigkeit des Merkmals X vorherzusagen. Die Aussage gilt natürlich auch in Bezug auf X. Bei perfekter statistischer Abhängigkeit der Merkmale voneinander würde sich die Häufigkeit von X bzw. Y durch Kenntnis von Y bzw. X bestimmen lassen. In jeder Tabellenzeile dürfte dann nur ein Feld einen Wert von ungleich null aufweisen bzw. in jeder Spalte dürfte jeweils nur ein Feld einen Wert von ungleich null aufweisen. Die Information aus der (Rand-) Verteilung von X oder Y wäre überflüssig.

Definition 5.8. *Gegeben sei die zweidimensionale Häufigkeitsverteilung der beiden Merkmale X und Y. Stimmen alle bedingten Verteilungen der relativen Häufigkeiten überein, d. h. es gilt*

$$f(x_i \mid y_j) = f(x_i \mid y_\ell) \tag{5.7}$$

für alle $j, \ell = 1, \ldots, m$ und für alle $i = 1, \ldots, k$ oder

$$f(y_j \mid x_i) = f(y_j \mid x_h) \tag{5.8}$$

für alle $i, h = 1, \ldots, k$ und für alle $j = 1, \ldots, m$, dann heißen X und Y **statistisch unabhängig**, *andernfalls heißen sie* **statistisch abhängig**.

Die Analyse von bedingten Häufigkeiten tritt immer dann auf, wenn man ein Merkmal in seiner Ausprägung kontrollieren kann und daher für die Beobachtung des anderen voraussetzt. Dies wird oft dann eingesetzt, wenn das gemeinsame Auftreten der beiden Merkmale schwer zu messen ist. Hierbei wird aber oft übersehen, dass die Bedingungen in der Regel nicht gleich auf die Verteilung wirken. Eine Symmetrie bzgl. der Bedingung, also

$$f(X \mid Y = y_j) = f(Y \mid X = x_i) \tag{5.9}$$

stellt sich nur dann ein, wenn

$$f(X = x_i) = f(Y = y_j) \tag{5.10}$$

gilt. Und ein Hinweis: Dies ist nicht die Forderung für statistische Unabhängigkeit.

Beispiel 5.8. Bei einer Demonstration kommt es zu schweren Ausschreitungen. Ein Zeuge hat die Tat eines Täters beobachtet und behauptet, den Täter wieder erkennen zu können.

Mit Z wird die Zeugenaussage „Das ist der Täter." und mit T der Fall „Verdächtiger ist Täter." bezeichnet.

Es wird angenommen, dass die relative Häufigkeit den Täter gefasst zu haben (bevor die Zeugenaussage vorliegt) ein Prozent beträgt, also $f(T) = 0.01$.

Von einem perfekten Zeugen wird erwartet, dass er einen Unschuldigen immer als unschuldig und einen Schuldigen immer als schuldig identifiziert, also $f(\overline{Z} \mid \overline{T}) = 1$ und $f(Z \mid T) = 1$. Derartige Perfektion kann man aber nicht voraussetzen. Es ist nicht auszuschließen, dass der Zeuge in einer unschuldigen Person den Täter sieht. Dies wäre ein so genanntes **falsch positives Ergebnis**. Es gibt aber auch die Möglichkeit, dass der Zeuge den wahren Täter nicht wieder erkennt, obwohl er vor ihm steht. Dies wäre ein so genanntes **falsch negatives Ergebnis**. Es wird davon ausgegangen, dass der Zeuge mit jeweils einem Prozent falsch negative und falsch positive Aussagen trifft. Es handelt sich hier um die bedingten Häufigkeiten

$$f(\overline{Z} \mid T) = 0.01 \quad \text{falsch negativ} \tag{5.11}$$

und

$$f(Z \mid \overline{T}) = 0.01 \quad \text{falsch positiv} \tag{5.12}$$

Ein Richter sollte aber nicht nach den bedingten Häufigkeiten $f(\overline{Z} \mid T)$ und $f(Z \mid \overline{T})$ fragen (die ein statistischer Test liefert), sondern müsste einerseits nach dem relativen Anteil der zu Unrecht Verdächtigten fragen, die vom Zeugen belastet werden und andererseits nach dem Anteil der zu Recht Verdächtigten, die aber vom Zeugen entlastet werden. Dies sind die bedingten Häufigkeiten $f(\overline{T} \mid Z)$ und $f(T \mid \overline{Z})$. Um diese bedingten Häufigkeiten zu berechnen, ist es nützlich eine Kontingenztabelle in der Struktur von Tabelle 5.11 zu berechnen.

Die Berechnung der gesuchten relativen Häufigkeiten ist wie folgt:

Tabelle 5.11. Kontingenztabelle

	Z	$\overline{Z}$	$\sum$
T	$f(T,Z)$	$f(T,\overline{Z})$	$f(T)$
$\overline{T}$	$f(\overline{T},Z)$	$f(\overline{T},\overline{Z})$	$f(\overline{T})$
$\sum$	$f(Z)$	$f(\overline{Z})$	1

$$f(T,Z) = f(Z \mid T)\,f(T) = \left(1 - f(\overline{Z} \mid T)\right) f(T) = 0.0099 \qquad (5.13)$$

$$f(T,\overline{Z}) = f(\overline{Z} \mid T)\,f(T) = 0.0001 \qquad (5.14)$$

$$f(\overline{T},Z) = f(Z \mid \overline{T})\,f(\overline{T}) = 0.0099 \qquad (5.15)$$

$$f(\overline{T},\overline{Z}) = f(\overline{T}) - f(\overline{T},Z) = 0.9801 \qquad (5.16)$$

$$f(Z) = f(T,Z) + f(\overline{T},Z) = 0.0198 \qquad (5.17)$$

$$f(\overline{Z}) = 1 - f(Z) = 0.9802 \qquad (5.18)$$

Damit ist die Kontingenztabelle 5.11 bestimmt und die gesuchten bedingten Häufigkeiten können berechnet werden. Man sieht, dass diese bedingten Häufigkeiten sich deutlich von den vorherigen unterscheiden.

$$f(\overline{T} \mid Z) = \frac{f(\overline{T},Z)}{f(Z)} = \frac{0.0099}{0.0198} = 0.5 \qquad (5.19)$$

und

$$f(T \mid \overline{Z}) = \frac{f(T,\overline{Z})}{f(\overline{Z})} = \frac{0.0001}{0.9802} = 0.000102 \qquad (5.20)$$

Mit 50% wird ein Zeuge einen Tatverdächtigen belasten, obwohl dieser nicht der Täter ist, aber mit nur rund 0.01% wird ein schuldiger Tatverdächtiger vom Zeugen entlastet. Wird also der Tatverdächtige vom Zeugen entlastet, so kann der Richter davon ausgehen, dass er unschuldig ist, wird er aber belastet, so muss er höchste Zweifel an der Schuld des Täters haben (vgl. [10, Seite 17ff])! Woran liegt das? Der Zeuge belastet nur relativ wenig Täter ($f(Z) = 0.0198$), weil nur relativ wenig Täter gefasst werden ($f(T) = 0.01$). Werden aber viele Täter gefasst (z. B. $f(T) = 0.99$), dann dreht sich das Bild nur um: viele Täter werden dann fälschlicherweise durch Zeugen entlastet und relativ wenig Unschuldige dann fälschlicherweise belastet. Gewonnen ist damit nichts. Die Zeugenaussagen werden für den Richter wird nur dadurch verlässlicher, wenn die falsch positiven und falsch negativen Zeugenaussagen abnehmen. Im Fall des Beispiels würde eine Abnahme der falsch positiven Zeugenaussagen von 0.01 auf 0.0001 die fälschlicherweise belasteten Täter von 50% auf 0.99% senken. Diese Zusammenhänge werden in Kapitel 9.5 wieder aufgegriffen.

5.3 Zusammenhangsmaße qualitativer Merkmale

Um Zusammenhänge bei qualitativen zweidimensionalen Häufigkeitsverteilungen zu messen, stellt man die beobachtete Häufigkeitsverteilung der Verteilung gegenüber, die sich für die beiden Merkmale bei derselben Randverteilung wie bei der beobachteten Häufigkeitsverteilung ergeben würde, wenn die Merkmale unabhängig wären. Die relativen Häufigkeiten der gemeinsamen Verteilung von unabhängigen Merkmalen stimmen dann mit dem Produkt der relativen Häufigkeiten der Randverteilungen überein.

$$\hat{n}(x_i, y_j) = \frac{1}{n}\, n(x_i)\, n(y_j) \quad \text{bzw.} \tag{5.21}$$

$$\hat{f}(x_i, y_j) = f(x_i)\, f(y_j) \tag{5.22}$$

Die Gültigkeit der obigen Gleichungen kann leicht am Beispiel 5.6 (Seite 108) überprüft werden.

5.3.1 Quadratische Kontingenz

Definition 5.9. *Mit den beobachteten absoluten Häufigkeiten $n(x_i, y_j)$ und den bei Unabhängigkeit der Merkmale sich ergebenden theoretischen absoluten Häufigkeiten $\hat{n}(x_i, y_j)$ wird die Größe χ^2 definiert, die als* **quadratische Kontingenz** *bezeichnet wird:*

$$
\begin{aligned}
\chi^2 &= \sum_{i=1}^{k}\sum_{j=1}^{m} \frac{\left(n(x_i, y_j) - \hat{n}(x_i, y_j)\right)^2}{\hat{n}(x_i, y_j)} \\
&= n \sum_{i=1}^{k}\sum_{j=1}^{m} \frac{(f(x_i, y_j) - \hat{f}(x_i, y_j))^2}{\hat{f}(x_i, y_j)} \\
&= n \sum_{i=1}^{k}\sum_{j=1}^{m} \left(\frac{f(x_i, y_j) - \hat{f}(x_i, y_j)}{\hat{f}(x_i, y_j)}\right)^2 \hat{f}(x_i, y_j) \\
&= n \left(\sum_{i=1}^{k}\sum_{j=1}^{m} \frac{f(x_i, y_j)^2}{f(x_i)\, f(y_j)} - 1\right)
\end{aligned}
\tag{5.23}
$$

Die letzte umgeformte Gleichung ist bei großen k und / oder m rechnerisch günstiger.

Die Zähler der Summanden bestehen aus den quadratischen Abweichungen der beobachteten absoluten Häufigkeiten von den sich bei Unabhängigkeit ergebenden absoluten Häufigkeiten. Die Division durch die sich bei Unabhängigkeit ergebenden absoluten Häufigkeiten bedeutet, dass man die relativen quadratischen Abweichungen betrachtet. Die Konstruktion der Maßzahl χ^2 weist Ähnlichkeit mit der Varianz auf.

Wenn die beobachtete Häufigkeit mit den theoretischen Häufigkeiten übereinstimmt wird $\chi^2 = 0$; dies ist der Fall der statistischen Unabhängigkeit. Ein Wert von $\chi^2 > 0$ bedeutet, dass eine statistische Abhängigkeit zwischen den beiden Merkmalen vorliegt. Für $\chi^2 = n \min\{k - 1, m - 1\}$ liegt perfekte Abhängigkeit vor. Diese tritt ein, wenn in jeder Zeile der Kontingenztabelle genau nur ein Feld von null verschieden ist. Die Ausprägung von X (Y) ließe sich exakt vorhersagen, wenn Y (X) bekannt wäre. Die Obergrenze von χ^2 ist von der Anzahl der Beobachtungen und der Größe der Kontingenztabelle abhängig. Dies wird einsichtig, wenn man die letzte Umformung der Gleichung (5.23) betrachtet. Bei perfekter statistischer Abhängigkeit gilt, dass in jeder Zeile bzw. Spalte nur eine von null verschiedene relative Häufigkeit steht. Daher gilt für die gemeinsame Verteilung:

$$
f(x_i, y_j) = \begin{cases} f(x_i) = f(y_j) & \text{für } i = 1, \dots, k \\ & \text{und jeweils ein } j \\ 0 & \text{sonst} \end{cases} \tag{5.24}
$$

Daraus ergibt sich dann bei perfekter Abhängigkeit für die Summe:

$$
\sum_{i=1}^{k} \sum_{j=1}^{m} \frac{f(x_i, y_j)^2}{f(x_i) f(y_j)} = \min\{k, m\} \tag{5.25}
$$

Die Obergrenze von χ^2 ist damit bestimmt.

$$
0 \leq \chi^2 \leq n \min\{k - 1, m - 1\} \tag{5.26}
$$

Tabelle 5.12. Zusammenhang Familienstand / Religion

Religion	Familienstand			
	ledig	verheiratet	geschieden	$n(y_j)$
ev.	10	25	5	40
kath.	8	40	2	50
sonst.	2	5	3	10
$n(x_i)$	20	70	10	100

Beispiel 5.9. Eine Befragung von hundert 30 Jahre alten Frauen nach ihrem Familienstand (x_1 = ledig, x_2 = verheiratet, x_3 = geschieden) und ihrer Religionszugehörigkeit (y_1 = ev., y_2 = kath., y_3 = sonst.) hat das in der Kontingenztabelle 5.12 zusammengefasste Ergebnis geliefert (aus [105, Seite 185]). Bei Unabhängigkeit müsste sich die Häufigkeitsverteilung in Tabelle 5.13 mit den Werten $\hat{n}(x_i, y_j)$ einstellen.

Tabelle 5.13. Theoretische Häufigkeiten bei Unabhängigkeit

	ledig	verheiratet	geschieden	$\sum$
ev.	8	28	4	40
kath.	10	35	5	50
sonst.	2	7	1	10
$\sum$	20	70	10	100

Vergleicht man diese Tabelle mit der statistisch gemessenen, so zeigen sich einige Unterschiede in der Tabellenbesetzung; es liegt zwischen den beiden Merkmalen eine Abhängigkeit vor. Die Berechnung von χ^2 ergibt einen Wert ungleich null. Die beiden Merkmale sind voneinander statistisch abhängig. Das bedeutet, dass mit Kenntnis über den Familienstand oder über die Religionszugehörigkeit sich die jeweils andere Häufigkeit der Merkmalsausprägung besser (genauer) bestimmen (vorhersagen) lässt als ohne diese Information.

$$
\chi^2 = \frac{(10-8)^2}{8} + \frac{(25-28)^2}{28} + \frac{(5-4)^2}{4}
$$
$$
+ \frac{(8-10)^2}{10} + \frac{(40-35)^2}{35} + \frac{(2-5)^2}{5} \tag{5.27}
$$
$$
+ \frac{(2-2)^2}{2} + \frac{(5-7)^2}{7} + \frac{(3-1)^2}{1} = 8.56
$$

Da χ^2 hier zwischen 0 und 200 ($\chi^2_{\max} = 100 \times \min\{3-1, 3-1\} = 100 \times 2$) liegen kann, ist der Zusammenhang als recht schwach anzusehen.

Wegen der Abhängigkeit der quadratischen Kontingenz χ^2 von der Anzahl der Beobachtungen und der Größe der Kontingenztabelle, ist das Maß für Vergleichszwecke ungeeignet. Auf Basis der quadratischen Kontingenz χ^2 wird daher die mittlere quadratische Kontingenz definiert, die unabhängig von der Anzahl der Beobachtungen n ist. Die quadratische Kontingenz wird in Kapitel 17.4 wieder aufgegriffen.

Definition 5.10. *Gegeben seien zwei qualitative Merkmale mit k und m Ausprägungen. Als* **mittlere quadratische Kontingenz** *ist*

$$
\phi^2 = \frac{\chi^2}{n} \tag{5.28}
$$

definiert.

Die mittlere quadratische Kontingenz ist ein gewichteter Durchschnitt der quadratischen relativen Abweichung zwischen den empirischen und den hypothetischen Häufigkeiten (siehe Gleichung 5.23). Das Maximum der mittleren quadratischen Kontingenz hängt aber noch von der Größe der Kontingenztabelle ab (siehe Gleichung 5.25). Es gilt:

$$0 \leq \phi^2 \leq \min\{k - 1, m - 1\} \tag{5.29}$$

ϕ^2 nimmt genau dann den minimalen Wert $\phi^2 = 0$ an, wenn die Merkmale X und Y voneinander statistisch unabhängig sind: $\hat{n}(x_i, y_j) = n(x_i, y_j)$ für alle i und j. ϕ^2 nimmt genau dann den maximalen Wert an, wenn χ^2 maximal ist. Dies ist der Fall der perfekten statistischen Abhängigkeit der beiden Merkmale. Da das Maximum von der Dimension der Kontingenztabelle abhängig ist, normiert man ϕ^2 mit seinem Maximum.

Definition 5.11. *Die* **normierte Kontingenz** *C, auch unter dem Namen* **Cramérsches Kontingenzmaß** *bekannt, ist definiert durch:*

$$C = \sqrt{\frac{\phi^2}{\min\{k - 1, m - 1\}}} \tag{5.30}$$

Für die normierte Kontingenz gilt: $0 \leq C \leq 1$. Die normierte Kontingenz ist unabhängig von der Dimension der Kontingenztabelle (Anzahl der Merkmalsausprägungen) und der Anzahl der Beobachtungen. Sind die Merkmale statistisch unabhängig, nimmt C den Wert null an; sind die beiden Merkmale perfekt statistisch abhängig, nimmt C den Wert eins an.

Beispiel 5.10. Fortsetzung von Beispiel 5.9 (Seite 114): Die mittlere quadratische Kontingenz beträgt:

$$\phi^2 = \frac{8.56}{100} = 0.0856 \tag{5.31}$$

Mit $k = 3$ und $m = 3$ ergibt sich $\min\{k - 1, m - 1\} = 2$. Die normierte Kontingenz beträgt folglich:

$$C = \sqrt{\frac{0.0856}{2}} = 0.207 \tag{5.32}$$

Es existiert ein Zusammenhang, der aber nicht sehr ausgeprägt ist, da der Wert unter 0.5 liegt.

5.3.2 Informationsentropie bei zweidimensionalen Häufigkeitsverteilungen

Auch aus der Informationsentropie, die als Streuungsmaß für eindimensionale qualitative Häufigkeitsverteilungen (siehe Definition 4.2) geeignet ist, lässt sich, wenn man sie auf zweidimensionale Häufigkeitsverteilungen überträgt, ein Assoziationsmaß konstruieren: die so genannte Transinformation. Sie ist ein Maß für die wechselseitige Information zwischen den beiden Merkmalen. Je stärker die Abhängigkeit zwischen den beiden Merkmalen ist, desto eher kann man das Verhalten des einen Merkmals durch das des anderen erklären. Der Informationsgewinn durch die Beobachtung des zweiten Merkmals nimmt also ab, je stärker die beiden Merkmale voneinander abhängen. Im Extremfall der perfekten Abhängigkeit ist die Untersuchung des zweiten Merkmals überflüssig. Die Informationsentropie der gemeinsamen Häufigkeitsverteilung ist in diesem Fall gleich der Informationsentropie einer der beiden Randverteilungen. Anders formuliert: Die Summe der Informationsentropien, die man aus den Randverteilungen erhält, ist größer als die Informationsentropie der gemeinsamen Häufigkeitsverteilung. Im Fall der Unabhängigkeit der beiden Merkmale ist die Informationsentropie der gemeinsamen Verteilung gleich der Summe der Informationsentropien der beiden Randverteilungen, da die Informationsmengen der beiden Merkmale disjunkt sind. Die Grundidee der Transinformation besteht also darin, die statistische Abhängigkeit zwischen zwei Merkmalen X und Y an der Stärke der Entropiereduktion, d. h. an der Informationsüberschneidung, die durch die Abhängigkeit besteht, festzumachen, die beim Übergang von der gemeinsamen Verteilung zu der Randverteilung besteht.

Definition 5.12. *Die* **Informationsentropie** $h_{km}\big(f(x_i, y_j)\big)$ **der gemeinsamen Verteilung** *eines qualitativen Merkmals* X, Y *mit der Häufigkeitsverteilung* $f(x_i, y_j)$ *ist definiert als:*

$$h_{km}\big(f(x_i, y_j)\big) = - \sum_{i=1}^{k} \sum_{j=1}^{m} f(x_i, y_j) \log_{k \times m} f(x_i, y_j) \qquad (5.33)$$

Die gemeinsame Informationsentropie beschreibt die Streuung des zweidimensionalen Merkmals X, Y der zugehörigen Häufigkeitsverteilung. Der Index $k\,m$ soll daran erinnern, dass die Informationsentropie aus einer Häufigkeitsverteilung mit k Ausprägungen für X und m Ausprägungen für Y berechnet wird. Die Informationsentropie der Randverteilung ist – analog zur Entropie eindimensionaler Häufigkeitsverteilungen (siehe Definition 4.2, Seite 42) – definiert.

Definition 5.13. *Gegeben sei die zweidimensionale Häufigkeitsverteilung der qualitativen Merkmale* X *und* Y. *Die* **Informationsentropie der Randverteilungen** $f(x_i)$ *bzw.* $f(y_j)$ *ist dann definiert als:*

$$h_k\big(f(x_i)\big) = - \sum_{i=1}^{k} f(x_i) \log_k f(x_i)\, log_{k \times m} k \qquad (5.34)$$

$$h_m\big(f(y_j)\big) = - \sum_{j=1}^{m} f(y_j) \log_m f(y_j)\, \log_{k \times m} m \qquad (5.35)$$

Aufgrund der unterschiedlichen Normierungen muss für die Gültigkeit der folgenden Beziehungen eine einheitliche Normierung erfolgen. Die Informationsentropie der Randverteilung wird daher in der Definition 5.13 durch die Multiplikation mit dem Logarithmus $\log_{k \times m}(k)$ bzw. $\log_{k \times m}(m)$ auf die Basis der Informationsentropie der gemeinsamen Verteilungen umgestellt.

Aus den obigen Ausführungen lassen sich nun folgende Gleichungen ableiten. Bei Unabhängigkeit gilt, dass die Informationsentropie (im Sinn von Information) der gemeinsamen Verteilung gleich der aus den Randverteilungen ist.

$$h_{km}\big(f(x_i), f(y_j)\big) = h_k\big(f(x_i)\big) + h_m\big(f(y_j)\big) \tag{5.36}$$

Bei Abhängigkeit gilt, dass die Informationsentropie der gemeinsamen Verteilung wegen der Abhängigkeit – die Ausprägungen des einen Merkmals lassen sich ja je nach Grad der Abhängigkeit entsprechend gut aus der des anderen ableiten – geringer ist als die Summe der Informationsentropien der Randverteilungen:

$$h_{km}\big(f(x_i, f(y_j)\big) < h_k\big(f(x_i)\big) + h_m\big(f(y_j)\big) \tag{5.37}$$

Bei perfekter Abhängigkeit der beiden Merkmale ist die Information des einen Merkmals überflüssig. Die Informationsentropie der gemeinsamen Verteilung ist dann gleich der größeren Informationsentropie einer der beiden Randverteilungen.

$$h_{km}\big(f(x_i), f(y_j)\big) = \max\Big\{h_k\big(f(x_i), h_m\big(f(y_j)\big)\Big\} \tag{5.38}$$

5.3.3 Transinformation

Die Transinformation ist nun ein Assoziationsmaß, dass den Abstand zwischen der maximal möglichen Information, der Summe der Informationsentropien der beiden Randverteilungen, mit der Informationsentropie der gemeinsamen Verteilung berechnet.

Definition 5.14. *Gegeben sei eine zweidimensionale Häufigkeitsverteilung zweier qualitativer Merkmale. Als* **Transinformation** *bezeichnet man die folgende Maßzahl* T:

$$T = h_k\big(f(x_i)\big) + h_m\big(f(y_j)\big) - h_{km}\big(f(x_i), f(y_j)\big) \tag{5.39}$$

Der Wertebereich der Transinformation ist entsprechend der obigen Ausführungen bei Unabhängigkeit null und bei perfekter Abhängigkeit $\min\{h_k, h_m\}$.

$$0 \leq T \leq \min\Big\{h_k\big(f(x_i)\big), h_m\big(f(y_j)\big)\Big\} \tag{5.40}$$

Um die normierte Transinformation T^* zu erhalten, muss man die Maßzahl T durch ihr Maximum $\min\Big\{h_k\big(f(x_i)\big), h_m\big(f(y_j)\big)\Big\}$ teilen.

Definition 5.15. *Als* **normierte Transinformation** *ist dann die folgende Maßzahl definiert:*

$$T^* = \frac{T}{\min\Big\{h_k\big(f(x_i)\big), h_m\big(f(y_j)\big)\Big\}} \tag{5.41}$$

Für die normierte Transinformation gilt:

- $0 \leq T^* \leq 1$
- $T^* = 0$ genau dann, wenn X und Y statistisch unabhängig sind.

- $T^* = 1$ genau dann, wenn jeder Merkmalsausprägung des Merkmals X genau eine Merkmalsausprägung des Merkmals Y zugeordnet ist. Dies ist der Fall der perfekten statistischen Abhängigkeit.

Beispiel 5.11. Für die in Beispiel 5.9 (Seite 114) gegebene zweidimensionale Häufigkeitsverteilung wird die Transinformation berechnet. Die Kontingenztabelle mit den relativen Häufigkeiten ist in Tabelle 5.14 angegeben.

Tabelle 5.14. Relative Häufigkeiten Familienstand / Religion

Merkmal	x_1	x_2	x_3	$f(y_j)$
y_1	0.10	0.25	0.05	0.40
y_2	0.08	0.40	0.02	0.50
y_3	0.02	0.05	0.03	0.10
$f(x_i)$	0.2	0.7	0.1	1.0

Aus diesen Werten berechnen sich die folgenden Informationsentropien und die Transinformation:

$$h_{33}\big(f(x_i), f(y_j)\big) = 0.7767 \tag{5.42}$$

$$h_3\big(f(x_i)\big) = 0.7298 \times \log_9 3 = 0.3649 \tag{5.43}$$

$$h_3\big(f(y_j)\big) = 0.8587 \times \log_9 3 = 0.4293 \tag{5.44}$$

$$T = 0.0175 \tag{5.45}$$

$$T^* = \frac{0.0175}{\min\{0.3649, 0.4293\}} = \frac{0.056}{1.157} = 0.0480 \tag{5.46}$$

Wie der Cramérsche Kontingenzkoeffizient weist die Transinformation eine geringe Abhängigkeit zwischen den beiden Merkmalen aus. Die Information der gemeinsamen Verteilung der beiden Merkmale deckt sich kaum mit der aus den Randverteilungen.

5.3.4 Vergleich von C und T

Die unterschiedliche Größe der beiden Koeffizienten ist durch die Konstruktion der Maßzahlen bedingt. Es ist auch hier – wie bei der eindimensionalen Informationsentropie – zu beachten, dass die Transinformation sich nicht linear mit dem Grad der statistischen Abhängigkeit verhält. Hingegen weist der Cramérsche Kontingenzkoeffizient ein lineares Verhalten auf und ist stets größer (bis auf die Grenzwerte) als die Transinformation. Um dies zu verdeutlichen sind im Folgenden für vier einfache zweidimensionale Häufigkeitsverteilungen, die jeweils einen anderen Grad der statistischen Abhängigkeit aufweisen, die beiden Zusammenhangsmaße berechnet worden. Die Verteilungen sind so konstruiert, dass mit einem Koeffizienten a der Grad der statistischen Abhängigkeit gesteuert werden kann (siehe Tabelle 5.15).

Tabelle 5.15. Koeffizient a

	x_1	x_2
y_1	a	$1-a$
y_2	$1-a$	a

Mit $a = 0$ liegt perfekte statistische Abhängigkeit vor; mit $a = 0.5$ perfekte statistische Unabhängigkeit. In folgender Tabelle 5.16 sind für vier Werte von a die Maßzahlen von C und T berechnet.

Tabelle 5.16. Werte von C und T für Werte von a

$a = 0$	$a = 0.11$	$a = 0.25$	$a = 0.5$
$C = 1$	$C = 0.78$	$C = 0.5$	$C = 0$
$T = 1$	$T = 0.5$	$T = 0.19$	$T = 0$

In der Abbildung 5.5 ist das Verhalten der beiden Zusammenhangsmaße T und C für verschiedene Werte von a abgetragen. Man sieht deutlich das nicht lineare Verhalten von T und das lineare Verhalten von C. Dies ist bei der Interpretation der Werte zu beachten.

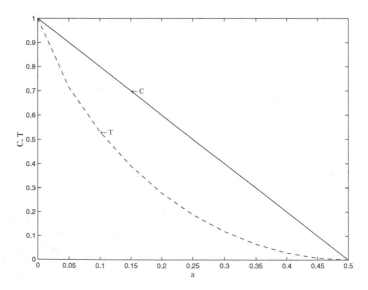

Abb. 5.5. Verhalten von T und C für verschiedene Werte von a

5.4 Zusammenhangsmaße komparativer Merkmale

Bei komparativen Merkmalen wird zur Messung der Stärke des Zusammenhangs eine Maßzahl eingesetzt, die eigentlich für quantitative Merkmale konzipiert ist, der Korrelationskoeffizient. Ersetzt man die komparativen Beobachtungspaare (x_i, y_i) durch Paare von Rangzahlen $\big(R(x_i), R(y_i)\big)$, so hat man quasi quantitative Merkmalsausprägungen, für die sich der Spearmansche Rangkorrelationskoeffizient berechnen lässt. Die Rangzahlen besitzen einen metrischen Abstand, der stets eins ist. Auf diese Weise wird keine tatsächliche Information zu den Beobachtungen hinzugefügt. Es wird lediglich der monotone Zusammenhang zwischen den Merkmalswerten gemessen. Daher kann der Korrelationskoeffizient auch für komparative Merkmale bestimmt werden. Aus diesem Grund müssen hier bereits die Kovarianz und der Korrelationskoeffizient definiert werden, die eigentlich für „echte" metrische Merkmalsausprägungen konzipiert sind.

5.4.1 Kovarianz und Korrelationskoeffizient

Definition 5.16. *Die gemeinsame Verteilung zweier quantitativer Merkmale X und Y sei gegeben. Für Paare von Beobachtungswerten (x_i, y_i) heißt der Ausdruck*

$$cov(x, y) = \frac{1}{n} \sum_{i=1}^{n} (x_i - \bar{x})(y_i - \bar{y}) \tag{5.47}$$

Kovarianz *der zweidimensionalen Verteilung.*

Die Formeln der Kovarianz für Häufigkeitsverteilungen werden hier noch nicht explizit benötigt. Sie sind daher erst in Kapitel 5.5.1 auf Seite 126 angegeben. Durch Ausmultiplizieren des Ausdrucks unter dem Summenoperator der Gleichung (5.47) erhält man dann folgende vereinfachte Form der Gleichung:

$$cov(x, y) = \frac{1}{n} \sum_{i=1}^{n} x_i y_i - \bar{x}\,\bar{y} \tag{5.48}$$

Die Kovarianz erfasst die gemeinsame Variabilität der beiden Merkmale X und Y. Hierbei ist hervorzuheben, dass aufgrund der Homogenität der Kovarianzfunktion, lineare Zusammenhänge zwischen den beiden Merkmalen sie proportional zur Varianz werden lassen (siehe hierzu Kapitel 11.4). Sei

$$Y = \beta_0 + \beta_1 X, \tag{5.49}$$

dann ergibt sich für die Kovarianz:

$$\begin{aligned} cov(x, y) &= \frac{1}{n} \sum_{i=1}^{n} x_i \left(\beta_0 + \beta_1 x_i\right) - \bar{x} \frac{1}{n} \sum_{i=1}^{n} (\beta_0 + \beta_1 x_i) \\ &= \beta_1 \left(\frac{1}{n} \sum_{i=1}^{n} x_i^2 - \bar{x}^2 \right) \end{aligned} \tag{5.50}$$

Definition 5.17. *Die gemeinsame Verteilung zweier quantitativer Merkmale X und Y sei gegeben.* Der **Bravais-Pearson Korrelationskoeffizient** *ist definiert durch:*

$$\rho_{xy} = \frac{cov(x,y)}{\sigma_x \sigma_y} = \frac{1}{n} \sum_{i=1}^{n} \left(\frac{x_i - \bar{x}}{\sigma_x} \right) \left(\frac{y_i - \bar{y}}{\sigma_y} \right) \tag{5.51}$$

Aufgrund der Homogenität der Varianz- und der Kovarianzfunktion misst der Korrelationskoeffizient den Grad der linearen Abhängigkeit zwischen X und Y (siehe auch Seite 267).

Es gilt $-1 \leq \rho_{xy} \leq 1$. Die lineare Transformation der Merkmalswerte in so genannte standardisierte Werte x_i und y_i mit $(x_i - \bar{x})/\sigma_x$ bzw. $(y_i - \bar{y})/\sigma_y$ (siehe auch Kapitel 12.2) führt zu dimensionslosen Größen, deren Mittelwert null und deren Standardabweichung eins ist. Der Korrelationskoeffizient in Gleichung (5.51) kann auch geometrisch gesehen werden: Er bildet den Durchschnitt der Flächen, die durch die einzelnen standardisierten Werte $(x_i - \bar{x})/\sigma_x$ und $(y_i - \bar{y})/\sigma_y$ aufgespannt werden.

Für komparative Merkmale kann jedoch nicht direkt der Korrelationskoeffizient aus Definition 5.17 berechnet werden, da die Merkmalswerte hier keine metrischen Abstände besitzen. Daher werden die komparativen Merkmalswerte der Größe nach aufsteigend geordnet.

5.4.2 Rangfolge und Rangzahlen

Definition 5.18. *Gegeben seien komparative Merkmalswerte. Werden die Merkmalswerte der Größe nach aufsteigend angeordnet, spricht man von einer* **Rangfolge***.*

$$x_1 \leq \ldots \leq x_i \leq \ldots \leq x_n \tag{5.52}$$

Definition 5.19. *Falls in der geordneten Folge der Merkmalswerte gleiche Werte vorkommen, spricht man von* **Bindungen** *(englisch: tie) in der Rangfolge.*

Gilt beispielsweise

$$x_i < x_{i+1} = x_{i+2} = \ldots = x_{i+h} < x_{i+h+1}, \tag{5.53}$$

so spricht man von einer Bindung der Länge h in den Positionen $i + 1$ bis $i + h$ in der Rangfolge.

Definition 5.20. *Die* **Rangzahl** $R(x_i)$ *entspricht der i-ten Position in der aufsteigend sortierten Reihe der Merkmalswerten x_i.*

$$x_i \mapsto R(x_i) = i \tag{5.54}$$

In der Definition 5.20 wird den Beobachtungswerten x_i durch die Funktion $R(x_i)$ der Indexwert i zugeordnet. Den Merkmalswerten (mit Bindungen) in der Rangfolge

$$x_1 < \ldots < x_i < x_{i+1} = \ldots = x_{i+h} < \ldots < x_n \qquad (5.55)$$

werden die Ränge $R(x_1) = 1, \ldots, R(x_n) = n$ zugeordnet.

Die Rangzahlen besitzen zueinander immer den Abstand eins. Im Fall von Bindungen wird häufig für die gleichen Merkmalswerte ein mittlerer Rang vergeben (für Alternativen vgl. [18, Seite 44f]).

Definition 5.21. *Liegt eine Bindung der Länge h vor, die an dem Beobachtungswert $i + 1$ beginnt und an dem Beobachtungswert $i + h$ endet, so ist der* **mittlere Rang** *für die Werte $i + 1$ bis $i + h$ definiert als:*

$$R_m(x_{i+1}, \ldots, x_{i+h}) = \frac{1}{h} \sum_{k=1}^{h} (i + k) = i + \frac{h+1}{2} \qquad (5.56)$$

Der mittlere Rang R_m wird für die Rangzahlen $R(x_{i+1})$ bis $R(x_{i+h})$ vergeben.

5.4.3 Rangkorrelationskoeffizient

Aus den Rangzahlen wird der Korrelationskoeffizient berechnet. Dazu wird ein Rangdurchschnitt $\bar{R}$ berechnet.

$$\bar{R} = \frac{1}{n} \sum_{i=1}^{n} R(x_i) = \frac{1}{n} \sum_{i=1}^{n} R(y_i) \qquad (5.57)$$

Die Beziehung in Gleichung (5.57) gilt, da in der Rangfolge von x_i und y_i immer ein festdefinierter Abstand zwischen den Rangzahlen vorliegt. Ferner führt dies auch dazu, dass die Rangvarianzen von $R(x_i)$ und $R(y_i)$ stets gleich sind.

$$\sigma_R^2 = \frac{1}{n} \sum_{i=1}^{n} \left(R(x_i) - \bar{R} \right)^2 = \frac{1}{n} \sum_{i=1}^{n} \left(R(y_i) - \bar{R} \right)^2 \qquad (5.58)$$

Mit diesen Ergebnissen wird der Korrelationskoeffizient der Rangzahlen definiert.

Definition 5.22. *Gegeben seien n Rangzahlen $R(x_i)$ und $R(y_i)$. Dann ist der* **Spearmansche Rangkorrelationskoeffizient** *definiert durch:*

$$\rho_S = \sum_{i=1}^{n} \left(\frac{R(x_i) - \bar{R}}{\sigma_R} \right) \left(\frac{R(y_i) - \bar{R}}{\sigma_R} \right) \qquad (5.59)$$

Es gilt $-1 \leq \rho_S \leq 1$. Der Spearmansche Korrelationskoeffizient nimmt nicht nur bei streng linearem Zusammenhang zwischen X und Y den Wert eins an, sondern auch dann, wenn die Beobachtungen monoton wachsend sind, da er ja nur auf den Rangzahlen, nicht aber auf den tatsächlich interpretierbaren Zahlenabständen beruht. Im Fall $\rho_S = 1$ gibt es eine perfekte lineare Beziehung zwischen den Rangzahlen $R(x_i)$ und $R(y_i)$ der Form $R(y_i) = a + b\, R(x_i)$ mit $b > 0$ für alle i. Man spricht von einem perfekten gleichläufigen linearen Zusammenhang zwischen den Rangzahlen. Im Fall $\rho_S = -1$ gibt es eine perfekte lineare Beziehung zwischen den Rangzahlen der Form $R(y_i) = a - b\,R(x_i)$ für alle i. Man spricht von einem perfekten gegenläufigen Zusammenhang zwischen den Rangzahlen.

Beispiel 5.12. Fortsetzung von Beispiel 5.1 (Seite 102): Das Beispiel wird auf 8 Schüler verkürzt, da sonst eine Nachrechnung per Hand sehr aufwendig ist. Als Merkmal X wird die Englischnote und als Merkmal Y wird die Mathematiknote bezeichnet. In den Daten liegen mehrere Bindungen vor. Für das Merkmal X mit der Merkmalsausprägung $x_2 = x_3 = x_4 = 2$ existiert eine Bindung der Länge 3, für die Merkmalsausprägungen $x_5 = x_6 = 3$ und $x_7 = x_8 = 4$ liegen jeweils Bindungen der Länge 2 vor. Bei dem Merkmal Y liegen für die geordneten Merkmalsausprägungen ebenfalls Bindungen vor: $y_1 = y_4 = y_6$, $y_2 = y_3$, $y_5 = y_8$.

Tabelle 5.17. Rangzahlen

Schüler	x_i	$R(x_i)$	y_i	$R(y_i)$
1	1	1.0	1	2.0
2	2	3.0	2	4.5
3	2	3.0	2	4.5
4	2	3.0	1	2.0
5	3	5.5	4	7.5
6	3	5.5	1	2.0
7	4	7.5	3	6.0
8	4	7.5	4	7.5
$\sum$	–	36.0	–	36.0

Der mittlere Rang für die Note 1 in Mathematik ($y_1 = y_4 = y_6 = 1$) wird wie folgt ermittelt: Sie liegt dreimal vor und belegt damit die Ränge 1, 2, 3. Der mittlere Rang ergibt sich aus dem Durchschnitt $(1 + 2 + 3)/3 = 2$. Die Merkmalswerte $y_2 = y_3 = 2$ belegen die Ränge 4 und 5. so dass sich der mittlere Rand $(4 + 5)/2 = 4.5$ bestimmt. Die gleiche Rechnung wird für die weiteren Bindungen vorgenommen. In der Tabelle 5.17 steht das Ergebnis.

Mit diesen Rangwerten kann nach der Gleichung (5.59) der Rangkorrelationskoeffizient berechnet werden. Für den Rangdurchschnitt errechnet sich ein Wert von $\bar{R} = 4.5$. Die Rangvarianz von X bzw. Y beträgt $\sigma_R^2 = 4.875$. Die Rangkovarianz besitzt einen Wert von:

$$cov\Big(R(x), R(y)\Big) = \frac{1}{n}\sum_{i=1}^{n}\Big(R(x_i) - \bar{R}\Big)\Big(R(y_i) - \bar{R}\Big) = 3.313 \qquad (5.60)$$

Der Rangkorrelationskoeffizient beträgt damit:

$$\rho_S = \frac{3.31}{4.88} = 0.68 \qquad (5.61)$$

Eine gute Note in Englisch geht häufig mit einer guten Note in Mathematik und umgekehrt bei diesen Schülern einher. Der positive Zusammenhang ist deutlich ausgeprägt.

Für der ungekürzten Datensatz mit allen 70 Schülern errechnet sich nur ein Rangkorrelationskoeffizient von $\rho_S = 0.29$.

Spezialfall: Liegen in der Rangfolge von X und Y keine Bindungen vor, lässt sich der Spearmansche Rangkorrelationskoeffizient unter Verwendung der Rangzahlendifferenz

$$R(x_i) - R(y_i) \tag{5.62}$$

durch folgende Gleichung auch einfacher berechnen. Aufgrund der folgenden Beziehungen

$$\sum_{i=1}^{n} i = \frac{n\,(n+1)}{2} \tag{5.63}$$

$$\sum_{i=1}^{n} i^2 = \frac{n\,(n+1)(2\,n+1)}{6} \tag{5.64}$$

kann der Nenner der Gleichung (5.59) umgeformt werden zu:

$$\sum_{i=1}^{n} R(x_i)^2 - n\,\bar{R}^2 = \frac{n\,(n+1)(2\,n+1)}{6} - \frac{n\,(n+1)^2}{4} \tag{5.65}$$

Der Zähler wird mittels der Rangzahlendifferenz

$$\sum_{i=1}^{n} \left(R(x_i) - R(y_i)\right)^2 = 2 \sum_{i=1}^{n} R(x_i)^2 - 2 \sum_{i=1}^{n} R(x_i)\,R(y_i) \tag{5.66}$$

umgeformt in:

$$\begin{aligned}
\sum_{i=1}^{n} \left(R(x_i) - \bar{R}\right)\left(R(y_i) - \bar{R}\right) &= \sum_{i=1}^{n} R(x_i)\,R(y_i) - n\,\bar{R}^2 \\
&= \sum_{i=1}^{n} R(x_i)^2 - 0.5 \sum_{i=1}^{n} \left(R(x_i) - R(y_i)\right)^2 \\
&\quad - n\,\bar{R}^2
\end{aligned} \tag{5.67}$$

Daraus folgt nach einigen Umformungen:

$$\rho_S = \frac{\sum\limits_{i=1}^{n} R(x_i)^2 - n\,\bar{R}^2 - 0.5 \sum\limits_{i=1}^{n} \big(R(x_i) - R(y_i)\big)^2}{\sum\limits_{i=1}^{n} R(x_i)^2 - n\,\bar{R}^2}$$

$$= 1 - \frac{\sum\limits_{i=1}^{n} \big(R(x_i) - R(y_i)\big)^2}{2 \sum\limits_{i=1}^{n} R(x_i)^2 - n\,\bar{R}^2} \tag{5.68}$$

$$= 1 - \frac{6 \sum\limits_{i=1}^{n} \big(R(x_i) - R(y_i)\big)^2}{2\,n\,(n+1)(2\,n+1) - 3\,n\,(n+1)^2}$$

$$= 1 - \frac{6 \sum\limits_{i=1}^{n} \big(R(x_i) - R(y_i)\big)^2}{n(n^2 - 1)}$$

5.5 Zusammenhangsmaße quantitativer Merkmale

Es wird die gemeinsame Verteilung von zunächst zwei quantitativen Merkmalen X und Y betrachtet, bei der Y statistisch von X abhängt. Die Definition 5.16 (Seite 121) der Kovarianz gilt uneingeschränkt.

5.5.1 Kovarianz

Aus der Definition 5.16 ergeben sich für eine zweidimensionale Häufigkeitsverteilung folgende umgeformte Gleichungen für die Kovarianz:

$$cov(x, y) = \frac{1}{n} \sum_{i=1}^{k} \sum_{j=1}^{m} (x_i - \bar{x})\,(y_j - \bar{y})\,n(x_i, y_j)$$

$$= \sum_{i=1}^{k} \sum_{j=1}^{m} (x_i - \bar{x})\,(y_j - \bar{y})\,f(x_i, y_j) \tag{5.69}$$

Ähnlich wie die Varianzformel kann auch die Gleichung (5.69) für die **Kovarianz** vereinfacht werden.

$$cov(x, y) = \frac{1}{n} \sum_{i=1}^{k} \sum_{j=1}^{m} x_i\,y_j\,n(x_i, y_j) - \bar{x}\,\bar{y}$$

$$= \sum_{i=1}^{k} \sum_{j=1}^{m} x_i\,y_j\,f(x_i, y_j) - \bar{x}\,\bar{y} \tag{5.70}$$

Die Varianz ist ein Maß für die Streuung oder Variabilität eines einzelnen quantitativen Merkmals. Die Kovarianz ist ein Maß für die gemeinsame Variabilität zweier quantitativer Merkmale. Gibt es keine statistische Abhängigkeit zwischen den Merkmalen X und Y, dann ist $cov(x, y) = 0$. Aus $cov(x, y) = 0$ kann aber im Allgemeinen nicht auf statistische Unabhängigkeit geschlossen werden.

Beispiel 5.13. Für die relative Häufigkeitsverteilung der zwei quantitativen Merkmale X und Y in der Tabelle 5.18 gilt, dass die beiden Merkmale X und Y statistisch abhängig sind, da die bedingten Verteilungen von X bzw. Y nicht gleich sind.

Tabelle 5.18. Statistisch abhängige Verteilung von X und Y

Merkmal	$x_1 = 2$	$x_2 = 4$	$x_3 = 6$	$\sum$
$y_1 = 2$	0.2	0.0	0.2	0.4
$y_2 = 4$	0.0	0.2	0.0	0.2
$y_3 = 6$	0.2	0.0	0.2	0.4
$\sum$	0.4	0.2	0.4	1.0

Für die Kovarianz errechnet sich aus der Verteilung aber ein Wert von null und damit auch für den Korrelationskoeffizienten.

$$
\begin{aligned}
cov(x, y) &= \sum_{i=1}^{3} \sum_{j=1}^{3} x_i\, y_j\, f(x_i, y_j) - \bar{x}\,\bar{y} \\
&= 2 \times 2 \times 0.2 + 2 \times 4 \times 0 + 2 \times 6 \times 0.2 \\
&\quad + 4 \times 2 \times 0 + 4 \times 4 \times 0.2 + 4 \times 6 \times 0 \\
&\quad + 6 \times 2 \times 0.2 + 6 \times 4 \times 0 + 6 \times 6 \times 0.2 \\
&\quad - 4 \times 4 = 0 \\
\rho_{xy} &= 0
\end{aligned}
\tag{5.71}
$$

5.5.2 Korrelationskoeffizient

Die Kovarianz als eigenständiger Parameter wird selten verwendet. In erster Linie ist sie eine Hilfsgröße zur Berechnung des Korrelationskoeffizienten (siehe Definition 5.17, Seite 122). Er ist ein Maß für die Stärke eines linearen Zusammenhangs (siehe auch Seite 267). Wenn die Werte in einem Streuungsdiagramm beispielsweise so angeordnet sind, dass für wachsende Werte des Merkmals X auch das Merkmal Y tendenzmäßig größere Werte aufweist, ist es naheliegend, einen Zusammenhang zwischen den Merkmalen zu vermuten. Einen solchen Zusammenhang misst der empirische Korrelationskoeffizient, der auch als Bravais-Pearson Korrelationskoeffizient ρ_{xy} bezeichnet wird. Der Nenner in ρ_{xy}, der die Streuung enthält, dient der Normierung. Der Zähler ist die empirische Kovarianz, die sich als Summe von standardisierten Abweichungsprodukten ergibt. Sind die Abweichungen von X und Y beide positiv bzw. beide negativ ist das Produkt der Abweichungen positiv. Dies liegt dann vor, wenn große Merkmalswerte von X mit großen Merkmalswerten von

Y oder kleine Merkmalswerte von X mit kleinen Merkmalswerten von Y einherge-
hen. Der Korrelationskoeffizient ist dann positiv: $\rho_{xy} > 0$. Ist die Abweichung von
X positiv und die Abweichung von Y negativ oder umgekehrt, gehen große Werte
von X mit kleinen Werten von Y oder umgekehrt einher. Das Produkt der Abweichungen ist dann negativ und führt zu einem negativen Korrelationskoeffizienten:
$\rho_{xy} < 0$. Ergibt sich eine Kovarianz von null, so ist der Korrelationskoeffizient null:
$\rho_{xy} = 0$.

Die Art des gemessenen Zusammenhangs wird deutlich, wenn man die Extremwerte von ρ_{xy} betrachtet. Liegen alle Punkte auf einer Geraden positiver Steigung,
gilt $\rho_{xy} = 1$. In diesem Fall führen zunehmende Werte zu linear wachsenden y-
Werten, der Extremfall eines gleichgerichteten **linearen Zusammenhangs** liegt vor.
Liegen alle Punkte auf einer Geraden negativer Steigung, erhält man $\rho_{xy} = -1$. Für
wachsendes x erhält man ein linear fallendes y und umgekehrt. Bei nicht linearen
Zusammenhängen erfasst der Korrelationskoeffizient nur den linearen Anteil an der
Beziehung. Liegt z. B. ein quadratischer Zusammenhang wie in Abbildung 5.6 vor,
wird der Korrelationskoeffizient, die Summe der Abweichungsprodukte fast null, obwohl ein klarer Zusammenhang zwischen den Merkmalen erkennbar ist. Dies liegt
daran, dass aufgrund der Summation (linearer Operator) sich positive und negative
Abweichungsprodukte saldieren.

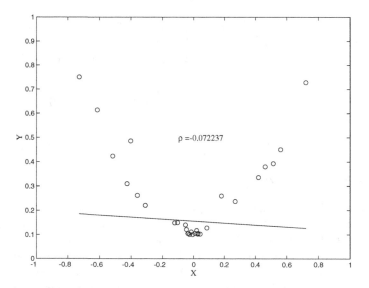

Abb. 5.6. Quadratische Datenstruktur mit Einfachregression

Mittels der Korrelationstabelle 5.15 (Seite 120) kann auch das Verhalten des Korrelationskoeffizienten (zumindest für jeweils zwei Merkmalswerte der beiden Variablen x und y) bzgl. der statistischen Abhängigkeit zwischen den Variablen untersucht werden. Die statistische Abhängigkeit wird hier wird mit dem Koeffizienten
$0 \leq a \leq 1$ modelliert. Mit $a = 0$ ist hier perfekte negative Korrelation, mit $a = 0.5$

statistische Unabhängigkeit und mit $a = 1$ perfekte positive Abhängigkeit beschrieben. Der Korrelationskoeffizient ist linear mit der statistischen Abhängigkeit verbunden (siehe Abbildung 5.7). Dies erleichtert die Interpretation sehr.

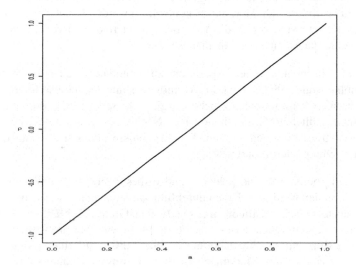

Abb. 5.7. Verhalten von ρ_{xy} für verschiedene Werte von a

In einem groben Raster lässt sich die Größe des Korrelationskoeffizienten einordnen:

$$0 < |\rho_{xy}| < 0.5 \quad \text{schwache Korrleation}$$
$$0.5 \leq |\rho_{xy}| < 0.8 \quad \text{mittlere Korrelation}$$
$$0.8 \leq |\rho_{xy}| \leq 1.0 \quad \text{starke Korrelation}$$

Korrelationskoeffizienten sind insbesondere hilfreich als vergleichende Maße.

Beispiel 5.14. Betrachtet man die Korrelation zwischen Wachstum des Bruttoinlandsprodukts und Wachstum der Geldmenge in verschiedenen Ländern, so können sich aus dem Vergleich der Korrelationskoeffizienten Hinweise auf unterschiedliche Geldmengenpolitiken oder Wirkungszusammenhängen dieser Politiken ergeben.

5.6 Interpretation von Korrelation

Der Korrelationskoeffizient gibt an, wie stark der lineare Zusammenhang zwischen zwei Verteilungen ist (siehe auch Kapitel 6). Aus diesem Zusammenhang kann aber nicht auf die Wirkungsweise, Kausalität zwischen den beiden Merkmalen geschlossen werden. Der häufige Versuch einen betragsmäßig hohen Wert eines Korrelationskoeffizienten als Indikator für einen kausalen Zusammenhang der betrachteten

Merkmale zu sehen, ist unzulässig. Kausalzusammenhänge können mit dem Korrelationskoeffizienten nicht aufgedeckt werden. Um kausale Zusammenhänge zu begründen, müssen in der Regel theoretische Überlegungen herangezogen werden.

Der empirische Nachweis von Kausalität wäre am ehesten mit Hilfe eines Experiments möglich, bei dem die Auswirkungen des potenziell beeinflussenden Merkmals X auf das zu beeinflussende Merkmal Y kontrolliert werden können. Bewirken Veränderungen der Intensität von X die Veränderung der Intensität von Y, so liegt die Vermutung eines kausalen Zusammenhangs nahe.

Beispiel 5.15. Ein medizinisches Experiment zur Untersuchung der Auswirkungen von Alkoholkonsum auf das Reaktionsvermögen kann Aufschluss über den vermuteten kausalen Zusammenhang geben (vgl. [33, Seite 148]). Probanden werden in unterschiedlichem Grad alkoholisiert. Nach einer gewissen Wirkungsdauer wird das Reaktionsvermögen getestet. Die Ergebnisse könnten als eine Ursache-Wirkungsbeziehung interpretiert werden.

Derartige Experimente sind jedoch – und insbesondere in den Wirtschaftswissenschaften – in den wenigsten Fällen durchführbar. Sie sind meistens aus ethischen und / oder aus technischen Gründen nicht vertretbar. Granger schlägt vor, Kausalität durch zeitliche Abhängigkeiten zu messen (vgl. [44]), was aber problematisch ist.

Eine hohe Korrelation sollte daher nur als ein Hinweis auf einen möglichen Zusammenhang zwischen den Merkmalen verstanden werden. Zudem sollte man kritisch die Möglichkeit überdenken, ob weitere wesentliche Merkmale in der Untersuchung unberücksichtigt geblieben sind.

Statistisch werden zwei Merkmale nie eine Korrelation von null aufweisen. Selbst Merkmale, die offensichtlich nichts miteinander zu tun haben, wie Zahl der Störche und die Zahl der Geburten (vgl. [105, Seite 18], [58, Seite 103]), deren Anzahl beide in den letzten Jahren abgenommen haben, werden eine Korrelation ungleich null, eventuell sogar eine relative große Korrelation aufweisen, weil in beiden Merkmalswerten ein abnehmender Trend enthalten ist. Ein Trend ist eine Entwicklung, die allein durch den Zeitablauf erklärt werden kann (siehe hierzu das Kapitel 6.5). Diese Art der Korrelation wird als **Scheinkorrelation** bezeichnet.

Ein anderes Problem bei der Beurteilung eines Zusammenhangs mittels des Korrelationskoeffizienten ist die so genannte **verdeckte Korrelation**. Hierbei zerfällt die Stichprobe hinsichtlich des interessierenden Zusammenhangs in Gruppen (Cluster). In jeder Gruppe liegt beispielsweise ein positiver Zusammenhang vor, aber die Gruppen sind miteinander negativ korreliert. Dies kann dann dazu führen, dass die Gesamtkorrelation nahe null oder negativ ist, obwohl eigentlich ein positiver Zusammenhang vorliegt.

Beispiel 5.16. Angenommen man würde die Anfangsgehälter von Hochschulabsolventen untersuchen und würde feststellen, dass mit zunehmender Studiendauer die Anfangsgehältern steigen würden (positive Korrelation). Dies widerspräche der Realität. Würde man getrennt nach Studienfächern untersuchen, so würde man feststellen, dass eine kurze Studienzeit mit einem höheren Anfangsgehalt belohnt würde.

Die negative Korrelation würde durch Studienfächer wie Chemie oder Medizin überdeckt, die eine relative lange Studienzeit erfordern und mit relativ hohen Anfangsgehältern belohnt werden. Aber es gilt auch bei diesen Fächern, dass eine kurze Studiendauer tendenziell mit einem höheren Anfangsgehalt belohnt wird. Würde man das Merkmal Studienfach mit in die Untersuchung einbeziehen, würde die negative Korrelation nicht überdeckt werden (vgl. [69, Seite 134]).

Ein weiterer Fall wäre, dass in einer Gruppe eine positive Korrelation vorliegt, in der anderen Gruppe eine negative, so dass insgesamt fast keine Korrelation messbar ist. Der Schluss, dass keine Entwicklung stattgefunden hat wäre falsch, da ja in jeder Gruppe eine Entwicklung stattgefunden hat, die aber gegenläufig war.

Beispiel 5.17. Angenommen man würde den Zigarettenkonsum seit 1950 untersuchen und würde feststellen, dass dieser nahezu konstant geblieben wäre. Würde man getrennt nach den Geschlechtern untersuchen, so würde man feststellen, dass Frauen verstärkt rauchen, während bei Männern die Anzahl der Raucher abgenommen hätte. Die Korrelation wird hier verdeckt, wenn man das Merkmal Geschlecht nicht mit in die Untersuchung einbezieht (vgl. [33, Seite 150]).

5.7 Simpson Paradoxon

An dieser Stelle bietet sich ein Exkurs auf das so genannte Simpson Paradoxon an, das mit der Gewichtung von Teilwerten zusammenhängt. Das Simpson Paradoxon beschreibt das Phänomen, dass sich Präferenzen in einer Teilmenge bei Zusammenlegung dieser umkehren können. Präferenzen können hier höhere Mittelwerte oder höhere Anteilswerte bestimmter Merkmalsausprägungen sein, aufgrund derer eine Entscheidung getroffen wird. Am besten erklärt sich das Phänomen an Beispielen (vgl. [84, Seite 199ff]).

Beispiel 5.18. In der Gemeinde A beträgt das durchschnittliche Monatseinkommen der Frauen 3 000 €, das der Männer 4 000 €. In Gemeinde B liegt das durchschnittliche Einkommen der Frauen bei 3 200 € und das der Männer bei 4 200 €. In Gemeinde A beträgt der Anteil der Frauen 30%; in Gemeinde B beträgt er 60%. Obwohl die Durchschnittseinkommen in der Gemeinde B bei beiden Geschlechtern höher sind ergibt sich ein niedrigeres Gesamtdurchschnittseinkommen.

$$\bar{x}_A = 3\,000 \times 0.3 + 4\,000 \times 0.7 = 3\,700 \tag{5.72}$$

$$\bar{x}_B = 3\,200 \times 0.6 + 4\,200 \times 0.4 = 3\,600 \tag{5.73}$$

Grund hierfür ist, dass der Anteil der mehrverdienenden Männer in Gemeinde A deutlich höher ist als in Gemeinde B.

Beispiel 5.19. In einer Kommune werden zwei Hospitäler verglichen (siehe Tabelle 5.19). Es werden die im letzten Jahr erfolgreich operierten Patienten verglichen. Erfolgreich heißt, der Patient lebte zumindest noch 6 Wochen nach der Operation weiter (vgl. [84, Seite 199]).

Tabelle 5.19. Hospitalvergleich 1

| | Hospital | | |
Patient	A	B	$\sum$
verstorben	63	16	79
überlebt	2 037	784	2 821
$\sum$		2 100	800	2 900
Sterberate	3.0%	2.0%	2.7%

Tabelle 5.20. Hospitalvergleich 2

| | Patientenzustand | | | | | |
| | gut | | | schlecht | | |
Patient	A	B	$\sum$	A	B	$\sum$
verstorben	6	8	14	57	8	65
überlebt	594	592	1 186	1 443	192	1 635
$\sum$	600	600	1 200	1 500	200	1 700
Sterberate	1.00%	1.30%	1.16%	3.80%	4.00%	3.80%

Die Entscheidung für das Hospital scheint klar zu sein: Man sollte aufgrund der niedrigeren Sterberate von 2% (16/800) das Hospital B wählen.

Betrachtet man hingegen in welchem Zustand die Patienten vor der Operation waren (gut / schlecht), so ändert sich das Bild (siehe Tabelle 5.20). Nun sieht das Bild anders aus: Bei den Patienten, die im guten Gesundheitszustand operiert wurden, weist das Hospital A eine Sterberate von nur 1% (6/600) im Vergleich zu 1.3% (8/600) auf. Auch bei den Risikooperationen schneidet das Hospital A jetzt besser ab. Nach diesen Informationen ist es also ratsam das Hospital A aufzusuchen. Woran liegt es, dass in der Gesamtbetrachtung das Hospital A schlechter abschneidet als B?

Vergleicht man nur die Sterberaten der Tabelle 5.20, so liegen im Hospital A bei beiden Operationsvoraussetzungen die Sterberaten niedriger. Woher rührt diese Änderung in den Sterberaten? Es liegt an der Gewichtung der Risikooperationen! Die so genannten Risikooperationen werden im Hospital A wesentlich häufiger durchgeführt (1 500/2 100 zu 200/800 in Hospital B).

$$0.03 = 0.010 \times \frac{600}{2\,100} + 0.038 \times \frac{1\,500}{2\,100} \tag{5.74}$$

$$0.02 = 0.013 \times \frac{600}{800} + 0.040 \times \frac{200}{800} \tag{5.75}$$

Man kann den Zusammenhang auch anders formulieren: Zur Erklärung der Situation fehlt die Variable „Gesundheitszustand". Wenn man annimmt, dass der Gesundheitszustand des Patienten exogen gegeben ist, so ist das Hospital A als besser anzusehen, weil es z.B. aufgrund der Verkehrslage oder der Kapazitäten vermehrt Risikooperationen durchführt. Beeinflusst hingegen das Hospital durch seine Operationsvorbereitungen am Patienten den Gesundheitszustand des Patienten negativ, der Gesundheitszustand ist also endogen, so wäre das Hospital A schlechter, da ja die Konditionen für die Operation von dem Krankenhaus selbst geschaffen werden. Das Simpson Paradoxon hängt also davon ab, welches Wissen, Kausalmodell, der Betrachter für die Interpretation der Daten annimmt (vgl. [92]).

5.8 Übungen

Übung 5.1. Prüfen Sie durch Bestimmung der bedingten Verteilungen, bei welcher der beiden angegebenen Verteilungen (siehe Tabelle 5.21, 5.22) die Merkmale abhängig sind (vgl. [105, Seite 121]).

Tabelle 5.21. Verteilung 1

Merkmal	x_1	x_2	x_3	$n(y_j)$
y_1	4	6	10	20
y_2	5	7	8	20
y_3	11	7	2	20
$n(x_i)$	20	20	20	60

Tabelle 5.22. Verteilung 2

Merkmal	x_1	x_2	x_3	$n(y_j)$
y_1	2	5	3	10
y_2	6	15	9	30
y_3	4	10	6	20
$n(x_i)$	12	30	18	60

Übung 5.2. Eine Klinik wirbt damit, dass 5 von 9 geheilten Patienten in der Klinik behandelt wurden. Insgesamt wurden 30 Patienten in der Studie untersucht, wovon 25 Patienten in der Klinik behandelt wurden.

Nehmen Sie an, P bedeutet „Patient wurde in der Klinik behandelt" und G bedeutet „Patient wurde geheilt".

1. Stellen Sie eine Kontingenztabelle für die Verteilung auf.
2. Welche relative Angabe $f(P \mid G)$ oder $f(G \mid P)$ wurde in dem obigen Aufgabentext mitgeteilt. Geben Sie die formale Bezeichnung an.

3. Berechnen Sie den Anteil der insgesamt geheilten Patienten.
4. Berechnen und interpretieren Sie den Anteil der nicht geheilten Patienten, die in der Klinik behandelt wurden.

Übung 5.3. 200 Personen wurden nach ihrem Berufsstand und dem ihres Vaters gefragt (siehe Tabelle 5.23, vgl. [105, Seite 196]).

Tabelle 5.23. Berufsstand

Kind	Vater Arbeit.	Angest.	Beamt.	Selbst.
Arbeit.	40	10	0	0
Angest.	40	25	5	10
Beamt.	10	25	25	0
Selbst.	0	0	0	10

Berechnen Sie die normierte Kontingenz und die Transinformation. Interpretieren Sie beide Maße.

Übung 5.4. In einer Fußballliga starten 12 Vereine, die ihren Spielern unterschiedlich hohe Prämien pro Spieler (in 1 000 €) für die Erringung der Meisterschaft in Aussicht stellen. Die Tabelle 5.24 zeigt den Tabellenstand und die Höhe der Prämien an. Berechnen Sie den Rangkorrelationskoeffizienten (vgl. [105, Seite 195]).

Tabelle 5.24. Prämien

Verein	K	B	E	A	C	D	L	M	G	H	F	J
Platz	1	2	3	4	5	6	7	8	9	10	11	12
Prämie	10	180	150	200	120	50	100	80	60	40	30	20

Übung 5.5. Berechnen Sie die Kovarianz zwischen Absatzmenge und Preis für die in Beispiel 5.2 (Seite 103) gegebenen Werte.

Übung 5.6. Bei einem medizinischen Experiment wird in zwei Gebieten A_1 und A_2 der Zusammenhang zwischen Behandlung und Heilung untersucht. Die dreidimensionale Tafel (siehe Tabelle 5.25) wird durch das Nebeneinanderstellen der bedingten Verteilungen in den Gebieten dargestellt (nicht behandelt = $\overline{\text{beh.}}$, nicht geheilt = $\overline{\text{geh.}}$).

Überzeugen Sie sich durch die Berechnung der Heilungsraten und der Maßzahl C von der Tatsache, dass in beiden Gebieten die Behandlung wenig Erfolg hat, jedoch

Tabelle 5.25. Heilungserfolg

	Gebiet A_1		Gebiet A_2	
	beh.	$\overline{\text{beh.}}$	beh.	$\overline{\text{beh.}}$
geh.	10	100	100	50
$\overline{\text{geh.}}$	100	730	50	20

in der Gesamtverteilung der beiden Gebiete durchaus erfolgsversprechend scheint (vgl. [36, Seite 224]).

6
Lineare Regression

Inhaltsverzeichnis

6.1 Einführung

Um die Tendenz oder den durchschnittlichen Verlauf der Abhängigkeit des Merkmals Y vom Merkmal X zu messen, wendet man eine Regression an. Eine Regression beschreibt die Tendenz eines Zusammenhangs bzw. einen durchschnittlichen Zusammenhang. Hierbei wird in der Regel davon ausgegangen, dass die Merkmale im Zeitablauf beobachtet werden. Die Beobachtungswerte in der Urliste werden dann als **Zeitreihe** bezeichnet. Daher wird der Index im Folgenden nicht mehr mit i, sondern mit t für „time" geführt.

$$x_1, \ldots, x_t, \ldots, x_n \quad \text{bzw.} \quad y_1, \ldots, y_t, \ldots, y_n \tag{6.1}$$

In der folgenden Darstellung der linearen Regression werden Grundkenntnisse in der linearen Algebra (Matrizenrechnung) vorausgesetzt. Dieser Rückgriff hat nicht nur den Vorteil einer kompakten und übersichtlichen Darstellung, er ermöglicht es auch die Regression in einer allgemeinen Form, in der mehrere Variablen $X_1, \dots, X_p$ berücksichtigt werden, zu beschreiben. Ferner wird die lineare Regression hier nur für metrische Merkmale beschrieben. Sie lässt sich aber auch erweitern, so dass kategoriale Daten analysiert werden können.

6.2 Lineare Regressionsfunktion

Der Begriff der Regression stammt von dem Engländer Sir Francis Galton, der die Abhängigkeit der Körpergröße der Söhne von der der Väter untersuchte (natürlich auch Töchter, aber so weit war man im viktorianischen England seinerzeit noch nicht). An dieser Untersuchung wird auch unmittelbar klar, dass man eine Vorstellung von den Wirkungszusammenhängen haben muss: Denn eine Wirkungsbeziehung, bei der die Söhne die Körpergröße der Väter bestimmen, existiert wohl kaum! Regression bedeutet eben dann auch von der Wirkung auf die Ursache zurückgehend (lateinisch regredi = zurückweichen). Man möchte erklären, warum sich die Variable ändert. Bei einer Regression wird also ein gerichteter Wirkungszusammenhang angenommen. Aus der Regression kann aber kein Kausalzusammenhang abgeleitet werden, d. h. eine Ursache-Wirkungs-Beziehung. Daher sollte man sich, bevor eine Regressionsanalyse begonnen wird, über den zu untersuchenden Sachverhalt Kenntnis verschaffen. Dies sollte eigentlich bei allen statistischen Untersuchungen erfolgen. Bei der linearen Regression wird ein linearer Zusammenhang zwischen den Merkmalen X und Y modelliert.

Beispiel 6.1. In dem folgenden Modell soll die Änderung (in Prozent gegen Vorjahr) der privaten Konsumausgaben y_t mit der Inflation (Preisänderungsrate in Prozent gegen Vorjahr) x_{t1} erklärt werden (siehe Beispiel 5.2 auf Seite 103). Es wird unterstellt, dass aufgrund von Preisänderungen Ausgabenänderungen erfolgen. Für β_1 wird ein negatives Vorzeichen erwartet ($\beta_1 < 0$), weil mit steigender Inflation die Kaufkraft zurückgeht und damit die privaten Konsumausgaben. Wenn man diese Wirkungsbeziehung untersuchen möchte, bietet sich folgende Regressionsfunktion an, wobei hier die Variablen im Zeitablauf t beobachtet werden:

$$y_t = \beta_0 + \beta_1 x_{t1} + u_t \tag{6.2}$$

Die Regressionsfunktion in Beispiel 6.1 (Seite 138) bezeichnet man als so genannte **Einfachregression**, weil nur eine erklärende Variable x_{t1} berücksichtigt wird. Die erklärende Variable x_{t1} wird auch als **exogene Variable** bezeichnet; die zu erklärende Variable y_t wird als **endogene Variable** bezeichnet. In der Regel wird jedoch nicht nur eine Ursache zur Erklärung von y_t ausreichen, sondern es müssen mehrere Variablen zur Erklärung herangezogen werden. Dann wird die Regression als **multiple Regression** bezeichnet.

Ein Modell ist immer eine Abstraktion der Realität. Man versucht mit dem Modell, alle systematischen Bewegungen in y_t mit den exogenen Variablen zu erklären. Da in der Realität weitere Einflüsse eine Rolle spielen, kommt es zwangsläufig zu

Fehlern zwischen der beobachteten Variable y_t und der durch das Modell geschätzten Variable $\hat{y}_t$. Es wird dabei angenommen, dass die Fehler nicht systematisch sind, d. h. sie lassen keine Struktur erkennen, die erklärbar ist. Die nicht systematischen Abweichungen (Fehler, Störungen) werden durch die **Residue** u_t erfasst.

Beispiel 6.2. Das Modell in Beispiel 6.1 (Seite 138) könnte z. B. um die Variable, „Änderung der Arbeitslosenquote in Prozent gegen Vorjahr" (x_{t2}) erweitert werden, um die privaten Konsumausgaben besser zu erklären. Der Einfluss der Arbeitslosenquote wird ebenfalls negativ auf die privaten Konsumausgaben wirken, so dass ein negatives Vorzeichen für β_2 erwartet wird ($\beta_2 < 0$).

$$y_t = \beta_0 + \beta_1 x_{t1} + \beta_2 x_{t2} + u_t \tag{6.3}$$

Definition 6.1. *Gegeben sei die mehrdimensionale Häufigkeitsverteilung der quantitativen Variablen x_{ti} mit $i = 1, \ldots, p$ und y_t, $t = 1, \ldots, n$. Die Funktion*

$$\mathbf{y} = \mathbf{Xb} + \mathbf{u} \tag{6.4}$$

heißt **lineare Regressionsfunktion.** $\mathbf{y}$ *und* $\mathbf{u}$ *sind Vektoren der Dimension n ($t = 1, \ldots, n$),* $\mathbf{b}$ *ist ein Vektor der Dimension $p + 1$ ($i = 0, \ldots, p$) und* $\mathbf{X}$ *ist eine Matrix der Dimension $n \times (p + 1)$ (n Zeilen und $p + 1$ Spalten). Die Dimension $p + 1$ ergibt sich aus den den p erklärenden Variablen plus dem Niveauparameter β_0.*

Der Term „linear" bezieht sich in der Regressionsfunktion auf die Linearität hinsichtlich der Parameter β_i, d. h. die Parameter dürfen nur mit der Potenz eins auftreten und sind multiplikativ mit den exogenen Variablen verknüpft. Es handelt sich um eine lineare Funktion bzgl. der Parameter. Daher kann die Regressionsfunktion in allgemeiner Form gut mittels Matrizen und Vektoren dargestellt werden.

Die Matrixschreibweise erzeugt eine übersichtliche Darstellung und Berechnung der linearen Regressionsfunktion, vor allem wenn mehr als zwei erklärende Variablen berücksichtigt werden. Der Vektor $\mathbf{y}$ und $\mathbf{u}$ sowie die Matrix $\mathbf{X}$ aus der Matrixgleichung (6.4) haben den folgenden Inhalt.

$$\begin{pmatrix} y_1 \\ \vdots \\ y_t \\ \vdots \\ y_n \end{pmatrix} = \begin{pmatrix} 1 & x_{11} & \ldots & x_{1p} \\ \vdots & \vdots & & \vdots \\ 1 & x_{t1} & \ldots & x_{tp} \\ \vdots & \vdots & & \vdots \\ 1 & x_{n1} & \ldots & x_{np} \end{pmatrix} \begin{pmatrix} \beta_0 \\ \vdots \\ \beta_i \\ \vdots \\ \beta_p \end{pmatrix} + \begin{pmatrix} u_1 \\ \vdots \\ u_t \\ \vdots \\ u_n \end{pmatrix} \tag{6.5}$$

Die Gleichung (6.5) ist identisch mit dem Gleichungssystem (6.6), das aus n Gleichungen und $p + 1$ Parameter (β_0 bis β_p), die unbekannt sind, besteht. Die Werte von x_{tp} und y_t sind durch die Stichprobe gegeben. Die Residuen u_t sind nicht beobachtbar.

$$y_1 = \beta_0 + \beta_1 x_{11} + \beta_2 x_{12} + \ldots + \beta_p x_{1p} + u_1$$

$$\vdots$$

$$y_t = \beta_0 + \beta_1 x_{t1} + \beta_2 x_{t2} + \ldots + \beta_p x_{tp} + u_t \tag{6.6}$$

$$\vdots$$

$$y_n = \beta_0 + \beta_1 x_{n1} + \beta_2 x_{n2} + \ldots + \beta_p x_{np} + u_n$$

Um die Konstante β_0 in den Gleichungen zu berücksichtigen, wird in die Matrix $\mathbf{X}$ eine Spalte mit dem Einsen aufgenommen. Der Parameter β_0 stellt sicher, dass im Mittel der geschätzte Fehler null ist.

Beispiel 6.3. Für das Modell in Beispiel 6.1 (Seite 138) sind die Daten aus dem Beispiel 5.2 (Seite 103) um die Arbeitslosenquote $\mathbf{x}_2$ (Veränderung in % gegenüber Vorjahr) erweitert worden (siehe Tabelle 6.1).

Tabelle 6.1. Zeitreihenwerte

Jahr t	Konsumausgaben $\Delta\%$ gegen Vorjahr: y_t	Inflationsrate $\Delta\%$ gegen Vorjahr: x_{t1}	Arbeitslosenquote $\Delta\%$ gegen Vorjahr: x_{t2}
1993	0.2	4.4	9.8
1994	1.0	2.8	10.6
1995	2.1	1.7	10.4
1996	0.8	1.4	11.5
1997	0.7	1.9	12.7
1998	2.3	0.9	12.3
1999	2.1	0.6	11.7

Quelle: [55, Tabelle 23]

Werden die beobachteten Werte in die lineare Regressionsgleichung aus Beispiel 6.2 (Seite 139) eingesetzt, so entsteht folgende Matrixgleichung:

$$\begin{pmatrix} 0.2 \\ \vdots \\ 2.1 \end{pmatrix} = \begin{pmatrix} 1 & 4.4 & 9.8 \\ \vdots & \vdots & \vdots \\ 1 & 0.6 & 11.7 \end{pmatrix} \begin{pmatrix} \beta_0 \\ \beta_1 \\ \beta_2 \end{pmatrix} + \begin{pmatrix} u_1 \\ \vdots \\ u_n \end{pmatrix} \tag{6.7}$$

$$\mathbf{y} = \mathbf{X}\mathbf{b} + \mathbf{u}$$

Da in einem Streuungsdiagramm immer nur zwei Werte gleichzeitig abgetragen werden können, geht man bei der multiplen Regression dazu über – sofern die Merkmalswerte im Zeitablauf beobachtet werden –, die Werte im Zeitablauf darzustellen. Zeichnen die Werte der exogenen Variablen den Verlauf, wenn auch auf einem anderen Niveau, der endogenen Variablen nach, so kann man davon ausgehen, dass diese die endogene erklären. Zwischen dem Verlauf der Änderung der Inflationsrate und dem Verlauf der Änderung der privaten Konsumausgaben ist hier ein negativer Zusammenhang erkennbar, wie es aus ökonomischer Sicht sinnvoll erscheint.

Mit steigenden Preisen werden die realen Konsumausgaben reduziert. Zwischen der Änderung der Arbeitslosenquote und der Änderung der privaten Konsumausgaben sollte ebenfalls ein negativer Zusammenhang bestehen, der aber aus dem Verlauf der beiden Zeitreihen nicht klar erkennbar ist.

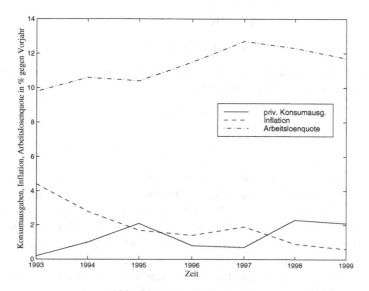

Abb. 6.1. Daten für Regression

6.3 Methode der Kleinsten Quadrate

Die Parameter b sind unbekannt und müssen aus den vorliegenden Beobachtungen geschätzt werden. Die unbekannten Koeffizienten der Regressionsfunktion werden so bestimmt, dass die Summe der quadrierten Abweichungen der Beobachtungswerte **y** von den zugehörigen Werten der Regression $X\hat{b}$, also die Summe der quadrierten Residuen minimal wird.

$$\hat{u}(\hat{b}) = (y - X\hat{b}) \tag{6.8}$$

$$\hat{u}(\hat{b})'\hat{u}(\hat{b}) = \min \tag{6.9}$$

Die Minimierung erfolgt bzgl. der Parameter $\hat{b}$, da diese unbekannt und somit zu bestimmen sind. Die Residuen werden daher als eine Funktion von $\hat{b}$ aufgefasst: $\hat{u}(\hat{b})$. Dieses Vorgehen wird als Schätzung nach der Methode der Kleinsten Quadraten bezeichnet.

6.3.1 Normalgleichungen

Die notwendige Bedingung für ein Minimum ist, dass die Ableitung erster Ordnung null gesetzt wird (siehe Minimumeigenschaft des arithmetischen Mittels in der Varianz, Seite 76). Es gilt also die Funktion

$$S(\hat{\mathbf{b}}) = \hat{\mathbf{u}}(\hat{\mathbf{b}})'\hat{\mathbf{u}}(\hat{\mathbf{b}})$$
$$= (\mathbf{y} - \mathbf{X}\hat{\mathbf{b}})'(\mathbf{y} - \mathbf{X}\hat{\mathbf{b}}) \tag{6.10}$$
$$= \mathbf{y}'\mathbf{y} - 2\hat{\mathbf{b}}'\mathbf{X}'\mathbf{y} + \hat{\mathbf{b}}'\mathbf{X}'\mathbf{X}\hat{\mathbf{b}} = \min$$

bzgl. $\hat{\mathbf{b}}$ zu minimieren. Die notwendige Bedingung für ein Minimum ist, dass die erste (hier partielle) Ableitung null wird:

$$\frac{\partial S}{\partial \hat{\mathbf{b}}} = -2\,\mathbf{X}'\hat{\mathbf{u}} \overset{!}{=} 0$$
$$= -2\mathbf{X}'\mathbf{y} + 2\mathbf{X}'\mathbf{X}\hat{\mathbf{b}} \overset{!}{=} 0 \tag{6.11}$$

Der Ansatz $\sum \hat{u}_t^2 = \min$ führt zu der Bedingung $\mathbf{X}'\hat{\mathbf{u}} \overset{!}{=} 0$, die auch die Bedingung $\sum \hat{u}_t = 0$ enthält. Übrigens gilt diese Bedingung nur, wenn $\hat{\beta}_0$ in der Regressionsfunktion berücksichtigt wird. Sie stellt sicher, dass eine Niveauänderung der Form $\mathbf{X} \pm c$ bzw. $\mathbf{y} \pm c$ keine Veränderung von $\hat{\beta}_1$ bis $\hat{\beta}_p$ herbeiführt. Der Erklärungszusammenhang zwischen $\mathbf{x}$ und $\mathbf{y}$ wird dadurch nicht beeinflusst. Der Koeffizient $\hat{\beta}_0$ ändert sich sehr wohl. Übrigens skaliert eine multiplikative Änderung der Daten der Form $\mathbf{X} \times c$ oder $\mathbf{y} \times c$ wegen der Eigenschaft der Kovarianz (siehe Gleichung 5.50, Seite 121) die Koeffizienten $\hat{\beta}_1$ bis $\hat{\beta}_p$ mit $1/c$ (siehe auch Kapitel 6.3.3).

Aus der Auflösung der Gleichung (6.11) erhält man die so genannten **Normalgleichungen**.

$$\mathbf{X}'\mathbf{y} = \mathbf{X}'\mathbf{X}\hat{\mathbf{b}} \tag{6.12}$$

Aus den n Gleichungen der linearen Regressionsfunktion (siehe Gleichung 6.6), die ein überbestimmtes lineares Gleichungssystem darstellen, sind p Parameter $(\beta_1, \ldots, \beta_p)$ plus β_0 zu bestimmen, d. h. zu schätzen. Eine eindeutige Lösung für die n Gleichungen existiert in dieser Form nicht. Durch die Zusammenfassung der n Gleichungen der Regressionsfunktion mit der Multiplikation der Transponierten von $\mathbf{X}$ ($\mathbf{X}'$) zu $p + 1$ Normalgleichungen entsteht ein bestimmtes lineares Gleichungssystem, das eindeutig gelöst werden kann.

$$
\begin{aligned}
\sum_{t=1}^{n} y_t &= \hat{\beta}_0\, n &&+\hat{\beta}_1 \sum_{t=1}^{n} x_{t1} + \ldots &&+\hat{\beta}_p \sum_{t=1}^{n} x_{tp} \\
\sum_{t=1}^{n} x_{t1}\, y_t &= \hat{\beta}_0 \sum_{t=1}^{n} x_{t1} &&+\hat{\beta}_1 \sum_{t=1}^{n} x_{t1}^2 + \ldots &&+\hat{\beta}_p \sum_{t=1}^{n} x_{t1}\, x_{tp} \\
\vdots \\
\sum_{t=1}^{n} x_{tp} y_t &= \hat{\beta}_0 \sum_{t=1}^{n} x_{tp} &&+\hat{\beta}_1 \sum_{t=1}^{n} x_{tp}\, x_{t1} + \ldots &&+\hat{\beta}_p \sum_{t=1}^{n} x_{tp}^2
\end{aligned} \tag{6.13}
$$

Die Lösung der Normalgleichungen (6.12) ist identisch mit der Lösung des inhomogenen linearen Gleichungssystems (6.13).

6.3.2 Kleinst-Quadrate Schätzung

Die Lösung des Normalgleichungssystems heißt Kleinst-Quadrate Schätzung für $\mathbf{b}$. Mittels der Inversen von $\mathbf{X'X}$ kann das Normalgleichungssystem leicht nach $\mathbf{b}$ aufgelöst werden.

$$\hat{\mathbf{b}} = (\mathbf{X'X})^{-1}\mathbf{X'y} \tag{6.14}$$

Mit $\hat{\mathbf{b}}$ wird der **Kleinst-Quadrate Schätzer** der Regressionskoeffizienten bezeichnet. Die hinreichende Bedingung für ein Minimum ist, dass die zweite Ableitung größer null für den betreffenden Extremwert ist. Die folgende Gleichung erfüllt die Bedingung, wenn $\mathbf{X'X}$ positiv definit ist, d. h. det $\mathbf{X'X} > 0$.

$$\frac{\partial^2 S}{\partial \hat{\mathbf{b}}^2} = 2\,\mathbf{X'X} > 0 \tag{6.15}$$

Die in der Gleichung (6.14) bestimmten Regressionskoeffizienten minimieren also die Summe der quadrierten Abweichungen $\hat{\mathbf{u}}'\hat{\mathbf{u}}$ in der Funktion (6.10). Dies ist der Grund für den Namen „Kleinst-Quadrate".

Beispiel 6.4. Fortsetzung von Beispiel 6.3 (Seite 140): Die Normalgleichungen in der Matrixdarstellung lauten (die Summation erfolgt von $t = 1, \ldots, n$, hier von $t = 1, \ldots, 7$ bzw. $t = 1993, \ldots, 1999$):

$$\mathbf{X'y} = \mathbf{X'X}\hat{\mathbf{b}}$$

$$\begin{pmatrix} \sum y_t \\ \sum x_{t1}y_t \\ \sum x_{t2}y_t \end{pmatrix} = \begin{pmatrix} n & \sum x_{t1} & \sum x_{t2} \\ \sum x_{t1} & \sum x_{t1}^2 & \sum x_{t1}x_{t2} \\ \sum x_{t2} & \sum x_{t1}x_{t2} & \sum x_{t2}^2 \end{pmatrix} \begin{pmatrix} \hat{\beta}_0 \\ \hat{\beta}_1 \\ \hat{\beta}_2 \end{pmatrix}$$

$$\begin{pmatrix} 9.20 \\ 13.03 \\ 105.35 \end{pmatrix} = \begin{pmatrix} 7.0 & 13.7 & 79.0 \\ 13.7 & 36.8 & 148.8 \\ 79.0 & 148.8 & 898.3 \end{pmatrix} \begin{pmatrix} \hat{\beta}_0 \\ \hat{\beta}_1 \\ \hat{\beta}_2 \end{pmatrix} \tag{6.16}$$

Die Lösung der Normalgleichungen mittels der Inversen ist die Kleinst-Quadrate Schätzung der Parameter:

$$\hat{\mathbf{b}} = (\mathbf{X'X})^{-1}\mathbf{X'y}$$

$$= \begin{pmatrix} 46.809 & -2.358 & -3.726 \\ -2.358 & 0.201 & 0.174 \\ -3.726 & 0.174 & 0.300 \end{pmatrix} \begin{pmatrix} 9.20 \\ 13.03 \\ 105.35 \end{pmatrix} \tag{6.17}$$

$$= \begin{pmatrix} 7.38 \\ -0.74 \\ -0.41 \end{pmatrix} = \begin{pmatrix} \hat{\beta}_0 \\ \hat{\beta}_1 \\ \hat{\beta}_2 \end{pmatrix}$$

Das geschätzte Modell lautet damit:

$$\hat{\mathbf{y}} = \mathbf{X}\hat{\mathbf{b}}$$
$$\hat{y}_t = 7.38 - 0.73x_{t1} - 0.41x_{t2}$$

(6.18)

Der Wert von $\hat{\beta}_1 = -0.73$ bedeutet, dass mit einer Erhöhung der Inflationsrate um z. B. einen Prozentpunkt die privaten Konsumausgaben hier bei diesen Daten um durchschnittlich 0.73 Prozentpunkte zurückgehen. Dies stimmt mit der ökonomischen Vorstellung überein, dass mit einer Erhöhung der Inflation die Verbraucher ihre Konsumausgaben reduzieren. Der Wert von $\hat{\beta}_2$ lässt sich entsprechend interpretieren: Bei einer Erhöhung der Arbeitslosigkeit um einen Prozentpunkt reduzieren sich die privaten Konsumausgaben (bezogenen auf diesen Datensatz) um durchschnittlich 0.41 Prozentpunkte. Auch dies ist ökonomisch sinnvoll. Der Wert von $\hat{\beta}_0$ ist lediglich ein Niveauparameter der keine ökonomische Interpretation besitzt. Er stellt nur sicher, dass $\sum \hat{u}_t = 0$ gilt. Aus dem Modell ergeben sich die folgenden geschätzten Werte für die Änderung der privaten Konsumausgaben in Prozent gegen Vorjahr $\hat{y}_t$ (siehe Tabelle 6.2).

Tabelle 6.2. Vergleich empirische und geschätzte Konsumausgaben

	t						
	1993	1994	1995	1996	1997	1998	1999
y_t	0.20	1.00	2.10	0.80	0.70	2.30	2.10
$\hat{y}_t$	0.13	0.98	1.87	1.64	0.78	1.68	2.14
$\hat{u}_t$	0.07	0.02	0.23	-0.84	-0.08	0.62	-0.04

Bei der Interpretation der β-Koeffizienten muss darauf geachtet werden, dass sie nicht über den Aussagegehalt der Daten und des Regressionsmodells hinausgehen. Wird beispielsweise das Gewicht von Kindern auf deren Körpergröße regressiert (Größe $= \beta_0 + \beta_1$ Gewicht $+ u$), so darf aus dieser Beziehung nicht interpretiert werden, dass Kinder durch eine 1%-ige Gewichtszunahme um $\beta_1\%$ Körpergröße zunehmen bzw. durch eine Diät schrumpfen. Aus der Regressionsbeziehung darf lediglich die Aussage abgeleitet werden, dass schwerere Kinder im Durchschnitt auch größer sind. Der β_1 Koeffizient gibt also an, wenn ein Kind um 1% schwerer ist als ein anderes, dass es dann vermutlich $\beta_1\%$ größer ist (vgl. [26, Seite 86ff]).

Mit einer Grafik (siehe Abbildung 6.2), in der die geschätzten Werte ($\hat{y}_t$) und die tatsächlichen Werte (y_t) abgetragen werden, kann leicht überprüft werden, ob das Modell die Stichprobe gut erklärt.

Beispiel 6.5. Die Abbildung 6.2 zeigt, dass die Verläufe der y-Werte und der geschätzten y-Werte $\hat{y}$ recht ähnlich sind. Also erklären die beiden exogenen Variablen die endogenen auf den ersten Blick recht gut. Die Residuen weisen in der Abbildung jedoch einen systematischen Verlauf auf – sie fallen, wenn die Konsumausgaben zurückgehen, sie steigen, wenn die Konsumausgaben ansteigen –, so dass Zweifel angebracht sind, ob das Modell wirklich alle systematischen Änderungen erklärt.

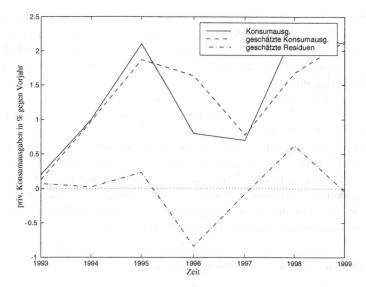

Abb. 6.2. Private Konsumausgaben

Bei der multiplen Regression muss aber auch beachtet werden, dass die exogenen Variablen nicht untereinander korreliert (nicht linear abhängig) sein dürfen: $\rho_{x_i,x_j} = 0$ für $i \neq j$, $i, j = 1, \ldots, p$, was gleichbedeutend ist mit $\det(\mathbf{X'X}) > 0$. Bei einer linearen Abhängigkeit der x_{ti} untereinander würden sie ein und das Gleiche erklären und nur eine der erklärenden Variablen wäre dann notwendig. Dies wird als **Multikollinearität** bezeichnet. Ferner bewirkt Multikollinearität, dass der Parameter β_i schlechter geschätzt werden kann (größere Varianz von $\hat{\beta}_i$), wenn der Regressor $\mathbf{x}_1$ mit den restlichen Regressoren eine Korrelation aufweist: Je höher diese Korrelation ist, desto größer wird die Varianz von $\hat{\beta}_i$. In der Praxis werden aber zwei Merkmale stets eine Korrelation $\rho_{x_i,x_j} > 0$ aufweisen. Daher fordert man nur, dass die Merkmalswerte eine schwache Korrelation untereinander aufweisen sollten: $|\rho_{x_i,x_j}| < 0.5$.

Beispiel 6.6. Der Korrelationskoeffizient zwischen $\mathbf{x}_1$ (Änderung der Inflationsrate in Prozent gegen Vorjahr) und $\mathbf{x}_2$ (Änderung der Arbeitslosenrate in Prozent gegen Vorjahr) liegt bei:

$$\rho_{x_1,x_2} = -0.71 \qquad (6.19)$$

Die Korrelation zwischen den beiden Variablen weist eine mittlere Stärke auf und liegt damit über der empfohlenen Schranke. Die beiden Regressoren besitzen eine relative hohe lineare Abhängigkeit zu einander. Daher reicht eine der Variablen zur Erklärung der Variation der Konsumausgaben in der Regressionsfunktion aus. Dies wird sich später auch zeigen (siehe Beispiel 16.7, Seite 385). Die Determinante ist trotz der linearen Abhängigkeit zwischen den beiden Regressoren positiv: $\det \mathbf{X'X} = 233.76$.

Inhaltlich bedeutet die Korrelation, dass mit zunehmender Inflation die Arbeitslosigkeit fällt. Dieser Zusammenhang ist in der Ökonomie als (modifizierte) Phillips-Kurve bekannt und in Deutschland unter dem Kanzler Helmut Schmidt mit dem folgenden Satz berühmt geworden: „Lieber ein Prozent mehr Inflation als ein Prozent mehr Arbeitslosigkeit".

Eine Einfachregression in der die Arbeitslosenquote fortgelassen wird (siehe Abbildung 5.2, Seite 104) erklärt aber die Variation der Konsumausgaben deutlich schlechter. Ebenso verhält es sich mit der Einfachregression in der nur die Änderungsrate der Arbeitslosenquote zur Erklärung der Änderung der privaten Konsumausgaben verwendet wird. Trotzdem wird die Multikollinearität negative Auswirkungen auf die Regressionsergebnisse haben (siehe auch Beispiel 6.8, Seite 148). Um das Modell zu verbessern, müssten weitere erklärende Variablen gesucht werden, die die Theorie anbietet, wie z. B. privates Vermögen, Kreditzinshöhe, etc. und die unkorreliert zu den vorhandenen Regressoren sind.

6.3.3 Standardisierte Regressionskoeffizienten

Die Regressionsanalyse weist als Ergebnis die Koeffizienten der Regressionsgleichung aus. Diese können in einer groben Analyse bereits Anhaltspunkte für die unterschiedliche Stärke des Zusammenhangs zwischen den erklärenden Variablen und der zu erklärenden Variablen geben. Je größer der absolute Betrag des Regressionskoeffizienten ist, desto stärker ist der vermutete Einfluss auf die abhängige Variable. Allerdings sind die numerischen Werte der Koeffizienten nicht ohne weiteres vergleichbar, da die dazugehörigen beobachteten Variablenwerte möglicherweise in unterschiedlichen Einheiten gemessen wurden und von daher unterschiedlich hohe Streuungen aufweisen. Eine geeignete Umformung des Regressionskoeffizienten mit dem Ziel, eine direkte Vergleichbarkeit der numerischen Werte herzustellen, ist der **standardisierte Regressionskoeffizient** β_i^* (vgl. [8, Seite 19]).

$$\beta_i^* = \hat{\beta}_i \, \frac{\sigma_{x_i}}{\sigma_y} \quad i = 1, \ldots, p \qquad (6.20)$$

und für $\hat{\beta}_0$

$$\beta_0^* = \hat{\beta}_0 \, \frac{1}{\sigma_y} \qquad (6.21)$$

Diese Werte lassen die Einflussstärke der unabhängigen Variablen für die Erklärung der abhängigen Variablen erkennen, wobei sie absolut zu interpretieren sind. Durch die Standardisierung werden die unterschiedlichen Messdimensionen in den Variablen, die sich in den Regressionskoeffizienten niederschlagen, eliminiert und sind somit vergleichbar. Bei einer Regressionsanalyse mit standardisierten Variablen, d. h. die Ursprungswerte sind durch ihre Standardabweichung geteilt ($\mathbf{y}/\sigma_y, \mathbf{x}_i/\sigma_{x_i}$), stimmen die standardisierten Regressionskoeffizienten mit den obigen β_i^* überein.

Beispiel 6.7. Eine Einfachregresion für die Werte in Tabelle 6.3 ergibt folgendes Resultat:

$$y_t = 2832.9 - 121.6\,x_t + u_t \tag{6.22}$$

Werden nun beispielsweise die Werte für x_1 mit 100 multipliziert, so ändert sich der Koeffizient $\hat{\beta}_1$ auf -1.216. Werden die standardisierten Regressionskoeffizienten berechnet, so bleibt eine solche Änderung ohne Einfluss. In beiden Fällen ergeben sich dann die folgenden Regressionskoeffizienten:

$$\beta_1^* = -121.6\,\frac{1.468}{289.181} = -0.617 \tag{6.23}$$

$$\beta_0^* = 2832.9\,\frac{1}{289.181} = 9.796 \tag{6.24}$$

Tabelle 6.3. Beispieldaten

t	1	2	3	4	5	6	7	8	9	10
y	1 585	1 819	1 647	1 496	921	1 278	1 810	1 987	1 612	1 413
x_1	12.50	10.00	9.95	11.50	12.00	10.00	8.00	9.00	9.50	12.50

6.4 Bestimmtheitsmaß

Die Stärke des linearen Zusammenhangs zwischen $\mathbf{y}$ und $\mathbf{X}$ wird durch die Kovarianzen und die Varianzen der Variablen in der Regressionsgleichung gemessen.

Definition 6.2. *Das* **Bestimmtheitsmaß** *ist definiert als:*

$$R^2_{y|x_1,x_2,\dots} = \frac{\sigma_{\hat{y}}^2}{\sigma_y^2} = 1 - \frac{\sigma_{\hat{u}}^2}{\sigma_y^2} \tag{6.25}$$

Es gilt $0 \le R^2_{y|x_1,x_2,\dots} \le 1$. Das Bestimmtheitsmaß $R^2_{y|x_1,x_2,\dots}$ gibt den Anteil der durch $\mathbf{X}$ erklärten Varianz von $\mathbf{y}$ an.

Mittels der Streuungszerlegung erklärt sich die obige Interpretation. Die Varianz der Endogenen kann als Gesamtvarianz bezeichnet werden, die sich zusammensetzt aus der Varianz der geschätzten Endogenen und den geschätzten Residuen. Durch die Erweiterung der Varianz (siehe auch Varianzverschiebungssatz Gleichung (4.110), Seite 75)

$$\sigma_y^2 = \frac{1}{n} \sum_{t=1}^{n} (y_t - \bar{y})^2 = \frac{1}{n} \sum_{t=1}^{n} (y_t - \hat{y}_t + \hat{y}_t - \bar{y})^2$$

$$= \frac{1}{n} \sum_{t=1}^{n} \left((y_t - \hat{y}_t)^2 + 2(y_t - \hat{y}_t + \hat{y}_t - \bar{y}) + (\hat{y}_t - \bar{y})^2 \right)$$

$$= \frac{1}{n} \sum_{t=1}^{n} \underbrace{(y_t - \hat{y}_t)}_{=\hat{u}_t}{}^2 + 2 \underbrace{\frac{1}{n} \sum_{t=1}^{n} (y_t - \bar{y})}_{=0} + \frac{1}{n} \sum_{t=1}^{n} (\hat{y}_t - \bar{y})^2 \qquad (6.26)$$

$$= \sigma_{\hat{u}}^2 + \sigma_{\hat{y}}^2$$

erhält man die Streuungszerlegung.

Definition 6.3. *Die* **Streuungszerlegung** *ist die Zerlegung der gesamten Varianz der endogenen Variable in die Varianz der Regressionswerte, die durch die exogenen Variablen erklärt wird und die Varianz der Residuen, die durch die exogenen Variablen nicht erklärt wird.*

$$\underbrace{\frac{1}{n} \sum_{t=1}^{n} (y_t - \bar{y})^2}_{\text{Gesamtvarianz}} = \underbrace{\frac{1}{n} \sum_{t=1}^{n} (\hat{y}_t - \bar{y})^2}_{\text{erklärte Varianz}} + \underbrace{\frac{1}{n} \sum_{t=1}^{n} (y_t - \hat{y}_t)^2}_{\text{Residuenvarianz}} \qquad (6.27)$$

$$\sigma_y^2 = \sigma_{\hat{y}}^2 + \sigma_{\hat{u}}^2$$

Die erklärte Varianz enthält die Streuung der durch die Regressionsfunktion geschätzten Merkmalswerte um $\bar{y}$. Sie stellt damit die auf den linearen Zusammenhang zwischen den Exogenen $x_{t1}, x_{t2}, \ldots$ und der Endogenen y_t zurückführbare Varianz der y-Werte dar. Die Residuenvarianz entspricht dem verbleibenden Rest an der Gesamtvarianz der y-Werte.

$$1 = \underbrace{\frac{\sigma_{\hat{y}}^2}{\sigma_y^2}}_{R_{y|x_1,x_2,\ldots}^2} + \frac{\sigma_{\hat{u}}^2}{\sigma_y^2} \qquad (6.28)$$

Das Bestimmtheitsmaß ist umso größer, je höher der Anteil der erklärten Streuung an der Gesamtstreuung ist. Im Extremfall, wenn die gesamte Streuung erklärt wird, ist $R_{y|x_1,x_2,\ldots}^2 = 1$. Alle Werte liegen auf der Regressionsgeraden; es gilt dann $\mathbf{y} = \hat{\mathbf{y}}$ und $\hat{\mathbf{u}} = 0$. Im anderen Extremfall, wenn die Streuung von $\mathbf{y}$ durch $\mathbf{X}$ nicht erklärt wird, ist $R_{y|x_1,x_2,\ldots}^2 = 0$. Dies ist dann der Fall, wenn die Regressionskoeffizienten $\beta_1, \ldots, \beta_p$ sich nicht (signifikant) von null unterscheiden. Das Bestimmtheitsmaß $R_{y|x_1,x_2,\ldots}^2$ würde dann nur aufgrund zufälliger Einflüsse von null abweichen (siehe hierzu auch Kapitel 16.3.3).

Beispiel 6.8. Fortsetzung von Beispiel 6.4 (Seite 143): Für die Berechnung des Bestimmtheitsmaßes werden die Varianzen von y_t und $\hat{y}_t$ benötigt.

$$\bar{\bar{y}} = \bar{y} = \frac{1}{n} \sum_{t=1}^{n} y_t = 1.31 \tag{6.29}$$

$$\sigma_y^2 = \frac{1}{n} \sum_{t=1}^{n} (y_t - \bar{y})^2 = 0.60 \tag{6.30}$$

$$\sigma_{\hat{y}}^2 = \frac{1}{n} \sum_{t=1}^{n} (\hat{y}_t - \hat{\bar{y}})^2 = 0.43 \tag{6.31}$$

$$R_{y|x_1,x_2}^2 = \frac{0.43}{0.60} = 0.72 \tag{6.32}$$

Es wird rund 72% der Streuung von **y** durch **X** erklärt. Dies ist für eine Zweifachregression ein eher mäßiger Wert, was auch daran liegt, dass zwischen den beiden Regressoren eine relativ hohe Korrelation existiert (Multikollinearität).

Übrigens gilt stets $\bar{\hat{y}} = \bar{y}$, weil $\sum \hat{u}_t = 0$ durch die Kleinst-Quadrate Schätzung immer erfüllt wird (siehe Gleichung (6.11), Seite 142).

Definition 6.4. *Der* **multiple Korrelationskoeffizient** *ist als positive Wurzel des Bestimmtheitsmaßes*

$$\rho_{y|x_1,x_2,...} = +\sqrt{R_{y|x_1,x_2,...}^2} = \frac{\sigma_{\hat{y}}}{\sigma_y} \tag{6.33}$$

definiert.

Es gilt $0 \leq \rho_{y|x_1,x_2,...} \leq 1$. Für unabhängige Merkmale gilt $\rho_{y|x_1,x_2,...} = 0$. Aus $\rho = 0$ kann aber nicht auf statistische Unabhängigkeit geschlossen werden. Es ist die gleiche Aussage wie bei der Kovarianz. Eine Aussage über die Art des Zusammenhangs liefert der Korrelationskoeffizient nicht (siehe Kapitel 5.6).

Aufgrund der Tatsache, dass die Regressionskoeffizienten aus einem überbestimmten Gleichungssystem geschätzt werden, wird durch die Hinzunahme weiterer erklärender Variablen die Möglichkeit die Koeffizienten zu schätzen geringer. Die **Freiheitsgrade** nehmen ab. Ist die Anzahl der Beobachtungen mit der Zahl der Regressoren gleich, so werden die Koeffizienten mathematisch bestimmt (Lösung eines bestimmten linearen Gleichungssystems) und nicht mehr statistisch geschätzt, was die Messung der Korrelation zwischen den Regressoren und der zu erklärenden Variable bedeutet. Die Regressionskoeffizienten können in diesem Fall unabhängig von den Werten der erklärenden Variablen immer so bestimmt werden, dass eine exakte Lösung des linearen Gleichungssystems vorliegt. Dies ist keine statistische Erklärung mehr für das Verhalten der zu erklärenden Variable **y**. Das Bestimmtheitsmaß weist dann immer den Wert eins aus. Daher ist es sinnvoll die Zahl der Freiheitsgrade in das Bestimmtheitsmaß miteinzubeziehen.

Definition 6.5. *Das* **korrigierte Bestimmtheitsmaß** *ist definiert als:*

$$\begin{aligned} \bar{R}^2 &= 1 - \frac{\sigma_{\hat{u}}^2/(n-p-1)}{\sigma_y^2/(n-1)} \\ &= 1 - \frac{n-1}{n-p-1}(1-R^2) \end{aligned} \tag{6.34}$$

Das korrigierte Bestimmtheitsmaß nimmt den Wert eins an, wenn das Bestimmtheitsmaß $R^2 = 1$ ist. Ist $R^2 = 0$, so liegt die Untergrenze des korrigierten Bestimmtheitsmaßes bei $-p/(n-p-1)$. Der Wertebereich für $\bar{R}^2$ beträgt also:

$$\frac{-p}{n-p-1} \leq \bar{R}^2 \leq 1 \tag{6.35}$$

Das korrigierte Bestimmtheitsmaß $\bar{R}^2$ lässt sich nicht mehr als der durch die Regressionsgleichung erklärten Anteil der Streuung von **y** interpretieren. Er wird zum Vergleich von Regressionsmodellen mit einer unterschiedlichen Anzahl von Regressoren verwendet.

Beispiel 6.9. Wird für die Regression im Beispiel 6.4 (Seite 143) das korrigierte Bestimmtheitsmaß berechnet, so wird berücksichtigt, dass bei 7 Beobachtungen 3 Regressionskoeffizienten geschätzt werden. Es liegen also nur 4 Freiheitsgrade zur Schätzung der Regressionskoeffizienten vor.

$$\bar{R}^2 = 1 - \frac{7-1}{7-2-1}\,(1-0.72) = 0.58 \tag{6.36}$$

Das Ergebnis der Regression wird also weiter relativiert. Aufgrund der geringen Zahl der Freiheitsgrade verringert sich das korrigierte Bestimmtheitsmaß stark. Ob der obige Erklärungsansatz für die Konsumausgabenänderungen tauglich ist, kann also nur mit mehr Beobachtungen geklärt werden.

6.5 Spezielle Regressionsfunktionen

6.5.1 Trendfunktion

Wird als erklärende Variable ausschließlich die Zeit t selbst in der Regression verwendet, so spricht man von einer **Trendfunktion**:

$$y_t = \beta_0 + \beta_1 t + u_t \tag{6.37}$$

Die Analyse von Zeitreihen mittels der Regression wäre ein hier anschließendes Kapitel. Diesen Teil der Statistik nennt man Zeitreihenanalyse, der ein fast eigenständiger Teilbereich der Statistik ist. Für Interessierte wird auf die Literatur [39], [102] verwiesen.

6.5.2 Linearisierung von Funktionen

Wird eine nicht lineare Funktion als Zusammenhang zwischen **X** und **y** angenommen, so ist diese nicht in der linearen Regression verwendbar, es sei denn, die Funktion ist linearisierbar. Die Regressionsfunktion

$$y_t = \beta_0 + \beta_1 x_t^2 + u_t \tag{6.38}$$

ist übrigens eine lineare Regressionsfunktion, da sie bzgl. der Parameter β_i linear ist!
Hingegen sind Potenz- und Exponentialfunktionen der Art

$$y_t = \beta_0 x_t^{\beta_1} \tag{6.39}$$

$$y_t = \beta_0 \beta_1^{x_t} \tag{6.40}$$

nicht linear bzgl. der Parameter. Sie lassen sich jedoch durch logarithmieren linearisieren:

$$\log y_t = \log \beta_0 + \beta_1 \log x_t + u_t \tag{6.41}$$

$$\log y_t = \log \beta_0 + \log \beta_1 \, x_t + u_t \tag{6.42}$$

Diese Funktionen sind nun bzgl. der Parameter linear. In der Regressionsfunktion (6.41) wird $\log \beta_0$ sowie β_1 und in der Regressionsfunktion (6.42) werden die Parameter $\log \beta_i$ geschätzt. Letzterer lässt sich als Elasitizität von y bzgl. x interpretieren.

6.5.3 Datentransformation

Die **logarithmische Datentransformation** $x \rightarrow \ln x + c$ wird auch häufig eingesetzt, um rechtsschiefe Verteilungen zu symmetrisieren, um damit eine Normalverteilung für die Residuen zu erhalten (siehe Kapitel 12, insbesondere Seite 275). Durch die Logarithmierung werden die Abstände zwischen kleinen Werten gespreizt, die von großen Werten gestaucht. Die Konstante c stellt sicher, dass alle Werte positiv sind: $x_i + c > 0$. Die logarithmische Transformation wird ferner auch eingesetzt, um die Varianz der Residuen zu stabilisieren. Die Annahme der **Homoskedastizität** (siehe Kapitel 6.6) wird relativ häufig verletzt. Zu erkennen ist dies in einem Streuungsdiagramm, wenn die Residuen mit zunehmenden $\hat{y}_t$ stärker streuen. Dieses Verhalten der Residuen wird als **Heteroskedastizität** bezeichnet. Durch die **logarithmische Transformation** wird die Varianz stabilisiert. Die erste Differenz logarithmisch transformierter Werte kann als Wachstumsrate der Niveauwerte interpretiert werden, da näherungsweise gilt: $\Delta \ln x \approx \Delta x / x$. Man sollte auch auf die Interpretierbarkeit der neuen Regressionsbeziehung achten. Eine logarithmierte Änderungsrate macht keinen Sinn ($\ln \Delta x / x$).

Beispiel 6.10. Es wird ein Streuungsdiagramm zwischen der geschätzten Endogenen $\hat{y}_t$ und der geschätzten Residue $\hat{u}_t$ aus dem Beispiel 6.4 (Seite 143) gezeichnet (siehe Abbildung 6.3). Es ist nicht erkennbar, dass die Residuenstreuung mit zunehmenden Werten von $\hat{y}_t$ steigt. Zwar liegen im Bereich von $1.5 < \hat{y}_t < 1.8$ zwei größere Schwankungen vor, jedoch fallen die darauf folgenden Abweichungen von Null wieder deutlich kleiner aus. Es kann daher vermutet werden, dass die Residuen sich homoskedastisch verhalten.

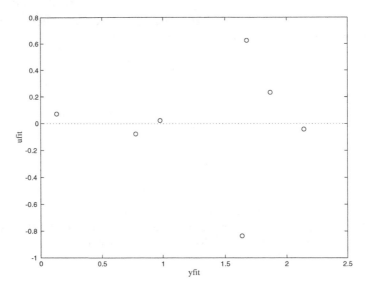

Abb. 6.3. Streuungsdiagramm $\hat{y}_t$ versus $\hat{u}_t$

6.6 Lineares Modell

Von einem linearen Modell spricht man, wenn für die Residuen u_t eine Wahrschein-
lichkeitsverteilungsannahme, meistens die Normalverteilung (siehe Kapitel 12, insbesondere Seite 275) getroffen wird. Unter diesen Annahmen lassen sich dann statistische Tests für die Parameter durchführen (siehe Kapitel 16.3.3). Weiterführende
Literatur zu diesem Thema sind u. a. [21], [48] und [61]. Im Folgenden werden aber
schon einige Annahmen des linearen Modells beschrieben, weil dies verdeutlicht,
welchen Restriktionen die Regressionsanalyse unterliegt.

Für die Residue werden folgende Annahmen getroffen, die sicherstellen, dass es
sich tatsächlich nur um nicht systematische Fehler im statistischen Sinn handelt:

1. Mittelwert (Erwartungswert)[1] von u_t ist null: $\bar{u}_t = E(u_t) = 0$. Im Durchschnitt
   heben sich die Fehler auf. Dies ist schon durch die Kleinst-Quadrate Methode
   sichergestellt.
2. Varianz von u_t ist konstant, d. h. sie hängt nicht von der Zeit t ab:

$$Var(u_t) = E(u_t^2) = \sigma_u^2, \tag{6.43}$$

weil $E(u_t) = 0$ gilt. Es wird angenommen, dass u_t bei unterschiedlichen Werten
von x_t jeweils die gleiche Varianz besitzt. Dies unterstellt, dass alle systematischen Änderungen von y_t durch Änderungen von x_t erklärt werden. Die Annahme der konstanten Residuenvarianz σ_u^2 wird als **Homoskedastizität** bezeichnet.

---

[1] Es wird hier der Erwartungswertoperator eingeführt, obwohl dieser erst in der induktiven
Statistik erläutert wird. Der Erwartungswertoperator ist hier als arithmetisches Mittel der
betreffenden Werte zu interpretieren.

3. Die Fehler $u_1, \ldots, u_t$ sind untereinander (zeitlich) nicht korreliert:

$$Cov(u_t, u_{t'}) = E(u_t, u_{t'}) = E(u_t)\, E(u_{t'}) = 0 \quad \text{für } t \neq t' \tag{6.44}$$

Die Fehler beeinflussen sich nicht gegenseitig. In Verbindung mit der zweiten Annahme hat die Varianz-Kovarianzmatrix $E(\mathbf{uu}')$ dann die Form

$$
\begin{aligned}
E(\mathbf{uu}') &= \begin{pmatrix} E(u_1^2) & 0 & \cdots \\ 0 & \ddots & \vdots \\ \vdots & \cdots & E(u_n^2) \end{pmatrix} \\
&= \begin{pmatrix} \sigma_u^2 & 0 & \cdots \\ 0 & \ddots & \vdots \\ \vdots & \cdots & \sigma_u^2 \end{pmatrix} \\
&= \sigma_u^2\, \mathbf{I}
\end{aligned}
\tag{6.45}
$$

$\mathbf{I}$ ist eine Einheitsmatrix der Dimension $(n \times n)$. Die drei Annahmen stellen sicher, dass die Modellfehler u_t vollkommen unsystematisch sind, d. h. keine Informationen enthalten, die für die Analyse von y_t bedeutsam sind. Sie stellen sicher, dass die Schätzung mit der Methode der kleinsten Quadrate die beste Schätzung ist.

4. Ferner wird auch angenommen, dass zwischen den erklärenden Variablen $\mathbf{X}$ und der Residue $\mathbf{u}$ keine Korrelation besteht:

$$
Cov(x_{ti}, u_t) = E(\mathbf{X}'\mathbf{u}) = \mathbf{X}' E(\mathbf{u}) = 0 \\
\text{für } t = 1, \ldots, n \text{ und alle } i = 1, \ldots, p
\tag{6.46}
$$

Die Annahmen 1 bis 4 stellen sicher, dass die Residue normalverteilt ist. Das hier die Normalverteilung für die Residuen angenommen wird, liegt auch in der Konstruktion der Normalverteilung bedingt (siehe Kapitel 12).

In der Regressionsfunktion wird eine eindeutige Kausalrichtung von den Regressoren $\mathbf{X}$ zu den endogenen Variablen $\mathbf{y}$ unterstellt. Ob diese Annahme gerade in komplexeren Modellen gerechtfertigt ist, ist fraglich (vgl. [48, Seite 65f]). Statistisch wird die Kausalität häufig als die Analyse der bedingten Verteilung von $f(\mathbf{y} \mid \mathbf{X})$ formuliert, obwohl die Annahme der Kausalität von $\mathbf{X}$ auf $\mathbf{y}$ nicht mit statistischen Annahmen zu begründen ist.

6.7 Prognose

Unter einer Prognose versteht man die Vorhersage eines Ereignisses. Dies kann z. B. durch eine so genannte **naive Prognose** erfolgen, bei der lediglich mit elementaren Rechentechniken zukünftige Werte bestimmt werden. Zum Beispiel liegt eine naive Prognose vor, wenn der heutige Wert von y_t auch für morgen prognostiziert wird: $\hat{y}_{t+1} = y_t$. Hier wird die Prognose in einem engeren Sinn verstanden und auf die

Vorhersage endogener Werte (y_t) bezogen, die durch eine lineare Regressionsfunkti-on erklärt werden. Man unterscheidet dabei zwischen einer ex post und einer ex ante Prognose (vgl. [94, Seite 203ff]).

Definition 6.6. *Bei einer* **ex post Prognose** *werden aus der Stichprobe, die n Be-obachtungen umfasst, nur die ersten k Beobachtungen zur Schätzung der Regressi-onskoeffizienten verwendet. Die verbleibenden $k+1, \dots, n$ Werte der Regressoren* $\mathbf{X}_{k+1}$ *werden zur Prognose der* $\hat{\mathbf{y}}_{k+1}$ *eingesetzt.*

$$\hat{\mathbf{y}}_{k+1} = \mathbf{X}_{k+1}\,\hat{\mathbf{b}} \tag{6.47}$$

$\mathbf{X}_{k+1}$ *ist dabei die Matrix der Regressoren mit den Beobachtungen von $k+1$ bis n. Entsprechend enthält $\mathbf{y}_{k+1}$ die prognostizierten Werte von $k+1$ bis n.*

Die prognostizierten Werte $\hat{y}_{k+1}, \dots, \hat{y}_n (= \hat{\mathbf{y}}_{k+1})$ können bei der ex post Pro-gnose mit den bereits beobachteten Werten von $y_{k+1}, \dots, y_n$ verglichen werden. Aufgrund der Abweichungen $(\hat{\mathbf{y}}_{k+1} - \mathbf{y}_{k+1})$ kann die Qualität des linearen Regres-sionsmodells geprüft werden. Bei der ex post Prognose handelt es sich nicht um eine Prognose im eigentlichen Sinn, da die Werte der Regressoren von $k+1$ bis n bereits bekannt sind.

Definition 6.7. *Bei einer* **ex ante Prognose** *wird die gesamte Stichprobe zur Schät-zung des Regressionsmodells verwendet. Die Prognose eines Werts geht hier über die Stichprobe hinaus. Um Werte von $y_{n+1}, \dots, y_{n+\ell}$ zu prognostizieren, müssen auch die für diese Zeitpunkte bzw. Zeiträume unbekannten Regressoren prognostiziert wer-den. Dabei geht in die Prognose der Endogenen dann auch die Unsicherheit über die Ausprägung der* $\hat{\mathbf{X}}_{n+1}$ *ein. Es wird dabei aber unterstellt, dass zumindest im Mittel die prognostizierten Werte von $\hat{\mathbf{X}}_{n+1}$ zutreffen.*

Beispiel 6.11. Um eine ex post Prognose mit den Daten aus Beispiel 6.3 (Seite 140) durchzuführen, werden die Werte aus dem Jahr 1999 nicht zur Schätzung der Regres-sionsgleichung in Beispiel 6.2 (Seite 139) verwendet. Das geschätzte Modell ohne die Werte aus dem Jahr 1999 lautet nun:

$$\hat{y}_t = 7.50 - 0.75\,x_{t1} - 0.42\,x_{t2} \tag{6.48}$$

Die ex post Prognose für das Jahr 1999 wird nun mittels der obigen Gleichung und den Werten für $x_{1999,1} = 0.6$ und $x_{1999,2} = 11.7$ ermittelt.

$$\begin{aligned} \hat{y}_{1999} &= 7.50 - 0.75 \times 0.6 - 0.42 \times 11.7 \\ &= 2.17 \end{aligned} \tag{6.49}$$

Der tatsächliche Wert der Änderung der privaten Konsumausgaben in Prozent gegen Vorjahr lag 1999 bei 2.3. Das Modell unterschätzt den Wert für das Jahr 1999.

Beispiel 6.12. Für eine ex ante Prognose kann ebenfalls das geschätzte Modell aus Beispiel 6.4 (Seite 143) verwendet werden. Um beispielsweise eine Prognose für das Jahr 2000 mit diesem Modell durchzuführen, müssten die Regressoren $x_{2000,1}$ und $x_{2000,2}$ anderweitig geschätzt oder vorgegeben werden. Ein Vergleich mit einem tatsächlichen Wert für y_{2000} kann nicht durchgeführt werden, weil dieser (noch) nicht bekannt ist.

Nimmt man an, dass im Jahr 2000 eine Inflationsrate von $x_{2000,1} = 2.0$ und eine Arbeitslosenrate von $x_{2000,2} = 9.0$ vorlägen (persönliche Einschätzung im Oktober 2000), so wäre die ex ante Prognose:

$$\hat{y}_{2000} = 7.38 - 0.73 \times 2.0 - 0.41 \times 9.0 = 2.23 \qquad (6.50)$$

Bei der Prognose wird stets davon ausgegangen, dass das lineare Regressionsmodell auch im Prognosezeitraum $k + 1, \ldots, n$ bzw. $n + 1, \ldots, n + \ell$ gilt.

Exkurs: **Prognosefehler**

Als Ursachen für Prognosefehler wird lediglich berücksichtigt, dass die Residuen $\mathbf{u}_{k+1}$ bzw. $\mathbf{u}_{n+1}$ nicht den Mittelwert null für die Prognose annehmen und dass die geschätzten Parameter $\hat{\mathbf{b}}$ nicht mit den wahren Parametern übereinstimmen. Unter diesen Bedingungen wird im Folgenden die Berechnung des Prognosefehlers für eine ex post Prognose – $\mathbf{X}_{n+1}$ wird als bekannt angenommen – abgeleitet. Die Abweichungen sind:

$$(\hat{\mathbf{y}}_{k+1} - \mathbf{y}_{k+1}) = \mathbf{X}_{k+1} (\hat{\mathbf{b}} - \mathbf{b}) - \mathbf{u}_{k+1} \qquad (6.51)$$

Zur Messung der Variation des Prognosefehlers $(\hat{\mathbf{y}}_{k+1} - \mathbf{y}_{k+1})$ wird auf das Konzept der Varianz zurückgegriffen. Die **Prognosevarianz** $\boldsymbol{\Sigma}_{k+1}$ ($\boldsymbol{\Sigma}$ ist hier eine Matrix) ergibt sich als mittlere quadratische Abweichung von (6.51):

$$
\begin{aligned}
\boldsymbol{\Sigma}_{k+1} &= E\big((\hat{\mathbf{y}}_{k+1} - \mathbf{y}_{k+1})(\hat{\mathbf{y}}_{k+1} - \mathbf{y}_{k+1})'\big) \\
&= E\left((\mathbf{X}_{k+1}(\hat{\mathbf{b}} - \mathbf{b}) - \mathbf{u}_{k+1})(\mathbf{X}_{k+1}(\hat{\mathbf{b}} - \mathbf{b}) - \mathbf{u}_{k+1})'\right) \\
&= E\left(\mathbf{X}_{k+1}(\hat{\mathbf{b}} - \mathbf{b})(\hat{\mathbf{b}} - \mathbf{b})'\mathbf{X}_{k+1}'\right) \\
&\quad - E\left(\mathbf{X}_{k+1}(\hat{\mathbf{b}} - \mathbf{b})\mathbf{u}_{k+1}'\right) \\
&\quad - E\left(\mathbf{u}_{k+1}(\hat{\mathbf{b}} - \mathbf{b})'\mathbf{X}_{k+1}'\right) + E\left(\mathbf{u}_{k+1}\mathbf{u}_{k+1}'\right) \\
&= \mathbf{X}_{k+1} E\left((\hat{\mathbf{b}} - \mathbf{b})(\hat{\mathbf{b}} - \mathbf{b})'\right) \mathbf{X}_{k+1}' + E\left(\mathbf{u}_{k+1}\mathbf{u}_{k+1}'\right)
\end{aligned}
\qquad (6.52)
$$

Für $E\left(\mathbf{u}_{k+1}(\hat{\mathbf{b}} - \mathbf{b})'\mathbf{X}_{k+1}'\right)$ und $E\left(\mathbf{X}_{k+1}(\hat{\mathbf{b}} - \mathbf{b})\mathbf{u}_{k+1}'\right)$ gilt wegen der Unabhängigkeit der Residuen untereinander (fehlende Autokorrelation):

$$E(\mathbf{u}_{k+1})\, E(\mathbf{u}'\mathbf{X})(\mathbf{X}'\mathbf{X})^{-1}\mathbf{X}_{k+1}' = 0 \qquad (6.53)$$

In $(\hat{\mathbf{b}} - \mathbf{b})$ wird der Ausdruck $\hat{\mathbf{b}}$ ersetzt.

$$\begin{aligned}
\hat{\mathbf{b}} &= (\mathbf{X}'\mathbf{X})^{-1}\mathbf{X}'\mathbf{y} \\
&= (\mathbf{X}'\mathbf{X})^{-1}\mathbf{X}'(\mathbf{X}\mathbf{b} + \mathbf{u}) \\
&= (\mathbf{X}'\mathbf{X})^{-1}\mathbf{X}'\mathbf{X}\mathbf{b} + (\mathbf{X}'\mathbf{X})^{-1}\mathbf{X}'\mathbf{u} \\
&= \mathbf{b} + (\mathbf{X}'\mathbf{X})^{-1}\mathbf{X}'\mathbf{u}
\end{aligned} \tag{6.54}$$

Damit ergibt sich für

$$(\hat{\mathbf{b}} - \mathbf{b}) = (\mathbf{X}'\mathbf{X})^{-1}\mathbf{X}'\mathbf{u} \tag{6.55}$$

und für die Varianzmatrix der Koeffizienten folgt:

$$\begin{aligned}
E\left((\hat{\mathbf{b}} - \mathbf{b})(\hat{\mathbf{b}} - \mathbf{b})'\right) &= E((\mathbf{X}'\mathbf{X})^{-1}\mathbf{X}'\mathbf{u}\mathbf{u}'\mathbf{X}(\mathbf{X}'\mathbf{X})^{-1}) \\
&= (\mathbf{X}'\mathbf{X})^{-1}\mathbf{X}'E(\mathbf{u}\mathbf{u}')\mathbf{X}(\mathbf{X}'\mathbf{X})^{-1}
\end{aligned} \tag{6.56}$$

Mit der Annahme der fehlenden Autokorrelation und konstanter Varianz

$$E(u_t^2) = \sigma_u^2 \tag{6.57}$$

gilt

$$E(\mathbf{u}\mathbf{u}') = \sigma_u^2\,\mathbf{I}, \tag{6.58}$$

so dass für

$$\begin{aligned}
E\left((\hat{\mathbf{b}} - \mathbf{b})(\hat{\mathbf{b}} - \mathbf{b})'\right) &= \sigma_u^2(\mathbf{X}'\mathbf{X})^{-1}\mathbf{X}'\mathbf{X}(\mathbf{X}'\mathbf{X})^{-1} \\
&= \sigma_u^2(\mathbf{X}'\mathbf{X})^{-1}
\end{aligned} \tag{6.59}$$

gilt. Für die Prognosevarianz in Gleichung (6.52) ergibt sich damit (vgl. [61, Seite 100]):

$$\begin{aligned}
\boldsymbol{\Sigma}_{k+1} &= \sigma_u^2\mathbf{X}_{k+1}(\mathbf{X}'\mathbf{X})^{-1}\mathbf{X}'_{k+1} + \sigma_u^2\,\mathbf{I} \\
&= \sigma_u^2\left(\mathbf{X}_{k+1}(\mathbf{X}'\mathbf{X})^{-1}\mathbf{X}'_{k+1} + \mathbf{I}\right)
\end{aligned} \tag{6.60}$$

$\mathbf{I}$ ist eine Einheitsmatrix der Dimension $(n - k) \times (n - k)$. Die Prognosevarianz in einer ex post Prognose ist die Residuenvarianz, die mit der Varianz-Kovarianz-Matrix und den Prognoseregressoren gewichtet wird. Um den Ausdruck in Gleichung (6.60) näher zu untersuchen wird von einer Einfachregression ausgegangen und nur ein Wert $k + 1 = n$ prognostiziert. Der Ausdruck $\mathbf{X}_{k+1}(\mathbf{X}'\mathbf{X})^{-1}\mathbf{X}'_{k+1}$ hat dann die folgende Form:

$$
\left(1\ x_n\right)\ \frac{\begin{pmatrix} \sum\limits_{t=1}^{n-1} x_t^2 & -\sum\limits_{t=1}^{n-1} x_t \\ -\sum\limits_{t=1}^{n-1} x_t\,(n-1) & \end{pmatrix}}{(n-1)\sum\limits_{t=1}^{n-1} x_t^2 - \left(\sum\limits_{t=1}^{n-1} x_t\right)^2}\ \begin{pmatrix} 1 \\ x_n \end{pmatrix}
$$

$$
= \frac{(n-1)\,x_n^2 - 2\,x_n\sum\limits_{t=1}^{n-1} x_t + \sum\limits_{t=1}^{n-1} x_t^2}{(n-1)\sum\limits_{t=1}^{n-1} x_t^2 - \left(\sum\limits_{t=1}^{n-1} x_t\right)^2} \tag{6.61}
$$

$$
= \frac{\sum\limits_{t=1}^{n-1} (x_n - x_t)^2}{(n-1)\sum\limits_{t=1}^{n-1} x_t^2 - \left(\sum\limits_{t=1}^{n-1} x_t\right)^2}
$$

Damit hat die Prognosevarianz Σ_{k+1} in einer Einfachregression mit nur einem zu prognostizierendem Wert y_n mittels x_n die folgende Form:

$$
\Sigma_{k+1} = \sigma_u^2 \left(\frac{\sum\limits_{t=1}^{n-1} (x_n - x_t)^2}{(n-1)\sum\limits_{t=1}^{n-1} x_t^2 - \left(\sum\limits_{t=1}^{n-1} x_t\right)^2} + 1 \right) \tag{6.62}
$$

Die Residuenvarianz σ_u^2 wird also mit einem Faktor gewichtet, der im Zähler den Abstand der Beobachtungen x_t zum Wert x_n misst. Im Nenner steht die Determinante der Matrix $\mathbf{X'X}$. Je weiter der Regressor für die Prognose x_n von den Beobachtungen x_t aus der Stichprobe entfernt ist, desto größer wird die Prognosevarianz. Bei größeren Prognosehorizonten, d. h. $x_{k+1}, \ldots, x_n$ erhält man eine symmetrische Matrix der Dimension $(n-k) \times (n-k)$ der Prognosevarianzen Σ_{k+1}. Auf der Hauptdiagonalen stehen die Prognosevarianzen für die Zeitpunkte / Zeiträume von $(k+1)$ bis n. Auf den Nebendiagonalen stehen die Kovarianzen von $(k+1)$ mit $(k+2)$, von $(k+1)$ mit $(k+3)$, ... , von $(k+1)$ mit n, von $(k+2)$ mit $(k+3)$, usw. Es sind die linearen Abhängigkeiten zwischen den prognostizierten Werten in $\hat{\mathbf{y}}_{k+1}$.
Wird die Regressionsfunktion auf mehrere Regressoren erweitert, so gehen in die Prognosevarianz entsprechend die Informationen der anderen Regressoren mit ein; die Dimension der Matrix Σ_{k+1} bleibt aber $(n-k) \times (n-k)$. Die Residuenvarianz σ_u^2 kann durch $\hat{\mathbf{u}}'\hat{\mathbf{u}}/n$ bestimmt werden (vgl. [62, Seite 170ff]).

Beispiel 6.13. In dem Beispiel 6.11 (Seite 154) wurde eine ex post Prognose für die um einen Wert verkürzten Zeitreihen aus dem Beispiel 6.3 (Seite 140) bestimmt. Die Prognosevarianz für diese Prognose berechnet sich wie folgt. Die Werte sind mit dem Computer berechnet worden, so dass eine

Nachrechnung mit dem Taschenrechner hier zu Differenzen in den Werten führt.

Es wird die Residuenvarianz aus

$$\sigma_{\hat{u}}^2 = \frac{1}{6} \sum_{t=1}^{6} \hat{u}_t^2 = 0.1923 \qquad (6.63)$$

errechnet. Die Matrix $\mathbf{X}_{k+1}$ besitzt hier nur eine Zeile, weil nur ein Wert prognostiziert wird.

$$\mathbf{X}_{k+1} = \begin{pmatrix} 1.0 & 0.6 & 11.7 \end{pmatrix} \qquad (6.64)$$

Wären zwei Werte prognostiziert worden ($\hat{y}_{k+1}$ und $\hat{y}_{k+2}$), dann hätte die Matrix $\mathbf{X}_{k+1}$ die Dimension 2×3, zwei Zeilen, drei Spalten. Mit der Matrix $\mathbf{X}_{k+1}$ wird die Matrix $\mathbf{X}_{k+1}(\mathbf{X}'\mathbf{X})^{-1}\mathbf{X}'_{k+1}$ berechnet:

$$\mathbf{X}_{k+1}(\mathbf{X}'\mathbf{X})^{-1}\mathbf{X}'_{k+1} = \begin{pmatrix} 0.5837 \end{pmatrix} \qquad (6.65)$$

Sie enthält nur einen Wert. Wäre eine Prognose über zwei Zeitpunkte berechnet worden, so hätte diese Matrix eine Dimension 2×2. Auf der Hauptdiagonalen hätten die Prognosevarianzen für $\hat{y}_{k+1}$ und $\hat{y}_{k+2}$ gestanden. Auf der Nebendiagonalen der Matrix ständen die Kovarianzen zwischen den beiden prognostizierten Werten.

Die Prognosevarianz $\boldsymbol{\Sigma}_{k+1} = \left(\mathbf{X}_{k+1}(\mathbf{X}'\mathbf{X})^{-1}\mathbf{X}'_{k+1} + \mathbf{I}\right)\sigma_{\hat{u}}^2$ besitzt damit für $\hat{y}_{1999}$ folgenden Wert:

$$\begin{aligned} \boldsymbol{\Sigma}_{k+1} &= \left(\begin{pmatrix} 0.5837 \end{pmatrix} + \mathbf{I}\right) 0.1923 \\ &= \begin{pmatrix} 1.5837 \end{pmatrix} 0.1923 \\ &= \begin{pmatrix} 0.3046 \end{pmatrix} \end{aligned} \qquad (6.66)$$

Der Standardfehler der Prognose beträgt für den siebten Wert (1999)

$$\sigma_{\hat{y}_{1999}} = \sqrt{0.3064} = 0.5519. \qquad (6.67)$$

Mit dem Standardfehler der Prognose wird die Genauigkeit der Prognose angegeben. Je kleiner der Fehler, desto besser. Der Prognosefehler erhält seine Bedeutung erst, wenn man im Rahmen der induktiven Statistik die Annahme normalverteilter Residuen trifft. Dann kann der Prognosefehler zur Bestimmung von Konfidenzintervallen verwendet werden (siehe Beispiel 15.13, Seite 357).

Bei einer ex ante Prognose ist in der Prognosevarianz noch die Abweichung zwischen $\hat{\mathbf{X}}_{n+1} - \mathbf{X}_{n+1}$ zu berücksichtigen (vgl. [48, Seite 85]):

$$\begin{aligned} \hat{\mathbf{y}}_{n+1} - \mathbf{y}_{n+1} &= \hat{\mathbf{X}}_{n+1}\hat{\mathbf{b}} - \mathbf{X}_{n+1}\mathbf{b} - \mathbf{u}_{n+1} \\ &= \hat{\mathbf{X}}_{n+1}\left(\hat{\mathbf{b}} - \mathbf{b}\right) - \mathbf{u}_{n+1} + \left(\hat{\mathbf{X}}_{n+1} - \mathbf{X}_{n+1}\right)\mathbf{b} \end{aligned} \qquad (6.68)$$

Dadurch gehen in die Prognosevarianz der ex ante Prognose auch die wahren aber unbekannten Koeffizienten b ein, die in der Regel durch die geschätzten Werte approximiert werden.

6.8 Übungen

Übung 6.1. Im Rahmen einer Untersuchung wurden Nettoeinkommen und Ausgaben für Lebensmittel von Haushalten erhoben (siehe Tabelle 6.4).

Tabelle 6.4. Nettoeinkommen und Lebensmittelausgaben

Haushalte	Nettoeinkommen in 1 000 €	Ausgaben für Lebensmittel in 100 €
i	X	Y
1	1.9	0.9
2	1.1	0.7
3	0.5	0.4
4	3.0	1.2
5	0.9	0.7

Unterstellen Sie für die Abhängigkeit der Lebensmittelausgaben vom Nettoeinkommen das Modell der linearen Einfachregression:

$$y_i = \beta_0 + \beta_1\, x_i + u_i \quad \text{mit} \quad i = 1, \dots, 5 \tag{6.69}$$

Bestimmen und interpretieren Sie den Regressionskoeffizienten β_1. Um wieviel steigen die Lebensmittelausgaben, wenn das Nettoeinkommen um 100 € steigt?

Übung 6.2. Wie hoch ist bei dem Modell in der Übung 6.1 der Anteil der durch die lineare Einfachregression erklärten Varianz an der Gesamtvarianz der Lebensmittelausgaben?

Übung 6.3. Ändern sich $\hat{\beta}_0$ und $\hat{\beta}_1$, wenn z. B. die Werte für y in Tabelle 6.4 nicht mehr in 100 €, sondern in € angegeben werden (multiplikative Änderung)?

Ändern sich $\hat{\beta}_0$ und $\hat{\beta}_1$, wenn z. B. alle Wert von y_t mit $+2$ (additive Änderung) verändert werden?

Übung 6.4. Leiten Sie den Kleinst-Quadrate Schätzer für die Einfachregression

$$y_t = \beta_0 + \beta_1\, x_t + u_t \tag{6.70}$$

her.

Verhältnis- und Indexzahlen

Inhaltsverzeichnis

7.1 Einführung

Im abschließenden Kapitel zur deskriptiven Statistik wird auf die Lehre der Verhältnis- und Indexzahlen eingegangen. Sie steht am Schluss des ersten Teils, dies aber nur, weil ein Einstieg mit diesem Kapitel konzeptionell weniger überzeugte. Gleichwohl gehört sie zum statistischen Grundwissen, vielleicht schon zum Allgemeinwissen, da viele Zeitungsnotizen wirtschaftlichen Inhalts auf eine Veränderung eines Index Bezug nehmen.

Mit einem Index wird eine wirtschaftliche Entwicklung beschrieben. Wie in dem folgenden Ausschnitt der Pressemitteilung des Bundesministeriums für Wirtschaft und Arbeit wird bei der Beschreibung der wirtschaftlichen Entwicklung auf eine Vielzahl verschiedener Indizes Bezug genommen. Ferner werden Saisoneinflüsse, Einflüsse die durch den Jahreszeitenwechsel entstehen, herausgerechnet, da sie den unterjährigen Vergleich beeinträchtigen. Diese Berechnungen werden hier nicht beschrieben. Sie sind ein Gebiet der Zeitreihenanalyse, das vielfach die Regressionsanalyse verwendet. Es sei hier nur darauf hingewiesen, dass bei der Berechnung von Saisoneinflüssen mit einer Reihe von Problemen verbunden ist, wie zeitliche Verschiebung der Schwankungen und Verlust von Werten am aktuellen Rand. Ferner kann beim zeitlichen Vergleich von unterjährigen Änderungsraten ein so genannter Basiseffekt auftreten, der später erläutert wird.

Beispiel 7.1. „Das Preisklima in Deutschland zeichnet sich zumindest seit dem Frühjahr durch ein hohes Maß an Stabilität aus. Die monatlichen Schwankungen auf den verschiedenen Ebenen können weitgehend auf Preisbewegungen auf den internationalen Mineralölmärkten und auf saisonale Effekte zurückgeführt werden. [...]

So sind die Einfuhrpreise im Oktober – nach Erhöhungen in den beiden Vormonaten um jeweils 0.6% – insgesamt konstant geblieben. Dabei haben sich rückläufige Mineralölpreise und steigende Preise für Erzeugnisse der Land- und Forstwirtschaft sowie des Ernäherungsgewerbes die Waage gehalten. Wegen sinkender Importpreise vor Jahresfrist ist der Vorjahresabstand (+0.2% nach −1.4% im September) jetzt in den Positiv-Bereich gewechselt [Anm.: Basiseffekt].

Die Erzeugerpreise gewerblicher Produkte blieben im Oktober – ohne Energie gerechnet – nahezu unverändert (+0.1%). Durch die Erhöhung gegenüber dem Vormonat um 1.0% wurde auch der Gesamtindex mit nach oben gezogen (+0.3%). Dabei könnten Saisoneinflüsse und nachlaufende Wirkungen vorangegangener Erdölpreiserhöhungen eine Rolle gespielt haben. Wie bei den Importpreisen ergibt sich auch bei den Erzeugerpreisen zuletzt eine leicht Überschreitung des entsprechenden Vorjahresniveaus (+0.3% nach −0.9% im September).

Bei den Verbraucherpreisen überwogen im November die preisdämpfenden Momente. Zum einen sind die Kraftstoffpreise – im Gefolge der sinkenden Rohölnotierungen – zurückgegangen. Zum anderen haben sich die saisonüblichen Verbilligungen im Tourismusgewerbe ausgewirkt. Der Preisrückgang zum Vormonat fiel mit −0.4% noch stärker aus als zur gleichen Zeit des Vorjahres (−0.2%). Dadurch hat sich die jährliche Teuerungsrate von +1.3% im Oktober auf +1.1% im November verringert.

Auch nach dem für europäische Vergleichszwecke berechneten harmonisierten Verbraucherpreisindex (HVPI) haben sich die Verbraucherpreise in Deutschland im November spürbar verringert (−0.5%). Die Jahresteuerungsrate ging nach diesem Konzept auf +1.0% zurück, nach +1.3% im Oktober. Deutschland liegt damit weiterhin am unteren Rand des Spektrums der Preissteigerungen im Euroraum." [41, Seite 10f].

Ob eine empirische Zahl als moderat, groß oder klein eingestuft werden kann, lässt sich bei der Beurteilung wirtschaftlicher Tatbestände vielfach nur aus ihrem

Vergleich mit anderen geeigneten empirischen Zahlen ermessen. Das gebräuchlichste Instrument für solche Vergleiche stellen die so genannte Verhältniszahlen dar.

7.2 Gliederungs-, Beziehungs- und Messzahlen

Definition 7.1. *Die relative Häufigkeit* $f(x_i)$ *einer Merkmalsausprägung heißt auch* **Gliederungszahl.**

Beispiel 7.2. Die prozentuale Aufgliederung der Erwerbstätigen eines Landes nach den Wirtschaftsbereichen Land- und Forstwirtschaft, produzierendes Gewerbe, Handel und Verkehr usw. stellen Gliederungszahlen dar. Es leuchtet ein, dass solche Angaben für einen Vergleich der Erwerbsstrukturen verschiedener Länder aufschlussreich sind.

Obwohl der Aussagewert von Gliederungszahlen an sich relativ unproblematisch ist, werden sie dennoch häufig falsch interpretiert. Aus einer Zunahme des Anteils der in der Industrie Beschäftigten an allen Erwerbstätigen einer Region im Laufe der Zeit darf z. B. nicht ohne weiteres auf eine erfolgreiche industrielle Erschließung dieser Region geschlossen werden. Es ist nämlich denkbar, dass sich bei einer unveränderten Anzahl von Industriebeschäftigten die Gesamtheit der Erwerbstätigen vermindert hat, etwa infolge von Abwanderungen in andere Regionen, was vielleicht wirtschaftspolitisch unerwünscht ist.

Definition 7.2. *Werden Zahlen, die verschiedenartige Größen repräsentieren, zueinander ins Verhältnis gesetzt, so spricht man von* **Beziehungszahlen.**

Sie sind immer dann aussagefähig, wenn eine solche Beziehung sinnvoll ist. Es ist aber zu beachten, dass eine an sich brauchbare Beziehungzahl in speziellen Fällen auch versagen kann und zwar dann, wenn die Beziehungszahlen, die verglichen werden sollen, sehr unterschiedliche Relationen beinhalten.

Beispiel 7.3. Einwohner je qkm, Niederschlagsmenge je qm, Kraftfahrzeuge je 1 000 Einwohner, Umsatz je Beschäftigten usw. sind sinnvolle Beziehungszahlen. Hingegen ist die Relation Anzahl der tödlichen Unfälle zur Anzahl der zurückgelegten Personenkilometer für den Vergleich der Gefährlichkeit von üblichen Verkehrsmitteln gegenüber Raumfahrzeugen wenig geeignet. Raumfahrzeuge würden demnach als sehr sicher eingestuft, was ja nicht zutrifft. Hier wäre eine Relation der Unglücksflüge zu der Zahl aller Flüge als Maß zur Beurteilung der Sicherheit von Raumfahrzeugen sicherlich geeigneter.

Beispiel 7.4. In der Betriebswirtschaft werden häufig die folgenden Beziehungszahlen erstellt (vgl. [127, Seite 973ff]):

Gewinn	/	Umsatz
Gewinn	/	Eigenkapital
Eigenkapital	/	Fremdkapital

Eigenkapital   /   Gesamtkapital
Fremdkapital   /   Gesamtkapital
Umsatz   /   Gesamtkapital
Anlagevermögen   /   Gesamtvermögen
Umlaufvermögen   /   Gesamtvermögen
Umlaufvermögen   /   Anlagevermögen
Umlaufvermögen   /   Fremdkapital
Anlagevermögen   /   Eigenkapital
Materialkosten   /   Gesamtkosten
Fertigungslöhne   /   Gesamtkosten

Dies ist nur ein kleiner Ausschnitt von möglichen betriebswirtschaftlichen Beziehungszahlen. Sie werden in der Betriebswirtschaftslehre häufig auch als Kennzahlen bezeichnet, wobei der Begriff der betriebswirtschaftlichen Kennzahlen weitergefasst ist und auch absolute Zahlen umfassen kann.

Messzahlen geben Auskunft darüber, wie sich zwei gleichartige, räumlich oder zeitlich verschiedene Größen zueinander verhalten. Meistens geht es dabei um Zeitreihenwerte. Messzahlen werden vor allem dann verwendet, wenn statistische Reihen miteinander verglichen werden sollen (z. B. Entwicklung der Brötchenpreise und der Autopreise).

Definition 7.3. *Gegeben sei eine Reihe von Werten* x_t $(t = 1, \ldots, T)$ *eines Merkmals.*

$$M_t^{t'} = \frac{x_t}{x_{t'}} \tag{7.1}$$

heißt **Messzahl** *für* t *zur Basis* t'. t *wird* **Berichtsperiode**, t' *wird* **Basisperiode** *genannt.*

Beispiel 7.5. Der Umsatz des Einzelhandels wird für bestimmte Warengruppen für einen bestimmten Zeitraum (etwa 2000) gleich 100 gesetzt. Berechnet man für die Umsatzzahlen von diesem Zeitraum ab entsprechende Messzahlen, so kann man die Umsatzentwicklung in den verschiedenen Warenbereichen miteinander vergleichen.

Ein besonderes Problem bei der Bestimmung von Messzahlen liegt in der Festlegung einer Basis. Je nach Wahl der Basis können unterschiedliche Ergebnisse entstehen, die besonders dann zu falschen Eindrücken führen, wenn man sie grafisch darstellt.

Beispiel 7.6. In den Jahren 1999, 2000 und 2001 wurden von 2 Produkten A und B die in Tabelle 7.1 angegebenen Stückzahlen verkauft (vgl. [105, Seite 254]).

Für verschiedene Basisjahre ergeben sich verschiedene Messzahlenreihen. Es ist üblich, die Messzahlen mit 100 zu multiplizieren (siehe Tabelle 7.2). So besagt $M_{2000}^{1999} = 120$, dass 120% des Absatzes vom Basisjahr 1999 in 2000 abgesetzt wurden. Vergleicht man zwei Messzahlen, z. B. $M_{1999}^{2001} = 71.43$ und $M_{2000}^{2001} = 85.71$, so gibt die Differenz der beiden Zahlen die Absatzveränderung in Prozentpunkten wieder. Der Absatz ist gegenüber 2000 also um 14.28 Prozentpunkte gestiegen.

Tabelle 7.1. Verkaufszahlen

	Jahr		
Gut	1999	2000	2001
A	1 000	1 200	1 400
B	200	400	600

Tabelle 7.2. Messzahlen zu verschiedenen Basisjahren

		Jahr		
Basis	Gut	1999	2000	2001
1999 = 100	A	100	120	140
	B	100	200	300
2000 = 100	A	83.33	100	116.67
	B	50	100	150
2001 = 100	A	71.43	85.71	100
	B	33.33	66.67	100

In der Abbildung 7.1 wird deutlich, welchen Einfluss die unterschiedliche Wahl der Basis auf die relativen Veränderungen ausübt.
Anmerkung: Ein durchschnittliches Wachstum aus Messzahlen wird mit dem **geometrischen Mittel** berechnet.

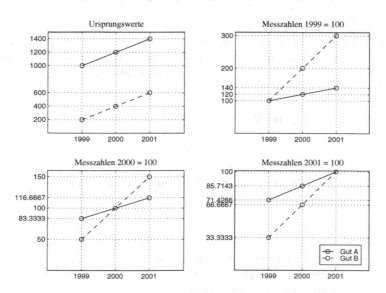

Abb. 7.1. Messzahlen für unterschiedliche Basisjahre

7.3 Umbasierung und Verkettung von Messzahlen

Messzahlen sind häufig Quotienten aus Zeitreihenwerten eines Merkmals. Die Werte werden auf den Wert einer Basisperiode t' bezogen. Die Messzahl für die Basisperiode wird dabei gleich 1 oder 100 gesetzt. Um eine gegebene Reihe von Messzahlen auf eine andere Basisperiode (t'') zu beziehen, müssen alle Messzahlen in der folgenden Weise umgerechnet werden.

7.3.1 Umbasierung

Definition 7.4. *Die Umrechnung einer Messzahl von der Basisperiode t' auf die neue Basisperiode t'' heißt* **Umbasierung**.

$$M_t^{t''} = \frac{x_t}{x_{t''}} = \frac{\frac{x_t}{x_{t'}}}{\frac{x_{t''}}{x_{t'}}} = \frac{M_t^{t'}}{M_{t''}^{t'}} \tag{7.2}$$

Beispiel 7.7. Die Tabelle 7.3 enthält für 1990 bis 1997 fiktive Umsätze (in 1000 €) eines Unternehmens sowie die Messzahlen zur Basis 1990.

Tabelle 7.3. Umsätze und Messzahlen

	Jahr							
	1990	1991	1992	1993	1994	1995	1996	1997
Umsätze	50	56	60	62	72	80	84	88
M_t^{1990}	100	112	120	124	144	160	168	176

Um die Messzahlen zur Basis 1990 auf die Basis 1995 (t'') umzubasieren, sind alle Messzahlen durch die Messzahl von 1995 zur Basis 1990 $(M_{1995}^{1990} = 160)$ zu teilen: $\frac{100}{160} 100 = 62.5$; $\frac{112}{160} 100 = 70$ usw. (siehe Tabelle 7.4).

Tabelle 7.4. Umbasierte Messzahlen

	Jahr							
	1990	1991	1992	1993	1994	1995	1996	1997
M_t^{1995}	62.5	70	75	77.5	90	100	105	110

Liegen für dieselbe Größe zwei Messzahlen vor, die für unterschiedliche Zeiträume bestimmt wurden und deren Werte sich auf unterschiedliche Basisperioden beziehen, dann kann man diese beiden Messzahlenreihen dadurch verknüpfen, dass man alle Messzahlen auf ein gemeinsames Basisjahr bezieht. Dieser Vorgang wird auch als Verkettung bezeichnet.

7.3.2 Verkettung

Definition 7.5. *Als* **Verkettung** *wird eine Umbasierung der zweiten Messzahlenreihe auf die Basis der ersten Reihe bezeichnet. Ziel ist es eine Messzahlenreihe zu einer gemeinsamen Basis zu erhalten.*

Beispiel 7.8. Die Messzahl M_t^{1990} zur Basis 1990 (t') für die Berichtsperioden $t = 1990, \ldots, 1995$ und die Messzahl M_t^{1995} zur Basis 1995 (t'') für die Berichtsperioden $t = 1995, \ldots, 1997$ sollen zu einer Messzahl zur Basis 1990 verkettet werden: $M_t^{1990} = M_t^{1995} \times M_{1995}^{1990}/100$. Die Ergebnisse der Verkettung sind in Tabelle 7.5 wiedergegeben.

Tabelle 7.5. Verkettung von Messzahlen

	Jahr							
	1990	1991	1992	1993	1994	1995	1996	1997
M_t^{1990}	100	112	120	124	144	160	–	–
M_t^{1995}	–	–	–	–	–	100	105	110
M_t^{1990}	100	112	120	124	144	160	168	176

7.4 Indexzahlen

Unter einer Indexzahl versteht man einen aus Messzahlen derselben Berichts- und Basisperiode gebildeten Mittelwert. Eine solche Konstruktion wird dann erforderlich, wenn man sich für die zeitliche Entwicklung nicht nur eines Merkmals, sondern einer Gruppe von Merkmalen interessiert. Besonders interessant ist die Entwicklung des Preisniveaus von Konsumgütern, Erzeugergütern, Einfuhr- und Ausfuhrgütern. Da man nicht die Preise sämtlicher Güter beobachten kann, wird die Auswahl auf Güter beschränkt, die als repräsentativ angesehen werden. Bei der Entwicklung der Konsumgüterpreise der privaten Haushalte ist dies der bekannte Warenkorb, dessen Zusammensetzung auf den Aufzeichnungen der Verbrauchsausgaben ausgewählter Haushalte (rd. 6000) beruht. Um die Veränderung des Niveaus (z. B. Preisniveau) einer bestimmten Gruppe von Merkmalen gegenüber einer gewählten Basisperiode zu messen, ist die Bildung eines Mittelwerts aus den entsprechenden Messzahlen notwendig. In der Regel wird es sich hierbei um ein gewogenes arithmetisches Mittel handeln, wobei sich die Gewichte nach der (ökonomischen) Bedeutung der einzelnen Merkmale richten. Im Folgenden werden die Indexzahlen für einen Warenkorb beschrieben, der sich aus $i = 1, \ldots, n$ Gütern q_i mit den entsprechenden Preisen p_i zusammensetzt.

Beispiel 7.9. Für die Lebenshaltung der Bevölkerung in Deutschland sind die Fleischpreise von größerer Bedeutung als etwa die Erdnusspreise. Entsprechend müsste in einem Index zur Messung der Lebenshaltung (**Verbraucherpreisindex**) Fleisch mit einem höheren Gewicht als Erdnüsse in den Warenkorb eingehen.

Das (grobe) Wägungsschema 1995 in Deutschland für die Lebenshaltung aller privaten Haushalte ist in der Tabelle 7.6 wiedergegeben. Im statistischen Jahrbuch ist es wesentlich weiter aufgegliedert. Die Abgrenzung der einzelnen Positionen erfolgt nach der COICOP (Classification of Individual Consumption by Purpose) in der für den Verbraucherpreisindex geltenden Fassung. Beim Betrachten der Gewichte wird schnell klar, dass der Preisindex für die Lebenshaltung aller privaten Haushalte nicht auf einen einzelnen zutreffen kann.

Tabelle 7.6. Wägungsschema 1995

Bildungswesen	0.7%
Nachrichtenübermittlung	2.3%
Gesundheitspflege	3.4%
alkoholische Getränke, Tabakwaren	4.2%
Beherbergungs- und Gaststättendienstleistungen	4.6%
andere Waren- und Dienstleistungen	6.1%
Bekleidung und Schuhe	6.9%
Einrichtungsgegenstände u. Ä. für den Haushalt und deren Instandhaltung	7.1%
Freizeit, Unterhaltung und Kultur	10.4%
Nahrungsmittel und alkoholfreie Getränke	13.1%
Verkehr	13.9%
Wohnung, Wasser, Strom, Gas und andere Brennstoffe	27.5%

(Quelle: [117, Seite 48])

Die Berechnung der einzelnen Preisindizes basiert auf einer gezielten Auswahl von etwa 750 Waren und Dienstleistungen, die die Fülle und Vielfalt des Marktangebotes möglichst gut repräsentieren sollen. Sie werden unter Auswertung der Anschreibungen in den Haushaltsbüchern in den „Warenkorb" der Indexberechnung aufgenommen. Entsprechend ihrer Verbrauchsbedeutung, die sich aus dem jeweiligen Anteil am Haushaltsbudget ableitet, wird ihnen im Warenkorb ein entsprechendes „Gewicht" zugeteilt. Dadurch ist gewährleistet, dass z. B. eine Preiserhöhung bei Brot eine stärkere Auswirkung auf die Veränderung des Preisindex hat als eine Verteuerung von Salz oder einem anderen Gut mit geringer Verbrauchsbedeutung.

Für alle in den Preisindizes für die Lebenshaltung berücksichtigten Positionen verfolgen Preisbeobachter in 190 über das ganze Land verteilten Gemeinden im Auftrag der amtlichen Statistik laufend in den verschiedenartigsten Berichtsstellen jede Preisveränderung. Die einzelnen Meldungen, die in die Gesamtberechnung des Index eingehen, summieren sich monatlich zu rund 350 000 Preisreihen. Schon diese hohe Zahl macht deutlich, wie umfassend die Dokumentation der Preisentwicklung ist.

Das Gewicht, mit dem die Preisveränderungen der einzelnen Waren und Dienstleistungen in diesen Index eingehen, wird aufgrund durchschnittlicher Verbrauchsgewohnheiten der privaten Haushalte bestimmt. Diese Verbrauchsgewohnheiten werden im Rahmen der Einkommens- und Verbrauchsstichproben und der Statistik der laufenden Wirtschaftsrechnungen anhand von Aufzeichnungen der Haushalte in Haushaltsbüchern ermittelt (vgl. [117]).

Für ein bestimmtes Güterbündel seien die Gesamtumsätze U_t für die Berichtsperiode t und $U_{t'}$ für die Basisperiode t' gegeben.

$$U_t = \sum_{i=1}^{n} u_t(i) = \sum_{i=1}^{n} p_t(i)\, q_t(i) \tag{7.3}$$

$$U_{t'} = \sum_{i=1}^{n} u_{t'}(i) = \sum_{i=1}^{n} p_{t'}(i)\, q_{t'}(i) \tag{7.4}$$

$U_{t'}$ ist der Umsatz bewertet zu Preisen in der Basisperiode und U_t der Umsatz bewertet zu Preisen der Berichtsperiode. Der Ausdruck $U_t/U_{t'} = U_t^{t'}$ stellt sich als Messzahl dar, kann aber auch als gewogenes arithmetisches Mittel aus den einzelnen Umsatzmesszahlen dargestellt und interpretiert werden.

$$U_t^{t'} = \frac{U_t}{U_{t'}} = \frac{\sum\limits_{i=1}^{n} \frac{u_t(i)}{u_{t'}(i)} u_{t'}(i)}{\sum\limits_{i=1}^{n} u_{t'}(i)} \tag{7.5}$$

Der Ausdruck $u_{t'}(i)$ im Zähler kann dabei als Gewicht für die Messzahl $u_t/u_{t'}$ interpretiert werden.

Ist der Umsatzindex größer als eins ($U_t^{t'} > 1$), dann gilt, dass der Gesamtumsatz der betrachteten Güter in der Berichtsperiode t größer als in der Basisperiode t' war. Es ist jedoch bei dieser Indexkonstruktion unbeantwortet, ob der beobachtete Tatbestand allein auf Preis- oder Mengenveränderungen oder auf beides zurückgeht. Diese Fragen sind aber für die Preismessung von großer Bedeutung, denn es ist in Zeiten inflationärer Preissteigerungen sehr wichtig, festzuhalten, wie sich die Preise und die Mengen im Einzelnen entwickelt haben. Deshalb sind Indexzahlen, welche nur die Preis- oder nur die Mengenveränderungen der Berichts- gegenüber der Basisperiode zum Ausdruck bringen, besonders interessant.

7.4.1 Preisindex nach Laspeyres

Der Wert bzw. Umsatz eines Güterkorbs in der Basisperiode t' wird durch den Ausdruck

$$\sum_{i=1}^{n} p_{t'}(i)\, q_{t'}(i) \tag{7.6}$$

dargestellt. Derselbe Güterkorb mit derselben Füllung, jedoch mit den Preisen der Berichtsperiode t bewertet, kostet

$$\sum_{i=1}^{n} p_t(i) \, q_{t'}(i). \tag{7.7}$$

Das Verhältnis der beiden Ausdrücke ist der Preisindex nach Laspeyres.

Definition 7.6. *Der* **Preisindex nach Laspeyres** *ist wie folgt definiert:*

$$P_t^{t' \, L} = \frac{\sum\limits_{i=1}^{n} p_t(i) \, q_{t'}(i)}{\sum\limits_{i=1}^{n} p_{t'}(i) \, q_{t'}(i)} = \frac{\sum\limits_{i=1}^{n} \frac{p_t(i)}{p_{t'}(i)} g_{t'}(i)}{\sum\limits_{i=1}^{n} g_{t'}(i)} \tag{7.8}$$

mit

$$g_{t'}(i) = p_{t'}(i) \, q_{t'}(i) \tag{7.9}$$

Der Preisindex nach Laspeyres gibt an, ob man in der Berichtsperiode t für den Güterkorb der Basisperiode mehr, ebensoviel oder weniger als in t' ausgeben musste. Da es sich in den beiden Zeitperioden um die gleichen Güter und Mengen handelt, kann eine Abweichung der Indexzahl von eins nur auf den Preisdifferenzen in der Berichts- gegenüber der Basisperiode zurückgehen. Bei dem Laspeyres Index bleiben außer den Preisen im Zähler alle anderen Größen konstant. Somit sind die Werte solcher Indexreihen in dem Sinne untereinander vergleichbar.

Beispiel 7.10. In der Tabelle 7.7 ist der Preisindex der Lebenshaltung aller privaten Haushalte von 1993 bis 2001 in Deutschland (bis 1995: früheres Bundesgebiet, ab 1995: Deutschland) angegeben.

Tabelle 7.7. Preisindex der Lebenshaltung

	Jahr								
	1993	1994	1995	1996	1997	1998	1999	2000	2001
Index	95.8	98.4	100	101.4	103.3	103.3	104.9	106.9	109.6
Inflation		2.7	1.6	1.4	1.9	1.0	0.6	1.9	2.5

(Quelle: [116, Seite 609])

Die aufeinander folgenden relativen Änderungen geben die jährliche Preisänderung, **Inflationsrate**, an.

$$\frac{98.4 - 95.8}{95.8} \times 100 = 2.7\% \tag{7.10}$$

Dies ist die Inflation für das Jahr 1994. Sie gibt an, dass die Lebenhaltungskosten aller privaten Haushalte von 1993 auf 1994 im Durchschnitt um 2.7% gestiegen sind.

Zusätzlich berechnet und veröffentlicht das Statistische Bundesamt einen **harmonisierten Verbraucherpreisindex** für Deutschland. Die Berechnungsmethoden (Zusammensetzung und Berechnung) dieses Index sind mit den anderen Mitgliedstaaten der EU abgestimmt. Der harmonisierte Verbraucherpreisindex stellt den deutschen Baustein für die Berechnung von Verbraucherpreisindizes für die Europäische Union bzw. für die Eurozone dar und unterscheidet sich in seinem Warenkorb (Zusammensetzung) vom deutschen Preisindex für die Lebenshaltung im Wesentlichen durch die Nichteinbeziehung der Aufwendungen der privaten Haushalte für das Wohnen im eigenen Heim. Aber auch in der Berechnung besteht ein Unterschied zum deutschen Preisindex (siehe Kettenindex, Seite 180).

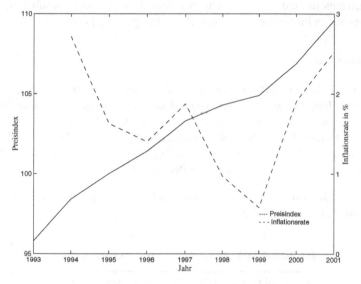

Abb. 7.2. Preisindex der Lebenshaltung

Jedoch weist der Laspeyres Index in der Regel einen zu hohen Preisanstieg auf, weil er aufgrund der Gewichtung mit dem Warenkorb der Basisperiode nicht berücksichtigt, dass bei einem Preisanstieg von bestimmten Produkten die Konsumenten auf andere ähnliche aber billigere Produkte ausweichen. Natürlich gilt bei einem Preisrückgang ebenso, dass der Laspeyres Preisindex die Produkte mit dem größten Preisrückgang zu wenig im festgelegten Warenkorb hat und daher einen zu geringen Preisrückgang ausweist. Der **Substitutionseffekt** wird nicht berücksichtigt. Daher wird bei einem Preisindex nach Laspeyres der Warenkorb immer weniger repräsentativ, je weiter die Basisperiode von der laufenden Periode entfernt ist. In regelmäßigen Abständen (in der Regel alle 5 Jahre) wird daher ein aktueller Warenkorb zusammengestellt, der sich aus vielfältigen Gründen vom bisherigen Warenkorb mehr oder weniger stark unterscheidet.

Beispiel 7.11. In Deutschland wurde für den Preisindex für die Lebenshaltung aller privaten Haushalte (1995 = 100) 1999 ein Preisanstieg (Inflationsrate) von 0.6% vom statistischen Bundesamt ausgewiesen (siehe Abbildung 7.2, gestrichelte Linie). Es ist zu vermuten, da es sich um einen Laspeyres Index handelt, dass trotz des geringen Preisanstiegs der Preisanstieg dennoch zu hoch ausgewiesen wurde und die tatsächliche Preissteigerung noch niedriger war, weil Substitutionsprozesse zu den relativ billigeren Gütern die Zusammensetzung des Warenkorbs verändert haben. Empirische Analysen zeigen jedoch, dass der Substitutionseffekt eher von untergeordneter Bedeutung ist. Als Gründe für die Unempfindlichkeit gegenüber den Substitutionseffekten werden die Überlagerung mit anderen Effekten, wie z. B. Einkommenseffekten, Änderungen der Konsumpräferenzen und Wechsel zu neuen Gütern genannt. Ferner wird angeführt, dass wohl häufig zwischen ähnlichen Gütern substituiert wird, die einer gleichen Preisentwicklung unterliegen (vgl. [25], [78]).

7.4.2 Basiseffekt

Definition 7.7. *Ein* **Basiseffekt** *kann bei der Berechnungen der Änderungsraten von unterjährigen Indizes auftreten. Hier werden jährliche Veränderungen in Bezug auf die entsprechende Vorjahresperiode ausgewiesen. Steigt (fällt) nun der Vorjahreswert stärker als der aktuelle Wert gegenüber der Vorperiode an (ab), so sinkt (steigt) die Veränderungsrate, obwohl sich der Anstieg (die Abnahme oder Konstanz) des Index fortgesetzt hat. Dies wird als Basiseffekt bezeichnet.*

Beispiel 7.12. Der monatliche Preisindex der Lebenshaltung weist für 2001 und 2002 folgende Werte aus (siehe Tabelle 7.8).

Tabelle 7.8. Monatlicher Preisindex der Lebenshaltung

Jahr	Jan.	Feb.	März	April	Mai	Juni
2001	**108.3**	**109.0**	109.1	109.5	110.0	110.2
2002	**110.6**	**110.9**	111.1	111.2	111.2	111.1
Inflation	**2.1%**	**1.7%**	1.8%	1.6%	1.1%	0.8%

Jahr	Juli	Aug.	Sep.	Okt.	Nov.	Dez.
2001	**110.2**	**110.0**	110.0	109.7	109.5	109.6
2002	**111.3**	**111.2**	111.1	111.1		
Inflation	**1.0%**	**1.1%**	1.0%	1.3%	–	–

(Quelle: [115, Seite 15])

Man erkennt in der Tabelle 7.8, dass im Jahr 2001 von Januar auf Februar ein stärkerer Preisanstieg stattfand als im Jahr 2002. Obwohl sich der Preisanstieg in 2002 fortsetzte, weist die Vorjahresänderungsrate von Januar gegenüber Februar einen Rückgang des Preisauftriebs von 2.1% auf 1.7% aus. Dies ist auf die relativ stärkere Zunahme der Basis zurückzuführen und wird deshalb Basiseffekt genannt. Im

Februar 2001 stiegen die Preise gegenüber dem Vormonat um 0.7 Prozentpunkte, im Februar 2002 aber nur um 0.3 Prozentpunkte (siehe Abbildung 7.3, Basiseffekt 1). Auch im März / April lag ein solcher Effekt vor.

Ein Basiseffekt in umgekehrter Richtung, also eine Zunahme der jährlichen Änderungsrate, obwohl der monatliche Abstand abgenommen oder konstant geblieben ist, trat im Juli / August (Basiseffekt 2) und im September / Oktober 2001/2002 auf.

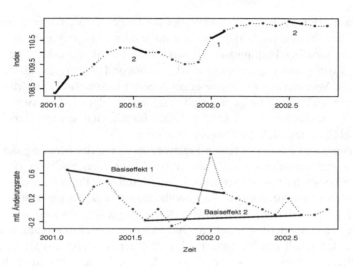

Abb. 7.3. Basiseffekt

7.4.3 Preisindex nach Paasche

Da man in der Wirtschaftsforschung für verschiedenste Zwecke möglichst lange untereinander vergleichbare Zeitreihen benötigt, wird in der Praxis zur Berechnung von Indizes weitgehend das Schema von Laspeyres bevorzugt.

Es spricht theoretisch nichts dagegen, abweichend vom Laspeyres Schema von dem Güterkorb der Berichtsperiode t auszugehen und seinen Wert als

$$\sum_{i=1}^{n} p_t(i)\, q_t(i) \tag{7.11}$$

zu bestimmen. Bewertet mit den Preisen der Basisperiode würde er den fiktiven Betrag von

$$\sum_{i=1}^{n} p_{t'}(i)\, q_t(i) \tag{7.12}$$

kosten. Das Verhältnis der beiden Ausdrücke ergibt den Preisindex nach Paasche.

Definition 7.8. *Der* **Preisindex nach Paasche** *ist wie folgt definiert:*

$$P_t^{t'\,P} = \frac{\sum\limits_{i=1}^{n} p_t(i)\, q_t(i)}{\sum\limits_{i=1}^{n} p_{t'}(i)\, q_t(i)} = \frac{\sum\limits_{i=1}^{n} \frac{p_t(i)}{p_{t'}(i)}\, h_{t'}(i)}{\sum\limits_{i=1}^{n} h_{t'}(i)} \qquad (7.13)$$

mit

$$h_{t'}(i) = p_{t'}(i)\, q_t(i) \qquad (7.14)$$

Der Preisindex nach Paasche beantwortet die Frage, ob der Güterkorb der Berichtsperiode zu Preisen der Berichtsperiode mehr oder weniger kostet als derselbe Güterkorb mit derselben Füllung zu Preisen der Basisperiode gekostet hätte. Für das Indexschema von Paasche gilt ebenso wie bei dem von Laspeyres, dass die Indexzahlen nur die Veränderung der Preise gegenüber der Basisperiode ausdrücken. Im Gegensatz zum Index nach Laspeyres sind aufeinander folgende Indexwerte jedoch meist nicht untereinander vergleichbar, weil sich im Allgemeinen von Berichtsperiode zu Berichtsperiode auch die Mengen verändern.

Gegenüber dem Prinzip des reinen Preisvergleichs mit der Messung der durchschnittlichen Preisveränderung mit dem Preisindex existiert auch ein Ansatz zur Messung der **Lebenshaltungskosten**. Dies wird oft mit dem Preisindex verwechselt. Das Konzept der Lebenshaltungskosten beruht auf der mikroökonomischen Haushaltstheorie. Hier wird nicht die Preisveränderung gemessen, sondern die Auswirkungen von Preisveränderungen auf ein Budget unter Berücksichtigung der Preiswirkung auf den Inhalt des Warenkorbs. Es wird der Ausgabenanstieg gemessen, der zur Aufrechterhaltung eines Warenkorbs gleichen Nutzens erforderlich ist. Es steht hier nicht der Kauf, sondern der Nutzen der Waren im Vordergrund (vgl. [85]). Dieses Konzept wird vor allem von Kritikern favorisiert, die der Überzeichnung des Preisanstiegs mit der Messung nach dem Laspeyres Preisindex eine große Bedeutung beimessen. Jedoch ist das Konzept der Lebenshaltungskosten empirisch kaum umsetzbar (vgl. [78]).

7.4.4 Mengenindizes nach Laspeyres und Paasche

Definition 7.9. *Als* **Mengen- oder Volumenindizes** *nach Laspeyres und Paasche, wird der Index bezeichnet, wenn bei gegebenen Güterkörben die Preise festgehalten und die Mengen variiert werden.*

$$Q_t^{t'\,L} = \frac{\sum\limits_{i=1}^{n} p_{t'}(i)\, q_t(i)}{\sum\limits_{i=1}^{n} p_{t'}(i)\, q_{t'}(i)} \qquad (7.15)$$

$$Q_t^{t'\,P} = \frac{\sum\limits_{i=1}^{n} p_t(i)\, q_t(i)}{\sum\limits_{i=1}^{n} p_t(i)\, q_{t'}(i)} \qquad (7.16)$$

Beispiel 7.13. In der Tabelle 7.9 sind Preise und Mengen für 3 verschiedene Waren-
arten über 2 Perioden angegeben. Aus diesen Zahlen werden zur Erläuterung der
Berechnungsweise die Preisindizes nach Laspeyres und Paasche sowie die Mengenindizes nach Laspeyres und Paasche bestimmt.

Tabelle 7.9. Preise und Mengen

	Warenart i					
	1		2		3	
Periode t	$p_t(1)$	$q_t(1)$	$p_t(2)$	$q_t(2)$	$p_t(3)$	$q_t(3)$
1	5	4	2	4	4	3
2	10	7	8	5	5	5
3	12	8	9	6	7	6

Preisindex nach Laspeyres:

$$P_2^{1\,L} = \frac{\sum\limits_{i=1}^{3} p_2(i)\,q_1(i)}{\sum\limits_{i=1}^{3} p_1(i)\,q_1(i)} \tag{7.17}$$

$$= \frac{10 \times 4 + 8 \times 4 + 5 \times 3}{5 \times 4 + 2 \times 4 + 4 \times 3} 100 = 217.5$$

$$P_3^{1\,L} = 262.5 \tag{7.18}$$

Preisindex nach Paasche:

$$P_2^{1\,P} = \frac{\sum\limits_{i=1}^{3} p_2(i)\,q_2(i)}{\sum\limits_{i=1}^{3} p_1(i)\,q_2(i)} \tag{7.19}$$

$$= \frac{10 \times 7 + 8 \times 5 + 5 \times 5}{5 \times 7 + 2 \times 5 + 4 \times 5} 100 = 207.69$$

$$P_3^{1\,P} = 252.63 \tag{7.20}$$

Mengenindex nach Laspeyres:

$$Q_2^{1\,L} = \frac{\sum\limits_{i=1}^{3} p_1(i)\,q_2(i)}{\sum\limits_{i=1}^{3} p_1(i)\,q_1(i)} \tag{7.21}$$

$$= \frac{5 \times 7 + 2 \times 5 + 4 \times 5}{5 \times 4 + 2 \times 4 + 4 \times 3} 100 = 162.5$$

$$Q_3^{1\,L} = 190.0 \tag{7.22}$$

Mengenindex nach Paasche:

$$Q_2^{1\,P} = \frac{\sum\limits_{i=1}^{3} p_2(i)\, q_2(i)}{\sum\limits_{i=1}^{3} p_2(i)\, q_1(i)} \tag{7.23}$$

$$= \frac{10 \times 7 + 8 \times 5 + 5 \times 5}{10 \times 4 + 8 \times 4 + 5 \times 3}\, 100 = 155.17$$

$$Q_3^{1\,P} = 182.86 \tag{7.24}$$

7.4.5 Umsatzindex

Die Multiplikation eines Preisindex nach Paasche mit dem entsprechenden Mengenindex nach Laspeyres bzw. eines Preisindex nach Laspeyres mit einem entsprechenden Mengenindex nach Paasche ergibt jeweils denselben Wert- bzw. Umsatzindex. Er bringt zum Ausdruck, wie sich der Wert des Warenkorbs der Bereichtsperiode gegenüber der Basisperiode verändert hat.

$$U_t^{t'} = \frac{\sum\limits_{i=1}^{n} p_t(i)\, q_t(i)}{\sum\limits_{i=1}^{n} p_{t'}(i)\, q_{t'}(i)} \tag{7.25}$$

$$= P_t^{t'\,P}\, Q_t^{t'\,L}$$

$$= P_t^{t'\,L}\, Q_t^{t'\,P}$$

Beispiel 7.14. Fortsetzung von Beispiel 7.13 (Seite 175): Der Wert des Warenkorbs in der Periode 2 beträgt 135 Geldeinheiten, in der Periode 1 betrug er 40 Geldeinheiten. Somit hat sich der Wert des Warenkorbs hier um 337.49 % erhöht.

$$U_2^1 = \frac{135}{40}\, 100$$

$$= P_1^{2\,L}\, Q_1^{2\,P} = \frac{217.5 \times 155.17}{100}$$

$$= P_1^{2\,P}\, Q_1^{2\,L} = \frac{207.69 \times 162.5}{100} \tag{7.26}$$

$$= 337.49$$

7.4.6 Deflationierung

Definition 7.10. *Eine Division eines Umsatzindex durch einen Preisindex führt zu einem entsprechenden Mengenindex. Man bezeichnet diese Operation als* **Preisbereinigung** *oder* **Deflationierung** *von Umsatz bzw. Wertindizes.*

In der Praxis werden fast ausschließlich Laspeyres Indizes berechnet. Benutzt man solche Preisindizes zur Deflationierung, so erhält man als Ergebnis Mengenindizes nach Paasche!

$$Q_t^{t'\,P} = \frac{U_t^{t'}}{P_t^{t'\,L}} \tag{7.27}$$

Beispiel 7.15. Die Zahlen aus Beispiel 7.13 (Seite 175) können in die obige Gleichung (7.27) eingesetzt werden:

$$Q_t^{t'\,P} = \frac{337.49}{217.5}\,100 = 155.17 \tag{7.28}$$

7.4.7 Verkettung von Indexzahlen

Bei der Bestimmung von Indizes über längere Zeiträume taucht häufig das Problem auf, eine bestehende Indexreihe auf eine neue Basisperiode zu beziehen. Manchmal steht man auch vor der Aufgabe, zwei bestehende Indexreihen für verschiedene Zeiträume zu einer gemeinsamen Indexreihe für den Gesamtzeitraum zu verketten. In den beiden Fällen ist der formale Rechengang der gleiche wie bei der Umbasierung bzw. Verkettung von Messzahlen. Unter materiellen Gesichtspunkten ist die Umbasierung bzw. **Verkettung** von Indexreihen allerdings äußerst problematisch. Sind, wie beim Index von Laspeyres, die Gewichte aus der Basisperiode, dann führt eine Umbasierung zu verzerrten Ergebnissen. Insbesondere wird man den Index dann sehr schnell falsch interpretieren, weil für den umbasierten Index das Gewichtungsschema nicht mehr aus der Basisperiode stammt, sondern eine unklare Mischung aus den Indizes darstellt. Die Verkettung eines Laspeyres Preisindex $P_t^{t'\,L}$ zur Basisperiode t' mit einem Laspeyres Preisindex $P_{t'}^{t''\,L}$ zur Basisperiode t'' entspricht nicht einem Laspeyres Preisindex $P_t^{t''\,L}$.

$$P_t^{t'\,L} = \frac{\sum\limits_{i=1}^{n} p_t(i)\,q_{t'}(i)}{\sum\limits_{i=1}^{n} p_{t'}(i)\,q_{t'}(i)} \tag{7.29}$$

$$P_{t''}^{t'\,L} = \frac{\sum\limits_{i=1}^{n} p_{t''}(i)\,q_{t'}(i)}{\sum\limits_{i=1}^{n} p_{t'}(i)\,q_{t'}(i)} \tag{7.30}$$

$$P_t^{t''\,L} = \frac{\sum\limits_{i=1}^{n} p_t(i)\,q_{t''}(i)}{\sum\limits_{i=1}^{n} p_{t''}(i)\,q_{t''}(i)} \neq \frac{P_t^{t'\,L}}{P_{t''}^{t'\,L}} = \frac{\sum\limits_{i=1}^{n} p_t(i)\,q_{t'}(i)}{\sum\limits_{i=1}^{n} p_{t''}(i)\,q_{t'}(i)} \tag{7.31}$$

Aus der Gleichung (7.31) geht unmittelbar hervor, dass das Gewichtungsschema des verketteten Index nicht dem Index zur Basisperiode t'' entspricht.

Beispiel 7.16. Die Laspeyres Preisindizes $P_t^{1\,L}$ und $P_t^{2\,L}$, die sich aus den Werten von Beispiel 7.13 (Seite 175) ergeben, besitzen folgende Werte (siehe Tabelle 7.10).

Tabelle 7.10. Preisindex Laspeyres

	t		
	1	2	3
$P_t^{1\,L}$	100	217.5	262.5
$P_t^{2\,L}$	48.15	100	121.48

Es wird nun angenommen, dass die Werte für den Index $P_t^{1\,L}$ bis auf den Wert

$$P_2^{1\,L} = 217.5 \qquad (7.32)$$

unbekannt seien. Dafür ist aber der Index $P_t^{2\,L}$ bekannt. Durch Verkettung kann der Index $\tilde{P}_t^{1\,L}$ erzeugt werden, der aber nicht dem tatsächlichem Index $P_t^{1\,L}$ entspricht. Der Wert $\tilde{P}_1^{1\,L}$ berechnet sich wie folgt:

$$\begin{aligned}
\tilde{P}_1^{1\,L} &= P_1^{2\,L} \times P_2^{1\,L} \\
&= \frac{48.15 \times 217.5}{100} = 104.72
\end{aligned} \qquad (7.33)$$

Tabelle 7.11. Laspeyresindex verkettet zur Basis 1

	t		
	1	2	3
$\tilde{P}_t^{1\,L}$	104.72	217.5	264.22

Der Rechenansatz für die Verkettung ist letztlich ein simpler Proportionalitätsansatz:

$$\frac{P_1^{2\,L}}{P_1^{1\,L}} \overset{!}{=} \frac{P_2^{2\,L}}{P_2^{1\,L}} \qquad (7.34)$$

Entsprechend kann auch umgekehrt angenommen werden, dass der Index $P_t^{2\,L}$ bis auf den Wert $P_2^{2\,L} = 100$ unbekannt aber dafür der Index $P_t^{1\,L}$ bekannt sei und durch Verkettung der Index $\tilde{P}_t^{2\,L}$ erzeugt wird. Für den Index $\tilde{P}_t^{2\,L}$ sieht die Berechnung des ersten Wertes wie folgt aus:

$$\begin{aligned}
\tilde{P}_1^{2\,L} &= \frac{P_1^{1\,L}}{P_2^{1\,L}} \\
&= \frac{100}{217.5} 100 = 45.98
\end{aligned} \qquad (7.35)$$

Tabelle 7.12. Laspeyresindex verkettet zur Basis 2

	t		
	1	2	3
$\tilde{P}_t^{2\,L}$	45.98	100	120.69

Man sieht sofort, dass die Werte, die durch Verkettung berechnet worden sind, von den tatsächlichen Indexwerten abweichen.

Die gleiche Aussage gilt auch für die Verkettung des Paasche Index. Aus sachlichen Erwägungen heraus ist die Änderung eines Gewichtungsschemas bei Indizes nicht zu vermeiden. Man denke nur an den Preisindex für die Lebenshaltungskosten. Im Laufe der Zeit ändern sich die Konsumgewohnheiten und es treten völlig neue Produkte auf. Deshalb können Lebenshaltungskostenindizes immer nur für einen begrenzten Zeitraum eine sachlich richtige Aussage liefern und man muss laufend überprüfen, ob das zugrundeliegende Gewichtungsschema der jeweiligen Fragestellung noch gerecht wird. Auf der anderen Seite benötigt man für wissenschaftliche Untersuchungen häufig längere Zeitreihen, so dass eine Verkettung von Indexreihen vorgenommen wird. Für die Beschreibung amtlicher Indizes vgl. u. a. [72].

7.4.8 Anforderungen an einen idealen Index

Es gibt natürlich noch andere Indexschemata. Die für die Praxis wichtigsten Indizes sind die von Laspeyres und Paasche. Der Statistiker Irving Fisher [37] hat einige formale Anforderungen für einen **idealen Index** entwickelt.

$$I_t^t = 1 \qquad \text{Identitätsprobe} \qquad (7.36)$$

$$I_t^{t'} = \frac{1}{I_t^{t'}} \qquad \text{Umkehrprobe} \qquad (7.37)$$

$$I_t^{t'}\, I_{t'}^{t''} = I_t^{t''} \qquad \text{Rundprobe (Verkettung)} \qquad (7.38)$$

Der Laspeyres und der Paasche Index genügen nur der Identitätsprobe. Zeitumkehr- und Rundprobe erfüllen diese Indizes nicht.

7.4.9 Preisindex nach Fischer

Definition 7.11. *Der* **Preisindex nach Fisher** *erfüllt die drei Eigenschaften und ist in diesem Sinn ein idealer Index. Er ist das* **geometrische Mittel** *aus Laspeyres und Paasche Preisindex.*

$$P_t^{t'\,F} = \sqrt{\left(\frac{\sum\limits_{i=1}^{n} p_t(i)\,q_{t'}(i)}{\sum\limits_{i=1}^{n} p_{t'}(i)\,q_{t'}(i)}\right)\left(\frac{\sum\limits_{i=1}^{n} p_t(i)\,q_t(i)}{\sum\limits_{i=1}^{n} p_{t'}(i)\,q_t(i)}\right)} \qquad (7.39)$$

$$= \sqrt{P_t^{t'\,L}\,P_t^{t'\,P}}$$

Nachteil des idealen Preisindex nach Fisher ist aber, dass er wie der Paasche Index die Bestimmung der Mengengewichte in dem jeweiligen Berichtspunkt erfordert und damit recht aufwendig in der Berechnung ist.

Beispiel 7.17. Fortsetzung von Beispiel 7.13 (Seite 175):

$$P_t^{t'\,F} = \sqrt{217.5 \times 207.69} = 212.54 \qquad (7.40)$$

7.4.10 Kettenindex

In der jüngsten Vergangenheit wurde immer wieder aus der Kritik am Laspeyres Preisindex als Maß für die Inflationsmessung ein Kettenindex diskutiert. Ein Kettenindex ist aus den zwei folgenden Elementen definiert.

Definition 7.12. *Als* **Kettenglied** *wird ein Indexelement*

$$P_t^C = P_t^{t-1} \qquad (7.41)$$

bezeichnet, das nach einer beliebigen Indexformel, z. B. Laspeyres oder Paasche, berechnet wird. C steht für „chain".

Das Kettenglied ist also eine Indexzahl, die sich immer auf die Vorperiode als Basisperiode bezieht. Damit besitzt sie stets eine aktuelle Gewichtung und ist daher nicht mit einem anderen Kettenglied vergleichbar, wie der Paasche Index.

Definition 7.13. *Als* **Kette** *wird die Verkettung, das Produkt der Kettenglieder bezeichnet.*

$$\bar{P}_{t',t}^C = P_{t'}^C \times \cdots \times P_t^C \qquad (7.42)$$

Die Kette dient zum Vergleich zweier Perioden. An den Kettenindizes wird erhebliche Kritik geäußert. Sie sind intertemporär nicht vergleichbar, weil jedes Kettenglied ein anderes Gewichtungsschema enthält. Damit ist z. B. bei zwei aufeinander folgenden Preisindizes nicht mehr ein Preiseffekt zu messen, da stets auch ein Mengeneffekt miteingeht. Je länger die Kette ist, desto mehr Perioden mit verschiedenen Wägungsschemata gehen ein. Damit ist der Kettenindex auch nicht aktueller. Der fehlende Bezug einer Kette auf eine Basisperiode wird oft als ein Vorteil genannt, jedoch ist damit der Kettenindex nicht mehr als Veränderung gegenüber der Basisperiode t' interpretierbar. Ferner genügen Kettenindizes keinen Anforderungen an einen idealen Index. Der Kettenindex behebt also nicht die Probleme der Preismessung, sondern schafft neue: Er ist nicht verkettebar, weil ein jährlicher Wechsel der Basis stattfindet. Auch aus indextheoretischer Sicht ist er höchst unbefriedigend: Er erfüllt keine der Forderungen. Ferner erfordert der Kettenindex aufgrund des jährlich wechselnden Wägungsschemas einen erheblichen Mehraufwand in seiner Berechnung. Dennoch wird er auf europäischer Ebene im Rahmen der harmonisierten Verbraucherpreisindizes verwendet (vgl. u. a. [25], [78]).

Beispiel 7.18. Aus Beispiel 7.13 (Seite 175) werden folgende Kettenglieder mit der Laspeyres-Indexformel bestimmt.

$$P_2^{CL} = \frac{\sum\limits_{i=1}^{3} p_2(i)\,q_1(i)}{\sum\limits_{i=1}^{3} p_1(i)\,q_1(i)} = 217.5 \tag{7.43}$$

$$P_3^{CL} = \frac{\sum\limits_{i=1}^{3} p_3(i)\,q_2(i)}{\sum\limits_{i=1}^{3} p_2(i)\,q_2(i)} = 121.48 \tag{7.44}$$

$$P_{23}^{CL} = P_2^{CL}\,P_3^{CL} = \frac{217.5 \times 121.48}{100} = 264.22 \tag{7.45}$$

Der Indexwert P_{23}^{CL} entsteht offensichtlich durch eine Vermischung der Wägungsschemata der Perioden 1 und 2. Der Wert von 264.22 drückt nun nicht mehr wie der Laspeyres-Index (262.50) die Preisveränderung des Warenkorbs gegenüber der Basisperiode 1 aus. Der Vollständigkeit halber wird der Kettenindex auch mit der Paasche-Indexformel berechnet. Die obengenannte Kritik gilt hier im gleichen Umfang.

$$P_2^{CP} = \frac{\sum\limits_{i=1}^{3} p_2(i)\,q_2(i)}{\sum\limits_{i=1}^{3} p_1(i)\,q_2(i)} = 207.69 \tag{7.46}$$

$$P_3^{CP} = \frac{\sum\limits_{i=1}^{3} p_3(i)\,q_3(i)}{\sum\limits_{i=1}^{3} p_2(i)\,q_3(i)} = 121.52 \tag{7.47}$$

$$P_{23}^{CP} = P_2^{CP}\,P_3^{CP} = \frac{207.69 \times 121.52}{100} = 252.39 \tag{7.48}$$

7.5 Aktienindex DAX

Der deutsche Aktienindex (**DAX**) soll ein repräsentatives Bild des Aktienmarktes der Bundesrepublik Deutschland geben. Der DAX entsteht durch eine am Laspeyres

Index orientierte Gewichtung von 30 deutschen Aktientiteln, die an der Frankfurter Wertpapierbörse notiert werden. Auswahlkriterium für die Aufnahme einer Aktie in den DAX sind die Börsenumsätze und Börsenkapitalisierung des Unternehmens. Die Gewichtung erfolgt nach der Anzahl der Aktientitel der zugelassenen und für lieferbar erklärten Aktien. Dazu gehören die Titel von Automobilherstellern, Versicherungen, Banken, Kaufhäusern sowie der Chemie-, Elektro- Maschinenbau- und Stahlindustrie.

Der DAX, der 1988 eingeführt wurde ($DAX_{1987} = 1\,000$) ist zur Beschreibung der Entwicklung des deutschen Börsenhandels ausgestaltet (Performance-Index) und wird alle 15 Sekunden aus den Kursen des Parketthandels der Frankfurter Wertpapierbörse aktualisiert. Neben diesem Performance-Index wird auch täglich aus den Schlusskursen der Frankfurter Wertpapierbörse ein DAX Kursindex berechnet. Darüber hinaus existieren weitere spezielle Aktienindizies, wie der DAX100, der 100 inländische Gesellschaften umfasst, der MDAX, der alle Werte, die im DAX100 aber nicht im DAX enthalten sind umfasst, der NEMAX50, SDAX, CDAX und weitere, deren Zusammensetzung hier nicht erläutert werden soll. Die Berechnungsweise ist für alle Aktienindizes identisch.

Die Indexformel für den DAX modifiziert den Laspeyres Index durch Einführung von Verkettungs- und Korrekturfaktoren, die dem Problem der Veralterung Rechnung tragen sollen. Die Indexformel des DAX lautet (Stand November 1999):

$$DAX_t = \frac{\sum_{i=1}^{30} p_t(i)\, q_T(i)\, c_t(i)}{\sum_{i=1}^{30} p_{t'}(i)\, q_{t'}(i)} k(T)\, 1\,000 \qquad (7.49)$$

Dabei ist t der Berichtszeitpunkt, etwa während des Tages oder zum Kassenschluss, $p_{t'}(i)$ bzw. $p_t(i)$ der Aktienkurs der Gesellschaft i zum Basiszeitpunkt $t' = 30.12.1987$ bzw. zum Zeitpunkt t, $q_{t'}(i)$ das Grundkapital zum Basiszeitpunkt (30.12.1987) und $q_T(i)$ das Grundkapital zum letzten Verkettungstermin T (in der Regel vierteljährlich). Der DAX gibt somit grob gesprochen den in Promille ausgedrückten Börsenwert der 30 ausgewählten Aktienunternehmen verglichen mit dem 30.12.1987 an.

Die Korrekturfaktoren $c_t(i)$ dienen zur Bereinigung marktfremder Einflüsse, die durch Dividendenausschüttungen oder Kapitalmaßnahmen der Gesellschaft i entstehen.

$$c_t(i) = \frac{\text{letzter Kurs cum}}{\text{letzter Kurs cum} - \text{rechnerischer Abschlag}} \qquad (7.50)$$

„Letzter Kurs cum" bedeutet, dass der Kurs vor der Dividendenausschüttung oder der Kapitalmaßnahme ermittelt wurde. Diese Korrekturfaktoren werden vierteljährlich auf 1 zurückgesetzt. Die Multiplikation mit dem Basiswert 1 000 dient nur zur Adjustierung auf ein übliches Niveau. Bei Änderung der Zusammensetzung des DAX durch Austausch von Gesellschaften wird der Verkettungsfaktor $k(T)$ neu berechnet, um einen Indexsprung zu vermeiden.

$$k(T) = k(T-1) \, \frac{\text{DAX alte Zusammensetzung}}{\text{DAX neue Zusammensetzung}} \qquad (7.51)$$

Die Berechnung des DAX erfolgt durch Erweiterung der Grundformel (7.49) mit $100/\sum q_{t'}(i)$ und durch umstellen:

$$DAX_t = \frac{\sum\limits_{i=1}^{30} p_t(i) \left(q_T(i)\, c_t(i)\, k(T)\, \dfrac{100}{\sum\limits_{i=1}^{30} q_{t'}(i)} \right)}{\sum\limits_{i=1}^{30} p_{t'}(i)\, q_{t'}(i)\, \dfrac{100}{\sum\limits_{i=1}^{30} q_{t'}(i)}}\; 1\,000$$

$$= \frac{\sum\limits_{i=1}^{30} p_t(i)\, F_t(i)}{A}\; 1\,000 \qquad (7.52)$$

Gewicht im Sinne der Indexformel ist die Anzahl der Aktien $q_T(i)$ und $q_{t'}(i)$. Der Faktor A ist relativ konstant, da er sich nur bei einer Änderung der Indexzusammensetzung ändert. Der Gewichtungsfaktor $F_t(i)$ bleibt zumindest über den Handelstag konstant, so dass die laufende Berechnung des DAX mit diesen beiden Faktoren übersichtlicher wird. Die aktuellen Kurse des DAX, dessen Zusammensetzung und seine Gewichtungsfaktoren werden in der Börsen-Zeitung und im Internet (www.deutsche-boerse.com) veröffentlicht.

7.6 Übungen

Übung 7.1. Ein Unternehmen erzielte für seine Produkte $i = 1, 2, 3$ in den Jahren 1995 (t') und 2000 (t) die in Tabelle 7.13 angegebenen Preise $p_t(i)$ (in €) und Absatzmengen $q_t(i)$ (in Stück).

Tabelle 7.13. Preise und Absatzmengen

	Produkt i					
	1		2		3	
Periode t	$p_t(1)$	$q_t(1)$	$p_t(2)$	$q_t(2)$	$p_t(3)$	$q_t(3)$
1995	3	3 000	5	2 000	2	5 000
2000	2	1 000	6	4 000	2	5 000

Berechnen Sie den Umsatzindex sowie die Preis- und Mengenindizes nach Laspeyres und Paasche für die Berichtsperiode t zur Basisperiode t'.

Übung 7.2. Es sei folgender fiktiver vierteljährlicher Preisindex gegeben (siehe Tabelle 7.14).

Tabelle 7.14. Fiktiver Preisindex

2001				2002			
1	2	3	4	1	2	3	4
100	101	102	107	108	109.08	111	113

1. Berechnen Sie die prozentuale Veränderung gegenüber dem Vorquartal. Entdecken Sie einen Basiseffekt?
2. Berechnen Sie die annualisierten Änderungsraten für das Jahr 2002.

Teil II

Schließende Statistik

8

Kombinatorik

Inhaltsverzeichnis

8.1 Grundbegriffe

Die Kombinatorik ist die Grundlage vieler statistischer, wahrscheinlichkeitstheoretischer Vorgänge. Sie untersucht, auf wie viele Arten man n verschiedene Dinge anordnen kann bzw. wie viele Möglichkeiten es gibt, aus der Grundmenge von n Elementen m auszuwählen. Sie zeigt also, wie richtig „ausgezählt" wird.

Definition 8.1. *Das Produkt*

$$\prod_{i=1}^{n} i = n!, \quad n \in \mathbb{N} \tag{8.1}$$

wird als **Fakultät** *bezeichnet. Es gilt* $0! = 1$.

Definition 8.2. *Für* m, n $(n, m \in \mathbb{N} \cup \{0\})$ *und* $m \le n$ *heißt der Ausdruck*

$$\binom{n}{m} = \frac{n!}{m! \, (n-m)!} \tag{8.2}$$

Binomialkoeffizient „n *über* m".

Es gelten u. a. folgende Rechenregeln:

$$\binom{n}{m} = \binom{n}{n-m} \tag{8.3}$$

$$\binom{n+1}{m+1} = \binom{n}{m} + \binom{n}{m+1} \tag{8.4}$$

Beispiel 8.1.

$$\binom{8}{1} = \frac{8!}{1! \, 7!} = \binom{8}{7} = 8 \tag{8.5}$$

$$\binom{5}{3} = \frac{5!}{3! \, 2!} = 10 \tag{8.6}$$

$$\binom{6}{2} = \frac{6!}{2! \, 4!} = 15 \tag{8.7}$$

Die Bezeichnung von $\binom{n}{m}$ als Binomialkoeffizienten hängt eng mit der Auflö-sung von binomischen Ausdrücken der Form $(a+b)^n$ zusammen. Für $n = 0, 1, 2, \ldots$ kann man $(a+b)^n$ explizit angeben ($a, b \in \mathbb{R}, n \in \mathbb{N}$):

$$(a+b)^n = a^n + \binom{n}{1} a^{n-1} b^1 + \binom{n}{2} a^{n-2} b^2 + \ldots$$

$$+ \binom{n}{n} a^1 b^{n-1} + b^n \tag{8.8}$$

$$= \sum_{i=0}^{n} \binom{n}{i} a^{n-i} b^i$$

Beispiel 8.2.

$$(a+b)^0 = 1 \tag{8.9}$$

$$(a+b)^1 = \binom{1}{0} a \, b^0 + \binom{1}{1} a^0 \, b \tag{8.10}$$

$$(a+b)^2 = \binom{2}{0} a^2 \, b^0 + \binom{2}{1} a \, b + \binom{2}{2} a^0 \, b^2 \tag{8.11}$$

$$(a+b)^3 = \binom{3}{0} a^3 \, b^0 + \binom{3}{1} a^2 \, b + \binom{3}{2} a \, b^2 + \binom{3}{3} a^0 \, b^3 \tag{8.12}$$

Im Folgenden werden drei Klassen von kombinatorischen Fragestellungen behandelt:

- die Bildung von unterscheidbaren Reihenfolgen (Permutationen),
- die Auswahl verschiedener Elemente, wobei es auf die Reihenfolge der Ziehung ankommt (Variationen) und
- die Ziehung verschiedener Elemente ohne Berücksichtigung der Reihenfolge (Kombinationen).

8.2 Permutation

Definition 8.3. *Eine Anordnung von n Elementen in einer bestimmten Reihenfolge heißt* **Permutation***.*

Die definierende Eigenschaft einer Permutation ist die Reihenfolge, in der die Elemente angeordnet werden.

Man muss den Fall, dass alle n Elemente unterscheidbar sind, von dem Fall, dass unter den n Elementen m identische sind, unterscheiden. Dies wird häufig durch die Differenzierung mit und ohne Wiederholung ausgedrückt.

8.2.1 Permutation ohne Wiederholung

Bei der Permutation ohne Wiederholung sind alle n Elemente eindeutig identifizierbar. Für das erste Element kommen n verschiedene Plazierungsmöglichkeiten in der Reihenfolge in Betracht. Für das zweite Element kommen nur noch $n - 1$ Plazierungsmöglichkeiten in Betracht, da bereits ein Platz von dem ersten Element besetzt ist. Jede Anordnung ist mit jeder anderen kombinierbar, d. h. insgesamt entstehen $n! = n \times (n - 1) \times \cdots \times 2 \times 1$ Permutationen. Die Zahl der Permutationen von n unterscheidbaren Elementen beträgt damit: $n!$

Beispiel 8.3. Vier Sprinter können in $4! = 24$ verschiedenen Anordnungen in einer Staffel laufen.

Beispiel 8.4. Der Handelsvertreter, der 13 Orte zu besuchen hat und unter allen denkbaren Rundreisen die kürzeste sucht, steht vor der Aufgabe, unter $13! = 6\,227\,020\,800$ verschiedenen Rundreisen, die mit der kürzesten Entfernung finden zu müssen. Glücklicherweise sind in der Wirklichkeit nie alle 13 Orte direkt miteinander verbunden (vgl. [88, Seite 51]).

8.2.2 Permutation mit Wiederholung

Hier wird angenommen, dass unter n Elementen k Elemente nicht voneinander zu unterscheiden sind. Die k Elemente sind auf ihren Plätzen jeweils vertauschbar, ohne dass sich dadurch eine neue Reihenfolge ergibt. Auf diese Weise sind genau $k \times (k -$

1) $\times \cdots \times 2 \times 1 = k!$ Reihenfolgen identisch. Die Zahl der Permutationen von n Elementen, unter denen k Elemente identisch sind, beträgt somit:

$$\frac{n!}{k!} = (k+1)(k+2) \times \cdots \times (n-1)\,n \tag{8.13}$$

Beispiel 8.5. Wie viele verschiedene zehnstellige Zahlen lassen sich aus den Ziffern der Zahl 7 841 673 727 bilden? In der Zahl tritt die Ziffer 7 viermal auf, die übrigen Ziffern je einmal. Die Permutation der vier „7 " sind nicht unterscheidbar, so dass insgesamt

$$\frac{10!}{4!} = 151\,200 \tag{8.14}$$

Zahlen gebildet werden können (vgl. [88, Seite 52]).

Gibt es nicht nur eine Gruppe, sondern r Gruppen mit $n_1, \ldots, n_r$ nicht unterscheidbaren Elementen, mit $n_1 + \ldots + n_r = n$, so existieren

$$\frac{n!}{n_1! \times \cdots \times n_r!} \tag{8.15}$$

Permutationen. Dieser Koeffizient wird auch als **Multinomialkoeffizient** bezeichnet.

Beispiel 8.6. In einem Regal sollen 3 Lehrbücher der Ökonomie sowie je 2 Lehrbücher der Mathematik und Statistik untergebracht werden. Ohne Berücksichtigung der Fachgebiete gibt es für die 7 Bücher insgesamt $7! = 5\,040$ Permutationen. Werden die Bücher nur nach Fachgebieten unterschieden, wobei nicht nach Fachgebieten geordnet werden soll, so erhält man

$$\frac{7!}{(3! \times 2! \times 2!)} = 5 \times 6 \times 7 = 210 \tag{8.16}$$

Permutationen. Sollen die Bücher eines Fachgebiets jeweils zusammenstehen, so gibt es für die Anordnung der Fachgebiete $3! = 6$ Permutationen (vgl. [90, Seite 107]).

Für $r = 2$ Gruppen mit $n_1 = k$ bzw. $n_2 = n - k$ nicht unterscheidbaren Elementen erhält man

$$\frac{n!}{k!\,(n-k)!} = \binom{n}{k} \tag{8.17}$$

Permutationen. Dies ist der Binomialkoeffizient.

8.3 Variation

Definition 8.4. *Eine Auswahl von m Elementen aus n Elementen unter Berücksichtigung der Reihenfolge heißt* **Variation**.

Wenn das gezogene Element wiederholt ausgewählt werden kann, bei der Ziehung also zurückgelegt wird, spricht man von einer Variation mit Wiederholung, im anderen Fall heißt sie ohne Wiederholung.

8.3.1 Variation ohne Wiederholung

Bei n Elementen gibt es $n!$ Anordnungen (Permutationen). Da aber eine Auswahl von m aus n Elementen betrachtet wird, werden nur die ersten m ausgewählten Elemente betrachtet, wobei jedes Element nur einmal ausgewählt werden darf. Die restlichen $n - m$ Elemente werden nicht beachtet. Daher ist jede ihrer $(n - m)!$ Anordnungen hier ohne Bedeutung. Sie müssen aus den $n!$ Anordnungen herausgerechnet werden. Es sind also

$$\frac{n!}{(n-m)!} = (n - m + 1) \times (n - m + 2) \times \cdots \times n \tag{8.18}$$

verschiedene Variationen möglich sind. Man kann die Anzahl der Variationen auch so begründen: Das erste Element kann aus n Elementen ausgewählt werden. Da es nicht noch einmal auftreten kann, kann das zweite Element daher nur noch aus $n - 1$ Elementen ausgewählt werden. Das m-te Element kann dann noch unter $n - m + 1$ Elementen ausgewählt werden. Da die Reihenfolge der Elemente beachtet wird, ist die Anordnung zu permutieren:

$$n \times (n - 1) \times \cdots \times (n - m + 1) \tag{8.19}$$

Gleichung (8.19) und Gleichung (8.18) liefern das gleiche Ergebnis.

Beispiel 8.7. Aus einer Urne mit 3 Kugeln (rot, blau, grün) sollen zwei Kugeln gezogen werden. Ist z. B. die erste gezogene Kugel rot, so verbleiben für die zweite Position noch die zwei Kugeln blau und grün.

Tabelle 8.1. Variation ohne Wiederholung

1. Kugel	rot		blau		grün	
2. Kugel	blau	grün	rot	grün	rot	blau

Insgesamt können

$$\frac{3!}{(3-2)!} = 6 \tag{8.20}$$

verschiedene Paare gezogen werden.

Beispiel 8.8. Der bereits bekannte Handelsvertreter kann am ersten Tag nur 3 der 13 Orte besuchen. Wie viele Möglichkeiten verschiedener Routenwahlen für den ersten Tag kann er auswählen? Bei einer Auswahl von 3 Orten aus den insgesamt 13 Orten unter Berücksichtigung der Reihenfolge ergeben sich

$$\frac{13!}{(13-3)!} = 1\,716 \tag{8.21}$$

Reisemöglichkeiten (vgl. [88, Seite 53]).

8.3.2 Variation mit Wiederholung

Ein Element darf wiederholt bis maximal m-mal auftreten. Beim ersten Element besteht die Auswahl aus n Elementen. Da das erste Element auch als zweites zugelassen ist, besteht für dieses wieder die Auswahl aus n Elementen. Für jedes der m Elemente kommen n Elemente infrage, also sind n Elemente m-mal zu permutieren. Die Zahl der Variationen von m Elementen aus n Elementen mit Wiederholung beträgt folglich:

$$n^m \qquad (8.22)$$

Beispiel 8.9. Im Dezimalsystem werden zur Zahlendarstellung zehn Ziffern 0, 1, ..., 9 benutzt. Wie viele vierstellige Zahlen sind damit darstellbar? Es können 4 Ziffern zur Zahlendarstellung variiert werden, wobei Wiederholungen (z. B. 7 788) gestattet sind. Es somit sind $10^4 = 10\,000$ Zahlen darstellbar. Dies sind die Zahlen von 0000 bis 9999.

8.4 Kombination

Definition 8.5. *Eine Auswahl von m Elementen aus n Elementen ohne Berücksichtigung der Reihenfolge heißt* **Kombination**.

8.4.1 Kombination ohne Wiederholung

Bei Kombinationen kommt es nur auf die Auswahl der Elemente an, nicht auf deren Anordnung. Daher ist die Anzahl der möglichen Kombinationen geringer als bei der Variation, da die Permutation der m ausgewählten Elemente nicht unterscheidbar ist; $m!$ Kombinationen sind identisch. Daher entfallen diese und müssen herausgerechnet werden. Dies geschieht in dem die Zahl der Variationen von m aus n Elementen $n!/(n-m)!$ durch die Zahl der Permutationen von m Elementen $m!$ dividiert wird. Die Zahl der Kombinationen von m Elementen aus n Elementen ohne Wiederholung beträgt also

$$\frac{n!}{m!\,(n-m)!} = \binom{n}{m} \qquad (8.23)$$

und ist gleich dem **Binomialkoeffizienten**.

Der Binomialkoeffizient entspricht einer Permutation mit Wiederholung bei zwei Gruppen. Dies kann folgendermaßen interpretiert werden: Aus der Gesamtheit mit n Elementen werden m Elemente gezogen und $n-m$ Elemente werden nicht gezogen. Die identischen Kombinationen werden dabei als Wiederholungen gesehen.

Beispiel 8.10. Es sind 6 aus 49 Zahlen (Lotto) in beliebiger Reihenfolge zu ziehen. Wie viele Kombinationen von 6 Elementen existieren?

$$\frac{49!}{6!\,(49-6)!} = 13\,983\,816 \qquad (8.24)$$

8.4.2 Kombination mit Wiederholung

Die Anzahl der möglichen Ergebnisse ist größer als bei der Kombination ohne Wiederholung. Ein Element kann nun bis zu m-mal ausgewählt werden. Statt ein Element zurückzulegen kann man sich die n Elemente auch um die Zahl der Wiederholungen ergänzt denken. Die n Elemente werden also um $m - 1$ Elemente, von denen jedes für eine Wiederholung steht, ergänzt. Es werden nur $m - 1$ Elemente ergänzt, weil eine Position durch die erste Auswahl festgelegt ist; es können nur $m - 1$ Wiederholungen erfolgen. Damit ist die Anzahl von Kombinationen mit m aus n Elementen mit Wiederholung gleich der Anzahl von Kombinationen m Elementen aus $n + m - 1$ Elementen ohne Wiederholung.

Die Zahl der Kombinationen von m Elementen aus n Elementen mit Wiederholung beträgt:

$$\binom{n + m - 1}{m} = \frac{(n + m - 1)!}{m!\,(n - 1)!} \tag{8.25}$$

Beispiel 8.11. Stellt man sich eine Lottoziehung vor, bei der die gezogenen Kugeln wieder zurückgelegt werden und somit erneut gezogen werden können, dann liegt der Fall der Kombination mit Wiederholung vor.

$$\binom{49 + 6 - 1}{6} = \binom{54}{6} = \frac{54!}{6!\,(49 - 1)!} = 25\,827\,165 \tag{8.26}$$

Es gibt hier fast doppelt so viele Kombinationen wie beim normalen Lottospiel (vgl. [88, Seite 55]).

Die Übersicht in Tabelle 8.2 fasst die verschiedenen Möglichkeiten, aus n Elementen m zu ziehen, zusammen.

Tabelle 8.2. Kombinatorik

	mit Wiederholung	ohne Wiederholung
mit Reihenfolge	n^m	$\frac{n!}{(n-m)!}$
ohne Reihenfolge	$\binom{n+m-1}{m}$	$\binom{n}{m}$

Beispiel 8.12. Ein Experiment mit 2 Würfeln liefert Ergebnisse der Form (i, j), wobei i die Augenzahl des ersten und j die Augenzahl des zweiten Würfels ist (vgl. [90, Seite 112]). Folgende Ergebnisse sind möglich:

$$
\begin{array}{cccccc}
(1,1) & (1,2) & (1,3) & (1,4) & (1,5) & (1,6) \\
(2,1) & (2,2) & (2,3) & (2,4) & (2,5) & (2,6) \\
(3,1) & (3,2) & (3,3) & (3,4) & (3,5) & (3,6) \\
(4,1) & (4,2) & (4,3) & (4,4) & (4,5) & (4,6) \\
(5,1) & (5,2) & (5,3) & (5,4) & (5,5) & (5,6) \\
(6,1) & (6,2) & (6,3) & (6,4) & (6,5) & (6,6)
\end{array}
$$

1. Variation mit Wiederholung: Soll die Reihenfolge berücksichtigt werden z. B. $(3,5) \neq (5,3)$ und eine Wiederholung möglich sein z. B. $(2,2)$, so gibt es

$$6^2 = 36 \tag{8.27}$$

Ergebnisse. Es sind die 36 Ergebnisse die oben stehen.

2. Variation ohne Wiederholung: Wird die Reihenfolge berücksichtigt, eine Wiederholung aber ausgeschlossen, so entfallen die 6 Ergebnisse $(1,1), \ldots, (6,6)$; es existieren

$$36 - 6 = 30 = \frac{6!}{4!} \tag{8.28}$$

verschiedene Ergebnisse.

3. Kombination ohne Wiederholung: Soll die Reihenfolge nicht berücksichtigt werden und eine Wiederholung ausgeschlossen sein, so entfallen gegenüber 2. die Hälfte der Ergebnisse. Es sind alle Paare (i,j) mit $i < j$ und es verbleiben noch

$$\frac{30}{2} = 15 = \binom{6}{2} \tag{8.29}$$

Ergebnisse.

4. Kombination mit Wiederholung: Soll die Reihenfolge nicht berücksichtigt werden, aber eine Wiederholung zulässig sein, so kommen gegenüber 3. wieder 6 Ergebnisse $(1,1), \ldots, (6,6)$ hinzu. Es existieren

$$15 + 6 = 21 = \binom{6+2-1}{2} \tag{8.30}$$

Ergebnisse.

Die Bestimmung der Anzahl der Möglichkeiten ist nicht immer unmittelbar mit den angegebenen Formeln möglich. Mitunter müssen die Formeln miteinander kombiniert werden. Werden die Fälle durch ein logisches UND miteinander verknüpft, so sind die Anzahl der Möglichkeiten miteinander zu multiplizieren.

Beispiel 8.13. Aus 10 verschiedenen Spielkarten sollen 2 Spieler je 4 Karten erhalten. Für den ersten Spieler gibt es dann

$$\binom{10}{4} = 210 \tag{8.31}$$

Möglichkeiten. Für den zweiten Spieler verbleiben dann noch 6 Karten und es gibt

$$\binom{6}{4} = 15 \tag{8.32}$$

Möglichkeiten der Kartenzuteilung. Insgesamt gibt es dann 210 Möglichkeiten für den ersten Spieler UND 15 Möglichkeiten für den zweiten Spieler, also $210 \times 15 = 3\,150$ Möglichkeiten der Kartenausteilung insgesamt.

Werden die Fälle durch ein logisches ODER verknüpft, so ist die Anzahl der Möglichkeiten zu addieren.

Beispiel 8.14. In einer Bibliothek sollen Bücher mit einer ODER zwei aus 5 Farben signiert werden. Es gibt dann

$$\binom{5}{1} + \binom{5}{2} = 5 + 10 = 15 \tag{8.33}$$

Möglichkeiten, die Bücher zu signieren.

8.5 Übungen

Übung 8.1. Drei Kartenspieler sitzen in einer festen Reihenfolge; der erste Spieler verteilt die Karten. Wie viele verschiedene Anfangssituationen sind beim Skatspiel möglich? (32 verschiedene Karten, 3 Spieler erhalten je 10 Karten, 2 Karten liegen im Skat) (vgl. [88, Seite 68])

Übung 8.2. Ein Student muss in einer Prüfung 8 von 12 Fragen beantworten, wovon mindestens 3 aus den ersten 5 Fragen beantwortet werden müssen. Wieviele verschiedene zulässige Antwortmöglichkeiten besitzt der Student (vgl. [88, Seite 69])?

Übung 8.3. Wie viele verschiedene Ziehungen gibt es beim Zahlenlotto 6 aus 49 mit 5, 4 und 3 Richtigen?

9

Grundzüge der Wahrscheinlichkeitsrechnung

Inhaltsverzeichnis

9.1 Einführung

Charakteristisch für die deskriptive Statistik ist, dass die dort beschriebenen Verfahren zur Aufbereitung und Auswertung statistischer Daten keine Aussagen darüber treffen, ob und, wenn ja, wie die Auswertungsergebnisse der gegebenen Beobachtungswerte auf die Grundgesamtheit übertragen werden können.

Es ist aber häufig von Interesse Aussagen über die Grundgesamtheit zu erhalten, ohne dass diese insgesamt erhoben und untersucht wird. Gründe dafür sind Kosten, Zeitrestriktionen und / oder technische Vorgänge (z. B. eine Materialprüfung, die zur Zerstörung der Elemente führt).

Um aus einer Stichprobe auf die übergeordnete statistische Masse zu schließen, muss man Verfahren der Wahrscheinlichkeitsrechnung und der induktiven Statistik anwenden. Ein solcher Schluss, ein Induktionsschluss, ist ein Schluss vom Einzelnen, Besonderen auf etwas Allgemeines, Gesetzmäßiges. Er führt über die Aussage der Prämisse hinaus und kann daher keine absolute Gewissheit besitzen, sondern nur einen Grad an Sicherheit, der Wahrscheinlichkeit genannt wird. Die Ungewissheit über das genaue Ereignis wird hier als Zufall bezeichnet.

Im täglichen Leben und in vielen Anwendungsgebieten der Natur- und Sozialwissenschaften können Vorgänge beobachtet oder Versuche durchgeführt werden, die zufallsabhängig sind oder als vom Zufall abhängig betrachtet werden. Als Prozesse die Zufallseinflüssen unterliegen werden beispielsweise Wetteränderungen, Stauungen im Straßenverkehr, Warteschlangen vor Bedienschaltern, Produktionsfehler bei Massenproduktionen betrachtet. Diese sehr komplexen Geschehnisse werden versucht durch einfachere Zufallsvorgänge aus der Wahrscheinlichkeitstheorie zu beschreiben. Dabei werden sehr häufig Glücksspiele (Würfel-, Karten-, Lottospiele) und das so genannte Urnenmodell (siehe Kapitel 3.2.1) zur Veranschaulichung der manchmal auf den ersten Blick wenig verständlichen Ergebnisse verwendet. Von besonderer Bedeutung für die Statistik ist dabei das Experiment der zufälligen Ziehung einer Stichprobe aus einer Grundgesamtheit. Wichtig hierbei ist, dass das Ergebnis nicht im Voraus bestimmbar ist.

9.2 Zufallsexperiment

Definition 9.1. *Ein* **Zufallsexperiment** *ist ein tatsächliches oder auch nur vorgestelltes Experiment, dessen* **Ergebnis** *(Ausgang) vor der Ausführung nicht mit Sicherheit vorhergesagt werden kann.*

Ein Zufallsexperiment wird definiert durch eine Versuchsanordnung und durch eine Menge sich gegenseitig ausschließender Versuchsergebnisse, die alle möglichen Ausgänge des Versuchs umfassen. Jedes mögliche Ergebnis eines Zufallsexperiments heißt **Ereignis** *(auch Zufallsereignis) und wird hier mit $A_1, A_2, \ldots$ oder $A, B, \ldots$ bezeichnet.*

Die durch den Zufall bestimmten Ergebnisse des Experiments heißen **Elementarereignisse** ω. *Die Elementarereignisse sind einelementige Zufallsereignisse.*

Die Menge aller möglichen Elementarereignisse heißt **Ergebnismenge** Ω.

$$\Omega = \big\{ \omega \mid \omega \text{ ist ein möglicher Ausgang des Zufallsexperiments} \big\} \qquad (9.1)$$

Die Ereignisse $A_1, A_2, \ldots$ oder $A, B, \ldots$ sind Teilmengen der Ergebnismenge Ω. Ein (Zufalls-) Ereignis A kann eine Vereinigung, Durchschnitt oder Komplement von Elementarereignissen ω sein, wobei A eine Teilmenge von Ω ($A \subseteq \Omega$) ist. Man sagt, ein Ereignis A tritt ein, wenn das betrachtete Zufallsexperiment ein Elementarereignis ω liefert, das in die Teilmenge A fällt.

Beispiel 9.1. Das Zufallsexperiement „Werfen mit einem Würfel" enthält die Elementarereignisse:

$$\omega_1 = \{1\}, \omega_2 = \{2\}, \omega_3 = \{3\}, \omega_4 = \{4\}, \omega_5 = \{5\}, \omega_6 = \{6\} \qquad (9.2)$$

Die Ergebnismenge ist $\Omega = \{1, 2, 3, 4, 5, 6\}$. Ereignisse können die Elementarereignisse ω_i ($i = 1, \ldots, 6$) selbst sein, wie hier die Augenzahl. Ereignisse können aber auch $A = \{\text{gerade Augenzahl}\}$ und $B = \{\text{ungerade Augenzahl}\}$ sein. Das Ereignis A wäre dann $A = \{2, 4, 6\}$ und das Ereignis $B = \{1, 3, 5\}$.

Definition 9.2. *Die Menge, die kein Elementarereignis enthält, heißt das* **unmögliche Ereignis***. Die Menge, die alle Elementarereignisse umfasst (also die Ergebnismenge Ω) wird auch das* **sichere Ereignis** *genannt.*

9.3 Ereignisoperationen

Ereignisse sind Teilmengen der Ergebnismenge Ω. Aufgrund dieser Eigenschaft können Ereignisse mit mengentheoretischen Operationen beschrieben werden. Die mengentheoretischen Operationen erfolgen innerhalb der Ergebnismenge Ω und können daher in ihr dargestellt werden. Im Folgenden sind die grundlegenden Ereignisoperationen (Mengenoperationen) anhand von **Venn-Diagrammen** aufgezeigt.

- Das zu einem Ereignis A **komplementäre Ereignis** $\overline{A}$ tritt genau dann ein, wenn A nicht eintritt.

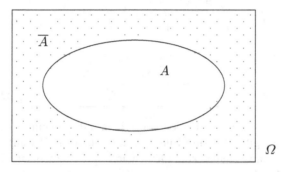

- Der Durchschnitt zweier Ereignisse $A \cap B$ besteht aus allen Elementarereignissen, die sowohl zu A als auch zu B gehören. Das **Durchschnittsereignis** $A \cap B$ tritt ein, wenn A und B gemeinsam eintreten.

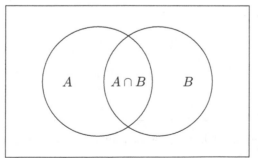

- Die Vereinigung zweier Ereignisse $A \cup B$ umfasst alle Elementarereignisse, die zu A oder zu B gehören. Das **Vereinigungsereignis** $A \cup B$ tritt ein, wenn A oder B eintritt.

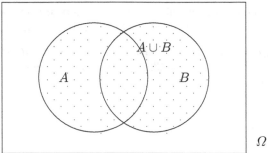

- Die Differenz zweier Ereignisse $A \setminus B$ besteht aus allen Elementarereignissen, die zwar zu A aber nicht zu B gehören. Das **Differenzereignis** $A \setminus B$ tritt genau dann ein, wenn A aber nicht B eintritt.

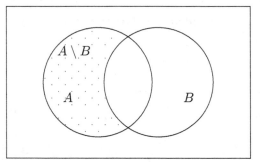

- Zwei Ereignisse A und B heißen unvereinbar oder disjunkt, wenn es kein Elementarereignis gibt, das zum Eintritt von A als auch B führt. Die **disjunkten Ereignisse** A und B haben kein Elementarereignis gemeinsam, ihre Schnittmenge ist leer: $A \cap B = \emptyset$.

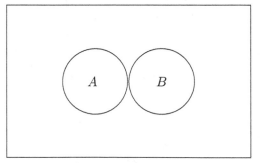

- Die obigen Operationen lassen sich auch auf mehr als zwei Ereignisse anwenden.

Aus diesen grundlegenden Operationen ergeben sich die folgenden Gesetze für Operationen mit Ereignissen:

- Kommutativgesetz

$$A \cup B = B \cup A \qquad (9.3)$$
$$A \cap B = B \cap A \qquad (9.4)$$

- Assoziativgesetz

$$A \cup (B \cup C) = (A \cup B) \cup C \qquad (9.5)$$
$$A \cap (B \cap C) = (A \cap B) \cap C \qquad (9.6)$$

- Distributivgesetz

$$A \cup (B \cap C) = (A \cup B) \cap (A \cup C) \qquad (9.7)$$
$$A \cap (B \cup C) = (A \cap B) \cup (A \cap C) \qquad (9.8)$$

- Einschmelzungsgesetz

$$A \cup (A \cap B) = A \qquad (9.9)$$
$$A \cap (A \cup B) = A \qquad (9.10)$$

- Idempotenzgesetz

$$A \cup A = A \qquad (9.11)$$
$$A \cap A = A \qquad (9.12)$$

- De Morgans Gesetz

$$\overline{(A \cup B)} = \overline{A} \cap \overline{B} \qquad (9.13)$$
$$\overline{(A \cap B)} = \overline{A} \cup \overline{B} \qquad (9.14)$$

Aufgrund der obigen Ausführungen ist es nun möglich, jedes Ereignis durch mengentheoretische Operationen zu beschreiben und als Teilmenge zu interpretieren und in Ω darzustellen. Nun enthält aber die Ergebnismenge Ω nicht sich selbst und die leere Menge $\emptyset$. Damit später aber jedem Ereignis (also auch den beiden eben genannten) eine Wahrscheinlichkeit zugeordnet werden kann, muss ein Mengensystem (Algebra) geschaffen werden, in dem alle möglichen Teilmengen, auch $\emptyset$ und Ω enthalten sind. Eine solche Algebra wird Ereignisalgebra genannt, wenn es sich um endliche Ergebnismengen handelt (vgl. [97, Seite 213ff]).

Definition 9.3. *Eine* **Ereignisalgebra** $\mathcal{A}$ *ist eine Menge von Ereignissen (also eine Menge von Mengen oder ein Mengensystem), die für beliebige je endlich viele Ereignisse auch deren Komplemente, Durchschnitte und Vereinigungen enthält.*

Eine Ereignisalgebra ist also ein Mengensystem, dass sich dadurch auszeichnet, dass man bei Anwendung der einfachen mengentheoretischen Operationen auf endlich viele seiner Mengen immer innerhalb des Mengensystems bleibt (vgl. [103,

Seite 159]). Die Ereignisalgebra $\mathcal{A}$ unterscheidet sich von der Ergebnismenge Ω dadurch, dass die Ereignisalgebra aus Teilmengen von Ω besteht und nicht aus deren Elementen (vgl. [95, Seite 101]).

Die Potenzmenge ist für endlich viele Ereignisse eine solche Ereignisalgebra. Sie besteht aus allen möglichen Teilmengen (nicht Elementen) einer Menge A.

Definition 9.4. *Unter einer* **Potenzmenge** $\mathfrak{P}(A)$ *der Menge A versteht man die Menge aller Teilmengen.*

Die Potenzmenge $\mathfrak{P}(A)$ ist im Fall von endlich vielen Ereignissen eine Ereignisalgebra $\mathcal{A}$. Für eine n-elementige Menge A besteht die Potenzmenge $\mathfrak{P}(A)$ aus der Summe von Kombinationen ohne Wiederholung von $i = 0$ bis n Elementen. Für $a = b = 1$ ergibt sich aus Gleichung (8.8) auf Seite 188:

$$n\big(\mathfrak{P}(A)\big) \sum_{i=0}^{n} \binom{n}{i} = 2^n \qquad (9.15)$$

Beispiel 9.2. Die Menge A enthalte die 3 Elemente $A = \{1, 2, 3\}$. Die Potenzmenge $\mathfrak{P}(A)$ besteht dann aus den $2^3 = 8$ Teilmengen:

$$\mathfrak{P}(A) = \big\{\{1\}, \{2\}, \{3\}, \{1, 2\}, \{1, 3\}, \{2, 3\}, \{A\}, \{\emptyset\}\big\} \qquad (9.16)$$

Die Potenzmenge ist, da es sich hier um eine endliche Ergebnismenge handelt, eine Ereignisalgebra $\mathcal{A}$. Setzt man hier $A = \Omega$, so wird der Unterschied zwischen Ergebnismenge und Ereignisalgebra deutlich.

Beispiel 9.3. Zwei (unterscheidbare) Würfel werden auf einmal oder ein Würfel wird zweimal hintereinander geworfen. Jedes Ereignis A dieses Zufallsexperiment besteht aus einem Zahlenpaar $\{(\omega_i, \omega_j)\}$, wobei ω_i und ω_j jeweils eines der sechs Elementarereignisse (Augenzahl) ist. Die Ergebnismenge Ω besteht aus allen 36 möglichen Zahlenpaaren (siehe Beispiel 8.12, Seite 193). Die zugehörige Ereignisalgebra $\mathcal{A}$ ist hier die Potenzmenge $\mathfrak{P}(A)$, weil bei einem Wurf mit zwei Würfeln oder zwei Würfen mit einem Würfel nur endlich viele Ereignisse existieren. Die Potenzmenge enthält $2^6 = 64$ Teilmengen.

Bei unendlich vielen diskreten Ereignissen und im stetigen Fall ist die Ergebnismenge nicht endlich, wenngleich abzählbar (abzählbar unendlich). Die Ereignisalgebra (Potenzmenge) ist dann nicht endlich, da sie unendlich viele Teilmengen enthält. Man behilft sich damit eine Ereignis-σ-Algebra zu konstruieren, die nicht alle Teilmengen von Ω enthält, sondern nur den für die Betrachtung des Zufallsexperiments notwendigen Teil, so dass sich alle grundlegenden Mengenoperationen durchführen lassen (vgl. [71, Seite 128ff]).

Definition 9.5. *Eine* **Ereignis-σ-Algebra** $\mathcal{A}$ *ist eine Menge von Ereignissen, die für beliebige je abzählbar viele Ereignisse auch deren Komplemente, Durchschnitte und Vereinigungen enthält (vgl. [103, Seite 159]).*

Beispiel 9.4. Bei einem Würfelspiel, dass unendlich oft wiederholt wird, sind nur die Ereignisse „gerade" und „ungerade" von Interesse. In diesem Fall ist es ausreichend, 4 Mengen in der Ereignisalgebra

$$\mathcal{A} = \big\{ \{\emptyset\}, \{\text{gerade}\}, \{\text{ungerade}\}, \{\Omega\} \big\} \tag{9.17}$$

zu betrachten. Die Konstruktion der Ereignisalgebra ist in diesem Fall eine Ereignis-σ-Algebra, da sie nur über einen Teil aller möglichen Teilmengen konstruiert ist. Eine Teilmenge die z. B. nicht enthalten ist, ist eine Folge von unendlich vielen Einsen (vgl. [91, Seite 22ff]).

Beispiel 9.5. Es wird ein Zufallsexperiment betrachtet, bei dem ein Würfel so lange geworfen wird, bis zum ersten Mal eine Sechs erscheint. Da nicht abzusehen ist, bei welchem Wurf dieses Ereignis eintritt und prinzipiell auch denkbar ist, dass niemals eine Sechs geworfen wird, muss man als Ereignis eine Folge von Würfen betrachten, die auch unendlich werden kann.

$$C_k = \big\{ (\omega_1, \omega_2, \dots, \omega_k) \big\}, \tag{9.18}$$

Mit ω_k wird das Elementarereignis bezeichnet, dass im k-ten Wurf eine Sechs geworfen wird. Die davorliegenden $\omega_{i<k}$ haben Werte von kleiner als 6. Aufgrund der Möglichkeit, dass C_k eine unendlich lange Wurfserie enthält, wäre $\mathfrak{P}(C_k)$ aber dann selbst unendlich. Eine Ereignisalgebra wäre nicht definierbar.

Eine Ereignis-σ-Algebra hingegen müsste nur die Ereignisse

$$\mathcal{A} = \big\{ \{\emptyset\}, \{C_k\}, \{\overline{C_k}\}, \{\Omega\} \big\} \tag{9.19}$$

umfassen. Die Vereinigung der Ereignisse $C_1 \cup \dots \cup C_k$

$$B_n = \bigcup_{k=1}^{n} C_k \tag{9.20}$$

bezeichnet das Ereignis, dass in n Würfen mindestens eine Sechs eintritt (siehe hierzu auch das Beispiel 9.20, Seite 222). Mit dem Ereignis

$$C = \bigcup_{k=1}^{\infty} C_k \tag{9.21}$$

wird das sichere Ereignis, dass bei unendlich vielen Würfen irgendwann eine Sechs beschrieben.

Der Unterschied zwischen der Definition 9.5 (Seite 202) und der Definition 9.3 (Seite 201) besteht darin, dass es sich hier nicht um endlich viele, sondern beliebig je abzählbar viele Ereignisse handelt. Eine Ereignis-σ-Algebra ist stets auch eine Ereignisalgebra. Umgekehrt gilt dies nur, wenn es sich um endliche Ergebnismengen handelt. Daher wird im weiteren Text stets von einer Ereignis-σ-Algebra ausgegangen. Eine Ereignis-σ-Algebra ist bei nicht endlichen Ergebnismengen kleiner als die Potenzmenge, weil sie nur über einen Teil der Teilmengen konstruiert ist. Die Ergebnismenge Ω unterscheidet sich von der Ereignis-σ-Algebra dadurch, dass sie Mengen enthält und Ω nur die Elementarereignisse.

Die Ereignis-σ-Algebra zeichnet sich u. a. durch folgende Eigenschaften aus:

$$\emptyset \in \mathcal{A} \tag{9.22}$$

$$A \in \mathcal{A} \Rightarrow \overline{A} \in \mathcal{A} \tag{9.23}$$

$$A_i \in \mathcal{A} \Rightarrow \bigcup_{i=1}^{\infty} A_i \in \mathcal{A} \quad \text{mit} \quad i \in \mathbb{N} \tag{9.24}$$

Aus diesen Eigenschaften ergeben sich folgende Aussagen:

$$\overline{\emptyset} = \Omega \in \mathcal{A} \tag{9.25}$$

$$A \setminus B = A \cap \overline{B} = \overline{(\overline{A} \cup B)} \in \mathcal{A} \tag{9.26}$$

$$\overline{\bigcap_{i=1}^{\infty} A_i} = \bigcup_{i=1}^{\infty} \overline{A}_i \in \mathcal{A} \tag{9.27}$$

9.4 Wahrscheinlichkeitsbegriffe

„Der **Zufall** wird als ein gesetzloses Wirkendes im Gegensatz zu einem gesetzmäßig Wirkendem, einer Ursache im eigentlichen Sinn, verstanden. Aus der gesetzlosen Wirksamkeit des Zufalls erklärt man die Unregelmäßigkeit in einer Reihe von Erfolgen. Die Vorstellung vom Walten eines blinden Zufalls ist unvereinbar mit der Überzeugung von dem kausalen Zusammenhang alles Geschehens. Jedes Geschehen ist die Folge eines vorausgegangenen Andern und die Veranlassung eines Künftigen und so ist alles Geschehen nach dem Prinzip der Ursächlichkeit untereinander verbunden." ([23, Seite 8]). „Mit dem Wort Zufall soll also die Kausalität alles Geschehens nicht geleugnet, durch seinen Gebrauch vielmehr das Zugeständnis gemacht werden, dass nur der Zusammenhang in dem betreffenden Fall überhaupt nicht erkennbar ist" ([23, Seite 9]), dass man über die bloße Behauptung nicht hinauskommt. Die Formulierung des Begriffs „Zufall" ist hier Ausdruck des Ungewissen darüber, welche Einflüsse über das genaue Ergebnis entscheiden werden. Es ist hierbei unerheblich, ob die Einflüsse nicht zu gänglich sind oder ob sie nicht festgelegt werden sollen.

Die **Wahrscheinlichkeit** wird hier als das Eintreten eines bestimmten zufälligen Ereignisses bezeichnet. Eine genauere inhaltliche Bestimmung des Wahrscheinlichkeitsbegriffs wirft erhebliche Probleme auf. Zu der Entwicklung der Wahrscheinlichkeitstheorie können drei Perspektiven für unterschieden werden:

1. Die objektive a priori Wahrscheinlichkeit, die auch als klassische oder Laplace-Wahrscheinlichkeit bezeichnet wird;
2. die objektive a posteriori Wahrscheinlichkeit, die auch als statistische oder von Mises-Wahrscheinlichkeit bezeichnet wird und
3. die subjektive Wahrscheinlichkeit.

Diese Unterscheidung findet sich im Folgenden mit den drei verschiedenen Ansätzen zur Festlegung einer Wahrscheinlichkeit wieder.

9.4.1 Laplacescher Wahrscheinlichkeitsbegriff

Der französische Mathematiker und Astronom Pierre Simon de Laplace (1749–1827) hat die zu seiner Zeit bekannten wahrscheinlichkeitstheoretischen Begriffe und Gesetze zusammengefasst und versucht, eine Definition für Wahrscheinlichkeit zu geben.

Die Wahrscheinlichkeit (Chance) für das Eintreten eines zufälligen Ereignisses bestimmte er, indem er die Anzahl der für A günstigen Fälle (der Fälle, in denen A eintritt) in Relation zu der Anzahl aller möglichen Fälle gesetzt hat. Voraussetzung für diese Bestimmung der Wahrscheinlichkeit ist, dass jeder Fall gleichmöglich, gleichwahrscheinlich ist. Die Kunst der Berechnung der Wahrscheinlichkeit besteht also aus der Kunst des richtigen Abzählens (Kombinatorik). Dabei wird „richtig" gezählt, wenn man das Zufallsexperiment mit seiner Ergebnismenge so formuliert, dass alle Ereignisse als gleichwahrscheinlich angesehen werden können.

Definition 9.6. *Ein* **Laplace-Experiment** *ist ein Zufallsexperiment mit einer endlichen Ergebnismenge Ω, bei dem jedes Ereignis gleichwahrscheinlich ist.*

De Laplace hat auf diesem Experiment basierend eine Definition für die Wahrscheinlichkeit gegeben:

Definition 9.7. *Das Eintreten eines Ereignis A in einem Laplace-Experiment ist als* **Laplacesche-Wahrscheinlichkeit** $P(A)$ *definiert:*

$$
\begin{aligned}
P(A) &= \frac{\text{Anzahl der für } A \text{ günstigen Fälle}}{\text{Anzahl der möglichen Fälle}} \\
&= \frac{\text{Anzahl der Elemente von } A}{\text{Anzahl der Elemente von } \Omega}
\end{aligned}
\tag{9.28}
$$

Beispiel 9.6. In einer Urne befinden sich 80 Kugeln, von denen 20 rot sind. Wird zufällig eine Kugel entnommen, dann ist die Wahrscheinlichkeit für das Ziehen einer roten Kugel:

$$
P(\text{„die Kugel ist rot"}) = \frac{20}{80} = 0.25
\tag{9.29}
$$

Grundlage dieser klassischen Bestimmung von Wahrscheinlichkeiten ist die so genannte **Gleichwahrscheinlichkeitsannahme**, die besagt, dass das betrachtete Zufallsexperiment eine endliche Ergebnismenge Ω besitzt, in der jedes Ereignis gleichwahrscheinlich ist. Man kann daher $P(A)$ nach der Laplaceschen Wahrscheinlichkeitsdefinition als Quotient der „Anzahl der für A günstigen Fälle" zu „Anzahl aller möglichen Fälle" bestimmen. Diese Bestimmung ist nicht empirisch orientiert; sie geschieht vor jeder Beobachtung von Ereignissen des Experiments. Die Wahrscheinlichkeit ist also a priori bestimmt.

Zur Begründung der Gleichwahrscheinlichkeitsannahme wird das von Laplace benutzte Prinzip vom unzureichenden Grund herangezogen: Ist kein zureichender Grund ersichtlich, der irgendein Ereignis vor einem anderen bevorzugt erscheinen lässt, so betrachtet man jedes Ereignis als gleichwahrscheinlich. In diesem Prinzip können objektive und subjektive Elemente enthalten sein. Diese Begründung ist gleichzusetzen mit der Aussage, dass keine Vorinformationen über den Versuch vorliegen (siehe hierzu auch Kapitel 9.6).

9.4.2 Von Misesscher Wahrscheinlichkeitsbegriff

Etwa hundert Jahre nach de Laplace entwickelte der österreichische Mathematiker Richard von Mises (1883–1953) eine neue Definition der Wahrscheinlichkeit, die sich auf den Grenzwert der relativen Häufigkeit in einer unendlich langen Versuchsreihe stützt.

Definition 9.8. *Die* **von Misessche Wahrscheinlichkeit** $P(A)$ *eines Ereignisses A ist gleich dem Grenzwert der relativen Häufigkeiten des Auftretens von A in einer unendlichen Folge unabhängiger Wiederholungen des betreffenden Zufallsexperiments.*

$$P(A) = \lim_{n \to \infty} f_n(A) \qquad (9.30)$$

Diese Bestimmung der Wahrscheinlichkeit ist empirisch (statistisch) bestimmt. Bei der empirischen Methode wird von einer Beobachtung (Stichprobe) auf die unbekannte Wahrscheinlichkeit geschlossen. Es handelt sich daher um eine empirisch induktive Methode. Sie ist im Gegensatz zur a priori Methode nach de Laplace a posteriori orientiert.

Weder die Laplacesche noch die von Misessche Definition konnten sich durchsetzen. Die Laplacesche Definition konnte aus logischen Gründen nicht überzeugen, weil die zu definierende Größe „Wahrscheinlichkeit" innerhalb der Definition in der Annahme gleichwahrscheinlicher Ereignisse bereits vorausgesetzt wird. Die von Misessche Definition konnte sich nicht durchsetzen, obwohl sie eine Erklärung für den Begriff Wahrscheinlichkeit anbietet, wegen ihrer Komplexität und relativ engen Abgrenzung (vgl. [98, Seite 6ff]).

9.4.3 Subjektiver Wahrscheinlichkeitsbegriff

Ebenso weit verbreitet ist der Wahrscheinlichkeitsbegriff als subjektive Größe. Einem Ereignis A wird vom jeweiligen Betrachter eine Wahrscheinlichkeit $P(A)$ zugeordnet, die ausdrücken soll, welche Eintrittschance der Betrachter dem Ereignis beimisst. $P(A)$ ist ein vom Betrachter, insbesondere von dessen Kenntnisstand abhängiges und damit subjektives Attribut von A. Verschiedene Personen können demselben Ereignis unterschiedliche Wahrscheinlichkeiten zuweisen.

Die subjektive Wahrscheinlichkeit wird häufig aus einer so genannten Wettchance (engl. **odds**) abgeleitet. Ist eine Person z. B. bereit mit der Quote $a : b$ dafür zu wetten, dass das Ereignis A eintreten wird, so ordnet sie dem Ereignis eine a/b-mal so große Wahrscheinlichkeit wie dem Komplementärereignis $\overline{A}$ zu.

$$\frac{a}{b} = \frac{P(A)}{P(\overline{A})} \tag{9.31}$$

Aufgrund der Additivität des Wahrscheinlichkeitsmaßes $P(\cdot)$ resultiert für die subjektive Wahrscheinlichkeit von A:

$$P(A) = \frac{a}{a+b} \tag{9.32}$$

In vielen Fällen kann man aus ökonomischen, technischen und / oder ethischen Gründen von einem Zufallsexperiment nur eine relativ kleine Anzahl von Wiederholungen durchführen oder Beobachtungen messen. Oft gibt es – gerade im wirtschaftlichen oder sozialen Bereich – Zufallsvorgänge, die eine gewisse Einmaligkeit besitzen. Die empirische Bestimmung von Wahrscheinlichkeiten liefert dann entweder zu ungenaue Ergebnisse oder ist völlig unmöglich. In solchen Situationen kann man die unbekannte Wahrscheinlichkeit $P(A)$ eines Ereignisses A als subjektive Wahrscheinlichkeit auffassen und ihren Wert aufgrund sachkundiger Einschätzung durch einen oder mehrere Experten ermitteln. Als Kritik wird hier immer die Subjektivität der Wahrscheinlichkeit angeführt. Es ist aber umstritten, ob es überhaupt Wahrscheinlichkeiten gibt, die unabhängig vom menschlichen Betrachter existieren (objektiver Wahrscheinlichkeitsbegriff) können. Sind Wahrscheinlichkeiten nicht stets vom menschlichen Betrachter abhängig (subjektiver Wahrscheinlichkeitsbegriff)? Verfechter des objektiven Wahrscheinlichkeitsbegriffs begründen ihre Ansicht mit dem Hinweis, dass es Zufallsexperimente gibt, in denen sich die nach der statistischen Methode ermittelten Wahrscheinlichkeiten im Laufe sehr vieler Experimentwiederholungen kaum ändern.

Die Verfechter des subjektiven Wahrscheinlichkeitsbegriffs führen an, dass jede Beobachtung nur subjektiv erfolgt und damit diesem Einfluss unterliegt. Es ist also demnach unmöglich, etwas objektiv zu beobachten. Ferner ist die Interpretation des Wahrscheinlichkeitsbegriffs als subjektive oder objektive Wahrscheinlichkeit abhängig von der eigenen philosophischen, erkenntnistheoretischen und theologischen Auffassung.

9.4.4 Axiomatische Definition der Wahrscheinlichkeit

Bis weit ins 20. Jahrhundert hinein fehlte eine tragfähige Grundlage der Wahrscheinlichkeitsrechnung. Nach Vorarbeiten anderer Mathematiker gelang es A. N. Kolmogoroff im Jahr 1933 ein **Axiomensystem**[1] für die Wahrscheinlichkeitsrechnung aufzustellen, das seiner Einfachheit wegen heute fast ausnahmslos als Grundlage der Wahrscheinlichkeitsrechnung anerkannt wird.

Axiom 1: Jedem Ereignis A ist eine nicht negative reelle Zahl $P(A)$, genannt Wahrscheinlichkeit von A, zugeordnet.

Axiom 2: $P(\Omega) = 1$ (Normierung)

---

[1] Ein Axiomensystem ist eine unbewiesene Grundannahme; man könnte auch Spielregel oder Vereinbarung dazu sagen.

Axiom 3: Für abzählbar unendlich viele, paarweise disjunkte Ereignisse $A, B, \ldots$
gilt stets (Additivität): $P(A_1 \cup A_2 \cup \ldots) = P(A_1) + P(A_2) + \ldots$

Strenggenommen beziehen sich die obigen Aussagen auf Ereignisse einer zugrunde gelegten Ereignis-σ-Algebra, denn nur in dieser sind die Ereignisoperationen
definiert, d. h. die Ereignisse müssen aus $\mathcal{A}$ stammen.

Eine Rechtfertigung erfahren diese Axiome zum einen durch die Tatsache, dass
sie mit den vorhandenen Auffassungen der Wahrscheinlichkeit nach de Laplace und
von Mises sowie dem subjektiven Wahrscheinlichkeitsbegriff vereinbar sind, zum
anderen durch die Vielfalt der Resultate, die man aus ihnen in Form beweisbarer Sät-
ze gewinnen kann. Darunter spielt das „Gesetz der großen Zahlen" eine besondere
Rolle (siehe Kapitel 14.3): Es stellt einen Zusammenhang zwischen der von Mises-
schen Wahrscheinlichkeitsdefinition und den relativen Häufigkeiten in Form eines
beweisbaren Satzes dar. Die Wahrscheinlichkeitsrechnung wird daher auf Grundlage der Kolmogoroffschen Axiome behandelt. Die numerische Bestimmung einer
Wahrscheinlichkeit erfolgt situationsbedingt entweder a priori nach de Laplace, a
posteriori empirisch nach von Mises oder subjektiv.

Mittels der Kolmogoroffschen Axiome, die übrigens keine inhaltliche Bestimmung des Wahrscheinlichkeitsbegriffs vornehmen, der Ereignis-σ-Algebra und der
Ergebnismenge Ω wird ein Wahrscheinlichkeitsraum definiert, der die formale
Grundlage für das Rechnen mit Wahrscheinlichkeiten bildet. Es fehlt aber bis heute
an einer tragfähigen Definition für die Wahrscheinlichkeit. In der folgenden Definition ist nur eine mathematisch-numerische Bestimmung vorgenommen. Sie klärt
nicht, was eine Wahrscheinlichkeit ist.

Definition 9.9. *Eine Funktion*

$$P : \mathcal{A} \to \mathbb{R} \tag{9.33}$$

auf einer Ereignis-σ-Algebra, die die Axiome 1 bis 3 erfüllt, heißt eine **Wahrscheinlichkeit** *oder* **Wahrscheinlichkeitsverteilung**.

Definition 9.10. *Ein* **Wahrscheinlichkeitsraum** *wird definiert durch ein Tripel*

$$\bigl(\Omega, \mathcal{A}, P(A)\bigr), \tag{9.34}$$

*d. h. durch eine Ergebnismenge Ω, eine über diese Ergebnismenge definierte Er-
eignis-σ-Algebra $\mathcal{A}$ und ein auf dieser Algebra definiertes Wahrscheinlichkeitsmaß
$P(A)$ (vgl. [103, Seite 161]).*

Beispiel 9.7. Bei dem bereits erwähnten Würfelspiel aus Beispiel 9.4 (Seite 203)
sei nur $A = \{\text{gerade}\}$ und $B = \{\text{ungerade}\}$ von Interesse. Die Ergebnismenge
ist somit $\Omega = \{A, B\}$ und die Ereignisalgebra ist $\mathcal{A} = \bigl\{\{\emptyset\}, \{A\}, \{B\}, \{\Omega\}\bigr\}$.
Als Wahrscheinlichkeit kann entsprechend der Laplace-Definition dann die Funkti-
on $P : \mathcal{A} \to \mathbb{R}$ festgelegt werden:

$$P(\emptyset) = 0 \tag{9.35}$$

$$P(A) = \frac{n(A)}{n(\Omega)} = \frac{3}{6} = \frac{1}{2} \tag{9.36}$$

$$P(B) = \frac{1}{2} \tag{9.37}$$

$$P(\Omega) = 1 \tag{9.38}$$

9.4.5 Rechenregeln

1. Es gilt:

$$0 \le P(A) \le 1 \tag{9.39}$$
$$P(\emptyset) = 0 \tag{9.40}$$

2. Sind die Ereignisse A und $\overline{A}$ disjunkt, so folgt daraus $A \cup \overline{A} = \Omega$ und es gilt:

$$P(A \cup \overline{A}) = P(A) + P(\overline{A}) = 1 \tag{9.41}$$

3. Aus 2. folgt unmittelbar:

$$P(A) = 1 - P(\overline{A}) \tag{9.42}$$

4. Es sei $A \subset B$. In diesem Fall ist $B = A \cup (\overline{A} \cap B)$, so dass

$$P(B) = P(A) + P(\overline{A} \cap B) \tag{9.43}$$

gilt. Aus

$$A \subset B \quad \text{folgt:} \quad P(A) \le P(B). \tag{9.44}$$

5. Die Ereignisse $A_1, A_2, \ldots, A_n$ bilden eine endliche Zerlegung von Ω (siehe Abbildung 9.1), wenn sie paarweise disjunkt sind und wenn $A_1 \cup A_2 \cup \ldots \cup A_n = \Omega$ ist. Für irgendein weiteres Ereignis B gilt $B = (B \cap A_1) \cup (B \cap A_2) \cup \ldots \cup (B \cap A_n)$. Daraus folgt:

$$P(B) = \sum_{i=1}^{n} P(A_i \cap B) \tag{9.45}$$

6. **Additionssatz**:

$$P(A \cup B) = P(A) + P(B) - P(A \cap B) \tag{9.46}$$

Beispiel 9.8. Beim Würfeln gilt $P(2) = 1/6$ und $P(4) = 1/6$. Die Wahrscheinlichkeit für eine 2 oder eine 4 beträgt somit, da sich die beiden Ereignisse gegenseitig ausschließen,

$$P(2 \cup 4) = P(2) + P(4) = \frac{1}{6} + \frac{1}{6} = \frac{1}{3}. \tag{9.47}$$

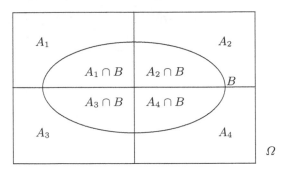

Abb. 9.1. Disjunkte Zerlegung von Ω

Beispiel 9.9. In einer Urne mit 200 Kugeln befinden sich 40 rote Kugeln und 80 grüne Kugeln. Die Wahrscheinlichkeit für das Ziehen einer roten Kugel (R) beträgt

$$P(R) = \frac{40}{200} = 0.2. \qquad (9.48)$$

Die Wahrscheinlichkeit für das Ziehen einer grünen Kugel (G) beträgt

$$P(G) = \frac{80}{200} = 0.4. \qquad (9.49)$$

Da sich G und R gegenseitig ausschließen, beträgt die Wahrscheinlichkeit für das Ziehen einer grünen oder roten Kugel

$$P(G \cup R) = P(G) + P(R) = 0.4 + 0.2 = 0.6. \qquad (9.50)$$

In der Urne befinden sich nun 5 rote Kugeln und 10 grüne Kugeln die zusätzlich mit einem Stern (S) gekennzeichnet sind. Wie hoch ist die Wahrscheinlichkeit, dass die gezogene Kugel rot und mit einem Stern gekennzeichnet ist?

$$P(S) = \frac{15}{200} = 0.075 \qquad (9.51)$$

$$P(R \cap S) = \frac{5}{200} = 0.025 \qquad (9.52)$$

Die Wahrscheinlichkeit dafür, dass die gezogene Kugel rot oder mit einem Stern gekennzeichnet ist, ist dann:

$$P(R \cup S) = P(R) + P(S) - P(R \cap S) = 0.2 + 0.075 - 0.025 = 0.25 \quad (9.53)$$

9.5 Bedingte Wahrscheinlichkeiten

Bedingte Wahrscheinlichkeiten spielen in der Praxis eine große Rolle, da sehr häufig nach Ereignissen gefragt wird, die unter bestimmten Voraussetzungen / Bedingungen eintreten. Die Analyse bedingter Wahrscheinlichkeiten weist formal große Ähnlichkeit mit der der bedingten Häufigkeitsverteilungen der deskriptiven Statistik auf (siehe Kapitel 5.2).

Die bedingte Wahrscheinlichkeit wird am Spezialfall eines Laplace-Experiments betrachtet: Die Ergebnismenge Ω habe n Elemente. Darin seien A und B zwei Ereignisse. A besitze k Elemente; B besitze ℓ Elemente und $A \cap B$ besitze m Elemente. Dann gilt:

$$P(A) = \frac{k}{n} \tag{9.54}$$

$$P(B) = \frac{\ell}{n} \tag{9.55}$$

$$P(A \cap B) = \frac{m}{n} \tag{9.56}$$

Die Kenntnis, dass A eingetreten ist, reduziert die ursprüngliche Ergebnismenge Ω auf die Teilmenge A; von den n möglichen Fällen verbleiben nur noch k, darunter gibt es m Fälle, in denen auch B eintritt, nämlich die Elemente von $A \cap B$. Unter der Bedingung, dass A eingetreten ist, gibt es also m für B günstige Fälle unter k möglichen Fällen. Aus dem Laplace-Experiment erhält man:

$$P(B \mid A) = \frac{P(A \cap B)}{P(A)} = \frac{m/n}{k/n} = \frac{m}{k} \tag{9.57}$$

Definition 9.11. *Es wird die Wahrscheinlichkeit von B mit dem zusätzlichen Wissen betrachtet, dass A schon eingetreten ist. Die Wahrscheinlichkeit, dass B unter der Bedingung A eintritt, wird als* **bedingte Wahrscheinlichkeit** *bezeichnet.*

$$P(B \mid A) = \frac{P(A \cap B)}{P(A)} \tag{9.58}$$

Beispiel 9.10. Es haben 60% der Teilnehmer einen Bewerbungstest bestanden (Ereignis B), 30% aufgrund ihres Wissens (Ereignis $B \cap W$). Die anderen haben aufgrund von Raten (und vielleicht durch Abschreiben) den Test bestanden. Insgesamt haben 70% der Teilnehmer für den Test gelernt (Ereignis W). Wie hoch ist die Wahrscheinlichkeit einen „wissenden" Testteilnehmer einzustellen?

$$P(W \mid B) = \frac{P(B \cap W)}{P(B)} = \frac{0.3}{0.6} = 0.5 \tag{9.59}$$

Einen Testteilnehmer interessiert auch die Frage, wie hoch ist die Wahrscheinlichkeit den Test zu bestehen, wenn er gelernt hat, also

$$P(B \mid W) = \frac{P(B \cap W)}{P(W)} = \frac{0.3}{0.7} \approx 0.43 \tag{9.60}$$

Das Problem für die Personenverwaltung ist, den Personenkreis $B \cap W$ zu ermitteln. Ein guter Test (Klausur) sollte zu einem möglichst großen $P(B \cap W)$ (hier $\max P(B \cap W) = 0.6$) führen.

Aus der Definition 9.11 (Seite 211) ergibt sich unmittelbar der so genannte **Multiplikationssatz** für zwei beliebige Ereignisse A und B.

$$P(A \cap B) = P(B \mid A) \, P(A) \tag{9.61}$$

Beispiel 9.11. Aus einer Urne, in der sich 200 Kugeln befinden, davon 40 rote und 80 grüne, werden nacheinander und ohne Zurücklegen zufällig 2 Kugeln entnommen. Man kann davon ausgehen, dass bei jedem Zug jede in der Urne befindliche Kugel mit gleicher Wahrscheinlichkeit gezogen wird. Wie groß ist die Wahrscheinlichkeit, dass 2 rote Kugeln entnommen werden?

A_i sei das Ereignis „beim i-ten Zug erscheint eine rote Kugel", $i = 1, 2$. Für das Ereignis A_1 gilt $P(A_1) = 40/200$. Wenn A_1 eingetreten ist, befinden sich vor der zweiten Ziehung noch 199 Kugeln in der Urne, darunter 39 rote und 80 grüne. Daher gilt: $P(A_2 \mid A_1) = 39/199$. Die Antwort auf die Frage lautet somit:

$$P(A_1 \cap A_2) = P(A_2 \mid A_1) \, P(A_1) = \frac{39}{199} \frac{40}{200} = \frac{39}{995} \qquad (9.62)$$

Man kann den Multiplikationssatz auch auf mehr als zwei Ereignisse ausdehnen. Für 3 Ereignisse erhält man

$$\begin{aligned} P(A_1 \cap A_2 \cap A_3) &= P(A_3 \mid A_1 \cap A_2) \, P(A_1 \cap A_2) \\ &= P(A_3 \mid A_1 \cap A_2) \, P(A_2 \mid A_1) \, P(A_1) \end{aligned} \qquad (9.63)$$

Auf analoge Weise erhält man für n Ereignisse den allgemeinen **Multiplikationssatz**:

$$\begin{aligned} P(A_1 \cap \ldots \cap A_n) &= P(A_1) \, P(A_2 \mid A_1) \\ &\quad \times \cdots \times P(A_n \mid A_1 \cap \ldots \cap A_{n-1}) \end{aligned} \qquad (9.64)$$

Beispiel 9.12. Aus einer Urne mit n Kugeln, darunter m rote und $n - m$ grüne, werden nacheinander und ohne Zurücklegen zufällig k rote Kugeln entnommen. Wie groß ist die Wahrscheinlichkeit, $k \leq m$ rote Kugeln zu ziehen?

Bei jedem Zug haben alle noch in der Urne befindlichen Kugeln die gleiche Wahrscheinlichkeit, gezogen zu werden. A_i sei das Ereignis „beim i-ten Zug erscheint eine rote Kugel", $i = 1, 2, \ldots, k$.

$$P(A_1) = \frac{m}{n} \qquad (9.65)$$

$$P(A_2 \mid A_1) = \frac{m - 1}{n - 1} \qquad (9.66)$$

$$P(A_3 \mid A_1 \cap A_2) = \frac{m - 2}{n - 2} \qquad (9.67)$$

$$\vdots$$

$$P(A_1 \cap \ldots \cap A_k) = \frac{m}{n} \frac{m - 1}{n - 1} \times \cdots \times \frac{m - (k - 1)}{n - (k - 1)} = \frac{m! \, (n - k)!}{(m - k)! \, n!} \qquad (9.68)$$

Aus der letzten Gleichung (9.68) wird deutlich, dass die Reihenfolge der Ereignisse

$$A_1 \cap \ldots \cap A_k = A_k \cap \ldots \cap A_1 \qquad (9.69)$$

vertauschbar ist, ohne dass sich die Wahrscheinlichkeit ändert.

Die Wahrscheinlichkeit im zweiten Zug eine rote Kugel $P(A_2)$ zu ziehen, ohne Bedingung, welche Sorte vorher gezogen wurde, ist nach der Additivität (drittes Kolmogoroffsches Axiom) und dem Multiplikationssatz (das Ereignis keine rote Kugel zu ziehen im i-ten Zug sei B_i):

$$
\begin{aligned}
P(A_2) &= P\big((A_1 \cap A_2) \cup (B_1 \cap A_2)\big) \\
&= P(A_1 \cap A_2) + P(B_1 \cap A_2) \\
&= P(A_2 \mid A_1)\,P(A_1) + P(A_2 \mid B_1)\,P(B_1) \\
&= \frac{m-1}{n-1}\,\frac{m}{n} + \frac{m}{n-1}\,\frac{n-m}{n} = \frac{m}{n}
\end{aligned}
\tag{9.70}
$$

Die Wahrscheinlichkeit im dritten Zug eine rote Kugel zu ziehen, ist ebenfalls m/n.

$$
\begin{aligned}
P(A_3) &= P(A_1 \cap A_2 \cap A_3) + P(A_1 \cap B_2 \cap A_3) + P(B_1 \cap A_2 \cap A_3) \\
&\quad + P(B_1 \cap B_2 \cap A_3) \\
&= P(A_3 \mid A_1 \cap A_2)\,P(A_1 \cap A_2) + P(A_3 \mid A_1 \cap B_2)\,P(A_1 \cap B_2) \\
&\quad + P(A_3 \mid B_1 \cap A_2)\,P(B_1 \cap A_2) \\
&\quad + P(A_3 \mid B_1 \cap B_2)\,P(B_2 \cap B_1) \\
&= P(A_3 \mid A_1 \cap A_2)\,P(A_2 \mid A_1)\,P(A_1) \\
&\quad + P(A_3 \mid A_1 \cap B_2)\,P(B_2 \mid A_1)\,P(A_1) \\
&\quad + P(A_3 \mid B_1 \cap A_2)\,P(A_2 \mid B_1)\,P(B_1) \\
&\quad + P(A_3 \mid B_1 \cap B_2)\,P(B_2 \mid B_1)\,P(B_1) \\
&= \frac{m-2}{n-2}\,\frac{m-1}{n-1}\,\frac{m}{n} + \frac{m-1}{n-2}\,\frac{n-m}{n-1}\,\frac{m}{n} + \frac{m-1}{n-2}\,\frac{m}{n-1}\,\frac{n-m}{n} \\
&\quad + \frac{m}{n-2}\,\frac{n-m-1}{n-1}\,\frac{n-m}{n} \\
&= \frac{m}{n}
\end{aligned}
\tag{9.71}
$$

Es zeigt sich also, dass die Wahrscheinlichkeit im i-ten Zug eine rote Kugel zu ziehen stets gleich ist, obwohl sich die Zusammensetzung der Urne durch die Ziehung ohne Zurücklegen verändert. Die Ursache dieses verblüffenden Ergebnisses liegt darin, dass durch die verschiedenen Möglichkeiten eine rote Kugel im i-ten Zug zu ziehen die relative Zusammensetzung der verschiedenen Kugeln konstant bleibt. Aus diesem Ergebnis leitet sich auch ab, dass die Wahrscheinlichkeit zwei rote Kugeln in aufeinander folgenden Zügen i und j zu ziehen, stets gleich bleibt.

$$
\begin{aligned}
P(A_i \cap A_j) &= P(A_j \mid A_i)\,P(A_i) \\
&= P(A_i \mid A_j)\,P(A_j) \\
&= \frac{m-1}{n-1}\,\frac{m}{n}
\end{aligned}
\tag{9.72}
$$

Für $P(A_i) = P(A_j) = m/n$ gilt:

$$P(A_j \mid A_i) = P(A_i \mid A_j) \qquad (9.73)$$

Es zeigt sich, dass die bedingten Wahrscheinlichkeiten bei einer Ziehung ohne Zurücklegen einer Symmetriebeziehung unterliegen. Diese gilt natürlich nicht immer (siehe folgende Beispiele 9.13 bis 9.18). Eine Schlussfolgerung aus dem Ergebnis ist aber, dass eine bedingte Wahrscheinlichkeit keine Kausalbeziehung impliziert. Folglich stehen die bedingten Wahrscheinlichkeiten nicht als statistisches Instrument für die Ermittlung von Kausalbeziehungen zur Verfügung. Die Wahrscheinlichkeiten sind invariant gegenüber der Permutation der Ereignisse A_i (vgl. [57, Seite 301ff]).

Aus dem Satz über die Zerlegung der Ergebnismenge (Seite 209) und der Definition 9.11 (Seite 211) für die bedingte Wahrscheinlichkeit erhält man den **Satz der totalen Wahrscheinlichkeit**: Bilden die Ereignisse $A_1, \ldots, A_n$ eine Zerlegung von Ω, so gilt für irgendein weiteres Ereignis B:

$$P(B) = \sum_{i=1}^{n} P(B \mid A_i)\, P(A_i) = \sum_{i=1}^{n} P(A_i \cap B) \qquad (9.74)$$

Beispiel 9.13. Bei Nacht geschieht ein Unfall. Ein Auto wurde von einem Taxi beschädigt. Ein Zeuge behauptet, es sei ein blaues Taxi gewesen. Dies ist das Ereignis B. Es bezeichnet die Aussage „blaues Taxi gesehen" (vgl. [10, Seite 17ff]).

Es wird angenommen, dass in der Stadt zwei Taxiunternehmen existieren. Das eine besitzt 5 blaue und das andere 25 grüne Taxis. Das Ereignis B^* bzw. $G^*(= \overline{B}^*)$ bezeichnet die Aussage, dass es sich tatsächlich um ein blaues bzw. grünes Taxi handelt. Es gilt also: $n(B^*) = 5$ und $n(\overline{B}^*) = 25$ und damit:

$$P(B^*) = \frac{5}{30} \qquad (9.75)$$

$$P(\overline{B}^*) = \frac{25}{30} \qquad (9.76)$$

Mittels eines Tests wird festgestellt, dass der Zeuge bei Nacht mit 80% Wahrscheinlichkeit ein blaues Taxi als blaues Taxi und ein grünes Taxi als grünes erkennt. Hier handelt es sich also um bedingte Wahrscheinlichkeiten.

$$P(B \mid B^*) = 0.8 \qquad (9.77)$$

$$P(\overline{B} \mid \overline{B}^*) = 0.8 \qquad (9.78)$$

Unter der Bedingung, dass das Taxi blau (grün) ist, erkennt der Zeuge mit 80% ein blaues (grünes) Taxi. In 20% sieht er ein grünes (blaues) Taxi, obwohl es blau (grün) ist. Reicht diese Wahrscheinlichkeit aus, um mit hoher Sicherheit das Taxiunternehmen mit den blauen Taxis zu beschuldigen?

Dazu muss ermittelt werden, wie wahrscheinlich es ist, dass es sich um ein blaues Taxi handelt, wenn ein blaues Taxi gesehen wurde, also:

$$P(B^* \mid B) = \frac{P(B \cap B^*)}{P(B)} \qquad (9.79)$$

Es muss also $P(B \cap B^*)$, die Wahrscheinlichkeit, dass das als blau bezeichnete Taxi auch tatsächlich blau ist und $P(B)$, die Wahrscheinlichkeit, ein blaues Taxi zu erkennen (hierunter fallen auch grüne Taxis), ermittelt werden. Die bedingte Wahrscheinlichkeit $P(B \mid B^*)$ kann umgestellt werden, so dass die Wahrscheinlichkeit $P(B \cap B^*)$ bestimmt werden kann.

$$P(B \cap B^*) = P(B \mid B^*) \times P(B^*)$$
$$= 0.8 \times \frac{5}{30} = \frac{4}{30} \tag{9.80}$$

Die Wahrscheinlichkeit $P(B)$ bestimmt sich aus dem Satz der totalen Wahrscheinlichkeit:

$$P(B) = P(B \cap B^*) + P(B \cap \overline{B}^*)$$
$$= P(B \mid B^*)\,P(B^*) + P(B \mid \overline{B}^*)\,P(\overline{B}^*)$$
$$= P(B \mid B^*)\,P(B^*) + \left(1 - P(\overline{B} \mid \overline{B}^*)\right)\left(1 - P(B^*)\right) \tag{9.81}$$
$$= 0.8\,\frac{5}{30} + \left(1 - 0.8\right)\left(1 - \frac{5}{30}\right) = \frac{9}{30}$$

Aus diesen Angaben lässt sich nun die gesuchte Wahrscheinlichkeit bestimmen:

$$P(B^* \mid B) = \frac{4/30}{9/30} = \frac{4}{9} \tag{9.82}$$

Nur in 4 von 9 Fällen, wenn ein blaues gesehen wurde, handelt es sich auch wirklich um ein blaues Taxi. In 5 von 9 Fällen ist es also grün. Dies ist die Irrtumswahrscheinlichkeit $P(\overline{B}^* \mid B) = 5/9$. Sie ist größer als die gesuchte Wahrscheinlichkeit, die man Trefferwahrscheinlichkeit nennen könnte. Damit ist die Zeugenaussage also wenig verlässlich. Woran liegt das?

Es sind nur relativ wenig blaue Taxis angenommen worden. Daher ist es auch relativ selten, ein blaues Taxi zu sehen und es sind daher relativ viele blau eingestufte Taxis tatsächlich grün: $P(\overline{B}^* \mid B) = 5/9$. Hätte der Zeuge behauptet ein grünes Taxi gesehen zu haben, wäre seine Aussage – bei gleicher Erkennungsquote – wesentlich zuverlässiger:

$$P(\overline{B}^* \mid \overline{B}) = \frac{20/30}{21/30} = \frac{20}{21} \tag{9.83}$$

Übrigens wäre $P(B^*) = P(\overline{B}^*) = 0.5$, dann gelte die Aussage aus Beispiel 9.12 (Seite 212), dass $P(B \mid B^*) = P(B^* \mid B)$ und $P(\overline{B} \mid \overline{B}^*) = P(\overline{B}^* \mid \overline{B})$ ist. Dies ist die häufig unterstellte Symmetrie, die hier nicht gilt.

Beispiel 9.14. In einem Betrieb wird ein Massenartikel auf drei Maschinen M_1, M_2 und M_3 hergestellt. Die Maschinen sind an der Gesamtproduktion wie folgt beteiligt: M_1 mit 50%, M_2 mit 40% und M_3 mit 10%. Die Maschinen arbeiten nicht fehlerfrei. Der Ausschussanteil beträgt bei M_1 3%, bei M_2 6% und bei M_3 11%. Wie groß ist der Ausschussanteil in der Gesamtproduktion?

Es wird angenommen, dass die Wahrscheinlichkeit, ein Element mit einer bestimmten Eigenschaft auszuwählen, gleich dem Anteil der Elemente mit dieser Eigenschaft in der Grundgesamtheit ist. Folgende Ereignisse werden betrachtet:

1. A_i: Ein zufällig aus der Gesamtproduktion gewähltes Stück wurde von Maschine M_i hergestellt ($i = 1, 2, 3$).
2. B: Ein zufällig aus der Gesamtproduktion gewähltes Stück gehört zum Ausschuss.

Aus den angegebenen Daten liest man ab:

$$P(A_1) = 0.5 \qquad P(A_2) = 0.4 \qquad P(A_3) = 0.1$$
$$P(B \mid A_1) = 0.03 \quad P(B \mid A_2) = 0.06 \quad P(B \mid A_3) = 0.11$$

Da A_1, A_2 und A_3 eine Zerlegung von $\Omega = A_1 \cup A_2 \cup A_3$ bilden, erhält man:

$$\begin{aligned}
P(B) &= P(B \mid A_1)\, P(A_1) + P(B \mid A_2)\, P(A_2) + P(B \mid A_3)\, P(A_3) \\
&= 0.03 \times 0.5 + 0.06 \times 0.4 + 0.11 \times 0.1 \\
&= 0.05
\end{aligned} \tag{9.84}$$

Der Auschussanteil an der Gesamtproduktion beträgt 5%. M_1 produziert

$$0.5 \times 0.03 = 0.015 \tag{9.85}$$

also 1.5% der fehlerhaften Teile der Gesamtproduktion,

$$M_2 = 0.4 \times 0.06 = 0.024 \tag{9.86}$$

also 2.4% und

$$M_3 = 0.1 \times 0.11 = 0.011 \tag{9.87}$$

also 1.1% defekte Teile der Gesamtproduktion. Daraus ist erkennbar, dass die Maschine 2 den höchsten Anteil fehlerhafter Teile in die Gesamtproduktion liefert, obwohl sie nur 40% zur Gesamtproduktion beiträgt. Letztlich ist die obige Berechnung ein gewogenes arithmetisches Mittel (vgl. [98, Seite 22], [104, Seite 46]).

9.6 Satz von Bayes

Thomas Bayes (1702–1761) behandelte das Problem, welcher Zusammenhang zwischen $P(A \mid B)$ und der inversen Wahrscheinlichkeit $P(B \mid A)$ besteht. Der **Bayessche Satz** geht auf die Definition der bedingten Wahrscheinlichkeiten zurück:

$$P(A \mid B) = \frac{P(B \cap A)}{P(B)} = \frac{P(B \cap A)}{P(A)} \frac{P(A)}{P(B)} = \frac{P(B \mid A)\, P(A)}{P(B)} \tag{9.88}$$

Dies ist bereits der Kern des Bayesschen Satzes. Die eigentliche Bedeutung erhält der Satz von Bayes aber erst, wenn man Ω in disjunkte Ereignisse $A_1, \ldots, A_n$

zerlegt. $P(B)$ ist dann durch den Satz der totalen Wahrscheinlichkeit zu berechnen; man erhält als Ergebnis:

$$P(A_i \mid B) = \frac{P(B \mid A_i)\, P(A_i)}{\sum\limits_{i=1}^{n} P(B \mid A_i)\, P(A_i)} \qquad (9.89)$$

Seine charakteristische Bedeutung erfährt der Satz von Bayes durch die folgende Anwendungsweise (vgl. [19]):

Man besitzt Vorwissen über Zufallsereignisse, die sich in Form von Wahrscheinlichkeiten $P(A_i)$ $(i = 1, \ldots, n)$ angeben lassen. Diese Wahrscheinlichkeiten werden als **a priori Wahrscheinlichkeiten** bezeichnet. Oft handelt es sich dabei um subjektive Wahrscheinlichkeiten (Einschätzungen). Ist die Wahrscheinlichkeit für das Ereignis B nun abhängig von dem Eintreten des Ereignisses A_i, so kann die Wahrscheinlichkeit dafür, dass bei Durchführung des Experiments ein Ereignis B eintritt, nur als bedingte Wahrscheinlichkeit $P(B \mid A_i)$, unter der Bedingung, dass der Zustand A_i vorliegt, angegeben werden. Man nennt die bedingte Wahrscheinlichkeit $P(B \mid A_i)$ auch die Experiment- oder Modellwahrscheinlichkeit. Sie muss für jedes i bestimmbar sein. Nach Durchführung des Versuchs wird das Ereignis B beobachtet. Mit Hilfe des Satzes von Bayes lassen sich dann die bedingten Wahrscheinlichkeiten $P(A_i \mid B)$ bestimmen. Sie heißen **a posteriori Wahrscheinlichkeiten** und können als Verbesserung der a priori Wahrscheinlichkeiten $P(A_i)$ mittels der Beobachtung des Ereignisses B interpretiert werden. Man lernt durch die Beobachtung gemäß des Satzes von Bayes hinzu.

Beispiel 9.15. Fortsetzung von Beispiel 9.14 (Seite 215): Die Wahrscheinlichkeit, dass ein zufällig ausgewähltes Stück von einer der 3 Maschinen ist, ist $P(A_1) = 0.5$, $P(A_2) = 0.4$ und $P(A_3) = 0.1$. Nun wird aus der Gesamtproduktion zufällig ein Stück gezogen, das defekt ist. Wie groß ist die Wahrscheinlichkeit, dass dieses Stück von der Maschine M_i stammt?

In dieser Situation ist das Ereignis B eingetreten. Gesucht ist die bedingte Wahrscheinlichkeit von A_i unter der Bedingung B. Die a priori Wahrscheinlichkeit $P(A_i)$ wird um die Beobachtung B verbessert.

$$P(A_1 \mid B) = \frac{0.03 \times 0.5}{0.05} = 0.3 \qquad (9.90)$$

$$P(A_2 \mid B) = \frac{0.06 \times 0.4}{0.05} = 0.48 \qquad (9.91)$$

$$P(A_3 \mid B) = \frac{0.11 \times 0.1}{0.05} = 0.22 \qquad (9.92)$$

Mittels dieser a posteriori Wahrscheinlichkeiten könnte nun z. B. eine Investitionsentscheidung getroffen werden, um den Ausschussanteil in der Gesamtproduktion zu reduzieren. Es sollte die Maschine 2 ersetzt werden, da sie bei dieser Produktionsstruktur am stärksten die Gesamtproduktion mit fehlerhaften Teilen beliefert.

Beispiel 9.16. Die im Beispiel 9.13 (Seite 214) hergestellten Zusammenhänge sind das Bayes Theorem.

$$P(B^* \mid B) = \frac{P(B \mid B^*)\, P(B^*)}{P(B)} \tag{9.93}$$

Der Anteil der blauen Taxis (und der grünen Taxis) wird als sog. Vorinformation bezeichnet. Sie stehen vor der Zeugenbeobachtung fest (siehe Tabelle 9.1). $P(B \mid B^*)$ wird als beobachtete Information bezeichnet. Die Zeugenaussage, dass es ein blaues Taxi war, verändert die Vorinfomation, die a priori Wahrscheinlichkeit. Es wird also die Vorinformation mit der Beobachtung gewichtet. Dieser Zusammenhang wird durch das Bayes Theorem beschrieben.

Tabelle 9.1. Wahrscheinlichkeit der Zeugenaussage

	B	$\overline{B}$	Vorinf.
B^*	$0.8 \times \frac{5}{30}$	$0.2 \times \frac{5}{30}$	$\frac{5}{30}$
$\overline{B}^*$	$0.2 \times \frac{25}{30}$	$0.8 \times \frac{25}{30}$	$\frac{25}{30}$
$\sum$	$\frac{9}{30}$	$\frac{21}{30}$	1

In den Zellen der Tabelle 9.1 stehen die gemeinsamen Wahrscheinlichkeiten, also die gewichteten Vorinformationen z. B. $P(B^* \cap B) = 0.8 \times 5/30 = 4/30$. In der letzten Zeile stehen die totalen Wahrscheinlichkeiten von den Ereignissen B bzw. $\overline{B}$. Um wieder eine Wahrscheinlichkeit zu erhalten, muss die gewichtete Vorinformation mit der totalen Wahrscheinlichkeit normiert werden.

$$P(B^* \mid B) = \frac{5/30 \times 0.8}{9/30} = \frac{4}{9} \tag{9.94}$$

Aufgrund der Zeugenaussage ist die Wahrscheinlichkeit, dass das blaue Taxi den Unfall verursacht hat von $5/30$ auf $4/9$ gestiegen. Man hat also durch die Beobachtung erheblich dazu gelernt, aber nach allgemeinem Rechtsempfinden reicht dies noch nicht aus, da die Irrtumswahrscheinlichkeit größer als die Trefferwahrscheinlichkeit ist.

Beispiel 9.17. Medizinische Diagnosen sind nicht immer absolut zuverlässig, sondern mit gewissen Fehlern gestellt. So werden Kranke (K^*) nicht immer als krank (K) (falsch negativ) und Gesunde ($\overline{K}^*$) fälschlich als krank (falsch positiv) eingestuft. Es handelt sich also um bedingte Wahrscheinlichkeiten, die hier

$$P(\overline{K} \mid K^*) = 0.10 \quad \text{(falsch negativ)} \tag{9.95}$$

$$P(K \mid \overline{K}^*) = 0.01 \quad \text{(falsch positiv)} \tag{9.96}$$

betragen sollen. K bzw. $\overline{K}$ steht für das Diagnoseergebnis einer zufällig ausgewählten Person und K^* bzw. $\overline{K}^*$ steht für das Ereignis, dass eine zufällig ausgewählte

Person tatsächlich krank bzw. gesund ist. Von der betrachteten Krankheit seien 1% ($P(K^*) = 0.01$) der Bevölkerung betroffen. Dann gilt:

$$P(K^* \mid K) = \frac{P(K \mid K^*)\, P(K^*)}{P(K \mid K^*)\, P(K^*) + P(K \mid \overline{K}^*)\, P(\overline{K}^*)}$$
$$= \frac{0.90 \times 0.01}{0.90 \times 0.01 + 0.01 \times 0.99} = 0.476 \qquad (9.97)$$

Etwa nur die Hälfte der nach dem Test als krank eingestuften Personen wären auch tatsächlich krank. Hier wirkt die geringe Zahl der in der Bevölkerung erkrankten (vgl. [101, Seite 79]).

Beispiel 9.18. Ein wahrscheinlichkeitstheoretisches Problem, was immer wieder für Gespräche sorgt, ist das so genannte Ziegenproblem ([70, Seite 90]). Hierbei handelt es sich um folgendes: Eine Person hat 3 Türen zur Auswahl. Hinter einer Tür ist ein Auto verborgen, das zu gewinnen ist; hinter den anderen beiden Türen steht jeweils eine Ziege. Der Kandidat darf sich eine Tür aussuchen, hinter der er das Auto vermutet. Der Moderator, der die Situation hinter den Türen kennt, öffnet eine der verbleibenden zwei Türen, hinter der eine Ziege steht. Es sind also noch zwei Türen verschlossen. Der Kandidat darf nun noch einmal entscheiden, hinter welcher der beiden geschlossenen Türen er das Auto vermutet. Soll er wechseln, um seine Chance, das Auto zu gewinnen, zu erhöhen?

Zu Beginn des Spiels beträgt die Wahrscheinlichkeit, dass Auto zu gewinnen

$$P(\text{Auto}) = 1/3 \qquad (9.98)$$
$$P(\text{Ziege}) = 2/3. \qquad (9.99)$$

Nun wird eine Tür geöffnet, hinter der eine Ziege steht. Wie verändert sich die Wahrscheinlichkeit unter dieser Bedingung dafür, dass der Kandidat vor der Tür steht hinter der das Auto verborgen ist? Sie ist gleichgeblieben. Dafür hat sich die Wahrscheinlichkeit, dass das Auto hinter der anderen Tür steht verändert. Wieso?

Nimmt man zunächst an, der Kandidat steht vor der Tür 1 hinter der das Auto steht (Ereignis A_1) und Tür 3 wurde durch den Moderator geöffnet (Ereignis M_3), dann gilt:

$$P(A_1) = P(A_2) = P(A_3) = \frac{1}{3} \qquad (9.100)$$

$$P(A_1 \mid M_3) = \frac{1}{3} = P(A_1) \qquad (9.101)$$

$$P(A_2 \mid M_3) = \frac{2}{3} \qquad (9.102)$$

$$P(A_3 \mid M_3) = 0 \qquad (9.103)$$

Wieso? Die Wahrscheinlichkeit $P(A_3 \mid M_3) = 0$ gilt, weil der Moderator diese Tür geöffnet hat und wusste, dass dahinter eine Ziege steht. Die Wahrscheinlichkeit für $P(A_1 \mid M_3) = P(A_1)$ gilt, weil der Kandidat, so angenommen, die Tür gewählt hat bevor die Tür M_3 geöffnet wurde, daher beträgt die Wahrscheinlichkeit $1/3$. Die Wahrscheinlichkeit, dass das Auto hinter Tür 2 steht, nachdem Tür 3 geöffnet wurde hat sich aber erhöht, weil eben $P(A_3 \mid M_3)$ auf null gesunken ist, nachdem der Moderator diese Tür geöffnet hat, da gelten muss:

$$P(A_1 \mid M_3) + P(A_2 \mid M_3) + P(A_3 \mid M_3) = 1 \qquad (9.104)$$

Mittels des Bayes Theorems stellt sich das Problem wie folgt dar:

$$P(A_1 \mid M_3) = \frac{P(M_3 \mid A_1) \times P(A_1)}{P(M_3)} = \frac{\frac{1}{2} \times \frac{1}{3}}{\frac{1}{2}} = \frac{1}{3} \qquad (9.105)$$

$$P(A_2 \mid M_3) = \frac{P(M_3 \mid A_2) \times P(A_2)}{P(M_3)} = \frac{1 \times \frac{1}{3}}{\frac{1}{2}} = \frac{2}{3} \qquad (9.106)$$

$$P(A_3 \mid M_3) = \frac{P(M_3 \mid A_3) \times P(A_3)}{P(M_3)} = \frac{0 \times \frac{1}{3}}{\frac{1}{2}} = 0 \qquad (9.107)$$

Aus bekanntem Grund gilt $P(M_3 \mid A_3) = 0$. Die Wahrscheinlichkeit für $P(M_3 \mid A_1)$ ist $1/2$, weil der Moderator zwischen Tür 2 und 3 wählen kann, da das Auto hinter der Tür 1 steht. Die Wahrscheinlichkeit für $P(M_3 \mid A_2)$ ist 1, weil unter dieser Bedingung (nun steht das Auto hinter Tür 2, der Kandidat wie angenommen vor Tür 1) der Moderator nur die Tür 3 öffnen kann, wenn er nicht verraten will, wo das Auto steht. Die unbedingte Wahrscheinlichkeit, dass der Moderator Tür 3 öffnet, beträgt $P(M_3) = 1/2$, weil er nur zwischen zwei Türen wählen kann (Tür 2 und Tür 3).

Hieraus ergibt sich die Erkenntnis, der Kandidat sollte wechseln, denn mit $2/3$ zu $1/3$ ist das Auto hinter Tür 2 verborgen, obwohl er im vorliegenden Fall verliert. Der Kandidat verliert mit $1/3$ Wahrscheinlichkeit. Aber langfristig wird er mit der Wechselstrategie in $2/3$ der Fälle ein Auto gewinnen. Dies liegt daran, dass die Entscheidung des Moderators Tür 3 zu öffnen Auswirkungen auf die Wahrscheinlichkeit hat, dass sich das Auto hinter der Tür 2 verbirgt. Die Vorinformation $P(A_i)$ wird mit der Beobachtung, $P(M_3 \mid A_i)$ – vor welche Tür hat sich der Moderator gestellt – gewichtet. Man kann die Situation auch an einem Entscheidungsbaum abtragen (siehe Abbildung 9.2).

9.7 Unabhängige Zufallsereignisse

Es wird der Fall betrachtet, dass für zwei Ereignisse A und B die bedingte Wahrscheinlichkeit von B unter der Bedingung A genauso groß ist wie die unbedingte Wahrscheinlichkeit für B, d. h. $P(B \mid A) = P(B)$. Dann beeinflusst das Eintreten von A nicht die Wahrscheinlichkeit für das Eintreten von B. Man nennt B unabhängig von A. Wenn B unabhängig von A ist, dann ist auch A unabhängig von B. Der Unabhängigkeitsbegriff ist symmetrisch bzgl. A und B.

Definition 9.12. *A und B sind genau dann voneinander* **unabhängig**, *wenn gilt:*

$$P(A \cap B) = P(A)\, P(B) \qquad (9.108)$$

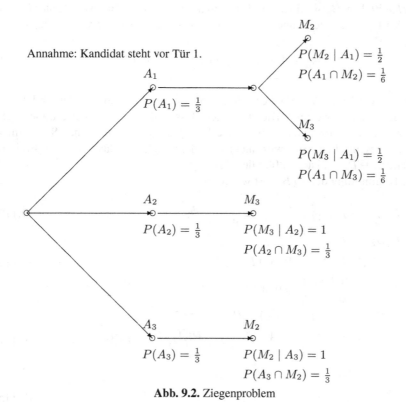

Abb. 9.2. Ziegenproblem

Der Unabhängigkeitsbegriff lässt sich auch auf mehr als zwei Ereignisse verallgemeinern. Die Ereignisse $A_1, \ldots, A_n$ heißen unabhängig, wenn für jede Auswahl von $A_{i_1}, \ldots, A_{i_m}$ aus ihnen gilt:

$$P(A_{i_1} \cap A_{i_2} \cap \ldots \cap A_{i_m}) = P(A_{i_1}) P(A_{i_2}) \times \cdots \times P(A_{i_m}) \qquad (9.109)$$

mit $1 \leq m \leq n$ und $A_{i_j} \neq A_{i_k}$ für alle $i_j \neq i_k$.

Beispiel 9.19. Ein Würfel wird n mal nacheinander geworfen. Wie groß ist die Wahrscheinlichkeit, n-mal hintereinander eine Sechs zu würfeln?

Man kann davon ausgehen, dass die einzelnen Würfe sich gegenseitig nicht beeinflussen. Daher sind die Ereignisse, die verschiedene Würfe betreffen, stets voneinander unabhängig. Es werden die Ereignisse A_i „Beim i-ten Wurf wird eine Sechs erzielt", $i = 1, \ldots, n$ betrachtet. Für jedes i gilt dann: $P(A_i) = 1/6$. Da $A_1, \ldots, A_n$ unabhängig voneinander sind, gilt:

$$P(A_1 \cap A_2 \cap \ldots \cap A_n) = P(A_1) P(A_2) \times \cdots \times P(A_n) = \left(\frac{1}{6}\right)^n \qquad (9.110)$$

Die Wahrscheinlichkeit, n mal hintereinander eine Sechs zu werfen, ist $1/6^n$; sie wird mit größer werdendem n verschwindend klein.

Beispiel 9.20. Mit B_n wird wieder das Ereignis bezeichnet, dass sich „unter den ersten n Würfen mindestens eine Sechs" befindet (siehe Beispiel 9.5, Seite 203).

$$B_n = \bigcup_{k=1}^{n} C_k \rightarrow P(B_n) = \sum_{k=1}^{n} P(C_k) \qquad (9.111)$$

Mit C_k wird das Ereignis bezeichnet, „im k-ten Wurf eine Sechs und $k-1$ mal keine Sechs zu werfen". Dies bedeutet, dass vorher $k-1$ Würfe ohne Sechs erfolgten. Mit dem Ereignis A_i wird wie bisher „das Eintreten einer Sechs im i-ten Wurf" beschrieben. Hier wird nicht berücksichtigt, wie das vorherige Ereignis ausgefallen ist. $P(A_i)$ ist also für alle i 1/6.

Die Bestimmung der $P(B_n)$ ist wie folgt:

$$P(B_1) = P(C_1) = P(A_1) = \frac{1}{6} \qquad (9.112)$$

$$\begin{aligned} P(B_2) &= P(C_1) + P(C_2) \\ &= P(A_1) + P(\overline{A_1})\, P(A_2) \\ &= \frac{1}{6} + \frac{5}{6}\frac{1}{6} = 0.3056 \end{aligned} \qquad (9.113)$$

$$\begin{aligned} P(B_3) &= P(C_1) + P(C_2) + P(C_3) \\ &= P(A_1) + P(\overline{A_1})\, P(A_2) + P(\overline{A_1})\, P(\overline{A_2})\, P(A_3) \\ &= \frac{1}{6} + \frac{5}{6}\frac{1}{6} + \frac{5}{6}\frac{5}{6}\frac{1}{6} = 0.4213 \end{aligned} \qquad (9.114)$$

$$\vdots \qquad (9.115)$$

$$\begin{aligned} P(B_n) &= P(C_1) + \ldots + P(C_n) \\ &= P(A_1) + P(\overline{A_1})\, P(A_2) + \ldots + \prod_{k=1}^{n-1} P(\overline{A_k})\, P(A_n) \end{aligned} \qquad (9.116)$$

Die Berechnung von B_n ist auf diese Weise recht aufwendig. Einfacher geht es über das Komplement von B_n. $\overline{B_n}$ bedeutet „in den ersten n Würfen keine Sechs" zu erhalten.

$$\overline{B_n} = \overline{A_1} \cap \overline{A_2} \cap \ldots \cap \overline{A_n} \qquad (9.117)$$

Es ist zu beachten, dass das Komplement von C_k „im k-ten Wurf keine Sechs" schon bei z. B. $k = 2$ bedeutet: „Im ersten ersten Wurf eine Sechs UND im zweiten keine Sechs" ODER „im ersten UND im zweiten Wurf keine Sechs" ODER „im ersten UND im zweiten Wurf eine Sechs"

$$\overline{C_2} = (A_1 \cap \overline{A_2}) \cup (\overline{A_1} \cap \overline{A_2}) \cup (A_1 \cap A_2) \qquad (9.118)$$

und damit ist die Vereinigung von $\overline{C_k}$ nicht das Komplement von B_n und es gilt auch $\overline{B_n} \neq \bigcap_{k=1}^{n} \overline{C_k}$. Daher kann das Komplement von B_n nicht über die Komplemente von C_k bestimmt werden.

Die Wahrscheinlichkeit für $\overline{B}_n$ ist aufgrund der Unabhängigkeit der $\overline{A}_i$

$$P(\overline{B}_n) = P(\overline{A}_1)\,P(\overline{A}_2) \times \cdots \times P(\overline{A}_n) = \left(\frac{5}{6}\right)^n \tag{9.119}$$

und damit kann, weil B_n und $\overline{B}_n$ disjunkte Ereignisse sind, aus $\overline{B}_n$ auf B_n geschlossen werden.

$$P(B_n) = 1 - P(\overline{B}_n) \tag{9.120}$$

$$= 1 - \left(\frac{5}{6}\right)^n \tag{9.121}$$

Für $n = 3$ ergibt sich so auf einfachere Weise das Ergebnis

$$P(B_3) = 1 - \left(\frac{5}{6}\right)^3 = 0.4213 \tag{9.122}$$

Beispiel 9.21. Mit einem fairen Würfel $P(X = x_i) = 1/6$ mit $x_i = 1, \ldots, 6$ wird zufällig $n-1$ mal hintereinander eine Sechs gewürfelt. Wie hoch ist die Wahrscheinlichkeit, im n-ten Wurf eine Sechs zu würfeln?

Die Wahrscheinlichkeit im n-ten Wurf eine Sechs zu würfeln, ist $P(X = 6) = 1/6$. Die Wahrscheinlichkeit ändert sich nicht dadurch, dass bereits n mal eine Zahl gewürfelt wurde und wenn es, wie in diesem Fall, eine Sechs ist. Der Würfel hat kein Gedächtnis! Es wird hier auch nicht eine bedingte Wahrscheinlichkeit betrachtet, etwa im n-ten Wurf eine Sechs zu würfeln unter der Bedingung, dass bereits $n-1$ mal eine Sechs gewürfelt wurde. Diese Wahrscheinlichkeit ergibt sich aus dem Multiplikationssatz und ist $(1/6)^n$ und wird mit wachsendem n verschwindend klein.

Beispiel 9.22. Wie groß ist die Wahrscheinlichkeit beim Lotto in $13\,983\,816$ Spielen (dies ist die Anzahl der Kombinationen von 6 aus 49) mindestens einen Hauptgewinn (6 Richtige) zu erhalten?

Wird mit A das Ereignis „6 Richtige" bezeichnet, so beträgt die Wahrscheinlichkeit für den Hauptgewinn:

$$P(A) = \frac{1}{13\,983\,816} \tag{9.123}$$

Die Wahrscheinlichkeit in einem Spiel keine 6 Richtigen zu tippen ist folglich:

$$P(\overline{A}) = 1 - P(A) = \frac{13\,983\,815}{13\,983\,816} \tag{9.124}$$

Die gesuchte Wahrscheinlichkeit für das Ereignis „6 Richtige in mindestens einem der $13\,983\,816$ Spiele" zu tippen, das mit dem Ereignis B bezeichnet wird, wird wieder über das Komplement bestimmt. $\overline{B}$ ist folglich das Ereignis in $13\,983\,816$ Spielen keinen Hauptgewinn zu erhalten. Diese Wahrscheinlichkeit ist aufgrund der Unabhängigkeit der einzelnen Spiele leicht über den Multiplikationssatz zu bestimmen.

$$P(\overline{B}) = \prod_{i=1}^{13\,983\,816} P(\overline{A}) = P(\overline{A})^{13\,983\,816} = \left(\frac{13\,983\,815}{13\,983\,816}\right)^{13\,983\,816} \tag{9.125}$$

Da nun aufgrund der disjunkten Ereignisse

$$P(B) = 1 - P(\overline{B}) \tag{9.126}$$

gilt, kann jetzt die gesuchte Wahrscheinlichkeit berechnet werden.

$$P(B) = 1 - P(\overline{A})^{13\,983\,816} = 0.632 \tag{9.127}$$

Sie liegt also nicht bei eins, wie man vielleicht vermutet hätte. Dies liegt daran, dass bei 13 983 816 Spielen auch die gleiche Zahlenfolge wieder auftreten kann. Etwas anderes wäre es, wenn man 13 983 816 Lottoscheine auf einmal erwirbt und alle 13 983 816 verschiedenen Kombinationen ankreuzt und bei einem Spiel abgibt. Dann wird mit Sicherheit ein Hauptgewinn dabei sein.

Beispiel 9.23. Wie groß ist die Wahrscheinlichkeit, dass zwei Personen am gleichen Tag Geburtstag haben? Es werden dazu m Personen zufällig ausgewählt. Das Jahr wird mit $n = 365$ Tagen angenommen. Es wird angenommen, dass jeder Tag des Jahres als Geburtstag gleichmöglich ist. Mit A_m wird das Ereignis bezeichnet, dass mindestens zwei Personen am gleichen Tag Geburtstag haben. Es ist offensichtlich, dass für $m \geq 366$ zwei Personen am gleichen Tag Geburtstag haben müssen. Damit gilt für $m \geq 366$: $P(A_m) = 1$.

Für $m \leq 365$ wird das komplementär Ereignis $\overline{A}_m$ betrachtet, das eintritt, wenn alle m Personen an verschiedenen Tagen Geburtstag haben. Für die erste Person kommen 365, für die zweite 364, für die m-te $365 - m + 1$ Tage infrage. Dies ist eine Variation ohne Wiederholung. Insgesamt können 365^m mögliche Fälle auftreten, da jede Person an einem der 365 Tage Geburtstag haben kann und bei m Personen sind das dann 365^m Möglichkeiten. Dies ist eine Variation mit Wiederholung. Nun folgt für das Eintreten des Ereignisses $\overline{A}_m$

$$P(\overline{A}_m) = \frac{365 \times 364 \times \cdots \times (365 - m + 1)}{365^m} \tag{9.128}$$

und für A_m gilt:

$$P(A_m) = 1 - P(\overline{A}_m) \tag{9.129}$$

Schon für $m = 23$ erhält man das vielleicht überraschende Ergebnis von $P(A_{23}) = 0.507$.

9.8 Übungen

Übung 9.1. In einer Lostrommel mit 1000 gut gemischten Losen befinden sich 10 erste Gewinne (Ereignis A) und 80 zweite Gewinne (Ereignis B). Bestimmen Sie die Wahrscheinlichkeit, einen a) ersten, b) zweiten und c) einen ersten oder zweiten Gewinn zu ziehen.

Übung 9.2. In einer Urne befinden sich 200 Kugeln, von denen 70 grün und die übrigen rot sind. Auf 20 grünen Kugeln und 30 roten Kugeln sind Sterne gemalt. Wie groß ist die Wahrscheinlichkeit, dass eine zufällig gezogene Kugel grün (Ereignis A) oder mit einem Stern (Ereignis B) bemalt ist?

Übung 9.3. Aus einem Spiel mit 32 Karten wird zufällig eine Karte gezogen. Das Ereignis „Kreuz" wird mit A, das Ereignis „As" mit B bezeichnet. Es gilt $P(A) = 0.25$ und $P(B) = 0.125$. Wie groß ist die Wahrscheinlichkeit A oder B zu ziehen?

Übung 9.4. Es wird mit 3 Würfeln gewürfelt. Wie groß ist die Wahrscheinlichkeit dafür, dass die Augensumme mindenstens 4 beträgt?

Übung 9.5. Wie groß muss n sein, damit die Wahrscheinlichkeit, dass sich unter den ersten n Würfen mindestens eine Sechs befindet, größer als 0.9 ist (vgl. [98, Seite 26])?

Übung 9.6. Ist es wahrscheinlicher, bei vier Würfen mit einem Würfel mindestens eine Sechs zu werfen oder bei 24 Würfen mit je zwei Würfeln eine Doppelsechs?[2]

Übung 9.7. Die Wahrscheinlichkeit dafür, dass in einem Werk ein Erzeugnis der Norm genügt, sei 0.9. Ein Prüfverfahren ist so angelegt, dass es für ein der Norm genügendes Stück das Resultat normgerecht mit der Wahrscheinlichkeit 0.95 anzeigt. Für ein Stück, das der Norm nicht genügt, zeigt das Prüfverfahren das Resultat normgerecht mit einer Wahrscheinlichkeit von 0.1 an (vgl. [98, Seite 29]).

1. Wie groß ist die Wahrscheinlichkeit dafür, dass ein unter diesem Prüfverfahren für normgerecht befundenes Stück auch tatsächlich der Norm genügt?
2. Wie groß ist die Wahrscheinlichkeit dafür, dass das Prüfverfahren für dasselbe Stück zweimal unabhängig voneinander das Ergebnis normgerecht anzeigt?

Übung 9.8. Ein medizinischer Test zur Erkennung einer Krankheit K, an der die Bevölkerung zu 5% leide, besitze folgende Eigenschaften: Ist ein Proband an der Krankheit K erkrankt, so zeigt der Test diese (Ereignis B: Test zeigt Erkrankung an) mit einer Wahrscheinlichkeit von 95% an; ist ein Proband nicht an der Krankheit erkrankt ($\overline{K}$), so zeigt der Test mit einer Wahrscheinlichkeit von 10% eine Erkrankung an.

Berechnen Sie die Wahrscheinlichkeit, dass ein zufällig ausgewählter Proband

- an der Krankheit K leidet, obwohl der Test $\overline{B}$ ausweist;
- an der Krankheit nicht leidet ($\overline{K}$), obwohl der Test eine Erkrankung anzeigt (B).

---

[2] Diese Frage stellte der Spieler Chevalier de Méré dem Mathematiker Blaise Pascal. Die Antwort Pascals leitete die Wahrscheinlichkeitsrechnung ein.

10

Zufallsvariablen und Wahrscheinlichkeitsfunktion

Inhaltsverzeichnis

10.1 Zufallsvariablen

In vielen Fällen interessiert man sich bei einem Zufallsexperiment nicht für die Elementarereignisse selbst, sondern für gewisse Funktionen (Merkmale) X der Elementarereignisse ω. Jedem Merkmal $X(\omega)$ wird eine Ausprägung x zugeordnet, bezeichnet mit $X(\omega) = x$ (analog zur deskriptiven Statistik für quantitative Merkmale). Das Merkmal X ist daher eine Abbildung der Elementarereignisse auf den Wertebereich der Funktion $X(\omega)$. Derartige Abbildungen werden Zufallsvariablen genannt, wenn der Wertebereich (die Menge der möglichen Werte von x) die reelle Zahlenmenge ist. Welcher der möglichen Werte von X sich realisieren wird, ist vor der Durchführung des Experiments ungewiss.

Definition 10.1. *Eine messbare Funktion X auf einem Wahrscheinlichkeitsraum*

$$(\Omega, \mathcal{A}, P(\cdot)), \tag{10.1}$$

die jedem Elementarereignis $\omega \in \Omega$ eine reelle Zahl $X(\omega) = x$ aus $\mathcal{A}_X$ zuordnet, also

$$X : \omega \mapsto X(\omega) = x \in \mathcal{A}_X \tag{10.2}$$

heißt **Zufallsvariable.** *Die Werte die die Zufallsvariable annimmt, heißen* **Realisationen** *und werden mit x bezeichnet.*

Der formale Messvorgang, der mit einer Zufallsvariablen erfolgt, wird vollständig mit folgendem Schema beschrieben:

$$(\Omega, \mathcal{A}, P(\cdot)) \xrightarrow{\ X\ } (\mathcal{X}, \mathcal{A}_X, P(X)) \tag{10.3}$$

Die Ereignisse in $\mathcal{A}$, die durch die Ergebnismenge Ω definiert sind, werden mittels der Zufallsvariablen X auf die Ereignisse in $\mathcal{A}_X$ abgebildet, die durch die Ergebnismenge $\mathcal{X}$ bestimmt sind. $\mathcal{X}$ ist die durch die Zufallsvariable transformierte Ergebnismenge Ω. Die Wahrscheinlichkeit $P(X)$ wird nun auf dem Wahrscheinlichkeitsraum $(\mathcal{X}, \mathcal{A}_X, P(X))$ bestimmt. Das Zufallsexperiment $(\Omega, \mathcal{A}, P(\cdot))$ wird also mittels der Zufallsvariablen X in ein neues Zufallsexperiment $(\mathcal{X}, \mathcal{A}_X, P(X))$ transformiert.

Zu einem Zufallsexperiment mit der Ergebnismenge Ω wird eine Zufallsvariable X betrachtet. Die Zufallsvariable ordnet jedem $\omega \in \Omega$ eindeutig eine reelle Zahl $X(\omega)$ zu. Eine Zufallsvariable X ist also eine Größe, die beim Auftreten jedes zufälligen Elementarereignisses ω einen davon abhängigen reellen Wert $X(\omega)$ annimmt. Ist $X(\omega)$ eine **diskrete Zufallsvariable**, so kann sie einzelne Werte aus $\{x_1, x_2, \dots\}$ annehmen. Tritt ein Ereignis ω mit $X(\omega)$ ein, dann wird mit $P(X(\omega))$ die Wahrscheinlichkeit bezeichnet, dass $X(\omega) = x$ eintritt (vgl. [77]).

$$P(X = x_i) = P(\{\omega \mid X(\omega) = x_i\}) \tag{10.4}$$

Beispiel 10.1. Beim Werfen eines Würfels möge nur von Interesse sein, ob eine gerade oder ungerade Augenzahl fällt. Das Merkmal X besitzt die beiden Ausprägungen „gerade" und „ungerade" und ist eine Zufallsgröße, die $\Omega = \{1, \dots, 6\}$ auf den Wertebereich gerade, ungerade abbildet. Oft werden solche Ausprägungen mehr oder weniger künstlich durch Zahlen symbolisiert. So könnte man hier das Ereignis A „gerade Augenzahl" durch 0 und $\overline{A}$ „ungerade Augenzahl" durch 1 ausdrücken. Dann wird X zu einer Zufallsvariablen mit dem Wertebereich $\{0, 1\}$ und Ω wird folgendermaßen abgebildet: $X(2) = X(4) = X(6) = 1$ und $X(1) = X(3) = X(5) = 0$. In der ursprünglichen Ergebnismenge sind nur noch die beiden Ereignisse $A = \{2, 4, 6\}$ und $\overline{A} = \{1, 3, 5\}$ wichtig. Auf A nimmt X den Wert 1 an, auf $\overline{A}$ den Wert 0. Für die Wahrscheinlichkeit, dass X den Wert 0 annimmt schreibt man $P(X = 0)$; es gilt $P(X = 0) = P(\overline{A}) = 0.5$. Entsprechend ist $P(X = 1) = P(A) = 0.5$.

$$\bigl(\Omega = \{1,\ldots,6\}, \mathcal{A}, P(\cdot)\bigr) \xrightarrow{\;X\;}$$

$$\bigl(\mathcal{X} = \{0,1\}, \mathcal{A}_X = \{\{\emptyset\}, \{A\}, \{\overline{A}\}, \{\Omega\}\}, P(X)\bigr) \quad (10.5)$$

Beispiel 10.2. Beim Werfen zweier verschiedener Würfel (oder eines zweimal geworfenen Würfels) möge nur die Summe der erzielten Augen eine Rolle spielen. Das Merkmal X besitzt 11 Ausprägungen: 2, 3, ..., 12. Die Zufallsvariable X ordnet dem Ereignis $\omega = (i,j)$ den Wert $i + j$ zu. Die 36 möglichen Ereignisse lassen sich also darstellen als $X(\omega) = X\bigl((i,j)\bigr) = i + j$. Die Ergebnismenge Ω besteht aus 36 gleichwahrscheinlichen Elementarereignissen $\omega = (i,j)$.

$$P(X = 2) = P\bigl(\{(1,1)\}\bigr) = P(X = 12) = P\bigl(\{(6,6)\}\bigr) = \frac{1}{36} \quad (10.6)$$

$$P(X = 3) = P\bigl(\{(1,2),(2,1)\}\bigr)$$
$$= P(X = 11) = P\bigl(\{(5,6),(6,5)\}\bigr) = \frac{2}{36} \quad (10.7)$$

$$P(X = 4) = P\bigl(\{(1,3),(2,2),(3,1)\}\bigr) = P(X = 10) = \frac{3}{36} \quad (10.8)$$

$$P(X = 5) = P(X = 9) = \frac{4}{36} \quad (10.9)$$

$$P(X = 6) = P(X = 8) = \frac{5}{36} \quad (10.10)$$

$$P(X = 7) = P\bigl(\{(1,6),(2,5),(3,4),(4,3),(5,2),(6,1)\}\bigr) = \frac{6}{36} \quad (10.11)$$

Die Zufallsvariable beschreibt hier also folgende Abbildung:

$$\bigl(\Omega = \{1,\ldots,36\}, \mathcal{A}, P(\cdot)\bigr) \xrightarrow{\;X\;}$$

$$\bigl(\mathcal{X} = \{2,\ldots,12\}, \mathcal{A}_X = \{\{\emptyset\}, \{2\}, \ldots, \{12\}\}, P(X)\bigr) \quad (10.12)$$

Ist $X(\omega)$ eine **stetige Zufallsvariable**, wird der Wert von $X(\omega)$ durch ein Intervall

$$a < X < b \quad (10.13)$$

angegeben, da der Abstand zwischen zwei reellen Zahlen gegen null geht. Die Werte, die die Zufallsvariable annehmen kann, sind nicht abzählbar. Die Wahrscheinlichkeit für $X(\omega)$ kann daher nur in einem Intervall angegeben werden: $P(a < X(\omega) < b)$, wobei a und b die Unter- und Obergrenze des Intervalls sind. Es ist dabei unerheblich, ob die Unter- bzw. Obergrenze ein- oder ausgeschlossen werden, da bei stetigen Zufallsvariablen $P(X = x_i) = 0$ gilt. Wird das Intervall mit der Menge B bezeichnet, so lässt sich die Wahrscheinlichkeit für ein Ereignis in B auch angeben mit:

$$P(a < X < b) = P(X \in B) = P\bigl(\{\omega \mid X(\omega) \in B\}\bigr) \quad (10.14)$$

Beispiel 10.3. Die Füllmenge in Flaschen in einer Abfüllanlage weiche zufällig von der Sollmenge 1 Liter ab. Die Abweichung wird mit der Zufallsvariablen X (Messeinheit 1 ml) bezeichnet. Da das Merkmal stetig ist, kann die Wahrscheinlichkeit für eine bestimmte Abweichung nur als Intervall angegeben werden, z. B.

$$P(-10 < X < 10) \hspace{4cm} (10.15)$$

Die Wahrscheinlichkeit für z. B. $P(X = 1)$ ist wie für alle anderen möglichen Werte null.

Insgesamt bestehen in dem Messvorgang große Ähnlichkeiten zwischen den Eigenschaften metrisch messbarer Merkmale in der deskriptiven Statistik und zwischen den Eigenschaften von Zufallsvariablen, die bewusst durch die Wahl der Symbolik unterstützt werden. Die Ausprägungen $\mathcal{A}_X$ eines Merkmals entsprechen hier der Ereignisalgebra $\mathcal{A}_X$ der Zufallsvariablen. Die den Ausprägungen zugeordneten relativen Häufigkeiten $f(x_j)$ können unter bestimmten Voraussetzungen als Wahrscheinlichkeiten $P(X = x_i)$ interpretiert werden.

10.2 Wahrscheinlichkeitsfunktion

10.2.1 Wahrscheinlichkeitsfunktion einer diskreten Zufallsvariablen

Definition 10.2. *Für eine diskrete Zufallsvariable heißt die Funktion*

$$f_X(x_i) = P(X = x_i), \hspace{3cm} (10.16)$$

die jedem x_i die Wahrscheinlichkeit $f_X(x_i)$ zuordnet, **diskrete Wahrscheinlichkeitsfunktion**.

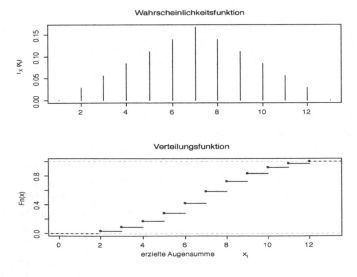

Abb. 10.1. Wahrscheinlichkeits- und Verteilungsfunktion für „erzielte Augensumme beim Werfen zweier Würfel"

Der Funktion wird hier das Symbol X angehängt, um zu verdeutlichen, dass es sich um eine Wahrscheinlichkeitsfunktion handelt. Aufgrund der Wahrscheinlichkeitsdefinition von von Mises kann $f_X(x_i)$ auch durch relative Häufigkeiten $f(x_i)$ beschrieben werden. Die Wahrscheinlichkeitsfunktion kann in Form eines Histogramms oder Stabdiagramms grafisch dargestellt werden.

Beispiel 10.4. Für die Wahrscheinlichkeiten aus Beispiel 10.2 (siehe Seite 229) ergibt sich folgende Wahrscheinlichkeitsfunktion (siehe Stabdiagramm in Abbildung 10.1, obere Grafik):

$$
f_X(x) = \begin{cases}
0 & \text{für } x < 2 \\
\frac{1}{36} & \text{für } x = 2 \\
\frac{2}{36} & \text{für } x = 3 \\
\frac{3}{36} & \text{für } x = 4 \\
\frac{4}{36} & \text{für } x = 5 \\
\frac{5}{36} & \text{für } x = 6 \\
\frac{6}{36} & \text{für } x = 7 \\
\frac{5}{36} & \text{für } x = 8 \\
\frac{4}{36} & \text{für } x = 9 \\
\frac{3}{36} & \text{für } x = 10 \\
\frac{2}{36} & \text{für } x = 11 \\
\frac{1}{36} & \text{für } x = 12
\end{cases}
\tag{10.17}
$$

Der empirischen Verteilungsfunktion eines Merkmals in der deskriptiven Statistik entspricht in der induktiven Statistik die Verteilungsfunktion einer Zufallsvariablen.

Definition 10.3. *Gegeben sei eine diskrete Zufallsvariable X mit der Wahrscheinlichkeitsfunktion $f_X(x_i)$. Die Funktion*

$$
F_X(x) = P(X \le x) = \sum_{x_i \le x} f_X(x_i)
\tag{10.18}
$$

heißt **diskrete Verteilungsfunktion** *von X.*

Die Verteilungsfunktion gibt die Wahrscheinlichkeit dafür an, dass die Zufallsvariable X höchstens den Wert x annimmt: $P(X \le x)$. Die Verteilungsfunktion F_X einer Zufallsvariablen besitzt folgende Eigenschaften:

- F_X ist monoton steigend. Dies folgt aus dem sukzessiven Aufaddieren der Wahrscheinlichkeiten. Wahrscheinlichkeiten können keine negativen Werte annehmen.
- F_X ist rechtsseitig stetig, d. h. wenn an der Stelle x eine Sprungstelle vorliegt, dann nimmt die Verteilungsfunktion den Wert an, der zu der oberen (rechten) Sprunggrenze gehört.

- Ferner gilt: $\lim\limits_{x \to -\infty} F_X(x) = 0,\ \lim\limits_{x \to +\infty} F_X(x) = 1.$

Beispiel 10.5. Beim Werfen zweier Würfel ergibt sich aus der Wahrscheinlichkeits-funktion aus Beispiel 10.2 (siehe Seite 229) folgende Verteilungsfunktion (siehe Abbildung 10.1, untere Grafik):

$$F_X(x) = \begin{cases} 0 & \text{für } x < 2 \\ \frac{1}{36} & \text{für } x \le 2 \\ \frac{3}{36} & \text{für } x \le 3 \\ \frac{6}{36} & \text{für } x \le 4 \\ \frac{10}{36} & \text{für } x \le 5 \\ \frac{15}{36} & \text{für } x \le 6 \\ \frac{21}{36} & \text{für } x \le 7 \\ \frac{26}{36} & \text{für } x \le 8 \\ \frac{30}{36} & \text{für } x \le 9 \\ \frac{33}{36} & \text{für } x \le 10 \\ \frac{35}{36} & \text{für } x \le 11 \\ 1 & \text{für } 12 \le x \end{cases} \qquad (10.19)$$

Die Wahrscheinlichkeit z. B. eine Zahl $x \le 3$ zu würfeln ist gleich der Wahrscheinlichkeit:

$$P(X \le 3) = F_X(3) = P(X = 2) + P(X = 3) = \frac{3}{36} \qquad (10.20)$$

10.2.2 Wahrscheinlichkeitsfunktion einer stetigen Zufallsvariablen

Eine stetige Zufallsvariable kann jeden Wert innerhalb eines (endlichen oder unendlichen) Zahlenintervalls annehmen. Die Verteilung einer stetigen Zufallvariablen X kann nicht mehr durch die Wahrscheinlichkeiten $P(X = x)$ bestimmt werden, da diese stets null sind. Bei unendlich nahe beieinander liegenden Ereignissen (stetig), ist die Wahrscheinlichkeit, dass genau das Ereignis x eintritt unendlich klein; denn der Abstand zum nächsten Ereignis ist unendlich klein und damit nicht unterscheidbar zum Vorhergehenden. Die Ereignisse liegen immer innerhalb eines Intervalls der Länge $b - a$ und die Wahrscheinlichkeiten werden durch $P(a < X < b)$ angegeben. Diese Wahrscheinlichkeiten werden für stetige Zufallsvariablen durch so genannte Dichtefunktionen festgelegt.

Definition 10.4. *Die* **Dichtefunktion** *(stetige Wahrscheinlichkeitsfunktion)* $f_X(x) \ge 0$ *einer stetigen Zufallsvariablen* X *ist eine intervallweise stetige Funktion, für die gilt:*

$$\int_{-\infty}^{+\infty} f_X(x)\,dx = 1 \qquad (10.21)$$

Die Wahrscheinlichkeit, dass x zwischen a und b liegt, ist gleich der Fläche unterhalb der Dichtefunktion zwischen den Grenzen a und b (siehe Abbildung 10.3).

$$P(a < X < b) = \int_a^b f_X(x)\,dx \tag{10.22}$$

Aus der Interpretation der Wahrscheinlichkeit als Fläche unterhalb der Dichtefunktion über einem Intervall (bestimmtes Integral) folgt, dass die Wahrscheinlichkeit dafür, dass eine stetige Zufallsvariable einen bestimmten vorgegebenen Wert x_0 annimmt, gleich Null ist.

$$P(X = x_0) = \int_a^a f_X(x)\,dx = 0 \tag{10.23}$$

Das Intervall weist dann die Länge null aus.

Definition 10.5. *Gegeben sei eine stetige Zufallsvariable X mit der Dichtefunktion* $f_X(x)$.

$$F_X(x) = P(X < x) = \int_{-\infty}^x f_X(\xi)\,d\xi \tag{10.24}$$

heißt **stetige Verteilungsfunktion** *von X.*

Die Ableitung der Verteilungsfunktion $F_X'(x)$ ist die Wahrscheinlichkeits- oder Dichtefunktion $f_X(x)$:

$$F_X'(x) = \lim_{\Delta x \to 0} \frac{\Delta F_X(x)}{\Delta x} = f_X(x) \tag{10.25}$$

$F_X'(x)$ hat eine einfache Interpretation: $\Delta F_X(x)$ kann als die Fläche (Wahrscheinlichkeit) in dem Intervall Δx von $f_X(x)$ gesehen werden, so dass der Quotient $\Delta F_X(x)/\Delta x$ als die durchschnittliche Dichte (Wahrscheinlichkeit) in dem Intervall Δx interpretierbar ist. Diese Interpretation wurde schon für das **Histogramm** in der deskriptiven Statistik angewendet. Ist das Intervall links unbegrenzt $(-\infty, x)$, so entspricht der Wahrscheinlichkeit $P(X < x) = F_X(x)$ die Fläche unter der Dichtefunktion von $-\infty$ bis zur Stelle x (siehe Abbildung 10.2).

Ist das Intervall nach beiden Seiten begrenzt (a, b), so repräsentiert die Fläche zwischen a und b unter der Dichtefunktion die Wahrscheinlichkeit für

$$P(a < X < b) = \int_a^b f_X(x)\,dx = F_X(b) - F_X(a) \tag{10.26}$$

(siehe Abbildung 10.3).

Beispiel 10.6. Es sei die Dichtefunktion

$$f_X(x) = \begin{cases} \frac{1}{2} & \text{für } 3 < x < 5 \\ 0 & \text{sonst} \end{cases} \tag{10.27}$$

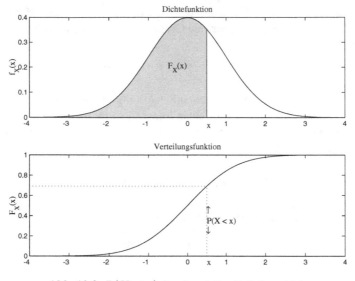

Abb. 10.2. $P(X < x)$ für eine stetige Zufallsvariable

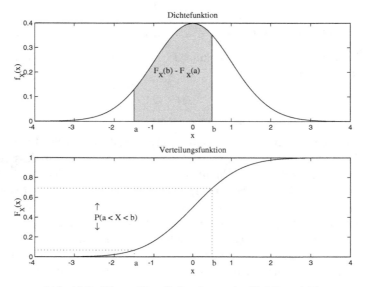

Abb. 10.3. $P(a < X < b)$ für eine stetige Zufallsvariable

gegeben. Als Verteilungsfunktion erhält man dazu für $3 < x < 5$

$$F_X(x) = \int_{-\infty}^{x} f_X(\xi)\, d\xi = \int_{3}^{x} \frac{1}{2}\, d\xi = \frac{1}{2}\, \xi \Big|_{3}^{x} = \frac{1}{2}\, x - \frac{3}{2} \tag{10.28}$$

Für $x < 3$ ist $F_X(x) = 0$ und für $x \geq 5$ ist $F_X(x) = 1$. Als Verteilungsfunktion erhält man somit

$$F_X(x) = \begin{cases} 0 & \text{für } x < 3 \\ \frac{1}{2}x - \frac{3}{2} & \text{für } 3 < x < 5 \\ 1 & \text{für } x > 5. \end{cases} \qquad (10.29)$$

In Abbildung 10.4 ist die Dichte- und Verteilungsfunktion der Rechteckverteilung mit den obigen Werten wiedergegebenen.

Definition 10.6. *Die obige Verteilung wird als* **Rechteck- oder stetige Gleichverteilung** *bezeichnet und auch mit* $X \sim Re(a,b)$ *abgekürzt. Die Dichtefunktion besitzt folgende allgemeine Form:*

$$f_X(x) = \begin{cases} \frac{1}{b-a} & \text{falls } a < x < b \\ 0 & \text{sonst} \end{cases} \qquad (10.30)$$

Aus der Integration der Dichtefunktion $f_X(x)$ *ergibt sich die Verteilungsfunktion der Rechteckverteilung:*

$$F_X(x) = \begin{cases} 0 & \text{falls } x < a \\ \frac{x-a}{b-a} & \text{falls } a < x < b \\ 1 & \text{falls } x > b \end{cases} \qquad (10.31)$$

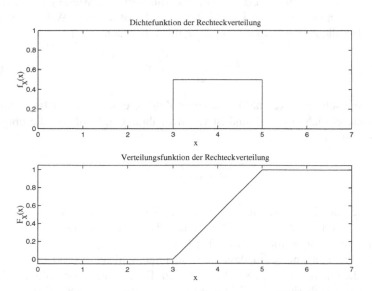

Abb. 10.4. Dichte- und Verteilungsfunktion der Rechteckverteilung

Beispiel 10.7. **Benfordsches Gesetz** (vgl. [11], [35], [70, Seite 66ff], [86]): Wie häufig treten die Anfangsziffern $1, \ldots, 9$ auf? bzw. Wie groß ist die Wahrscheinlichkeit dafür, dass eine Zahl mit einer Anfangsziffer $k = 1, \ldots, 9$ beobachtet wird?

Um dies zu beantworten, wird ein Zufallsexperiment betrachtet, bei dem aus sehr vielen zufällig ausgewählten Zahlen jeweils die erste Ziffer notiert wird. Einzige Voraussetzung ist, dass die Zahlen nicht aus einem Zufallsprozess stammen, der nur eine beschränkte Zahlenmenge liefert, wie z. B. nur die Zahlen von 1 bis 49.

Die Zufallsvariable X bezeichne eine ausgewählte Zahl. Es lässt sich nun folgende Überlegung anstellen: Die erste Ziffer der Zufallszahl X ist genau dann eine 1, wenn X zwischen einer Zehnerpotenz und dem doppelten einer Zehnerpotenz liegt:

$$10^n \leq X < 2 \times 10^n, n \in \mathbb{N} \cup 0 \tag{10.32}$$

Die erste Ziffer von X ist eine 2, wenn X zwischen dem doppelten und dem dreifachen einer Zehnerpotenz liegt:

$$2 \times 10^n \leq X < 3 \times 10^n \tag{10.33}$$

Für $n = 1$ gilt $10 \leq X < 20$; für $n = 2$ gilt $100 \leq X < 200$ usw. Allgemein kann nun für die erste Ziffer $k = 1, \dots, 9$ mit $n \in \mathbb{N} \cup 0$ angegeben werden:

$$k \times 10^n \leq X < (k+1) \times 10^n$$
$$k \leq \frac{X}{10^n} < (k+1) \tag{10.34}$$

Aus der Umformung ist ersichtlich, dass die Vorkommastelle gleich der ersten Ziffer von X ist und zwischen k und $k + 1$ liegt. Es ist nach der Wahrscheinlichkeit gesucht, dass die Anfangsziffer k bei der Zahl X beobachtet wird:

$$P\left(k \leq \frac{X}{10^n} < k+1\right) \tag{10.35}$$

Die Wahrscheinlichkeit dafür, dass eine Zahl X eine Anfangsziffer k aufweist, hängt offensichtlich von k ab und ist von n unabhängig. Wird nun die obige Gleichung logarithmiert,

$$\log k \leq \underbrace{\log X - n}_{Y} < \log(k+1) \tag{10.36}$$

so liegt die neue Zufallsvariable $Y = \log X - n$ zwischen 0 und 1: Denn es gilt $\max(k) = 9$ und somit $\max(k+1) = 10$ und damit $\max\left(\log(k+1)\right) = 1$. Ferner gilt $\min(k) = 1$ und somit $\min(\log k) = 0$.

Es wird nun angenommen, dass die Wahrscheinlichkeit, dass eine beliebige Zahl y eintritt, die Dichtefunktion $f_Y(y) = 1$ besitzt. Dies bedeutet, dass für eine beliebige Zahl X mit Sicherheit eine Zahl y existiert. Die Zufallsvariable Y wird somit als gleichverteilt mit $a = 0$ und $b = 1$ angenommen:

$$F_Y(y) = \int_0^y f_Y(\xi)\,d\xi \int_0^y 1\,d\xi = y = \log x - n \tag{10.37}$$

Damit gilt für die Wahrscheinlichkeit, dass X zwischen k und $k + 1$ liegt:

$$P\big(\log k \le Y < \log(k+1)\big) = F_Y\big(\log(k+1)\big) - F_Y(\log k)$$
$$= \log(k+1) - \log(k)$$
$$= \log\left(1 + \frac{1}{k}\right) \tag{10.38}$$

Die Wahrscheinlichkeit, dass $k = 1$ die erste Ziffer der Zufallszahl X ist beträgt:

$$P(\log 1 \le Y < \log 2) = 0.3010 \tag{10.39}$$

Die Wahrscheinlichkeit für $k = 2$ als erste Ziffer beträgt:

$$P(\log 2 \le Y < \log 3) = \log 3 - \log 2 = 0.1761 \tag{10.40}$$

Dies ist das Benfordsche Gesetz. Die Anfangsziffer 1 tritt rund sechsmal so häufig auf wie die Anfangsziffer 9 (siehe Tabelle 10.1).

Tabelle 10.1. Benfordsches Gesetz

	k								
	1	2	3	4	5	6	7	8	9
$P(Y)$	0.30	0.18	0.13	0.10	0.08	0.07	0.06	0.05	0.05

Wie ist nun das Benfordsche Gesetz zu interpretieren? Aufgrund der relativ größeren Zuwächse bei kleinen als bei großen Zahlen, beispielsweise ist er von 1 auf 2 100%, von 2 auf 3 nur noch 50%, dies wird übrigens näherungsweise durch $\Delta \ln x \approx \Delta/x$ beschrieben, ist es weniger wahrscheinlich große Anfangsziffern zu beobachten. Ein Jahreseinkommen von 10 000 € auf 20 000 € zu steigern wird seltener vorkommen als es von 10 000 € auf 11 000 € anzuheben. Dadurch werden kleine Anfangsziffern häufiger beobachtet als große.

Es gibt Ansätze die mittels des Benfordschen Gesetzes versuchen Zahlenangaben z. B. in Steuererklärungen auf ihre Richtigkeit hin zu überprüfen. Hierbei wird angenommen, dass Unaufrichtige das Benfordsche Gesetz nicht kennen und die Anfangsziffern der gefälschten Zahlen möglichst gleichverteilt vergeben. Dadurch werden diese Steuererklärungen auffällig und einer genaueren Prüfung unterzogen (vgl. [87]).

Beispiel 10.8. Aus einer Preisliste für Naturkost sind die Anfangsziffern der Einzelpreise extrahiert worden, insgesamt 911. Die relativen Häufigkeiten der Anfangsziffern sind in der Abbildung 10.5 abgetragen. Es zeigt sich, dass die Verteilung der Anfangsziffern nur schlecht mit dem Benfordschen Gesetz übereinstimmt (siehe auch Beispiel 17.2, Seite 426). Der Anteil der Einsen ist deutlich zu hoch; der Anteil der Dreien bis Achten niedriger als es das Benfordsche Gesetz ausweist.

Der hohe Anteil der Einsen liegt zum einen darin begründet, dass viele Produkte zwischen ein und zwei Euro kostet. Zum anderen werden viele Produkte, die in diesem Preisbereich liegen in verschiedenen Sorten angeboten. Zum Beispiel Marmelade für 1.71 € wird in 6 verschiedenen Sorten angeboten. Der erhöhte Anteil der Neunen erklärt sich aus der Preisschwelle von einem Euro. Die Zahlen weisen also eine nicht zufällige Struktur auf.

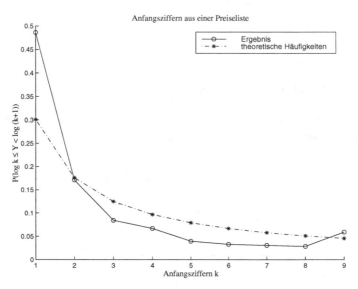

Abb. 10.5. Benfordsches Gesetz

10.3 Verteilungen von transformierten Zufallsvariablen

Häufig wird von einer Zufallsvariablen X, deren Verteilung bekannt ist, eine Verteilung der Funktion von X aus der Fragestellung heraus gesucht. Es wird also die Zufallsvariable X in eine Zufallsvariable $Y = g(X)$ transformiert. Eine solche Fragestellung taucht z. B. bei der Standardisierung (lineare Transformation) von Zufallsvariablen (siehe Kapitel 12.2) oder bei der Erwartungswertbildung (siehe nachfolgendes Kapitel 10.4) auf. An die Funktion $g(X)$ wird dabei die Anforderung gestellt, dass sie differenzierbar und strikt monoton auf dem Definitionsbereich von X ist (vgl. [96, Seite 60]). Dann existiert eine Umkehrfunktion von

$$Y = g(X) \rightarrow X = g^{-1}(Y). \tag{10.41}$$

Für die Verteilungsfunktion von $F_Y(y)$ gilt dann:

$$\begin{aligned} F_Y(y) &= P(Y < y) = P\big(g(X) < y\big) \\ &= P\big(X < g^{-1}(y)\big) = F_X\big(g^{-1}(y)\big) \end{aligned} \tag{10.42}$$

Aus dieser Überlegung ist nun ableitbar, dass wenn X eine diskrete Zufallsverteilung besitzt, auch Y eine diskrete Zufallsverteilung besitzt:

$$f_X(x_i) = P(X = x_i) \Rightarrow f_Y(g(x_i)) = P(Y = g(x_i)) \qquad (10.43)$$

Ist die Zufallsverteilung von X stetig, so besitzt auch Y eine stetige Zufallsverteilung.

$$f_Y(y) = \frac{d}{dy} F_Y(y) = \frac{d}{dy} F_X(g^{-1}(y)) = \left| \frac{d}{dy} g^{-1}(y) \right| f_X(g^{-1}(y)) \qquad (10.44)$$

Die Funktion $g(X)$ sei nun eine lineare Funktion (**lineare Transformation**). Diese Transformation ist für die Standardisierung normalverteilter Zufallsvariablen von großer Bedeutung.

$$Y = g(X) = a\,X + b \qquad (10.45)$$

Sie besitzt die Umkehrfunktion

$$X = g^{-1}(Y) = \frac{Y - b}{a} \qquad (10.46)$$

und die Ableitung

$$\left| \frac{d}{dy} g^{-1}(Y) \right| = \left| \frac{1}{g(X)'} \right| = \left| \frac{1}{a} \right| . \qquad (10.47)$$

Die Verteilungsfunktion der transformierten Zufallsvariable ergibt sich der Gleichung (10.42). Es ist dabei eine diskrete oder stetige Zufallsvariable zugelassen.

$$F_Y(y) = F_X \left(\frac{Y - b}{a} \right) \qquad (10.48)$$

Ist X eine stetige Zufallsvariable, so gilt nach Gleichung (10.44):

$$f_Y(y) = \left| \frac{1}{a} \right| f_X \left(\frac{Y - b}{a} \right) \qquad (10.49)$$

Eine andere häufig verwendete Transformation der Zufallsvariablen ist die sog. **Wahrscheinlichkeitstransformation**. Sie verwendet die Verteilungungsfunktion als Transformation der Zufallsvariablen.

$$Y = g(X) = F_X(x) \qquad (10.50)$$

Für sie ergibt sich

$$X = g^{-1}(Y) = F_X^{-1}(y) \qquad (10.51)$$

die für Y die so genannte **Quantilsfunktion** darstellt (siehe Quantilsfunktion deskriptive Statistik). Für die Verteilungsfunktion von Y gilt dann:

$$F_Y(y) = P(Y < y) = P\big(F_X(x) < y\big)$$
$$= P\big(X < F_X^{-1}(y)\big) = F_X\big(F_X^{-1}(y)\big) = y, \quad 0 \leq y \leq 1 \qquad (10.52)$$

Die Verteilungsfunktion von Y ist gerade eine Rechteckverteilung (Gleichverteilung) in den Grenzen zwischen null und Eins, weil eine Verteilungsfunktion per Konstruktion nur Werte in diesem Intervall annehmen kann und jeder Wert mit gleicher Wahrscheinlichkeit auftritt. Aus dieser Überlegung kann man nun schließen, dass aus einer $(0,1)$-Rechteckverteilung mit der Transformation $X = F_X^{-1}(y)$ die Verteilung von Y erzeugt werden kann, sofern die Umkehrfunktion existiert.

Beispiel 10.9. Es liegen rechteckverteilte Zufallsvariablen vor (siehe mittlere Grafik in Abbildung 10.6), die viele Computerprogramme erzeugen können. Wie kann aus diesen Zufallszahlen z. B. eine linkssteile **Dreiecksverteilung** erzeugt werden? Dazu muss die Transformation $X = F_X^{-1}(y)$ angewendet werden. Die Dichtefunktion der linkssteilen Dreiecksverteilung ist (siehe obere Grafik in Abbildung 10.6):

$$f_X(x) = \begin{cases} \frac{2\,(a+b-x)}{b^2} & \text{für } a \leq x \leq a+b,\, a \in \mathbb{R},\, b > 0 \\ 0 & \text{sonst} \end{cases} \qquad (10.53)$$

Die Verteilungsfunktion ergibt sich aus der Integration der Dichtefunktion über den Definitionsbereich.

$$F_X(x) = \begin{cases} 0 & \text{für } a < 0 \\ 1 - \frac{(a+b-x)^2}{b^2} & \text{für } a \leq x \leq a+b \\ 1 & \text{für } x > a+b \end{cases} \qquad (10.54)$$

Um die Wahrscheinlichkeitstransformation anwenden zu können, muss die Umkehrfunktion, die so genannte Quantilsfunktion, bestimmt werden.

$$F_X^{-1}(y) = a + b - b\sqrt{(1-y)} \quad \text{für } 0 \leq y \leq 1 \qquad (10.55)$$

Die Zufallsvariable Y ist rechteckverteilt (gleichverteilt) zwischen 0 und 1. Die Werte y der Zufallsvariablen werden als die Quantilswerte p interpretiert. Im vorliegenden Beispiel wurden 1000 rechteckverteilte Zufallszahlen mit dem Computer generiert (siehe mittlere Grafik in Abbildung 10.6), um mittels der Transformation (10.55) dreiecksverteilte Zufallsvariablen zu erzeugen. Für die Parameter sind $a = 1$ und $b = 2$ gesetzt worden. In der unteren Grafik in Abbildung 10.6 sind die transformierten Zufallswerte der Variablen y abgetragen. Es ist die Verteilungsfunktion der linkssteilen Dreiecksverteilung. Für beispielsweise $y = 0.5$ erhält man $F_X^{-1}(0.5) = 1.586$. Dies ist gleichbedeutend mit der Aussage: $P(X < 1.586) = 0.5$.

10.4 Erwartungswert

Zur Charakterisierung von Häufigkeitsverteilungen werden in der deskriptiven Statistik Lage- und Streuungsparameter bestimmt. In der induktiven Statistik werden für

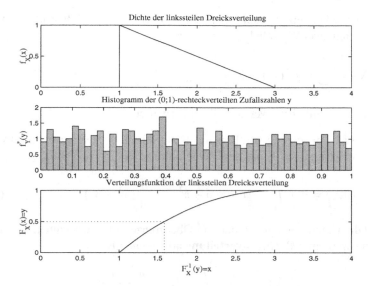

Abb. 10.6. Wahrscheinlichkeitstransformation

die Wahrscheinlichkeitsverteilungen ebenfalls Parameter bestimmt, die die Lage und die Streuung angeben. Der Erwartungswert entspricht dabei einem Mittelwert und repräsentiert die Lage der Verteilung. In der Interpretation ist aber der Erwartungswert nicht nur das Mittel, sondern der wahrscheinlichste Wert. Dies liegt daran, dass mittels der Wahrscheinlichkeitsfunktion jedem Wert innerhalb eines Intervalls eine bestimmte Wahrscheinlichkeit zugeordnet wird. Als Lageparameter wird aber auch der Median verwendet. Als Streuungsparameter wird die Varianz verwendet.

Definition 10.7. *Der* **Erwartungswert** *einer diskreten Zufallsvariablen ist definiert als*

$$E(X) = \sum_{i=1}^{\infty} x_i \, f_X(x_i);$$ (10.56)

der Erwartungswert einer stetigen Zufallsvariable ist definiert als

$$E(X) = \int_{-\infty}^{\infty} x \, f_X(x) \, dx.$$ (10.57)

Der Erwartungswert $E(X)$ wird häufig auch mit μ_X bezeichnet.

Beispiel 10.10. Es wird mit einem Würfel gewürfelt. Die Wahrscheinlichkeit für die Augenzahl x_i beträgt $f_X(x_i) = 1/6$ für $x_1 = 1, \ldots, x_6 = 6$. Für den Erwartungswert ergibt sich:

$$E(X) = \sum_{i=1}^{6} x_i \, f_X(x_i) = \frac{1}{6} + \frac{2}{6} + \frac{3}{6} + \frac{4}{6} + \frac{5}{6} + \frac{6}{6} = 3.5$$ (10.58)

Beispiel 10.11. Fortsetzung von Beispiel 10.2 (Seite 229): Der Erwartungswert für das Werfen mit zwei Würfeln beträgt:

$$E(X) = \sum_{i=2}^{12} x_i\, f_X(x_i) = 2\,\frac{1}{36} + 3\,\frac{2}{36} + 4\,\frac{3}{36} + \ldots + 12\,\frac{1}{36} = 7 \qquad (10.59)$$

Der wahrscheinlichste Wert $x = 7$ wird erwartet.

Beispiel 10.12. Fortsetzung von Beispiel 10.6 (Seite 233): Der Erwartungswert der stetigen Zufallsvariablen X mit der Dichtefunktion $f_X(x) = 0.5$ für $3 \leq x \leq 5$ ist:

$$E(X) = 0.5 \int_3^5 x\, dx = 0.5\, \frac{1}{2}\, x^2 \Big|_3^5 = \frac{1}{4}\,(5^2 - 3^2) = 4 \qquad (10.60)$$

Wird die Untergrenze mit a und die Obergrenze mit b bezeichnet, so kann der Erwartungswert einer **Rechteckverteilung** allgemein mit

$$\begin{aligned} E(X) &= \frac{1}{b-a} \int_a^b x\, dx = \frac{b^2 - a^2}{2\,(b-a)} \\ &= \frac{(b-a)^2 + 2\,a\,(b-a)}{2\,(b-a)} = \frac{a+b}{2} \end{aligned} \qquad (10.61)$$

angegeben werden.

Der Erwartungswert spielt in den Anwendungen der Wahrscheinlichkeitsrechnung und innerhalb der Wirtschaftswissenschaften eine wichtige Rolle. Wenn bei Entscheidungsproblemen die Zielgröße eine Zufallsvariable ist, dann entsteht das Problem eines eindeutigen Entscheidungskriteriums. Solange beispielsweise der Gewinn oder die Kosten in einer eindeutigen Beziehung zu den Entscheidungsvariablen x steht, ist es möglich den maximalen Gewinn oder die minimalen Kosten eindeutig zu bestimmen. Wie soll aber entschieden werden, wenn der Gewinn oder die Kosten Zufallsvariablen sind? Zum Zeitpunkt der Entscheidung weiß man dann nicht, welchen Wert die Zufallsvariable „Gewinn" bzw. „Kosten" annimmt. Daher ist eine Maximierung bzw. Minimierung, wie sie in der Mathematik gelehrt wird, nicht möglich. Ein einfacher Weg ist es, den Erwartungswert des Gewinns bzw. der Kosten zu bestimmen (vgl. [104, Seite 61ff]). In der Betriebswirtschaft existieren eine Reihe von Entscheidungsmodellen unter Unsicherheit (vgl. [100, Kapitel Entscheidungen]). Das Erwartungswertprinzip bewertet die Entscheidungsalternativen der Handelnden risikoneutral (also weder risikoscheu, noch risikofreudig). Inwiefern dies realen Situationen entspricht, muss jeweils an der konkreten Anwendung beurteilt werden. Ferner erfordert das Erwartungswertprinzip, dass eine (Viel-) Zahl gleicher Situationen vorliegt.

Beispiel 10.13. Ein Zeitschriftenverkäufer hat für eine Zeitung die Nachfrageverteilung in Tabelle 10.2 beobachtet, die er auch für die Zukunft annimmt.

Der Einkaufspreis einer Zeitung beträgt 1 €, der Verkaufspreis 3 €. Unverkaufte Zeitungen können nicht zurückgegeben werden. Für einen längeren Zeitraum muss

Tabelle 10.2. Nachfrageverteilung

	Zeitungsnachfrage pro Tag x					
	0	1	2	3	4	> 4
Nachfragewahr-scheinlichkeit $f_X(x)$	0.2	0.3	0.2	0.2	0.1	0

eine feste Anzahl von Zeitungen bestellt werden. Wie viel Zeitungen sollten pro Tag bestellt werden, um den erwarteten Gewinn zu maximieren? Da der Verkäufer unverkaufte Exemplare nicht zurückgeben kann, wird er auf keinen Fall mehr Zeitungen bestellen, als er maximal absetzen kann, d. h. er wird höchstens 4 Stück bestellen. Andererseits kann die abgesetzte Menge nicht größer sein als die eingekaufte Menge. Zur Lösung ist zunächst zu ermitteln, welche alternativen Gewinne $G(X, k)$ der Verkäufer erzielt (Einkauf von k Zeitungen und Absatz von x Zeitungen). Der Gewinn ergibt sich aus der Differenz zwischen Erlös und Kosten:

$$G(X, k) = X \times 3 \, € - k \times 1 \, € \tag{10.62}$$

Tabelle 10.3. mögliche Gewinne $G(X, k)$

nachgefragte Menge x	eingekaufte Menge k				
	0	1	2	3	4
0	0	−1	−2	−3	−4
1	0	2	1	0	−1
2	0	2	4	3	2
3	0	2	4	6	5
4	0	2	4	6	8

Es ist nun die Einkaufsmenge zu bestimmen, bei der der Erwartungswert des Gewinns ein Maximum erreicht (siehe Tabelle 10.3). Bei Einkauf von k Zeitungen bestimmt man den Erwartungswert des Gewinns $E\big(G(k)\big)$ nach der Formel

$$E\big(G(k)\big) = \sum_{x=0}^{4} f_X(x) \, G(x, k), \tag{10.63}$$

wobei mit $f_X(x)$ die Wahrscheinlichkeit für die Nachfrage von x Zeitungen bezeichnet wird (siehe Tabelle 10.4). Das Produkt $f_X(x) \, G(x, k)$ ist der „gewichtete" der möglichen Gewinn für x verkaufte Zeitungen.

Der maximale Erwartungswert wird bei einer Einkaufsmenge von 2 Zeitungen erzielt (vgl. [104, Seite 62]).

Tabelle 10.4. Gewinnerwartung

	eingekaufte Menge k				
	0	1	2	3	4
$E\big(G(k)\big)$	0	1.4	1.9	1.8	1.1

10.5 Modus und Quantil

Wie in der deskriptiven Statistik können auch für Wahrscheinlichkeitsverteilungen die Lageparameter **Modus** und **Median** angegeben werden. Die entsprechenden Definitionen sind dort angegeben (siehe Definition 4.1, Seite 38 und Definition 4.4, Seite 47). Der Übersichtlichkeit wegen werden hier die Formeln wiederholt. Der Modus wird wie folgt bestimmt:

$$x_{mod} = \left\{ x_i \mid \max_i f_X(x_i) \right\}, \quad i \in \mathbb{N} \tag{10.64}$$

Der Median bzw. die **Quantile** werden für diskrete Zufallsvariablen über die folgende Formel bestimmt:

$$x_{(p)} = F_X^{-1}(p) = \left(\min \sum_{x_i \leq x_{(p)}} f_X(x_i) \geq p \right)^{-1} \tag{10.65}$$

Für eine stetige Zufallsvariable muss die Summation durch die Intregration bis zur Stelle $x_{(p)}$ ersetzt werden:

$$x_{(p)} = F_X^{-1}(p) = \int_{-\infty}^{x_{(p)}} f_X(\xi)\, d\xi \tag{10.66}$$

10.6 Varianz

Das wichtigste Streuungsmaß für die Häufigkeitsverteilung eines quantitativen Merkmals in der deskriptiven Statistik ist die Varianz bzw. dessen Wurzel, die Standardabweichung. Dieser Parameter wird auch zur Beschreibung von Wahrscheinlichkeitsverteilungen verwendet.

Definition 10.8. *Die* **Varianz** $Var(X)$ *einer diskreten Zufallsvariablen ist definiert als*

$$Var(X) = \sum_{i=1}^{\infty} \big(x_i - E(X)\big)^2 f_X(x_i) = \sum_{i=1}^{\infty} x_i^2\, f_X(x_i) - \big(E(X)\big)^2 \tag{10.67}$$

und die Varianz einer stetigen Zufallsvariablen ist definiert als

$$Var(X) = \int_{-\infty}^{\infty} \left(x - E(X)\right)^2 f_X(x)\, dx$$

$$= \int_{-\infty}^{\infty} x^2 f_X(x)\, dx - \left(E(X)\right)^2 \tag{10.68}$$

Die Varianz wird häufig auch mit σ_X^2 bezeichnet. Es wird hier die Bezeichnung $Var(X)$ bevorzugt, um deutlicher herauszustellen, dass es sich dabei um eine Funktion einer Zufallsvariablen handelt, ebenso wie $E(X)$. Im weiteren Verlauf des Textes wird aber auch mit der alternativen Schreibweise gearbeitet.

Definition 10.9. *Die Wurzel aus der Varianz heißt* **Standardabweichung**.

$$\sigma_X = +\sqrt{Var(X)} \tag{10.69}$$

Beispiel 10.14. Fortsetzung von Beispiel 10.10 (Seite 241): Die Varianz für die Elementarereignisse eines Würfels ist:

$$Var(X) = \sum_{i=1}^{6} (i - 3.5)^2 \frac{1}{6} = 2.917 \tag{10.70}$$

Die Standardabweichung ist die Quadratwurzel aus 2.917:

$$\sigma_X = \sqrt{2.917} = 1.708 \tag{10.71}$$

Beispiel 10.15. Fortsetzung von Beispiel 10.2 (Seite 229): Für das Werfen mit zwei Würfeln ergibt sich eine Varianz von:

$$Var(X) = \sum_{i=2}^{12} (x_i - 7)^2 f_X(x_i) = \sum_{i=2}^{12} x_i^2 f_X(x_i) - 7^2 \tag{10.72}$$

$$= 2^2 \frac{1}{36} + 3^2 \frac{2}{36} + \ldots + 12^2 \frac{1}{36} - 7^2 = 54.833 - 49 = 5.833$$

$$\sigma_X = \sqrt{5.833} = 2.415 \tag{10.73}$$

Beispiel 10.16. Fortsetzung von Beispiel 10.6 (Seite 233): Die Varianz der Rechteckverteilung mit dem Erwartungswert $E(X) = 4$ ist:

$$Var(X) = \int_3^5 (x - 4)^2 \frac{1}{2}\, dx$$

$$= \frac{1}{2} \int_3^5 x^2\, dx - 4^2 = \frac{1}{2} \frac{1}{3} x^3 \Big|_3^5 - 16 = \frac{1}{3} \tag{10.74}$$

$$\sigma_X = \sqrt{1/3} = 0.5774 \tag{10.75}$$

Allgemein kann die Varianz einer **Rechteckverteilung** mit

$$E(X^2) = \frac{1}{b-a} \int_a^b x^2 \, dx = \frac{1}{b-a} \frac{b^3 - a^3}{3} = \frac{(b-a)^2}{3} + a\,b \qquad (10.76)$$

$$\big(E(X)\big)^2 = \frac{(a+b)^2}{4} \qquad (10.77)$$

$$Var(X) = E(X^2) - \big(E(X)\big)^2 = \frac{(b-a)^2}{3} + a\,b - \frac{(a+b)^2}{4}$$

$$= \frac{(b-a)^2}{12} \qquad (10.78)$$

angegeben werden. In der Gleichung (10.76) ist dabei folgende Erweiterung angewandt worden:

$$b^3 - a^3 = (b-a)^3 + 3\,a\,b\,(b-a) \qquad (10.79)$$

10.7 Erwartungswert und Varianz linear transformierter Zufallsvariablen

10.7.1 Erwartungswert linear transformierter Zufallsvariablen

Wird die Zufallsvariable X durch eine **lineare Transformation** $g(X)$ transformiert, so ist $Y = g(X)$ ebenfalls eine Zufallsvariable dessen Erwartungswert sich allein mit Hilfe der Verteilung von X berechnen lässt.

Allgemein gilt für den Erwartungswert einer transformierten Zufallsvariable $Y = g(X)$:

$$E(Y) = E\big(g(X)\big) = \begin{cases} \displaystyle\sum_{i=1}^{\infty} g(x_i)\, f_X(x_i) & \text{falls } X \text{ diskret} \\[2mm] \displaystyle\int_{-\infty}^{\infty} g(x)\, f_X(x)\, dx & \text{falls } X \text{ stetig} \end{cases} \qquad (10.80)$$

Werden die Zufallsvariablen X_i ($i = 1, \dots, k$) über die lineare Funktion

$$Y = a_1 X_1 + \dots + a_k X_k + b \qquad (10.81)$$

transformiert, so gilt für den Erwartungswert – und zwar unabhängig davon, ob die Zufallsvariablen X_i untereinander abhängig sind oder nicht:

$$E(Y) = a_1 E(X_1) + \dots + a_k E(X_k) + b \qquad (10.82)$$

Die Aussage folgt aus der Überlegung, dass mit den Konstanten a und b gilt:

$$E(b) = \sum_{i=1}^{\infty} b\, f_X(x_i) = b \sum_{i=1}^{\infty} f_X(x_i) = b \qquad (10.83)$$

$$E(a\,X) = \sum_{i=1}^{\infty} a\, x_i\, f_X(x_i) = a \sum_{i=1}^{\infty} x_i\, f_X(x_i) = a\,E(X) \qquad (10.84)$$

Das arithmetische Mittel ist eine lineare Zusammenfassung (Transformation) von n Zufallsvariablen.

Definition 10.10. *Das arithmetische Mittel der Zufallsvariablen X_i*

$$\bar{X} = \frac{1}{n} \sum_{i=1}^{n} X_i \tag{10.85}$$

wird als **Stichprobenmittel** *bezeichnet.*

Beispiel 10.17. Der Erwartungswert von $\bar{X}$ ist bei unterstelltem konstanten Erwartungswert

$$E(X_i) = \mu_X \tag{10.86}$$

gleich:

$$E(\bar{X}) = E\left(\frac{1}{n} \sum_{i=1}^{n} X_i\right) = \frac{1}{n} \sum_{i=1}^{n} E(X_i) = \frac{1}{n} \sum_{i=1}^{n} \mu_X = \mu_X \tag{10.87}$$

Der Erwartungswert des arithmetischen Mittels liefert den wahren wahren Erwartungswert. Dieses Ergebnis wird später noch von großer Bedeutung sein (siehe Kapitel 14).

Die Aussagen in den Gleichungen (10.83) und (10.84) lassen sich auch für stetige Zufallsvariablen treffen. In diesem Fall wird die Summation durch die Integration ersetzt.

10.7.2 Varianz linear transformierter Zufallsvariablen

Für die Varianz linear transformierter Zufallsvariablen gilt, sofern die X_i außerdem paarweise stochastisch unabhängig, sind:

$$Var(Y) = a_1^2 \, Var(X_1) + \ldots + a_k^2 \, Var(X_k) \tag{10.88}$$

Die obige Aussage ergibt sich aus folgender Überlegung. Die Zufallsvariable Y sei $Y = a\,X + b$. Dann ist $Y^2 = (a\,X + b)^2$.

$$Var(Y) = \left(E\left(Y^2\right) - \left(E(Y)\right)^2\right) \tag{10.89}$$

$$E\left(Y^2\right) = a^2 E\left(X^2\right) + 2\,a\,b\,E\left(X\right) + b^2 \tag{10.90}$$

$$E\left(Y\right)^2 = \left(a\,E(X) + b\right)^2 = a^2\,E\left(X\right)^2 + 2\,a\,b\,E(X) + b^2 \tag{10.91}$$

$$Var(Y) = a^2\,E\left(X^2\right) + 2\,a\,b\,E\left(X\right) + b^2 - a^2\,E\left(X\right)^2$$
$$- 2\,a\,b\,E\left(X\right) - b^2 \tag{10.92}$$
$$= a^2\,Var(X)$$

Für den allgemeineren Fall siehe Kapitel 11.4.

Beispiel 10.18. Die **Varianz des Stichprobenmittels** $Var(\bar{X})$

$$\bar{X} = \frac{1}{n} \sum_{i=1}^{n} X_i \tag{10.93}$$

ist, bei unterstellter konstanter Varianz

$$Var(X_i) = \sigma_X^2 \tag{10.94}$$

in einer Stichprobe mit Zurücklegen bzw. unendlich großen Grundgesamtheit gleich:

$$Var(\bar{X}) = \frac{1}{n^2} Var\left(\sum_{i=1}^{n} X_i\right) = \frac{1}{n^2} \sum_{i=1}^{n} Var(X_i) = \frac{1}{n^2} n \sigma_X^2 = \frac{\sigma_X^2}{n} \tag{10.95}$$

Das Ergebnis der Gleichung (10.95) bedeutet, dass mit zunehmender Beobachtungszahl n die Varianz des arithmetischen Mittels abnimmt. Das arithmetische Mittel einer großen Stichprobe liefert danach eine besseren Erwartungswert als der einer kleinen Stichprobe. Dieses Ergebnis wird in späteren Abschnitten noch häufig eingesetzt.

Beispiel 10.19. Der Gewinn setzt sich aus der Differenz von Erlös und Kosten zusammen. Der Erlös sei die Zufallsvariable X_1 und habe den Erwartungswert $E(X_1) = 1\,500$ € und die Varianz $Var(X_1) = 100$ €. Die Kosten sind durch die Zufallsvariable X_2 mit einem Erwartungswert $E(X_2) = 800$ € und einer Varianz $Var(X_2) = 50$ € beschrieben und stochastisch unabhängig vom Erlös ($Cov(X_1, -X_2) = 0$). Dies trifft für die Realität in der Regel nicht zu, da mit Variation des Absatzes auch die Kosten variieren.

Der Gewinn kann als eine linear transformierte Zufallsvariable Y aus Erlös X_1 minus Kosten X_2 geschrieben werden. Der Erwartungswert des Gewinns $E(Y)$ beträgt damit

$$E(Y) = 1\,500 - 800 = 700\,€ \tag{10.96}$$

und zwar unabhängig davon, ob Erlös und Kosten korreliert sind.

Die Varianz $Var(Y)$ beträgt:

$$Var(Y) = 100 + 50 = 150\,€ \tag{10.97}$$

Trotz der Differenz von $X_1 - X_2$, sind die Varianzen zu addieren, da $a^2 = (-1)^2 = 1$ gilt. Die Streuung reduziert sich also nicht, wenn zwei Zufallsvariablen voneinander subtrahiert werden, sondern erhöht sich. Dies erscheint auch unmittelbar einleuchtend, wenn man einmal annimmt, dass die Erlöse und die Kosten die gleiche Varianz hätten, dann wäre die Varianz des Gewinns ja keinesfalls null!

Kann nicht unterstellt werden, dass die Zufallsvariablen X_i stochastisch unabhängig sind, so geht die Kovarianz als Maß der Abhängigkeit in die Varianz von Y ein (siehe Kapitel 11.4).

10.8 Momente und momenterzeugende Funktion

10.8.1 Momente

Erwartungswert und Varianz sind Spezialfälle einer allgemeinen Klasse von Parametern zur Charakterisierung von Wahrscheinlichkeitsverteilungen. Es handelt sich hierbei um die Momente einer Zufallsvariablen. Bei Momenten unterscheidet man

- Momente um Null und
- Momente in Bezug auf einen Parameter a, wobei vor allem die zentralen Momente, die auf den Erwartungswert der Zufallsvariablen bezogen werden, interessieren.

Definition 10.11. *Das k-te* **Moment um Null** *einer diskreten Zufallsvariablen ist definiert als:*

$$E(X^k) = \sum_{i=1}^{\infty} x_i^k \, f_X(x_i) \qquad (10.98)$$

Bei einer stetigen Zufallsvariablen ist das k-te Moment um Null definiert als:

$$E(X^k) = \int_{-\infty}^{\infty} x^k \, f_X(x) \, dx \qquad (10.99)$$

Der Erwartungswert einer Zufallsvariablen ist danach das erste Moment um Null.

Beispiel 10.20. Für $k = 2$ erhält man den Erwartungswert von X^2:

$$E(X^2) = \sum_{i=1}^{\infty} x_i^2 \, f_X(x_i) \quad \text{diskrete Zufallsvariable} \qquad (10.100)$$

$$E(X^2) = \int_{-\infty}^{\infty} x^2 \, f_X(x) \, dx \quad \text{stetige Zufallsvariable} \qquad (10.101)$$

Definition 10.12. *Das* **zentrale Moment k-ter Ordnung** *einer Zufallsvariablen mit dem Erwartungswert $E(X)$ ist im diskreten Fall definiert als:*

$$E\left((X - E(X))^k\right) = \sum_{i=1}^{\infty} (x_i - E(X))^k \, f_X(x_i) \qquad (10.102)$$

Bei einer stetigen Zufallsvariablen ist das zentrale Moment k-ter Ordnung definiert als:

$$E\left((X - E(X))^k\right) = \int_{-\infty}^{\infty} (x - E(X))^k \, f_X(x) \, dx \qquad (10.103)$$

Die Varianz einer Zufallsvariablen ist das zentrale Moment zweiter Ordnung. Es gilt:

$$
\begin{aligned}
Var(X) &= E\left((X - E(X))^2\right) \\
&= E\left(X^2 - 2\,X\,E(X) + (E(X))^2\right) \\
&= E(X^2) - 2\,E(X)\,E(X) + (E(X))^2 \\
&= E(X^2) - (E(X))^2
\end{aligned}
\tag{10.104}
$$

Wie bereits schon mehrfach angewendet ergibt sich die Varianz aus der Differenz von zweiten und quadrierten ersten Moment um Null.

10.8.2 Momenterzeugende Funktion

Eine spezielle Funktion ist die momenterzeugende Funktion. Über sie lassen sich häufig einfacher die Momente, insbesondere Erwartungswert und Varianz berechnen. Sie ist definiert als der Erwartungswert der Funktion $g(X) = e^{tX}$ (vgl. [12, Seite 236 ff], [77, Seite 120f]).

$$
E(g(X)) = E(e^{tX})
\tag{10.105}
$$

Definition 10.13. *Sei X eine beliebige Zufallsvariable. Die Funktion $m_X(t)$ ist definiert durch*

$$
m_X(t) = E\left(e^{tX}\right) =
\begin{cases}
\displaystyle\sum_{i=0}^{\infty} e^{t\,x_i}\, f_X(x_i) & \text{im diskreten Fall} \\[2mm]
\displaystyle\int_{-\infty}^{\infty} e^{t\,x}\, f_X(x)\,dx & \text{im stetigen Fall}
\end{cases}
\tag{10.106}
$$

und sofern der Erwartungswert für $t = 0$ (genauer in der Umgebung von $t = 0$) der Definitionsgleichung existiert, heißt $m_X(t)$ **momenterzeugende Funktion** *der Zufallsvariablen X.*

Wird die momenterzeugende Funktion r mal nach t abgeleitet und lässt man $t \to 0$ gehen, so erhält man

$$
\begin{aligned}
E(X^r) &= \lim_{t \to 0} \frac{d^r}{dt^r} m_X(t) = \lim_{t \to 0} \frac{d^r}{dt^r} E\left(e^{tX}\right) = \lim_{t \to 0} E\left(X^r e^{tX}\right) \\
&= \begin{cases}
\displaystyle\sum_{i=0}^{\infty} x_i^r\, f_X(x_i) & \text{falls } X \text{ diskret} \\[2mm]
\displaystyle\int_{-\infty}^{\infty} x^r\, f_X(x)\,dx & \text{falls } X \text{ stetig}
\end{cases}
\end{aligned}
\tag{10.107}
$$

gerade das r-te Moment um Null. Daher der Name momenterzeugende Funktion. Anmerkung: Das Vertauschen des Differentialoperators mit dem Erwartungswertoperator ist hier erlaubt, da unterstellt wird, dass die Funktion $m_X(t)$ an jeder Stelle differenzierbar ist.

Beispiel 10.21. X ist eine diskrete Zufallsvariable mit der Wahrscheinlichkeitsfunktion

$$f_X(x_i) = 1/6 \qquad (10.108)$$

für $x_i = \{1, \dots, 6\}$. Die momenterzeugende Funktion ist damit

$$m_X(t) = \frac{1}{6} \sum_{i=1}^{6} e^{t\,x_i}. \qquad (10.109)$$

Die erste Ableitung von $m_X(t)$, $d/dt\, m_X(t)$ für $t = 0$ ergibt den Erwartungswert $E(X)$:

$$E(X) = \lim_{t \to 0} \frac{d}{dt} \frac{1}{6} \sum_{i=1}^{6} e^{t\,x_i} = \lim_{t \to 0} \frac{1}{6} \sum_{i=1}^{6} x_i\, e^{t\,x_i} = \frac{1}{6} \sum_{i=1}^{6} x_i = 3.5 \qquad (10.110)$$

Das ist der Erwartungswert für das Spiel mit einem fairen Würfel (siehe Beispiel 10.10 auf Seite 241).

Beispiel 10.22. Für die Rechteckverteilung aus Beispiel 10.6 (siehe Seite 233) ist die momenterzeugende Funktion:

$$m_X(t) = \int_3^5 0.5\, e^{t\,X}\, dx = 0.5 \frac{1}{t}\, e^{t\,X} \Big|_3^5 = 0.5 \left(\frac{1}{t} e^{5t} - \frac{1}{t} e^{3t} \right) \qquad (10.111)$$

$$m_X(t)' = 0.5 \left(\left(\frac{1}{t} 5\, e^{5t} - \frac{1}{t^2} e^{5t} \right) - \left(\frac{1}{t} 3\, e^{3t} - \frac{1}{t^2} e^{3t} \right) \right) \qquad (10.112)$$

Mittels der l'Hospitalschen Regel lässt sich nun das erste Moment um Null berechnen. Dies ist notwendig, weil die obige Gleichung für $t = 0$ unbestimmt ist. Es werden also Zähler und Nenner solange getrennt abgeleitet bis der Grenzwert an der Stelle $t = 0$ bestimmbar ist.

$$E(X) = m_X(0)' = 0.5 \left(\left(\frac{25\, e^{5t}}{1} - \frac{5\, e^{5t}}{2t} \right) - \left(\frac{9\, e^{3t}}{1} - \frac{3\, e^{3t}}{2t} \right) \right)$$

$$= 0.5 \left(\left(\frac{25\, e^{5t}}{1} - \frac{25\, e^{5t}}{2} \right) - \left(\frac{9\, e^{3t}}{1} - \frac{9\, e^{3t}}{2} \right) \right) \qquad (10.113)$$

$$= 0.5 \left(\left(25 - 2\frac{25}{2} \right) - \left(9 - \frac{9}{2} \right) \right) = 4$$

10.9 Ungleichung von Chebyschew

Bei vielen Fragestellungen der Wahrscheinlichkeitsrechnung steht man vor dem Problem, die Wahrscheinlichkeit dafür zu bestimmen, dass die Zufallsvariable einen

Wert in einem bestimmten Intervall annimmt. Sehr häufig betrachtet man dabei Intervalle, die symmetrisch um den Erwartungswert $E(X) = \mu_X$ liegen. Die Intervallbreite drückt man dann durch das Vielfache der Standardabweichung $c \times \sigma_X$ aus. Man sucht also die folgende Wahrscheinlichkeit:

$$P\big(\mu_X - c\,\sigma_X < X < \mu_X + c\,\sigma_X\big) = P\big(|X - \mu_X| < c\,\sigma_X\big) \qquad (10.114)$$

Diese Wahrscheinlichkeit kann man nur genau bestimmen, wenn man die Wahrscheinlichkeitsverteilung der Zufallsvariablen kennt. Das ist aber bei vielen Problemen in der Praxis nicht der Fall. Die so genannte Ungleichung von Chebyschew liefert eine Möglichkeit, diese Wahrscheinlichkeit abzuschätzen, wenn die Verteilung nicht bekannt ist. Mit ihrer Hilfe ist es möglich anzugeben, welchen Wert die gesuchte Wahrscheinlichkeit höchstens hat.

Definition 10.14. *Gegeben sei eine Zufallsvariable X mit dem Erwartungswert $E(X) = \mu_X$ und der Varianz $Var(X) = \sigma_X^2$. Die Wahrscheinlichkeit, dass sich X um wenigstens c von μ_X unterscheidet, heißt* **Chebyschewsche Ungleichung**.

$$P\big(|X - \mu_X| \geq c\,\sigma_X\big) \leq \frac{1}{c^2} \qquad (10.115)$$

Eine häufig gebrauchte Schreibweise für die Gleichung (10.115) ist, wenn man $\tilde{c} = c\,\sigma_X$ ersetzt:

$$P\big(|X - \mu_X| \geq \tilde{c}\big) \leq \frac{\sigma_X^2}{\tilde{c}^2} \qquad (10.116)$$

Sie ist dann von Vorteil, wenn die Untergrenze als ein Wert $\tilde{c}$ vorgegeben werden soll. Für die Wahrscheinlichkeit, dass sich X um höchstens c bzw. $\tilde{c}/\sigma_X$ von μ_X unterscheidet, gilt dann:

$$P\big(|X - \mu_X| < c\,\sigma_X\big) > 1 - \frac{1}{c^2} \qquad (10.117)$$

$$P\big(|X - \mu_X| < \tilde{c}\big) > 1 - \frac{\sigma_X^2}{\tilde{c}^2} \qquad (10.118)$$

Herauszustellen ist, dass die Ungleichung von Chebyschew für beliebige Verteilungen gilt, was sich unmittelbar aus der Herleitung ergibt, da keine spezielle Wahrscheinlichkeitsfunktion unterstellt wird. Die Herleitung der Chebyschewschen Ungleichung für eine diskrete Zufallsvariable ist:

$$Var(X) = \sum_i (x_i - \mu_X)^2 \, f_X(x_i)$$

$$= \sum_{|x_i - \mu_X| < \tilde{c}} (x_i - \mu_X)^2 \, f_X(x_i)$$

$$+ \sum_{|x_i - \mu_X| \geq \tilde{c}} (x_i - \mu_X)^2 \, f_X(x_i)$$

$$\geq \sum_{|x_i - \mu_X| \geq \tilde{c}} (x_i - \mu_X)^2 \, f_X(x_i) \qquad (10.119)$$

$$\geq \tilde{c}^2 \sum_{|x_i - \mu_X| \geq \tilde{c}} f_X(x_i) \quad (\text{weil } |x_i - \mu_X| \geq \tilde{c} \text{ gewählt wurde})$$

$$\geq \tilde{c}^2 \, P\big(|X - \mu_X| \geq \tilde{c}\big)$$

$$\frac{Var(X)}{\tilde{c}^2} \geq P\big(|X - \mu_X| \geq \tilde{c}\big)$$

Die Herleitung der Chebyschewschen Ungleichung für eine stetige Zufallsvariable ist ganz ähnlich. Es wird die Summation durch die Integration ersetzt.

Man benötigt also nur die beiden Parameter Erwartungswert und Varianz, um die Wahrscheinlichkeit abschätzen zu können. Freilich müssen in der Regel die beiden Parameter geschätzt werden. Wie ein Schätzer abgeleitet wird, wird erst in Kapitel 15 behandelt. Ferner stellt sich die Frage, wie gut die Wahrscheinlichkeit hiermit abgeschätzt werden kann. Aufgrund der wenigen Annahmen die eingehen, kann die Chebyschewsche Ungleichung auch nur eine grobe Abschätzung liefern (siehe auch Beispiel 14.3, Seite 319 und Beispiel 14.7, Seite 325).

Aus der Ungleichung von Chebyschew lassen sich folgende Wahrscheinlichkeiten für beliebige Verteilungen abschätzen.

$$P\big(\mu - \sigma < X < \mu + \sigma\big) > 0 \qquad (10.120)$$

$$P\big(\mu - 2\,\sigma < X < \mu + 2\,\sigma\big) > 0.75 \qquad (10.121)$$

$$P\big(\mu - 3\,\sigma < X < \mu + 3\,\sigma\big) > 0.89 \qquad (10.122)$$

Beispiel 10.23. Eine Zufallsvariable X habe den Erwartungswert $\mu_X = 6$ und die Standardabweichung $\sigma_X = 2$. Die Wahrscheinlichkeit, dass die Zufallsvariable um mehr als die zweifache Standardabweichung ($c = 2$) vom Erwartungswert abweicht, beträgt:

$$P\big(|X - 6| \geq 2 \times 2\big) \leq \frac{1}{2^2} \qquad (10.123)$$

Man benutzt die Ungleichung von Chebyschew aber nicht nur zur Abschätzung der Wahrscheinlichkeit für ein vorgegebenes Intervall, sondern auch zur Abschätzung von Bereichen, in die eine Zufallsvariable mit vorgegebener Wahrscheinlichkeit fällt.

Beispiel 10.24. Eine Zufallsvariable habe den Erwartungswert $\mu_X = 6$ und die Standardabweichung $\sigma_X = 2$. In welchem um μ_X symmetrischen Bereich liegt der Wert der Zufallsvariablen mit einer Wahrscheinlichkeit von mindestens 0.96?

Es ist $1 - 1/c^2 = 0.96$ oder $1/c^2 = 0.04$. Daraus folgt $c = 5$. Es gilt somit

$$P\big(|X - \mu_X| < 5 \times 2\big) > 0.96 \tag{10.124}$$

Für den Bereich ergibt sich also:

$$P\big(6 - 5 \times 2 < X < 6 + 5 \times 2\big) > 0.96 \tag{10.125}$$

Die Zufallsvariable X liegt also bei den gegebenen Parametern mit 96% Wahrscheinlichkeit in dem Bereich zwischen -4 und 16.

10.10 Übungen

Übung 10.1. Ist die folgende Funktion eine Dichtefunktion?

$$f_X(x) = \begin{cases} \frac{1}{3} & \text{für } 1 < x < 4 \\ 0 & \text{sonst} \end{cases} \tag{10.126}$$

Übung 10.2. Bestimmen Sie zur Dichtefunktion

$$f_X(x) = \begin{cases} 2\,x & \text{für } 0 < x < 1 \\ 0 & \text{sonst} \end{cases} \tag{10.127}$$

die Wahrscheinlichkeit $P(1/4 < X < 1/2)$. Berechnen Sie $E(X)$ und σ_X.

Übung 10.3. Bestimmen Sie die Verteilungsfunktion für die Dichtefunktion:

$$f_X(x) = \begin{cases} 0.2 & \text{für } 2 < x < 7 \\ 0 & \text{sonst} \end{cases} \tag{10.128}$$

Übung 10.4. Berechnen Sie für das Beispiel 10.2 auf Seite 229 den Erwartungswert.

Übung 10.5. Berechnen Sie für die Zufallsvariable X mit der Dichtefunktion

$$f_X(x) = \begin{cases} 0.125\,x - 0.25 & \text{für } 2 < x < 6 \\ 0 & \text{sonst} \end{cases} \tag{10.129}$$

den Erwartungswert.

Übung 10.6. Eine diskrete Zufallsvariable X hat folgende Wahrscheinlichkeitsverteilung:

$$f_X(x_i) = \begin{cases} 0.1 & \text{für } x_1 = 2 \\ 0.4 & \text{für } x_2 = 3 \\ 0.2 & \text{für } x_3 = 5 \\ 0.1 & \text{für } x_4 = 8 \\ 0.2 & \text{für } x_5 = 9 \end{cases} \tag{10.130}$$

Berechnen Sie Erwartungswert und Varianz der Zufallsvariablen X.

Übung 10.7. Bei der Herstellung von Metallstiften sind alle Stifte Ausschuss, deren Länge um 1 mm oder mehr vom Sollmaß 100 mm abweicht. Die Standardabweichung beträgt 0.1 mm. Wie groß ist der Ausschussanteil höchstens?

Übung 10.8. Zucker wird in Tüten zu je 1 kg abgefüllt. Die tatsächlichen Gewichte schwanken zufällig mit $\mu_X = 1\,000$ g und $\sigma_X = 4$ g. Alle abgepackten Tüten mit einem Gewicht von 990 g bis 1 010 g gelten als einwandfrei. Wie groß ist die mindestens Wahrscheinlichkeit, dass eine Zuckertüte die Sollvorschrift erfüllt?

11

Gemeinsame Verteilung von Zufallsvariablen

Inhaltsverzeichnis

11.1 Einführung

In den folgenden Abschnitten werden die Eigenschaften von zwei Zufallsvariablen beschrieben. Einige der Eigenschaften von zweidimensionalen Verteilungen sind schon in der deskriptiven Statistik angesprochen worden.

Eine gemeinsame Verteilung von zwei Zufallsvariablen tritt z. B. bei der Betrachtung von Preis und Menge für eine Absatzuntersuchung auf. Bei der Untersuchung der Verteilung von zwei Zufallsvariablen können dann auch die eindimensionalen Randverteilungen und die bedingten Verteilungen ermittelt werden.

Definition 11.1. *Die* **gemeinsame Verteilung** *von zwei Zufallsvariablen X und Y ist durch deren Verteilungsfunktion bestimmt.*

$$F_{X,Y}(x,y) = P(X \le x, Y \le y) \tag{11.1}$$

Für die gemeinsame Verteilung von X und Y gelten alle Eigenschaften, die auch für eindimensionale Verteilungsfunktionen genannt wurden.

Definition 11.2. *Angenommen X und Y sind zwei diskrete Zufallsvariablen, die die Werte $x_1, x_2, \ldots$ und $y_1, y_2, \ldots$ annehmen können. Dann ist ihre* **gemeinsame Dichtefunktion** *durch:*

$$P(X = x_i, Y = y_j) = f_{X,Y}(x, y) \tag{11.2}$$

gegeben.

Beispiel 11.1. Eine faire Münze wird dreimal geworfen. Mit der Zufallsvariablen X wird die Anzahl der „Köpfe" im jeweils ersten Wurf und mit der Zufallsvariablen Y die Gesamtzahl der „Köpfe" in den drei Würfen erfasst. Die Ergebnismenge enthält dann folgende Elementarereignisse (vgl. [96, Seite 71]):

$$\Omega = \{KKK, KKZ, KZK, KZZ, ZKK, ZKZ, ZZK, ZZZ\} \tag{11.3}$$

Die gemeinsame Dichtefunktion von X und Y ist dann durch die Tabelle 11.1 gegeben.

Tabelle 11.1. Gemeinsame Dichte

X	Y 0	1	2	3	$\sum$
0	1/8	2/8	1/8	0	4/8
1	0	1/8	2/8	1/8	4/8
$\sum$	1/8	3/8	3/8	1/8	1

Aus der gemeinsamen Dichte kann, wie in der deskriptiven Statistik, die **Randverteilung** bestimmt werden. Im obigen Beispiel sind die Randverteilungen in der letzten Zeile und Spalte durch die Summenbildung angegeben.

$$f_X(x) = \sum_{j=1}^{\infty} f_{X,Y}(x, y_j) \tag{11.4}$$

$$f_Y(y) = \sum_{i=1}^{\infty} f_{X,Y}(x_i, y) \tag{11.5}$$

Definition 11.3. *Angenommen X und Y sind zwei stetige Zufallsvariablen, die die gemeinsame Verteilungsfunktion $F_{X,Y}(x, y)$ besitzen. Ihre **gemeinsame Dichte** ist dann die – zumindest – über den Bereich A stetige Funktion $f_{X,Y}(x, y)$.*

$$P\big((X, Y) \in A\big) = \int \int_A f_{X,Y}(x, y)\, dy\, dx \tag{11.6}$$

Wird der Bereich $A = \{(X, Y) \mid X \leq x \wedge Y \leq y\}$ festgelegt, dann erhält man durch Integration über diesen Bereich die Verteilungsfunktion.

$$F_{X,Y}(x, y) = \int_{-\infty}^{x} \int_{-\infty}^{y} f_{X,Y}(u, v)\, du\, dv \tag{11.7}$$

Ähnlich wie für den eindimensionalen Fall, kann die Dichtefunktion durch Differenzieren der Verteilungsfunktion berechnet werden. Hier muss sie jedoch nach den beiden Variablen x und y abgeleitet werden.

$$f_{X,Y}(x,y) = \frac{\partial^2 F_{X,Y}(x,y)}{\partial x \partial y} \tag{11.8}$$

Die Randverteilung von X ist:

$$F_X(x) = P(X \leq x) = \lim_{y \to \infty} F_{X,Y}(x,y) = \int_{-\infty}^{x} \int_{-\infty}^{\infty} f_{X,Y}(u,y)\,du\,dy \tag{11.9}$$

Daraus folgt unmittelbar, dass die Randdichte von X durch Differenzieren zu erhalten ist:

$$f_X(x) = \frac{\partial F_{X,Y}(x,y)}{\partial x} = F_X'(x) = \int_{-\infty}^{\infty} f_{X,Y}(x,y)\,dy \tag{11.10}$$

Für die Randverteilung von Y gilt eine äquivalente Aussage.

Beispiel 11.2. Für zwei stetige Zufallsvariablen X und Y gelte die folgende Dichtefunktion (siehe Abbildung 11.1):

$$f_{X,Y}(x,y) = x\,y \quad 0 \leq x, y \leq \sqrt{2} \tag{11.11}$$

Es handelt sich um eine Dichtefunktion, weil die Verteilungsfunkion (siehe Abbildung 11.2), die man durch Integration über den Definitionsbereich von X und Y erhält,

$$F_{X,Y}(x,y) = \int_0^x \int_0^y u\,v\,du\,dv = \frac{x^2\,y^2}{4} \tag{11.12}$$

den Wert 1 liefert. Die Randverteilung von X erhält man durch Integration über den Definitionsbereich der Zufallsvariablen Y.

$$f_X(x) = \int_0^{\sqrt{2}} x\,y\,dy = x \tag{11.13}$$

Die Randverteilung für die Zufallsvariable Y erhält man analog.

Die zwei Zufallsvariablen sind unabhängig, wenn die gemeinsame Verteilungsfunktion durch das Produkt der beiden eindimensionalen Verteilungsfunktionen bestimmt ist (siehe auch Definition 9.12, Seite 220).

$$F_{X,Y}(x,y) = F_X(x)\,F_Y(y) \tag{11.14}$$

Definition 11.4. *Die Zufallsvariablen X_i mit $i = 1, \dots, n$ heißen voneinander* **statistisch unabhängig**, *wenn gilt:*

$$F_{X_1, \dots, X_n} = \prod_{i=1}^{n} F_{X_i}(x_i) \tag{11.15}$$

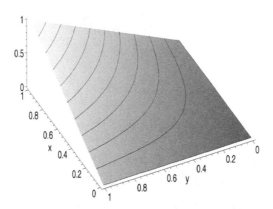

Abb. 11.1. Gemeinsame Dichte $f_{X,Y}(x,y) = x\,y$

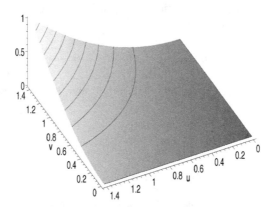

Abb. 11.2. Gemeinsame Verteilungsfunktion $F_{X,Y}(x,y) = \frac{x^2 y^2}{4}$

Aus der Definition der statistischen Unabhängigkeit für die Verteilungsfunktion folgt, dass dies auch für die Dichtefunktionen gilt.

$$f_{X_1,\dots,X_n}(x_1,\dots,x_n) = \frac{\partial^n F_{X_1,\dots,X_n}(x_1,\dots,x_n)}{\partial x_1,\dots,\partial x_n}$$

$$= \prod_{i=1}^{n} \frac{\partial F_{X_i}(x_i)}{\partial x_i} = \prod_{i=1}^{n} f_{X_i}(x_i) \tag{11.16}$$

Zur Bestimmung der Verteilung von Funktionen von gemeinsam verteilten Zufallsvariablen wie Summen oder Quotienten wird z. B. auf [96, Kapitel 3.6] verwiesen.

11.2 Bedingte Verteilung

Die bedingte Verteilung ist analog zur bedingten Wahrscheinlichkeit definiert (siehe Kapitel 9.5).

Definition 11.5. *Für zwei Zufallsvariablen X und Y ist die* **bedingte Verteilung** *wie folgt definiert.*

$$f_{X|Y}(x \mid y) = \frac{f_{X,Y}(x,y)}{f_Y(y)} \tag{11.17}$$

$$f_{Y|X}(y \mid x) = \frac{f_{X,Y}(x,y)}{f_X(x)} \tag{11.18}$$

$$\textit{für } f_X(x), f_Y(y) > 0$$

Aus der Definition der bedingten Verteilung von Y folgt unmittelbar:

$$\int_{-\infty}^{\infty} f_{Y|X}(y \mid x)\, dy = \int_{-\infty}^{\infty} \frac{f_{X,Y}(x,y)}{f_X(x)}\, dy$$

$$= \frac{1}{f_X(x)} \int_{-\infty}^{\infty} f_{X,Y}(x,y)\, dy = 1 \tag{11.19}$$

Für die bedingte Verteilung von X gilt die gleiche Aussage. Die bedingte Verteilung ist gleich der Randverteilung, wenn die Zufallsvariablen unabhängig sind, weil dann die gemeinsame Verteilung durch das Produkt der Randverteilungen bestimmt ist.

Beispiel 11.3. In dem Beispiel 11.2 (Seite 259) ergibt sich die bedingte Verteilung:

$$f_{Y|X}(y \mid x) = \frac{x\,y}{x} = y = f_Y(y) \tag{11.20}$$

Die bedingte Verteilung von Y ist gleich deren Randverteilung. Die Zufallsvariablen sind unabhängig. Die gleiche Aussage gilt für die bedingte Verteilung von X. In der Abbildung 11.3 sieht man deutlich, dass sich unabhängig von der Vorgabe eines Wertes $X = x_0$ immer der gleiche Wert für $f_{Y|X}(y \mid x_0)$ ergibt.

Beispiel 11.4. Wird für die gemeinsame Dichte von X und Y die Funktion

$$f_{X,Y}(x, y) = x + y \quad 0 \le x, y \le 1 \tag{11.21}$$

angenommen, dann sind die Zufallsvariablen X und Y nicht mehr unabhängig. Die Dichtefunktion von X ergibt sich aus:

$$f_X(x) = \int_0^1 (x + y)\, dy = x\, y + \frac{y^2}{2}\bigg|_0^1 = x + \frac{1}{2} \tag{11.22}$$

$$f_Y(y) = y + \frac{1}{2} \tag{11.23}$$

Daraus folgt sofort, dass die bedingte Verteilung von $f_{Y|X}(y \mid x)$ nicht identisch ist mit deren Randverteilung ist.

$$f_{Y|X}(y \mid x) = \frac{x + y}{x + 0.5} \tag{11.24}$$

Die Zufallsvariablen sind statistisch abhängig. Dies wird auch in der Abbildung 11.4 deutlich. Verschiedene Vorgaben für X führen immer zu anderen Werten von $f_{Y|X}(y \mid x)$. Die gleiche Aussage gilt auch in Bezug auf $f_{X|Y}(x \mid y)$.

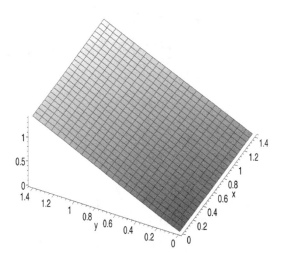

Abb. 11.3. Bedingte Verteilung von $f_{Y|X}(y \mid x) = y$

11.3 Bedingter Erwartungswert

Definition 11.6. *Besitzen die Zufallsvariablen X und Y eine gemeinsame Vertei-lung, ist der* **bedingte Erwartungswert** *im diskreten Fall definiert als*

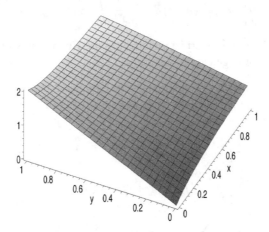

Abb. 11.4. Bedingte Verteilung von $f_{Y|X}(y \mid x) = \frac{x+y}{x+0.5}$

$$E(Y \mid X) = \sum_{i=1}^{\infty} y_i \, f_{Y|X}(y_i \mid x) \tag{11.25}$$

und im stetigen Fall definiert als

$$E(Y \mid X) = \int_{-\infty}^{\infty} y \, f_{Y|X}(y \mid x) \, dy. \tag{11.26}$$

Für $E(X \mid Y)$ gelten analoge Formeln.

Der bedingte Erwartungswert von Y auf X wird auch als **Regressionsfunktion** bezeichnet.

$$E(Y \mid X) = \mathbf{X}\,\mathbf{b} \tag{11.27}$$

Beispiel 11.5. Angenommen X und Y besitzen die gemeinsame Dichtefunktion:

$$f_{X,Y}(x,y) = 6\,(x - y) \quad 0 \le y \le x \le 1 \tag{11.28}$$

Die Randverteilung für X ergibt sich aus der Integration über y.

$$f_X(x) = \int_0^x 6\,(x - y)\,dy = 6\,x\,y - 3\,y^2 \Big|_0^x = 3\,x^2 \tag{11.29}$$

Die bedingte Verteilung von Y ist dann:

$$f_{Y|X}(y \mid x) = \frac{6\,(x - y)}{3\,x^2} \quad 0 \le y < x \tag{11.30}$$

Als bedingten Erwartungswert von Y erhält man:

$$E(Y \mid X) = \int_0^x y\, f_{Y|X}(y \mid x)\, dy = \frac{2}{x^2} \int_0^x y\,(x - y)\, dy = \frac{x}{3} \qquad (11.31)$$

Der bedingte Erwartungswert ist gleichzeitig die Regressionsfunktion $\hat{y} = x/3$. Die geschätzten Werte liegen auf dieser Linie.

Wird der Erwartungswert des bedingten Erwartungswerts gebildet, so gilt im diskreten Fall (für den stetigen Fall gilt eine analoge Aussage):

$$\begin{aligned}
E\big(E(Y \mid X)\big) &= \sum_{i=1}^{\infty} E(Y \mid X)\, f_X(x_i) \\
&= \sum_{i=1}^{\infty} \sum_{j=1}^{\infty} y_j\, f_{Y|X}(y_j \mid x_i)\, f_X(x_i) \qquad (11.32) \\
&= \sum_{j=1}^{\infty} y_j \sum_{i=1}^{\infty} f_{X,Y}(x_i, y_j) = \sum_{j=1}^{\infty} y_j\, f_Y(y_j) = E(Y)
\end{aligned}$$

Der Erwartungswert von $E(Y \mid X)$ ist eine Zufallsvariable bzgl. X, weil bzgl. Y der Erwartungswert gebildet wird. Daher muss für den bedingten Erwartungswert die Wahrscheinlichkeitsfunktion von X berücksichtigt werden.

11.4 Kovarianz

Wie in der deskriptiven Statistik ist für die Analyse von zwei Zufallsvariablen das Produktmoment, die Kovarianz, zur Messung der linearen Abhängigkeit zwischen den Zufallsvariablen geeignet.

Definition 11.7. *Die* **Kovarianz** *zweier gemeinsam verteilter Zufallsvariablen X und Y mit den Erwartungswerten $E(X) = \mu_X$ und $E(Y) = \mu_Y$ ist definiert als:*

$$\begin{aligned}
Cov(X, Y) &= E\big((X - \mu_X)(Y - \mu_Y)\big) \\
&= E(X\,Y) - \mu_X\,\mu_Y
\end{aligned} \qquad (11.33)$$

Die Kovarianz hat die gleichen Eigenschaften wie die in Definition 5.16 (Seite 121) gegebene. Sie ist positiv, wenn mit einem größeren Wert von X, ein größerer Wert von Y erwartet wird und umgekehrt. Sie ist negativ, wenn mit einem größeren Wert von X ein kleinerer Wert von Y erwartet wird (vgl. die Ausführungen zur Kovarianz in der deskriptiven Statistik Kapitel 5.5.1). Die Kovarianz besitzt, etwas formaler beschrieben, die folgenden Eigenschaften (vgl. [12, Seite 226ff], [96, Seite 122ff]):

Sie ist symmetrisch bzgl. der Zufallsvariablen.

$$Cov(X, Y) = Cov(Y, X) \qquad (11.34)$$

Liegt eine Linearkombination von zwei Zufallsvariablen derart $(a + X, Y)$ vor mit $a = konst.$, gilt:

$$Cov(a + X, Y) = E\left((a + X - E(a + X))\,(Y - E(Y))\right)$$
$$= E\left((X - E(X))\,(Y - E(Y))\right) \qquad (11.35)$$
$$= Cov(X, Y)$$

weil $E(a + X) = a + E(X)$ ist. Sind die beiden Zufallsvariablen X und Y mit jeweils einem konstanten Faktor a bzw. b multiplikativ verknüpft, so gilt:

$$Cov(a\,X, b\,Y) = E\left((a\,X - a\,E(X))\,(b\,Y - b\,E(Y))\right)$$
$$= a\,b\,E\left((X - E(X))\,(Y - E(Y))\right) \qquad (11.36)$$
$$= a\,b\,Cov(X, Y)$$

weil $E(a\,X) = a\,E(X)$ ist. Die obigen Eigenschaften der Kovarianz sind übrigens der Grund, warum die Kovarianz nur den **linearen Zusammenhang** misst. Für $Y = a + b\,X$ gilt $Cov(X, Y) = b\,Cov(X, X) = b\,Var(X)$. Die Kovarianz wird in diesem Fall nur um den Faktor b skaliert.

Werden drei Zufallsvariablen mit X und $Y + Z$ betrachtet, so gilt:

$$Cov(X, Y + Z) = E\left((X - E(X))\left((Y - E(Y)) + (Z - E(Z))\right)\right)$$
$$= E\left((X - E(X))\,(Y - E(Y))\right.$$
$$+ \left.\left((X - E(X))\,(Z - E(Z))\right)\right) \qquad (11.37)$$
$$= E\left((X - E(X))\,(Y - E(Y))\right)$$
$$+ E\left((X - E(X))\,(Z - E(Z))\right)$$
$$= Cov(X, Y) + Cov(X, Z)$$

Eine weitere Verallgemeinerung stellt die Kovarianz von zwei Summen von jeweils zwei Zufallsvariablen dar.

$$Cov(a\,W + b\,X, c\,Y + d\,Z) = Cov(a\,W + b\,X, c\,Y)$$
$$+ Cov(a\,W + b\,X, d\,Z)$$
$$= Cov(a\,W, c\,Y) + Cov(b\,X, c\,Y)$$
$$+ Cov(a\,W, d\,Z) + Cov(b\,X, d\,Z) \qquad (11.38)$$
$$= a\,c\,Cov(W, Y) + b\,c\,Cov(X, Y)$$
$$+ a\,d\,Cov(W, Z) + b\,d\,Cov(X, Z)$$

Die Kovarianz von zwei Summen mit jeweils n bzw. m Zufallsvariablen ist dann die allgemeinste Form. Seien die Zufallsvariablen

$$U = a + \sum_{i=1}^{n} b_i X_i \tag{11.39}$$

$$V = c + \sum_{j=1}^{m} d_j Y_j \tag{11.40}$$

gegebenen, dann gilt für die Kovarianz:

$$Cov(U,V) = \sum_{i=1}^{n} \sum_{j=1}^{m} b_i d_j Cov(X_i, Y_j) \tag{11.41}$$

Daraus folgt für:

$$
\begin{aligned}
Cov(U,U) &= Var(U) \\
&= Var\left(a + \sum_{i=1}^{n} b_i X_i\right) \\
&= \sum_{i=1}^{n} \sum_{j=1}^{n} b_i b_j Cov(X_i, X_j)
\end{aligned}
\tag{11.42}
$$

Für den Fall von $n = 2$ und $b = 1$ reduziert sich die Formel stark:

$$Var(X_1 + X_2) = Var(X_1) + Var(X_2) + 2\, Cov(X_1, X_2) \tag{11.43}$$

Sind die X_i dazu noch unabhängig, so gilt $Cov(X_i, X_j) = 0$ für $i \neq j$, so dass

$$Var\left(\sum_{i=1}^{n} X_i\right) = \sum_{i=1}^{n} Var(X_i) \tag{11.44}$$

gilt. Der Erwartungswert der Summe der Zufallsvariablen ist aber immer gleich der Summe der Erwartungswerte von X_i:

$$E\left(\sum_{i=1}^{n} X_i\right) = \sum_{i=1}^{n} E(X_i) \tag{11.45}$$

Beispiel 11.6. Die Kovarianz zwischen den beiden Zufallsvariablen $(X_1 + X_2)$ und $(X_1 - X_2)$ ist:

$$
\begin{aligned}
Cov(X_1 + X_2, X_1 - X_2) &= Cov(X_1, X_1) - Cov(X_1, X_2) \\
&\quad + Cov(X_2, X_1) - Cov(X_2, X_2) \\
&= Var(X_1) - Cov(X_1, X_2) \\
&\quad + Cov(X_2, X_1) - Var(X_2) \\
&= Var(X_1) - Var(X_2)
\end{aligned}
\tag{11.46}
$$

Sind die Varianzen von X_1 und X_2 identisch, so sind die beiden Zufallsvariablen $(X_1 + X_2)$ und $(X_1 - X_2)$ unkorreliert. Dieses Ergebnis ist im Hauptsatz der Stichprobentheorie von Bedeutung.

Beispiel 11.7. Fortsetzung von Beispiel 10.19 (Seite 248): Wird nun unterstellt, dass mit steigenden Erlösen auch die Kosten steigen, so gilt $Cov(X_1, X_2) > 0$. Wird angenommen, dass gilt $Cov(X_1, X_2) = 10$, so ergibt sich für die Varianz

$$
\begin{aligned}
Var(Y) &= Var(X_1) + Var(-X_2) + 2\,Cov(X_1, -X_2) \\
&= Var(X_1) + Var(X_2) - 2\,Cov(X_1, X_2) \\
&= 100 + 50 - 20 = 130
\end{aligned}
\tag{11.47}
$$

Ein Teil der Streuung wird durch die Subtraktion der gemeinsamen gleichgerichteten Variation absorbiert.

Definition 11.8. *Der* **Korrelationskoeffizient** *ist – wie in der deskriptiven Statistik – als das Verhältnis zwischen Kovarianz und den Standardabweichungen der beiden Zufallsvariablen definiert.*

$$
\rho_{X,Y} = \frac{Cov(X,Y)}{\sqrt{Var(X)\,Var(Y)}} \quad 0 \le \rho_{X,Y} \le 1
\tag{11.48}
$$

Aufgrund der beschriebenen Eigenschaften der Kovarianz gilt, dass Linearkombinationen von Zufallsvariablen die Kovarianz nur proportional ändern (Homogenität der Funktion). Daher gilt für eine Linearkombination der Zufallsvariablen $Y = \beta_0 + \beta_1 X$, dass dann der Korrelationskoeffizient genau eins ist.

$$
\rho_{X,Y} = \frac{\beta_1\,Cov(X,X)}{\sqrt{\beta_1^2\,Var(X)\,Var(X)}} = \frac{\beta_1\,Var(X)}{\beta_1\,Var(X)} = 1
\tag{11.49}
$$

Liegt z. B. die Datenstruktur aus der Abbildung 5.6 (Seite 128) zwischen den beiden Zufallsvariablen vor, so misst der Korrelationskoeffizient den linearen Zusammenhang zwischen den beiden Variablen, der hier kaum vorhanden ist. Diesen kann man auch mittels des Bestimmtheitsmaßes mit einer linearen Einfachregression ermitteln.

Beispiel 11.8. In dem Beispiel 11.7 (Seite 267) ergibt sich ein Korrelationskoeffizient von:

$$
\rho_{X_1, X_2} = \frac{10}{\sqrt{100}\,\sqrt{50}} = 0.141
\tag{11.50}
$$

Der Zusammenhang zwischen Erlös und Kosten ist hier nur schwach ausgeprägt.

Beispiel 11.9. Für die Dichtefunktion aus Beispiel 11.4 (Seite 262) wird der Korrelationskoeffizient berechnet. Dazu müssen die Erwartungswerte von X und Y, deren Varianzen und die Kovarianz ermittelt werden. Die Erwartungswerte berechnen sich wie folgt:

$$E(X) = \int_0^1 x\,(x+0.5)\,dx = \left.\frac{x^3}{3} + \frac{x^2}{4}\right|_0^1 = \frac{7}{12} \qquad (11.51)$$

$$E(Y) = \frac{7}{12} \qquad (11.52)$$

Für die Berechnung der Varianz wird das zweite Moment um Null bestimmt.

$$E(X^2) = \int_0^1 x^2\,(x+0.5)\,dx = \left.\frac{x^4}{4} + \frac{x^3}{6}\right|_0^1 = \frac{10}{24} \qquad (11.53)$$

$$Var(X) = E(X^2) - \left(E(X)\right)^2 = \frac{10}{24} - \left(\frac{7}{12}\right)^2 = \frac{11}{144} \qquad (11.54)$$

$$Var(Y) = \frac{11}{144} \qquad (11.55)$$

Für die Kovarianz muss das Produktmoment $E(X,Y)$ bestimmt werden.

$$E(X,Y) = \int_0^1 \int_0^1 x\,y\,(x+y)\,dx\,dy = \frac{2}{6} \qquad (11.56)$$

$$Cov(X,Y) = \frac{2}{6} - \left(\frac{7}{12}\right)^2 = -\frac{1}{144} \qquad (11.57)$$

Der Korrelationskoeffizient berechnet sich nun aus dem Verhältnis von Kovarianz und den Standardabweichungen.

$$\rho_{X,Y} = \frac{-1/144}{11/144} = -\frac{1}{11} \qquad (11.58)$$

11.5 Übungen

Übung 11.1. Nehmen Sie an, dass die Zufallsvariablen X und Y durch folgende Verteilung bestimmt sind:

$$P(X \le x \mid Y = 0) = 0 \quad \text{für } 0 < x < 1 \qquad (11.59)$$

$$P(X \le x \mid Y = 1) = \begin{cases} 0 & \text{für } x < 0.5 \\ 1 & \text{für } x \ge 0.5 \end{cases} \qquad (11.60)$$

und

$$P(Y = 1) = 1 - P(Y = 0) = p \qquad (11.61)$$

1. Berechnen Sie die unbedingte Verteilungsfunktion von X und $P(X = 0.5)$.
2. Berechnen Sie

$$P(Y = 0 \mid X = 0.5). \qquad (11.62)$$

3. Berechnen Sie

$$P(Y = 1 \mid 0.49 < X < 0.51). \tag{11.63}$$

Übung 11.2. Es ist

$$E(X) = 1 \tag{11.64}$$
$$E(Y) = 2 \tag{11.65}$$
$$Cov(X, Y) = -1 \tag{11.66}$$
$$Var(X) = 4 \tag{11.67}$$
$$Var(Y) = 1 \tag{11.68}$$

gegeben. Berechnen Sie

$$E(2X - Y + 4) \tag{11.69}$$
$$Var(2X - Y + 4) \tag{11.70}$$
$$Cov(X + Y, X - Y) \tag{11.71}$$
$$E((X + Y)^2) \tag{11.72}$$

Übung 11.3. Die Zufallsvariable X besitzt die Dichtefunktion

$$f_X(x) = e^{-x} \quad \text{für } x > 0. \tag{11.73}$$

Berechnen Sie

$$P(X > 1) \tag{11.74}$$
$$P(X > 2 \mid X > 1) \tag{11.75}$$
$$P(X < 2 \mid X < 1) \tag{11.76}$$

12

Normalverteilung

Inhaltsverzeichnis

12.1 Einführung

Die Normalverteilung ergibt sich aus den wiederholten Realisationen einer Zufallsvariablen, deren Summen als die Überlagerungen etwa gleich starker, zufälliger Schwankungen angesehen werden können. Diese Folge von Summen konzentriert sich um einen wahrscheinlichsten Wert, wenn unterstellt wird, dass positive und negative gleichwahrscheinlich und kleine Abweichungen häufiger als große Abweichungen vom wahren Wert der Zufallsvariablen auftreten.

Beispiel 12.1. Um dies grafisch zu zeigen, werden $i = 1, \ldots, 200$ ($n = 200$) Stichproben mit jeweils einem Stichprobenumfang von $m = 10$ rechteckverteilten (gleichverteilten) Werten

$$f_X(x) = \begin{cases} \frac{1}{b-a} & \text{mit } a = -3, b = 3 \text{ und } a \le x \le b \\ 0 & \text{sonst} \end{cases} \tag{12.1}$$

auf einem Rechner erzeugt. In Abbildung 12.1 (obere Grafik) ist das Histogramm der ersten Stichprobe (10 Werte) dargestellt. Theoretisch sollte jede Klasse die gleiche Dichte besitzen. Da es sich hier aber nur um 10 zufällige Werte handelt, ist die Dichte in einigen Klassen zufällig höher oder niedriger als $f_X(x) = 1/6$. Die Werte liegen zufällig zwischen -3 und 3. Für die erste Stichprobe wurden folgenden zufälligen Werte vom Rechner erzeugt.

$$X_1 = \{0.097\,, -1.649\,, -1.898\,, -1.702\,, -0.437\,, 2.824$$
$$1.929\,, -0.784\,, -2.823\,, -1.849\}$$

(12.2)

$$\vdots$$

$$X_{200} = \ldots$$

Werden nun 200 solcher zufälligen Stichproben erzeugt und jede Stichprobe durch Mittelung zusammengefasst, so erhält man 200 Mittelwerte; für jede Stichprobe einen. Für die erste Stichprobe ergibt sich ein Mittelwert von:

$$\bar{x}_1 = \frac{1}{10} \sum_{j=1}^{10} x_{1,j} = \frac{1}{10} \left(0.097 + (-1.649) + (-1.898) + \ldots\right) = -0.629 \quad (12.3)$$

Durch die Mittelung der jeweiligen Stichprobenwerte wird eine Überlagerung der Schwankungen erzeugt. Man spricht auch von einer m-maligen **Faltung**, die $\bar{x}$ durch die Operation $1/m \sum_{j=1}^{m} x_j$ erfährt. Hier bedeutet dies, dass durch die Summierung positive und negative Werte saldiert werden, so dass die Werte meistens nahe bei Null liegen werden. Zufällig können beliebig große Abweichungen auftreten, aber mehrheitlich treten nur kleine Abweichungen auf. In der unteren Grafik der Abbildung 12.1 sieht man dies deutlich. Hier sind die 200 gemittelten Werte als Histogramm und als Dichtespur (Normalkern mit $h = 0.8$) dargestellt. In der gleichen Grafik ist eine Normalverteilung mit $\mu_X = \bar{X} = 1/n \sum_{i=1}^{n} \bar{X}_i$ und $\sigma_X = \sqrt{Var(\bar{X})}$ abgetragen. Das Histogramm und die Dichtespur weisen einen ähnlichen Verlauf wie die Normalverteilung auf. Genau diese Eigenschaft der Normalverteilung stellt ihre Bedeutung dar. Erhöht man die Anzahl der Werte in jeder Stichprobe, z. B. von 10 auf 100, so wird der wahre Wert μ_X immer besser ermittelt. Das bedeutet, dass die Verteilung immer enger um Null herum verläuft. Erhöht man hingegen die Anzahl der Stichproben, z. B. von 200 auf 1000, so wird die Normalverteilung immer besser durch die berechneten Werte approximiert. Sie verläuft aber immer noch in der gleichen Weite, d. h. der wahre Wert μ_X wird dadurch nicht besser ermittelt.

Wie kommt es zur Funktion der Normalverteilung (vgl. [23, Seite 297ff])? Es wird davon ausgegangen, dass aus den Realisationen $\bar{x}_i$ ($i = 1, \ldots, n$) auf die unbekannte Größe μ_X geschlossen werden kann. Damit das gilt, wird unterstellt, dass die Realisationen mit zufälligen Fehlern behaftet sind, die allerdings derart sind, dass positive und negative Fehler gleichen Betrags gleich häufig auftreten und kleine Fehler häufiger als große auftreten. Zusammengefasst bedeutet dies, dass die Wahrscheinlichkeit einen gewissen Fehler zu begehen, nur von seiner Größe abhängig ist. Dies wird in der Literatur auch als **Fehlergesetz** bezeichnet. Diese Ableitung des Fehlergesetzes geht u. a. auf Gauss zurück. Daher rührt der Name Gaussverteilung.

Zusätzlich wird hier angenommen, dass mit dem Stichprobenmittel alle Werte einer Stichprobe so zusammengefasst werden, dass die Fehler im Mittel entfallen. Es wird also angenommen, dass mit $E(\bar{X}_i)$[1] der wahrscheinlichste Wert für μ_X eintritt

---

[1] Es handelt sich hier um den Erwartungswert der i-ten Stichprobe.

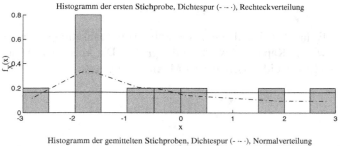

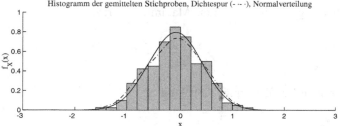

Abb. 12.1. Normalverteilung

(siehe auch Beispiel 10.17 auf Seite 247).

$$E(\bar{X}_i) = \mu_X \tag{12.4}$$

Die Zufallsvariable Z_i gibt die Abweichung (Fehler) zwischen den Stichprobenmitteln und dem wahren Wert μ_X an.

$$Z_i = \bar{X}_i - \mu_X \tag{12.5}$$

Es gilt:

$$E(Z_i) = E(\bar{X}_i) - E(\mu_X) = 0 \tag{12.6}$$

Da mit $E(\bar{X}_i)$ der wahrscheinlichste Wert für μ_X eintritt, ist auch $E(Z_i)$ der wahrscheinlichste Wert. Dies ist hier gleichbedeutend mit (siehe auch Maximum-Likelihood Prinzip in Kapitel 15.2):

$$\prod_{i=1}^{n} f_Z(z_i) \rightarrow \max \tag{12.7}$$

Der wahrscheinlichste Wert für Z wird durch das Maximum des Produkts der Dichtefunktionen bestimmt, da unterstellt wird, dass die Folge der Realisationen z_i unabhängig voneinander sind. Mit $f_Z(z)$ wird die unbekannte Wahrscheinlichkeitsfunktion[2] (Dichtefunktion) der Zufallsvariablen Z bzgl. der realisierten Fehler

---

[2] Korrekterweise müsste die Dichtefunktion unter der Bedingung, dass μ_X gilt, geschrieben werden:

$f_Z(z \mid \mu_X)$

$$z_i = \bar{x}_i - \mu_X \tag{12.8}$$

beschrieben. Es handelt sich also um eine Folge von Realisationen der Zufallsvariablen Z. Dies wird in Kapitel 14 wieder aufgegriffen. Die Maximierung des Produkts in Gleichung (12.7) ist identisch mit der Maximierung von:

$$\sum_{i=1}^{n} \ln f_Z(z_i) \to \max \tag{12.9}$$

Die notwendige Bedingung für ein Maximum führt zu:

$$\sum_{i=1}^{n} \frac{f'_Z(z_i)}{f_Z(z_i)} \overset{!}{=} 0 \tag{12.10}$$

Erweitert man die Gleichung (12.10) mit z_i

$$\sum_{i=1}^{n} \frac{f'_Z(z_i)}{z_i \, f_Z(z_i)} \, z_i \overset{!}{=} 0, \tag{12.11}$$

und nimmt die Bedingung (siehe Gleichung 12.6)

$$E(z_i) = 0 \to \sum_{i=1}^{n} z_i = 0 \tag{12.12}$$

hinzu, so sind beide Bedingungen nur dann gleichzeitig erfüllt, wenn die Konstanz von $\frac{f'_Z(z_i)}{z_i f_Z(z_i)}$ gilt. Ferner resultiert aus der Konstanz von $\frac{f'_Z(z_i)}{z_i f_Z(z_i)}$ die Unabhängigkeit von den z_i. Somit führt die Gleichung (12.11) zu einer homogenen Differentialgleichung. Gleichzeitig wird damit der Übergang von einer diskreten zu einer stetigen Verteilung vollzogen.

$$\frac{f'_Z(z)}{z \, f_Z(z)} = k \quad \text{mit } k = \text{konst.} \tag{12.13}$$

Die Lösung der Differentialgleichung (12.13) findet man über die Integration.

$$\int \frac{f'_Z(z)}{f_Z(z)} \, dz = k \int z \, dz \tag{12.14}$$

$$\ln f_Z(z) = \ln C + k \, \frac{z^2}{2} \tag{12.15}$$

$$f_Z(z) = C \, e^{k \, z^2/2} \tag{12.16}$$

Die Konstante k muss wegen der Annahme, dass größere Fehler weniger wahrscheinlich sind als kleine, negativ sein. Es wird $k = -1/\sigma_Z^2$ gesetzt.

$$f_Z(z) = C \, e^{-z^2/(2 \, \sigma_Z^2)} \tag{12.17}$$

Aus der Eigenschaft, dass eine Dichtefunktion die Bedingung

$$\int_{-\infty}^{\infty} f_Z(z)\, dz = 1 \tag{12.18}$$

erfüllen muss, kann der Wert der Integrationskonstanten C bestimmt werden.

$$C \int_{-\infty}^{\infty} e^{-z^2/(2\,\sigma_Z^2)}\, dz = C\,\sqrt{2\,\pi}\sigma_Z \overset{!}{=} 1 \tag{12.19}$$

Es gilt:

$$\int_{0}^{\infty} e^{-a^2\,x^2}\, dx = \frac{\sqrt{\pi}}{2\,a} \quad \text{für } a > 0 \tag{12.20}$$

Der Wert von C ist damit:

$$C = \frac{1}{\sqrt{2\,\pi}\,\sigma_Z} \tag{12.21}$$

Die Funktion der Normalverteilung ist gefunden.

$$f_Z(z) = \frac{1}{\sqrt{2\,\pi}\,\sigma_Z}\, e^{-z^2/(2\,\sigma_Z^2)} \tag{12.22}$$

Die Funktion $f_Z(z)$ wird maximal, wenn z^2 minimal wird. Wird nun statt z^2 die lineare Funktion $\sum_{i=1}^{n}(x_i - \mu_X)^2$ oder $\sum_{i=1}^{n} u_i^2$ eingesetzt, so führt dies gerade zur **Methode der Kleinsten Quadrate** (vgl. Kapitel 6.3). Die Normalverteilung besitzt an der Stelle $\min \sum_{i=1}^{n} u_i^2$ ihr Maximum. Der Schätzwert $\hat{\mu}_X$ wird nach der Methode der Kleinsten Quadrate also gerade so bestimmt, dass die Normalverteilung ein Maximum an dieser Stelle besitzt. Es ist das wahrscheinlichste Ereignis. Die Normalverteilungsannahme der Residuen und die Kleinst-Quadrate Schätzung hängen also unmittelbar zusammen.

Definition 12.1. *Eine stetige Zufallsvariable X mit der Dichtefunktion*

$$f X(x) = \frac{1}{\sigma_X\,\sqrt{2\,\pi}}\, e^{-(x-\mu_X)^2/(2\,\sigma_X^2)} \quad \textit{für} \quad -\infty < x < \infty \tag{12.23}$$

heißt **normalverteilt** *mit den Parametern μ_X und σ_X^2.*
Man schreibt: $X \sim N(\mu_X, \sigma_X^2)$.

Der Erwartungswert einer normalverteilten Zufallsvariablen X ist $E(X) = \mu_X$ und die Varianz $Var(X) = \sigma_X^2$. Die Berechnung, dass μ_X und σ_X^2 Erwartungswert und Varianz der Normalverteilung sind, ist mathematisch etwas aufwendiger (vgl. u. a. [34, Seite 174ff]). Die Konstante $1/(\sigma_X\,\sqrt{2\,\pi})$ stellt sicher, dass die Fläche unter der Dichtefunktion eins ergibt. In der Abbildung 12.2 ist die Normalverteilung für verschiedene Werte von μ_X und σ_X^2 wiedergegebenen. Es zeigt sich, dass der Erwartungswert μ_X die Lage der Normalverteilungsfunktion bestimmt und die

Standardabweichung σ_X die Weite der Verteilung. Genauer: σ_X gibt den Abstand vom Zentrum μ_X zu den Wendepunkten der Funktion an. Ist σ_X klein, so ist die Kurve hoch und spitz, ist σ_X groß, so ist sie breit und flach.

Die Normalverteilung ist die Grenzverteilung vieler Wahrscheinlichkeitsverteilungen (siehe zentraler Grenzwertsatz, Kapitel 14.6). Daher rührt ihre große Bedeutung in der Statistik. Sie ist aber kein „natürliches Verteilungsmodell" für empirische Phänomene (vgl. [13, Seite 193]).

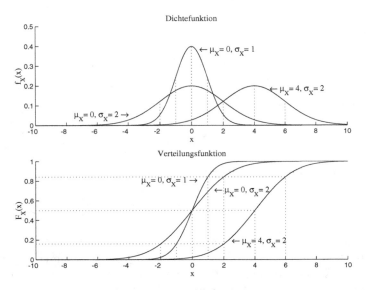

Abb. 12.2. Dichtefunktion der Normalverteilung

12.2 Standardnormalverteilung

Nun ist es aufwendig, für jede mögliche Konstellation von μ_X und σ_X die Werte der Normalverteilungsfunktion rechnerisch zu bestimmen. Daher transformiert man die normalverteilte Zufallsvariable X so, dass die neue Zufallsvariable wieder eine Normalverteilung besitzt, aber den Erwartungswert null und die Standardabweichung eins. Die Normalverteilung der Zufallsvariablen Z nennt man dann Standardnormalverteilung, da nun jede normalverteilte Zufallsvariable $X \sim N(\mu_X, \sigma_X^2)$ durch eine standardnormalverteilte Zufallsvariable $Z \sim N(0,1)$ dargestellt werden kann. Diesen Vorgang nennt man Standardisierung, bei der die **lineare Transformation**

$$Z = g(X) = \frac{1}{a}X - \frac{b}{a} \tag{12.24}$$

angewandt wird. Im Folgenden wird der Koeffizient a mit der Standardabweichung σ_X der Zufallsvariablen X und der Koeffizient b mit dessen Erwartungswert μ_X belegt.

Definition 12.2. *Gegeben sei eine Zufallsvariable X mit Erwartungswert μ_X und Standardabweichung σ_X.*

$$Z = \frac{X - \mu_X}{\sigma_X} \tag{12.25}$$

heißt **standardisierte Zufallsvariable**.

Für die standardisierte Zufallsvariable gilt: $E(Z) = 0$ und $Var(Z) = 1$. Für die Verteilungsfunktion von $F_X(x)$ gilt dann folgendes:

$$F_X(x) = P(X < x) = P(a\,Z + b < x) \tag{12.26}$$

$$= P\left(Z < \frac{x - b}{a}\right) = F_Z\left(\frac{x - b}{a}\right) \tag{12.27}$$

und

$$f_X(x) = \frac{d}{dx}\,F_Z\left(\frac{x - b}{a}\right) = \frac{1}{a}\,f_Z\left(\frac{x - b}{a}\right) = \frac{1}{a}\,f_Z(z) \tag{12.28}$$

Ist also die Zufallsvariable X normalverteilt mit μ_X und σ_X^2, so ist auch die standardisierte Zufallsvariable Z normalverteilt mit

$$Z \sim N\left(\mu_X - b, \frac{\sigma_X^2}{a^2}\right) = N\left(\mu_Z = 0, \sigma_Z^2 = 1\right), \tag{12.29}$$

weil gilt:

$$E(Z) = E\left(\frac{X - \mu_X}{\sigma_X}\right) = \frac{1}{\sigma_X}\left(E(X) - \mu_X\right) = \frac{1}{\sigma_X}(\mu_X - \mu_X) = 0 \tag{12.30}$$

$$Var(Z) = Var\left(\frac{X - \mu_X}{\sigma_X}\right) = \frac{1}{\sigma_X^2}\,Var(X - \mu_X)$$

$$= \frac{1}{\sigma_X^2}\left(Var(X) + Var(\mu_X)\right) = \frac{1}{\sigma_X^2}(\sigma_X^2 + 0) = 1 \tag{12.31}$$

(siehe auch Gleichung (10.88), Seite 247)

Diese Eigenschaft der Normalverteilung wird ausgenutzt, um die so genannte **Standardnormalverteilung** zu erzeugen. Diese Transformation hat den Vorteil, dass der Erwartungswert $\mu_Z = 0$ und die Standardabweichung $\sigma_Z = 1$ wird. Dadurch kann jede normalverteilte Zufallsvariable in eine standardnormalverteilte Zufallsvariable transformiert werden und es sind daher nur die Werte der Standardnormalverteilung in Tabellen anzugeben.

Ist eine Zufallsvariable $X \sim N(\mu_X, \sigma_X^2)$ verteilt und man möchte die Wahrscheinlichkeit $P(x_0 < X < x_1)$ bestimmen, so kann mittels der standardisierten Zufallsvariable die Wahrscheinlichkeit bestimmt werden:

$$P(x_0 < X < x_1) = F_X(x_1) - F_X(x_0)$$

$$= F_Z\left(\frac{x_1 - \mu_X}{\sigma_X}\right) - F_Z\left(\frac{x_0 - \mu_X}{\sigma_X}\right) \qquad (12.32)$$

Die Standardnormalverteilung besitzt folgende Dichtefunktion und Verteilungsfunktion:

$$f_Z(z) = \frac{1}{\sqrt{2\pi}}\, e^{-x^2/2} \qquad (12.33)$$

$$F_Z(z) = P(Z < z) = \frac{1}{\sqrt{2\pi}} \int_{-\infty}^{z} e^{-\xi^2/2}\, d\xi \qquad (12.34)$$

Einige typische Werte der Standardnormalverteilung sind in Tabelle 12.1 wiedergegeben.

Tabelle 12.1. Typische Werte der Standardnormalverteilung

z						
-2.575	-1.960	-1.645	0	1.645	1.960	2.575
$F_Z(z)$ 0.005	0.025	0.050	0.500	0.950	0.975	0.995

Weitere Werte der Standardnormalverteilung sind in der Tabelle B.14 im Anhang angegeben. Aufgrund der Symmetrie der Normalverteilung werden die Funktionswerte für negative Argumente in der Regel nicht in den Tabellen ausgewiesen. Sie errechnen sich leicht über

$$F_Z(-z) = 1 - F_Z(z) \qquad (12.35)$$

Beispiel 12.2. Ist eine Zufallsvariable standardnormalverteilt, so beträgt die Wahrscheinlichkeit, dass Z die Werte 1, 1.645, 1.96 nicht überschreitet bei

$$P(Z < 1) = 0.841 \qquad (12.36)$$
$$P(Z < 1.645) = 0.950 \qquad (12.37)$$
$$P(Z < 1.96) = 0.975 \qquad (12.38)$$

Die Wahrscheinlichkeit, dass die Zufallsvariable zwischen -1 und 1, zwischen -1.645 und 1.645 und zwischen -1.96 und 1.96 liegt beträgt:

$$P(-1 < Z < 1) = F_Z(1) - F_Z(-1)$$
$$= F_Z(1) - \big(1 - F_Z(1)\big) \qquad (12.39)$$
$$= 0.841 - 0.159 = 0.682$$
$$P(-1.645 < Z < 1.645) = 0.900 \qquad (12.40)$$
$$P(-1.96 < Z < 1.96) = 0.950 \qquad (12.41)$$

Die Wahrscheinlichkeit in Gleichung (12.39) wird als einfaches Streuungsintervall bezeichnet, weil hier die Standardabweichung $\pm\sigma_Z = \pm 1$ die Intervallbreite bestimmt (siehe auch Übung 12.2).

Eine andere wichtige Eigenschaft der Normalverteilung ist die so genannte **Reproduktivität der Normalverteilung**. Sie bedeutet, dass die Summe von normalverteilten Zufallsvariablen wieder normalverteilt ist. Dies lässt sich relativ einfach mittels der momenterzeugenden Funktion zeigen. Die momenterzeugende Funktion der Standardnormalverteilung wird aus dem Integral

$$m_Z(t) = \frac{1}{\sqrt{2\,\pi}} \int_{-\infty}^{\infty} e^{t\,z}\, e^{-z^2/2}\, dz \tag{12.42}$$

berechnet. Dazu wird der Exponent quadratisch ergänzt

$$
\begin{aligned}
\frac{z^2}{2} - t\,z &= \frac{1}{2}\left(z^2 - 2\,t\,z + t^2\right) - \frac{t^2}{2} \\
&= \frac{1}{2}\left(z - t\right)^2 - \frac{t^2}{2}
\end{aligned}
\tag{12.43}
$$

und es ergibt sich:

$$m_Z(t) = e^{t^2/2}\, \frac{1}{\sqrt{2\,\pi}} \int_{-\infty}^{\infty} e^{-(z-t)^2/2}\, dz \tag{12.44}$$

Mit der Substitution $u = z - t$ $(du/dz = 1)$ ergibt sich dann das Integral

$$\frac{1}{\sqrt{2\,\pi}} \int_{-\infty}^{\infty} e^{-u^2/2}\, du, \tag{12.45}$$

das den Wert eins hat. Die momenterzeugende Funktion der Standardnormalverteilung ist somit:

$$m_Z(t) = e^{t^2/2} \tag{12.46}$$

Mit diesem Ergebnis lässt sich leicht nachweisen, dass bei der Standardnormalverteilung der Erwartungswert null und die Varianz eins ist

$$\lim_{t\to 0} m_Z'(t) = 0 \tag{12.47}$$

$$\lim_{t\to 0} m_Z''(t) = 1 \tag{12.48}$$

und mit der linearen Transformation $X = \mu_X + \sigma_X Z$, wobei $Z \sim N(0,1)$ gilt, dass die Zufallsvariable X – wie bereits gesehen – einer Normalverteilung mit μ_X und σ_X folgt.

$$
\begin{aligned}
m_X(t) = E\left(e^{t\,X}\right) &= E\left(e^{t\,\mu_X + \sigma_X\,Z}\right) \\
&= e^{\mu_X\,t}\, E\left(e^{\sigma_X\,Z}\right) = e^{\mu_X\,t}\, m_Z(\sigma_X\,t) \\
&= e^{\mu_X\,t}\, e^{\sigma_X^2\,t^2/2}
\end{aligned}
\tag{12.49}
$$

Die Reproduktivität der Normalverteilung ergibt sich, wenn man die Summe von unabhängigen Zufallsvariablen betrachtet. Wird die Zufallsvariable $S = X + Y$ gebildet, wobei angenommen wird, dass die momenterzeugenden Funktionen $m_X(t)$ und $m_Y(t)$ existieren, dann gilt

$$m_S(t) = E(e^{t\,S}) = E(e^{t\,X+t\,Y}) = E(e^{t\,X}\,e^{t\,Y}) \tag{12.50}$$

und wegen der Unabhängigkeit gilt:

$$= E(e^{t\,X})\,E(e^{t\,Y}) = m_X(t)\,m_Y(t) \tag{12.51}$$

Wird nun angenommen, dass die Zufallsvariablen

$$X \sim N(\mu_X, \sigma_X^2) \tag{12.52}$$

und

$$Y \sim N(\mu_Y, \sigma_Y^2) \tag{12.53}$$

normalverteilt sind. Dann ergibt sich daraus:

$$
\begin{aligned}
m_S(t) &= e^{\mu_X t}\,e^{\sigma_X^2 t^2/2}\,e^{\mu_Y t}\,e^{\sigma_Y^2 t^2/2} \\
&= e^{(\mu_X+\mu_Y)t}\,e^{(\sigma_X^2+\sigma_Y^2)\,t^2/2}
\end{aligned}
\tag{12.54}
$$

Die Zufallsvariable S ist also ebenfalls normalverteilt mit Erwartungswert $\mu_X + \mu_Y$ und Varianz $\sigma_X^2 + \sigma_Y^2$: $S \sim N(\mu_X + \mu_Y, \sigma_X^2 + \sigma_Y^2)$. Dieses Ergebnis ist von großer Bedeutung, um die Verteilung des Stichprobenmittels $\bar{X}$ zu bestimmen. Allgemeiner gilt, dass die Summe von n unabhängig normalverteilten Zufallsvariablen wieder normalverteilt ist.

$$\sum_{i=1}^{n}(b_i + a_i X_i) \sim N\left(\sum_{i=1}^{n}(b_i + a_i \mu_{X_i}), \sum_{i=1}^{n} a_i^2\,\sigma_{X_i}^2\right) \tag{12.55}$$

Sind alle i Zufallsvariablen nicht nur normalverteilt, sondern besitzen auch den gleichen Erwartungswert μ_X und die gleiche Varianz σ_X^2, wie es für eine Stichprobe mit n Realisationen häufig angenommen wird, so gilt:

$$\sum_{i=1}^{n} X_i \sim N\left(n\,\mu_X, n\,\sigma_X^2\right) \tag{12.56}$$

Daraus ergibt sich unmittelbar, dass das **Stichprobenmittel** $\bar{X}$ dann einer Normalverteilung mit μ_X und σ_X^2/n folgt.

$$\bar{X} \sim N\left(\mu_X, \frac{\sigma_X^2}{n}\right) \tag{12.57}$$

12.3 Lognormalverteilung

Die Logarithmierung ist eine beliebte Datentransformation, wenn eine rechtsschiefe Verteilung vorliegt (siehe Kapitel 6.5.3). Voraussetzung ist, dass alle Werte positiv sind. Solche Verteilungen kommen häufig bei Einkommensverteilungen vor. Die **logarithmische Transformation** wird auch gerne angewendet, wenn multiplikative Verknüpfungen, wie z. B. bei geometrischen Reihen, vorliegen (siehe auch geometrisches Mittel). Kann angenommen werden, dass die Zufallsvariable $Y = \ln X$ eine Normalverteilung besitzt, so wird die Verteilung von X als Lognormalverteilung bezeichnet.

Es wird von der Transformation

$$X = e^Y \quad \text{mit } Y \sim N\big(\mu_Y, \sigma_Y^2\big) \tag{12.58}$$

ausgegangen. Dann gilt (siehe auch Kapitel 10.3):

$$F_X(x) = P(X \leq x) = P(e^Y \leq x) = P(Y \leq \ln x) = F_Y(\ln x) \tag{12.59}$$

$$f_X(x) = \frac{d}{dx} F_Y(\ln x) = \frac{1}{x} f_Y(\ln x) \tag{12.60}$$

Definition 12.3. *Die Dichtefunktion der Zufallsvariablen* $X = e^Y$ *ist definiert als* **Lognormalverteilung** *mit den Parametern* μ_Y *und* σ_Y^2 *, wenn* $Y \sim N(\mu_Y, \sigma_Y^2)$ *gilt.*

$$f_X(x) = \frac{1}{\sigma_y^2 \sqrt{2\pi}} \frac{1}{x} e^{-(\ln x - \mu_Y)^2/(2\sigma_Y^2)} \tag{12.61}$$

Erwartungswert und Varianz der Lognormalverteilung sind:

$$E(X) = e^{\mu_Y + \sigma_Y^2/2} \tag{12.62}$$

$$Var(X) = e^{2\mu_Y + \sigma_Y^2} \big(e^{\sigma_Y^2} - 1\big) \tag{12.63}$$

Die Zufallsvariable $Y = \ln X$ folgt also einer Normalverteilung mit $E(\ln X) = \mu_Y$ und $Var(\ln X) = \sigma_Y^2$. Es ist also zu beachten, dass Erwartungswert und Varianz der Lognormalverteilung nicht gleich μ_Y und σ_Y^2 sind.

Auch die Lognormalverteilung besitzt die Reproduktivitätseigenschaft, allerdings für die Multiplikation der Zufallsvariablen X_i. Das Stichprobenmittel wird also aus dem geometrischen Mittel gebildet.

$$\bar{X} = \sqrt[n]{\prod_{i=1}^{n} X_i} \tag{12.64}$$

Sind die X_i unabhängig identisch lognormalverteilte Zufallsvariablen, so besitzt $\bar{X}$ eine Lognormalverteilung mit den Parametern μ_Y und σ_Y^2/n.

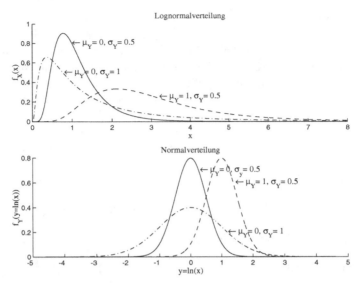

Abb. 12.3. Dichtefunktion der Lognormalverteilung

Beispiel 12.3. Für die Kühlaggregate aus Beispiel 4.13 (Seite 54) wird unterstellt, dass die Funktionsdauer von x_0 bis x_n Jahren durch einen multiplikativen Ansatz erklärt werden kann.

$$X_n = X_0 \times (1 + \Delta X_1) \times \cdots \times (1 + \Delta X_n) \qquad (12.65)$$

Wird angenommen, dass ΔX_i unabhängig identisch verteilte Zufallsvariablen sind, so ist die Zufallsvariable $\ln X_n$ nach dem zentralen Grenzwert approximativ normalverteilt.

$$Y_n = \ln X_n = \ln X_0 + \ln(1 + \Delta X_1) + \ldots + \ln(1 + \Delta X_n) \qquad (12.66)$$

Wenn nun $Y_n = \ln X_n$ normalverteilt ist, dann hat die Zufallsvariable X_n selbst eine rechtsschiefe Verteilung (siehe Abbildung 12.3) und ist lognormalverteilt.

Um die Daten mit einer Lognormalverteilung zu approximieren, müssen μ_Y und σ_Y^2 aus den Daten ermittelt werden. Diese entsprechen aber nicht $E(X)$ und $Var(X)$. Es kann aber aus $E(X) = \bar{X}$ und $E(X^2) = \overline{X^2}$ auf μ_Y und σ_Y^2 geschlossen werden. Aus

$$Var(X) = E(X^2) - \big(E(X)\big)^2$$
$$= e^{2\mu_Y + 2\sigma_Y^2} - e^{2\mu_Y + \sigma_Y^2} \qquad (12.67)$$

können mit dem Ansatz

$$E(X) = e^{\mu_Y + \sigma_Y^2/2} \overset{!}{=} \bar{X} \qquad (12.68)$$

$$E(X^2) = e^{2\mu_Y + 2\sigma_Y^2} \overset{!}{=} \frac{1}{n} \sum_{i=1}^{n} X_i^2 = \overline{X^2} \qquad (12.69)$$

die Parameter μ_Y und σ_Y^2 der Lognormalverteilung bestimmt werden:

$$\mu_Y = 2 \ln \bar{X} + \frac{\ln \overline{X^2}}{2} \tag{12.70}$$

$$\sigma_Y^2 = \ln \overline{X^2} - 2 \ln \bar{X} \tag{12.71}$$

Aus den Daten errechnen sich

$$\bar{X} = 1.892 \tag{12.72}$$

$$\overline{X^2} = 7.151 \tag{12.73}$$

und damit ergeben sich für die gesuchten Werte:

$$\mu_Y = 0.291 \tag{12.74}$$

$$\sigma_Y^2 = 0.693 \tag{12.75}$$

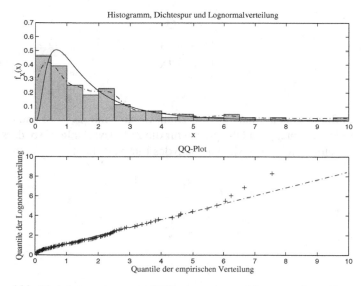

Abb. 12.4. Lebensdauer von Kühlaggregaten und Lognormalverteilung

In der Abbildung 12.4 sind diese Parameter zur Berechnung der Dichtefunktion verwendet worden. Es zeigt sich, dass die Dichte der Lognormalverteilung im Bereich bis zwei Jahre die Lebensdauer der Kühlaggregate überzeichnet. Die Dichtespur wurde mit einem Normalkern mit $h = 0.25$ berechnet. Der QQ-Plot zeigt in diesem Bereich keine Besonderheiten auf, hingegen deckt er im Bereich ab 6 Jahren Lebensdauer eine stärkere Abweichung zur Lognormalverteilung auf. Der Anteil der Kühlaggregate mit einer Lebensdauer von über 6 Jahren ist größer als nach dem Lognormalverteilungsmodell. Die Quantile sind in einer Schrittweite von 1% abgetragen worden. Insgesamt ist die Lognormalverteilung hier schon ein geeignetes Verteilungsmodell.

12.4 Übungen

Übung 12.1. Eine Zufallsvariable X sei mit $\mu_X = 900$ und $\sigma_X = 100$ normalverteilt. Bestimmen Sie die folgenden Wahrscheinlichkeiten:

$$P(X < 650) \tag{12.76}$$

$$P(800 < X < 1\,050) \tag{12.77}$$

$$P(X < 800 \vee X > 1\,200) \tag{12.78}$$

Übung 12.2. Berechnen Sie die Wahrscheinlichkeit, dass die normalverteilte Zufallsvariable

$$X \sim N(\mu_X, \sigma_X^2) \tag{12.79}$$

im Bereich zwischen

$$\mu_X \pm \sigma_X \tag{12.80}$$

$$\mu_X \pm 2\,\sigma_X \tag{12.81}$$

$$\mu_X \pm 3\,\sigma_X \tag{12.82}$$

liegt.

Übung 12.3. Sie X eine normalverteilte Zufallsvariable mit $\mu_X = 3$ und $\sigma_X^2 = 16$. Bestimmen Sie die Unter- und Obergrenze für die Zufallsvariable X so, dass sie mit einer Wahrscheinlichkeit von 68% innerhalb des Intervalls liegt.

13

Bernoulli-verwandte Zufallsvariablen

Inhaltsverzeichnis

13.1 Einführung

In diesem Kapitel werden einige wichtige diskrete Wahrscheinlichkeitsverteilungen behandelt, die auf der Bernoulliverteilung aufbauen. Die Verteilungen sind für alle Fragestellungen, die auf das Urnenmodell zurückzuführen sind, relevant.

13.2 Bernoulliverteilung

Die Bernoulliverteilung beschreibt Zufallsprozesse bei denen nur zwei Ausprägungen vorkommen: das Ereignis A besitzt eine gewünschte Eigenschaft oder besitzt sie nicht: $\overline{A}$.

Definition 13.1. *Eine Zufallsvariable X, die nur die Ausprägungen $x = 1$ für das Ereignis A (= Erfolg) und $x = 0$ für das Ereignis $\overline{A}$ (= Misserfolg) hat, heißt eine* **Bernoullizufallsvariable**.

Definition 13.2. *Eine Zufallsstichprobe, die aus einer Grundgesamtheit gezogen wird, deren Elemente nur die Ausprägungen 0 und 1 aufweisen, heißt* **Bernoulliexperiment**.

Ein Experiment bei dem die Elemente wieder zurückgelegt werden (**Stichprobe mit Zurücklegen**), kann unendlich oft wiederholt werden, obwohl die Grundgesamtheit endlich ist. Es ist daher identisch mit einem Experiment bei dem die Grundgesamtheit unendlich ist. Dann ist es aber egal, ob die Elemente zurückgelegt werden, da bei unendlich vielen Elementen in der Grundgesamtheit die Entnahme von endlich vielen Elementen unerheblich ist. Dieses Experiment wird bei der Binomialverteilung vorausgesetzt. Wird hingegen das gezogene Element bei einer endlichen Grundgesamtheit nicht mehr zurückgelegt, so spricht man von einer **Stichprobe ohne Zurücklegen** (siehe Kapitel 3.2.1). Hier können nur maximal so viele Bernoulliexperimente durchgeführt werden wie Elemente in der Grundgesamtheit vorhanden sind. Dieses Experiment wird bei der hypergeometrischen Verteilung vorausgesetzt.

Definition 13.3. *Eine diskrete Zufallsvariable X mit der Dichtefuntkion*

$$f_X(x \mid \theta) = \theta^x (1 - \theta)^{1-x} \quad \text{mit } x = 0 \text{ oder } x = 1. \tag{13.1}$$

heißt **bernoulliverteilt** *mit Parameter $0 < \theta < 1$. Der Parameter θ gibt die Eintrittswahrscheinlichkeit für das Ereignis A an: $P(A) = \theta$. Man schreibt auch: $X \sim Ber(\theta)$.*

Der Erwartungswert der Bernoulliverteilung ist

$$E(X) = 1 \times \theta + 0 \times (1 - \theta) = \theta. \tag{13.2}$$

Für das zweite Moment der Bernoulliverteilung gilt ebenfalls

$$E(X^2) = E(X) = \theta, \tag{13.3}$$

weil die Zufallsvariable nur die Ausprägungen $x = 0$ und $x = 1$ annehmen kann. Daher ist die Varianz einer bernoulliverteilten Zufallsvariable

$$Var(X) = \theta - \theta^2 = \theta (1 - \theta). \tag{13.4}$$

13.3 Binomialverteilung

Nun wird ein Zufallsexperiment betrachtet, bei dem ein Ereignis A mit der Wahrscheinlichkeit $P(A) = P(x = 1) = \theta$ eintritt und das n-mal unabhängig voneinander durchgeführt wird, d. h. nach Durchführung des Experiments wird das Ereignis A wieder in die Grundgesamtheit zurückgelegt (**Stichprobe mit Zurücklegen**). Von Interesse ist nun die Zufallsvariable X, die die Anzahl der Versuche, bei denen A auftritt, zählt.

$$X = \sum_{i=1}^{n} x_i = n(A) \tag{13.5}$$

Die Summe über die Ausprägungen x_i ist gleich der Anzahl der auftretenen Ereignisse A, da diese mit der Ausprägung 1 repräsentiert werden und die Ereignisse $\overline{A}$ mit 0. Mit dem Stichprobenmittel wird die relative Häufigkeit erfasst, die nach der Laplaceschen Wahrscheinlichkeitsdefinition auch als Wahrscheinlichkeit für das Eintreten des Ereignisses A interpretiert werden kann. Wie in Kapitel 15.4 erklärt wird, eignet sich das Stichprobenmittel als Schätzer für den unbekannten Anteilswert θ (siehe auch Kapitel 16.4).

$$\bar{X} = \frac{1}{n} \sum_{i=1}^{n} x_i = f(A) \tag{13.6}$$

Beispiel 13.1. Aus einer Urne mit N Kugeln, darunter M rote, werden zufällig und mit Zurücklegen nacheinander n Kugeln gezogen. A ist das Ereignis, dass bei einer Ziehung eine rote Kugel erscheint, also ist $P(A) = M/N$. Die Zufallsvariable X gibt die Anzahl der roten unter den n gezogenen Kugeln an.

Es soll nun die Wahrscheinlichkeit dafür bestimmt werden, dass bei n unabhängigen Wiederholungen des Zufallsexperiments (Bernoulliexperiment) x-mal das Ereignis A und damit $(n - x)$-mal das Ereignis $\overline{A}$ eintritt. Tritt bei n unabhängigen Wiederholungen des Zufallsexperiments genau x-mal das Ereignis A und $(n - x)$-mal das Ereignis $\overline{A}$ auf und schreibt man zunächst die Ereignisse A und dann die Ereignisse $\overline{A}$ auf, dann ergibt sich die nachstehende Folge von Ereignissen:

$$\underbrace{A, A, \dots, A}_{x\text{-mal}}, \underbrace{\overline{A}, \overline{A}, \dots, \overline{A}}_{n-x\text{-mal}} \tag{13.7}$$

Die Wahrscheinlichkeit für x-maliges Auftreten von A kann wegen der Unabhängigkeit der Ereignisse mit dem Multiplikationssatz für stochastische unabhängige Ereignisse bestimmt werden:

$$P(x\text{-mal } A) = P(A)^x = \theta^x \tag{13.8}$$

Die Wahrscheinlichkeit für das Auftreten von $(n - x)$-mal $\overline{A}$ berechnet sich entsprechend:

$$P\big((n - x)\text{-mal } \overline{A}\big) = P(\overline{A})^{n-x} = (1 - \theta)^{n-x} \tag{13.9}$$

In der Ereignisfolge tritt nun erst x-mal A und dann $(n - x)$-mal $\overline{A}$ auf. Auch dafür gilt der Multiplikationssatz für stochastisch unabhängige Ereignisse. Die Wahrscheinlichkeit für das Auftreten dieser bestimmten Folge ist dann:

$$P\big(x\text{-mal } A, \ (n - x)\text{-mal } \overline{A}\big) = P(A)^x \, P(\overline{A})^{n-x} = \theta^x \, (1 - \theta)^{n-x} \tag{13.10}$$

Bei n unabhängigen Wiederholungen des Zufallsexperiments gibt es nun viele unterschiedliche Ergebnisfolgen, bei denen genau x-mal A auftritt. Jede dieser Ergebnisfolgen des Bernoulliexperiments tritt mit der gleichen Wahrscheinlichkeit wie in Gleichung (13.10) auf. Um zu wissen, wie groß die Wahrscheinlichkeit dafür ist, dass genau x-mal A auftritt (gleichgültig in welcher Anordnung), sind die Wahrscheinlichkeiten für diese verschiedenen Fälle zu addieren. Die Bestimmung der Anzahl der verschiedenen Ergebnisfolgen eines Bernoulliexperiments, bei der bei n-maliger Wiederholung genau x-mal A auftritt, ist ein Problem der Kombinatorik ohne Berücksichtigung der Anordnung und ohne Wiederholung (Kombination ohne Wiederholung); ohne Wiederholung, weil es hier nur um die möglichen Anordnungen innerhalb der Folge geht, wenn bereits x-mal das Ereignis A und $(n-x)$-mal das Ereignis $\overline{A}$ aufgetreten ist. Dann gibt es $\binom{n}{x}$ verschiedene Ergebnisfolgen (siehe auch Kapitel 8.4.1), bei denen genau x-mal das Ereignis A eintritt. Die Wahrscheinlichkeit für das x-malige Auftreten des Ereignisses A bei n unabhängigen Wiederholungen des Zufallsexperiments erhält man, indem die oben bestimmte Wahrscheinlichkeit noch mit der eben bestimmten Anzahl der verschiedenen Ergebnisfolgen, bei denen genau x-mal A auftritt, multipliziert wird. Das Ergebnis ist die Wahrscheinlichkeitsfunktion der Binomialverteilung.

Definition 13.4. *Ein Zufallsexperiment, bei dem entweder A mit der Wahrscheinlichkeit $P(A) = \theta$ oder $\overline{A}$ mit $P(\overline{A}) = 1 - \theta$ als Ereignis eintritt, wird n-mal unabhängig wiederholt. Für die Zufallsvariable X, die die Anzahl der Zufallsexperimente mit dem Ereignis A angibt, ergibt sich dann eine* **Binomialverteilung** $X \sim Bin(n, \theta)$.

$$f_X(x \mid n, \theta) = \binom{n}{x} \theta^x (1 - \theta)^{n-x}, \quad x = 0, 1, \ldots, n \tag{13.11}$$

Die Binomialverteilung hat ihren Namen durch den engen Zusammenhang zum Binomischen Lehrsatz. Nach dem Binomischen Lehrsatz gilt folgende Beziehung:

$$\big(\theta + (1 - \theta)\big)^n = \sum_{x=0}^{n} \binom{n}{x} \theta^x (1 - \theta)^{n-x} \tag{13.12}$$

Wegen $\big(\theta + (1 - \theta)\big)^n = 1$ ergibt sich damit für die Binomialverteilung die Erfüllung der Bedingung, die eine Verteilungsfunktion erfüllen muss:

$$F_X(x \le n) = \sum_{i=1}^{n} f_X(x_i) = 1 \tag{13.13}$$

Beispiel 13.2. Eine Urne enthält $N = 20$ Kugeln, davon $M = 10$ rote und $N - M = 10$ grüne. Es werden zufällig $n = 10$ Kugeln mit Zurücklegen gezogen. X sei die Anzahl der roten unter ihnen. θ ist gleich $M/N = 1/2$.

$$f_X(x \mid 10, 0.5) = \binom{10}{x} 0.5^x \, 0.5^{10-x} \tag{13.14}$$

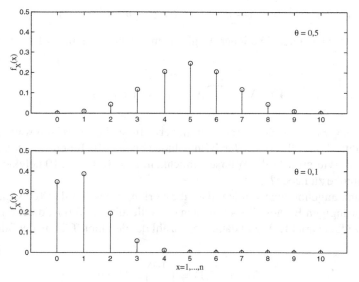

Abb. 13.1. Dichtefunktion der Binomialverteilung

Tabelle 13.1. Wahrscheinlichkeit für x rote Kugeln

$P(x=0)$	$P(x=1)$	$P(x=2)$	$P(x=3)$	$P(x=4)$	$P(x=5)$
0.001	0.010	0.044	0.117	0.205	0.246

$P(x=6)$	$P(x=7)$	$P(x=8)$	$P(x=9)$	$P(x=10)$
0.205	0.117	0.044	0.010	0.001

Die Wahrscheinlichkeiten für die Werte $x = 0, \ldots, 10$ sind in Tabelle 13.1 wiedergegeben. Die obere Grafik in Abbildung 13.1 zeigt die Verteilung der Wahrscheinlichkeiten aus der Tabelle.

Die Ziehung der Stichprobe in Beispiel 13.2 (Seite 288) wird auch als **binomiale Ziehung** bezeichnet.

Die i-te Durchführung des Experiments kann durch die Zufallsvariable X_i mit den beiden möglichen Werten 1 für das Ereignis „A tritt ein" und 0 für das Ereignis „A tritt nicht ein" beschrieben werden. Der Erwartungswert des i-ten Zufallsexperiments ist hier $E(X_i) = 1\,\theta + 0\,(1 - \theta) = \theta$. Wird das Bernoulliexperiment n-mal durchgeführt, so erhält man die Zufallsvariable X durch Addition der Zufallsvariablen X_i der einzelnen unabhängigen Durchführungen des Bernoulliexperiments: $X = \sum_{i=1}^{n} X_i$. Der Erwartungswert der Binomialverteilung ist dann:

$$E(X) = \sum_{i=0}^{n} E(X_i) = n\,\theta \qquad (13.15)$$

Die Varianz erhält man aus einer entsprechenden Überlegung:

$$Var(X_i) = (0 - \theta)^2 (1 - \theta) + (1 - \theta)^2 \theta = \theta - \theta^2 = \theta (1 - \theta) \qquad (13.16)$$

Wegen der Unabhängigkeit der X_i gilt dann für die Varianz der Binomialverteilung:

$$Var(X) = \sum_{i=0}^{n} Var(X_i) = n \theta (1 - \theta) \qquad (13.17)$$

Beispiel 13.3. Eine Maschine produziert in Serie Teile, die zu 90% einwandfrei sind. Eine Qualitätskontrolle erfolgt durch Entnahme von $n = 10$ Teilen aus der laufenden Produktion. Wie groß ist die Wahrscheinlichkeit, $x = 0, 1, \ldots, 10$ defekte Teile in der Stichprobe zu haben?

Es kann angenommen werden, dass die Serienproduktion der Teile eine Folge von unabhängigen Bernoulliexperimenten darstellt mit $P(\text{„Teil ist defekt“}) = \theta = 0.1$. Die Zufallsvariable X gibt dann die Anzahl der defekten Teile in der Stichprobe an.

$$X \sim Bin(10, 0.1) = \binom{10}{x} 0.1^x 0.9^{10-x} \qquad (13.18)$$

Die Wahrscheinlichkeiten für die Werte $x = 0, \ldots, 10$ sind in Tabelle 13.2 wiedergegeben.

Tabelle 13.2. Wahrscheinlichkeiten für x defekte Teile

$P(x = 0)$	$P(x = 1)$	$P(x = 2)$	$P(x = 3)$	$P(x = 4)$	$P(x = 5)$
0.349	0.387	0.194	0.057	0.011	0.002

$P(x = 6)$	$P(x = 7)$	$P(x = 8)$	$P(x = 9)$	$P(x = 10)$
0.0001	≈ 0	≈ 0	≈ 0	≈ 0

Im Mittel wird

$$E(X) = 10 \times 0.1 = 1 \qquad (13.19)$$

defektes Teil in der Stichprobe erwartet. Die Standardabweichung beträgt

$$\sigma_X = \sqrt{10 \times 0.1 \times 0.9} = 0.95. \qquad (13.20)$$

Die untere Grafik in Abbildung 13.1 zeigt diese Wahrscheinlichkeitsverteilung. Es ist deutlich zu erkennen, dass der wahrscheinlichste Wert bei $x = 1$ liegt.

Die Werte der Binomialverteilung für ausgewählte n sind im Anhang B.1 bis B.6 angegeben. Exakte Werte lassen sich heute einfach mittels vieler Programme (z. B. Tabellenkalkulationsprogrammen) bestimmen. Die Werte für θ sind bis 0.5 angeben. Für Werte $\theta > 0.5$ muss man anstelle der Zufallsvariablen X die Zufallsvariable $X^* = n - x$ mit $\theta^* = 1 - \theta$ betrachten.

Beispiel 13.4. In einer Urne befinden sich 70% rote Kugeln. 15 Kugeln werden nacheinander herausgegriffen, wobei jede Kugel nach dem Zug wieder in die Urne zurückgelegt wird. Wie groß ist die Wahrscheinlichkeit $x = 8$ rote Kugeln zu ziehen? Es ist $n = 15$, damit ist $x^* = 15 - 8 = 7$ und $\theta^* = 1 - \theta = 0.3$.

$$f_X(7 \mid 15, 0.3) = Bin(7 \mid 15, 0.3) = 0.0811 \tag{13.21}$$

Sind die Zufallsvariablen X und Y unabhängig und binomialverteilt mit

$$X \sim Bin(n, \theta) \tag{13.22}$$

und

$$Y \sim Bin(m, \theta), \tag{13.23}$$

so ist die Zufallsvariable $Z = X + Y$ ebenfalls binomialverteilt mit

$$Z \sim Bin(n + m, \theta). \tag{13.24}$$

Diese Eigenschaft der Binomialverteilung wird als **Reproduktivität** bezeichnet.

Beispiel 13.5. Mit einer idealen Münze werden 3 Wurfserien zu je 4 Würfen durchgeführt. Wie groß ist die Wahrscheinlichkeit dafür, dass bei den 3 Serien insgesamt viermal das Ereignis „Zahl" erscheint? Man kann die Lösung umständlich über die Betrachtung der einzelnen Serien bestimmen. Dabei ist $n = 4$ und x nimmt die Werte 0, 1, 2, 3, 4 an. Sei X_i die Zufallsvariable, dass in der i-ten Serie x-mal das Ereignis „Zahl" auftritt. Die Wahrscheinlichkeiten ergeben sich aus

$$f_X(x_i \mid 4, 0.5) = Bin(x_i \mid 4, 0.5) = \binom{4}{x_i} 0.5^{x_i} 0.5^{4-x_i} \tag{13.25}$$

und insgesamt existieren

$$\binom{4 + 3 - 1}{4} = 15 \tag{13.26}$$

verschiedene Kombinationen mit Wiederholung (weil bei jedem Wurf erneut „Zahl" auftreten kann) bei der viermal „Zahl" auftritt. Es ergeben sich damit die in der Tabelle 13.3 wiedergegebenen Möglichkeiten mit den dahinter stehenden Wahrscheinlichkeiten.

Einfacher erhält man die Lösung unter Beachtung der Reproduktivität von Binomialverteilungen. Es ist dann $n = 12$ zu setzen und man erhält (die Abweichung zum Ergebnis in der obigen Tabelle ist auf Rundungsfehler zurückzuführen):

$$f_X(4 \mid 12, 0.5) = \binom{12}{4} 0.5^4 0.5^8 = 0.1208 \tag{13.27}$$

Werden nicht nur zwei Sorten von Ausprägungen zugelassen, sondern m Ausprägungen, so spricht man von einer Multi- oder Polynomialverteilung. Auf eine Beschreibung dieser Verteilung wird hier verzichtet und auf die Literatur verwiesen (siehe z. B. [97]).

Tabelle 13.3. Wahrscheinlichkeiten für die Wurfserien

Nr.	X_1	X_2	X_3	$P(X_1)$	$P(X_2)$	$P(X_3)$	$\prod_{i=1}^{3} P(X_i)$
1	0	2	2	0.0625	0.375	0.375	0.0088
2	0	3	1	0.0625	0.25	0.25	0.0039
3	0	1	3	0.0625	0.25	0.25	0.0039
4	0	0	4	0.0625	0.0625	0.0625	0.0003
5	0	4	0	0.0625	0.0625	0.0625	0.0003
6	1	1	2	0.25	0.25	0.375	0.0234
7	1	2	1	0.25	0.375	0.25	0.0234
8	1	0	3	0.25	0.0625	0.25	0.0039
9	1	3	0	0.25	0.25	0.0625	0.0039
10	2	1	1	0.375	0.25	0.25	0.0234
11	2	0	2	0.375	0.0625	0.375	0.0088
12	2	2	0	0.375	0.375	0.0625	0.0088
13	3	1	0	0.25	0.25	0.0625	0.0039
14	3	0	1	0.25	0.0625	0.25	0.0039
15	4	0	0	0.0625	0.0625	0.0625	0.0003

$$\sum_{j=1}^{15} 0.1209$$

13.4 Hypergeometrische Verteilung

Während bei der Binomialverteilung die Wahrscheinlichkeitsverteilung für das Auftreten des Ereignisses A bei jeder Durchführung des Zufallsexperiments gleich ist, d. h. nicht abhängig davon wie oft das Experiment bereits durchgeführt wurde, ist dies bei einem Experiment ohne Zurücklegen (**Stichprobe ohne Zurücklegen**) anders. Hier können die Bernoulliexperimente nur endlich oft durchgeführt werden. Die einzelnen Experimente hängen voneinander ab, da sich die Zusammensetzung mit jedem Zug ändert.

Beispiel 13.6. In einer Urne mit N Kugeln sind M Kugeln rot und $N - M$ Kugeln grün. Es wird nun nach der Wahrscheinlichkeit gefragt, dass bei zufälliger Entnahme von n Kugeln gerade x rote Kugeln dabei sind, ohne dass die entnommenen Kugeln in die Urne zurückgelegt werden.

Beim Ziehen der ersten Kugel ist die Wahrscheinlichkeit, eine rote Kugel zu ziehen M/N. Dadurch, dass diese Kugel nicht wieder zurückgelegt wird, verändert sich die Wahrscheinlichkeit für das Ziehen einer roten Kugel nach dem Zug auf $(M - 1)/(N - 1)$. Die Wahrscheinlichkeit für eine grüne Kugel ist beim ersten Zug $(N - M)/N$, beim zweiten Zug hat sie sich auf $(N - M - 1)/(N - 1)$ verändert. Es ist deutlich, dass die einzelnen Züge nicht unabhängig voneinander sind, da sich die Wahrscheinlichkeiten verändern. Die Binomialverteilung eignet sich daher nicht, um die Wahrscheinlichkeit für x rote unter n gezogenen Kugeln zu bestimmen.

Die folgende Überlegung aus der Kombinatorik skizziert, wie man in diesem Fall die Wahrscheinlichkeit für die Zufallsvariable X, die die Anzahl der roten Kugeln unter n gezogenen angibt, bestimmen kann. Zieht man aus N Kugeln n, so gibt es insgesamt $\binom{N}{n}$ Möglichkeiten n Kugeln aus N herauszugreifen. Jede Ergebnisfolge hat die Wahrscheinlichkeit $1/\binom{N}{n}$. In wieviel Ergebnisfolgen sind aber gerade x rote Kugeln enthalten? Die x roten Kugeln können aus den M auf $\binom{M}{x}$ verschiedene Arten herausgegriffen werden und die übrigen $n - x$ grünen Kugeln aus den $N - M$ auf $\binom{N-M}{n-x}$ verschiedene Arten. Von den $\binom{N}{n}$ möglichen Ergebnisfolgen enthalten also gerade $\binom{M}{x}\binom{N-M}{n-x}$ x rote Kugeln. Also erhält man die folgende Wahrscheinlichkeitsfunktion.

Definition 13.5. *Aus N Elementen, von denen M die Eigenschaft A besitzen ($\theta = M/N$), werden zufällig n Elemente ohne Zurücklegen entnommen. Die Zufallsvariable X, die die Anzahl der Elemente mit der Eigenschaft A in der Auswahl n angibt, besitzt dann eine* **hypergeometrische Dichtefunktion** $X \sim Hypge(n, M, N)$:

$$
\begin{aligned}
f_X(x \mid n, M, N) &= \frac{\binom{M}{x}\binom{N-M}{n-x}}{\binom{N}{n}} \\
&= \frac{Bin(x \mid M, \theta)\, Bin(n - x \mid N - M, \theta)}{Bin(n \mid N, \theta)}
\end{aligned}
\tag{13.28}
$$

Erwartungswert und Varianz der hypergeometrischen Verteilung sind:

$$
E(X) = n\,\theta
\tag{13.29}
$$

$$
Var(X) = n\,\theta\,(1 - \theta)\,\frac{N - n}{N - 1}
\tag{13.30}
$$

Es fällt auf, dass der Erwartungswert der hypergeometrischen Verteilung mit dem der Binomialverteilung identisch ist, hingegen ist die Varianz um den Faktor $(N - n)/(N - 1)$ niedriger. Dieser Faktor wird **Endlichkeitskorrektur** genannt, da eine Stichprobe ohne Zurücklegen bei einer endlichen Grundgesamtheit nur endlich groß sein kann. Die Endlichkeitskorrektur ist durch die Abhängigkeit zweier aufeinander folgender Züge begründet. Aus der Definition der Kovarianz (siehe Definition 11.7, Seite 264) und dem Multiplikationsatz (Seite 211) folgt für zwei aufeinander folgende Zufallsvariablen (Ziehungen), wobei m Zahl der Realisationen von X_i und X_j angibt,

$$
Cov(X_i, X_j) = E(X_i, X_j) - E(X_i)\,E(X_j)
\tag{13.31}
$$

und

$$
\begin{aligned}
E(X_i, X_j) &= \sum_{k=1}^{m}\sum_{\ell=1}^{m} x_k\,x_\ell f_{X_i, X_j}(x_k, x_\ell) \\
&= \sum_{k=1}^{m} x_k f_{X_i}(x_k) \sum_{\ell=1}^{m} x_\ell f_{X_j \mid X_i}(x_\ell \mid x_k).
\end{aligned}
\tag{13.32}
$$

Geht man von einer Ziehung aus einer Urne mit N Kugeln aus, aus der ohne Zurücklegen n Kugeln gezogen werden, so ist die Wahrscheinlichkeit eine Kugel mit der Ausprägung x_k zu ziehen

$$f_{X_i}(x_k) = \frac{n(x_k)}{N}. \tag{13.33}$$

Die bedingte Wahrscheinlichkeit ist nun

$$f_{X_j|X_i}(x_\ell \mid x_k) = \begin{cases} \frac{n(x_\ell)}{N-1} & \text{für } x_k \neq x_\ell \\ \frac{n(x_\ell)-1}{N-1} & \text{für } x_k = x_\ell \end{cases} \tag{13.34}$$

Für dieses Ergebnis gilt die Aussage aus dem Beispiel 9.12 (Seite 212), in dem festgestellt wurde, dass in einer Ziehung ohne Zurücklegen zwei aufeinander folgende Züge i und j unabhängig von der Reihenfolge und der Zugfolge sind in der sie gezogen werden: $P(X_2 \mid X_1) = P(X_j \mid X_i) = P(X_i \mid X_j)$. Wird der untere Ausdruck in der Gleichung (13.34) umgeschrieben in

$$\frac{n(x_\ell) - 1}{N - 1} = \frac{n(x_\ell)}{N - 1} - \frac{1}{N - 1}, \tag{13.35}$$

so kann der Erwartungswert $E(X_i, X_j)$ in Gleichung (13.32) nun wie folgt umgeformt werden:

$$
\begin{aligned}
E(X_i, X_j) &= \sum_{k=1}^{m} x_k \frac{n(x_k)}{N} \left(\sum_{\ell=1}^{m} x_\ell \frac{n(x_\ell)}{N-1} - \frac{x_k}{N-1} \right) \\
&= \frac{1}{N(N-1)} \left(\sum_{k=1}^{m} x_k\, n(x_k) \sum_{\ell=1}^{m} x_\ell\, n(x_\ell) \right. \\
&\quad \left. - \sum_{k=1}^{m} x_k\, n(x_k) \sum_{\ell=1}^{m} x_k \right) \\
&= \frac{1}{N(N-1)} \left(\left(\sum_{k=1}^{m} x_k n(x_k) \right)^2 - \sum_{k=1}^{m} x_k^2 n(x_k) \right) \\
&= \frac{1}{N(N-1)} \left(N^2 \mu_X^2 - N \left(\mu_X^2 + \sigma_X^2 \right) \right) \\
&= \mu_X^2 - \frac{\sigma_X^2}{N-1}
\end{aligned}
\tag{13.36}
$$

Der Term $1/(N-1)$ tritt nur für $x_k = x_\ell$, also $k = \ell$ in der ersten Zeile der Gleichung (13.36) auf. Daher steht dort $x_k/(N-1)$. Die Beziehung $\sum_{k=1}^{m} x_k^2 n(x_k)$ wird durch die umgeformte Varianzformel

$$\sigma_X^2 = \frac{1}{N} \sum_{k=1}^{m} x_k^2 n(x_k) - \mu_X^2 \tag{13.37}$$

ersetzt. Außerdem wird der Einfachheit wegen der Erwartungswert der Zufallsvariablen X_i mit μ_X und die Varianz mit σ_X^2 bezeichnet, da angenommen wird, dass
alle X_i Zufallsvariablen identische Momente besitzen. Die Kovarianz zwischen zwei
aufeinander folgenden Zügen ist somit

$$Cov(X_i, X_j) = \mu_X^2 - \frac{\sigma_X^2}{N-1} - \mu_X^2 = -\frac{\sigma_X^2}{N-1} \qquad (13.38)$$

(siehe u. a. [12, Seite 105], [96, Seite 193]) und damit unabhängig von den Zügen i
und j.

Die Varianz in einer Ziehung ohne Zurücklegen ist nun, da die Kovarianz ungleich null ist, durch die Kovarianz $-\sigma_X^2/(N-1)$ mitbestimmt. Eine Besonderheit
ist, dass die Kovarianz für alle aufeinander folgenden Züge i, j die gleiche ist. Daher
gilt:

$$
\begin{aligned}
Var(X) &= \sum_{i=1}^{n} \sum_{j=1}^{n} Cov(X_i, X_j) \\
&= \sum_{i=1}^{n} Var(X_i) + \sum_{i=1}^{n} \sum_{i \neq j} Cov(X_i, X_j) \\
&= n\,\sigma_X^2 - n\,(n-1)\frac{\sigma_X^2}{N-1} \\
&= n\,\sigma_X^2 \left(\frac{N-n}{N-1}\right) \\
&= n\,\theta\,(1-\theta) \left(\frac{N-n}{N-1}\right)
\end{aligned}
\qquad (13.39)
$$

Beispiel 13.7. Eine Urne enthalte wie eben $N = 20$ Kugeln, davon $M = 2$ rote und
$N - M = 18$ grüne. Es werden zufällig und ohne Zurücklegen $n = 10$ Kugeln aus
der Urne gezogen; X sei die Anzahl der roten Kugeln in der Stichprobe. Wie groß
ist die Wahrscheinlichkeit, dass sich zwei rote Kugeln in der Stichprobe befinden?

$$
\begin{aligned}
f_X(2 \mid 10, 2, 20) &= Hypge(2 \mid 10, 2, 20) \\
&= \frac{\binom{2}{2}\binom{20-2}{10-2}}{\binom{20}{10}} \\
&= \frac{Bin(2 \mid 2, 0.1)\, Bin(8 \mid 18, 0.1)}{Bin(10 \mid 20, 0.1)} \\
&= 0.237
\end{aligned}
\qquad (13.40)
$$

Bei $M = 2$ wird

$$E(X) = 10\,\frac{2}{20} = 1 \qquad (13.41)$$

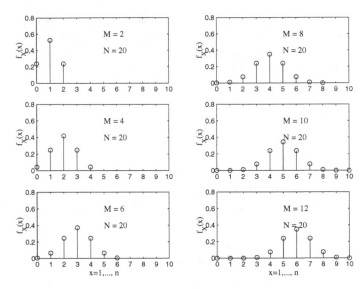

Abb. 13.2. Dichtefunktion der hypergeometrischen Verteilung

eine rote Kugel in der Stichprobe erwartet. Die Varianz beträgt

$$Var(X) = 10 \frac{2}{20} \frac{18}{20} \frac{20-10}{20-1} = 0.474. \tag{13.42}$$

Wird die Zahl der roten Kugeln (M) erhöht, so steigen auch der Erwartungswert und die Varianz. In der folgenden Tabelle 13.4 sind die Wahrscheinlichkeiten für $M = 2, 4, 6, 8, 10, 12$, $n = 10$ und $N = 20$ wiedergegeben (siehe auch Abbildung 13.2).

Tabelle 13.4. Wahrscheinlichkeiten für $M = 2, 4, 6, 8, 10, 12$

			M			
X	2	4	6	8	10	12
0	0.237	0.043	0.005	$\simeq 0$	$\simeq 0$	$\simeq 0$
1	0.526	0.248	0.065	0.001	0.001	$\simeq 0$
2	0.237	0.418	0.244	0.075	0.011	$\simeq 0$
3	–	0.248	0.372	0.240	0.078	0.010
4	–	0.043	0.244	0.350	0.239	0.075
5	–	–	0.065	0.240	0.344	0.240
6	–	–	0.005	0.075	0.239	0.350
7	–	–	–	0.001	0.078	0.240
8	–	–	–	$\simeq 0$	0.011	0.075
9	–	–	–	–	0.001	0.010
10	–	–	–	–	$\simeq 0$	$\simeq 0$

Auch für die hypergeometrische Verteilung existiert eine Erweiterung auf m Ausprägungen, also eine multivariate hypergeometrische Verteilung (siehe z. B. [97]).

Wenn für n und θ die folgenden Voraussetzungen erfüllt sind, dann ist die Binomialverteilung eine gute **Approximation für die hypergeometrische Verteilung**.

$$0.1 < \theta < 0.9 \tag{13.43}$$

$$n > 10 \tag{13.44}$$

$$\frac{n}{N} < 0.1 \tag{13.45}$$

Die Zufallsvariable X ist dann approximativ binomialverteilt.

$$X \overset{\cdot}{\sim} Bin\left(n, \frac{M}{N}\right) \tag{13.46}$$

13.5 Geometrische Verteilung

Die geometrische Verteilung ist eine weitere diskrete Verteilung die eng in Verbindung mit der Binomialverteilung steht. Bei der Binomialverteilung wird eine feste Anzahl von unabhängigen Bernoulliexperimenten durchgeführt und die binomialverteilte Zufallsvariable ist die Anzahl der Erfolge. Wird hingegen nicht die Anzahl der Bernoulliexperimente fixiert, sondern werden Bernoulliexperimente durchgeführt bis der erste Erfolg (Ereignis A) eintritt, dann ist die Anzahl der durchgeführten Bernoulliexperimente eine Zufallsvariable. Sie zählt die Anzahl der durchgeführten Versuche bis zum ersten Erfolg.

$$P\left(\underbrace{\overline{A}, \overline{A}, \dots, \overline{A}}_{(x-1)\text{-mal}}, \underbrace{A}_{1\text{-mal}}\right) = (1 - \theta)^{x-1}\theta \quad x \in \mathbb{N} \tag{13.47}$$

Definition 13.6. *Ein Bernoulliexperiment wird bei gleichbleibenden $P(A) = \theta$ solange wiederholt, bis zum ersten Mal das Ereignis A eintritt. Dann heißt die Zufallsvariable X, die die Anzahl der unabhängigen Versuche bis zum ersten Erfolg zählt,* **geometrisch verteilt** *mit dem Parameter θ.*

$$f_X(x \mid \theta) = (1 - \theta)^{x-1}\theta \quad x \in \mathbb{N} \tag{13.48}$$

Man schreibt auch: $X \sim Geo(\theta)$.

Die geometrische Verteilung ist ein einfaches Modell für eine diskrete Lebensdauer oder Wartezeitverteilung, wie z. B. beim „Mensch-ärgere-Dich-nicht-Spiel": Wann kommt endlich die erste Sechs? Dazu wird die Zeit in gleich lange Zeiteinheiten eingeteilt, z. B. Stunden, Tage, etc. Am Ende eines jeden Zeitintervalls wird geprüft, ob das Ereignis A eingetreten ist. Die Zufallsvariable X kann dann als Wartezeit bis zum Eintreten des Ereignisses A interpretiert werden. Die geometrische

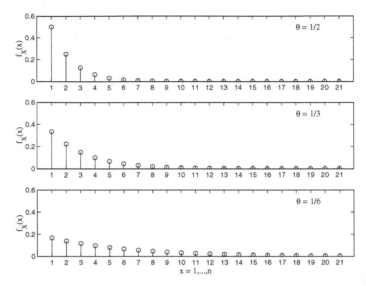

Abb. 13.3. Dichtefunktion der geometrischen Verteilung

Verteilung ist jedoch nicht geeignet, um Modelle der Lebensdauer zu modellieren, bei denen Alterungsprozesse auftreten. Denn dann ist das Eintreten des Ereignisses A abhängig von der Wartezeit und die Wahrscheinlichkeit θ ist nicht konstant.

Erwartungswert und Varianz der geometrischen Verteilung sind:

$$E(X) = \frac{1}{\theta} \tag{13.49}$$

$$Var(X) = \frac{1 - \theta}{\theta^2} \tag{13.50}$$

Der Erwartungswert der geometrischen Verteilung ist recht einfach abzuschätzen: Wird beispielsweise ein Würfelspiel angenommen, so wird man doch erwarten, dass eine 6 im Durchschnitt alle sechs Würfe eintritt. Dies ist genau der Erwartungswert: $E(X) = 1/\theta = 6$. Bestimmt wird der Erwartungswert aus einer geometrischen Reihe:

$$
\begin{aligned}
E(X) &= \sum_{x=1}^{\infty} x \, (1 - \theta)^{x-1} \, \theta \\
&= \theta + 2 \, (1 - \theta) \, \theta + 3 \, (1 - \theta)^2 \, \theta + \dots \\
&= \theta + \theta \, (1 - \theta) + \theta \, (1 - \theta)^2 + \theta \, (1 - \theta)^3 + \dots \\
&\quad + \theta \, (1 - \theta) + \theta \, (1 - \theta)^2 + \theta \, (1 - \theta)^3 + \dots \\
&\quad + \theta \, (1 - \theta)^2 + \theta \, (1 - \theta)^3 + \dots \\
&\quad + \dots
\end{aligned}
\tag{13.51}
$$

Jede Zeile in der obigen Gleichung ist, wenn man den Faktor θ herausnimmt, eine geometrische Reihe mit dem Endwert $1/\big(1 - (1 - \theta)\big) = 1/\theta$. Nun ist $E(X)$

gerade die Summe über diese Endwerte, so dass gilt:

$$E(X) = \theta \, \frac{1}{\theta} + \theta \, (1 - \theta) \, \frac{1}{\theta} + \theta \, (1 - \theta)^2 \, \frac{1}{\theta} + \ldots$$
$$= 1 + (1 - \theta) + (1 - \theta)^2 + \ldots = \frac{1}{\theta} \tag{13.52}$$

Die Bestimmung der Varianz ist aufwendiger und erfordert die Anwendung der momenterzeugenden Funktion.

Beispiel 13.8. Bei einem fairen Würfel beträgt die Wahrscheinlichkeit, eine Sechs zu würfeln $\theta = 1/6$. Wie viele Spielzüge muss man im Durchschnitt warten, bis die erste Sechs gewürfelt wird?

$$E(X) = \frac{1}{1/6} = 6 \tag{13.53}$$

Im Mittel muss man also sechs Spielzüge warten bis die erste Sechs gewürfelt wird. Wie hoch ist die Wahrscheinlichkeit, im ersten, zweiten, ... Wurf eine Sechs zu erhalten? (siehe auch Beispiel 9.20 auf Seite 222).

$$P(X = 1) = \left(1 - \frac{1}{6}\right)^{1-1} \frac{1}{6} = 0.167 \tag{13.54}$$

$$P(X = 2) = \left(1 - \frac{1}{6}\right)^{2-1} \frac{1}{6} = 0.139 \tag{13.55}$$

$$P(X = 3) = \left(1 - \frac{1}{6}\right)^{3-1} \frac{1}{6} = 0.116 \tag{13.56}$$

Die Wahrscheinlichkeit im ersten Wurf gleich eine Sechs zu erhalten, beträgt also $1/6$; die Wahrscheinlichkeit, dass im zweiten Wurf eine Sechs erscheint, beträgt 0.139. Man sieht, dass die Wahrscheinlichkeit mit steigender Wartezeit abnimmt, also es weniger wahrscheinlich ist 3, 4, ... Würfe warten zu müssen, bis eine Sechs eintritt (siehe Abbildung 13.3). Es fällt auf, dass der Erwartungswert nicht mehr aus der Dichtefunktion abzulesen ist. Dies liegt daran, dass es sich um keine symmetrische Verteilung handelt. Technischer formuliert, der Erwartungswert wird aus dem Produkt aus $x \, f_X(x)$ und nicht aus $f_X(x)$ berechnet.

Wird hingegen danach gefragt, wie groß die Wahrscheinlichkeit ist, dass in den ersten x Würfen eine Sechs auftritt, so steigt die Wahrscheinlichkeit an, da es sich um die Verteilungsfunktion handelt (siehe Abbildung 13.4). Die Verteilungsfunktion der geometrischen Verteilung erreicht genaugenommen erst mit $x \to \infty$ den Wert 1, da man bei einer endlichen Zahl von Würfen nie mit Sicherheit eine Sechs erhält.

$$P(X \le 1) = \frac{1}{6} \tag{13.57}$$

$$P(X \le 2) = \sum_{i=1}^{2} \left(1 - \frac{1}{6}\right)^{i-1} \frac{1}{6} = 0.306 \tag{13.58}$$

$$P(X \le 3) = \sum_{i=1}^{3} \left(1 - \frac{1}{6}\right)^{i-1} \frac{1}{6} = 0.421 \tag{13.59}$$

Die Verteilungsfunktion der geometrischen Verteilung ist eine der wenigen, die sich in einer geschlossenen Form angeben lassen.

$$F_X(x) = \begin{cases} 0 & \text{für } x < 1 \\ 1 - (1 - \theta)^x & \text{für } x = 1, 2, \ldots \end{cases} \tag{13.60}$$

Die Verteilungsfunktion ist die n-te Partialsumme einer geometrischen Reihe; daher der Name der Verteilung.

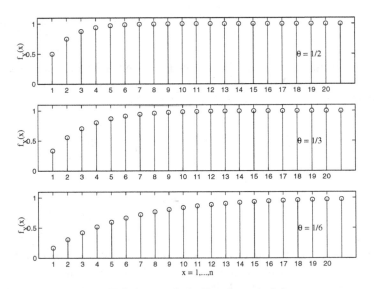

Abb. 13.4. Geometrische Verteilungsfunktion

13.6 Negative Binominalverteilung

Die negative Binomialverteilung ist eine Erweiterung der geometrischen Verteilung. Während bei der geometrischen Verteilung die Zufallsvariable nur die Wartezeit bis zum Eintreten des Erfolgs modelliert, wird mit der negativen Binomialverteilung die Wartezeit bis zum r-ten Erfolg beschrieben. Voraussetzung sind wieder unabhängige Bernoulliexperimente bei der das Erfolgsereignis A mit der Wahrscheinlichkeit θ eintritt. Sie ist unabhängig von der Anzahl der durchgeführten Versuche. Die Zufallsvariable Z_i gibt die Wartezeit vom $(i-1)$-ten bis zum i-ten Erfolg an. Sie ist geometrisch verteilt: $Z_i \sim Geo(\theta)$. Die Zufallsvariable $X = \sum_{i=1}^{r} Z_i$ gibt dann die Anzahl der Versuche bis zum r-ten Erfolg an.

Definition 13.7. *Es werden Bernoulliexperimente bei gleichbleibenden* $P(A) = \theta$ *wiederholt, bis zum r-ten Mal das Ereignis A eintritt. Dann heißt die Zufallsvariable X, die die Anzahl der unabhängigen Versuche bis zum r-ten Erfolg zählt,* **negativ binomialverteilt**

$$f_X(x \mid r, \theta) = \binom{x-1}{r-1} \theta^r (1-\theta)^{x-r} \quad x = r, r+1, \dots \tag{13.61}$$

mit den Parametern $r \in \mathbb{N}$ *und* $\theta \in \mathbb{R}^+$. *Man schreibt auch:* $X \sim Nbin(r, \theta)$.

Die negative Binomialverteilung kann auch allgemeiner für ein $r \in \mathbb{R}$ definiert werden. Wird r wie hier auf die natürlichen Zahlen beschränkt, so spricht man auch von der **Pascal Verteilung**.

Der Parameter r gibt die Anzahl der Erfolge (Eintritt des Ereignisses A) an. x ist die tatsächliche Anzahl von durchgeführten Versuchen, bis mit dem r-ten Erfolgsereignis abgebrochen wird.

Beispiel 13.9. Wie hoch ist die Wahrscheinlichkeit, dass bei 10 Würfen (siehe Beispiel 13.8 auf Seite 299) 5 Sechsen gewürfelt werden? Die einzelnen Würfe sind unabhängig voneinander, so dass die Zufallsvariable Z_i, die Anzahl der Würfe bis zur Sechs, geometrisch verteilt ist mit $\theta = 1/6$. Nun ist nach der Anzahl der Würfe bis zur 5. Sechs gefragt: $X = \sum_{i=1}^{5} Z_i$. Die Zufallsvariable X ist dann negativ binomialverteilt mit $r = 5$ und $\theta = 1/6$: $X \sim Nbin(5, 1/6)$ (siehe Tabelle 13.5 und untere Grafik in der Abbildung 13.5).

Tabelle 13.5. Wahrscheinlichkeit für 5 Sechsen in x Würfen

			x			
5	6	7	8	9	10	11
$f_X(x)$ 0.0001	0.0005	0.0013	0.0026	0.0043	0.0065	0.0090

Die Wahrscheinlichkeit, bei 10 Würfen 5 Sechsen zu erhalten, beträgt

$$P(X = 10) = 0.0065 \tag{13.62}$$

und ist recht klein. Der Wert von x beginnt mit 5, weil man bei 4 Würfen nicht 5 Sechsen erzielen kann. Die Wahrscheinlichkeit, in den ersten 10 Würfen 5 Sechsen zu erhalten, beträgt:

$$P(X \leq 10) = \sum_{x=5}^{10} f_X\left(x \mid 5, \frac{1}{6}\right) = 0.0155 \tag{13.63}$$

Ähnlich wie in dem obigen Beispiel 13.9 kann auch eine Stichprobe mit Zurücklegen aus einer Urne mit roten und grünen Kugeln gezogen werden, mit θ der

Erfolgswahrscheinlichkeit eine rote Kugel zu ziehen. Wird mit der Zufallsvariable X die Anzahl der roten Kugeln unter den n gezogenen gezählt, so ist X binominalverteilt und man spricht von einer binomialen Ziehung. Wird mit der Zufallsvariablen hingegen die Anzahl der Züge bis zum r-ten Erfolg (rote Kugel) gemessen, so ist X negativ binomialverteilt mit r und θ. Man spricht auch von einer **inversen binomialen Ziehung**.

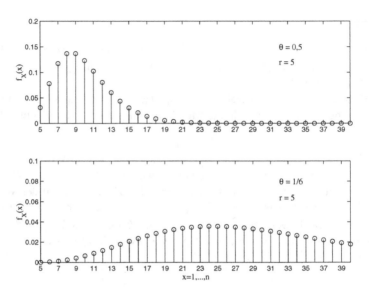

Abb. 13.5. Dichtefunktion der negativen Binomialverteilung

Der Erwartungswert der negativen Binomialverteilung ist

$$E(X) = \frac{r}{\theta} \qquad (13.64)$$

und die Varianz

$$Var(X) = \frac{r(1-\theta)}{\theta^2}. \qquad (13.65)$$

Beispiel 13.10. Fortsetzung von Beispiel 13.9 (Seite 301): Erwartungswert und Varianz in dem Beispiel sind:

$$E(X) = \frac{5}{\frac{1}{6}} = 30 \qquad (13.66)$$

$$Var(X) = \frac{5 \times \frac{5}{6}}{\frac{1}{6}^2} = 150 \qquad (13.67)$$

Man muss im Durchschnitt 30 Würfe durchführen, um 5 Sechsen zu erhalten.

Auch die negative Binomialverteilung besitzt die Reproduktivitätseigenschaft. Ist die Zufallsvariable

$$X_i \sim Nbin(r_i, \theta) \tag{13.68}$$

negativ binomialverteilt, so ist Summe

$$\sum_{i=1}^{k} X_i \sim Nbin\left(\sum_{i=1}^{k} r_i, \theta\right) \tag{13.69}$$

ebenfalls negativ binomialverteilt.

13.7 Negative hypergeometrische Verteilung

Ähnlich wie bei der inversen binomialen Ziehung kann man auch eine **inverse Ziehung** ohne Zurücklegen durchführen. Die einzelnen Züge sind hier nicht unabhängig! In diesem Fall spricht man auch von einer inversen Stichprobe. Die Zufallsvariable X gibt die Anzahl der Züge bis zum r-ten Erfolg an. Der Stichprobenumfang ist vom Zufall abhängig. Es wird wieder von einer Grundgesamtheit mit N Elementen ausgegangen, wobei von M Erfolgen (z. B. rote Kugeln) ausgegangen wird.

Nimmt man an, dass die Zufallsvariable V den r-ten Erfolg im x-ten Zug beschreibt und W $r-1$ Erfolge in $x-1$ Zügen, so ist die Zufallsvariable hypergeometrisch verteilt und die Wahrscheinlichkeit (vgl. [12, Seite 133]):

$$P(W) = \frac{\binom{M}{r-1}\binom{N-M}{x-r}}{\binom{N}{x-1}} \tag{13.70}$$

Ferner wird die Wahrscheinlichkeit der Zufallsvariablen V unter der Bedingung W betrachtet.

$$P(V \mid W) = \frac{M-r+1}{N-x+1} \tag{13.71}$$

Dass in x Zügen r Erfolge auftreten, ist nun einfach über den Multiplikationssatz zu bestimmen.

$$P(X = x) = P(V, W) = P(V \mid W)\, P(W). \tag{13.72}$$

Definition 13.8. *Es werden Bernoulliexperimente ohne Zurücklegen aus einer endlichen Grundgesamtheit vom Umfang N durchgeführt bis zum r-ten Mal das Ereignis A eintritt. Dann heißt die Zufallsvariable X, die die Anzahl der abhängigen Versuche bis zum r-ten Erfolg zählt,* **negativ hypergeometrisch verteilt** *mit den Parametern $r, M, N \in \mathbb{N}$ ($M < N, r \leq M$). Die Wahrscheinlichkeit in x Zügen r Erfolge zu erzielen, beträgt:*

$$f_X(x \mid r, M, N) = \frac{\binom{M}{r-1} \binom{N-M}{x-r}}{\binom{N}{x-1}} \frac{M-r+1}{N-x+1} = \frac{\binom{x-1}{r-1} \binom{N-x}{M-r}}{\binom{N}{M}} \tag{13.73}$$

$$\textit{mit } r \leq x \leq N - M + r$$

Man schreibt auch: $X \sim Nhypge(r, M, N)$.

Erwartungswert und Varianz der negativen hypergeometrischen Verteilung sind:

$$E(X) = r \frac{N+1}{M+1} \tag{13.74}$$

$$Var(X) = r \frac{(N+1)(N-M)(M+1-r)}{(M+1)^2(M+2)} \tag{13.75}$$

Beispiel 13.11. Das Urnenbeispiel 13.7 (Seite 295) wird derart modifiziert, dass nach der Wahrscheinlichkeit gefragt wird, bei x Zügen $r = 4$ rote Kugeln zu ziehen. Wie groß ist die Wahrscheinlichkeit, dass in 10 Zügen 4 rote Kugeln gezogen werden? In der Urne befinden sich $N = 20$ Kugeln, davon sind $M = 8$ rot: $X \sim Nhypge(4, 8, 20)$.

$$P(X = 10) = \frac{\binom{10-1}{4-1} \binom{20-10}{8-4}}{\binom{20}{8}} = 0.14 \tag{13.76}$$

Im Durchschnitt werden

$$E(X) = 4 \frac{20+1}{8+1} = 9.33 \tag{13.77}$$

Züge benötigt, um 4 rote Kugeln aus dieser Urne zu ziehen. In der Abbildung 13.6 (untere Grafik) ist die Wahrscheinlichkeitsfunktion (Dichtefunktion) für die im Beispiel angeführten Parameter dargestellt. In der oberen Grafik der Abbildung 13.6 ist die Wahrscheinlichkeitsfunktion für $M = 4$ abgetragen. Es fällt der deutlich andere Verlauf auf. Bei vier roten Kugeln genau vier zu ziehen wird mit der Anzahl der Züge immer größer. Mehr als 20 Züge sind bei 20 Kugeln ohne Zurücklegen nicht möglich. Hingegen bei acht roten Kugeln genau vier zu ziehen, wird ab dem neunten Zug wieder weniger wahrscheinlich. Danach ist es wahrscheinlicher, mehr als vier rote Kugeln in der Stichprobe wiederzufinden.

13.8 Poissonverteilung

Die Binomialverteilung liefert die Wahrscheinlichkeit für x Erfolge bei einer festen Anzahl n von Versuchen. Bei der Poissonverteilung wird nach der Anzahl der Ereignisse in einem festen Zeitintervall gefragt. Sie ist oft ein Modell zur Beschreibung von Zählvorgängen in einem bestimmten Kontinuum (Zeit, Strecke, Fläche, Volumen).

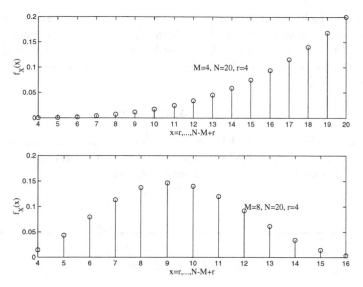

Abb. 13.6. Dichtefunktion der negativ hypergeometrischen Verteilung

Beispiel 13.12. Die Besucherzahl an einem Informationsstand pro Zeiteinheit schwanke zufällig. Ebenso die Anzahl radioaktiver Teilchen, die pro Zeiteinheit emittiert werden, schwankt zufällig.

Damit solche Zufallsprozesse als poissonverteilt angenommen werden können, müssen bestimmte Voraussetzungen erfüllt sein, die als **Poissonprozess** bezeichnet werden:

1. Die Wahrscheinlichkeit, dass genau ein Ereignis (in Abbildung 13.7 mit $*$ dargestellt) in einem Intervall der Länge h zu beobachten ist, ist ungefähr proportional zur Intervalllänge h. X_t ist eine Zufallsvariable, die die Anzahl von Ereignissen über einen Zeitraum $(0, t]$ angibt. Für die Wahrscheinlichkeit, dass ein Ereignis in das Intervall $[t, h]$ fällt, soll dann gelten:

$$P(X_{t+h} - X_t = 1) = \nu\, h + \mathrm{o}(h) \quad h,\, \nu > 0 \qquad (13.78)$$

Für die Proportionalitätskonstante ν wird dabei angenommen, dass sie nicht von h abhängt. Mit dem Symbol $\mathrm{o}(h)$ ist das Landausymbol bezeichnet, das eine beliebige unspezifizierte Funktion von h bezeichnet, für die gilt:

$$\lim_{h \to 0} \frac{\mathrm{o}(h)}{h} = 0, \qquad (13.79)$$

d. h. sie konvergiert stärker gegen Null als die Nullfolge. Daher kann ν als mittlere Anzahl von Ereignissen pro Zeiteinheit h interpretiert werden.

$$\frac{P(X_{t+h} - X_t = 1)}{h} = \nu \qquad (13.80)$$

2. Die Wahrscheinlichkeit, dass mehr als ein Ereignis in dem Intervall der Länge h auftritt, ist im Vergleich zur Wahrscheinlichkeit, dass ein Ereignis im Intervall $[t, t + h]$ beobachtet wird, vernachlässigbar klein. Dies ist gleichbedeutend mit der Aussage, dass im Mittel kein weiteres Ereignis im Intervall $[t, t + h]$ beobachtet wird.

$$P(X_{t+h} - X_t > 1) = \mathbf{o}(h) \tag{13.81}$$

3. Die Zahl der Ereignisse in nicht überlappenden Intervallen ist voneinander stochastisch unabhängig, d. h. die Wahrscheinlichkeit für ein Ereignis hängt nicht von der Anzahl der vorher eingetretenen Ereignisse ab.

$$0 \qquad\qquad\qquad\qquad\qquad\qquad t \quad t+h$$

Abb. 13.7. Poissonprozess

Es ist die Wahrscheinlichkeit gesucht, dass die Zufallsvariable X_t den Wert k annimmt, d. h. im Zeitintervall $(0, t]$ genau k Ereignisse eintreten. Aufgrund der Annahmen ergibt sich aus dem Multiplikationssatz für unabhängige Ereignisse:

$$P(X_{t+h} = 0) = P(X_t = 0)\, P(X_{t+h} - X_t = 0) \tag{13.82}$$

Die Wahrscheinlichkeit, dass im Zeitraum $t+h$ kein Ereignis eintritt ist aufgrund der Unabhängigkeit der Ereignisse gleich der Wahrscheinlichkeit, dass im Zeitraum t und im Zeitraum h kein Ereignis eintritt. Es gilt also:

$$
\begin{aligned}
P(X_{t+h} = 0) &= P(X_t = 0)\left(1 - P(X_{t+h} - X_t \geq 1)\right) \\
&= P(X_t = 0)\left(1 - P(X_{t+h} - X_t = 1)\right. \\
&\quad \left. - P(X_{t+h} - X_t > 1)\right) \\
&= P(X_t = 0)\left(1 - \nu\, h - \mathbf{o}(h) - \mathbf{o}(h)\right)
\end{aligned}
\tag{13.83}
$$

Aus dieser Gleichung kann nun eine Differentialgleichung abgeleitet werden, deren Lösung die gesuchte Wahrscheinlichkeit angibt.

$$
\begin{aligned}
\lim_{h \to 0} \frac{P(X_{t+h} = 0) - P(X_t = 0)}{h} &= -\nu\, P(X_t = 0) \\
&\quad - P(X_t = 0)\,\frac{\mathbf{o}(h) + \mathbf{o}(h)}{h}
\end{aligned}
\tag{13.84}
$$

mit $h \to 0$ folgt

$$\frac{d\, P(X_t = 0)}{dh} = -\nu\, P(X_t = 0) \tag{13.85}$$

Es handelt sich um eine lineare homogene Differentialgleichung erster Ordnung, die durch den Ansatz

$$y'(t) = -\nu\, y \quad \text{mit } y'(t) = \frac{dy}{dt} \tag{13.86}$$

$$\int \frac{1}{y} y'(t)\, dt = -\int \nu\, dt \tag{13.87}$$

$$\ln y = -\nu t \Rightarrow y = e^{-\nu t}\, C \tag{13.88}$$

gelöst wird. Für die Differentialgleichung (13.84) ergibt sich dann unter der Anfangsbedingung $P(X_0 = 0) = C = 1$:

$$P(X_t = 0) = e^{-\nu t} \tag{13.89}$$

Nun wird die Prozedur wiederholt, um die Wahrscheinlichkeit für $P(X_t = 1)$ zu bestimmen.

$$P(X_{t+h} = 1) = P(X_t = 1)\, P(X_h = 0) + P(X_t = 0)\, P(X_h = 1) \tag{13.90}$$

Ein Ereignis im Zeitraum $(0, t+h]$ kann genau dann eintreten, wenn entweder in $(0, t]$ eines eingetreten ist, dann darf aber in $(t, t+h]$ keines mehr eintreten, oder in $(t, t+h]$ ist ein Ereignis eingetreten, dann darf aber in $(0, t]$ keines eingetreten sein.

$$\begin{aligned} P(X_{t+h} = 1) &= P(X_t = 1)\big(1 - \nu\, h - \mathbf{o}(h) - \mathbf{o}(h)\big) \\ &+ P(X_t = 0)\big(\nu\, h + \mathbf{o}(h)\big) \end{aligned} \tag{13.91}$$

Aus dieser Gleichung wird wieder eine Differentialgleichung abgeleitet, die jedoch diesmal wegen $\nu\, P(X_t = 0)$ inhomogen ist.

$$\begin{aligned} \lim_{h \to 0} \frac{P(X_{t+h} = 1) - P(X_t = 1)}{h} &= -\nu\, P(X_t = 1) \\ &- P(X_t = 1)\, \frac{\mathbf{o}(h) + \mathbf{o}(h)}{h} \\ &+ \nu\, P(X_t = 0) \\ &+ P(X_t = 0)\, \frac{\mathbf{o}(h)}{h} \end{aligned} \tag{13.92}$$

$$\frac{d\, P(X_t = 1)}{dh} = -\nu\, P(X_t = 1) + \nu\, P(X_t = 0) \tag{13.93}$$

Durch Variation der Konstanten, wird eine partikuläre Lösung der inhomogenen Differentialgleichung

$$y'(t) = -\nu\, y(t) + b(t) \tag{13.94}$$

gesucht. Dazu wird in der Lösung für die homogene Differentialgleichung

$$y_H'(t) = -\nu\, y_H(t) \tag{13.95}$$

$$y_H(t) = C\, e^{-\nu t} \quad \text{mit } C = 1 \tag{13.96}$$

C als Funktion von t aufgefasst: $C(t)$. Damit erhält man den Ansatz

$$y(t) = C(t)\, e^{-\nu t} \tag{13.97}$$

$$y'(t) = C'(t)\, e^{-\nu t} - \nu\, C(t)\, e^{-\nu t} \overset{!}{=} -\nu\, C(t)\, e^{-\nu t} + b(t) \tag{13.98}$$

woraus sich für $C(t)$

$$C'(t)\, e^{-\nu t} = b(t) \tag{13.99}$$

$$C'(t) = \frac{b(t)}{e^{-\nu t}} \tag{13.100}$$

$$C(t) = \int \frac{b(t)}{e^{-\nu t}}\, dt \tag{13.101}$$

ergibt. Eine Lösung für die Differentialgleichung

$$y'(t) = -\nu\, y(t) + b(t) \tag{13.102}$$

ist also über

$$y(t) = C(t)\, y_H(t) \quad \text{mit } C(t) = \int \frac{b(t)}{e^{-\nu t}}\, dt \tag{13.103}$$

zu finden. Im vorliegenden Fall ist $b(t) = \nu\, P(X_t = 0) = \nu\, e^{-\nu t}$, so dass $C(t) = \nu t$ gilt. Die Lösung der Differentialgleichung für $P(X_t = 1)$ ist unter der Anfangsbedingung $P(X_0 = 1) = 0$ bestimmt.

$$y(t) = P(X_t = 1) = \nu\, t\, e^{-\nu t} \tag{13.104}$$

Damit ist die Wahrscheinlichkeit für $P(X_t = 0)$ und $P(X_t = 1)$ ermittelt. Man kann nun den Prozess fortsetzen.

$$\frac{d\, P(X_t = 2)}{dh} = -\nu\, P(X_t = 2) + \nu\, P(X_t = 1) \tag{13.105}$$

Dabei wird die obige Lösung wiederholt angewendet und man erhält

$$P(X_t = 2) = \frac{(\nu\, t)^2}{2}\, e^{-\nu t} \tag{13.106}$$

$$P(X_t = 3) = \frac{(\nu\, t)^3}{6}\, e^{-\nu t} \tag{13.107}$$

$$P(X_t = k) = \frac{(\nu\, t)^k}{k!}\, e^{-\nu t} \tag{13.108}$$

Dies ist die Poissonverteilung. Es handelt sich hier tatsächlich um eine Dichtefunktion, da

$$\sum_{k=0}^{\infty} \frac{(\nu\, t)^k}{k!} = e^{\nu t} \tag{13.109}$$

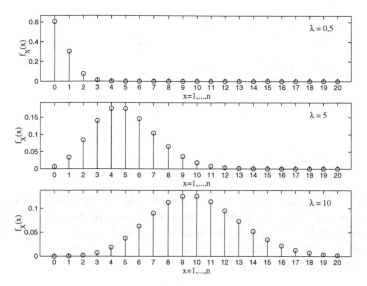

Abb. 13.8. Dichtefunktion der Poissonverteilung

gilt, so dass

$$\sum_{k=0}^{\infty} P(X_t = k) = 1 \tag{13.110}$$

ist.

Definition 13.9. *Folgt die Zufallsvariable X_t einem Poissonprozess, die die Anzahl der Ereignisse in einem Intervall beliebiger Länge t angibt, dann heißt sie* **poisson-verteilt** *mit dem Parameter $\lambda = \nu\, t$, wenn sie folgende Dichtefunktion besitzt:*

$$f_X(x \mid \lambda) = \frac{\lambda^x}{x!}\, e^{-\lambda} \quad x = 0, 1, 2, \ldots\, ;\ \lambda > 0 \tag{13.111}$$

Man schreibt auch: $X \sim Poi(\lambda)$.

Eine Besonderheit der Poissonverteilung ist, dass Erwartungswert und Varianz der Poissonverteilung identisch sind.

$$
\begin{aligned}
E(X) &= \sum_{x=0}^{\infty} x\, \frac{\lambda^x}{x!}\, e^{-\lambda} = \sum_{x=1}^{\infty} x\, \frac{\lambda^x}{x!}\, e^{-\lambda} \\
&= \lambda\, e^{-\lambda} \sum_{x=1}^{\infty} \frac{\lambda^{x-1}}{(x-1)!} = \lambda\, e^{-\lambda} \sum_{m=0}^{\infty} \frac{\lambda^m}{m!} = \lambda\, e^{-\lambda} e^{\lambda} = \lambda
\end{aligned}
\tag{13.112}
$$

$$
\begin{aligned}
Var(X) &= \sum_{x=0}^{\infty} x^2 \frac{\lambda^x}{x!} e^{-\infty} - \lambda^2 = \lambda e^{-\infty} \sum_{x=1}^{\infty} x \frac{\lambda^{x-1}}{(x-1)!} - \lambda^2 \\
&= \lambda e^{-\infty} \sum_{m=0}^{\infty} (m+1) \frac{\lambda^m}{m!} - \lambda^2 \\
&= \lambda e^{-\lambda} \sum_{m=0}^{\infty} \left(m \frac{\lambda^m}{m!} + \frac{\lambda^m}{m!} \right) - \lambda^2 \\
&= \lambda \sum_{m=0}^{\infty} m \frac{\lambda^m}{m!} e^{-\infty} + \lambda - \lambda^2 = \lambda^2 + \lambda - \lambda^2 = \lambda
\end{aligned}
\tag{13.113}
$$

Beispiel 13.13. In einer Telefonzentrale kommen durchschnittlich 30 Anrufe pro Stunde an. Wie groß ist die Wahrscheinlichkeit, dass kein Anruf innerhalb von 3 Minuten erfolgt? Es wird angenommen, dass die Zufallsvariable X die Anrufe pro Minute zählt und poissonverteilt ist mit $\lambda = \nu t = 0.5 \times 3 = 1.5$; 30 Anrufe pro Stunde entspricht 0.5 Anrufen pro Minute.

$$
P(X = 0) = \frac{1.5^0}{0!} e^{-1.5} = 0.223
\tag{13.114}
$$

Wie groß ist die Wahrscheinlichkeit, dass mehr als 5 Anrufe in einem fünfminuten Intervall ankommen? Der Parameter λ besitzt dann den Wert $\lambda = 0.5 \times 5 = 2.5$.

$$
P(X > 5) = 1 - P(X \le 5) = 1 - \sum_{x=0}^{5} \frac{2.5^x}{x!} e^{-2.5} = 0.042
\tag{13.115}
$$

Die Poissonverteilung besitzt wie einige andere Verteilungen die **Reproduktivitätseigenschaft**. Sind die Zufallsvariablen X_i alle poissonverteilt $X_i \sim Poi(\lambda_i)$ $(i = 1, \dots, n)$, dann ist die Summe der Zufallsvariablen X_i ebenfalls poissonverteilt.

$$
X = \sum_{i=1}^{n} X_i \sim Poi \left(\sum_{i=1}^{n} \lambda_i \right)
\tag{13.116}
$$

Die Poissonverteilung ist auch die Grenzverteilung der Binomialverteilung. Für sehr große Stichproben bei denen die Erfolgswahrscheinlichkeit θ für das Ereignis A gegen null geht, strebt die Binomialverteilung gegen die Poissonverteilung. Damit kann die Poissonverteilung als **Approximation für die Binomialverteilung** verwendet werden. Betrachtet man dabei die Stichproben als Intervall der Länge t, die sich n Teilperioden der Länge h zusammensetzt, so gilt $n\,h = t$. Jedes Ereignis, das in das Teilintervall der Länge h fällt, kann als Bernoullizufallsvariable X_i interpretiert werden, die unabhängig von den anderen ist und eine Eintrittswahrscheinlichkeit von $\theta = \nu\,h$ besitzt, die sehr klein ist. Für die Summe der Bernoullizufallsvariablen $Y = \sum_{i=1}^{n} X_i$ gilt dann, dass sie in etwa binomialverteilt ist: $Y \sim Bin(n, \theta)$. Dabei muss das Produkt $n\,\theta$ gegen einen festen Wert λ konvergieren.

$$\lim_{\substack{n \to \infty \\ \theta \to 0 \\ n\,\theta \to \lambda \neq 0}} \binom{n}{x} \theta^x (1-\theta)^{n-x} = \frac{\lambda^x}{x!} e^{-\lambda} \qquad (13.117)$$

Beispiel 13.14. Für $n = 1\,000$, $\theta = 0.01$ und $x = 2$ weist die Dichtefunktion der Binomialverteilung einen Wert von

$$f_X(2 \mid 1000, 0.01) = \binom{1\,000}{2} 0.01^2 (1 - 0.01)^{1\,000-2} = 0.0022 \qquad (13.118)$$

aus. Die Dichtefunktion der Poissonverteilung zeigt für $x = 2$ und $\lambda = \theta n = 1\,000 \times 0.01 = 10$ einen ganz ähnlichen Wert von

$$f_X(2 \mid 10) = \frac{10^2}{2!} e^{-10} = 0.0023 \qquad (13.119)$$

an.

Ferner ist natürlich aufgrund der beschriebenen **Approximation der hypergeometrischen Verteilung** durch die Binomialverteilung unter bestimmten Voraussetzungen auch die Poissonverteilung eine gute Approximation für die hypergeometrische Verteilung. Gilt

$$\theta \le 0.1 \quad \text{oder} \quad \theta \ge 0.9 \qquad (13.120)$$

$$n \ge 30 \qquad (13.121)$$

$$\frac{n}{N} \le 0.1 \qquad (13.122)$$

dann ist die Zufallsvariable X approximativ poissonverteilt.

$$X \stackrel{\cdot}{\sim} Poi\left(\lambda = \frac{n\,M}{N}\right) \qquad (13.123)$$

13.9 Exponentialverteilung

Die Exponentialverteilung beschreibt – wie die geometrische Verteilung – die zufällige zeitliche Dauer bis das erste (nächste) „Poisson-" Ereignis eintritt. Voraussetzung für die Exponentialverteilung von solchen Wartezeiten ist, dass die ausstehende Wartezeit unabhängig von der bereits verstrichenen Wartezeit ist. Diese Annahme ist immer dann verletzt, wenn die Objekte altern wie beispielsweise Lebewesen oder Verschleißteile. Dann besteht eine Abhängigkeit zwischen zukünftiger Lebensdauer und bereits verstrichener Zeitspanne. Als Modellverteilung stehen dann andere Verteilungen wie die Weibull-, **Gamma**- (die die Exponentialverteilung als Spezialfall enthält) oder Lognormalverteilung zur Verfügung.

Beispiel 13.15. Es ist bekannt, dass an einer Ladenkasse durchschnittlich alle 2 Minuten ein Kunde eintrifft. Wie groß ist die Wahrscheinlichkeit dafür, dass der zeitliche Abstand zwischen zwei Kunden größer als x Minuten ist? Die Zeit bis der nächste Kunde eintrifft kann hier als unabhäbig von der bisher verstrichenen Zeit angenommen werden.

Die Exponentialverteilung kann einerseits als eine Verstetigung der geometrischen Verteilung und andererseits als eine „Umkehrung" der Fragestellung bei einer Poissonverteilung interpretiert werden. Sie kann daher aus beiden Verteilungen abgeleitet werden.

Ableitung aus der Poissonverteilung: Bei einem Poissonprozess mit der Rate ν beschreibt die poissonverteilte Zufallsvariable Z_t die Anzahl der Ereignisse im Zeitintervall t. Gebe nun die Zufallsvariable X den zeitlichen Abstand zwischen zwei aufeinander folgenden Ereignissen an, so ist nach der Wahrscheinlichkeit von

$$P(X \leq x) = 1 - P(X > x) \tag{13.124}$$

gesucht. In der Zeit bis zum Eintreten eines Ereignisses, also $x < X$, darf kein Ereignis eintreten und daher gilt hierfür $Z_t = 0$ (siehe Gleichung 13.89).

$$\begin{aligned} P(X \leq x) &= 1 - P(\text{„kein Ereignis im Zeitintervall } x) \\ &= 1 - P(Z_t = 0) \\ &= 1 - e^{-\nu x} \quad \text{für } x \geq 0 \end{aligned} \tag{13.125}$$

Dies ist die Verteilungsfunktion für die Exponentialverteilung.

Ableitung aus der geometrischen Verteilung: Das Intervall $(0, t]$ gibt die Zeit bis zum ersten Ereignis A an. Es wird dabei das Intervall in x Teilintervalle unterteilt, so dass eine diskrete Folge von Beobachtungspunkten in einem stetigen Intervall entstehen. Die Eintrittswahrscheinlichkeit für das Ereignis A betrage ν (siehe auch Poissonprozess) und sei für jedes Teilintervall gleich. Es treten auch keine Abhängigkeiten zwischen den Teilintervallen auf. Wenn die Zufallsvariable X die Anzahl der Teilintervalle (Versuche) zählt, die bis zum ersten Ereignis A auftreten, dann ist X geometrisch verteilt.

$$P(X \leq x) = F_X(x) = 1 - (1 - \nu)^x \quad \text{für } x = 0, 1, 2, \dots \tag{13.126}$$

Die Wahrscheinlichkeit, dass in x Teilintervallen kein Ereignis A eintritt, ist dann:

$$P(X > x) = 1 - F_X(x) = (1 - \nu)^x \tag{13.127}$$

Wird nun jedes Teilintervall in h kürzere Teilintervalle unterteilt ($h > 1$), so erhöht sich gleichzeitig die Anzahl der Teilintervalle um h. Die Wahrscheinlichkeit, dass das Ereignis A im Teilintervall x/h eintritt verkleinert sich mit ν/h proportional. Für die Wahrscheinlichkeit, dass das Ereignis A in x, das nun aus den h Teilintervallen x/h besteht, eintritt gilt jetzt:

$$P(X > x) = \left(1 - \frac{\nu}{h}\right)^{hx} \tag{13.128}$$

Strebt nun $h \to \infty$ so gilt:

$$P(X > x) = \lim_{h \to \infty} \left(1 - \frac{\nu}{h}\right)^{hx} = e^{-\nu x} \quad \text{für } x \geq 0 \tag{13.129}$$

Die Verteilungsfunktion für die Exponentialverteilung ist dann:

$$P(X \leq x) = F_X(x) = 1 - e^{-\nu x} \quad \text{für } x \geq 0 \qquad (13.130)$$

Aus der Ableitung der Funktion (13.125) bzw. (13.130) erhält man dann die Dichtefunktion der Exponentialverteilung.

$$f_X(x) = \nu \, e^{-\nu x} \quad \text{für } x \geq 0 \qquad (13.131)$$

Definition 13.10. *Eine stetige Zufallsvariable X, die die Zeit bis zum ersten Eintreten eines Poissonereignisses misst, heißt* **exponentialverteilt** *mit dem Parameter ν, wenn sie folgende Dichtefunktion besitzt:*

$$f_X(x \mid \nu) = \nu \, e^{-\nu x} \quad \text{für } x \geq 0 \text{ und } \nu > 0 \qquad (13.132)$$

Man schreibt auch: $X \sim Exp(\nu)$.

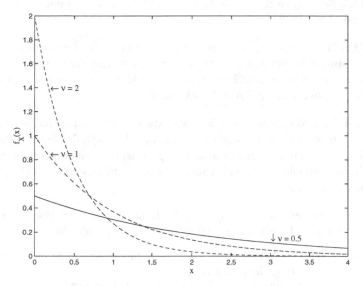

Abb. 13.9. Dichtefunktion der Exponentialverteilung

Erwartungswert und Varianz der Exponentialverteilung sind:

$$E(X) = \frac{1}{\nu} \qquad (13.133)$$

$$Var(X) = \frac{1}{\nu^2} \qquad (13.134)$$

Damit sind Erwartungswert und Standardabweichung der Exponentialverteilung gleich.

Beispiel 13.16. Fortsetzung von Beispiel 13.15 (Seite 311): Aus dem Erwartungswert $E(X) = 2$ ergibt sich der Parameter $\nu = 0.5$. Die Wahrscheinlichkeit dafür, dass der Abstand zwischen zwei Kunden größer als 4 Minuten ist, ist dann:

$$P(X > 4) = 1 - F_X(4 \mid 0.5) = 1 - \left(1 - e^{-0.5 \times 4}\right) = 0.135 \qquad (13.135)$$

13.10 Übungen

Übung 13.1. Aus einer Produktionsserie, die einen Anteil θ fehlerhafter Teile enthält, werden zufällig 5 Artikel entnommen.

1. Wie groß ist die Wahrscheinlichkeit, darunter 0, 1, 2, 3 fehlerhafte Stücke zu finden, wenn $\theta = 0.2$ beträgt?
2. Wie groß ist die Wahrscheinlichkeit unter den 5 zufällig entnommenen Stücken 0, 1, 2, 3 einwandfreie Stücke zu finden?

Übung 13.2. Bestimmen Sie die Wahrscheinlichkeit für 4, 5, 6 und 7 Richtige bei einem Lotto „7 aus 38"?

Übung 13.3. Die Anzahl der Telefonanrufe, die in einer Telefonvermittlung innerhalb einer Minute ankommen, sei poissonverteilt mit dem Parameter $\lambda = 1$. Bestimmen Sie die Wahrscheinlichkeit, dass in einer Minute genau ein, höchstens ein, mindestens ein, zwei oder drei Anrufe ankommen.

Übung 13.4. Eine Maschine produziert Werkstücke. Erfahrungsgemäß sind 4% der Produktion Ausschuss. Die verschiedenen Stücke seien bzgl. der Frage „Ausschuss oder nicht" als unabhängig anzusehen. Wie groß ist die Wahrscheinlichkeit, dass von 100 in einer Stunde produzierten Stücke genau 4, mindestens 7 und höchstens 8 Stücke Ausschuss sind?

Übung 13.5. An einer Warteschlange, die die Bedingungen eines Poissonprozesses erfüllen, trifft durchschnittlich alle 2 Minuten ein neuer Kunde ein.

1. Berechnen Sie die Wahrscheinlichkeit, dass mindestens 6 Minuten lang kein Kunde an der Warteschlange eintrifft.
2. Berechnen Sie die Wahrscheinlichkeit, dass höchstens 2 Kunden innerhalb von 6 Minuten an der Warteschlange eintreffen.
3. Berechnen Sie die Wahrscheinlichkeit, dass der nächste Kunde innerhalb von 2 Minuten eintrifft.
4. Berechnen Sie die durchschnittliche Wartezeit für drei Kunden.

14

Stichproben

Inhaltsverzeichnis

14.1 Einführung

Stichproben können aus tatsächlichen Grundgesamtheiten gezogen werden (entspricht dem Vorgehen in der deskriptiven Statistik) oder mittels n-maligen Durchführens von Zufallsexperimenten erzeugt werden.

Definition 14.1. *Beide Fälle bezeichnet man* $X_1, \ldots, X_n$ *eine* **Stichprobe** *von* X *und* $x_1, \ldots, x_n$ *die beobachtete Stichprobe von* X.

Definition 14.2. *Man bezeichnet die Zufallsvariablen* $X_1, \ldots, X_n$ *auch als die* **Stichprobenvariablen** *und die Realisationen* $x_1, \ldots, x_n$ *als die* **Stichprobenwerte**. *Die natürliche Zahl* n *heißt* **Stichprobenumfang**.

In der induktiven Statistik geht man von der Situation aus, dass die Verteilung von X nicht oder nicht vollständig bekannt ist. Dabei ist mit „nicht vollständig bekannt" eine Situation gemeint, in der man aufgrund gewisser Vorkenntnisse die für X infrage kommenden Verteilungen eingrenzen kann, aber noch eine oder mehrere Verteilungsparameter unbekannt sind. Eine Stichprobe von X soll Auskunft über die unbekannte Verteilung und / oder über die Parameter der Verteilung geben.

Beispiel 14.1. Es wird eine Normalverteilung für die Zufallsvariablen angenommen. Die Parameter μ_X und σ_X^2 sind jedoch unbekannt und müssen aus der Stichprobe geschätzt werden.

In den folgenden Kapiteln geht es nun darum, unter welchen Umständen es möglich ist, von den aus der Stichprobe gewonnen Erkenntnissen auf die unbekannte Verteilung und / oder ihre Parameter der Grundgesamtheit schließen zu können. Dabei wird häufig die unbekannte Verteilung der Grundgesamtheit durch eine Modellverteilung ersetzt, die die Situation beschreiben könnte.

14.2 Identisch verteilte unabhängige Stichproben

In den folgenden Ausführungen wird gedanklich die Zufallsstichprobe nicht mehr durch eine Zufallsvariable X erzeugt, die n Realisationen $x_1, \ldots, x_n$ aufweist, sondern durch eine ganz ähnliche Situation, in der eine Folge von Zufallsvariablen $X_1, \ldots, X_n$ betrachtet wird, von der jede eine Realisation aufweist, so dass die Stichprobe wieder n Elemente besitzt. Mittels dieser Betrachtungsweise wird nun eine Folge von Zufallsvariablen untersucht. Eine wichtige Voraussetzung dafür ist, dass alle n Zufallsvariablen die gleiche Verteilung besitzen und einander nicht beeinflussen. Dies stellt eine einfache Zufallsstichprobe sicher.

Definition 14.3. *Eine Stichprobe* $X_1, \ldots, X_n$ *heißt* **identisch verteilt** *oder* **einfach**, *wenn jede Zufallsvariable* X_i *dieselbe Verteilung besitzt.*

Definition 14.4. *Eine Stichprobe* $X_1, \ldots, X_n$ *heißt* **unabhängig**, *wenn* $X_1, \ldots, X_n$ *unabhängige Zufallsvariablen sind.*

Eine **identisch verteilte und unabhängige Zufallsstichprobe** lässt sich mathematisch besonders bequem handhaben und wird deswegen oft als Stichprobenmodell vorausgesetzt, auch dann, wenn in der betreffenden Situation die Stichprobe diesem strengen Modell nur unvollständig entspricht. Es wird dabei dann i. d. R. unterstellt, dass die Korrelationen zwischen den einzelnen Zufallsvariablen bei hinreichend großen Stichproben vernachlässigbar sind. Man bezeichnet eine Stichprobe mit identisch unabhängig verteilte Zufallsvariablen als eine iid-**Stichprobe**.

$$X \sim iid \quad \text{identical independent distributed} \tag{14.1}$$

Kommt die Stichprobe durch eine Auswahl von n Elementen aus einer endlichen Grundgesamtheit zustande, so entscheidet das Auswahlverfahren (Stichprobe mit oder ohne Zurücklegen) darüber, ob eine einfache und unabhängige Zufallsstichprobe vorliegt. Werden die Elemente ohne Zurücklegen ausgewählt, so sind die Zufallsvariablen voneinander abhängig, da jede Ziehung die Grundgesamtheit reduziert und somit die Wahrscheinlichkeit für die Ereignisse im i-ten Zug ändert. Man kann aber zeigen, dass eine reine Zufallsauswahl ohne Zurücklegen eine identisch verteilte Zufallsstichprobe ist, die für große Grundgesamtheiten N und kleine Auswahlsätze n/N nahezu unabhängig ist. Werden nämlich aus einer großen Grundgesamtheit relativ wenig Elemente gezogen, so verändert die einzelne Ziehung die Zusammensetzung der Grundgesamtheit nur gering und übt daher kaum Einfluss auf die Wahrscheinlichkeiten für die Ergebnisse der folgenden Ziehungen aus. Ist die Grundgesamtheit unendlich, so sind die einzelnen Ziehungen ohne Zurücklegen auch unabhängig.

Werden die Elemente mit Zurücklegen gezogen, so wird jede Ziehung aus einer unveränderten Grundgesamtheit vorgenommen; man kann dann ebenfalls annehmen, dass die einzelnen Ziehungen unabhängig sind. Man spricht in diesem Fall auch von einer **einfachen Zufallsstichprobe**.

14.3 Schwaches Gesetz der großen Zahlen

Der Erwartungswert einer Zufallsvariablen X_i konnte als durchschnittlicher Wert der Realisationen von X_i in einer langen Versuchsreihe interpretiert werden. Diese Interpretation taucht nun in der Form eines beweisbaren wahrscheinlichkeitstheoretischen Satzes, dem schwachen Gesetz der großen Zahlen, auf. Es wird zuerst von einer diskreten Bernoullizufallsvariablen ausgegangen.

Sei X_i eine diskrete Zufallsvariable, die den Wert $X_i = 1$ annimmt, wenn das Ereignis A eintritt und den Wert $X_i = 0$, wenn das Ereignis A nicht eintritt. Erwartungswert und Varianz der Zufallsvariablen X_i sind $E(X) = \theta$ und $Var(X) = \theta(1 - \theta)$. Das Zufallsexperiment, zu dem die Zufallsvariable X_i gehört, wird n mal unabhängig voneinander durchgeführt. Jede Zufallsvariable X_i besitzt dieselbe Verteilung. Der nach der Durchführung des i-ten Experiments beobachtete Wert x_i ist eine Realisation der Zufallsvariablen X_i ($i = 1, \ldots, n$).

Wird das Stichprobenmittel

$$\bar{X} = \frac{1}{n} \sum_{i=1}^{n} X_i \tag{14.2}$$

berechnet, so ist im vorliegenden Fall, da die Zufallsvariable X_i nur die Werte 0 und 1 annehmen kann, das Stichprobenmittel gerade der relativen Häufigkeit mit der das Ereignis A bei n Experimenten beobachtet wird. Werden die Realisationen x_i der Zufallsvariablen X_i eingesetzt, so erhält man eine Realisation des Stichprobenmittels. Die Zufallsvariable $\bar{X}$ besitzt im vorliegenden Fall den Erwartungswert

$$E(\bar{X}) = \frac{E\left(\sum\limits_{i=1}^{n} X_i\right)}{n} = \frac{n\,\theta}{n} = \theta \tag{14.3}$$

und die Varianz (siehe auch Beispiel 10.18 auf Seite 248).

$$Var(\bar{X}) = \frac{Var\left(\sum\limits_{i=1}^{n} X_i\right)}{n^2} = \frac{n\,\theta\,(1-\theta)}{n^2} = \frac{\theta\,(1-\theta)}{n} \tag{14.4}$$

Es fällt auf, dass mit zunehmendem Stichprobenumfang n die Varianz des Stichprobenmittels gegen Null geht, also die Streuung des Stichprobenmittels abnimmt. Wendet man nun die **Chebyschewsche Ungleichung** auf das Stichprobenmittel $\bar{X}$ an, so erhält man folgende Aussage:

$$P\big(|\bar{X} - \theta| < c\big) \geq 1 - \frac{Var(\bar{X})}{c^2} = 1 - \frac{\theta\,(1-\theta)}{n\,c^2} \tag{14.5}$$

Die rechte Seite in dieser Ungleichung strebt für jedes feste positive c mit $n \to \infty$ gegen eins. Es gilt also für jedes noch so kleine positive c

$$\lim_{n\to\infty} P\big(|\bar{X}_n - \theta| < c\big) = 1. \tag{14.6}$$

Man sagt dazu: $\bar{X}_n$ konvergiert stochastisch (nach Wahrscheinlichkeit) gegen θ. Das Subskript n wird hier und an anderen Stellen an das Stichprobenmittel $\bar{X}$ geschrieben, um zu verdeutlichen, dass das Stichprobenmittel mit zunehmenden Stichprobenumfang n gegen den wahren Erwartungswert konvergiert. Die Wahrscheinlichkeit, mit der das arithmetische Mittel in ein beliebig klein vorgegebenes Intervall $\theta - c$, $\theta + c$ fällt, konvergiert mit wachsender Zahl der Experimente n gegen eins. Für große Werte von n nimmt $\bar{X}$ also mit hoher Wahrscheinlichkeit Werte nahe bei θ an. Diese spezielle Form des schwachen Gesetzes der großen Zahlen wurde von Bernoulli entwickelt und heißt **Theorem von Bernoulli**. Es liefert die Rechtfertigung für die (näherungsweise) Bestimmung einer unbekannten Wahrscheinlichkeit durch die relative Häufigkeit, die sich in langen Versuchsreihen einstellt.

Beispiel 14.2. Theorem von Bernoulli: Es wird ein Würfel $i = 1, \ldots, 1000$ mal gewürfelt und jeweils für i der relative Anteil der Sechsen ermittelt.

$$\bar{X}_1 = X_1, \; \bar{X}_2 = \frac{1}{2} \sum_{i=1}^{2} X_i, \ldots, \bar{X}_n = \frac{1}{n} \sum_{i=1}^{n} X_i \tag{14.7}$$

In Abbildung 14.1 wird diese relative Häufigkeit abgetragen. Es ist zu erkennen, dass die relative Häufigkeit gegen den Wert $\theta = 1/6$ konvergiert. Die Streuung des Stichprobenmittels nimmt mit zunehmendem Stichprobenumfang ab. Dies ist das schwache Gesetz der großen Zahlen.

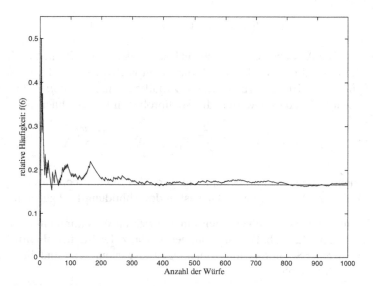

Abb. 14.1. Theorem von Bernoulli (Schwaches Gesetz der großen Zahlen)

Beispiel 14.3. Wie viele Versuche müssen durchgeführt werden, um zu sagen, dass die relative Häufigkeit $\hat{\theta} = f(A) = \bar{X}$ mit 99% Wahrscheinlichkeit der tatsächlichen Wahrscheinlichkeit $\theta = 1/6$ entspricht, bei höchstens 5% Abweichung zwischen dem wahren Wert Θ und dem Stichprobenmittel? Aus der Chebyschewschen Ungleichung folgt, dass

$$P\big(|\bar{X} - \theta| < c\big) \geq 1 - \frac{5}{36\,n\,c^2} \tag{14.8}$$

gilt, weil: $Var(X) = \theta\,(1 - \theta) = 5/36$ für $\theta = 1/6$ gilt. Die Zahl der Experimente n bestimmt sich also bei einer fünfprozentigen Abweichung und einer Wahrscheinlichkeit von 99% aus der Beziehung:

$$P\big(|\bar{X} - \theta| < 0.05\big) \geq 0.99 \tag{14.9}$$

Die Forderung ist erfüllt, wenn gilt:

$$1 - \frac{5}{36\,n\,0.05^2} \geq 0.99 \tag{14.10}$$

Für $n \geq 5\,555$ Versuche werden die obigen Forderungen erfüllt.

Das schwache Gesetz der großen Zahlen gilt natürlich auch für jeden anderen Erwartungswert. Die Abweichung zwischen dem Stichprobenmittel $\bar{X}$ und dem wahren Mittelwert μ_X wird mit zunehmendem Stichprobenumfang beliebig klein. Das schwache Gesetz der großen Zahlen besagt also, dass das Stichprobenmittel $\bar{X}$ mit wachsendem Stichprobenumfang n gegen den Erwartungswert μ_X der Zufallsvariablen X_i konvergiert.

$$\lim_{n \to \infty} P\big(|\bar{X}_n - \mu_X| < c\big) = 1, \quad c > 0 \tag{14.11}$$

Beispiel 14.4. Die Aussage des schwachen Gesetzes der großen Zahlen in der allgemeineren Form wird durch folgendes Experiment nachvollzogen: Es werden $i = 1, \ldots, 1000$ ($n = 1000$) normalverteilte Zufallszahlen X_i mit $\mu_X = 40$ und $\sigma_X = 15$ erzeugt. Aus diesen werden die Stichprobenmittel berechnet:

$$\bar{X}_1 = X_1, \ \bar{X}_2 = \frac{1}{2} \sum_{i=1}^{2} X_i, \ldots, \bar{X}_n = \frac{1}{n} \sum_{i=1}^{n} X_i \tag{14.12}$$

Mit zunehmendem Stichprobenumfang wird das Stichprobenmittel gegen den wahren Wert, hier 40, konvergieren. Dies ist in der Abbildung 14.2 gezeigt.

Die Streuung des Stichprobenmittels um den wahren Wert nimmt mit zunehmendem Stichprobenumfang ab. Dies liegt an der **Varianz des Stichprobenmittels**. Es wird dabei von einer Stichprobe mit Zurücklegen ausgegangen, so sind die einzelnen Züge voneinander unabhängig.

$$Var(\bar{X}) = \frac{1}{n^2} \sum_{i=1}^{n} Var(X_i) = \frac{\sigma_X^2}{n} \tag{14.13}$$

Mit zunehmendem Stichprobenumfang n strebt die Varianz des Stichprobenmittels (nicht die Varianz von X!) gegen Null (siehe auch Beispiel 10.18, Seite 248).

14.4 Starkes Gesetz der großen Zahlen

Das Stichprobenmittel $\bar{X}$ strebt nach dem schwachen Gesetz der großen Zahlen stochastisch gegen μ_X. Es besagt also nur, dass $|\bar{X}_n - \mu_X|$ für große n meist klein ist, aber für ein bestimmtes μ_X auch einmal groß sein kann. Dass die Wahrscheinlichkeit für dieses Ereignis jedoch extrem klein ist, wird durch das so genannte starke Gesetz der großen Zahlen festgestellt (siehe u. a. [114, Seite 469ff]).

$$P\left(\lim_{n \to \infty} |\bar{X}_n - \mu_X| = 0\right) = 1 \tag{14.14}$$

Die Aussage des Gesetzes der großen Zahlen besagt also, dass die Folge

$$\lim_{n \to \infty} |\bar{X}_n - \mu_X| \tag{14.15}$$

fast überall gegen Null strebt.

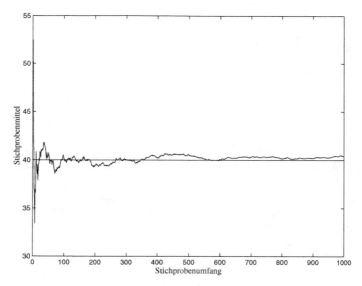

Abb. 14.2. Schwaches Gesetz der großen Zahlen

14.5 Hauptsatz der Statistik

Das **Theorem von Bernoulli** lässt sich direkt auf die empirische Verteilungsfunktion anwenden: Für jedes feste x gibt die empirische Verteilungsfunktion $F_{X_n}(x)$ die relative Häufigkeit des Ereignisses $X \leq x$ an. Fasst man die Daten $x_1, \ldots, x_n$ als Realisationen einer unabhängig identisch verteilten Zufallsvariablen $X_1, \ldots, X_n$ auf, so folgt dass $F_{X_n}(x)$ für jedes feste x mit n gegen unendlich (nach Wahrscheinlichkeit) gegen die Verteilungsfunktion $F_X(x)$ konvergiert. Der **Hauptsatz der Statistik (Satz von Glivenko-Cantelli)** fasst diese Überlegung zusammen:

Sei X eine Zufallsvariable mit der Verteilungsfunktion $F_X(x)$, dann gilt für die aus den unabhängigen und identisch verteilten Zufallsvariablen X_i, die die gleiche Verteilung besitzen wie X, gebildete Verteilungsfunktion $F_{X_n}(x)$ (siehe u.a. [114, Seite 539ff]):

$$P\left(\lim_{n \to \infty} \sup_{x \in \mathbb{R}} |F_{X_n}(x) - F_X(x)| = 0\right) = 1 \qquad (14.16)$$

Mit sup wird die obere Abweichung zwischen $F_{X_n}(x)$ und $F_X(x)$ bezeichnet.

Der Hauptsatz der Statistik besagt also, dass für Zufallsstichproben, bei denen die Zufallsvariablen X_i unabhängig und identisch und wie die interessierende Zufallsvariable X verteilt sind, die unbekannte Verteilungsfunktion $F_X(x)$ durch die empirische Verteilungsfunktion $F_{X_n}(x)$ für große n approximiert werden kann. Stimmen umgekehrt die empirische Verteilungsfunktion $F_{X_n}(x)$ und die theoretische Verteilungsfunktion $F_X(x)$ schlecht überein, so entstammen die Daten vermutlich aus einer anderen Verteilung.

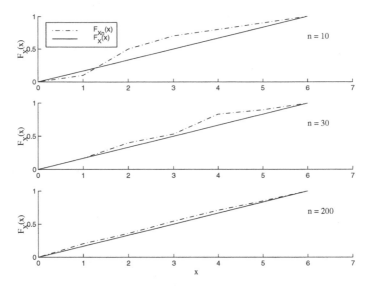

Abb. 14.3. Hauptsatz der Stichprobentheorie

Beispiel 14.5. In der Abbildung 14.3 sind für die ersten 10, 30 und 200 erzeugten Würfelergebnisse aus Beispiel 14.2 (Seite 318) jeweils die relativen Häufigkeiten für $x = 1, \ldots, 6$ berechnet, sukzessiv aufaddiert und abgetragen worden. Dies ergibt die empirische Verteilungsfunktion $F_{X_n}(x)$. Es zeigt sich deutlich, dass mit zunehmendem Stichprobenumfang die empirische Verteilungsfunktion (gestrichelte Linie) sich der theoretischen Verteilungsfunktion (durchgezogene Linie) annähert. Dies ist die Aussage des Hauptsatzes der Statistik.

Wie das Gesetz der großen Zahlen gilt der Satz von Glivenko-Cantelli auch unter schwächeren Annahmen, insbesondere lässt sich die Voraussetzung der Unabhängigkeit der X_i lockern.

14.6 Zentraler Grenzwertsatz

Der zentrale Grenzwertsatz gehört wie das Gesetz der großen Zahlen zu den wichtigsten Sätzen der Wahrscheinlichkeitsrechnung.

Eine unabhängig identisch verteilte Stichprobe (iid) erfüllt die Voraussetzungen, unter denen das Gesetz der großen Zahlen und der zentrale Grenzwertsatz gelten. Es gilt nach dem Gesetz der großen Zahlen, dass $\bar{X}$ stochastisch gegen μ_X konvergiert. Welcher Verteilung aber $\bar{X}$ für $n \to \infty$ folgt, ist mit dem Gesetz der großen Zahlen nicht beantwortet. Anstelle der Konvergenz in Wahrscheinlichkeit, die beim Gesetz der großen Zahlen betrachtet wird, erfolgt jetzt die Konvergenz in Verteilung gegen eine standardnormalverteilte Zufallsvariable.

Betrachtet man die standardisierte Zufallsvariable von $\bar{X}_n$,

$$Z_n = \frac{\bar{X}_n - \mu_X}{\sigma_X/\sqrt{n}}, \tag{14.17}$$

so besagt der zentrale Grenzwertsatz, dass die Folge der Zufallsvariablen Z_n gegen eine Standardnormalverteilung $F_Z(z)$ strebt.

$$\lim_{n\to\infty} P(Z_n < z) = \lim_{n\to\infty} F_{Z_n}(z) = F_Z(z) \tag{14.18}$$

Man schreibt dafür auch:

$$\lim_{n\to\infty} Z_n \sim N(0,1) \tag{14.19}$$

Die Aussage lässt sich auch direkt auf $\bar{X}_n$ und $\sum_{i=1}^{n} X_i$ anwenden, wenn die Standardisierung aufgelöst wird.

$$\bar{X}_n = \frac{\sigma_X}{\sqrt{n}} Z_n + \mu_X \tag{14.20}$$

$$\sum_{i=1}^{n} X_i = \sqrt{n}\,\sigma_X\, Z_n + n\,\mu_X \tag{14.21}$$

Aus der Tatsache, dass linear transformierte normalverteilte Zufallsvariablen wieder normalverteilt mit den Parametern der linearen Transformation sind, gilt der zentrale Grenzwertsatz dann auch für folgende gefaltete Zufallsvariablen:

$$\lim_{n\to\infty} \bar{X}_n \sim N\left(\mu_X, \frac{\sigma_X^2}{n}\right) \tag{14.22}$$

$$\lim_{n\to\infty} \sum_{i=1}^{n} X_i \sim N\left(n\,\mu_X, n\,\sigma_X^2\right) \tag{14.23}$$

Der Wert des zentralen Grenzwertsatzes liegt nun darin, dass man unter der Annahme identisch und unabhängig verteilter Zufallsvariablen X_i, jedoch ohne Kenntnis der tatsächlichen Stichprobenverteilung der Zufallsvariablen, die Grenzverteilung des Stichprobenmittels für hinreichend große Stichproben kennt. Das Stichprobenmittel ist annähernd normalverteilt. Für Stichproben, die mehr als 30 Elemente enthalten, ergeben sich oft schon erstaunlich gute Annäherungen an die Normalverteilung.

Beispiel 14.6. Es werden $m = 40$ und $m = 200$ Stichproben (Wiederholungen) mit jeweils $n = 10$ rechteckverteilten Zufallsvariablen zwischen $a = 0$ und $b = 1$ erzeugt. Aus diesen Stichproben werden jeweils die Stichprobenmittel $\bar{X}$ berechnet, so dass eine Folge von 40 und 200 Stichprobenmitteln entsteht. Die rechteckverteilten Zufallsvariablen besitzen mit den vorgegebenen Parametern den Erwartungswert $\mu_X = 0.5$ und die Varianz $\sigma_X^2 = 1/12$. Die standardisierte Zufallsvariable ist dann:

$$Z_n = \frac{\bar{X}_n - 0.5}{\sqrt{\frac{1}{12}/n}} \qquad (14.24)$$

In der Abbildung 14.4 sind links die empirische Dichte (Histogramm mit Klassenbreite $\Delta = 0.5$ und Dichtespur mit Normalkern und Fensterbreite $h = 0.2$) sowie die Standardnormaldichte und rechts die empirische Verteilungsfunktion sowie die Standardnormalverteilung abgetragen worden. Es zeigt sich, dass eine Folge mit $m = 40$ standardisierten Zufallsvariablen schon relativ gut die Verteilung einer Standardnormalverteilung nachzeichnet (rechte Grafik). Das Histogramm hingegen zeigt kaum den Verlauf der Dichtefunktion (linke Grafik). Hier wird die Anpassung erst bei $m = 200$ besser.

Dies liegt daran, dass die empirische Verteilungsfunktion der Wirkung des Hauptsatzes der Statistik (Satz von Glivenko-Cantelli) und dem zentralen Grenzwertsatz unterliegt. Ersterer besagt „nur", dass die Folge von empirischen Verteilungsfunktionen gegen die theoretische Verteilungsfunktion strebt. Die Aussage des zentralen Grenzwertsatzes ist, dass die Folge der standardisierten Zufallsvariablen Z_n gegen eine Normalverteilung strebt, egal welcher Verteilung die Zufallsvariable X entstammt, solange sie nur $X \sim iid$ ist. Die empirischen Verteilungsfunktionen streben daher „schneller" gegen die Normalverteilung, weil hier der Hauptsatz der Statistik und der zentrale Grenzwertsatz wirken.

Die empirische Dichten streben nur – und dies sogar indirekt, weil die Aussage des zentralen Grenzwertsatzes sich direkt auf die Verteilungsfunktion bezieht – aufgrund des zentralen Grenzwertsatzes gegen die Dichte der Normalverteilung.

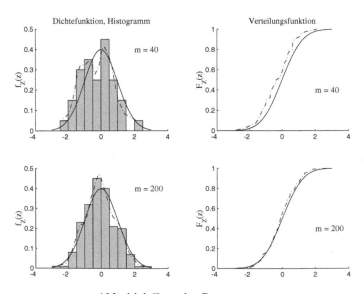

Abb. 14.4. Zentraler Grenzwertsatz

Beispiel 14.7. Aus dem zentralen Grenzwertsatz ist es daher möglich für große n die Abschätzung aus der Chebyschewschen Ungleichung deutlich zu verbessern (siehe auch Beispiel 14.3 auf Seite 319), da die Information der Normalverteilung miteingehen kann.

$$\lim_{n \to \infty} P\big(|\bar{X}_n - \mu_X| < c\big) = F_Z \left(\frac{c}{\sigma_X} \sqrt{n} \right) - F_Z \left(-\frac{c}{\sigma_x} \sqrt{n} \right) = \gamma \qquad (14.25)$$

Zu einer vorgegebenen Wahrscheinlichkeit γ und einer Toleranz c lässt sich bei bekanntem σ_X^2 n bestimmen.

Wie groß muss die Stichprobe sein, damit mit 99%-iger Wahrscheinlichkeit $\gamma = 0.99$, die Abweichung zwischen Stichprobenmittel und wahrem Mittel μ_X kleiner als 5% ($c = 0.05$) ist? Die Varianz sei mit $\sigma_X^2 = 3$ vorgegeben.

Nach dem Gesetz der großen Zahlen gilt:

$$P\big(|\bar{X} - \mu_X| < c\big) \geq 1 - \frac{\sigma_X^2}{n\,c^2} = \gamma \Rightarrow n \geq 120\,000, \qquad (14.26)$$

mit $Var(\bar{X}) = \sigma_X^2/n$.

Nach dem Gesetz der großen Zahlen und dem zentralen Grenzwertsatz gilt:

$$\begin{aligned}
P\big(|\bar{X} - \mu_X| < c\big) &\approx F_Z \left(\frac{c}{\sigma_X} \sqrt{n} \right) - F_Z \left(-\frac{c}{\sigma_X} \sqrt{n} \right) \\
&\approx 2\,F_Z \left(\frac{c}{\sigma_X} \sqrt{n} \right) - 1 = 0.99 \\
&\Rightarrow F_Z \left(\frac{c}{\sigma_X} \sqrt{n} \right) = 0.995 \\
&\Rightarrow z = 2.58 = \frac{c}{\sigma_X} \sqrt{n} \Rightarrow n \geq 7\,987
\end{aligned} \qquad (14.27)$$

Man sieht, dass durch die zusätzliche Information der Normalverteilungsannahme die Stichprobengröße von $n = 120\,000$ auf $n = 7\,987$ reduziert werden kann, um bei gleichbleibender Wahrscheinlichkeit eine Abweichung von maximal 5% zwischen dem wahren Mittel und dem Stichprobenmittel sicherzustellen. Dies führt z. B. bei der Bestimmung der Losgröße in der Warenannahmenkontrolle zu erheblicher Kosteneinsparung.

Wie viel Information der zentrale Grenzwertsatz liefert, kann man auch daran erkennen, wie groß die Wahrscheinlichkeiten sind, dass die Zufallswerte innerhalb des ein-, zwei- und dreifachen Schwankungsintervall liegen (vgl. Seite 253, siehe auch Beispiel 12.2, Seite 278).

$$P\big(\mu - \sigma < X < \mu + \sigma\big) \approx 0.682 \qquad (14.28)$$

$$P\big(\mu - 2\,\sigma < X < \mu + 2\,\sigma\big) \approx 0.954 \qquad (14.29)$$

$$P\big(\mu - 3\,\sigma < X < \mu + 3\,\sigma\big) \approx 0.997 \qquad (14.30)$$

Die obigen Wahrscheinlichkeiten liegen deutlich unter denen aus der Cheby-schewschen Ungleichung. Die Normalverteilungsannahme liefert also deutlich mehr Information als nur die Varianz einer Verteilung.

Der zentrale Grenzwertsatz gilt auch unter einfacheren Bedingungen, wenn die Zufallsvariablen X_i ($i = 1, \ldots, n$) nicht strikt *iid* sind. Entscheidend ist, dass keine der Zufallsvariablen die restlichen dominiert. Damit liefert der zentrale Grenzwert-satz die theoretische Begründung, dass eine Zufallsvariable $\bar{X}$ in guter Näherung normalverteilt ist, wenn sie durch das Zusammenwirken vieler kleiner zufälliger Ef-fekte entsteht.

14.6.1 Approximation der Binomialverteilung durch die Normalverteilung

Ein wichtiger Spezialfall des zentralen Grenzwertsatzes ist die Approximation der Binomialverteilung durch die Normalverteilung, die mit den **Satz von de Moivre und de Laplace** beschrieben wird.

Sei $X_1, X_2, \ldots$ eine Folge von binomialverteilten Zufallsvariablen $X_i \sim Bin(1, \theta)$, dann ist die Summe der Zufallsvariablen

$$X = \sum_{i=1}^{n} X_i \sim Bin(n, \theta) \tag{14.31}$$

binomialverteilt mit Erwartungswert $E(X) = n\,\theta$ und Varianz $Var(X) = n\,\theta\,(1 - \theta)$. Wird für die Zufallsvariable X eine Standardisierung vorgenommen

$$Z_n = \frac{X - n\,\theta}{\sqrt{n\,\theta\,(1 - \theta)}}, \tag{14.32}$$

so strebt die Folge der Verteilungsfunktionen $F_{Z_n}(z)$, die durch die Zufallsvariablen Z_n definiert sind, gegen eine Standardnormalverteilung.

$$\lim_{n \to \infty} F_{Z_n}(z) = F_Z(z) \tag{14.33}$$

Ist $X \sim Bin(n, \theta)$, so gilt

$$\frac{X - n\,\theta}{\sqrt{n\,\theta\,(1 - \theta)}} \overset{\cdot}{\sim} N(0, 1) \tag{14.34}$$

bzw.

$$X \overset{\cdot}{\sim} N\big(n\,\theta, n\,\theta\,(1 - \theta)\big) \tag{14.35}$$

und damit

$$P(X \leq x) = P\left(Z_n \leq \frac{x - n\,\theta}{\sqrt{n\,\theta\,(1 - \theta)}} \right) \approx F_Z\left(\frac{x - n\,\theta}{\sqrt{n\,\theta\,(1 - \theta)}} \right) \tag{14.36}$$

Da hier eine diskrete Verteilung mit einer stetigen Verteilung approximiert wird, wird die Treppenfunktion besser approximiert, wenn die Funktionswerte der stetigen Verteilungsfunktion um 0.5 erhöht werden (siehe Abbildung 14.5). Dies nennt man **Stetigkeitskorrektur**.

$$P(X \leq x) = F_Z \left(\frac{x - n\theta + 0.5}{\sqrt{n\theta(1-\theta)}} \right) \tag{14.37}$$

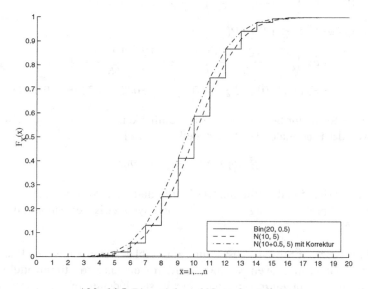

Abb. 14.5. Binomial- und Normalverteilung

Um die Dichtefunktion der Binomialverteilung mit der Standardnormalverteilung zu approximieren, muss folgende Wahrscheinlichkeit bestimmt werden.

$$P(X = x) = P(X \leq x) - P(X \leq x - 1)$$

$$= F_Z \left(\frac{x - n\theta + 0.5}{\sqrt{n\theta(1-\theta)}} \right) - F_Z \left(\frac{x - 1 - n\theta + 0.5}{\sqrt{n\theta(1-\theta)}} \right) \tag{14.38}$$

$$= F_Z \left(\frac{x - n\theta + 0.5}{\sqrt{n\theta(1-\theta)}} \right) - F_Z \left(\frac{x - n\theta - 0.5}{\sqrt{n\theta(1-\theta)}} \right)$$

Die Approximation ist zufriedenstellend, wenn

$$n\theta \geq 10 \tag{14.39}$$

und

$$n\,(1 - \theta) \geq 10 \qquad (14.40)$$

gilt. Sie ist umso besser, je größer n ist und je näher θ an 0.5 liegt, da dann die Binomialverteilung symmetrischer wird.

Beispiel 14.8. Sei X binomialverteilt mit $n = 20$ und $\theta = 0.5$. Wie groß ist die Wahrscheinlichkeit, dass $X \leq 12$ und $X = 12$ ist? Da $20 \times 0.5 = 10$ gilt, kann die Approximation verwendet werden.

$$P(X \leq 12) \approx F_Z\left(\frac{12 - 10 + 0.5}{\sqrt{5}}\right) = F_Z(1.1180) = 0.8682 \qquad (14.41)$$

$$P(X = 12) = P(X \leq 12) - P(X \leq 11)$$

$$\approx F_Z\left(\frac{12 - 10 + 0.5}{\sqrt{5}}\right) - F_Z\left(\frac{12 - 10 - 0.5}{\sqrt{5}}\right) \qquad (14.42)$$

$$= F_Z(1.1180) - F_Z(0.6708) = 0.8682 - 0.7488 = 0.1194$$

Ohne die Korrektur beträgt die Wahrscheinlichkeit $P(X = 12) = 0.1418$. Der exakte Wert der Binomialdichte an der Stelle $x = 12$ ist:

$$Bin(12, 20, 0.5) = 0.1201 \qquad (14.43)$$

Die Approximation der Binomialverteilung durch die Normalverteilung ist also bei einem Stichprobenumfang von $n = 20$ und symmetrischer Binomialverteilung schon sehr gut.

Beispiel 14.9. Bei der Stimmenauszählung zur Wahl des amerikanischen Präsidenten (Bush gegen Gore) im November 2000 wurden viele tausend Stimmzettel von den Wahlmaschinen als ungültig gewertet, obwohl sie eindeutig markiert waren. Bush führte mit 930 Stimmen. Durch Handauszählung einiger Stimmzettel holte Gore um 393 Stimmen auf.

Wie groß war die Wahrscheinlichkeit, dass Gore die Wahl noch gewinnen konnte, wenn eine bestimmte Anzahl von Stimmzetteln (korrekt) mit der Hand ausgezählt worden wäre?

Die per Hand ausgezählten Wahlbezirke wurden nicht repräsentativ ausgewählt. Es ist also nicht verwunderlich, dass Gore durch selektive Auswahl einige Stimmen aufholen konnte. Eine faire Handauszählung hätte natürlich in ganz Florida bzw. Amerika stattfinden sollen.

Es wird folgender Ansatz zugrunde gelegt: Es existieren n (un-)gültige Stimmzettel, die bei der nachträglichen Handauszählung entweder für Bush oder Gore zu werten sind. Aufgrund der bisherigen Stimmverteilung ist jeder der fraglichen Stimmzettel mit der Wahrscheinlichkeit $1/2$ einem der beiden Kandidaten zuzuordnen. Es wird damit auch angenommen, dass sich die demokratischen und republikanischen Wähler beim nachlässigen Markieren der Stimmzettel nicht prinzipiell unterscheiden. Die Zufallsvariable X_i ist damit $Bin(1, \theta = 0.5)$ verteilt. Die Zufallsvariable $X = \sum_{i=1}^{n} X_i$ zählt die zusätzlichen Stimmen für Gore; sie ist unter den getroffenen Annahmen binomialverteilt mit n und $\theta = 0.5$. Der Erwartungswert beträgt dann $E(X) = n/2$, die Varianz $\sigma_X^2 = n/2^2$.

Weil Bush ohne Handauszählung einen Vorsprung von 930 Stimmen hat, benötigt Gore von den n fraglichen Stimmzetteln mindestens $n/2 + 466$, um Präsident zu werden. Es ist also nach der Wahrscheinlichkeit gefragt, dass die Zufallsvariable X einen Wert größer als $n/2 + 466$ annimmt. Da n eine große Zahl sein wird und $\theta = 0.5$ angenommen wurde, folgt die Zufallsvariable approximativ einer Normalverteilung mit $\mu_X = n/2$ und $\sigma_X = \sqrt{n}/2$.

$$
\begin{aligned}
P\left(X > \frac{n}{2} + 466\right) &= 1 - P\left(X \le \frac{n}{2} + 466\right) \\
&= 1 - P\left(Z \le \frac{n/2 + 466 - n/2}{\sqrt{n}/2}\right) \\
&= 1 - F_Z\left(\frac{2 \times 466}{\sqrt{n}}\right)
\end{aligned}
\tag{14.44}
$$

Für $n = 50\,000$, also $50\,000$ auszuzählende Stimmzettel, liegt die Wahrscheinlichkeit, dass Gore die Mehrheit erhält bei:

$$
P(X > 25\,466) = 1 - F_Z(4.1680) = 1 - 0.99998464 = 0.00001536 \tag{14.45}
$$

Die Chance für Gore, die Wahl noch zu gewinnen, lag also bei nur etwa $1/100\,000$ (vgl. www.mathematik-online.de).

14.6.2 Approximation der hypergeometrischen Verteilung durch die Normalverteilung

Aus der Approximationsmöglichkeit der hypergeometrischen Verteilung durch die Binomialverteilung folgt, dass auch die hypergeometrische Verteilung durch die Normalverteilung approximiert werden kann. Ist X eine hypergeometrisch verteilte Zufallsvariable und gilt

$$
0.1 < \theta < 0.9 \tag{14.46}
$$

$$
n > 30 \tag{14.47}
$$

$$
\frac{n}{N} < 0.1, \tag{14.48}
$$

so ist die Zufallsvariable X approximativ normalverteilt.

$$
X \overset{.}{\sim} N\left(n\frac{M}{N}, n\frac{M}{N}\frac{N-M}{N}\frac{N-n}{N-1}\right) \tag{14.49}
$$

14.6.3 Approximation der Poissonverteilung durch die Normalverteilung

Da die Poissonverteilung die Grenzverteilung der Binomialverteilung ist und die Binomialverteilung für $n \to \infty$ gegen die Normalverteilung strebt, ist auch die Poissonverteilung durch die Normalverteilung approximierbar. Ist X eine poissonverteilte Zufallsvariable und gilt

$$\lambda > 9, \tag{14.50}$$

so ist die Zufallsvariable X approximativ normalverteilt.

$$X \overset{\cdot}{\sim} N(\lambda, \lambda) \tag{14.51}$$

14.7 Stichprobenverteilungen aus normalverteilten Grundgesamtheiten

Für die Schätz- und Testverfahren werden die folgenden drei Verteilungen (χ^2-, t- und F-Verteilung) benötigt. Diese Verteilungen werden auch **Stichprobenverteilungen** genannt, da sie die Verteilung der Zufallsvariablen in der Stichprobe angeben, wenn sie aus einer normalverteilten Stichprobe gezogen wurden.

In diesem Zusammenhang wird der Begriff der Freiheitsgrade verwendet.

Definition 14.5. *Die Zahl der* **Freiheitsgrade** *(FG) in einer Stichprobe ist die Zahl der Stichprobenelemente, die nach Berücksichtigung einer gewissen Zahl von Restriktionen noch frei variieren kann.*

Beispiel 14.10. In einem Quiz haben 10 Studenten einen Mittelwert von 80 Punkten erreicht. Aufgrund der Restriktion, dass der Mittelwert 80 beträgt, können neun Werte frei variieren, der zehnte Wert ist durch die Summe von 800 Punkten festgelegt. Daher spricht man von Freiheitsgraden, die in diesem Fall $FG = 9$ betragen.

14.7.1 χ^2-Quadrat Verteilung

Sind die Zufallsvariablen X_i normalverteilt, so ist die Summe der Zufallsvariablen wieder normalverteilt. Dies ist ein Ergebnis der Reproduktivität der Normalverteilung. Werden nun aber die Zufallsvariablen X_i quadriert, wie es bei der Varianzberechnung erfolgt, so sind diese nicht mehr normalverteilt, allein schon aus dem Grund, dass die quadrierten Zufallsvariablen keine negativen Werte mehr annehmen können. Daher muss eine andere Verteilung für die Quadratsumme gelten. Es ist die χ^2-Verteilung, die auf der Eulerschen **Gammafunktion** basiert:

$$\Gamma(u) = \int_0^\infty x^{u-1}\, e^{-x}\, dx \tag{14.52}$$

Die Verteilung der „Quadratsumme" wurde von F. R. Helmet 1876 entwickelt, geriet aber zunächst wieder in Vergessenheit und wurde 1900 von K. Pearson wiederentdeckt.

Definition 14.6. *Eine Zufallsvariable*

$$U_n = \sum_{i=1}^{n} Z_i^2 \tag{14.53}$$

mit $Z_i \sim N(0,1)$ besitzt die Dichtefunktion

$$f_{U_n}(x) = \frac{1}{2^{n/2}\,\Gamma(n/2)}\, x^{n/2-1}\, e^{-x/2} \tag{14.54}$$

für $x = \sum_{i=1}^{n} z_i > 0$ und heißt χ^2-verteilt mit $FG = n$ Freiheitsgraden: $U_n \sim \chi^2(n)$.

Die relativ komplizierte Berechnung der χ^2-Verteilungsfunktion ist heute mit den Computern und entsprechenden Programmen kein Problem mehr. Da die Verteilung häufig für Testentscheidungen benötigt wird, sind häufig verwendete Quantile für unterschiedliche Freiheitsgrade in einer Tabelle erfasst (siehe Anhang B.4). Die χ^2-Verteilung weist für kleine n eine deutliche Asymmetrie auf (siehe Abbildung 14.6).

Die Summe von n quadrierten standardnormalverteilten Zufallsvariablen ist χ^2-verteilt mit n Freiheitsgraden:

$$U_n = \sum_{i=1}^{n} Z_i^2 = \sum_{i=1}^{n} \left(\frac{X_i - \mu_X}{\sigma_X}\right)^2 \sim \chi^2(n) \tag{14.55}$$

Die Verteilung ist also abhängig von der Anzahl der summierten Zufallsvariablen.

Beispiel 14.11. Ablesebeispiel aus der Tabelle: Die Zufallsvariablen $Z_1, \ldots, Z_4$ seien standardnormalverteilt. Dann ist

$$U_4 = \sum_{i=1}^{4} Z_i^2 \sim \chi^2(4) \tag{14.56}$$

χ^2-verteilt mit 4 Freiheitsgraden. Aufgrund der Asymmetrie der χ^2-Verteilung besitzen das 0.05- und 0.95-Quantil der Zufallsvariablen unterschiedliche Beträge:

$$\chi_{0.05}^2(4) = F_{U_4}^{-1}(0.05) = 0.7107 \tag{14.57}$$

$$\chi_{0.95}^2(4) = F_{U_4}^{-1}(0.95) = 9.4877 \tag{14.58}$$

Die Wahrscheinlichkeit, dass die Zufallsvariable U_4 innerhalb dieser Grenzen liegt, beträgt 90%, da die Fehlerwahrscheinlichkeit von 5% auf beiden Seiten der Verteilung auftritt.

Der Erwartungswert und die Varianz der χ^2-Verteilung sind:

$$E(U_n) = n \tag{14.59}$$

$$Var(U_n) = 2\,n \tag{14.60}$$

Die χ^2-Verteilung besitzt auch die Eigenschaft der **Reproduktivität**, d. h. dass die Summe von χ^2-verteilten Zufallsvariablen ebenfalls χ^2-verteilt ist.

$$Z_i^2 \sim \chi^2(1) \Rightarrow \sum_{i=1}^{n} Z_i^2 \sim \chi^2(n) \tag{14.61}$$

Diese Eigenschaft wird beim Hauptsatz der Stichprobentheorie genutzt.

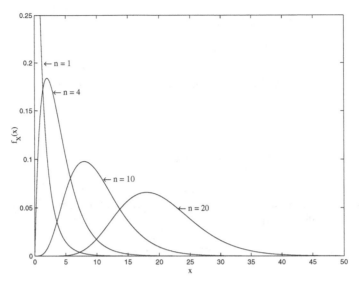

Abb. 14.6. Dichtefunktion der χ^2-Verteilung

14.7.2 t-Verteilung

Eine weitere Verteilung, die für Stichproben aus normalverteilten Zufallsvariablen eine Bedeutung hat, ist die t-Verteilung. Sie wird dann benötigt, wenn die Varianz der normalverteilten Zufallsvariablen nicht als bekannt vorausgesetzt wird, sondern aus der Stichprobe geschätzt werden muss. In diesem Fall ist die Schätzung der Varianz selbst eine Zufallsvariable, so dass die Statistik der Normalverteilung nicht mehr gilt, da ein Quotient aus einer normalverteilten Zufallsvariablen, häufig das Stichprobenmittel und einer χ^2-verteilten Zufallsvariablen, der geschätzten Varianz, auftritt. Dieses Verhältnis ist t-verteilt. Die t-Verteilung wurde von W. Gosset entwickelt, der seine Arbeiten über die Verteilung 1908 unter dem Pseudonym Student veröffentlichte.

Definition 14.7. *Eine Zufallsvariable*

$$T_n = \frac{Z}{\sqrt{U_n/n}}, \tag{14.62}$$

wobei Z und U_n unabhängig sind (siehe Hauptsatz der Stichprobentheorie), besitzt die Dichtefunktion

$$f_{T_n}(x) = \frac{\Gamma\big((n+1)/2\big)}{\sqrt{n\,\pi}\,\Gamma\,(n/2)\,(1+x^2/n)^{(n+1)/2}} \tag{14.63}$$

*und heißt **t-verteilt** mit $FG = n$ Freiheitsgraden: $T_n \sim t(n)$.*

Die t-Verteilung besitzt den Stichprobenumfang n als Parameter. Mit zunehmendem Stichprobenumfang n strebt die t-Verteilung gegen die Standardnormalverteilung (siehe Abbildung 14.7). Die t-Verteilung ist wie die Normalverteilung symmetrisch.

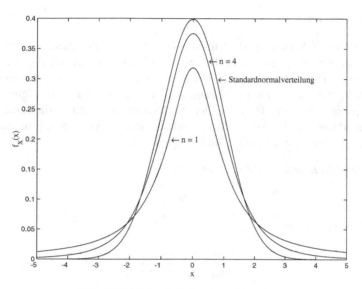

Abb. 14.7. Dichtefunktion der t-Verteilung

Erwartungswert und Varianz der t-Verteilung sind:

$$E(T_n) = 0 \quad \text{für } n \geq 2 \tag{14.64}$$

$$Var(T_n) = \frac{n}{n-2} \quad \text{für } n \geq 3 \tag{14.65}$$

Da auch die t-Verteilung häufig für Testentscheidungen benötigt wird, sind einige Quantile im Anhang B.5 tabelliert.

Beispiel 14.12. Ablesebeispiel: Die Zufallsvariable Z sei standardnormalverteilt. Dann ist die Zufallsvariable

$$T_4 = \frac{Z}{\sqrt{U_4/4}} \sim t(4) \tag{14.66}$$

t-verteilt mit 4 Freiheitsgraden. Das 0.05- und 0.95-Quantil der Zufallsvariablen T_4 beträgt dann:

$$t_{0.05}(4) = F_{T_4}^{-1}(0.05) = -F_{T_4}^{-1}(0.95) \tag{14.67}$$

$$t_{0.95}(4) = F_{T_4}^{-1}(0.95) = 2.1318 \tag{14.68}$$

Die t-Verteilung erhält ihre Bedeutung erst durch den Hauptsatz der Stichprobentheorie. Dort wird die Verteilung einer standardisierten Zufallsvariable gefunden, wenn die zur Standardisierung benötigte Varianz aus der Stichprobe geschätzt werden muss, weil sie nicht bekannt ist.

14.7.3 F-Verteilung

Der Name der F-Verteilung stammt von G. Snedecor, der diese Verteilung entwickelte und sie zu Ehren von R. Fisher, der die Grundlagen für die Anwendungen zu diesem Thema erarbeitete, F-Verteilung nannte. Sie kommt zur Anwendung, wenn das Verhältnis von zwei unabhängig χ^2-verteilten Zufallsvariablen (z. B. Varianzen) untersucht wird. Dies tritt bei der Regressions- und Varianzanalyse auf. Die t-Verteilung und die F-Verteilung sind miteinander verwandt. Eine quadrierte t-verteilte Zufallsvariable besitzt eine F-Verteilung.

Definition 14.8. *Eine stetige Zufallsvariable*

$$F_n = U_{n_1}/U_{n_2} \tag{14.69}$$

mit der Dichtefunktion

$$f_{F_n}(x) = \frac{\Gamma\left(n_1/2 + n_2/2\right)}{\Gamma\left(n_1/2\right)\Gamma\left(n_2/2\right)} \left(\frac{n_1}{n_2}\right)^{n_1/2} \tag{14.70}$$

heißt **F-verteilt** *mit* $FG_1 = n_1$ *und* $FG_2 = n_2$ *Freiheitsgraden:* $F_n \sim F(n_1, n_2)$. n_1 *heißt auch Zählerfreiheitsgrad, weil er sich auf die Zufallsvariable im Zähler bezieht und* n_2 *dementsprechend Nennerfreiheitsgrad.*

Sind U_{n_1} und U_{n_2} unabhängig χ^2-verteilte Zufallsvariablen mit n_1 und n_2 Freiheitsgraden, so ist

$$F_n = \frac{U_{n_1}/n_1}{U_{n_2}/n_2} \tag{14.71}$$

F-verteilt mit n_1 und n_2 Freiheitsgraden.

Da die F-Verteilung wie die vorhergehenden Verteilungen relativ aufwendig in der Berechnung ist, ist auch diese Verteilung tabelliert. Durch die zwei Parameter ist, ist der Aufbau der Tabellen hier etwas aufwendiger. Im Anhang B.6 sind häufig verwendete Quantile der F-Verteilung angegeben. Die F-Verteilung wird wie die t-Verteilung für die Verteilung von Teststatistiken benötigt.

Beispiel 14.13. Das 95%-Quantil einer F-Verteilung mit $n_1 = 10$ und $n_2 = 100$ beträgt (siehe Tabelle B.18 im Anhang):

$$F_{0.95}(10, 100) = F_{F_n}^{-1}(0.95, 10, 100) = 1.9267 \tag{14.72}$$

Das 5%-Quantil der F-Verteilung kann aus der gleichen Tabelle aufgrund der Eigenschaft der F-Verteilung

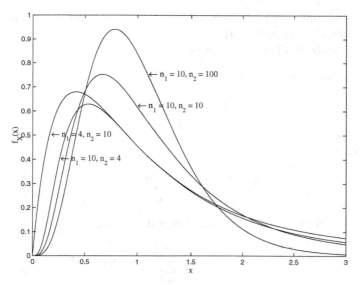

Abb. 14.8. Dichtefunktion der F-Verteilung

$$F_\alpha(n_1, n_2) = F_{F_n}^{-1}(\alpha, n_1, n_2) = \frac{1}{F_{F_n}^{-1}(1 - \alpha, n_2, n_1)} \qquad (14.73)$$

abgelesen werden.

$$F_{0.05}(10, 100) = \frac{1}{F_{F_n}^{-1}(0.95, 100, 10)} = \frac{1}{2.5884} = 0.3863 \qquad (14.74)$$

Erwartungswert und Varianz der Verteilung sind:

$$E(F_n) = \frac{n_2}{n_2 - 2} \quad \text{für } n_2 \geq 3 \qquad (14.75)$$

$$Var(F_n) = \frac{2\, n_2^2\,(n_1 + n_2 - 2)}{n_1\,(n_2 - 2)^2\,(n_2 - 4)} \quad \text{für } n_2 \geq 5 \qquad (14.76)$$

14.8 Hauptsatz der Stichprobentheorie

Werden die Zufallsvariablen aus einer einfachen normalverteilten Zufallsstichprobe gezogen, so gilt der Hauptsatz der Stichprobentheorie. Sind X_i ($i = 1, \ldots, n$) normalverteilte Zufallsvariablen mit μ_X und σ_X^2. Zusätzlich wird eine Stichprobenvarianz definiert.

Definition 14.9. *Als* **Stichprobenvarianz** *ist*

$$S_X^2 = \frac{1}{n - 1} \sum_{i=1}^{n} (X_i - \bar{X})^2. \qquad (14.77)$$

definiert.

Warum S_X^2 mit $n - 1$ gemittelt wird, wird erst unter den Eigenschaften von Schätzungen erklärt (Kapitel 15.4).

Der Hauptsatz der Stichprobentheorie lautet:

1. Das Stichprobenmittel $\bar{X}$ ist normalverteilt:

$$\bar{X} \sim N\left(\mu_X, \frac{\sigma_X^2}{n}\right) \tag{14.78}$$

2. Die Statistik

$$\frac{(n-1)\,S_X^2}{\sigma_X^2} \sim \chi^2(n-1) \tag{14.79}$$

ist χ^2-verteilt mit $n - 1$ Freiheitsgraden, mit:

$$S_X^2 = \frac{1}{n-1}\sum_{i=1}^{n}(X_i - \bar{X})^2. \tag{14.80}$$

3. Das Stichprobenmittel $\bar{X}$ und die Summe der quadratischen Abweichungen vom Mittel S_X^2 sind statistisch unabhängig.

Das Ergebnis unter 1. ist bereits bekannt (siehe Seite 280). Die Aussage unter 2 resultiert aus den Aussagen unter 1 und 3, wobei für den Moment die Aussage 3 ohne weitere Erklärung hingenommen werden soll. Aus dem Varianzverschiebungssatz

$$\sum_{i=1}^{n}(X_i - a)^2 = \sum_{i=1}^{n}(X_i - \bar{X})^2 + n\,(\bar{X} - a)^2 \tag{14.81}$$

erhält man für $a = \mu_X$ und Erweiterung mit $1/\sigma_X^2$ folgende Beziehung:

$$\sum_{i=1}^{n}\left(\frac{X_i - \mu_X}{\sigma_X}\right)^2 = \sum_{i=1}^{n}\left(\frac{X_i - \bar{X}}{\sigma_X}\right)^2 + \left(\frac{\bar{X} - \mu_X}{\sigma_X/\sqrt{n}}\right)^2 \tag{14.82}$$

Der linke Teil der Gleichung ist entsprechend der Gleichung (14.55) χ^2-verteilt mit n Freiheitsgraden, da es sich um eine Summe von unabhängig quadrierten normalverteilten Zufallsvariablen handelt. Der zweite Term auf der rechten Seite der Gleichung (14.82) ist eine quadrierte standardnormalverteilte Zufallsvariable, die χ^2-verteilt mit einem Freiheitsgrad ist. Aus der Reproduktivitätseigenschaft der χ^2-Verteilung ergibt sich dann, dass der erste Term auf der rechten Seite χ^2-verteilt mit $(n - 1)$ Freiheitsgraden sein muss.

Die Aussage 3 ist für n Zufallsvariablen schwierig zu zeigen. Daher wird hier auf den Fall $n = 2$ eingegangen. Die Varianzschätzung S_X^2 ist in diesem Fall

$$S_X^2 = \frac{1}{n-1} \sum_{i=1}^{2} (X_i - \bar{X})^2$$

$$= \left(\left(X_1 - \frac{X_1 + X_2}{2} \right)^2 + \left(X_2 - \frac{X_1 + X_2}{2} \right)^2 \right) \qquad (14.83)$$

$$= \left(\left(\frac{X_1 - X_2}{2} \right)^2 + \left(\frac{X_2 - X_1}{2} \right)^2 \right)$$

$$= (X_1 - X_2)^2$$

Da $\bar{X}_2$ eine Funktion der Zufallsvariablen $X_1 + X_2$ und S_X^2 eine Funktion der Zufallsvariablen $X_1 - X_2$ ist, kann das Ergebnis aus Beispiel 11.6 (Seite 266) verwendet werden. Danach sind die Summe und die Differenz zweier Zufallsvariablen unkorreliert, wenn die Varianzen identisch sind. Dies gilt per Annahme durch die einfache Zufallsstichprobe. Im Allgemeinen kann aus der Unkorreliertheit zweier Zufallsvariablen aber nicht auf deren Unabhängigkeit geschlossen werden. Im vorliegenden Fall ist dies möglich, da die Normalverteilungsannahme getroffen wurde. Für normalverteilte Zufallsvariablen gilt, dass wenn diese unkorreliert sind, sie auch unabhängig sind. Dies zu zeigen setzt die Einführung der bivariaten Normalverteilung voraus. Aus diesen Voraussetzungen heraus gilt die Aussage unter 3. Es ist also deutlich, dass die Normalverteilungsannahme eine zentrale Rolle für den Hauptsatz der Stichprobentheorie spielt.

Ist nun die Statistik U_n in Gleichung (14.62) durch

$$U_{n-1} = \sum_{i=1}^{n} \left(\frac{X_i - \bar{X}}{\sigma_X} \right)^2$$

$$= \frac{(n-1) S_X^2}{\sigma_X^2} \sim \chi^2(n-1) \qquad (14.84)$$

gegeben und

$$Z_n = \frac{\bar{X} - \mu_X}{\sigma_X / \sqrt{n}} \qquad (14.85)$$

ist eine standardnormalverteilte Zufallsvariable so hat die t-Statistik die folgende Form

$$T_{n-1} = \frac{Z_n}{\sqrt{U_{n-1}/(n-1)}} = \frac{\bar{X} - \mu_X}{S_X / \sqrt{n}} \sim t(n-1) \qquad (14.86)$$

und ist t-verteilt mit $n-1$ Freiheitsgraden. Z_n und U_{n-1} sind stochastisch unabhängig voneinander.

Diese Statistik ist für die induktive Statistik von großer Bedeutung, da sie die Verteilung von $\bar{X}$ in kleinen Stichproben angibt (wenn der zentrale Grenzwertsatz noch nicht greift) und die Varianz σ_X^2 durch S_X^2 aus der Stichprobe geschätzt werden muss.

14.9 Stichproben aus bernoulli-, exponential- und poissonverteilten Grundgesamtheiten

Neben der Normalverteilung kann auch für andere Verteilungen eine exakte Verteilung des Stichprobenmittels angegeben werden. Im Folgenden wird für die Bernoulliverteilung, Poissonverteilung und Exponentialverteilung die Verteilung des Stichprobenmittels angegeben.

14.9.1 Stichproben aus bernoulli- und binomialverteilten Grundgesamtheiten

Die Verteilung einer Summe von bernoulliverteilten Zufallsvariablen ist binomialverteilt, sofern eine Zufallsstichprobe mit Zurücklegen vorliegt. Dies war ja gerade die Herleitung der Binomialverteilung (siehe Kapitel 13.3). Das Stichprobenmittel $\bar{X} = \hat{\theta}$ ist daher auch binomialverteilt. Ist also $X_i \sim Ber(\theta)$, so gilt:

$$\bar{X} \sim Bin(n, \theta) \tag{14.87}$$

$$E(\bar{X}) = \theta \tag{14.88}$$

$$Var(\bar{X}) = \frac{\theta(1-\theta)}{n} \tag{14.89}$$

Wird die Zufallsstichprobe ohne Zurücklegen aus einer bernoulliverteilten Grundgesamtheit gezogen, so ist das Stichprobenmittel hypergeometrisch verteilt.

Hier ist die Berechnung der Varianz des Stichprobenmittels etwas aufwendiger (siehe Kapitel 13.4, hypergeometrische Verteilung). Die einzelnen Züge sind dann voneinander abhängig; die Kovarianz ist somit nicht null. Die Varianz des Stichprobenmittels in einer Ziehung ohne Zurücklegen ist daher durch die Kovarianz $-\sigma_X^2/(N-1)$ mitbestimmt. Eine Besonderheit ist, wie bereits in Kapitel 13.4 geschrieben, dass die Kovarianz für alle aufeinander folgenden Züge i, j die gleiche ist. Daher lässt sich schreiben:

$$
\begin{aligned}
Var(\bar{X}) &= \frac{1}{n^2} \sum_{i=1}^{n} \sum_{j=1}^{n} Cov(X_i, X_j) \\
&= \frac{1}{n^2} \sum_{i=1}^{n} Var(X_i) + \frac{1}{n^2} \sum_{i=1}^{n} \sum_{i \neq j} Cov(X_i, X_j) \\
&= \frac{n\sigma_X^2}{n^2} - \frac{1}{n^2} n(n-1) \frac{\sigma_X^2}{N-1} \\
&= \frac{\sigma_X^2}{n} \left(\frac{N-n}{N-1} \right) \\
&= \frac{\theta(1-\theta)}{n} \left(\frac{N-n}{N-1} \right)
\end{aligned}
\tag{14.90}
$$

Das Stichprobenmittel aus einer Stichprobe ohne Zurücklegen ist damit hypergeometrisch verteilt mit:

$$\bar{X} \sim Hypge(n, M, N) \tag{14.91}$$

$$E(\bar{X}) = \theta \quad \text{mit } \theta = \frac{M}{N} \tag{14.92}$$

$$Var(\bar{X}) = \frac{\theta\,(1-\theta)}{n}\,\frac{N-n}{N-1} \tag{14.93}$$

Die **Endlichkeitskorrektur** $(N-n)/(N-1)$ ist für große Grundgesamtheiten N und relativ kleine Stichproben n ($n/N < 0.1$) sehr klein, so dass dann man näherungsweise die Binomialverteilung für das Stichprobenmittel unterstellen kann.

Aufgrund der Reproduktivitätseigenschaft der Binomialverteilung ist auch die Summe von binomialverteilten Zufallsvariablen wieder binomialverteilt. Sei $X_i \sim Bin(m, \theta)$, dann gilt für das Stichprobenmittel:

$$\bar{X} \sim Bin(m\,n, \theta) \tag{14.94}$$
$$E(\bar{X}) = m\,\theta \tag{14.95}$$
$$Var(\bar{X}) = \frac{m\,\theta\,(1-\theta)}{n} \tag{14.96}$$

Da die hypergeometrische Verteilung keine Reproduktivitätseigenschaft besitzt, ist eine exakte Verteilung des Stichprobenmittels nicht anzugeben.

14.9.2 Stichproben aus poissonverteilten Grundgesamtheiten

Ist die Grundgesamtheit poissonverteilt, so gilt aufgrund der Reproduktivitätseigenschaft der Poissonverteilung, dass das Stichprobenmittel wieder poissonverteilt ist. Sei $X_i \sim Poi(\lambda_i)$, dann gilt für das Stichprobenmittel:

$$\bar{X} \sim Poi(\bar{\lambda}) \tag{14.97}$$
$$E(\bar{X}) = \bar{\lambda} \tag{14.98}$$
$$Var(\bar{X}) = \frac{\bar{\lambda}}{n} \tag{14.99}$$

14.9.3 Stichproben aus exponentialverteilten Grundgesamtheiten

Liegt eine Stichprobe aus einer exponentialverteilten Grundgesamtheit vor, so ist die Summe der Zufallsvariablen gammaverteilt (vgl. [12, Seite 240ff], [83, Seite 193, 237]).

Definition 14.10. *Eine Zufallsvariable X heißt* **gammaverteilt** *mit den Parametern α und ν, wenn sie folgende Dichtefunktion besitzt:*

$$f_X(x) = \frac{\nu^\alpha\,x^{\alpha-1}}{\Gamma(\alpha)}\,e^{-\nu\,x} \quad x \geq 0,\ \alpha,\ \nu > 0 \tag{14.100}$$

Man schreibt auch: $X \sim Ga(\alpha, \nu)$

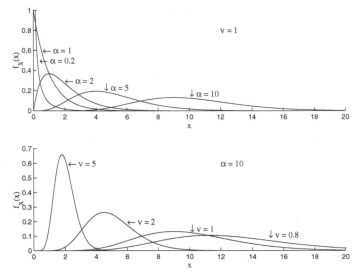

Abb. 14.9. Dichtefunktion der Gammaverteilung

ν ist die mittlere Intensitätsrate, die mit dem Poissonprozess eingeführt wurde. Dieser Parameter skaliert die Gammaverteilung ohne ihre Form zu verändern (siehe untere Grafik in Abbildung 14.9). Werden die Grafen reskaliert so ergibt stets der gleiche Verlauf der Wahrscheinlichkeitsfunktion. Je niedriger die Intensitätsrate wird, desto flacher gestreckter ist die Verteilung. Der Parameter α beeinflusst die Form der Verteilung (siehe obere Grafik Abbildung 14.9). Mit $\alpha = 1$ ergibt sich die Exponentialverteilung.

Erwartungswert und Varianz der Gammaverteilung sind:

$$E(X) = \frac{\alpha}{\nu} \qquad (14.101)$$

$$Var(X) = \frac{\alpha}{\nu^2} \qquad (14.102)$$

Die Gammaverteilung besitzt die **Reproduktivitätseigenschaft**. Dies bedeutet, dass die Summe von gammaverteilten Zufallsvariablen wieder gammaverteilt ist. Es gilt:

$$X_i \sim Ga(\alpha_i, \nu) \qquad (14.103)$$

$$\sum_{i=1}^{n} X_i \sim Ga\left(\sum_{i=1}^{n} \alpha_i, \nu\right) \qquad (14.104)$$

Wird nun diese Reproduktivitätseigenschaft auf das Stichprobenmittel angewendet, für deren Zufallsvariablen $X_i \sim Exp(\nu) = Ga(1, \nu)$ gilt, so ist das Stichprobenmittel gammaverteilt.

$$\bar{X} = Ga(n, \nu) \tag{14.105}$$

$$E(\bar{X}) = \frac{1}{n} \tag{14.106}$$

$$Var(\bar{X}) = \frac{1}{n\,\nu^2} \tag{14.107}$$

Eine gammaverteilte Zufallsvariable misst, da sie aus der Summe von n exponentialverteilten Zufallsvariablen entsteht, also die Wartezeit x bis zum n-ten Ereignis in einem Poissonprozess.

Natürlich ist dann auch das Stichprobenmittel aus gammaverteilten Grundgesamtheiten aufgrund der Reproduktivitätseigenschaft der Gammaverteilung wieder gammaverteilt. Ist $X_i \sim Ga(\alpha_i, \nu)$, so gilt:

$$\bar{X} \sim Ga(\bar{\alpha}, \nu) \tag{14.108}$$

$$E(\bar{X}) = \frac{\bar{\alpha}}{\nu} \tag{14.109}$$

$$Var(\bar{X}) = \frac{\bar{\alpha}}{n\,\nu^2} \tag{14.110}$$

14.10 Übungen

Übung 14.1. Bestimmen Sie zur $\chi^2(n)$-verteilten Zufallsvariablen U_n die Zahlen u_1 und u_2 so, dass

$$P(u_1 \leq U_n \leq u_2) = 0.8 \tag{14.111}$$

gilt für $n = 25$.

Übung 14.2. Bestimmen Sie den Punkt $-t$ so, dass für eine $t(24)$-verteilte Zufallsvariable T_{24} gilt:

$$P(-t \leq T_{24} \leq 0) = 0.49 \tag{14.112}$$

Übung 14.3. X_i und Y_j seien unabhängig standardnormalverteilte Zufallsvariablen. Geben Sie das 0.90 und das 0.1 Quantil der Verteilung von

$$V = \frac{5 \sum\limits_{i=1}^{4} X_i^2}{4 \sum\limits_{j=1}^{5} Y_j^2} \tag{14.113}$$

an.

15

Parameterschätzung

Inhaltsverzeichnis

15.1 Einführung

Das Ziel in der Ziehung von Stichproben, die ein möglichst genaues Abbild der Grundgesamtheit wiedergeben sollen, besteht darin, Informationen über das Verhalten eines Merkmals in der Grundgesamtheit zu gewinnen. Man ist nicht eigentlich daran interessiert zu erfahren, wie sich das Merkmal in der Stichprobe verhält (anders als in der deskriptiven Statistik), sondern nutzt diese Information, um daraus auf das Verhalten in der Grundgesamtheit zu schließen. Um diesen Schluss ziehen zu können, benötigt man ein Modell, das die Verteilung des Merkmals in der Grundgesamtheit beschreibt. Damit können Ergebnisse, die man für eine Zufallsstichprobe ermittelt hat, auf die entsprechende Grundgesamtheit übertragen werden. Diese Verallgemeinerung ist natürlich mit einer gewissen Unsicherheit verbunden: zum einen arbeitet man mit einem Modell, zum anderen kann die Stichprobe zufallsbedingt Ergebnisse anzeigen, die nicht der Grundgesamtheit entsprechen, wenngleich dies nicht der Regelfall ist.

Beispiel 15.1. Interessiert man sich für den Anteil von Frauen unter den deutschen Studenten, so kann man eine Stichprobe aus allen deutschen Studenten ziehen. In dieser Stichprobe zählt man, wie viele Studenten weiblich sind. Der Anteil in der Stichprobe könnte z. B. 0.49 sein. Dieser Wert gibt im Allgemeinen nicht den Anteil der weiblichen Studenten in der Grundgesamtheit an. Zieht man eine zweite Stichprobe, so könnte sich jetzt ein Anteilswert von 0.41 ergeben. Der beobachtete Wert hängt also von der gezogenen Stichprobe ab, die wiederum eine zufällige Auswahl ist. Damit ist auch der berechnete Anteilswert die Ausprägung einer Zufallsvariablen, die den Anteil der weiblichen Studenten unter den Deutschen beschreibt. Der in der Stichprobe beobachtete Anteilswert liefert einen Schätzer für den wahren Anteil in der Grundgesamtheit. Wie gut er an den wahren Wert heranreicht und wie stark er von Stichprobe zu Stichprobe variiert, wird unter anderem vom Stichprobenumfang, der Qualität des Schätzverfahrens und der Qualität der Stichprobe beeinflusst.

Das Grundproblem der induktiven Statistik besteht also darin, aus einer Stichprobe auf die „wahre" Verteilung der Grundgesamtheit zu schließen. Dieses Problem ist aber i. d. R. nicht ohne eine Verteilungsannahme wie z. B. der Normalverteilungsannahme zu lösen. Das Problem reduziert sich dann auf die Ermittlung, Schätzung, der unbekannten Parameter dieser Verteilung.

Nun weicht jede Schätzung von dem tatsächlichen Wert mehr oder weniger ab. Diese Abweichungen müssen zum einen formal erfasst werden und zum anderen sollte man natürlich nach Schätzern suchen, die die unbekannten Parameter möglichst genau ermitteln. In den folgenden Abschnitten werden Schätzmethoden und die Eigenschaften der Schätzer recht knapp erläutert, weil eine ausführlichere Behandlung dieser Themen weit in das Gebiet der höheren Mathematik führt. Weiterführende Literatur zu diesen Themen sind u. a. [12], [77], [96].

15.2 Punktschätzung

Bei der Punktschätzung wird ein bestimmter Wert $\hat{\theta}$ für den unbekannten Parameter θ ermittelt. Im Gegensatz dazu wird bei der Intervallschätzung ein Intervall angegeben in dem der unbekannte wahre Parameter θ mit einer vorgegebenen Wahrscheinlichkeit von $1 - \alpha$ liegt. Auch bei der Punktschätzung unterliegt der geschätzte Parameter dieser Ungewissheit. Die Wahrscheinlichkeit mit der der Punktschätzer den wahren Parameter ermittelt hat wird durch die Varianz des Schätzers bestimmt, die in Kapitel 15.4 behandelt wird. Im Folgenden werden die Methode der Momente, die Maximum-Likelihood Schätzung und die Methode der Kleinsten Quadrate erläutert.

15.2.1 Methode der Momente

Bei der Methode der Momente werden die Stichprobenmomente zur Schätzung der wahren Momente verwendet. Also wie bereits geschehen, wird das Stichprobenmittel $\bar{X}$ zur Schätzung des Erwartungswertes μ_X (erstes Moment um Null) verwendet. Allgemeiner formuliert, es werden die Stichprobenmomente

$$\hat{\mu}_k = \frac{1}{n} \sum_{i=1}^{n} X_i^k \tag{15.1}$$

mit den gesuchten Momenten μ_k der vorgegebenen Verteilung $F_X(x)$ gleichgesetzt. Für $k = 1$ gilt $\mu_1 = \mu_X$.

Beispiel 15.2. Bei der Poissonverteilung ist der Erwartungswert $E(X) = \lambda$, so dass

$$\hat{\mu}_1 = \bar{X} = \hat{\lambda} \tag{15.2}$$

der Schätzer für den Erwartungswert ist.

Beispiel 15.3. Bei der Normalverteilung ist das erste Moment um Null

$$\mu_1 = E(X) = \mu_X, \tag{15.3}$$

und das zweite Moment

$$\mu_2 = E(X^2) = \mu_X^2 + \sigma_X^2 \quad \rightarrow \quad \sigma_X^2 = \mu_2 - \mu_1^2. \tag{15.4}$$

Daraus resultiert die Schätzung

$$\hat{\mu}_1 = \bar{X} = \hat{\mu}_X \tag{15.5}$$

für den Erwartungswert und für die Varianz die Schätzung

$$\hat{\sigma}_X^2 = \hat{\mu}_2 - \hat{\mu}_1^2 = \frac{1}{n} \sum_{i=1}^{n} X_i^2 - \bar{X}^2. \tag{15.6}$$

Es ist nun nicht immer so, dass die Schätzer, die nach den verschiedenen Methoden abgeleitet werden, zu den gleichen Schätzern führen. Die Eigenschaften von Schätzern werden in Kapitel 15.4 besprochen. Es wird dort gezeigt, dass der hier gefundene Schätzer für die Varianz nicht erwartungstreu ist, im Mittel also nicht den wahren Wert liefert.

15.2.2 Maximum-Likelihood Schätzung

Sie ist eine sehr generelle Methode, die sich relativ leicht anwenden lässt und auch recht gute Eigenschaften aufweist (siehe Kapitel 15.4). Viele Schätzprobleme lassen sich mittels des sehr generellen Maximum-Likelihood Prinzips lösen. Aus Gründen der Einfachheit seien die Zufallsvariablen $X_1, \dots, X_n$ unabhängige und identische Wiederholungen eines Zufallsexperiments.

Bisher wurde oft der Fall betrachtet, mit welcher Wahrscheinlichkeit bestimmte Werte einer Zufallsvariablen eintreten, wenn eine feste Parameterkonstellation vorliegt.

Beispiel 15.4. Für die geometrische Verteilung mit dem Parameter θ wurde abgeleitet, dass

$$f_X(x \mid \theta) = P(X = x \mid \theta) = \theta^x (1 - \theta)^{(1-x)} \tag{15.7}$$

gilt.

Beispiel 15.5. Die Normalverteilung wird von den beiden Parametern μ_X und σ_X^2 bestimmt.

$$f_X(x \mid \mu_X; \sigma_X^2) = \frac{1}{\sqrt{2\pi}\,\sigma_X}\, e^{-(x-\mu_X)^2/(2\,\sigma_X^2)} \tag{15.8}$$

Geht man allgemeiner von einem Parametervektor $\boldsymbol{\Theta}$ aus und betrachtet eine einfache Zufallsstichprobe vom Umfang n, so gilt für deren Dichtefunktion:

$$
\begin{aligned}
f_{X_1,\dots,X_n}(x_1,\dots,x_n \mid \boldsymbol{\Theta}) &= f_{X_1}(x_1 \mid \boldsymbol{\Theta}) \times \cdots \times f_{X_n}(x_n \mid \boldsymbol{\Theta}) \\
&= \prod_{i=1}^{n} f_{X_i}(x_i \mid \boldsymbol{\Theta})
\end{aligned}
\tag{15.9}
$$

Nun wird der Fall umgekehrt: Anstatt für feste Parameter $\boldsymbol{\Theta}$ die Dichte für die variablen Realisationen $x_1, \dots, x_n$ zu betrachten, wird nun für feste Realisationen $x_1, \dots, x_n$ – da sie durch die Stichprobe gegeben sind – die Dichte als Funktion der Parameter $\boldsymbol{\Theta}$ aufgefasst. Dies ist die Situation nach Durchführung der Stichprobe. Man ist in Besitz der Beobachtungen und unterstellt eine bestimmte Verteilung, kennt aber die zugehörigen Parameter der Verteilung nicht.

Definition 15.1. *Die Funktion*

$$L(\boldsymbol{\Theta}) = f_{X_1,\dots,X_n}(x_1,\dots,x_n \mid \boldsymbol{\Theta}) = \prod_{i=1}^{n} f_{X_i}(x_i \mid \boldsymbol{\Theta}) \tag{15.10}$$

wird als **Likelihood Funktion** *definiert. Sie besitzt als Argument den Parametervektor $\boldsymbol{\Theta}$ bei festen Realisationen $x_1, \dots, x_n$.*

Die Likelihood Funktion liefert die Wahrscheinlichkeit für das Eintreten des Parametervektors Θ bei der gegebenen Stichprobe. Aufgrund der angenommenen Unabhängigkeit der Zufallsvariablen gibt das Produkt der Dichtefunktionen die Wahrscheinlichkeit an, dass die Realisationen $x_1, \ldots, x_n$ der gegebenen Stichprobe alle gleichzeitig unter dem Parametervektor Θ eintreten. Wird nun diese Wahrscheinlichkeit maximiert, so kann man für die gegebene Stichprobe den wahrscheinlichsten Parametervektor bestimmen. Der sich ergebende Parametervektor wird als Schätzung für die unbekannten Werte genommen. Dies ist das Maximum-Likelihood Prinzip zur Konstruktion einer Schätzfunktion für Θ.

Definition 15.2. *Der Schätzer $\hat{\Theta}$ für Θ heißt* **Maximum-Likelihood Schätzer**.

$$L(\hat{\Theta}) = \max_{\Theta} L(\Theta) \tag{15.11}$$

Man wählt also den Parametervektor aus, der die wahrscheinlichste Erklärung für die Realisationen $x_1, \ldots, x_n$ liefert.

Üblicherweise bestimmt man das Maximum einer Funktion durch Ableiten und Nullsetzen der Ableitung. Für die Likelihood Funktion führt das wegen der Produkte in $L(\hat{\Theta})$ meist zu unerfreulichen Termen. Es empfiehlt sich daher, statt der Likelihood Funktion selbst, die logarithmierte Likelihood Funktion, zu maximieren. Da der Logarithmus eine streng monoton wachsende Transformation ist, liefert das Maximieren von $L(\hat{\Theta})$ und $\ln L(\hat{\Theta})$ denselben Wert für $\hat{\Theta}$. Für den bisher betrachteten Fall unabhängiger und identisch verteilter Zufallsvariablen ergibt sich die Log-Likelihood Funktion als Summe der logarithmierten Dichtefunktionen. Die Maximierung einer logarithmierten Likelihood Funktion wurde bereits bei der Herleitung der Normalverteilung angewendet (siehe Kapitel 12).

$$\ln L(\hat{\Theta}) = \sum_{i=1}^{n} \ln f_{X_i}(x_i \mid \hat{\Theta}) \to \max \tag{15.12}$$

Beispiel 15.6. Seien $X_1, \ldots, X_n$ *iid* Zufallsvariablen einer Normalverteilung $N(\mu_x, \sigma_x^2)$. μ_X und σ_X^2 sind zu schätzen: $\Theta = \{\mu_X, \sigma_X^2\}$. Die Likelihood Funktion besitzt für die Realisationen $x_1, \ldots, x_n$ die Form:

$$L(\hat{\mu}_X, \hat{\sigma}_X^2) = \prod_{i=1}^{n} \frac{1}{\sqrt{2\pi\hat{\sigma}_X^2}} \, e^{-(x_i - \hat{\mu}_X)^2/(2\hat{\sigma}_X^2)} \to \max \tag{15.13}$$

Die logarithmierte Likelihood Funktion hat damit die folgende Form:

$$\ln L(\hat{\mu}_X, \hat{\sigma}_X^2) = \sum_{i=1}^{n} \left(-\ln\sqrt{2\pi\sigma_X^2} - \frac{(x_i - \mu_X)^2}{2\sigma_X^2} \right) \tag{15.14}$$

Mittels partiellem Differenzieren und Nullsetzung der Ableitung erhält man folgendes Gleichungssystem:

$$\frac{\partial \ln L(\hat{\mu}_X, \hat{\sigma}_X^2)}{\partial \hat{\mu}_X} = \sum_{i=1}^{n} \frac{x_i - \hat{\mu}_X}{\hat{\sigma}_X^2} \overset{!}{=} 0 \qquad (15.15)$$

$$\frac{\partial \ln L(\hat{\mu}_X, \hat{\sigma}_X^2)}{\partial \hat{\sigma}_X^2} = \sum_{i=1}^{n} \left(-\frac{1}{\hat{\sigma}_X} + \frac{(x_i - \hat{\mu}_X)^2}{\hat{\sigma}_X^3} \right) \overset{!}{=} 0 \qquad (15.16)$$

Aus der ersten Gleichung ergibt sich

$$\sum_{i=1}^{n} x_i - n\,\hat{\mu}_X \overset{!}{=} 0 \qquad (15.17)$$

und damit als Schätzer für μ_X:

$$\hat{\mu}_X = \bar{X} \qquad (15.18)$$

Aus der zweiten Gleichung erhält man

$$-\frac{n}{\hat{\sigma}_X} + \sum_{i=1}^{n} \frac{(x_i - \hat{\mu}_X)^2}{\hat{\sigma}_X^3} \overset{!}{=} 0 \qquad (15.19)$$

und daraus

$$\hat{\sigma}_X^2 = \frac{1}{n} \sum_{i=1}^{n} (x_i - \hat{\mu}_X)^2 = \frac{1}{n} \sum_{i=1}^{n} (x_i - \bar{X})^2. \qquad (15.20)$$

Als **Maximum-Likelihood Schätzer** für μ_x und σ_X^2 für *iid* normalverteilte Zufallsvariablen erhält man die bereits bekannten Statistiken für Mittelwert und Varianz.

Die Maximum-Likelihood Schätzung ist ein sehr gebräuchliches Schätzverfahren und sehr flexibel einsetzbar. Man verwendet sie daher auch zur Schätzung der Koeffizienten im linearen Regressionsmodell aus Kapitel 6, wie im folgenden Beispiel gezeigt.

Beispiel 15.7. Für die lineare Regressionsfunktion

$$\mathbf{y} = \mathbf{Xb} + \mathbf{u} \qquad (15.21)$$

wird hier zusätzlich zu den Annahmen $E(\mathbf{u}) = 0$, $E(\mathbf{uu'}) = \sigma_u^2 \mathbf{I}$ die Annahme der Normalverteilung für die Residuen getroffen, die zur Ableitung der Schätzer für die Koeffizienten nach der Methode der Kleinsten Quadrate nicht nötig war.

$$\mathbf{u} \sim N(0, \sigma_u^2 \mathbf{I}) \qquad (15.22)$$

Die Likelihoodfunktion, die das Produkt der Dichtefunktionen der Residuen ist, besitzt dann folgende Form:

$$L(\hat{\mathbf{b}}, \hat{\sigma}_u^2) = \left(\frac{1}{\sqrt{2\pi\hat{\sigma}_u^2}}\right)^n e^{-(\mathbf{y}-\mathbf{X}\hat{\mathbf{b}})'(\mathbf{y}-\mathbf{X}\hat{\mathbf{b}})/(2\hat{\sigma}_u^2)} \tag{15.23}$$

Die Likelihoodfunktion ist nun wieder maximieren. Dies wird wieder an der logarithmierten Likelihoodfunktion vorgenommen.

$$\ln L(\hat{\mathbf{b}}, \hat{\sigma}_u^2) = -n \ln \sqrt{2\pi\hat{\sigma}_u^2} - \frac{1}{2\hat{\sigma}_u^2}(\mathbf{y}-\mathbf{X}\hat{\mathbf{b}})'(\mathbf{y}-\mathbf{X}\hat{\mathbf{b}}) \tag{15.24}$$

Die nullgesetzten ersten partiellen Ableitungen der logarithmierten Likelihoodfunktion ergeben die notwendigen Bedingungen für ein Maximum.

$$\frac{\partial \ln L(\hat{\mathbf{b}}, \hat{\sigma}_u^2)}{\partial \hat{\mathbf{b}}} = -\frac{1}{2\hat{\sigma}_u^2}(-2\mathbf{X}'\mathbf{y} + 2\mathbf{X}'\mathbf{X}\hat{\mathbf{b}}) \stackrel{!}{=} 0 \tag{15.25}$$

$$= \mathbf{X}'\mathbf{y} - \mathbf{X}'\mathbf{X}\hat{\mathbf{b}} \stackrel{!}{=} 0$$

$$\hat{\mathbf{b}} = (\mathbf{X}'\mathbf{X})^{-1}\mathbf{X}'\mathbf{y} \tag{15.26}$$

$$\frac{\partial \ln L(\hat{\mathbf{b}}, \hat{\sigma}_u^2)}{\partial \hat{\sigma}_u^2} = -\frac{n}{\hat{\sigma}_u} + \frac{(\mathbf{y}-\mathbf{X}\hat{\mathbf{b}})'(\mathbf{y}-\mathbf{X}\hat{\mathbf{b}})}{\hat{\sigma}_u^3} \stackrel{!}{=} 0 \tag{15.27}$$

$$\hat{\sigma}_u^2 = \frac{(\mathbf{y}-\mathbf{X}\hat{\mathbf{b}})'(\mathbf{y}-\mathbf{X}\hat{\mathbf{b}})}{n} = \frac{\hat{\mathbf{u}}'\hat{\mathbf{u}}}{n} \tag{15.28}$$

Die partielle Ableitung der Likelihoodfunktion nach dem Vektor b ergibt das gleiche Ergebnis wie die Ableitung der Schätzer nach der Methode der Kleinsten Quadrate (siehe Gleichung 6.11, Seite 142). Dies unterstreicht nochmals den engen Zusammenhang zwischen Normalverteilungsannahme der Residuen und der Methode der Kleinsten Quadrate. Der Maximum-Likelihood Schätzer für die Residuenvarianz besitzt die bekannte Form der Varianzgleichung. Auf die Überprüfung der hinreichenden Bedingungen für ein Maximum wird verzichtet.

15.2.3 Methode der Kleinsten Quadrate

Die Methode der Kleinsten Quadrate ist bereits bei der linearen Regression in Kapitel 6.3 vorgestellt worden. Hier wird sie auch hauptsächlich eingesetzt. Der Parametervektor Θ der p Parameter enthält, wird aus den n Beobachtungen x_i ($n > p$) geschätzt. Die Zufallsvariable X_i wird durch eine Funktion $g_i(\Theta)$ und einen Fehler (Residue) bestimmt.

$$X_i = g_i(\Theta) + u_i \quad \text{für } i = 1, \ldots, n \tag{15.29}$$

$g_i(\Theta)$ ist eine Funktion der Parameter Θ und u_i ist eine Fehlergröße für die gilt: $E(u_i) = 0$. Die Methode der Kleinsten Quadrate besagt, dass $\hat{\Theta}$ so zu wählen ist, dass

$$\sum_{i=1}^{n} \left(X_i - g_i(\hat{\Theta})\right)^2 = \min \tag{15.30}$$

wird. Die Bestimmungsgleichungen, die auch als Normalgleichungen bezeichnet werden, für den Kleinst-Quadrate Schätzer ergeben sich aus den nullgesetzten ersten Ableitungen der Gleichung (15.30) (notwendige Bedingung für ein Extremum):

$$\sum_{i=1}^{n} \left(x_i - g_i(\hat{\boldsymbol{\Theta}})\right) \frac{\partial g_i(\hat{\boldsymbol{\Theta}})}{\partial \theta_j} \overset{!}{=} 0 \quad \text{für } j = 0, \dots, p \tag{15.31}$$

Sind die Funktionen g_i linear in den θ_j, d. h.

$$g_i(\boldsymbol{\Theta}) = \sum_{j=0}^{p} x_{ij}\, \theta_j \quad \text{mit } x_{i0} = 1, \tag{15.32}$$

so erhält man gerade das lineare Regressionsmodell wie in Kapitel 6.

Beispiel 15.8. Die Zufallsvariable X_i sei durch die lineare Funktion

$$X_i = \theta + u_i \tag{15.33}$$

bestimmt. Dann ist der Kleinst-Quadrate Schätzer für θ gleich:

$$\sum_{i=1}^{n} \left(X_i - \hat{\theta}\right)^2 = \min \tag{15.34}$$

Die erste Ableitung der obigen Funktion ergibt

$$-2 \sum_{i=1}^{n} \left(X_i - \hat{\theta}\right) \overset{!}{=} 0 \tag{15.35}$$

und daraus

$$\theta = \bar{X}. \tag{15.36}$$

Der Schätzer für θ ist das Stichprobenmittel. Dies ist das bekannte Ergebnis, dass der Mittelwert die Summe der quadratischen Abweichungen minimiert.

Beispiel 15.9. Für die Zufallsvariable Y_i wird angenommen, dass sie durch die Beobachtungen der Stichproben in folgender linearer Form bestimmt sei:

$$\begin{aligned} Y_i &= g_i(\boldsymbol{\Theta}) + u_i \\ &= \sum_{j=0}^{p} x_{ij}\, \theta_j + u_i \quad \text{mit } x_{i0} = 1 \end{aligned} \tag{15.37}$$

Dies ist gerade das lineare Regressionsmodell. Der Kleinst-Quadrate Schätzer für θ_j ist dann durch folgenden Ansatz bestimmt.

$$S(\theta) = \sum_{i=1}^{n} u_i^2 = \sum_{i=1}^{n} \left(y_i - \sum_{j=0}^{p} x_{ij}\, \theta_j\right)^2 = \min \tag{15.38}$$

y_i sind die Realisationen der Zufallsvariablen Y_i. Die Werte für x_{ij} sind annahmegemäß bekannt. Die $p+1$ Normalgleichungen ergeben sich aus den nullgesetzten ersten Ableitungen. Die k-te Ableitung für die k-te Normalgleichung ist:

$$\frac{\partial S}{\partial \theta_k} = -2 \sum_{i=1}^{n} \left(y_i - \sum_{j=0}^{p} x_{ij}\, \hat{\theta}_j \right) x_{ik} \overset{!}{=} 0 \quad \text{für } k = 0,\ldots,p \tag{15.39}$$

Es folgt unmittelbar, dass die Bedingung nur erfüllt ist, wenn

$$\sum_{i=1}^{n} \left(y_i\, x_{ik} - \sum_{j=0}^{p} x_{ij}\, x_{ik}\, \hat{\theta}_j \right) \overset{!}{=} 0 \quad \text{für } k = 0,\ldots,p \tag{15.40}$$

gilt. Der Kleinst-Quadrate Schätzer für den k-ten Parameter ergibt sich aus der simultanen Auflösung der $p+1$ Normalgleichungen (siehe Kapitel 6.3).

Die Methode der Kleinsten Quadrate besitzt im linearen Modell optimale Schätzeigenschaften (siehe Kapitel 15.4).

15.3 Intervallschätzung

Die Punktschätzung liefert einen Parameterwert, der im Regelfall nicht mit dem wahren Wert identisch ist. In jeder sinnvollen Anwendung ist es daher notwendig, neben dem Schätzwert selbst, die Präzision des Schätzverfahrens mitanzugeben. Für erwartungstreue Schätzer ist der Standardfehler ein sinnvolles Maß für die Präzision. Ein anderer Weg, die Genauigkeit des Schätzverfahrens direkt einzubeziehen, ist die Intervallschätzung. Als Ergebnis des Schätzverfahrens ergibt sich hier ein Intervall, das den wahren Wert mit einer vorgegebenen Wahrscheinlichkeit von $1 - \alpha$ enthält. Mit α wird die Wahrscheinlichkeit bezeichnet, dass das Intervall den wahren Wert nicht enthält (siehe Kapitel 16.2). Die Wahrscheinlichkeit α wird als **Fehlerwahrscheinlichkeit** bezeichnet. Übliche Werte für die Fehlerwahrscheinlichkeit sind: $\alpha = \{0.01, 0.05, 0.1\}$.

Man benötigt zur Intervallschätzung zwei Stichprobenfunktionen:

$$G_u = f_u(X_1, \ldots, X_n) \tag{15.41}$$
$$G_o = f_o(X_1, \ldots, X_n) \tag{15.42}$$

Definition 15.3. *Seien G_u und G_o zwei Statistiken, die zu einer vorgegebenen Fehlerwahrscheinlichkeit α aus den Zufallsvariablen $X_1, \ldots, X_n$ gebildet werden, dann heißt*

$$P(G_u < \theta < G_o) \geq 1 - \alpha \tag{15.43}$$

eine **Intervallschätzung** *oder* **Konfidenzintervall** *für θ, wenn gilt*

$$P(G_u < G_o) = 1. \tag{15.44}$$

$[G_u, G_o]$ *heißt Umfang des Konfidenzintervalls.*

Zu einem vorgegebenen Niveau bzw. einer vorgegebenen Konfidenzwahrscheinlichkeit $1 - \alpha$ sollte ein guter Konfidenzbereich möglichst klein sein. Wenn X stetig
verteilt ist, lässt sich in der Regel ein Umfang von $1 - \alpha$ erreichen, wenn X diskret
verteilt ist, dagegen nicht.

Sind sowohl G_u als auch G_o Statistiken, spricht man von einem zweiseitigen
Konfidenzintervall. Ist dabei die Wahrscheinlichkeit, dass der Parameter θ oberhalb
der oberen Schranke liegt, dieselbe, wie die, dass der Parameter unterhalb der unteren
liegt, so spricht man von einem symmetrischen Konfidenzintervall. Will man die
Abweichung vom wahren Parameter nur in eine Richtung kontrollieren, gibt es die
Möglichkeit eine Grenze festzusetzen. In diesem Fall spricht man von einseitigen
Konfidenzintervallen.

Die Intervallgrenzen im Konfidenzintervall sind Zufallsvariablen. Die Schätzung
ist so konstruiert, dass der wahre Parameter θ mit einer Wahrscheinlichkeit von $1 - \alpha$
in den Grenzen von $[G_u, G_o]$ liegt. Dies wird durch die Eigenschaft des Schätzverfahrens sichergestellt. Für jede konkrete Realisation der Stichprobe erhält man ein
konkretes Konfidenzintervall $[g_u, g_o]$. Für das konkrete Konfidenzintervall gilt aber
nicht, dass θ mit der Wahrscheinlichkeit $1 - \alpha$ enthalten ist. Die Konfidenzwahrscheinlichkeit ist mit dem Schätzverfahren und nicht mit der konkreten Schätzung
verbunden. Es lässt sich daher nur sicherstellen, dass bei vielen Wiederholungen die
Konfidenzintervalle, die jeweils den Umfang $1 - \alpha$ besitzen, der Anteil der Konfidenzintervalle, die den wahren Parameter θ enthalten, $1 - \alpha$ entspricht.

15.3.1 Konfidenzintervall für μ_X einer Normalverteilung bei bekanntem σ_X^2

Ausgangspunkt bei der Bestimmung des Konfidenzintervalls ist ein Punktschätzer
für den unbekannten Erwartungswert μ_X. Ein Schätzer, der sich anbietet, ist das
Stichprobenmittel, dessen Verteilung mit

$$\bar{X} \sim N\left(\mu_X, \frac{\sigma_X^2}{n}\right) \tag{15.45}$$

bekannt ist. Durch die Standardisierung erreicht man:

$$Z_n = \frac{\bar{X} - \mu_X}{\sigma_X/\sqrt{n}} \sim N(0,1) \tag{15.46}$$

Man hat damit eine Statistik, die den unbekannten Parameter μ_X enthält (σ_X^2
wird hier als bekannt angenommen) und deren Verteilung man kennt. Darüber hinaus
ist die Verteilung nicht von μ_X abhängig. Für diese Statistik lässt sich unmittelbar
ein zweiseitig beschränkter Bereich angeben, in dem Z_n mit der Wahrscheinlichkeit
$1 - \alpha$ liegt.

$$P\left(-z_{1-\alpha/2} < \frac{\bar{X} - \mu_X}{\sigma_X/\sqrt{n}} < z_{1-\alpha/2}\right) = 1 - \alpha \tag{15.47}$$

Mit $z_{1-\alpha/2}$ wird das $1 - \alpha/2$-Quantil der Standardnormalverteilung bezeichnet.
Es wird von dem $1 - \alpha/2$-Quantil ausgegangen, da die Fehlerwahrscheinlichkeit

α bei einem zweiseitigen Konfidenzintervall ja auf beide Seiten gleich aufgeteilt werden muss, damit die Konfidenzwahrscheinlichkeit $1 - \alpha$ gilt. Durch Umformung der Gleichung (15.47) erhält man dann das gewünschte Konfidenzintervall.

$$P \left(\bar{X} - z_{1-\alpha/2} \, \frac{\sigma_x}{\sqrt{n}} < \mu_X < \bar{X} + z_{1-\alpha/2} \, \frac{\sigma_X}{\sqrt{n}} \right) = 1 - \alpha \qquad (15.48)$$

Beispiel 15.10. Eine einfache Zufallsstichprobe aus einer normalverteilten Grundgesamtheit vom Umfang $n = 17$ hat ein Stichprobenmittel von $\bar{X} = 5$ ergeben. Die Varianz sei mit $\sigma_X^2 = 25$ als bekannt vorausgesetzt. Es soll ein Konfidenzintervall zum Niveau $(1 - \alpha) = 0.99$ bestimmt werden. Aus der Tabelle der Normalverteilung erhält man einen Wert von $z_{1-\alpha/2} = 2.576$.

$$P \left(5 - 2.576 \, \frac{5}{\sqrt{17}} < \mu_X < 5 + 2.576 \, \frac{5}{\sqrt{17}} \right) = 0.99$$
$$P(1.876 \leq \mu_X \leq 8.124) = 0.99 \qquad (15.49)$$

Es ist also nicht so, dass mit 99% Wahrscheinlichkeit der Wert von μ_X in dem Intervall liegt, sondern nur, dass bei vielen Wiederholungen der Wert von μ_X mit 99% Wahrscheinlichkeit in dem Intervall liegt. Mit anderen Worten: Der erwartete Wert von μ_X liegt in den Intervallgrenzen. Es ist wie mit dem Würfel: Die Wahrscheinlichkeit, dass eine Sechs eintritt beträgt $1/6$. Dies bedeutet aber nicht, dass bei jedem sechsten Wurf eine Sechs auftritt, sondern dass bei vielen Wiederholungen die Wahrscheinlichkeit eine Sechs zu würfeln, $1/6$ beträgt.

Die Breite des Konfidenzintervalls wird durch die Differenz von Ober- und Untergrenze bestimmt.

$$\Delta_{Ki} = 2 \, z_{1-\alpha/2} \, \frac{\sigma_X}{\sqrt{n}} \qquad (15.50)$$

Das heißt, neben der Streuung σ_X hängt die Breite vom Stichprobenumfang n und der Fehlerwahrscheinlichkeit α ab. Mit zunehmendem Stichprobenumfang nimmt die Breite des Konfidenzintervalls ab; mit zunehmender Streuung der Zufallsvariablen X und mit höherer Wahrscheinlichkeit $1 - \alpha$ nimmt die Breite des Konfidenzintervalls zu. Die Abhängigkeit der Konfidenzintervallgrenzen von α und n bietet u. a. die Möglichkeit, zu einer festen Fehlerwahrscheinlichkeit α und einer vorgegebenen Breite, den Stichprobenumfang zubestimmen.

$$n > \left(\frac{2 \, z_{1-\alpha/2} \, \sigma_X}{\Delta_{Ki}} \right)^2 \qquad (15.51)$$

15.3.2 Konfidenzintervall für μ_X einer Normalverteilung bei unbekanntem σ_X^2

Die wesentliche Voraussetzung bei der Konstruktion des obigen Konfidenzintervalls war die Existenz einer Zufallsvariablen, die den wahren Parameter enthält, deren

Verteilung bekannt ist und nicht von dem unbekannten Parameter abhängt. In dem vorliegenden Fall sind diese Voraussetzung auch gegebenen, wenn die Standardabweichung σ_X durch die Schätzung $\hat{\sigma}_X = S_X$ ersetzt wird (siehe hierzu Kapitel 15.4).

$$T_n = \frac{\bar{X} - \mu_X}{S_X/\sqrt{n}} \sim t(n-1) \tag{15.52}$$

mit

$$S_X = \sqrt{\frac{\sum\limits_{i=1}^{n} \left(X_i - \bar{X}\right)^2}{n-1}} \tag{15.53}$$

Die Statistik T_n besitzt eine t-Verteilung mit $n-1$ Freiheitsgraden. Für diese Variable lässt sich nun wiederum ein Bereich angegeben, der mit der Wahrscheinlichkeit $1-\alpha$ überdeckt wird. Es gilt:

$$P\left(-t_{1-\alpha/2}(n-1) < \frac{\bar{X} - \mu_X}{S_X/\sqrt{n}} < t_{1-\alpha/2}(n-1)\right) = 1-\alpha \tag{15.54}$$

wobei mit $t_{1-\alpha/2}$ das $1-\alpha/2$-Quantil der t-Verteilung mit $n-1$ Freiheitsgraden bezeichnet wird. Die Umformung der obigen Gleichung, so dass μ_X, der unbekannte Parameter, durch das Intervall überdeckt wird, führt zu dem Konfidenzintervall.

$$P\left(\bar{X} - t_{1-\alpha/2}(n-1)\,\frac{S_X}{\sqrt{n}} < \mu_X < \right.$$
$$\left. \bar{X} + t_{1-\alpha/2}(n-1)\,\frac{S_X}{\sqrt{n}}\right) = 1-\alpha \tag{15.55}$$

Beispiel 15.11. Wird in dem Beispiel 15.10 (Seite 353) die Varianz aus der Stichprobe geschätzt und dabei unterstellt, die Schätzung liefere den gleichen Wert $S_X^2 = 25$, so erhält man ein Konfidenzintervall, das sich nur bzgl. des $1-\alpha/2$-Quantils aus der t-Verteilung unterscheidet. Für $n-1 = 16$ erhält man aus der t-Verteilung den Wert: $t_{1-\alpha/2} = 2.921$. Damit ergibt sich als 99% Konfidenzintervall für μ_X:

$$P\left(5 - 2.921\,\frac{5}{\sqrt{17}} < \mu_X < 5 + 2.921\,\frac{5}{\sqrt{17}}\right) = 0.99$$
$$P(1.458 < \mu_X < 8.542) = 0.99 \tag{15.56}$$

Man erkennt, dass die zusätzliche Unsicherheit durch Schätzung von σ_X^2 die Breite des Konfidenzintervalls über das Quantil der t-Verteilung verbreitert.

15.3.3 Konfidenzintervall für Regressionskoeffizienten

Für die Kleinst-Quadrate Schätzer des linearen Regressionsmodells aus Kapitel 6 kann ebenfalls mittels der t-Statistik ein Konfidenzintervall für den wahren Koeffizienten β_i angegeben werden.

Aufgrund der in Kapitel 6.6 getroffenen Annahmen und der Ergebnisse aus Kapitel 12 wird für die Residuen $u_1, \ldots, u_n$ (zusammengefasst in einem Vektor $\mathbf{u}$) eine Normalverteilung angenommen.

$$\mathbf{u} \sim N(\mathbf{0}, \sigma_u^2 \mathbf{I}_n) \tag{15.57}$$

Aus dieser Annahme folgt wegen der Eigenschaft der Normalverteilung, dass auch Linearkombinationen der Zufallsvariablen $\mathbf{u}$ wieder normalverteilt sind.

$$\mathbf{y} = \mathbf{X}\,\mathbf{b} + \mathbf{u} \sim N(\mathbf{X}\,\mathbf{b}, \sigma_u^2 \mathbf{I}_n) \tag{15.58}$$

Daher kann für die geschätzten Regressionskoeffizienten $\hat{\mathbf{b}}$ ebenfalls eine Normalverteilung abgeleitet werden (siehe Kapitel 12.2). Die Berechnung der Varianz-Kovarianzmatrix ist im Beispiel 15.24 (Seite 366) gezeigt.

$$\hat{\mathbf{b}} \sim N\left(\mathbf{b}, \sigma_u^2 \left(\mathbf{X}'\mathbf{X}\right)^{-1}\right) \tag{15.59}$$

$\sigma_u^2 \left(\mathbf{X}'\mathbf{X}\right)^{-1}$ ist die Varianz-Kovarianz-Matrix der Regressionskoeffizienten $\mathbf{b}$. Auf der Hauptdiagonalen stehen die Varianzen der Koeffizienten, auf den Nebendiagonalen die Kovarianzen. Wird σ_u^2 als bekannt unterstellt, so ist die standardisierte Zufallsvariable

$$Z_n = \frac{\hat{\beta}_i - \beta_i}{\sigma_u \sqrt{\left(\mathbf{X}'\mathbf{X}\right)_{ii}^{-1}}} \sim N(0,1) \tag{15.60}$$

standardnormalverteilt. Mit $\left(\mathbf{X}'\mathbf{X}\right)_{ii}^{-1}$ wird das i-te Element auf der Hauptdiagonalen der Matrix $\left(\mathbf{X}'\mathbf{X}\right)^{-1}$ bezeichnet, so dass $\sigma_u^2 \left(\mathbf{X}'\mathbf{X}\right)_{ii}^{-1}$ die Varianz der Koeffizienten $\hat{\beta}_i$ angibt. Die Varianz der Residuen ist im Allgemeinen nicht bekannt, so dass sie geschätzt werden muss. Aus den Ergebnissen der Kapitel 14.7 und 14.8 ist bekannt, dass die aus der Quadratsumme von normalverteilten Zufallsvariablen gebildete Zufallsvariable χ^2-verteilt ist. Für die Residuen $\mathbf{u}$ gilt daher

$$\frac{(n-p-1)\,\hat{\mathbf{u}}'\hat{\mathbf{u}}}{\sigma_u^2} \sim \chi^2(n-p-1) \tag{15.61}$$

wobei mit $p+1$ die Anzahl der Regressionskoeffizienten (einschließlich des Absolutglieds) in der Regressionsfunktion $\mathbf{y} = \mathbf{X}\,\mathbf{b} + \mathbf{u}$ bezeichnet wird. Wird in der Statistik (15.60) die unbekannte Varianz durch die geschätzte Varianz

$$\hat{\sigma}_u^2 = \frac{\hat{\mathbf{u}}'\hat{\mathbf{u}}}{(n-p-1)} \tag{15.62}$$

ersetzt, so ist die Statistik

$$T_{\beta_i} = \frac{\hat{\beta}_i - \beta_i}{\hat{\sigma}_u \sqrt{\left(\mathbf{X}'\mathbf{X}\right)_{ii}^{-1}}} \sim t(n-p-1) \quad i = 0, \ldots, p \tag{15.63}$$

t-verteilt mit $n - p - 1$ Freiheitsgraden. Mittels der Teststatistik (15.63) kann nun das Konfidenzintervall für β_i angegeben werden.

$$P\left(\hat{\beta}_i - t_{1-\alpha/2}(n - p - 1)\,\hat{\sigma}_{\hat{\beta}_i} < \beta_i <\right.$$

$$\left.\hat{\beta}_i - t_{1-\alpha/2}(n - p - 1)\,\hat{\sigma}_{\hat{\beta}_i}\right) = 1 - \alpha \quad (15.64)$$

mit

$$\hat{\sigma}^2_{\hat{\beta}_i} = \hat{\sigma}^2_u\,(\mathbf{X}'\mathbf{X})^{-1}_{ii} \quad (15.65)$$

Beispiel 15.12. Mit den Werten aus dem Beispiel 6.3 (Seite 140) und dem Ergebnis in Beispiel 6.4 (siehe Seite 143) kann die Varianz-Kovarianz-Matrix der Regressionskoeffizienten berechnet werden.

$$\hat{\sigma}^2_{\mathbf{b}} = \hat{\sigma}^2_u\,(\mathbf{X}'\mathbf{X})^{-1}$$

$$= \frac{1.1568}{7 - 2 - 1}\begin{pmatrix} 46.809 & -2.358 & -3.726 \\ -2.358 & 0.201 & 0.174 \\ -3.726 & 0.174 & 0.300 \end{pmatrix} \quad (15.66)$$

$$= \begin{pmatrix} 13.537 & -0.682 & -1.078 \\ -0.682 & 0.058 & 0.050 \\ -1.078 & 0.050 & 0.087 \end{pmatrix}$$

Die geschätzten Varianzen der Regressionskoeffizienten $\hat{\mathbf{b}}$ sind die Werte auf der Hauptdiagonalen. Es liegen hier $7-2-1 = 4$ Freiheitsgrade vor. Bei einem $\alpha = 0.05$ liegt das Quantil der t-Verteilung dann bei $t_{0.975}(4) = 2.776$. Die Konfidenzintervalle für die Regressionskoeffizienten

$$\hat{\beta}_0 = \quad 7.379 \quad (15.67)$$

$$\hat{\beta}_1 = -0.735 \quad (15.68)$$

$$\hat{\beta}_2 = -0.410 \quad (15.69)$$

sind somit:

$$P(-17.593 < \beta_0 < 2.835) = 0.95 \quad (15.70)$$

$$P(-1.404 < \beta_1 < -0.066) = 0.95 \quad (15.71)$$

$$P(-1.229 < \beta_2 < 0.409) = 0.95 \quad (15.72)$$

Lediglich das Konfidenzintervall für β_1 überdeckt nicht die Null. Dies bedeutet, dass bei einem Fehler 1. Art von 5% der Koeffizient als von null verschiedenen angenommen werden kann (siehe auch Beispiel 16.7, Seite 385).

15.3.4 Konfidenzintervall für eine ex post Prognose

In dem Beispiel 6.11 (Seite 154) und dem Beispiel 6.13 (Seite 157) wurden ein ex post Prognosewert und der zugehörige Prognosefehler berechnet. Aufgrund der bisherigen Ausführungen kann mit der Annahme, dass die Residuen normalverteilt sind mit

$$N(0, \sigma_u^2),$$
(15.73)

die Statistik

$$\frac{\hat{y}_{k+1} - y_{k+1}}{\hat{\sigma}_{\hat{y}}} \sim t(n - p - 1)$$
(15.74)

als t-verteilt mit $n - p - 1$ Freiheitsgraden angenommen werden. Das Prognoseintervall ist dann folglich:

$$P\big(\hat{y}_{k+1} - t_{1-\alpha/2}(n - p - 1)\,\hat{\sigma}_{\hat{y}} < y_{k+1} <$$
$$\hat{y}_{k+1} + t_{1-\alpha/2}(n - p - 1)\,\hat{\sigma}_{\hat{y}}\big) \geq 1 - \alpha \quad (15.75)$$

Beispiel 15.13. Im Beispiel 6.13 (Seite 157) ist ein ex post Prognosewert für 1999 von $\hat{y}_{1999} = 2.1657$ berechnet worden. Der Standardfehler der ex post Prognose wurde mit $\sigma_{\hat{y}_{1999}} = 0.5519$ bestimmt. Diese Berechnung wurde seinerzeit durchgeführt, ohne dass berücksichtigt wurde, dass diese Schätzung verzerrt ist. Die Residuenvarianz wurde mit n und nicht mit $n-p-1$ gemittelt. Daher ist hier eine Schätzung der Residuenvarianz mit der richtigen Zahl der Freiheitsgrade erforderlich.

$$\hat{\sigma}_{\hat{u}}^2 = \frac{1}{6 - 2 - 1} \sum_{t=1}^{6} \hat{u}_t^2 = 0.3847$$
(15.76)

Die Prognosevarianz $\Sigma_{k+1} = \big(\mathbf{X}_{k+1}(\mathbf{X}'\mathbf{X})^{-1}\mathbf{X}_{k+1}' + \mathbf{I}\big)\,\hat{\sigma}_{\hat{u}}^2$ besitzt damit für $\hat{y}_{1999}$ folgenden Wert:

$$\Sigma_{k+1} = \big((0.5837) + \mathbf{I}\big)\,0.3847$$
$$= (1.5837)\,0.3847$$
(15.77)
$$= (0.6092)$$

Für das Prognoseintervall, das den wahren Wert umschließt, ergibt sich dann:

$$P\big(2.166 - 0.781 \times 3.182 < y_{1999} < 2.166 + 0.781 \times 3.182\big) = 0.95$$
$$P\big(-0.318 < y_{1999} < 4.649\big) = 0.95$$
(15.78)

Der erwartete wahre Wert für 1999 wird mit 95% Wahrscheinlichkeit zwischen -0.3183 und $+4.6497$ liegen.

15.3.5 Approximatives Konfidenzintervall für μ_X

Ist die Verteilung der Grundgesamtheit nicht bekannt, kann aber angenommen werden, dass die Zufallsvariablen unabhängig identisch verteilt sind, so gilt bei einem Stichprobenumfang von $n > 30$ approximativ die Normalverteilung (siehe Kapitel 14.6). Das zugehörige Konfidenzintervall für μ_X lautet dann:

$$P\left(\bar{X} - z_{1-\alpha/2}\,\frac{S_X}{\sqrt{n}} < \mu_X < \bar{X} + z_{1-\alpha/2}\,\frac{S_X}{\sqrt{n}}\right) \approx 1 - \alpha \qquad (15.79)$$

15.3.6 Approximatives Konfidenzintervall für den Anteilswert θ

Für den Anteilswert θ kann, da die Binomialverteilung als auch die Hypergeometrische Verteilung mit zunehmenden Stichprobenumfang n schnell gegen die Normalverteilung konvergieren, ein approximatives Konfidenzintervall angegeben werden.

$$P\left(\hat{\theta} - z_{1-\alpha/2}\,S_{\hat{\theta}} < \theta < \hat{\theta} + z_{1-\alpha/2}\,S_{\hat{\theta}}\right) \approx 1 - \alpha \qquad (15.80)$$

Hierzu werden Schätzer für die Varianz des Anteilswerts benötigt, die (erst) in Kapitel 15.4.1 hergeleitet werden (siehe insbesondere Beispiel 15.20, Seite 362). Als Schätzer ergeben sich im Fall einer Stichprobe mit Zurücklegen

$$S_{\hat{\theta}}^2 = \frac{\hat{\theta}\left(1 - \hat{\theta}\right)}{n - 1} \qquad (15.81)$$

und für den Fall einer Stichprobe ohne Zurücklegen:

$$S_{\hat{\theta}}^2 = \frac{\hat{\theta}\left(1 - \hat{\theta}\right)}{n - 1}\left(1 - \frac{n}{N}\right) \qquad (15.82)$$

15.3.7 Konfidenzintervall für σ_X^2 bei normalverteilter Grundgesamtheit

Ein Konfidenzintervall für σ_X^2 bei normalverteilter Grundgesamtheit lässt sich mittels der Statistik

$$\frac{(n-1)\,S_X^2}{\sigma_X^2} \sim \chi^2(n-1) \qquad (15.83)$$

konstruieren.

$$P\left(q_{\alpha/2}(n-1) < \frac{(n-1)\,S_X^2}{\sigma_X^2} < q_{1-\alpha/2}(n-1)\right) = 1 - \alpha \qquad (15.84)$$

Mit $q_{\alpha/2}(n-1)$ und $q_{1-\alpha/2}(n-1)$ werden die $\alpha/2$ und $1 - \alpha/2$-Quantilen der χ^2-Verteilung bezeichnet. Die Quantile sind hier aufgrund der nicht symmetrischen χ^2-Verteilung ungleich im Betrag.

$$P\left(\frac{(n-1)\,S_X^2}{q_{1-\alpha/2}} < \sigma_X^2 < \frac{(n-1)\,S_X^2}{q_{\alpha/2}}\right) = 1 - \alpha \qquad (15.85)$$

Beispiel 15.14. Für die Varianz aus dem Beispiel 15.10 (Seite 353) ist ein Konfidenzintervall zum Niveau 0.99:

$$P\left(\frac{16 \times 25}{34.267} < \sigma_X^2 < \frac{16 \times 25}{5.142}\right) = 0.99$$

$$P(11.673 < \sigma_X^2 < 77.791) = 0.99$$

(15.86)

15.4 Eigenschaften von Schätzstatistiken

15.4.1 Erwartungstreue

Eine Schätzstatistik wie das arithmetische Mittel für den Erwartungswert ist zwar intuitiv einleuchtend, daraus folgt jedoch nicht, dass es ein gutes oder bestes Schätzverfahren darstellt. Insbesondere in komplexeren Schätzproblemen ist es wichtig, klare Kriterien für die Güte eines Schätzverfahrens zur Verfügung zu haben, d. h. die entsprechenden Eigenschaften der Schätzstatistik zu kennen. Ein Kriterium ist die Erwartungstreue.

Definition 15.4. *Eine Schätzstatistik* $G_n = g(X_1, \dots, X_n)$ *heißt für den Parameter* θ **erwartungstreu** *oder* **unverzerrt***, wenn*

$$E_\theta(G_n) = \theta$$

(15.87)

gilt.

Für die Berechnung des Erwartungswertes wird dabei vorausgesetzt, dass ein bestimmter, wenn auch unbekannter Parameter θ in der Grundgesamtheit vorliegt. Essenziell ist dabei, dass das θ unbekannt ist. Der Erwartungswert berechnet sich allein aus der Tatsache, dass θ der wahre Parameter ist. Man kann auf diese Art ohne Kenntnis des wahren Parameters θ untersuchen, ob der Erwartungswert die richtige Tendenz besitzt. Um auszudrücken, dass der Erwartungswert unter dieser Annahme gebildet wird, nimmt man gelegentlich den Wert θ als Subscript des Erwartungswertoperators auf.

Beispiel 15.15. Eine erwartungstreue Schätzstatistik für den Erwartungswert ist das Stichprobenmittel, da gilt:

$$E(\bar{X}) = \frac{1}{n} \sum_{i=1}^{n} E(X_i) = \mu_X$$

(15.88)

Die Aussage ist also folgende: Schätzt man beispielsweise den durchschnittlichen (erwarteten) Intelligenzquotienten einer Studentengruppe mit dem Stichprobenmittel, dann erhält man im Mittel den richtigen Wert. Es stellt sich also $E_{\mu_X}(\bar{X}) = 110$ ein, wenn der wahre Wert 110 beträgt, aber 105, wenn der tatsächliche Wert 105 beträgt. Eine erwartungstreue Schätzstatistik adaptiert also automatisch den tatsächlich in der Grundgesamtheit vorliegenden Sachverhalt.

Ein Extrembeispiel einer nicht erwartungstreuen Schätzstatistik für μ_X wäre $G = 110$, d.h. unabhängig von X_i wird immer ein Wert von 110 angenommen. Entsprechend gilt $E(G) = 110$ und die Schätzung ist nur dann unverzerrt, wenn der tatsächliche Wert $\mu_X = 110$ gilt, für alle anderen Werte ist sie verzerrt.

Beispiel 15.16. Im linearen Regressionsmodell

$$\mathbf{y} = \mathbf{X}\mathbf{b} + \mathbf{u} \tag{15.89}$$

ist der Schätzer für die Koeffizienten:

$$\hat{\mathbf{b}} = (\mathbf{X}'\mathbf{X})^{-1}\mathbf{X}'\mathbf{y} \tag{15.90}$$

Es gilt

$$E(\mathbf{y}) = \mathbf{X}\mathbf{b}, \tag{15.91}$$

da $E(\mathbf{u}) = 0$ gilt. Daher gilt

$$\begin{aligned} E(\hat{\mathbf{b}}) &= (\mathbf{X}'\mathbf{X})^{-1}\mathbf{X}'E(\mathbf{y}) \\ &= (\mathbf{X}'\mathbf{X})^{-1}\mathbf{X}'\mathbf{X}\mathbf{b} = \mathbf{b} \end{aligned} \tag{15.92}$$

Der Kleinst-Quadrate Schätzer als auch der Maximum-Likelihood Schätzer im linearen Modell ist erwartungstreu.

Definition 15.5. *Eine systematische Über- bzw. Unterschätzung eines wahren Wertes wird als* **Verzerrung** *oder* **Bias** *(engl.) bezeichnet.*

$$Bias_\theta(G_n) = E_\theta(G_n) - \theta \tag{15.93}$$

Beispiel 15.17. Die Stichprobenvarianz

$$S_X^2 = \frac{1}{n-1} \sum_{i=1}^{n} (X_i - \bar{X})^2 \tag{15.94}$$

ist eine erwartungstreue Schätzstatistik für die Varianz σ_X^2. Nachweis: Aus

$$Var(X) = E(X^2) - \big(E(X)\big)^2 \tag{15.95}$$

folgt:

$$E\left(\sum_{i=1}^{n}(X_i - \bar{X})^2\right) = \sum_{i=1}^{n} E(X_i^2) - n\,E(\bar{X})^2 \tag{15.96}$$

Aus dem gleichen Grund gelten auch die folgenden beiden Beziehungen:

$$\begin{aligned} E(X_i^2) &= Var(X_i) + \big(E(X_i)\big)^2 \\ &= \sigma_X^2 + \mu_X^2 \end{aligned} \tag{15.97}$$

und

$$E(\bar{X}^2) = Var(\bar{X}) + \left(E(\bar{X})\right)^2$$
$$= \frac{\sigma_X^2}{n} + \mu_X^2 \tag{15.98}$$

Mit $Var(X_i) = \sigma_X^2$ und $Var(\bar{X}) = \sigma_X^2/n$ im Fall einer **Stichprobe mit Zurücklegen** kann die Gleichung (15.96) umgeschrieben in:

$$E\left(\sum_{i=1}^{n}(X_i - \bar{X})^2\right) = \sum_{i=1}^{n}\left(Var(X_i) + [E(X_i)]^2\right)$$
$$- n\left(Var(\bar{X}) + [E(\bar{X})]^2\right) \tag{15.99}$$
$$= n\,\sigma_X^2 + n\,\mu_X^2 - n\left(\frac{\sigma_X^2}{n} + \mu_X^2\right)$$
$$= (n-1)\,\sigma_X^2$$

Daraus folgt nun, dass der Erwartungswert von

$$E(S_X^2) = \frac{1}{n-1}\,(n-1)\,\sigma_X^2 = \sigma_X^2 \tag{15.100}$$

ist. Damit ist S_X^2 im Fall einer Stichprobe mit Zurücklegen ein unverzerrter Schätzer der Varianz.

Für die empirische Varianz

$$\tilde{S}_X^2 = \frac{1}{n}\sum_{i=1}^{n}(X_i - \bar{X})^2 \tag{15.101}$$

gilt, sofern die Varianz endlich ist:

$$E(\tilde{S}_X^2) = \frac{n-1}{n}\,\sigma_X^2 \tag{15.102}$$

$\tilde{S}_X^2$ ist somit kein erwartungstreuer Schätzer für die Varianz σ_X^2; die Verzerrung beträgt:

$$Bias(\tilde{S}_X^2) = E(\tilde{S}_X^2) - \sigma_X^2 = -\frac{1}{n}\,\sigma_X^2 \tag{15.103}$$

Die empirische Varianz unterschätzt also tendenziell die wahre Varianz σ_X^2. Allerdings verschwindet der Bias mit steigendem Stichprobenumfang.

Beispiel 15.18. Im Fall einer **Stichprobe ohne Zurücklegen** gilt

$$E\left(\sum_{i=1}^{n}(X_i - \bar{X})^2\right) = n\,\sigma_X^2 + n\,\mu_X^2 - n\left(\frac{\sigma_X^2}{n}\frac{N-n}{N-1} + \mu_X^2\right)$$

$$= \sigma_X^2\left(n - \frac{N-n}{N-1}\right) \tag{15.104}$$

weil

$$Var(\bar{X}) = \frac{\sigma_X^2}{n}\frac{N-n}{N-1} \tag{15.105}$$

gilt (siehe Kapitel 14.9.1). Damit ist

$$\frac{N-1}{N}S_X^2 = \frac{N-1}{N}\frac{1}{n-1}\sum_{i=1}^{n}(X_i - \bar{X})^2 \tag{15.106}$$

ein erwartungstreuer Schätzer für σ_X^2 im Fall einer Stichprobe ohne Zurücklegen.

$$E\left(\frac{N-1}{N}S_X^2\right) = \sigma_X^2\frac{1}{n-1}\frac{N-1}{N}\left(n - \frac{N-n}{N-1}\right)$$

$$= \sigma_X^2 \tag{15.107}$$

Beispiel 15.19. Ein erwartungstreuer Schätzer für die Varianz des Stichprobenmittels $Var(\bar{X})$ ist somit im Fall einer **Stichprobe mit Zurücklegen**

$$S_{\bar{X}}^2 = \frac{S_X^2}{n} \tag{15.108}$$

und im Fall einer **Stichprobe ohne Zurücklegen**

$$S_{\bar{X}}^2 = \frac{S_X^2}{n}\frac{N-n}{N-1}\frac{N-1}{N}$$

$$= \frac{S_X^2}{n}\left(1 - \frac{n}{N}\right) \tag{15.109}$$

In den meisten Fällen wird auf eine Korrektur der Varianzschätzung bei Stichproben ohne Zurücklegen verzichtet.

Beispiel 15.20. Für eine **bernoulliverteilte Zufallsvariable** gilt

$$\frac{1}{n}\sum_{i=1}^{n}(X_i - \bar{X})^2 = \frac{1}{n}\sum_{i=1}^{n}X_i^2 - \bar{X}^2$$

$$= \hat{\theta}\left(1 - \hat{\theta}\right) \tag{15.110}$$

und daher ist

$$S_X^2 = \frac{n}{n-1}\hat{\theta}\left(1 - \hat{\theta}\right) \tag{15.111}$$

in diesem Fall ein erwartungstreuer Schätzer für die Varianz der Zufallsvariablen. Die Varianz des Anteilswerts einer **Stichprobe mit Zurücklegen** ist damit durch

$$S_{\hat{\theta}}^2 = \frac{S_X^2}{n}$$

$$= \frac{\hat{\theta}\left(1 - \hat{\theta}\right)}{n - 1} \tag{15.112}$$

erwartungstreu geschätzt.

Die erwartungstreue Schätzung der Varianz des Anteilswerts in einer **Stichprobe ohne Zurücklegen** ist aufgrund obigen Ergebnisse dann:

$$S_{\hat{\theta}}^2 = \frac{\hat{\theta}\left(1 - \hat{\theta}\right)}{n - 1}\left(1 - \frac{n}{N}\right) \tag{15.113}$$

Eine abgeschwächte Forderung an die Schätzstatistik ist die asymptotische Erwartungstreue.

Definition 15.6. *Eine Schätzstatistik heißt* **asymptotisch erwartungstreu**, *wenn gilt*

$$\lim_{n \to \infty} E_\theta(G_n) = \theta, \tag{15.114}$$

d. h. mit wachsendem Stichprobenumfang verschwindet der Bias.

Beispiel 15.21. Die empirische Varianz $\tilde{S}_X^2$ ist asymptotisch erwartungstreu, da

$$\lim_{n \to \infty} E\left(\tilde{S}_X^2\right) = \lim_{n \to \infty} \frac{n - 1}{n}\sigma_X^2 = \sigma_X^2 \tag{15.115}$$

wegen

$$\lim_{n \to \infty} \frac{n - 1}{n} = 1 \tag{15.116}$$

gilt.

Die asymptotische Erwartungstreue bezieht sich auf große Stichprobenumfänge. Für kleine n kann eine asymptotisch erwartungstreue Schätzstatistik erheblich verzerrte Schätzungen liefern. Für $n = 2$ liefert beispielsweise die empirische Varianz mit $E(\tilde{S}_X^2) = \sigma_X^2/2$ eine erhebliche Unterschätzung der Varianz σ_X^2.

15.4.2 Mittlerer quadratischer Fehler

Jede Schätzung weist Fehler auf. Mit dem mittleren quadratischen Fehler (MSE: mean square error) wird der Fehler des Schätzers

$$\hat{\theta} = G_n(x_1, \dots, x_n) \tag{15.117}$$

bezeichnet. Häufig wird G_n auch als Schätzstatistik bezeichnet.

Wird G_n zur Schätzung von θ verwendet, so ist $G_n - \theta = \hat{\theta} - \theta$ der Fehler der Schätzung. Dieser Fehler variiert von Stichprobe zu Stichprobe. Um die Abweichungen zu messen, sind verschiedene Streuungskonzepte in der deskriptiven Statistik vorgestellt worden. Die Varianz ist das für metrische Daten am häufigsten verwendete Maß.

Die mittlere quadratische Abweichung gibt der Definition nach wieder, welche Abweichung zwischen der Schätzstatistik G_n und dem wahren Parameter θ zu erwarten ist. Sie lässt sich durch Ergänzen und Ausmultiplizieren einfach umformen zu:

$$
\begin{aligned}
E\left((G_n - \theta)^2 \right) &= E\left((G_n - E(G_n) + E(G_n) - \theta)^2 \right) \\
&= E\left((G_n - E(G_n))^2 \right) \\
&\quad + 2\,E\left(G_n - E(G_n) \right)\left(E(G_n) - \theta \right) \\
&\quad + E\left((E(G_n) - \theta)^2 \right) \\
&= E\left((G_n - E(G_n))^2 \right) + \left(E(G_n) - \theta \right)^2 \\
&= Var(G_n) + Bias(G_n)^2
\end{aligned}
\tag{15.118}
$$

Definition 15.7. *Die* **mittlere quadratische Abweichung** *(MSE) ist definiert durch:*

$$
\begin{aligned}
MSE(G_n) &= E\left((G_n - \theta)^2 \right) \\
&= Var(G_n) + \left(E(G_n) - \theta \right)^2
\end{aligned}
\tag{15.119}
$$

Der Term $\left(E(G_n) - \theta \right)^2$ ist das Quadrat der Verzerrung. Ist die Verzerrung null, so spricht man von einem unverzerrten Schätzer $\hat{\theta}$ für θ, was eine wünschenswerte Eigenschaft ist. Jedoch allein diese Eigenschaft garantiert noch keinen guten Schätzer.

Beispiel 15.22. In einer normalverteilten Stichprobe ist die Verteilung der Statistik

$$
U_n = \frac{(n-1)\,S_X^2}{\sigma_X^2} \sim \chi^2(n-1)
\tag{15.120}
$$

bekannt, mit $S_X^2 = \frac{1}{n-1} \sum_{i=1}^{n} (X_i - \bar{X})^2$. Damit ist die Varianz der Statistik U_n bekannt: $Var(U_n) = 2\,(n-1)$. Ferner ist aus den Beispielen 15.17ff (Seite 360) bekannt, dass der Schätzer S_X^2 erwartungstreu ist. Daraus lässt sich nun recht leicht die im Allgemeinen schwierige Berechnung der Varianz der Varianz bestimmen.

$$
Var\left(\frac{(n-1)\,S_X^2}{\sigma_X^2} \right) = 2\,(n-1)
\tag{15.121}
$$

$$
Var(S_X^2) = \frac{\sigma_X^4}{(n-1)^2}\,2\,(n-1) = \frac{2\,\sigma_X^4}{n-1} = MSE(S_X^2)
\tag{15.122}
$$

Wird hingegen die Varianz σ_X^2 durch

$$G_n = \tilde{S}_X^2 = \frac{1}{n} \sum_{i=1}^{n} (X_i - \bar{X})^2 = \frac{n-1}{n} S_X^2 \qquad (15.123)$$

geschätzt, so besitzt sie die Varianz:

$$Var(\tilde{S}_X^2) = \left(\frac{n-1}{n} \right)^2 Var(S_X^2) = \frac{2(n-1)}{n^2} \sigma_X^4 \qquad (15.124)$$

Da die Schätzung in diesem Fall nicht erwartungstreu ist, sondern den Bias $-\sigma_X^2/n$ besitzt, beträgt der mittlere quadratische Fehler:

$$MSE(\tilde{S}_X^2) = \frac{2(n-1)}{n^2} \sigma_X^4 + \left(-\frac{\sigma_X^2}{n} \right)^2 = \frac{2n-1}{n^2} \sigma_X^4 \qquad (15.125)$$

Der mittlere quadratische Fehler fällt für den nicht erwartungstreuen Varianzschätzer größer aus.

Nun ist S_X^2 zwar eine erwartungstreue Schätzstatistik für die Varianz σ_X^2, jedoch kann daraus noch nicht auf die erwartungstreue Schätzung der Standardabweichung σ_X geschlossen werden.

$$Var(S_X) = E(S_X^2) - \big(E(S_X)\big)^2 \geq 0 \qquad (15.126)$$

$$E(S_X^2) \geq \big(E(S_X)\big)^2 \qquad (15.127)$$

$$\sigma_X^2 \geq \big(E(S_X)\big)^2 \qquad (15.128)$$

$$\sigma_X \geq E(S_X) \qquad (15.129)$$

Die Standardabweichung wird also durch die Wurzel des Varianzschätzers S_X systematisch unterschätzt.

$$Bias\big(S_X\big) = E\big(S_X\big) - \sigma_X \leq 0 \qquad (15.130)$$

Allgemein gilt also nicht, dass wenn G_n eine erwartungstreue Schätzung für θ liefert, auch $\sqrt{G_n}$ eine erwartungstreue Schätzung für $\sqrt{\theta}$ liefert.

Aufgrund der einfacheren Interpretierbarkeit des Standardfehlers wird häufig die Wurzel des *MSE* angegeben, der als *RMSE* (root mean square error) bezeichnet wird.

$$RMSE(G_n) = \sqrt{MSE(G_n)} \qquad (15.131)$$

Sofern G_n ein unverzerrter Schätzer für θ ist, gilt

$$RMSE(G_n) = \sqrt{MSE(G_n)} = \sqrt{Var(G_n)} = \sigma_{G_n}, \qquad (15.132)$$

ansonsten ist die Wurzel über die Summe aus Varianz und Bias zu ziehen (siehe Gleichung 15.119).

Beispiel 15.23. Das Stichprobenmittel

$$G_n = \bar{X} = \frac{1}{n} \sum_{i=1}^{n} X_i \qquad (15.133)$$

ist ein (linearer) erwartungstreuer Schätzer für μ_X. Der mittlere quadratische Fehler für das Stichprobenmittel ist

$$\sigma_{\bar{X}}^2 = MSE(\bar{X}) = Var(\bar{X}) = \frac{\sigma_X^2}{n} \qquad (15.134)$$

und da das Stichprobenmittel ein erwartungstreuer Schätzer ist, gilt, dass $RMSE$ die Wurzel der Varianz des Stichprobenmittels ist.

$$\sigma_{\bar{X}} = \sqrt{MSE(\bar{X})} = \frac{\sigma_X}{\sqrt{n}}. \qquad (15.135)$$

Da jedoch σ_X im Allgemeinen nicht bekannt ist und S_X kein erwartungstreuer Schätzer für σ_X ist, kann er nur durch die Schätzung von $\sqrt{S_X^2}$ approximiert werden. Es gilt zwar

$$E\left(S_{\bar{X}}^2\right) = E\left(\frac{S_X^2}{n}\right) = \sigma_{\bar{X}}^2, \qquad (15.136)$$

da aber $E(S_X) \le \sigma_X$ gilt, gilt auch

$$E\left(S_{\bar{X}}\right) = E\left(\frac{S_X}{\sqrt{n}}\right) \le \sigma_{\bar{X}}. \qquad (15.137)$$

Bei den obigen Ausführungen wurde der Fall einer einfachen identisch verteilten Zufallsstichprobe vorausgesetzt (**Zufallsstichprobe mit Zurücklegen**). Für eine **Zufallsstichprobe ohne Zurücklegen** wäre die Varianz des Stichprobenmittels, um den so genannten Endlichkeitsfaktor zu ergänzen (siehe Kapitel 13.4 und 14.9.1).

$$S_{\bar{X}}^2 = \frac{S_X^2}{n} \left(1 - \frac{n}{N}\right) \qquad (15.138)$$

Die Standardabweichung wird dann entsprechend durch die Wurzel der Varianz approximiert.

$$S_{\bar{X}} \approx \frac{S_X}{\sqrt{n}} \sqrt{1 - \frac{n}{N}} \qquad (15.139)$$

Beispiel 15.24. Im linearen Regressionsmodell ist die Varianz-Kovarianzmatrix der geschätzten Koeffizienten:

$$Var(\hat{\mathbf{b}}) = E\left((\hat{\mathbf{b}} - \mathbf{b})(\hat{\mathbf{b}} - \mathbf{b})'\right) \qquad (15.140)$$

Aufgrund der Erwartungstreue

$$E(\hat{\mathbf{b}} - \mathbf{b}) = (\mathbf{X}'\mathbf{X})^{-1}\mathbf{X}'E(\mathbf{u}) = 0 \qquad (15.141)$$

kann die Varianz-Kovarianzmatrix der Regressionskoeffizienten leicht berechnet werden.

$$\begin{aligned} E((\hat{\mathbf{b}} - \mathbf{b})(\hat{\mathbf{b}} - \mathbf{b})') &= E((\mathbf{X}'\mathbf{X})^{-1}\mathbf{X}'\mathbf{u}\mathbf{u}'\mathbf{X}(\mathbf{X}'\mathbf{X})^{-1}) \\ &= (\mathbf{X}'\mathbf{X})^{-1}\mathbf{X}'E(\mathbf{u}\mathbf{u}')\mathbf{X}(\mathbf{X}'\mathbf{X})^{-1} \qquad (15.142) \\ &= \sigma_u^2(\mathbf{X}'\mathbf{X})^{-1} \end{aligned}$$

15.4.3 Konsistenz

Wie die asymptotische Erwartungstreue ist die Konsistenz eine Eigenschaft, die das Verhalten bei großen Stichprobenumfängen reflektiert. Während bei der Erwartungstreue nur das Verhalten des Erwartungswertes, also die zu erwartende mittlere Tendenz der Schätztstatistik eine Rolle spielt, wird bei der Konsistenz die Varianz der Schätzung mit einbezogen.

Mit der Konsistenz wird eine Eigenschaft des Schätzers G_n formuliert, die zum Ausdruck bringt, dass wenn die Grundgesamtheit zur Schätzung verwendet wird, der Schätzer den „wahren" Parameter liefert. Anders formuliert, heißt das, dass mit zunehmendem Stichprobenumfang der Schätzer G_n gegen seinen „wahren" Parameter konvergiert. Da aber jede Stichprobe ein zufälliges Ergebnis liefert, fordert man nur, dass der Schätzer nach Wahrscheinlichkeit gegen seinen „wahren" Wert konvergiert.

Definition 15.8. *Die Folge der Schätzer G_n heißt* **konsistent** *bzgl. θ, wenn*

$$\lim_{n \to \infty} P(|G_n - \theta| \leq \varepsilon) = 1 \qquad (15.143)$$

gilt, für $\varepsilon > 0$.

Nun ist die Forderung in der Definition 15.8 meistens relativ aufwendig nachzuweisen. Daher hat man unter der Bedingung, dass eine endliche Varianz $Var(G_n) < \infty$ vorliegt, mittels der **Chebyschewschen Ungleichung** einen einfacheren Nachweis der Konsistenz. Es gilt die folgende Beziehung:

$$P(|G_n - \theta| \geq \varepsilon) \leq \frac{1}{\varepsilon^2} E\left((G_n - \theta)^2\right) \qquad (15.144)$$

Strebt nun

$$\lim_{n \to \infty} E\left((G_n - \theta)^2\right) \to 0 \qquad (15.145)$$

so gilt auch:

$$\lim_{n \to \infty} P(|G_n - \theta| \geq \varepsilon) \to 0. \qquad (15.146)$$

Hat G_n also eine endliche Varianz, so ist die Folge von G_n konsistent, wenn für $n \to \infty$ gilt: $E(G_n) \to 0$ und $Var(G_n) \to 0$. Dies ist gleichbedeutend mit der Aussage:

$$\lim_{n\to\infty} MSE(G_n) \to 0 \tag{15.147}$$

Definition 15.9. *Eine Schätzer G_n heißt* **konsistent im mittleren quadratischen Fehler** *bzgl. θ, wenn*

$$\lim_{n\to\infty} MSE(G_n) = 0 \tag{15.148}$$

gilt.

Beispiel 15.25. Die Zufallsvariable X_i sei normalverteilt: $X_i \sim N(\mu_X, \sigma_X^2)$. Aus den unabhängigen Wiederholungen $X_1, \dots, X_n$ wird der Erwartungswert μ_X durch das Stichprobenmittel $\bar{X}$ geschätzt: $\bar{X} \sim N(\mu_X, \sigma_X^2/n)$. Das Stichprobenmittel ist somit eine erwartungstreue Schätzstatistik für μ_X, deren Varianz mit zunehmendem Stichprobenumfang abnimmt. Daraus ergibt sich, dass das Stichprobenmittel konsistent ist.

$$P(|\bar{X} - \mu_X| \geq \varepsilon) \leq \frac{Var(\bar{X})}{\varepsilon^2} \Leftrightarrow P\left(\left|\frac{\bar{X} - \mu_X}{\sigma_X/\sqrt{n}}\right| \geq \frac{\varepsilon}{\sigma_X/\sqrt{n}}\right) \leq \frac{\sigma_X^2}{n\,\varepsilon^2} \tag{15.149}$$

Für feste Werte von ε und σ_X^2 strebt mit $n \to \infty$ die obige Wahrscheinlichkeit gegen null.

Beispiel 15.26. Für den Nachweis der Konsistenz des Kleinst-Quadrate Schätzers bzw. des Maximum-Likelihood Schätzers im linearen Regressionsmodell ist eine zusätzliche Annahme nötig.

$$\lim_{n\to\infty} \left(\frac{1}{n} \mathbf{X}'\mathbf{X}\right) = \mathbf{M} \tag{15.150}$$

$\mathbf{M}$ ist eine reguläre Matrix gegen die die Varianz-Kovarianzmatrix $\mathbf{X}'\mathbf{X}$ mit zu nehmenden Stichprobenumfang n strebt. Für Konsistenz muss gelten:

$$P(|\hat{\mathbf{b}} - \mathbf{b}| \geq \epsilon) \leq \frac{Var(\hat{\mathbf{b}})}{\epsilon^2} \tag{15.151}$$

Der Nachweis ist erbracht, wenn $\lim_{n\to\infty} Var(\hat{\mathbf{b}}) = 0$ gilt. Hierzu wird die Varianz-Kovarianzmatrix mit dem Faktor $1/n$ erweitert und der Grenzwert für $n \to \infty$ betrachtet. Mittels der obigen Annahme ist nun sichergestellt, dass die Varianz-Kovarianzmatrix $\mathbf{X}'\mathbf{X}$ nicht mit zunehmenden n wächst.

$$\begin{aligned}
\lim_{n\to\infty} Var(\hat{\mathbf{b}}) &= \lim_{n\to\infty} \frac{1}{n} \sigma_u^2 \left(\frac{1}{n} \mathbf{X}'\mathbf{X}\right)^{-1} \\
&= \lim_{n\to\infty} \frac{1}{n} \sigma_u^2 \lim_{n\to\infty} \left(\frac{1}{n} \mathbf{X}'\mathbf{X}\right)^{-1} \\
&= \lim_{n\to\infty} \frac{1}{n} \sigma_u^2 \mathbf{M} = 0
\end{aligned} \tag{15.152}$$

15.4.4 Effizienz

Hat man zwei Schätzer G_n und $\tilde{G}_n$, so ist man in der Regel daran interessiert, welcher der beiden Schätzer besser, effizienter ist.

Definition 15.10. *Der Schätzer G_n heißt* **effizienter** *als $\tilde{G}_n$, wenn gilt:*

$$MSE(G_n) < MSE(\tilde{G}_n) \tag{15.153}$$

Beispiel 15.27. Sei der Schätzer für den Erwartungswert

$$G_n = \bar{X}_n, \tag{15.154}$$

so ist die Varianz des Stichprobenmittels

$$Var(\bar{X}_n) = \frac{\sigma_X^2}{n}. \tag{15.155}$$

Wird der Schätzer

$$\tilde{G}_m = \bar{X}_m, \quad m < n \tag{15.156}$$

verwendet, so ist leicht einsichtig, dass die Varianz des Schätzers $\tilde{G}_m$ größer als die von G_n ist. Da es sich um unverzerrte Schätzer handelt, gilt

$$MSE(G_n) < MSE(\tilde{G}_m) \Leftrightarrow Var(G_n) < Var(\tilde{G}_m) \tag{15.157}$$

Die Schätzung mit G_n ist also effizienter als mit $\tilde{G}_m$, was nichts anderes bedeutet, als dass mit einem größeren Stichprobenumfang der Erwartungswert besser geschätzt werden kann.

Nun stellt sich die Frage, ob es eine Varianzuntergrenze für Schätzer gibt. Die **Cramér-Rao-Ungleichung** gibt eine solche Unterschranke für unverzerrte Schätzer an. Ist G_n ein unverzerrter Schätzer für θ und ist

$$f_{X_1,\dots,X_n}(x_1,\dots,x_n \mid \theta) = f_X(x \mid \theta)^n \tag{15.158}$$

eine Wahrscheinlichkeitsfunktion, so gilt

$$Var_\theta(G_n) \geq \frac{1}{I_n(\theta \mid x)} \tag{15.159}$$

mit

$$I_n(\theta \mid x) = n\, E_\theta\left(\left(\frac{\partial}{\partial \theta} \ln f_X(x \mid \theta)\right)^2\right). \tag{15.160}$$

Unter bestimmten Bedingungen kann der Erwartungswert $E_\theta(\cdot)$ auch in der leichter berechenbaren Form

$$I_n(\theta \mid x) = -n\, E_\theta \left(\frac{\partial^2}{\partial \theta^2} \ln f_X(x \mid \theta) \right) \qquad (15.161)$$

geschrieben werden.

Die Gleichung (15.160 bzw. 15.161) wird **Fisher-Information** genannt. Mit $I_n(\theta \mid x)$ wird die Information der realisierten Zufallsvariablen $x_1, \ldots, x_n$ über den Parameter θ bezeichnet. Hierbei handelt es sich um die Varianz der relativen Änderung f_X'/f_X. Grundsätzlich muss es sich dabei nicht um einen einzigen Parameter θ handeln, sondern es kann auch ein Parametervektor Θ sein. Im Fall einer Normalverteilungsannahme müssen ja μ_X und σ_X^2 aus der Stichprobe geschätzt werden, so dass $\Theta = \{\mu_X, \sigma_X^2\}$ ist. Für die Annahmen und einen Beweis der Cramér-Rao-Ungleichung siehe u. a. [12, Seite 411], [83, Seite 316ff].

Beispiel 15.28. Sei $X \sim Ber(\theta)$ verteilt.

$$f_X(x \mid \theta) = \theta^x (1 - \theta)^{1-x} \qquad (15.162)$$

Die Ableitung der logarithmierten Wahrscheinlichkeitsfunktion liefert

$$\frac{\partial \ln f_X(x \mid \theta)}{\partial \theta} = \frac{x}{\theta} - \frac{1-x}{1-\theta}, \qquad (15.163)$$

so dass sich folgender Erwartungswert ergibt:

$$E_\theta \left(\left(\frac{\partial \ln f_X(x \mid \theta)}{\partial \theta} \right)^2 \right) = \sum_{x=0}^{1} \left(\frac{x}{\theta} - \frac{1-x}{1-\theta} \right)^2 \theta^x (1 - \theta)^{1-x}$$
$$= \frac{1}{\theta(1-\theta)} \qquad (15.164)$$

Die kleinst mögliche Varianz, die der Schätzer $\hat{\theta}$ annehmen kann, ist

$$Var_\theta(G_n) \geq \frac{1}{n/(\theta(1-\theta))} = \frac{\theta(1-\theta)}{n}. \qquad (15.165)$$

Die Statistik $G_n = \bar{X}(= \hat{\theta})$ besitzt gerade diese Varianz. Mit sinkender Varianz steigt die Information zur Bestimmung des Parameter θ. Dies wird hier als Information der Stichprobe bezeichnet.

Wird die Stichprobe $x_1, \ldots, x_n$ in einem Datenvektor zusammengefasst, so lässt sich die Wahrscheinlichkeitsfunktion (15.158) auch schreiben als:

$$f_{\mathbf{X}}(\mathbf{x} \mid \theta) \qquad (15.166)$$

In diesem Fall ist die Information der n Elemente in dem Vektor $\mathbf{x}$ zusammengefasst. Daher tritt die Fisher-Information nicht mehr n-mal auf, da sie im Vektor bereits enthalten ist. Daher entfällt das n vor dem Erwartungswert.

$$I_n(\theta \mid \mathbf{x}) = E_\theta \left(\left(\frac{\partial}{\partial \theta} \ln f_{\mathbf{x}}(\mathbf{x} \mid \theta) \right)^2 \right) \tag{15.167}$$

Werden darüber hinaus p Variablen wie im Regressionsmodell betrachtet, so ist die Fisher-Information eine Matrix $I_n(\theta \mid \mathbf{X})$, die so genannte Informationsmatrix. Im folgenden Beispiel wird die Effizienz des Maximum-Likelihood Schätzers im linearen Regressionsmodells betrachtet.

Beispiel 15.29. Unter den Voraussetzungen des linearen Modells besitzt die Likelihoodfunktion folgende Form (siehe Beispiel 15.7, Seite 348). Im Unterschied zu der eben verwiesen Gleichung wird hier die Residuenvarianz als gegebenen angenommen, da die Varianzuntergrenze der geschätzten Koeffizienten gesucht wird.

$$\ln L(\hat{\mathbf{b}}) = -n \ln \sqrt{2 \pi \sigma_u^2} - \frac{1}{2 \sigma_u^2} (\mathbf{y} - \mathbf{X}\hat{\mathbf{b}})'(\mathbf{y} - \mathbf{X}\hat{\mathbf{b}}) \tag{15.168}$$

Es wird nun von der Form (15.161) wegen der einfacheren Berechnungen gebrauch gemacht.

$$\frac{\partial \ln L(\hat{\mathbf{b}})}{\partial \hat{\mathbf{b}}} = -\frac{1}{2 \sigma_u^2} (-2 \mathbf{X}'\mathbf{y} + 2 \mathbf{X}'\mathbf{X}\hat{\mathbf{b}}) \tag{15.169}$$

$$\frac{\partial^2 \ln L(\hat{\mathbf{b}})}{\partial \hat{\mathbf{b}}^2} = -\frac{1}{\sigma_u^2} \mathbf{X}'\mathbf{X} \tag{15.170}$$

$$-E_{\mathbf{b}} \left(\frac{\partial^2}{\partial \theta^2} \ln f_{\mathbf{x}}(\mathbf{X} \mid \theta) \right) = \frac{1}{\sigma_u^2} \mathbf{X}'\mathbf{X} = I_n(\mathbf{b} \mid \mathbf{X}) \tag{15.171}$$

$$Var_{\mathbf{b}}(\hat{\mathbf{b}}) = \frac{1}{I_n(\mathbf{b} \mid \mathbf{X})} = \sigma_u^2 (\mathbf{X}'\mathbf{X})^{-1} \tag{15.172}$$

Dies ist die Varianz der Regressionskoeffizienten, wie sie in Beispiel 15.24 (Seite 366) berechnet wurde. Der Maximum-Likelihood Schätzer besitzt also die Varianz der Cramér-Rao-Untergrenze und ist daher in diesem Sinn effizient.

Alternativ kann man mit dem **Gauss-Markoff Theorem** die Effizienz der Kleinst-Quadrate Schätzung nachweisen. Hierzu ist keine Verteilungsannahme über die Residuen notwendig. Gleichwohl müssen sie einen Erwartungswert von null $E(\mathbf{u}) = 0$ besitzen und unkorreliert sein $E(\mathbf{u}\mathbf{u}') = \sigma_u^2 \mathbf{I}$ sein. Ferner ist dann auch notwendig, sich auf lineare erwartungstreue Schätzfunktionen wie den Kleinst-Quadrate Schätzer zu beschränken. Es wird nun von einer beliebigen linearen erwartungstreuen Schätzfunktion

$$\tilde{\mathbf{b}} = \mathbf{C}\mathbf{y} = \mathbf{C}\mathbf{X}\mathbf{b} + \mathbf{C}\mathbf{u} \tag{15.173}$$

ausgegangen. Es muss für die erwartungstreue

$$E(\tilde{\mathbf{b}}) = \mathbf{b} \tag{15.174}$$

gelten. Dies gilt nur, wenn $\mathbf{CX} = \mathbf{I}$ erfüllt ist. Wenn $\tilde{\mathbf{b}}$ erwartungstreu ist, so folgt aus

$$\tilde{\mathbf{b}} = \mathbf{b} + \mathbf{Cu} \tag{15.175}$$

die Varianz

$$\begin{aligned} E\big((\tilde{\mathbf{b}} - \mathbf{b})(\tilde{\mathbf{b}} - \mathbf{b})'\big) &= \mathbf{C}E(\mathbf{uu}')\mathbf{C}' \\ &= \sigma_u^2 \, \mathbf{CC}' \end{aligned} \tag{15.176}$$

Man kann nun zeigen, dass die Differenzmatrix

$$E\big((\tilde{\mathbf{b}} - \mathbf{b})(\tilde{\mathbf{b}} - \mathbf{b})'\big) - E\big((\hat{\mathbf{b}} - \mathbf{b})(\hat{\mathbf{b}} - \mathbf{b})'\big) = \sigma_u^2 \big(\mathbf{CC}' - (\mathbf{XX})^{-1}\big) \tag{15.177}$$

eine positiv semidefinite Matrix ist, so dass die Schätzfunktion $\tilde{\mathbf{b}}$ stets eine größere Varianz als die Kleinst-Quadrate Schätzfunktion $\hat{\mathbf{b}}$ besitzt. Wegen $\mathbf{CX} = \mathbf{I}$ gilt

$$\mathbf{CC}' - (\mathbf{XX})^{-1} = \big(\mathbf{C} - (\mathbf{X'X})^{-1}\mathbf{X}'\big)\big(\mathbf{C} - (\mathbf{X'X})^{-1}\mathbf{X}'\big), \tag{15.178}$$

so dass die Differenzmatrix null ist für $\mathbf{C} = (\mathbf{X'X})^{-1}\mathbf{X}'$. Dies ergibt den Kleinst-Quadrate Schätzer

$$\hat{\mathbf{b}} = (\mathbf{X'X})^{-1}\mathbf{X'y}, \tag{15.179}$$

der somit auch im Sinn von Gauss-Markoff effizient ist.

15.5 Übungen

Übung 15.1. Es wurde ein Würfel 300 mal geworfen (durch Simulation) und der Anteil der Sechsen ermittelt. Die Zufallsvariable X_i ist eins wenn eine Sechs gewürfelt wird, sonst null. $\bar{X}$ misst also den relativen Anteil der Sechsen.

1. Wie sind die Zufallsvariablen X_i und $n\bar{X}$ verteilt? Welche approximative Verteilung kann man für $\bar{X}$ angeben?
2. Berechnen Sie ein approximatives Konfidenzintervall für θ mit einer Fehlerwahrscheinlichkeit von $\alpha = 0.1$, wenn sich ein Stichprobenanteil (-mittelwert) von $\bar{X} = 0.1467$ ergeben hat.
3. Interpretieren Sie Ihr berechnetes Konfidenzintervall.

Übung 15.2. Aus einer Produktion mit $N = 1000$ Elementen werden ohne Zurücklegen $n = 100$ Elemente gezogen. Bei einer Überprüfung der Elemente wird festgestellt, dass $m = 15$ Elemente einen Defekt aufweisen. Schätzen Sie die Varianz des Anteilswerts und berechnen Sie ein Konfidenzintervall zum Niveau 0.95.

Übung 15.3. Aus einer dichotomen Grundgesamtheit seien $X_1, \dots, X_n$ unabhängige Wiederholungen der dichotomen Zufallsvariable X mit

$$P(X = 1) = \pi \qquad (15.180)$$

und

$$P(X = 0) = 1 - \pi \qquad (15.181)$$

gezogen. $\hat{\pi} = 1/n \sum_{i=1}^{n} X_i$ bezeichne die relative Häufigkeit. Bestimmen Sie die erwartete quadratische Abweichung $MSE(\hat{\pi})$ für $\pi = \{0, 0.25, 0.5, 0.75, 1\}$ für $n = 100$ und zeichnen sie den Verlauf von $MSE(\hat{\pi})$ in Abhängigkeit von π.

16

Statistische Tests

Inhaltsverzeichnis

16.1 Einführung

Die Überprüfung von Annahmen über das Verhalten des Untersuchungsmerkmals in der Grundgesamtheit fällt unter den Begriff des statistischen Testens. Die Regeln, die zur Überprüfung eingesetzt werden, heißen entsprechend statistische Tests. Damit statistische Tests zur Beantwortung solcher Fragestellungen eingesetzt werden können, müssen die entsprechenden Vermutungen nicht nur operationalisiert, sondern auch als statistisches Testproblem formuliert werden. Ähnlich wie für Schätzungen gibt es auch für Tests verschiedene Grundlagenkonzepte. Im Folgenden wird vor allem auf die klassische Testtheorie eingegangen, die in der Praxis am weitesten verbreitet ist.

Die klassische Testtheorie geht in ihren Ansätzen auf K. Pearson zurück und wurde in ihrer jetzigen Form von J. Neyman und E. S. Pearson um 1930 entwickelt (deshalb auch als Neyman-Pearson Test bezeichnet). Sie lässt sich durch Attribute objektionistisch und frequentistisch charakterisieren: Grundlage dieser Theorie ist der objektivistische Wahrscheinlichkeitsbegriff, subjektive Einflüsse oder Vorbewertungen haben in ihr keinen Platz. Funktionsweise und Güteeigenschaften von Tests werden einer frequentistischen Betrachtungsweise unterzogen.

Eine mögliche Erweiterung des klassischen statistischen Testgedankens kann mit der Bayesianischen Idee vorgenommen werden. Ein Testergebnis, die Information aus einer Stichprobe, wird zur Korrektur einer a priori Information verwendet. Damit finden auch subjektive Betrachtungsweisen Eingang in den Test. Dieser Gedanke wird hier nur am Rande betrachtet.

16.2 Klassische Testtheorie

In der klassischen Testtheorie wird die Prüfsituation in zwei Hypothesen erfasst. In der Nullhypothese H_0 wird die Aussage „kein Effekt" bzw. „keine Differenz" formuliert – daher der Zusatz „Null" und in der Alternativhypothese H_1 wird die Ablehnung von H_0 festgehalten.

Bei den Hypothesen handelt es sich um sachlich begründete Vermutungen über ein interessierendes Merkmal X. Das Merkmal X wird als Zufallsvariable aufgefasst, deren Verteilung ganz oder teilweise unbekannt ist. Vor der Durchführung eines Tests muss man – genau wie bei der Schätzung – in einer Verteilungsannahme die für X unter H_0 in Betracht kommende Verteilung festlegen. Sie stellt das Vorwissen über X dar. Der durchzuführende Test baut auf dieser Verteilungsannahme unter H_0 auf und kann diese Annahme selbst nicht überprüfen.

Ein Test liefert eine der beiden folgenden Aussagen (Entscheidungen):

- H_0 ablehnen (H_1 annehmen)
- H_0 beibehalten (H_1 nicht annehmen)

Ein Test kann somit zu zwei Arten von Fehlern führen.

Definition 16.1. *Ein* **Fehler 1. Art** *liegt vor, wenn H_0 abgelehnt wird, obwohl H_0 richtig ist. Er wird auch als α-Fehler bezeichnet. Ein* **Fehler 2. Art** *liegt vor, wenn H_0 beibehalten wird, obwohl H_0 falsch ist. Er wird auch als β-Fehler bezeichnet (siehe Tabelle 16.1).*

In der klassischen Testtheorie wird die Überprüfung von H_0 gegen H_1 einer unsymmetrischen Betrachtungsweise unterworfen. Die beiden Fehlerarten werden auf

Tabelle 16.1. Fehlerarten

wahr	Testentscheidung H_0	H_1
H_0	$\checkmark$	Fehler 1. Art
H_1	Fehler 2. Art	$\checkmark$

verschiedene, nicht gleichrangige Weise behandelt. Der klassische Test ist unter der Prämisse des Fehlers 1. Art konstruiert, unter der Nullhypothese (siehe Kapitel 16.6). Der Fehler 2. Art geht nur in das Gütekriterium eines Tests ein. Das Konstruktionsprinzip lautet: Ein Test ist so unter H_0 zu konstruieren, dass die Wahrscheinlichkeit, den Fehler 1. Art zu begehen, höchstens so groß wie eine Schranke α wird. Man nennt α das **Signifikanzniveau** oder das Niveau des Tests. Das Signifikanzniveau gibt die Wahrscheinlichkeit an, mit der eine Fehlentscheidung unter der Bedingung H_0, man nimmt sie als wahr an, getroffen wird.

$$\text{Fehler 1. Art} = P(H_1 \text{ angenommen} \mid H_0 \text{ wahr}) = \alpha \qquad (16.1)$$

und

$$\text{Fehler 2. Art} = P(H_0 \text{ angenommen} \mid H_1 \text{ wahr}) = \beta \qquad (16.2)$$

Für α wird eine nahe bei null gelegene Zahl vorgegeben, meist $\alpha = 0.05$ oder $\alpha = 0.01$. Das Gütekriterium lautet: Unter allen Tests zum Niveau α für H_0 gegen H_1 gilt derjenige als der beste, der die kleinste Wahrscheinlichkeit für den Fehler 2. Art besitzt.

Die **Fehlerwahrscheinlichkeit** ist keine – wie häufiger geschrieben wird – **Irrtumswahrscheinlichkeit**. Ein Irrtum liegt im eigentlichen Sinn dann vor, wenn die Testentscheidung getroffen wurde, also eine Bedingung jetzt ist und man dann feststellt, dass die Hypothese nicht zutrifft. Also die Überprüfung der „Wahrheit" der Hypothese H_0 (H_1) aufgrund der Testentscheidung.

$$\text{Irrtumswahrscheinlichkeit} = P(H_1 \text{ wahr} \mid H_0 \text{ angenommen}) \qquad (16.3)$$

bzw.

$$\text{Irrtumswahrscheinlichkeit} = P(H_0 \text{ wahr} \mid H_1 \text{ angenommen}) \qquad (16.4)$$

Beispiel 16.1. In den Beispielen 9.13 (Seite 214) und 9.16 (Seite 217) kann die Hypothese

$$H_0 : B^* = \text{„blaues Taxi hat Unfall verursacht"} \quad \text{gegen}$$

$$H_1 : \overline{B}^* = \text{„grünes Taxi hat Unfall verursacht"} \quad (16.5)$$

formuliert werden, wobei hier „nicht blau" gleich „grün" gilt, weil nur blaue und grüne Taxis angenommen wurden: $\overline{B}^* = G^*$. Die Zeugenaussage kann als Testentscheidung gesehen werden. Mit der Zeugenaussage B wird sich für H_0 entschieden, mit $\overline{B}$ für H_1. Der Fehler 1. Art stellt sich in diesem Kontext dann als

$$P(\overline{B} \mid B^*) = 0.2 \tag{16.6}$$

und der Fehler 2. Art als

$$P(B \mid \overline{B}^*) = 0.2 \tag{16.7}$$

dar (siehe Tabelle 16.2). Dass die beiden Fehler hier gleich groß sind, liegt in den Annahmen des Beispiels begründet: $P(B \mid B^*) = P(\overline{B} \mid \overline{B}^*) = 0.8$.

Tabelle 16.2. 1. und 2. Fehler bei der Zeugenaussage

wahr	Testentscheidung	
	$H_0 : B$	$H_1 : \overline{B}$
$H_0 : B^*$	0.8	0.2
$H_1 : \overline{B}^*$	0.2	0.8

Unter der Bedingung, dass H_0 gilt, wird der Fehler 1. Art bestimmt. Bei einem statistischen Test wird in der Regel nur die Zeile unter H_0 betrachtet. Es bleibt damit bei einem statistischen Test unberücksichtigt, wie groß der Fehler 2. Art ist, also sich für H_0 zu entscheiden, obwohl H_1 gilt. Die Fehlerarten beschreiben also Fehlentscheidungen.

Die Tabelle 16.3 ist nur unter Kenntnis der Angaben in Beispiel 9.13 (Seite 214) berechenbar, nicht aufgrund des statistischen Tests, hier die Zeugenaussage.

Tabelle 16.3. Irrtumswahrscheinlichkeiten

wahr	Testentscheidung	
	$H_0 : B$	$H_1 : \overline{B}$
$H_0 : B^*$	$\frac{4}{9}$	$\frac{1}{21}$
$H_1 : \overline{B}^*$	$\frac{5}{9}$	$\frac{20}{21}$

In der Tabelle 16.3 sind jetzt die Spalten als Bedingungen zu sehen. Als Irrtumswahrscheinlichkeit kann man in diesem Zusammenhang also die Wahrscheinlichkeiten

$$P(\overline{B}^* \mid B) = \frac{5}{9} \tag{16.8}$$

und

$$P(B^* \mid \overline{B}) = \frac{1}{21} \tag{16.9}$$

bezeichnen. Sie geben an, wie wahrscheinlich es ist, $H_1 : \overline{B}^*$ ($H_0 : B^*$) unter der Bedingung, dass die Testentscheidung für $H_0 : B$ ($H_1 : \overline{B}$) ausfiel anzunehmen. Die Fehlerarten geben also eine andere Wahrscheinlichkeit an!

Der Irrtum, dass es sich um ein grünes Taxi handelt (H_1 wahr), wenn ein blaues gesehen wurde (Testentscheidung für H_0), liegt bei über 50% und ist damit deutlich höher als das Signifikanzniveau $\alpha = 0.2$. Die Irrtumswahrscheinlichkeit kann ein statistischer Test auch nicht ermitteln, denn er wird ja gerade in Unkenntnis der Wahrheit angewendet und man setzt daher die Bedingung H_0 als wahr.

Im Allgemeinen ist es nicht möglich, einen Test so zu konstruieren, dass die Wahrscheinlichkeiten für beide Fehlerarten unterhalb vorgegebener, nahe bei null gelegenen Schranken liegen. Zwischen den beiden Fehlerarten herrscht ein Antagonismus folgender Art: Je kleiner der Fehler 1. Art wird, desto unwahrscheinlicher wird diese Art der Fehlentscheidung. Lehnt man aber H_0 selten ab, so steigt die Wahrscheinlichkeit auch dann H_0 nicht abzulehnen, wenn H_0 falsch ist. Damit steigt aber der Fehler 2. Art. Also je kleiner die Wahrscheinlichkeit für den Fehler 1. Art ist, desto größer ist im Allgemeinen die Wahrscheinlichkeit für den Fehler 2. Art und umgekehrt. Dieser Antagonismus ist auch der Grund dafür, den Test zum Niveau α so zu konstruieren, dass das vorgegebene Niveau möglichst gut ausgeschöpft wird. Hat man sich nämlich für ein bestimmtes Signifikanzniveau α entschieden, so würde man für die Wahrscheinlichkeit des Fehlers 2. Art unnötig große Werte zulassen, wenn die Wahrscheinlichkeit für den Fehler 1. Art unnötig weit unterhalb von α läge. Man strebt daher in der Niveaubedingung stets das Gleichheitszeichen an.

Beispiel 16.2. Den beschriebenen Antagonismus kann man auch anhand des Beispiels 16.1 (Seite 377) formal darstellen. Aus den mengenalgebraischen Beschreibungen für die Fehler 1. und 2. Art folgt:

$$P(\overline{B} \cap B^*) + P(B \cap \overline{B}^*) \leq 1$$
$$P(\overline{B} \mid B^*)\,P(B^*) + P(B \mid \overline{B}^*)\,P(\overline{B}^*) \leq 1 \tag{16.10}$$
$$\alpha\,P(B^*) + \beta\,P(\overline{B}^*) \leq 1$$

Das Auflösen der Gleichung nach β führt unmittelbar zur gewünschten Beziehung. Reduziert man α, so steigt β.

Ein statistischer Test ist also per Voraussetzung nicht in der Lage, die Wahrheit zu ermitteln, sondern nur unter der Bedingung, dass H_0 wahr ist, zu überprüfen, ob die Beobachtungen, Messergebnis oder wie hier Zeugenaussage nicht eher für H_1 sprechen. Damit ist natürlich nicht festgestellt, dass H_0 auch zutrifft, denn dies ist ja gerade die Voraussetzung!

16.3 Parametertests bei normalverteilten Grundgesamtheiten

Das oben beschriebene Testverfahren wird nun auf eine einfache Zufallsstichprobe aus einer normalverteilten Grundgesamtheit angewendet. In der Normalverteilung bestimmt der Erwartungswert μ_X die Lage der Verteilung und man kann das Stichprobenmittel $\bar{X}$ als eine gute Schätzung für μ_X verwenden. Nun kann man eine Hypothese μ_0 formulieren und überprüfen, ob die beobachtete Stichprobe mit dieser übereinstimmt. Es kann also die Hypothese $H_0 : \mu_X = \mu_0$ gegen z. B. $H_1 : \mu_X \neq \mu_0$ formuliert werden. Die Hypothese ist nun parametrisiert.

Da μ_X unbekannt ist, ersetzt man es mit dem Stichprobenmittel und man erhält damit: $H_0 : \bar{X} = \mu_0$ gegen $H_1 : \bar{X} \neq \mu_0$. Liefert die Stichprobe nun ein Stichprobenmittel, welches stark von μ_0 abweicht, so würde man die Hypothese H_0 verwerfen. Nun ist die Frage, wann ist die Abweichung $\bar{X} - \mu_0$ so groß, dass man zu dem Entschluss kommt, dass $\mu_X \neq \mu_0$ gilt. Dazu führt man eine kritische Zahl c ein, so dass der Test lautet: Die Hypothese $H_0 : \mu_X = \mu_0$ wird beibehalten, wenn $|\bar{X} - \mu_0| \leq c$ gilt und H_0 wird zugunsten von H_1 abgelehnt, wenn gilt $|\bar{X} - \mu_0| > c$. Offen bleibt hier die Frage, wie die kritische Zahl c zu bestimmen ist.

Bei einem Test kann es passieren, dass H_0 auch dann abgelehnt wird, wenn H_0 in Wirklichkeit richtig ist. In der gegebenen Situation können ja auch dann, wenn die Situation $\mu_X = \mu_0$ gilt, zufällig große Abweichungen zwischen $\bar{X}$ und μ_0 auftreten, obwohl dies sehr unwahrscheinlich ist. Die Fehlentscheidung die Hypothese H_0 abzulehnen, obwohl H_0 gilt, der so genannte Fehler 1. Art wird durch die Angabe von α kontrolliert. Die kritische Zahl c ist also unter H_0 so festzulegen, dass die Wahrscheinlichkeit, mit dem Test einen Fehler 1. Art zu begehen, gleich α ist. Es gilt unter H_0 dann folgende Wahrscheinlichkeit:

$$P(|\bar{X} - \mu_0| > c \mid H_0 \text{ wahr}) = \alpha \tag{16.11}$$

Um die Gleichung zu erfüllen, muss man die Verteilung von $\bar{X}$ unter H_0 kennen. Im Folgenden wird die Bedingung nicht mehr explizit genannt.

16.3.1 Gauss-Test

Unter den gemachten Annahmen ist $\bar{X}$ normalverteilt mit μ_X und σ_X^2/n. Aus der Standardisierung der Größe $\bar{X} - \mu_0$ erhält man dann folgende Teststatistik unter H_0:

$$Z_n = \frac{\bar{X} - \mu_0}{\sigma_X/\sqrt{n}} \sim N(0,1) \tag{16.12}$$

Mittels dieser Kenntnis lässt sich nun, ähnlich wie bei der Konfidenzintervallschätzung, die kritische Zahl c bestimmen. Aus dem Konfidenzintervall

$$P\left(-z_{1-\alpha/2} < \frac{\bar{X} - \mu_0}{\sigma_X/\sqrt{n}} < z_{1-\alpha/2}\right) = 1 - \alpha \tag{16.13}$$

erhält man dann

$$P\left(|\bar{X} - \mu_0| > z_{1-\alpha/2}\,\frac{\sigma_X}{\sqrt{n}}\right) = \alpha \tag{16.14}$$

woraus sich die kritische Zahl c ergibt:

$$c = z_{1-\alpha/2}\,\frac{\sigma_X}{\sqrt{n}} \tag{16.15}$$

Die Entscheidungsregel entspricht also einer Zerlegung des Wertebereichs von $\bar{X}$, in den kritischen Bereich

$$K = \{|\bar{X} - \mu_0| > c\} \tag{16.16}$$

und in einen Annahmebereich

$$\overline{K} = \{|\bar{X} - \mu_0| \leq c\}. \tag{16.17}$$

Fällt die Differenz größer als c aus, so wird die Hypothese H_0 abgelehnt. Die Abweichung ist so groß, dass es unter der gegebenen Wahrscheinlichkeitsverteilung unwahrscheinlich ist, dass die Stichprobe aus einer Grundgesamtheit mit dem Erwartungswert μ_0 stammt. Nur in 5% aller Fälle gilt trotz dieser Abweichung die Hypothese H_0.

Beispiel 16.3. X_i sei normalverteilt mit μ_X und $\sigma_X^2 = 100$. Zum Niveau $\alpha = 0.05$ soll für das Hypothesenpaar $H_0 : \mu_X = 1\,000$ gegen $H_1 : \mu_X \neq 1\,000$ bei einer Stichprobe mit $n = 25$ der kritische Bereich festgelegt werden. Aus der Tabelle der Standardnormalverteilung erhält man: $z_{1-\alpha/2} = 1.96$. Die kritische Zahl ist somit:

$$c = 1.96\,\frac{10}{\sqrt{25}} = 3.92 \tag{16.18}$$

Der kritische Bereich lautet:

$$K = \{\bar{X}\,|\bar{X} - 1\,000| > 3.92\} \tag{16.19}$$

Die Hypothese H_0 wird abgelehnt, wenn das Stichprobenmittel kleiner als 996.08 oder größer als 1 003.92 ist.

Definition 16.2. *Sei X_i normalverteilt mit μ_X und σ_X^2. Die Überprüfung der Hypothese*

$$H_0 : \mu_X = \mu_0 \quad \text{gegen} \quad H_1 : \mu_X \neq \mu_0 \tag{16.20}$$

mittels der Statistik

$$Z_n = \frac{\bar{X} - \mu_0}{\sigma_X/\sqrt{n}} \sim N(0,1) \tag{16.21}$$

heißt zweiseitiger **Gauss-Test**. *Die Hypothese H_0 wird abgelehnt, wenn*

$$|Z_n| > z_{1-\alpha/2} \qquad (16.22)$$

gilt, wobei $z_{1-\alpha/2}$ das $1 - \alpha/2$-Quantil der Standardnormalverteilung ist. Die Hypothese H_0 wird angenommen, wenn gilt:

$$|Z_n| \leq z_{1-\alpha/2} \qquad (16.23)$$

Wird das Hypothesenpaar

$$H_0 : \mu_X \geq \mu_0 \quad gegen \quad H_1 : \mu_X < \mu_0 \qquad (16.24)$$

oder

$$H_0 : \mu_X \leq \mu_0 \quad gegen \quad H_1 : \mu_X > \mu_0 \qquad (16.25)$$

überprüft, so spricht man von einem einseitigen Gauss-Test. Die Hypothese H_0 wird abgelehnt, wenn

$$Z_n < z_\alpha \quad bzw. \quad Z_n > z_{1-\alpha} \qquad (16.26)$$

gilt.

Aufgrund der Symmetrie der Normalverteilung gilt: $z_\alpha = -z_{1-\alpha}$.

Beispiel 16.4. Ein zweiseitiger Gauss-Test zum Beispiel 16.3 (Seite 381) mit dem Hypothesenpaar

$$H_0 : \mu_X = 1\,000 \quad gegen \quad H_1 : \mu_X \neq 1\,000 \qquad (16.27)$$

($\mu_0 = 1\,000$) würde für ein Stichprobenmittel von $\bar{X} = 1\,005$ einen Teststatistikwert von

$$Z_n = \frac{1\,005 - 1\,000}{10/\sqrt{25}} = 2.5 \qquad (16.28)$$

liefern. Da Z_n größer als die kritische Zahl $c = z_{1-\alpha/2} = 1.96$ ist, wird die Nullhypothese auf dem Niveau $\alpha = 0.05$ abgelehnt. Es ist das gleiche Testergebnis, das mit den nicht standardisierten Zahlen errechnet wird. Ein $\bar{X} = 1\,005$ liegt oberhalb der Annahmegrenze von $1\,003.92$.

Beispiel 16.5. Ein einseitiger Gauss-Test zu dem Beispiel 16.3 (siehe Seite 381) könnte wie folgt aussehen. Es wird das Hypothesenpaar ($\mu_0 = 1\,000$)

$$H_0 : \mu_X \leq \mu_0 \quad gegen \quad H_1 : \mu_X > \mu_0 \qquad (16.29)$$

aufgestellt und auf dem Niveau $\alpha = 0.05$ überprüft. Das $1 - \alpha$-Quantil besitzt den Wert $z_{1-\alpha} = 1.645$. Bei einem Stichprobenmittel von $\bar{X} = 990$ hat die Teststatistik einen Wert von $Z_n = -5$, so dass die Hypothese H_0 bei dem gegebenen Signifikanzniveau beibehalten wird, da $Z_n < z_{1-\alpha}$ ist. Bei einem Stichprobenmittel von $\bar{X} = 1\,005$ besitzt die Teststatistik einen Wert von $Z_n = 2.5$, so dass nun die Hypothese H_0 abgelehnt wird. Die Testsituation $H_0 : \mu_X = 1000$ gegen $H_1 : \mu_X = 1\,005$ ist in der Abbildung 16.1 wiedergegeben. Der kritische Wert liegt hier bei $c = 1\,003.29$. Man erkennt, dass bei einer Verkleinerung des Fehlers 1. Art die Annahmegrenze für H_0 sich hier nach rechts verschiebt. Gleichzeitig wird aber damit die Fläche, die den Fehler 2. Art repräsentiert, größer (siehe Abbildung 16.1).

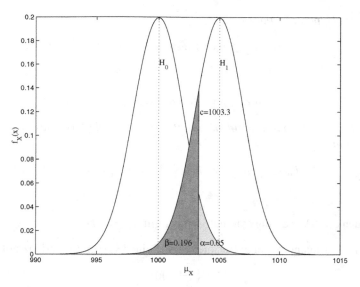

Abb. 16.1. Einseitiger Gausstest: $H_0 : \mu_X \leq 1\,000$ gegen $H_1 : \mu_X = 1\,005$

16.3.2 t-Test

In vielen Testproblemen ist jedoch die Varianz σ_X^2 unbekannt, so dass der Gauss-Test nicht durchgeführt werden kann. Die Statistik der t-Verteilung ist in diesem Fall für einen Test geeignet.

Definition 16.3. *Sei $X_i \sim N(\mu_X, \sigma_X^2)$. Die Varianz σ_X^2 wird durch*

$$S_X^2 = \frac{1}{n-1} \sum_{i=1}^{n} (X_i - \bar{X})^2 \tag{16.30}$$

geschätzt ($\hat{\sigma}_X^2 = S_X^2$), dann heißt die Überprüfung des Hypothesenpaars

$$H_0 : \mu_X = \mu_0 \quad gegen \quad H_1 : \mu_X \neq \mu_0 \tag{16.31}$$

mittels der Statistik

$$T_n = \frac{\bar{X} - \mu_0}{S_X / \sqrt{n}} \sim t(n-1) \tag{16.32}$$

*zweiseitiger **t-Test**. Die Hypothese H_0 wird abgelehnt, wenn*

$$|T_n| > t_{1-\alpha/2}(n-1) \tag{16.33}$$

gilt, wobei $t_{1-\alpha/2}(n-1)$ das $1 - \alpha/2$-Quantil der t-Verteilung mit $n-1$ Freiheitsgraden ist. Die Hypothese H_0 wird angenommen, wenn gilt:

$$|T_n| \leq t_{1-\alpha/2}(n-1) \tag{16.34}$$

Wird das Hypothesenpaar

$$H_0 : \mu_X \geq \mu_0 \quad gegen \quad H_1 : \mu_X < \mu_0 \tag{16.35}$$

oder

$$H_0 : \mu_X \leq \mu_0 \quad gegen \quad H_1 : \mu_X > \mu_0 \tag{16.36}$$

überprüft, so spricht man von einem einseitigen t-Test. Die Hypothese H_0 wird abgelehnt, wenn

$$T_n < t_\alpha(n-1) \quad bzw. \quad T_n > t_{1-\alpha}(n-1) \tag{16.37}$$

gilt.

Da auch die t-Verteilung symmetrisch ist, gilt: $t_\alpha = -t_{1-\alpha}$.

Beispiel 16.6. Angenommen in Beispiel 16.4 (Seite 382) sei die Varianz mit

$$S_X^2 = 100 \tag{16.38}$$

geschätzt worden. Dann lautet ein zweiseitiger t-Test: Lehne H_0 ab, wenn

$$|T_{n=25}| > t_{0.975}(24) \tag{16.39}$$

ist. Da

$$|T_{n=25} = 2.5| > t_{0.975}(24) = 2.064 \tag{16.40}$$

ist, wird die Nullhypothese abgelehnt. Man sieht an diesem Beispiel, welchen Einfluss die zusätzliche Unsicherheit durch die Schätzung der Varianz hat. Das Quantil der t-Verteilung liegt über dem der Standardnormalverteilung.

16.3.3 Parametertest im linearen Regressionsmodell

Mit den Ergebnissen aus Kapitel 15.3.3 ist es nun leicht möglich auch einen Parametertest für die Regressionskoeffizienten des linearen Regressionsmodell anzugeben. Mit der t-Statistik für die Regressionskoeffizienten

$$T_{\beta_i} = \frac{\hat{\beta}_i - \beta_i}{\hat{\sigma}_u \sqrt{(\mathbf{X'X})_{ii}^{-1}}} \sim t(n-p-1) \quad i = 0, \ldots, p \tag{16.41}$$

kann nun ein Test auf verschiedene Parameterhypothesen $H_0 : \beta_i = \beta_i^0$ gegen $H_1 : \beta_i \neq \beta_i^0$ ein formuliert werden. H_0 wird abgelehnt, wenn

$$\left| \frac{\hat{\beta}_i - \beta_i^0}{\hat{\sigma}_u \sqrt{(\mathbf{X'X})_{ii}^{-1}}} \right| > t_{1-\alpha/2}(n-p-1) \tag{16.42}$$

ist. Dieser Test wird als t-**Test** oder **Signifikanztest** bezeichnet.

Beispiel 16.7. Mit den Werten aus dem Beispiel 6.3 (Seite 140) und dem Ergebnis in Beispiel 6.4 (siehe Seite 143) kann die Varianz-Kovarianz-Matrix der Regressionskoeffizienten berechnet werden.

$$\hat{\sigma}_{\hat{b}}^2 = \hat{\sigma}_u^2 \left(\mathbf{X}'\mathbf{X}\right)^{-1}$$

$$= \frac{1.1568}{7 - 2 - 1} \begin{pmatrix} 46.809 & -2.358 & -3.726 \\ -2.358 & 0.201 & 0.174 \\ -3.726 & 0.174 & 0.300 \end{pmatrix} \qquad (16.43)$$

$$= \begin{pmatrix} 13.537 & -0.682 & -1.078 \\ -0.682 & 0.058 & 0.050 \\ -1.078 & 0.050 & 0.087 \end{pmatrix}$$

Die geschätzten Varianzen der Regressionskoeffizienten $\hat{b}$ sind die Werte auf der Hauptdiagonalen. Die Signifikanztests $H_0 : \beta_i = 0$ gegen $H_1 : \beta_i \neq 0$ für die Koeffizienten

$$\hat{\beta}_0 = 7.379 \qquad (16.44)$$

$$\hat{\beta}_1 = -0.735 \qquad (16.45)$$

$$\hat{\beta}_2 = -0.410 \qquad (16.46)$$

sind dann durch folgende Teststatistiken gegeben:

$$T_{\beta_0} = \left| \frac{7.379 - 0}{\sqrt{13.537}} \right| = |2.006| \sim t(4) \qquad (16.47)$$

$$T_{\beta_1} = \left| \frac{-0.736 - 0}{\sqrt{0.058}} \right| = |-3.048| \sim t(4) \qquad (16.48)$$

$$T_{\beta_2} = \left| \frac{-0.410 - 0}{\sqrt{0.087}} \right| = |-1.392| \sim t(4) \qquad (16.49)$$

Die Nullhypothese ist abzulehnen, wenn der Betrag des Wertes der Teststatistik über dem gewählten $1 - \alpha/2$-Quantil der t-Verteilung liegt. Für $\alpha = 0.05$ erhält man bei 4 Freiheitsgraden einen Wert von

$$t_{0.975}(4) = 2.776. \qquad (16.50)$$

Damit wird lediglich der Koeffizient β_1 als signifikant von Null verschieden getestet. Dies bedeutet, dass in dieser Regression lediglich die Änderungsrate der Verbraucherpreise einen von Null verschiedenen Einfluss auf die Änderungsrate der privaten Konsumausgaben hat. Die Änderungsrate der Arbeitslosigkeit erweist sich hier als nicht signifikant. Der wahre Koeffizient von β_2 und damit der Einfluss auf die Konsumausgaben liegt bei Null. Dass ein Wert von ungleich Null geschätzt wird, heißt ja nicht, dass dieser auch einen messbaren Einfluss besitzt. Es ist ja immer mit zu berücksichtigen, wie groß die Unsicherheit bzgl. des Koeffizientenwerts ist. Genau dies wird in der Teststatistik berücksichtigt.

Die Testergebnisse sind nur dann aussagefähig, wenn eine Normalverteilung der Residuen auch vorliegt. Dies lässt sich einfach durch ein Histogramm, die Dichtespur und ein QQ-Plot überprüfen (siehe Abbildung 16.2, die gestrichelte Linie gibt die Normalverteilung an). Das Histogramm zeigt grob den Verlauf einer Normalverteilung; es liegen ja auch nur 7 Werte vor! Die Testergebnisse sind aussagefähige.

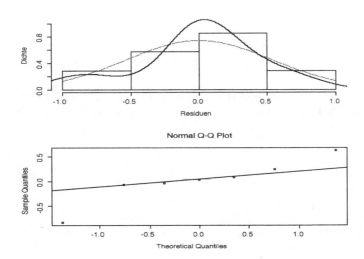

Abb. 16.2. Histogramm, Dichtespur und QQ-Plot der Residuen

Ein weiterer Gesichtspunkt bei der Überprüfung der Regressionsergebnisse ist, ob alle Regressoren zusammen ohne Einfluss sind. Dies wird mit der Hypothese $H_0 : \beta_1 = \ldots = \beta_p = 0$ formuliert. Dies bedeutet, dass die Varianz der zu erklärenden Variablen lediglich durch den Niveauparameter β_0 erfolgt. Der Erklärungsansatz reduziert sich dann auf:

$$\mathbf{y} = \mathbf{1}\,\beta_0 + \mathbf{u}_R \tag{16.51}$$

Dies nennt man auch den restringierten Ansatz. Hier wird durch die Kleinst-Quadrate Schätzung dann nur $\hat\beta_0 = \bar y$ geschätzt. Es wird nun getestet, ob sich die erklärte Varianz im nicht restringierten Erklärungsansatz (15.58) ($H_1 : \beta_1, \ldots, \beta_p \neq 0$) sich signifikant von der im restringierten in Ansatz (16.51) unterscheidet. Dies kann man auch mittels der Streuungszerlegung (siehe Kapitel 6.4)

$$\sigma_y^2 = \sigma_{\hat y}^2 + \sigma_{\hat u}^2 \tag{16.52}$$

überprüfen. Nun gilt im restringierten Modell (16.51) aufgrund der KQ-Schätzung für $\hat\beta_0 = \bar y$:

$$\sigma_{\hat u_R}^2 = \sigma_y^2 \tag{16.53}$$

Somit lässt sich die erklärte Varianz des nicht restringierten Modells auch schreiben als:

$$\sigma_{\hat{y}}^2 = \sigma_{\hat{u}_R}^2 - \sigma_{\hat{u}}^2 \tag{16.54}$$

Das Verhältnis von erklärter zu nicht erklärter Varianz

$$\frac{\sigma_{\hat{y}}^2}{\sigma_{\hat{u}}^2} = \frac{\sigma_{\hat{u}_R}^2 - \sigma_{\hat{u}}^2}{\sigma_{\hat{u}}^2} \tag{16.55}$$

gibt also die relative Änderung der Residuenvarianzen der beiden Modelle zu einander an. Hat sich das Verhältnis signifikant verändert, so schließt man daraus, dass H_0 nicht gilt und damit der Erklärungsansatz des nicht restringierten Modells insgesamt tauglich ist.

In der Gleichung (16.55) handelt es sich um das Verhältnis von zwei χ^2-verteilten Zufallsgrößen. Aus Kapitel 14.7.3 ist bekannt, dass diese Größe F-verteilt ist.

Definition 16.4. *Die Teststatistik*

$$F_\beta = \frac{\sigma_{\hat{y}}^2/p}{\sigma_{\hat{u}}^2/(n-p-1)} \sim F\big(p, n-p-1\big) \tag{16.56}$$

ist F-verteilt mit den Freiheitsgraden $n_1 = p$ und $n_2 = n - p - 1$ und wird als **F-Test** *bezeichnet.*

Es ist anzumerken, dass es sich hier bei $\sigma_{\hat{y}}^2$ und $\sigma_{\hat{u}}^2$ nicht um die Schätzer der Varianzen, sondern um die Varianzen selber handelt, also die mit n gemittelten quadratischen Abweichungen vom Mittelwert.

Aus den bekannten Zusammenhängen lassen sich folgende äquivalente Formen für die F-Teststatistik in Gleichung (16.56) angeben:

$$F_\beta = \frac{(\sigma_{\hat{u}_R}^2 - \sigma_{\hat{u}}^2)/p}{\sigma_{\hat{u}}^2/(n-p-1)} \sim F\big(p, n-p-1\big) \tag{16.57}$$

und

$$F_\beta = \frac{R^2/p}{(1-R^2)/(n-p-1)} \sim F\big(p, n-p-1\big) \tag{16.58}$$

Beispiel 16.8. Die Überprüfung des gemeinsamen signifikanten Einflusses der Regressoren auf die Änderungsrate der Konsumausgaben in dem Beispiel 6.3 (Seite 140) bzw. 6.4 (Seite 143) wird durch die Teststatistik

$$
\begin{aligned}
F_\beta &= \frac{0.433/2}{0.165/4} \\
&= \frac{0.724/2}{(1-0.724)/4} = 5.242 \sim F(2,4)
\end{aligned}
\tag{16.59}
$$

gemessen. Die Teststatistik ist F-verteilt mit $n_1 = 2$ und $n_2 = 4$. Wird ein Signifikanzniveau von $\alpha = 0.05$ angenommen, so beträgt das $F_{0.95}(2, 4)$-Quantil der Verteilung:

$$F_{0.95}(2, 4) = 6.944 \tag{16.60}$$

Die Nullhypothese $H_0 : \beta_1 = \beta_2 = 0$, dass die Regressoren keinen signifikanten Einfluss zur Erklärung der Änderungsrate der privaten Konsumausgaben haben, wird bei einem Signifikanzniveau von 95% beibehalten. Senkt man das Signifikanzniveau auf 90%, so kann die Nullhypothese beibehalten werden. Hier zeigt sich sehr deutlich, dass ein statistischer Test kein ultimatives Entscheidungsinstrument ist.

Insgesamt ist das Modell aufgrund der geringen Zahl der Beobachtungen ($n = 7$) sehr unsicher in der Schätzung. Ob dieser Modellansatz eine Erklärung für die Variation der Änderungsrate der privaten Konsumausgaben ist muss einerseits durch längere Zeitreihen und anderseits durch weitere / andere aus der Theorie abgeleitete erklärende Variablen untersucht werden.

Weitere Aspekte zur Regressionsanalyse und Tests über z. B. linear zusammengesetzte Koeffizientenhypothesen findet man u. a. in [21], [61] und [94].

16.4 Binomialtest

Ähnlich der Testprozedur für normalverteilte Zufallsvariablen können auch Hypothesen für binomialverteilte Zufallsvariablen statistisch überprüft werden. Jedoch ist dieser Test kein Parametertest im eigentlichen Sinn. Die Verteilung der Zufallsvariablen X leitet sich nicht aus der Grundgesamtheit oder Stichprobe ab, sondern aus der Wahrscheinlichkeit des Eintretens des Ereignisses A (siehe Kapitel 13.3). Daher wird diese Art der Statistik auch als **nichtparametrische Statistik** bezeichnet. Eine weitere Besonderheit zeichnet diesen Test aus: Das Messniveau der Zufallsvariablen X muss nicht metrisch sein. Ein nominales Messniveau ist ausreichend. Daher hätte dieses Kapitel inhaltlich auch dem Kapitel 17 zugeordnet werden können.

Es wird das Hypothesenpaar

$$H_0 : \theta = \theta_0 \quad \text{gegen} \quad H_1 : \theta \neq \theta_0 \tag{16.61}$$

überprüft. Mit θ wird der wahre Anteilswert bezeichnet, der durch $\hat{\theta} = \sum_{i=1}^{n} x_i / n$ geschätzt wird und mit θ_0 der hypothetische (vermutete) Anteilswert. Die Zufallsvariable X ist hier bernoulli-verteilt ($Ber(\theta) = Bin(1, \theta)$). Daher gilt:

$$n \bar{X} \sim Bin(n, \theta_0) \tag{16.62}$$

Aus dem Konfidenzintervall

$$P(b_{\alpha/2} < n \bar{X} < b_{1-\alpha/2}) \leq 1 - \alpha \tag{16.63}$$

erhält man durch Umstellung:

$$P(n\,\bar{X} < b_{\alpha/2} \lor n\,\bar{X} > b_{1-\alpha/2}) \leq \alpha \qquad (16.64)$$

Liegt der Wert von $n\,\bar{X}$ unter oder über den kritischen Werten $b_{\alpha/2}$ bzw. $b_{1-\alpha/2}$ wird die Nullhypothese abgelehnt. Dies ist ein zweiseitiger Binomialtest.

Definition 16.5. *Ein* **Binomialtest** *für das Hypothesenpaar*

$$H_0 : \theta = \theta_0 \quad gegen \quad H_1 : \theta \neq \theta_0 \qquad (16.65)$$

auf dem Niveau α *ist dann*

$$P(n\,\bar{X} < b_{\alpha/2} \lor n\,\bar{X} > b_{1-\alpha/2}) \leq \alpha \qquad (16.66)$$

mit $b_{\alpha/2}$ *und* $b_{1-\alpha/2}$ *den* $\alpha/2$ *bzw.* $1 - \alpha/2$*-Quantilen der Binomialverteilung. Die Hypothese* H_0 *wird abgelehnt, wenn* $n\,\bar{X}$ *den kritischen Wert* $b_{\alpha/2}$ *unterschreitet oder* $b_{1-\alpha/2}$ *überschreitet.*

Ein einseitiger Test für das Hypothesenpaar

$$H_0 : \theta \geq \theta_0 \quad gegen \quad H_1 : \theta < \theta_0 \qquad (16.67)$$

oder

$$H_0 : \theta \leq \theta_0 \quad gegen \quad H_1 : \theta > \theta_0 \qquad (16.68)$$

ist dann wie folgt definiert. Für das erste Hypothesenpaar lehne H_0 *ab, wenn* $n\,\bar{X} < b_\alpha$ *ist und für das zweite Hypothesenpaar lehne* H_0 *ab, wenn* $n\,\bar{X} > b_{1-\alpha}$ *ist.*

$$P(n\,\bar{X} < b_\alpha) \leq \alpha \qquad (16.69)$$

bzw.

$$P(n\,\bar{X} > b_{1-\alpha}) \leq \alpha \qquad (16.70)$$

Aufgrund der diskreten Funktionseigenschaft der Binomialverteilung können die Niveaus der Gleichungen (16.66), (16.69), (16.70) nicht für jedes Niveau erfüllt werden. $b_{\alpha/2}$ bzw. $b_{1-\alpha/2}$ können nur ganze positive Zahlen und die Null annehmen. Man sucht daher nach dem kritischen Wert, bei dem das Niveau α erfüllt ist oder das erste Mal unterschritten wird.

Beispiel 16.9. Es soll überprüft werden, ob Jungengeburten genauso häufig vorkommen wie Mädchengeburten. Aus einer Stichprobe vom Umfang $n = 10$ hat sich ein Anteil von Jungengeburten von $\bar{X} = 7/10$ ergeben (vgl. [33, Seite 390ff]). Das entsprechende Hypothesenpaar lautet:

$$H_0 : \theta = \theta_0 \quad gegen \quad \theta \neq \theta_0 \qquad (16.71)$$

mit $\theta_0 = 0.5$. Die Zufallsvariable $n\,\bar{X}$ ist binomialverteilt. Für einen Fehler 1. Art in der Nähe $\alpha = 0.05$ ergeben sich aus der Tabelle der Binomialverteilung folgende Quantile:

$$b_{0.172} = 3 \quad b_{0.828} = 6$$
$$b_{0.055} = 2 \quad b_{0.945} = 7$$
$$b_{0.011} = 1 \quad b_{0.989} = 8$$

Das Niveau $\alpha = 0.05$ ist nicht erfüllbar. Für $1 - \alpha/2 = 0.945$ erhält man ein Niveau von $\alpha = 0.11$ und für $1-\alpha/2 = 0.989$ erhält man ein Niveau von $\alpha = 0.022$. Das erste Mal ist das vorgegebene Niveau $\alpha = 0.05$ überschritten, das zweite Mal unterschritten. Dabei ist zu beachten: je kleiner der Fehler 1. Art ist, desto größer wird der Fehler 2. Art.

Der Test zum Niveau $\alpha = 0.022$ lautet: Lehne H_0 ab, wenn $n\,\bar{X}$ größer als 8 oder kleiner als 1 ist. Im vorliegenden Fall bei 7 Jungengeburten ist die Hypothese H_0 auf dem Niveau $\alpha = 0.022$ nicht zu verwerfen. Der Test zum Niveau $\alpha = 0.11$ führt gerade zur Ablehnung der Nullhypothese.

Für große n (Faustregel $n > 30$) kann die Binomialverteilung durch die Normalverteilung approximiert werden. Der Anteilswert kann durch

$$\hat{\theta} = \bar{X} \tag{16.72}$$

geschätzt werden. Die Statistik $\bar{X}$ bzw. $n\,\bar{X}$ ist dann approximativ normalverteilt.

$$\bar{X} \,\dot{\sim}\, N\left(\theta, \frac{\theta\,(1-\theta)}{n}\right) \tag{16.73}$$

bzw.

$$n\,\bar{X} \,\dot{\sim}\, N\big(n\,\theta, n\,\theta\,(1-\theta)\big) \tag{16.74}$$

Die Varianz von $\hat{\theta}$ ist durch (siehe Kapitel 10.7.2)

$$
\begin{aligned}
Var(\hat{\theta}) &= Var\left(\frac{1}{n}\sum_{i=1}^{n} X_i\right) = \frac{1}{n^2}\sum_{i=1}^{n} Var(X_i) \\
&= \frac{1}{n^2}\,n\,\theta\,(1-\theta) = \frac{\theta\,(1-\theta)}{n}
\end{aligned}
\tag{16.75}
$$

gegeben. Nun ist der Anteilswert unbekannt und muss durch das Stichprobenmittel geschätzt werden. Gleichzeitig kann mit dem geschätzten Anteilswert auch die Varianz des Anteilswerts berechnet werden (siehe Beispiel 15.20, Seite 362).

$$S_{\hat{\theta}}^2 = \frac{\hat{\theta}\,(1-\hat{\theta})}{n-1} \tag{16.76}$$

Mittels der Standardisierung erhält man dann eine approximativ standardnormalverteilte Zufallsvariable.

$$Z_n = \frac{\bar{X} - \theta_0}{\sqrt{\frac{\hat{\theta}(1-\hat{\theta})}{n-1}}} \overset{\cdot}{\sim} N(0,1)$$

$$= \frac{n\bar{X} - n\theta_0}{\sqrt{\frac{n^2\hat{\theta}(1-\hat{\theta})}{n-1}}} \overset{\cdot}{\sim} N(0,1)$$

(16.77)

Der Test ist dann entsprechend einem Gauss-Test durchzuführen.

Beispiel 16.10. Angenommen die Stichprobe aus dem letzten Beispiel hätte einen Umfang von $n = 40$ aufgewiesen. Dann wäre ein approximativer Binomialtest anwendbar. Für $n\bar{X} = 7$ ($\hat{\theta} = 7/40$) hätte die Teststatistik dann folgenden Wert:

$$|Z_n| = \frac{7/40 - 0.5}{\sqrt{0.175(1-0.175)/39}} = |-5.341|$$

(16.78)

Bei einem Niveau von $\alpha = 0.05$ besitzt das $1 - \alpha/2$-Quantil der Normalverteilung den Wert $z_{0.975} = 1.96$, so dass die Hypothese $H_0 : \theta_0 = 0.5$ abzulehnen ist. Der Test entscheidet hier so eindeutig gegen H_0, weil unter 40 Beobachtungen nur 7 Jungengeburten zu beobachten, deutlicher gegen eine gleichhohe Anzahl von Jungen- und Mädchengeburten spricht als bei nur 10 Beobachtungen.

Alternativ kann die Statistik Z_n auch direkt mit den beobachteten Jungengeburten $n\bar{X} = 7$ geschrieben werden. In diesem Fall tritt im Nenner die geschätzte Varianz von

$$S^2_{n\hat{\theta}} = \frac{n^2\hat{\theta}(1-\hat{\theta})}{n-1}$$

(16.79)

auf.

$$|Z_n| = \frac{7 - 40 \times 0.5}{\sqrt{40^2 \times 0.175(1-0.175)/39}} = |-5.341|$$

(16.80)

Diese Vorgehensweise ist auch mit anderen Verteilungen möglich, die für große Stichproben gegen die Normalverteilung konvergieren.

Beispiel 16.11. Für die Poissonverteilung ergibt sich ein besonders einfaches Ergebnis. Erwartungswert und Varianz sind hier durch die Intensitätsrate λ bestimmt. Die Schätzung des Erwartungswerts erfolgt dann wieder mit dem Stichprobenmittel und die Varianz des Stichprobenmittels ist mit $Var(\hat{\lambda}) = \lambda/n$ gegeben. Die Schätzung dieser Varianz erfolgt, indem man die Schätzung von $\hat{\lambda}$ einsetzt. Die standardisierte Zufallsvariable Z_n ist dann wieder approximativ standardnormalverteilt.

16.5 Testentscheidung

Die Asymmetrie im Aufbau eines Tests spiegelt sich in der qualitativ unterschiedlichen Bewertung der beiden Testergebnisse wieder. Die Nullhypothese H_0 wird als

statistisch widerlegt angesehen und abgelehnt (verworfen), wenn der Stichprobenbefund – ausgedrückt durch die Stichprobenfunktion $G_n(x_1, \ldots, x_n)$ – in den kritischen Bereich K fällt: $G_n > c$. Die Stichprobe steht dann in deutlichem (syn.:
signifikantem) Gegensatz zur Nullhypothese und hat nur eine sehr geringe Eintrittswahrscheinlichkeit: $P(G_n > c \mid H_0) \leq \alpha$. Mit anderen Worten: Man entscheidet
sich H_0 abzulehnen, wenn ein unter H_0 sehr unwahrscheinliches Ereignis eintritt.
In diesem Fall sagt man, die beobachtete Stichprobe befindet sich nicht in Einklang
mit H_0, ist mit H_0 unverträglich. Eine solche Beobachtung wird als Bestätigung
der Gegenhypothese interpretiert, man fasst H_1 als statistisch nachgewiesen auf. Bei
Ablehnung von H_0 gilt H_1 als statistisch gesichert (signifikant) auf dem Niveau α.
Diese Bewertung des Testergebnisses stößt auf Kritik: Man dürfe sich nicht schon
dann gegen H_0 und für H_1 entscheiden, wenn ein unter H_0 sehr unwahrscheinliches
Ereignis eintritt, sondern erst dann, wenn dieses Ereignis unter H_1 auch wesentlich
wahrscheinlicher ist, als unter H_0. Diesem berechtigten Einwand begegnen die An-
hänger der Neyman-Pearsonschen Testtheorie mit der Maßregel: Zur Überprüfung
von H_0 dürfen nur **unverfälschte Tests** benutzt werden. Dies sind Tests, für die die
Annahme von H_1 unter H_0 unwahrscheinlicher ist als unter H_1, d. h. es soll gelten:
$\alpha < 1 - \beta$. Bei verfälschten Tests besteht die Gefahr, sich unter H_1 mit einer kleineren Wahrscheinlichkeit für H_1 zu entscheiden als unter H_0, ein Umstand, der dem
Zweck eines Tests widerspricht (vgl. [98, Seite 239]). Aber Achtung: Damit ist nicht
die in Kapitel 16.2 aufgezeigte Problematik gelöst, da die Wahrscheinlichkeiten für
H_0 und H_1 für den statistischen Test unbekannt sind.

Hingegen wenn H_0 nicht abgelehnt wird, also $G_n(x_1, \ldots, x_n) \leq c$ gilt, sagt
man, die Beobachtung steht im Einklang mit H_0. Man entschließt sich für die Bei-
behaltung von H_0, da sie nicht dem Stichprobenbefund widerspricht. Dies bedeutet
aber nicht, dass H_0 durch die Beobachtung bestätigt (im Sinne von statistisch abgesichert) wird oder dass die Stichprobe die Ablehnung von H_1 indiziert (signifikant
macht). Dies hat seinen Grund darin, dass man bei einem Niveau-α-Test mit dem Hypothesenpaar H_0 gegen H_1 die Wahrscheinlichkeit für den **Fehler 2. Art** im Allgemeinen nicht unter Kontrolle hat, das heißt, keine (nahe bei null liegende) Schranke
β vorgeben kann und dies liegt wiederrum daran, dass der Test unter H_0 konstruiert
ist und die Verteilung unter der Gegenhypothese nicht berücksichtigt wird.

Die ungleiche Behandlung des Hypothesenpaars hat Konsequenzen für deren
Formulierung. Will man mit Hilfe eines Neyman-Pearson Tests die Gültigkeit einer
Hypothese statistisch sichern, so hat man diese als Alternative H_1 zu formulieren.
Als Nullhypothese wählt man die Verneinung von H_1. Führt der Test zur Ablehnung
von H_0, so ist H_1 als signifikant nachgewiesen. Man weiß aber dann natürlich nicht,
wie wahrscheinlich es ist, dass H_1 wahr ist.

Beispiel 16.12. Bei Diabetestests, Schwangerschaftstests ist die interessierende Hypothese „keine Diabetes" bzw. „nicht schwanger" und als H_1 zu formulieren. Dieses
Ereignis soll statistisch abgesichert werden. Der Fehler 1. Art, eine Person als gesund
bzw. nicht schwanger zu testen, obwohl sie Diabetes hat bzw. schwanger ist, wird als
schwerwiegender beurteilt als der Fehler 2. Art. Dies ist eine Entscheidung, die nicht
durch die Statistik, sondern durch die Gesellschaft (Mediziner?) festgelegt ist. Eine

unerkannte Diabetes wird als schwerwiegender als eine falsch diagnostizierte Diabetes beurteilt; eine unerkannte Schwangerschaft wird als schwerwiegender als eine falsch angezeigte Schwangerschaft beurteilt.

Mit dem Testergebnis „nicht schwanger" wird lediglich festgestellt, dass unter der Bedingung, die Frau sei schwanger, dieses Ereignis unwahrscheinlich ist. Die eigentlich interessierende Frage „Ist sie nun schwanger?" wird damit nicht beantwortet. Denn es muss zum einen geklärt werden, wie sich der Test unter H_1 verhält (siehe Kapitel 16.6) und zum anderen wie wahrscheinlich sind überhaupt die beiden Hypothesen, also wie wahrscheinlich ist eine Schwangerschaft bei der Frau?

Der zweite Aspekt wird im Rahmen dieses Beispiels anhand des Schwangerschaftstests untersucht. Angenommen die Frau kann gar nicht schwanger werden, so hat die Hypothese H_0 eine Wahrscheinlichkeit von null. Der Test könnte dennoch eine Schwangerschaft ausweisen. Wie kann diese Information im Test berücksichtigt werden? Dazu werden folgende Ereignisse betrachtet.

$$H_0 : S^* = \text{Es liegt tatsächlich eine Schwangerschaft vor.}$$

$$H_1 : \overline{S}^* = \text{Es liegt tatsächlich keine Schwangerschaft vor.}$$

$$S = \text{Test zeigt Schwangerschaft an.} \tag{16.81}$$

$$\overline{S} = \text{Test zeigt keine Schwangerschaft an.}$$

Die Wahrscheinlichkeit für eine Schwangerschaft ist für die obige Situation:

$$P(S^*) = 0. \tag{16.82}$$

Dies wird mit **a priori Information bzw. Wahrscheinlichkeit** bezeichnet. Es wird angenommen, dass ein Schwangerschaftstest einen Fehler 1. Art von

$$\alpha = P(\overline{S} \mid S^*) = 0.01 \tag{16.83}$$

besitzt. Für den Fehler 2. Art sei angenommen, dass er bei 20% liegt:

$$\beta = P(S \mid \overline{S}^*) = 0.2. \tag{16.84}$$

Der Fehler 2. Art wird relativ groß angenommen, da ja diesem Ereignis weniger Beachtung geschenkt wird. Dann könnte die Tabelle 16.4 erstellt werden (Inf. = a priori Information).

Tabelle 16.4. a priori Fehlerwahrscheinlichkeiten

		Testentscheidung	
wahr	Inf.	$H_0 : S$	$H_1 : \overline{S}$
$H_0 : S^*$	$P(S^*) = 0$	$P(S \mid S^*) = 0.99$	$P(\overline{S} \mid S^*) = 0.01$
$H_1 : \overline{S}^*$	$P(\overline{S}^*) = 1$	$P(S \mid \overline{S}^*) = 0.2$	$P(\overline{S} \mid \overline{S}^*) = 0.8$

Aus der Tabelle 16.4 können nun die Wahrscheinlichkeiten für das gemeinsame Eintreten der Ereignisse

$$P(S^* \cap S) = P(S \mid S^*) \, P(S^*) \tag{16.85}$$

$$P(S^* \cap \overline{S}) = P(\overline{S} \mid S^*) \, P(S^*) \tag{16.86}$$

$$P(\overline{S}^* \cap S) = P(S \mid \overline{S}^*) \, P(\overline{S}^*) \tag{16.87}$$

$$P(\overline{S}^* \cap \overline{S}) = P(\overline{S} \mid \overline{S}^*) \, P(\overline{S}^*) \tag{16.88}$$

berechnet werden, deren Ergebnisse in der Tabelle 16.5 stehen.

Tabelle 16.5. Tatsächliche Wahrscheinlichkeiten unter $P(S^*) = 0$

	Testentscheidung	
wahr	$H_0 : S$	$H_1 : \overline{S}$
$H_0 : S^*$	$P(S \cap S^*) = 0$	$P(\overline{S} \cap S^*) = 0$
$H_1 : \overline{S}^*$	$P(S \cap \overline{S}^*) = 0.2$	$P(\overline{S} \cap \overline{S}^*) = 0.8$
	$P(S) = 0.2$	$P(\overline{S}) = 0.8$

Aus der Tabelle 16.5 kann nun mittels des Bayesschen Theorems die Irrtumswahrscheinlichkeiten

$$P(\overline{S}^* \mid S) = \frac{P(S \cap \overline{S}^*)}{P(S)} \tag{16.89}$$

und

$$P(S^* \mid \overline{S}) = \frac{P(\overline{S} \cap S^*)}{P(\overline{S})} \tag{16.90}$$

ausgerechnet werden, die eigentlich interessieren. Die Vorinformation ist jetzt berücksichtigt. In der Tabelle 16.6, in der die Bedingungen spaltenweise gesetzt sind, können diese Wahrscheinlichkeiten abgelesen werden. Wenn ein Test im vorliegenden Fall eine Schwangerschaft anzeigt, so weiß man aufgrund der Vorinformation, dass dies ein Fehler sein muss. Dementsprechend ist die Irrtumswahrscheinlichkeit eins; man ist sich sicher.

Realistischer ist aber, dass der Test durchgeführt wird, weil ein Verdacht auf Schwangerschaft vorliegt. $P(S^*)$ könnte z. B. auf 50% geschätzt werden. Das Ergebnis dieser Rechnung steht in der Tabelle 16.7. Es zeigt sich, dass plötzlich von der scheinbaren Sicherheit von 99% nicht mehr so viel übrig geblieben ist: In rd. 17% der Fälle wird vom Test eine Schwangerschaft angezeigt, obwohl keine vorliegt. Und immerhin in 1.2% der Fälle liegt eine Schwangerschaft vor, obwohl der Test keine anzeigt. Je sicherer Sie sind, dass eine Schwangerschaft vorliegt, desto geringer werden die Irrtumswahrscheinlichkeiten!

Tabelle 16.6. a posteriori Wahrscheinlichkeiten

wahr	$H_0 : S$	$H_1 : \overline{S}$
	Testentscheidung	
$H_0 : S^*$	$P(S^* \mid S) = 0$	$P(S^* \mid \overline{S}) = 0$
$H_1 : \overline{S}^*$	$P(\overline{S}^* \mid S) = 1$	$P(\overline{S}^* \mid \overline{S}) = 1$

Tabelle 16.7. a posteriori Wahrscheinlichkeiten

wahr	Inf.	$H_0 : S$	$H_1 : \overline{S}$
		Testentscheidung	
$H_0 : S^*$	$P(S^*) = 0.5$	$P(S^* \mid S) = 0.832$	$P(S^* \mid \overline{S}) = 0.012$
$H_1 : \overline{S}^*$	$P(\overline{S}^*) = 0.5$	$P(\overline{S}^* \mid S) = 0.168$	$P(\overline{S}^* \mid \overline{S}) = 0.988$

Hat man dagegen nur die Absicht, durch den Test nachzuweisen, dass die beobachtete Stichprobe mit einer bestimmten Hypothese in Einklang steht, so formuliert man diese als Nullhypothese. Führt der Test nicht zur Ablehnung von H_0, so kann H_0 als eine Art Arbeitshypothese beibehalten werden. Einschränkend ist jedoch darauf hinzuweisen, dass nicht jede beliebige Hypothese dazu taugt, bei einem Test als Nullhypothese oder als Alternative zu dienen. Für $H_0 : \mu_X \neq \mu_0$ gegen $H_1 : \mu_X = \mu_0$ gibt es keinen brauchbaren Neyman-Pearson Test. Die Verteilung von X wird durch den Parameter θ, z. B. μ_X bestimmt; daher hängt auch die Verteilung der Stichprobe und damit auch die der Prüfgröße von θ ab. Also ist die Wahrscheinlichkeit $P(G_n > c)$ ebenfalls von θ abhängig: $P(G_n > c \mid \theta)$. Der Fehler 1. Art ist damit die Wahrscheinlichkeit

$$
\begin{aligned}
P(\text{Fehler 1. Art}) &= P(H_0 \text{ ablehnen} \mid H_0 \text{ wahr}) \\
&= P(G_n \in K \mid \theta_0)
\end{aligned}
\tag{16.91}
$$

und der Fehler 2. Art

$$
\begin{aligned}
P(\text{Fehler 2. Art}) &= P(H_0 \text{ beibehalten} \mid H_1 \text{ wahr}) \\
&= 1 - P(H_0 \text{ ablehnen} \mid H_1 \text{ wahr}) \\
&= 1 - P(G_n \in K \mid \theta_1)
\end{aligned}
\tag{16.92}
$$

mit $\theta_0 \in H_0$ und $\theta_1 \in H_1$. Da der Test unter H_0 konstruiert wird, muss die Verteilung unter H_0 mit $\theta = \theta_0$ eindeutig bestimmt sein. Für die Verteilung unter der Gegenhypothese ist dies nicht erforderlich. Daher sind die Hypothesen meistens nicht vertauschbar und der Fehler 2. Art auch nicht bestimmbar.

Die Entscheidung eines Signifikanztests bei einem zweiseitigen Testproblem kann analog über das entsprechende Konfidenzintervall gefällt werden. H_0 ist beizubehalten, falls

$$
Z_n = \frac{\overline{X} - \mu_0}{\sigma_X / \sqrt{n}} \leq z_{1-\alpha/2}
\tag{16.93}
$$

ist. Die Ungleichung (16.93) lässt sich äquivalent umformen:

$$|\bar{X} - \mu_0| \le z_{1-\alpha/2} \frac{\sigma_X}{\sqrt{n}}$$

$$\bar{X} - z_{1-\alpha/2} \frac{\sigma_X}{\sqrt{n}} \le \mu_0 \le \bar{X} + z_{1-\alpha/2} \frac{\sigma_X}{\sqrt{n}} \tag{16.94}$$

Die Wahrscheinlichkeit, dass μ_0 gerade in diese Grenzen fällt, ist $1 - \alpha$. Bei einem Konfidenzintervall werden die Grenzen mittels des Stichprobenergebnisses so bestimmt, dass sie in $1 - \alpha$ Prozent der Fälle den wahren Wert umgeben. Die Grenzen werden also angepasst. Bei einem Test wird hingegen überprüft, ob das Stichprobenergebnis bei einem gegebenen Fehler 1. Art mit der Hypothese (dem wahren Wert) vereinbar ist. Die Entscheidungsgrenze ist fest und der Wert der (Test-) Statistik variiert. Wird ein Hypothesenpaar aufgestellt, so kann man auch mit einem Konfidenzintervall dieses überprüfen. Liegt der Wert von μ_0 innerhalb der Intervallgrenzen, so ist H_0 beizubehalten, liegt er außerhalb, so ist H_0 zu verwerfen.

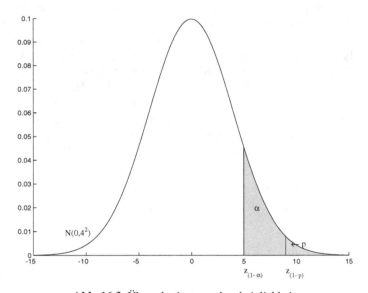

Abb. 16.3. Überschreitungswahrscheinlichkeit

Statt ein festes Niveau α vorzugeben, lassen sich für jede Teststatistik auch **Überschreitungswahrscheinlichkeiten**, so genannte **p-Werte** ermitteln, bei denen H_0 abgelehnt würde. Anstatt also die Teststatistik mit einem kritischen Wert zu einem vorgegebenen α zu vergleichen, kann man für eine bestimmte Teststatistik auch den p-Wert mit dem vorgegebenen Signifikanzniveau α vergleichen. Ist das vorgegebene α größer als der p-Wert, so würde man H_0 ablehnen. Wenn der p-Wert nämlich sehr klein ist, bedeutet das, dass es unter H_0 sehr unwahrscheinlich ist, diesen Teststatistikwert zu beobachten. Dies spricht dafür, dass H_0 eher nicht zutrifft.

16.6 Gütefunktion

Die Gütefunktion gibt für einen Test in Abhängigkeit des Parameters die Wahrscheinlichkeit an, die Nullhypothese zu verwerfen.

Definition 16.6. *Die* **Gütefunktion** $g_{G_n}(\theta)$ *für einen gegebenen Test $G_n(X \mid \theta)$ gibt die Wahrscheinlichkeit an, die Hypothese H_0 abzulehnen, für alle Werte von θ.*

$$g_{G_n}(\theta) = P(H_0 \text{ ablehnen} \mid \theta) \tag{16.95}$$

Falls also der wahre Parameter aus der Alternative stammt, entspricht die Gütefunktion der Wahrscheinlichkeit, die richtige Entscheidung zu treffen, nämlich H_0 zu verwerfen: $P(H_0 \text{ ablehnen} \mid H_1) = 1 - \beta$. Für den Fall, dass der wahre Parameter in der Nullhypothese liegt, gibt die Gütefunktion die Wahrscheinlichkeit für den Fehler 1. Art an, die durch das vorgegebene Signifikanzniveau nach oben beschränkt ist: $P(H_0 \text{ ablehnen} \mid H_0) = \alpha$.

Ein idealer Test weist weder einen Fehler 1. noch 2. Art auf und hätte die folgenden Gütefunktion (siehe Abbildung 16.4, rechteckiger Verlauf). Es wird ohne Fehler zwischen den beiden Hypothesen unterschieden. Dies ist praktisch nicht möglich. Wird für $H_0 : \theta \leq \theta_0$ (wie in der Abbildung 16.4) angenommen, so nimmt mit θ auch α ab. Dann wird unter $H_1 : \theta > \theta_0$ der Fehler 2. Art ausgewiesen, der mit zunehmenden Abstand von H_0 abnimmt (siehe Abbildung 16.4, s-förmiger Verlauf).

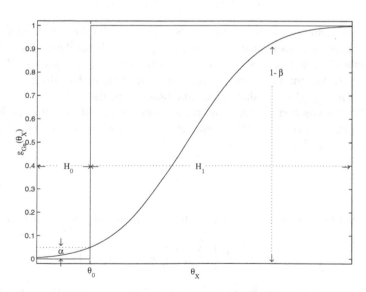

Abb. 16.4. Gütefunktion

Beispiel 16.13. In dem Beispiel 16.12 (Seite 392) besitzt die Gütefunktion nur zwei Punkte. An der Stelle S^*, d. h. unter H_0 besitzt sie den Wert:

$$g_{G_n}(S^*) = P(\overline{S} \mid S^*) = 0.01 \qquad (16.96)$$

Dies ist gerade der Fehler 1. Art. An der Stelle $\overline{S}^*$, d. h. unter H_1 besitzt sie den Wert:

$$g_{G_n}(\overline{S}^*) = P(\overline{S} \mid \overline{S}^*) = 0.8 \qquad (16.97)$$

Dies ist gerade der Wert $1 - \beta$ in dem Beispiel.

Wird für den statistischen Test ein Gauss-Test angenommen, so ergibt sich eine Gütefunktion, die stetig über den gesamten Parameterraum von μ_X verläuft. Es wird das einseitige Testproblem

$$H_0 : \mu_X \leq \mu_0 \quad \text{gegen} \quad H_1 : \mu_X > \mu_0 \qquad (16.98)$$

betrachtet. Die Statistik $G_n(X \mid \mu_X)$ ist hier also:

$$G_n(X \mid \mu_X) = \frac{\bar{X} - \mu_0}{\sigma_X / \sqrt{n}} \qquad (16.99)$$

Für dieses Testproblem ist die Gütefunktion $g_{G_n}(\mu_X)$ in Abhängigkeit vom interessierenden Parameter als Funktion von μ_X zu betrachten:

$$g_{G_n}(\mu_X) = P(H_0 \text{ ablehnen} \mid \mu_X) \qquad (16.100)$$

An dieser Schreibweise wird deutlich, dass $g_{G_n}(\mu_X)$ für die verschiedenen Werte des unbekannten, aber wahren Parameters μ_X die Wahrscheinlichkeit angibt, H_0 zu verwerfen. Stammt μ_X aus dem Bereich unter H_0, also $\mu_X \in H_0$, so ist $g_{G_n}(\mu_X) \leq \alpha$. Stammt hingegen μ_X aus dem Bereich unter H_1, also $\mu_X \in H_1$, so ist $1 - g_{G_n}(\mu_X) \leq \beta$, die Wahrscheinlichkeit für den Fehler 2. Art.

Die Berechnung von $g_{G_n}(\mu_X)$ ist im Allgemeinen recht kompliziert. Für den Gauss-Test lässt sie sich aber relativ einfach herleiten. H_0 wird im angenommenen Testproblem abgelehnt, falls

$$\frac{\bar{X} - \mu_0}{\sigma_X / \sqrt{n}} > z_{1-\alpha} \qquad (16.101)$$

ist. Die Gütefunktion für diesen einseitigen Test lässt sich daher auch schreiben als:

$$g_{G_n}(\mu_X) = P\left(\frac{\bar{X} - \mu_0}{\sigma_X / \sqrt{n}} > z_{1-\alpha} \mid \mu_X \right) \qquad (16.102)$$

Die Wahrscheinlichkeit für $\mu_X = \mu_0$ ist per Konstruktion exakt α. Für alle anderen Werte von μ_X müsste die Teststatistik neu standardisiert werden, um wieder zu einer standardnormalverteilten Zufallsvariablen zu gelangen. Diese Problematik lässt sich jedoch bei dem Gauss-Test mit einer einfachen Umformung umgehen.

$$g_{G_n}(\mu_X) = P\left(\frac{\bar{X} - \mu_0 + \mu_X - \mu_X}{\sigma_X}\sqrt{n} > z_{1-\alpha} \mid \mu_X\right)$$

$$= P\left(\frac{\bar{X} - \mu_X}{\sigma_X}\sqrt{n} + \frac{\mu_X - \mu_0}{\sigma_X}\sqrt{n} > z_{1-\alpha} \mid \mu_X\right)$$

$$= P\left(\frac{\bar{X} - \mu_X}{\sigma_X}\sqrt{n} > z_{1-\alpha} - \frac{\mu_X - \mu_0}{\sigma_X}\sqrt{n} \mid \mu_X\right) \qquad (16.103)$$

$$= 1 - F_{Z_n}\left(z_{1-\alpha} - \frac{\mu_X - \mu_0}{\sigma_X}\sqrt{n}\right)$$

Nun kann man die Gütefunktion für den Gauss-Test für ein vorgegebenes α und einen bestimmten Stichprobenumfang n als Funktion von μ_X grafisch darstellen.

Beispiel 16.14. In einem Werk werden Achsen produziert (vgl. [33, Seite 411]). Diese sollen eine Länge von $\mu_0 = 16$ *cm* besitzen. Es wird angenommen, dass die Achsenlänge approximativ normalverteilt ist mit $\mu_X = 16$ und $\sigma_X^2 = 2.25$. Es wird folgender Test betrachtet:

$$H_0 : \mu_X \leq 16 \quad \text{gegen} \quad H_1 : \mu_X > 16 \qquad (16.104)$$

Mit der Gütefunktion kann angegeben werden, wie groß der Fehler 1. und der 2. Art sind, wenn μ_X größer als μ_0 ist und damit in den Bereich von H_1 fällt. Sei $\alpha = 0.05$ und $n = 10$, so ergibt sich folgende Gütefunktion für das obige Hypothesenpaar:

$$g_{G_n}(\mu_X) = 1 - F_{Z_n}\left(z_{0.95} - \frac{\mu_X - 16}{1.5}\sqrt{10}\right)$$

$$= 1 - F_{Z_n}\left(1.64 - \frac{\mu_X - 16}{1.5}3.16\right) \qquad (16.105)$$

Die Werte der Gütefunktion können aus der Tabelle der Standardnormalverteilung für verschiedene Werte von μ_X abgelesen werden (siehe Tabelle 16.8).

Tabelle 16.8. Ablehnungswahrscheinlichkeiten

μ_X	15.0	15.5	16.0	16.5	17.0	17.5	18.0
$g_{G_n}(\mu_X) \approx$	0	0.0035	0.05	0.277	0.678	0.935	0.995

Die Wahrscheinlichkeit H_0 für ein $\mu_X = 16.5$ zu verwerfen, liegt bei

$$g_{G_n}(16.5) = P(H_0 \text{ ablehnen} \mid H_1) = 0.277. \qquad (16.106)$$

Obwohl $\mu_X = 16.5$ im Bereich der Alternativhypothese H_1 liegt, entscheidet der Test mit einer Wahrscheinlichkeit von

$$P(H_0 \text{ annehmen} \mid H_1) = \beta = 1 - g_{G_n}(\mu_X) = 1 - 0.277 = 0.723 \qquad (16.107)$$

für H_0. Dies ist die Wahrscheinlichkeit für den Fehler 2. Art. Es wird deutlich, dass die Wahrscheinlichkeit für den Fehler 1. und 2. Art von μ_X, dem wahren Wert, abhängt. Je größer die Abweichung von μ_0 ist, desto größer der zu entdeckende Effekt, desto kleiner die Wahrscheinlichkeit für den Fehler 2. Art, desto unwahrscheinlicher, dass μ_X mit μ_0 vereinbar ist.

Für $\mu_X = 17$ beträgt die Wahrscheinlichkeit, dass H_0 abgelehnt wird:

$$g_{G_n}(17) = P(H_0 \text{ ablehnen} \mid H_1) = 0.678 \qquad (16.108)$$

Sie ist schon relativ hoch, da es bei der gegebenen Streuung unwahrscheinlich ist, dass die Stichprobe Werte im Bereich von $\bar{X} = 17$ liefert, wenn der wahre Wert von $\mu_X = 16$ beträgt. Die Gütefunktion gibt also die Wahrscheinlichkeit dafür an, dass $\bar{X}$ in den Annahmebereich

$$\begin{aligned}
\overline{K} &= (-\infty, 16 + 1.645\sqrt{2.25}/\sqrt{10}] \\
&= (-\infty, 16.78]
\end{aligned} \qquad (16.109)$$

fällt. Die Ablehnungswahrscheinlichkeit von H_0 an der Grenze des Annahmebereichs beträgt $g_{G_n}(16.78) = 0.5$. Denn es ist nur sinnvoll H_0 abzulehnen, wenn die Wahrscheinlichkeit, dass H_1 zutrifft größer ist, als dass H_0 zutrifft.

In der oberen Grafik der Abbildung 16.5 ist die oben geschilderte Situation für $H_1 : \mu_X = 17$ abgetragen. Die Nullhypothese unterstellt ein $\mu_0 = 16$. Mit diesen Werten ergibt sich ein kritischer Wert von $c = 16.78$, der die beiden Fehlerarten unter den Hypothesen $H_0 : \mu_X = 16$ und $H_1 : \mu_X = 17$ festlegt. Es ist hier leicht, den Antagonismus der beiden Fehlerarten zu erkennen: Mit einem kleineren Fehler 1. Art nimmt der Fehler 2. Art zu. Der kritische Wert verschiebt sich nach rechts. Der Fehler 2. Art wird durch die Fläche unter der Normalverteilung von $H_1 : \mu_X = 17$ angezeigt. Für jedes μ_X liegt die Kurve anders, so dass sich die Fläche verändert. Der Fehler 2. Art ist also nur bestimmbar, wenn H_1 auf genau einen Wert festgelegt wird.

Aus der gezeichneten Gütefunktion (siehe untere Grafik in Abbildung 16.5) kann leicht abgelesen werden, welcher Fehler 2. Art begangen wird, wenn der Wert von μ_X nicht mit μ_0 zusammenfällt. Für jeden Wert von μ_X tritt ein anderer Fehler 2. Art auf, bei gegebener Nullhypothese, hier: $H_0 : \mu_X = 16$. Der Test stellt sicher, dass für $\mu_X = \mu_0$

$$g_{G_n}(\mu_0) = P(H_0 \text{ ablehnen} \mid H_0) = \alpha \qquad (16.110)$$

gilt. Je weiter μ_X und μ_0 von einander entfernt liegen, desto unwahrscheinlicher ist es, dass H_0 gilt. Die Wahrscheinlichkeit H_0 abzulehnen steigt. Gleichzeitig sinkt natürlich die Wahrscheinlichkeit H_0 anzunehmen, obwohl H_1 gilt. Die Grenze des Annahmebereichs für H_0 liegt genau da, wo $g_{G_n}(\mu_X) = 0.5$ gilt, also die Wahrscheinlichkeit H_0 anzunehmen genauso groß ist wie H_0 abzulehnen.

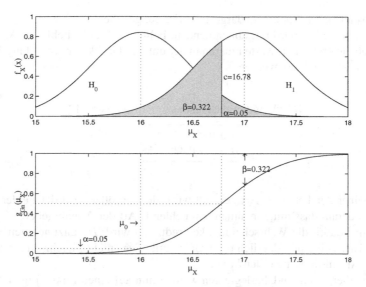

Abb. 16.5. Gütefunktion für einen einseitigen Test: $H_0 : \mu_X \leq 16$

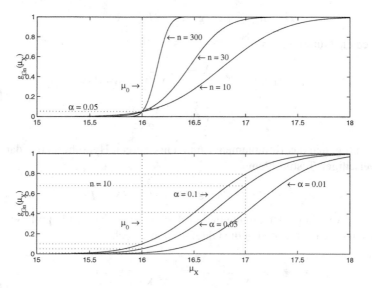

Abb. 16.6. Gütefunktionen für unterschiedliche n und α: $H_0 : \mu_X \leq 16$

In der oberen Grafik der Abbildung 16.6 wird das Verhalten der Gütefunktion für unterschiedliche Stichprobengrößen und Signifikanzniveaus dargestellt. Je größer der Stichprobenumfang ist, desto mehr Informationen über die Grundgesamtheit liegen vor und desto besser können die beiden Hypothesen H_0 und H_1 unterschieden werden. Die Gütefunktion verläuft mit zunehmendem n steiler. In der unteren Grafik der Abbildung 16.6 ist die Gütefunktion für unterschiedliche Fehler 1. Art zum Beispiel 16.14 (Seite 399) dargestellt. Für ein gegebenes μ_X, z. B. $\mu_X = 17$ zur Hypothese $\mu_0 = 16$ wird mit abnehmendem Fehler 1. Art der Fehler 2. Art größer (siehe Tabelle 16.9). Die Werte müssen in der unteren Grafik der Abbildung 16.6 als $1 - g_{G_n}(\mu_X)$ abgelesen werden.

Tabelle 16.9. Fehler unter $\mu_0 = 16$ bei $\mu_X = 17$

α	0.100	0.050	0.010
β	0.204	0.322	0.586

Je kleiner der Fehler 1. Art gewählt wird, desto größer wird der Fehler 2. Art. Dies liegt daran, dass mit zunehmendem Fehler 1. Art der Annahmebereich kleiner ausfällt und damit die Wahrscheinlichkeit reduziert wird, H_0 anzunehmen, obwohl H_1 gilt. Hier zeigt sich deutlich die Problematik, dass nicht gleichzeitig die Fehler 1. und 2. Art minimiert werden können.

Die vorhergehenden Überlegungen werden nun auf einen linksseitigen Test angewandt. Für das Hypothesenpaar

$$H_0 : \mu_X \geq \mu_0 \quad \text{gegen} \quad H_1 : \mu_X < \mu_0 \tag{16.111}$$

ergibt sich die Gütefunktion

$$
\begin{aligned}
g_{G_n}(\mu_X) &= P\left(\frac{\bar{X} - \mu_0}{\sigma_X} \sqrt{n} < z_\alpha \mid \mu_X \right) \\
&= F_{Z_n}\left(z_\alpha - \frac{\mu_X - \mu_0}{\sigma_X} \sqrt{n} \right)
\end{aligned}
\tag{16.112}
$$

Sie stellt genau das Komplement zum rechtsseitigen Hypothesentest dar. Bei einem zweiseitigen Testproblem

$$H_0 : \mu_X = \mu_0 \quad \text{gegen} \quad H_1 : \mu_X \neq \mu_0 \tag{16.113}$$

wird eine Abweichung nach unten und nach oben bzgl. der Nullhypothese zugelassen. Dies muss entsprechend in die Gütefunktion eingehen.

$$
\begin{aligned}
g_{G_n}(\mu_X) &= F_{Z_n}\left(-z_{1-\alpha/2} + \frac{\mu_X - \mu_0}{\sigma_X} \sqrt{n} \right) \\
&\quad + F_{Z_n}\left(-z_{1-\alpha/2} - \frac{\mu_X - \mu_0}{\sigma_X} \sqrt{n} \right)
\end{aligned}
\tag{16.114}
$$

In der Abbildung 16.7 ist das zweiseitige Testpoblem mit den Angaben aus Beispiel 16.14 (Seite 399) abgetragen. Die Gütefunktion verläuft symmetrisch um die Nullhypothese. Abweichungen nach oben und nach unten von der Nullhypothese werden gleich behandelt. Da der Fehler 1. Art sich nun auf beide gleichmäßig aufteilt, also jeweils $\alpha/2$ beträgt, verläuft die Gütefunktion etwas flacher. Ansonsten weist sie die gleichen Eigenschaften wie die beim einseitigen Testproblem auf.

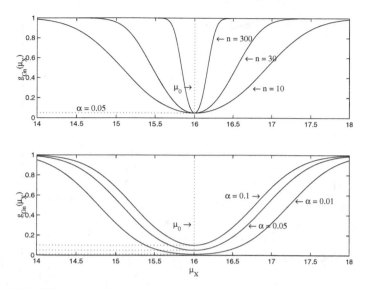

Abb. 16.7. Gütefunktionen für unterschiedliche n und α: $H_0 : \mu_X = 16$

Die Gütefunktion erlaubt also Aussagen über die Qualität eines statistischen Tests. Sie enthält nicht nur Informationen darüber, für welche Parameter die Nullhypothese mit großer Wahrscheinlichkeit verworfen wird, sondern auch das Signifikanzniveau. Stammen die Werte zur Berechnung der Gütefunktion aus dem Wertebereich der Alternativhypothese, so spricht man auch von der **Trennschärfe** eines Tests. Gütefunktionen werden daher zum Vergleich mehrerer konkurrierender Tests zu einem Testproblem herangezogen.

16.7 Operationscharakteristik

Definition 16.7. *Die* **Operationscharakteristik** *(Power) eines Tests ist durch*

$$oc_{G_n}(\theta) = 1 - g_{G_n}(\theta)$$
$$= P(H_0 \text{ annehmen} \mid \theta) \qquad (16.115)$$

definiert. Sie gibt den Fehler 2. Art an.

Die Operationscharakteristik ist also die Funktion, die die Wahrscheinlichkeit für die Nichtablehnung der Nullhypothese eines Tests in Abhängigkeit des zu testenden Parameters θ darstellt.

Beispiel 16.15. Die Power in dem Beispiel 16.12 (Seite 392) ist die Wahrscheinlichkeit unter H_0 die Hypothese H_0 anzunehmen.

$$oc_{G_n}(S^*) = 1 - g_{G_n}(S^*) = P(S \mid S^*) = 0.99 \qquad (16.116)$$

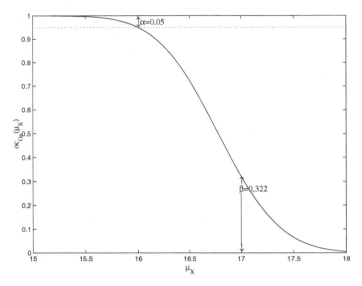

Abb. 16.8. Operationscharakteristik für $H_0 : \mu_X \leq 16$

In der Abbildung 16.8 ist die Operationscharakteristik für das Beispiel 16.14 (Seite 399) abgetragen. Es ist genau das Komplement zur Gütefunktion. Unter der Bedingung, dass H_0 gilt, wird die Annahmewahrscheinlichkeit für H_0 abgetragen; unter der Bedingung, dass H_1 gilt, wird unter der Operationscharakteristik der Fehler 2. Art ermittelt.

In der **Qualitätskontrolle** geht es darum, anhand einer Stichprobe zu testen, ob ein bestimmtes Qualitätsniveau (z. B. durch einen Anteil defekter Elemente oder einen Mittelwert gemessen) eingehalten wird. Es werden im Folgenden zwei Fälle beschrieben.

Der erste geht von einer Lieferung von N Elementen aus, bei der n Elemente ohne Zurücklegen gezogen werden. Es wird eine Zahl c festgelegt, die die Höchstzahl der akzeptierten defekten Elemente in der Stichprobe angibt. Werden mehr defekte Elemente gezählt wird die Lieferung zurückgewiesen. Wie hoch ist die Wahrscheinlichkeit, die Lieferung bei c oder weniger defekten Elementen in der Stichprobe anzunehmen, wenn der wahre Anteil der defekten Elemente höchstens der der Stichprobe ist? Der wahre Anteil wird mit $\theta = M/N$ bezeichnet, wobei M die Zahl der defekten Elemente in der Lieferung angibt. Die Zufallsvariable X, die die Anzahl der defekten Elemente in der Stichprobe misst, ist dann hypergeometrisch verteilt.

$$X \sim Hypge(x \mid n, M, N) \tag{16.117}$$

Man muss also folgende Entscheidung treffen: Wenn der wahre Anteil θ defekter Elemente in der Grundgesamtheit höchstens einem Anteil θ_0 entspricht, dann wird die Lieferung angenommen. Die Entscheidung kann auch als Hypothesenpaar formuliert werden.

$$H_0 : \theta \leq \theta_0 \quad \text{gegen} \quad H_1 : \theta > \theta_0 \tag{16.118}$$

Die Überprüfung der Hypothese H_0 erfolgt mit der Stichprobe. Daher ist die Frage, mit welcher Wahrscheinlichkeit wird bei (höchstens) c defekten Elementen in der Stichprobe die Hypothese H_0 angenommen, wenn θ unterstellt wird. Die Antwort gibt die Operationscharakteristik.

$$
\begin{aligned}
oc_{G_n}(\theta) &= P(H_0 \text{ annehmen} \mid \theta) \\
&= P(\theta \leq \theta_0 \mid \theta) \\
&= P(M \leq M_0 \mid \theta), \quad \text{weil } \theta = M/N \text{ gilt} \\
&= P(X \leq c \mid \theta), \quad \text{Übergang auf die Stichprobe} \\
&= \sum_{i=0}^{c} \frac{\binom{N\theta}{i} \binom{N-N\theta}{n-1}}{\binom{N}{n}}
\end{aligned}
\tag{16.119}
$$

Die Operationscharakteristik gibt die Wahrscheinlichkeit an, dass der Anteil der defekten Elemente in der Grundgesamt höchstens θ_0 beträgt. Die Statistik $G_n(X \mid \theta)$ ist hier c.

Beispiel 16.16. Es wird von einer Lieferung von $N = 10$ Elementen ausgegangen. Es werden $n = 3$ Elemente ohne Zurücklegen gezogen. Die Wahrscheinlichkeit unter Hypothese H_0 die Lieferung anzunehmen beträgt bei $c = 0, 1, 2, 3$ defekte Elemente ergibt sich Anwendung der Gleichung (16.119). Die Ergebnisse stehen in Tabelle 16.10.

Tabelle 16.10. $oc_{G_n}(\theta)$ für $n = 3$ bei $N = 10$

c	θ										
	0.0	0.1	0.2	0.3	0.4	0.5	0.6	0.7	0.8	0.9	1.0
0	1.00	0.70	0.47	0.29	0.17	0.08	0.03	0.01	0.00	0.00	0.00
1	1.00	1.00	0.93	0.87	0.67	0.50	0.33	0.18	0.07	0.00	0.00
2	1.00	1.00	1.00	0.99	0.97	0.92	0.83	0.71	0.53	0.30	0.00
3	1.00	1.00	1.00	1.00	1.00	1.00	1.00	1.00	1.00	1.00	1.00

Bei $c = 0$ liegt mit ca. 70% ein $\theta = 0.1$ in der Grundgesamtheit vor. Man erkennt in der Tabelle 16.10 und der Abbildung 16.9, dass mit zunehmenden θ die Wahrscheinlichkeit sinkt, dieses als wahr anzunehmen. Wenn kein defektes Element in der Stichproben gefunden wird, so ist es sehr unwahrscheinlich, dass in der Lieferung z. B. ein $\theta = 0.8$ vorliegt.

Wird die Akzeptanzgrenze auf ein defektes Elemente in der Stichprobe erhöht, so wird es wahrscheinlicher, dass der Anteil defekter Teile bei 10% liegt. Es muss nun von der Qualitätskontrolle festgelegt werden welches Akzeptanzniveau gelten soll. Wird $n = 3$ als gegeben betrachtet, so muss über die Festlegung der zu akzeptierenden defekte Elemente c in der Stichprobe die Wahrscheinlichkeit für den Anteil defekter Elemente in der Lieferung bestimmt werden. Wird also bestimmt, dass bei $c = 1$ die Lieferung noch angenommen wird, so nimmt man in Kauf, dass 20% defekte Elemente in der Lieferung mit einer Wahrscheinlichkeit von 93% vorkommen. Die Tabelle 16.10 bzw. die Abbildung 16.9 werden auch als **Stichprobenplan** bezeichnet.

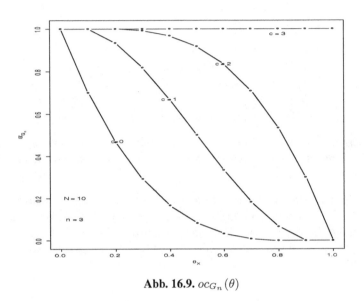

Abb. 16.9. $oc_{G_n}(\theta)$

Im zweiten Fall wird von einer normalverteilten Stichprobe ausgegangen. Die Akzeptanzgrenze wird hier über den Erwartungswert μ_X formuliert. Es wird nun für gegebene Wahrscheinlichkeiten nach dem Stichprobenumfang und der Akzeptanzgrenze c gesucht. Diese Fragestellung wird auch als **Stichprobenplan** bezeichnet.

Ein Verkäufer sichert ein μ_0 mit einer Wahrscheinlichkeit von $1 - \alpha$ zu ($H_0 : \mu_X \leq \mu_0$). Der Verkäufer trägt dabei das Risiko, dass die Lieferung abgelehnt wird, obwohl μ_0 nicht überschritten wird:

$$P(H_0 \text{ ablehnen} \mid H_0) = P(\mu_X > c \mid \mu_0) = \alpha \qquad (16.120)$$

Dies ist der Fehler 1. Art und wird in diesem Kontext auch als Produzentenrisiko bezeichnet.

Der Käufer seinerseits möchte sicherstellen, dass das Risiko die Lieferung anzunehmen, obwohl μ_0 überschritten wird höchstens β beträgt. Also H_0 anzunehmen, obwohl H_1 gilt.

$$P(H_0 \text{ annehmen} \mid H_1) = P(\mu_X < c \mid \mu_1) = \beta \qquad (16.121)$$

Dies ist der Fehler 2. Art und wird hier auch als Konsumentenrisiko bezeichnet. Da in diesem Kontext also eher vom Annehmen der Nullhypothese gesprochen wird, betrachtet man statt der Gütefunktion die Operationscharakteristik.

Es stellt sich damit die Frage, wie groß muss die Stichprobe sein und wo liegt die Annahmegrenze c, damit die genannten Bedingungen eingehalten werden.

Es wird angenommen, dass die Testgröße $\bar{X}$ normalverteilt ist mit der Standardabweichung σ_X. Unter H_0 gilt μ_0 und unter H_1 gilt μ_1. Es ist damit nach einem Gauss-Test gesucht, der die Bedingung

$$P(\mu_X > \mu_0 \mid \mu_0) = \alpha \leftrightarrow g_{G_n}(\mu_0) = \alpha \leftrightarrow oc_{G_n}(\mu_0) = 1 - \alpha \qquad (16.122)$$

und

$$P(\mu_X \leq \mu_1 \mid \mu_1) = \beta \leftrightarrow g_{G_n}(\mu_1) = 1 - \beta \leftrightarrow oc_{G_n}(\mu_1) = \beta \qquad (16.123)$$

erfüllt. Mit den zwei Bedingungen sind zwei Punkte einer Operationscharakteristik festgelegt aus denen sich der Stichprobenumfang n_c und die Annahmegrenze c bestimmen lassen (siehe untere Grafik in Abbildung 16.10). Da es sich hier wieder um einen rechtsseitigen Hypothesentest ($H_0 : \mu_X \leq \mu_0$ gegen $H_1 : \mu_X > \mu_1$) handelt, ergeben sich die Gütefunktionen und daraus die Operationscharakteristiken aus der Gleichung (16.103).

$$oc_{G_n}(c = \mu_0) = F_{Z_n}\left(z_{1-\alpha} - \frac{c - \mu_0}{\sigma_X}\sqrt{n_c}\right) = 1 - \alpha \qquad (16.124)$$

und

$$oc_{G_n}(c = \mu_1) = F_{Z_n}\left(z_\beta - \frac{c - \mu_1}{\sigma_X}\sqrt{n_c}\right) = \beta \qquad (16.125)$$

Mit der Bedingung

$$z_{1-\alpha} - \frac{c - \mu_0}{\sigma_X}\sqrt{n_c} \overset{!}{=} z_\beta - \frac{c - \mu_1}{\sigma_X}\sqrt{n_c} \qquad (16.126)$$

wird sichergestellt, dass die Operationscharakteristik an der Stelle c den Wert 0.5 besitzt: $oc_{G_n}(c) = 0.5$. Mit Auflösen der Bedingung nach n_c erhält man:

$$n_c = \frac{(z_\alpha + z_\beta)^2 \sigma_X^2}{(\mu_0 - \mu_1)^2} \qquad (16.127)$$

Die Annahmegrenze bestimmt sich aus der Bedingung

$$P(\mu_X > c \mid \mu_0) = \alpha \leftrightarrow F_{Z_n}\left(Z_n > \frac{c - \mu_0}{\sigma_X}\sqrt{n_c}\right) = \alpha \qquad (16.128)$$

bzw.

$$P(\mu_X \leq c \mid \mu_0) = 1 - \alpha \leftrightarrow F_{Z_n}\left(Z_n \leq \frac{c - \mu_0}{\sigma_X}\sqrt{n_c}\right) = 1 - \alpha, \qquad (16.129)$$

die der Test unter H_0 einhalten muss. Damit ergibt sich die Annahmegrenze:

$$\frac{c - \mu_0}{\sigma_X} \sqrt{n_c} = z_{1-\alpha} \tag{16.130}$$

Auflösen und einsetzen von n_c ergibt dann:

$$c = \frac{z_\beta \, \mu_0 + z_\alpha \, \mu_1}{z_\alpha + z_\beta} \tag{16.131}$$

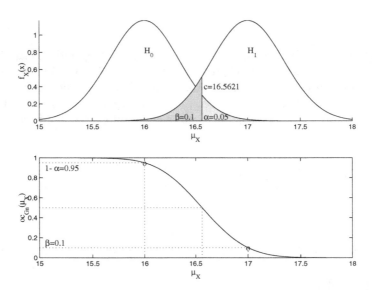

Abb. 16.10. Stichprobenplan für $H_0 : \mu_X \leq 16$, $\alpha = 0.05$ und $H_1 : \mu_1 = 17$, $\beta = 0.1$

Beispiel 16.17. Fortsetzung von Beispiel 16.14 (Seite 399): Der Produzent geht von einer mittleren Achsenlänge von 17 cm aus; der Abnehmer nimmt hingegen an, dass die Länge nur 16 cm im Mittel beträgt. Er ist bereit ein Konsumentenrisiko von 10% zu tragen, der Hersteller trägt ein Produzentenrisiko von 5%. Wie groß ist der Stichprobenumfang und wo liegt der kritische Wert für einen Test unter diesen Vorgaben?

$$n_c = \frac{(1.645 + 1.281)^2 \, 1.5^2}{(16 - 17)^2} = 19.27 \tag{16.132}$$

$$c = \frac{1.645 \times 17 + 1.281 \times 16}{1.645 + 1.281} = 16.56 \tag{16.133}$$

Wenn bei einem Stichprobenumfang von $n_c = 20$ die mittlere Achsenlänge kleiner als 16.56 cm ist, wird die Sendung abgelehnt. In der Abbildung 16.10 erkennt man, wie die Operationscharakteristik durch die beiden vorgegebenen Punkte verläuft. Die Annahmewahrscheinlichkeit an der Stelle $c = 16.56$ beträgt annahmebedingt $oc_{G_n} = 0.5$.

16.8 Test auf Gleichheit von zwei Mittelwerten

Der Gauss-Test und der t-Test werden nun zum Vergleich von zwei Mittelwerten beschrieben. Diese Testsituation tritt meistens dann auf, wenn zwei Stichproben miteinander vergleichen werden sollen. Als Beschreibung der Stichproben werden die beiden Stichprobenmittel verwendet. Mittels des Tests wird nun überprüft, ob ein signifikanter Unterschied zwischen den beiden Stichprobenmitteln besteht, so dass man auf einen Unterschied der Mittelwerte schließen kann. Ein Vergleich von mehr als zwei Mittelwerten erfordert den Einsatz der Varianzanalyse (siehe Kapitel 19, Seite 453).

Beispiel 16.18. Die Umsätze zweier Supermärkte unterliegen unterschiedlichen Einflüssen. Die mittleren Umsätze einer bestimmten Periode unterscheiden sich. Ist der Unterschied eher zufalls- oder eher systematisch bedingt?

Beim Vergleich zweier Medikamente stellt sich ebenso die Frage, ob die gemessene mittlere Wirkung der Präperate unterschiedlich ist?

Diese und ähnliche Fragestellungen werden mit den Tests auf Mittelwertsvergleich untersucht, wobei natürlich immer die in Kapitel 16.5 gemachten Feststellungen gelten.

Zuerst wird nun die Stichprobensituation beschrieben. Es gibt grundsätzlich zwei Möglichkeiten Stichproben zu ziehen, um deren Merkmalswerte zu vergleichen:

1. **unabhängige Stichproben**: Aus der Grundgesamtheit werden zufällig die Elemente für zwei Stichproben gezogen. Der Umfang der Stichproben kann unterschiedlich groß sein ($n_X \neq n_Y$). Die Elemente der ersten Stichprobe durchlaufen das Experiment A; die Elemente der zweiten Stichprobe durchlaufen das Experiment B. Es ist auch möglich aus zwei Grundgesamtheiten, die jeweils nur einem der beiden Experimente ausgesetzt sind, die zwei Stichproben zufällig zu ziehen.

2. **verbundene Stichproben**: Es werden n Elemente zufällig ausgewählt, an denen jeweils beide Experimente durchgeführt werden. Falls es nicht möglich ist, die Experimente an den gleichen Elementen nacheinander durchzuführen, werden $n/2$ Paare zufällig ausgewählt, bei denen jeweils ein Experiment durchgeführt wird. Die beiden Elemente im Paar sollten aber hinsichtlich der zu untersuchenden Eigenschaft große Ähnlichkeit aufweisen.

Beispiel 16.19. Unabhängige Stichproben treten im Fall des Supermarktvergleichs auf, wenn der erste in Norddeutschland und der zweite in Süddeutschland liegt. Als Grundgesamtheit können dabei entweder alle Käufer in Deutschland oder jeweils die Käufer in Nord- und die in Süddeutschland gesehen werden.

Abhängige Stichproben treten auf, wenn beispielsweise die Wirkung zweier Medikamente miteinander verglichen werden soll, weil es hier auch darauf ankommt, dass es sich um Probanten (Element) mit den gleichen Eigenschaften handelt. Der Patient muss erst das erste und nach einer gewissen Zeit das zweite Präperat einnehmen. Ist es aber nicht zumutbar, dass ein Proband beide Präperate nacheinander einnimmt, so kann man auch Paare von ähnlichen Probanten bilden und beiden jeweils nur eins der Präperate verabreichen. Es werden dann die Paare miteinander vergleichen.

16.8.1 Vergleich zweier unabhängiger Stichproben

Stichprobe 1: $X_1, \ldots, X_{n_X}$
Stichprobe 2: $Y_1, \ldots, Y_{n_Y}$

Die Schätzer für den Erwartungswert und die Varianz sind:

$$\bar{X} = \frac{1}{n_X} \sum_{i=1}^{n_X} X_i \tag{16.134}$$

$$S_X^2 = \frac{\sum\limits_{i=1}^{n_X} \left(X_i - \bar{X}\right)^2}{n_X - 1} \tag{16.135}$$

$$\bar{Y} = \frac{1}{n_Y} \sum_{i=1}^{n_Y} Y_i \tag{16.136}$$

$$S_Y^2 = \frac{\sum\limits_{i=1}^{n_Y} \left(Y_i - \bar{Y}\right)^2}{n_Y - 1} \tag{16.137}$$

Es wird folgendes statistisches Modell angenommen:

1. X_i ist eine Zufallsvariable aus einer Zufallsstichprobe vom Umfang n_X, die das Experiment A erfährt. Der Mittelwert der Stichprobe ist μ_X, die Standardabweichung σ_X.
2. Y_i ist eine Zufallsvariable aus einer Zufallsstichprobe vom Umfang n_Y, die das Experiment B erfährt. Der Mittelwert der Stichprobe ist μ_Y, die Standardabweichung σ_Y.
3. Die Stichproben sind unabhängig.

Ziel ist es, eine statistische Aussage darüber zu erhalten, ob die beiden Mittelwerte $\mu_X - \mu_Y$ sich signifikant voneinander unterscheiden. Es ist nun zu unterscheiden, ob es sich um eine große oder um eine kleine Stichprobe handelt. Als Faustregel gilt: Werden mehr als 30 Elemente in beiden Stichproben erhoben, so geht man von einer großen Stichprobe aus.

16.8.1.1 Statistische Aussagen bei großen Stichproben

Wenn n_X und n_Y größer als 30 sind, kann der zentrale Grenzwertsatz angewendet werden. Dann ist das $(1 - \alpha)$-Konfidenzintervall für $\mu_X - \mu_Y$ gegeben mit:

$$P\left(\bar{X} - \bar{Y} - z_{1-\alpha/2} \sqrt{\frac{S_X^2}{n_X} + \frac{S_Y^2}{n_Y}} < \mu_X - \mu_Y < \right.$$

$$\left. \bar{X} - \bar{Y} + z_{1-\alpha/2} \sqrt{\frac{S_X^2}{n_X} + \frac{S_Y^2}{n_Y}}\right) = 1 - \alpha \quad (16.138)$$

wobei mit $1 - z_{\alpha/2}$ das $1 - \alpha/2$-Quantil der Standardnormalverteilung bezeichnet wird.

Anmerkung: Die $Var(\bar{X} - \bar{Y})$ errechnet sich aus $\sigma_X^2/n_X + \sigma_Y^2/n_Y$. Da die Zufallsvariablen $\bar{X}$ und $\bar{Y}$ unabhängig voneinander variieren, ist die Distanz zwischen ihnen größer als zwischen den einzelnen Elementen. Dies erklärt die mathematische Tatsache, dass die Varianz von $\bar{X} - \bar{Y}$ durch die Addition der Varianzen von $\bar{X}$ und $\bar{Y}$ erfolgt (siehe auch Kapitel 10.7). Es gilt

$$\begin{aligned} Var(\bar{X} - \bar{Y}) &= E\left((\bar{X} - \bar{Y})^2\right) - E(\bar{X} - \bar{Y})^2 \\ &= E(\bar{X}^2) - E(\bar{X})^2 + E(\bar{Y}^2) - E(\bar{Y})^2 \quad (16.139) \\ &= Var(\bar{X}) + Var(\bar{Y}) \end{aligned}$$

sofern $E(\bar{X})\,E(\bar{Y}) = 0$ angenommen wird.

Schätzer für die Varianz $Var(\bar{X} - \bar{Y})$ ist $S_X^2/n_X + S_Y^2/n_Y$. Die entsprechende Teststatistik bei großen Stichproben lautet mit $\delta_0 = \mu_X - \mu_Y$ der Differenz unter H_0:

$$Z_n = \frac{\bar{X} - \bar{Y} - \delta_0}{\sqrt{S_X^2/n_X + S_Y^2/n_Y}} \overset{\cdot}{\sim} N(0,1) \quad (16.140)$$

Die Testentscheidung H_0 abzulehnen ist abhängig vom Hypothesenpaar (siehe Tabelle 16.11).

Tabelle 16.11. Testentscheidung

H_0	H_1	H_0 ablehnen, wenn
$\mu_X - \mu_Y \leq \delta_0$	$\mu_X - \mu_Y > \delta_0$	$Z_n \geq z_{1-\alpha}$
$\mu_X - \mu_Y \geq \delta_0$	$\mu_X - \mu_Y < \delta_0$	$Z_n \leq z_{\alpha}$
$\mu_X - \mu_Y = \delta_0$	$\mu_X - \mu_Y \neq \delta_0$	$|Z_n| \geq z_{1-\alpha/2}$

Beispiel 16.20. Es soll verglichen werden, ob sich das Heiratsalter von Frauen bei zwei ethnischen Gruppen X und Y signifikant unterscheidet (vgl. [58, Seite 405]). Mit zwei Zufallsstichprobe aus jeder Gruppe hat sich das Ergebnis in Tabelle 16.12 eingestellt.

Da es sich hier um eine große Stichprobe handelt ($n > 30$), wird die Hypothese

Tabelle 16.12. Stichprobenergebnis

X	Y
$\bar{X} = 24.0$	$\bar{Y} = 21.3$
$S_X = 6.51$	$S_Y = 5.31$
$n_X = 67$	$n_Y = 63$

$$H_0 : \mu_X - \mu_Y = 0 \quad \text{gegen} \quad H_1 : \mu_X - \mu_Y \neq 0 \qquad (16.141)$$

mit der Teststatistik

$$Z_n = \frac{\bar{X} - \bar{Y}}{\sqrt{S_X^2/n_X + S_Y^2/n_Y}} = 3.677 \overset{\cdot}{\sim} N(0,1) \qquad (16.142)$$

überprüft. Bei einem Signifikanzniveau von $\alpha = 0.05 \Rightarrow z_{1-\alpha/2} = 1.96$ wird die Nullhypothese verworfen. Die beiden ethnischen Gruppen unterscheiden sich bzgl. des Heiratsalters der Frauen. Der Altersunterschied von durchschnittlich 2.7 Jahren ist zu groß, um bei einem Signifikanzniveau von 5% von einem gleichen Heiratsalter auszugehen. Mit diesem Testergebnis ist aber nicht gesagt, dass die Ursache die ethnischen Unterschiede der beiden Gruppen sind. Eine solche Überlegung muss aus der Ethnologie und verwandten Wissenschaften abgeleitet werden.

Neben einem formalen Test sollte auch immer eine grafische Darstellung der Situation erfolgen. In Abbildung 16.11 sind die beiden Stichproben in verschiedenen Grafiken wiedergegeben. Die Dichtespur wurde mit einem Normalkern mit der Fensterbreite 1 berechnet. Die Grafiken bestätigen, dass die beiden Verteilungen deutliche Unterschiede aufweisen.

Vergleich von zwei Anteilswerten

Sind zwei Anteilswerte θ_X und θ_Y zu vergleichen, die aus zwei unabhängigen Stichproben stammen, so sind die Zufallsvariablen X und Y bernoulli-verteilt (siehe auch Kapitel 16.4). Sie nehmen für das Ereignis A (Erfolg) den Wert 1 an, sonst 0. Die Anteilswerte θ_X und θ_Y sind dann durch die Stichprobenmittel $\bar{X}$ und $\bar{Y}$ schätzbar. Die Varianzen von $\hat{\theta}_X$ und $\hat{\theta}_Y$ sind

$$Var(\hat{\theta}_X) = \frac{\theta_X \left(1 - \theta_X\right)}{n_X} \qquad (16.143)$$

$$Var(\hat{\theta}_Y) = \frac{\theta_Y \left(1 - \theta_Y\right)}{n_Y} \qquad (16.144)$$

und

$$Var(\hat{\theta}_X - \hat{\theta}_Y) = \frac{\theta_X \left(1 - \theta_X\right)}{n_X} + \frac{\theta_Y \left(1 - \theta_Y\right)}{n_Y} \qquad (16.145)$$

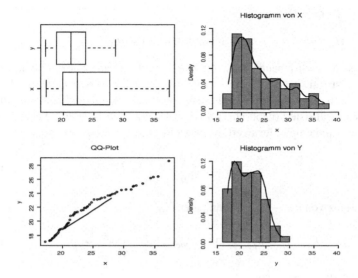

Abb. 16.11. Grafischer Vergleich der zwei Verteilungen

analog zu Gleichung (16.139). Da die wahren Anteilswerte unbekannt sind, erfolgt die Schätzung der Varianzen durch Einsetzen der geschätzten Anteilswerte. Die Varianzen werden durch die folgenden Schätzer erwartungstreu geschätzt (siehe Beispiele 15.17ff, Seite 360).

$$S^2_{\hat{\theta}_X} = \frac{\hat{\theta}_X\,(1 - \hat{\theta}_X)}{n_X - 1} \tag{16.146}$$

$$S^2_{\hat{\theta}_Y} = \frac{\hat{\theta}_Y\,(1 - \hat{\theta}_Y)}{n_Y - 1} \tag{16.147}$$

$$S^2_{(\hat{\theta}_X - \hat{\theta}_Y)} = \frac{\hat{\theta}_X\,(1 - \hat{\theta}_X)}{n_X - 1} + \frac{\hat{\theta}_Y\,(1 - \hat{\theta}_Y)}{n_Y - 1} \tag{16.148}$$

Aus der Statistik (siehe auch Gleichung 16.140) mit $\delta_0 = \theta_X - \theta_Y$

$$Z_n = \frac{(\hat{\theta}_X - \hat{\theta}_Y) - \delta_0}{\sqrt{\frac{\hat{\theta}_X\,(1-\hat{\theta}_X)}{n_X-1} + \frac{\hat{\theta}_Y\,(1-\hat{\theta}_Y)}{n_Y-1}}} \overset{\cdot}{\sim} N(0,1) \tag{16.149}$$

kann dann das Konfidenzintervall für die wahre Differenz angegeben werden.

$$P\left(\hat{\theta}_X - \hat{\theta}_Y - z_{1-\alpha/2}\sqrt{\frac{\hat{\theta}_X\,(1 - \hat{\theta}_X)}{n_X - 1} + \frac{\hat{\theta}_Y\,(1 - \hat{\theta}_Y)}{n_Y - 1}} < \theta_X - \theta_Y < \right.$$

$$\left. \hat{\theta}_X - \hat{\theta}_Y - z_{1-\alpha/2}\sqrt{\frac{\hat{\theta}_X\,(1 - \hat{\theta}_X)}{n_X - 1} + \frac{\hat{\theta}_Y\,(1 - \hat{\theta}_Y)}{n_Y - 1}}\right) = 1 - \alpha \tag{16.150}$$

Ein Test über die Hypothese

$$H_0 : \delta_0 = \theta_X - \theta_Y \quad \text{gegen} \quad H_1 : \delta_0 \neq \theta_X - \theta_Y \qquad (16.151)$$

folgt der bisher beschriebenen Prozedur. Die Hypothese H_0 ist abzulehnen, wenn der Betrag der Teststatistik (Gleichung 16.149) den Wert des $1-\alpha/2$-Quantils übersteigt.

Für den Fall, dass die Nullhypothese $\delta_0 = 0$ lautet, kann die Schätzung für θ aus der zusammengefassten (gepoolten) Stichprobe ermittelt werden. Dieses Vorgehen ist vor allem dann empfehlenswert, wenn kleine Stichproben vorliegen.

$$\hat{\theta}_{pooled} = \frac{n_X \, \hat{\theta}_X + n_Y \, \hat{\theta}_Y}{n_X + n_Y} \qquad (16.152)$$

Die Varianz von $\hat{\theta}_X - \hat{\theta}_Y$ ist dann unter H_0

$$Var(\hat{\theta}_{pooled}) = \theta_{pooled} \left(1 - \theta_{pooled}\right) \left(\frac{1}{n_X} + \frac{1}{n_Y}\right) \qquad (16.153)$$

und die Schätzung der Varianz

$$S^2_{\hat{\theta}_{pooled}} = \hat{\theta}_{pooled} \left(1 - \hat{\theta}_{pooled}\right) \left(\frac{1}{n_X - 1} + \frac{1}{n_Y - 1}\right). \qquad (16.154)$$

Die Teststatistik lautet damit:

$$Z_n = \frac{\hat{\theta}_X - \hat{\theta}_Y}{\sqrt{\hat{\theta}_{pooled} \left(1 - \hat{\theta}_{pooled}\right) \left(\frac{1}{n_X-1} + \frac{1}{n_Y-1}\right)}} \; \dot{\sim} \; N(0,1) \qquad (16.155)$$

Beispiel 16.21. Es soll die Wirksamkeit zweier verschiedener Unterrichtsmethoden untersucht werden (siehe [13, Seite 310]). Dazu werden aus 250 Schülern 100 Schüler zufällig ausgewählt bei deren Unterricht audio-visuelle Methoden eingesetzt werden. Die restlichen 150 Schüler werden traditionell unterrichtet. Am Ende der Untersuchungsphase müssen alle Schüler einen Test absolvieren. In Tabelle 16.13 ist das Ergebnis wiedergegeben.

Tabelle 16.13. Unterrichtsmethoden

	audio-visuell X	traditionell Y
bestanden	63	107
durchgefallen	37	43
$\sum$	100	150

Wie groß ist der Unterschied der wahren Erfolgsrate zwischen den beiden Methoden? Dazu wird ein 95% Konfidenzintervall berechnet. Die Erfolgsraten der beiden Unterrichtsmethoden betragen:

$$\hat{\theta}_X = \frac{63}{100} = 0.63 \tag{16.156}$$

$$\hat{\theta}_Y = \frac{107}{150} = 0.71 \tag{16.157}$$

$$\hat{\theta}_X - \hat{\theta}_Y = -0.08 \tag{16.158}$$

Die geschätzte Varianz beträgt:

$$S^2_{(\hat{\theta}_X - \hat{\theta}_Y)} = \frac{0.63\,(1 - 0.63)}{99} + \frac{0.71\,(1 - 0.71)}{149} = 0.0037 \tag{16.159}$$

Das 95% Konidenzintervall beträgt somit:

$$P(-0.199 \leq \theta_X - \theta_Y \leq 0.039) = 0.95 \tag{16.160}$$

Dies bedeutet, dass bei wiederholten Versuchen mit 95% Wahrscheinlichkeit die wahre Differenz der Erfolgsraten zwischen -0.2 und 0.04 liegt. Die beobachtete Differenz liegt innerhalb dieser Grenzen, so dass kein signifikanter Unterschied vorliegt. Alternativ kann auch ein Test mit der Hypothese

$$H_0 : \theta_X \leq \theta_Y \quad \text{gegen} \quad H_1 : \theta_X > \theta_Y \tag{16.161}$$

durchgeführt werden. Es wird also ein einseitiger Test durchgeführt, bei dem überprüft wird, ob die neue Methode erfolgreicher ist. Es wird hier, da die Nullhypothese auf $\delta_0 = 0$ formuliert ist, mit dem gepoolten Anteilswert gearbeitet, um die Anwendung zu zeigen.

$$\hat{\theta}_{pooled} = \frac{63 + 107}{100 + 150} = 0.68 \tag{16.162}$$

Die geschätzte Varianz ist damit:

$$S^2_{\hat{\theta}_{pooled}} = 0.68\,(1 - 0.68)\left(\frac{1}{99} + \frac{1}{149}\right) = 0.0037 \tag{16.163}$$

Der Wert unterscheidet sich nur geringfügig von der nicht gepoolten Schätzung (siehe Gleichung 16.159). Die Teststatistik besitzt somit den Wert:

$$Z_n = \frac{-0.08}{\sqrt{0.0037}} = -1.32 \tag{16.164}$$

Der kritische Wert liegt bei einem Signifikanzniveau von 0.05% wegen der einseitigen Hypothesenfestlegung bei $z_{0.05} = -1.64$. Die Nullhypothese kann, da $Z_n > z_{0.05}$ ist, nicht verworfen werden. Der Test führt zum gleichen Ergebnis, wie das Konfidenzintervall. Ein anderes Ergebnis hätte auch Zweifel an der Richtigkeit der Rechnung aufwerfen müssen.

16.8.1.2 Statistische Aussagen bei kleinen Stichproben

Wenn weniger als 30 Elemente in einer der beiden Stichproben vorhanden sind, nennt man die Stichproben klein und man muss zusäztliche Annahmen zum statistischen Modell von oben treffen:

1. Die zwei Zufallsvariablen X und Y sind normalverteilt.
2. Die Varianzen der beiden Zufallsvariablen X und Y ist gleich: $\sigma_X^2 = \sigma_Y^2$.

Aufgrund der Annahme identischer Varianzen kann die unbekannte Varianz aus den beiden Stichproben gemeinsam geschätzt werden. Dies wird als **gepoolte Varianzschätzung** für σ^2 bezeichnet. Vorteil dieses Vorgehens ist, dass mehr Freiheitsgrade zur Schätzung der Varianz vorliegen.

$$S_{pooled}^2 = \frac{\sum\limits_{i=1}^{n_X} \left(X_i - \bar{X}\right)^2 + \sum\limits_{i=1}^{n_Y} \left(Y_i - \bar{Y}\right)^2}{n_X + n_Y - 2}$$

$$= \frac{(n_X - 1)\, S_X^2 + (n_Y - 1)\, S_Y^2}{n_X + n_Y - 2} \qquad (16.165)$$

Für das Konfidenzintervall gilt:

$$P \left(\bar{X} - \bar{Y} - t_{1-\alpha/2}\, S_{pooled} \sqrt{\frac{1}{n_X} + \frac{1}{n_Y}} < \mu_X - \mu_Y < \right.$$

$$\left. \bar{X} - \bar{Y} + t_{1-\alpha/2}\, S_{pooled} \sqrt{\frac{1}{n_X} + \frac{1}{n_Y}} \right) = 1 - \alpha \quad (16.166)$$

Die Teststatistik ist dann ($\delta_0 = \mu_X - \mu_Y$):

$$T_n = \frac{(\bar{X} - \bar{Y}) - \delta_0}{S_{pooled}\, \sqrt{(1/n_X + 1/n_Y)}} \sim t(n_X + n_Y - 2) \qquad (16.167)$$

Die Testentscheidung mit den Hypothesenpaaren ist in Tabelle 16.14 angegeben.

Tabelle 16.14. Testentscheidung

H_0	H_1	H_0 ablehnen, wenn
$\mu_X - \mu_Y \leq \delta_0$	$\mu_X - \mu_Y > \delta_0$	$T_n \geq t_{1-\alpha}$
$\mu_X - \mu_Y \geq \delta_0$	$\mu_X - \mu_Y < \delta_0$	$T_n \leq t_{\alpha}\, (= -t_{1-\alpha})$
$\mu_X - \mu_Y = \delta_0$	$\mu_X - \mu_Y \neq \delta_0$	$|T_n| \geq t_{1-\alpha/2}$

Beispiel 16.22. Angenommen in dem Beispiel 16.20 (Seite 411) wären nur jeweils 20 verheiratete Frauen befragt worden mit ansonsten gleichen Stichprobenergebnissen, so ist die Nullhypothese mittels der Teststatistik

$$T_n = \frac{\bar{X} - \bar{Y}}{S_{pooled} \sqrt{1/n_X + 1/n_Y}}$$

$$= \frac{2.2}{6.055 \sqrt{1/20 + 1/20}} = 1.149 \sim t(38) \tag{16.168}$$

zu überprüfen. Bei einem Signifikanzniveau von $\alpha = 0.05 \Rightarrow t_{1-\alpha/2}(38) = 2.024$ wird die Nullhypothese $\mu_X = \mu_Y$ verworfen. Es zeigt sich, dass es aufgrund der unsicheren Information über die wahren Mittelwerte zu zwei Effekten kommt: Zum einen wird der Wert der Teststatistik kleiner, zum anderen wird der kritische Wert höher. Ferner ist natürlich mit dem signifikanten Unterschied nur festgestellt, dass unter der Hypothese, dass H_0 gilt, in fünf Prozent der Fälle ein Unterschied festgestellt wird, obwohl keiner besteht.

Bei der obigen Darstellung treten zwei Fragen auf:

1. Warum wurde für die Statistik in kleinen Stichproben die Annahme getroffen, dass beide Zufallsvariablen X und Y die gleiche Varianz besitzen?
2. Wann ist es plausibel, gleiche Varianzen für die Zufallsvariablen anzunehmen?

Die Statistik

$$\frac{((\bar{X} - \bar{Y}) - (\mu_X - \mu_Y))}{\left(\sqrt{S_X^2/n_X + S_Y^2/n_Y}\right)} \tag{16.169}$$

hat für kleine Stichproben keine t-Verteilung. Die Verteilung der Statistik ist in kleinen Stichproben von dem unbekannten Verhältnis σ_X/σ_Y abhängig. Die Annahme $\sigma_X = \sigma_Y$ und die gepoolte Varianzschätzung im Nenner der Statistik führen erst zu der t-Verteilung. Aufgrund des zentralen Grenzwertsatzes sind diese Annahmen in großen Stichproben nicht notwendig.

Bezüglich der zweiten Frage ist das Verhältnis von S_X zu S_Y von Relevanz. Die Annahme gleicher Standardabweichungen ist plausibel, wenn das Verhältnis nicht allzuweit von eins abweicht. Dies kann unter praktischen Aspekten dann unterstellt werden, wenn das Verhältnis zwischen $\frac{1}{2} \leq S_X/S_Y \leq 2$ liegt. Dann ist eine gepoolte Schätzung der Varianz möglich. Liegt das Verhältnis außerhalb dieser Grenzen, existieren einige Approximationen für eine Statistik von $\mu_X - \mu_Y$ (**Behrens-Fisher-Problem**), die hier aber wegen ihrer komplexen Form nicht erwähnt werden. Stattdessen wird eine konservative Regel angegeben. Die Statistik

$$T_n^* = \frac{(\bar{X} - \bar{Y}) - \delta_0}{\sqrt{S_X^2/n_X + S_Y^2/n_Y}} \; \dot\sim \; t\big(\min\{n_X - 1, n_Y - 1\}\big) \tag{16.170}$$

kann als t-verteilt angesehen werden. Die Freiheitsgrade der Verteilung werden aus dem Minimum von $n_X - 1$ und $n_Y - 1$ bestimmt. Das dazugehörige konservative Konfidenzintervall lautet

$$P\left(\bar{X} - \bar{Y} - t^*_{1-\alpha/2} \sqrt{\frac{S^2_X}{n_X} + \frac{S^2_Y}{n_Y}} < \mu_X - \mu_Y < \right.$$

$$\left. \bar{X} - \bar{Y} + t^*_{1-\alpha/2} \sqrt{\frac{S^2_X}{n_X} + \frac{S^2_Y}{n_Y}} \right) = 1 - \alpha, \quad (16.171)$$

wobei $t^*_{1-\alpha/2}$ den oberen Punkt der t-Verteilung mit dem Freiheitsgrad

$$\min\{n_X - 1, n_Y - 1\} \quad (16.172)$$

bedeutet. Diese Form des Tests wird auch als **Welch modifizierter Test** bezeichnet.

16.8.2 Vergleich von zwei verbundenen Stichproben

Bei verbundenen Stichproben werden häufig an ein und demselben Element die Experimente durchgeführt. Es können auch zwei möglichst identische Elemente ausgewählt werden. Die Datenstruktur bei verbundenen Stichproben ist in Tabelle 16.15 angegeben. Die Differenzen $D_1, \ldots, D_n$ sind die Zufallsstichprobe.

Tabelle 16.15. Verbundene Stichprobe

Paar	Experiment 1	Experiment 2	Differenz
1	X_1	Y_1	$D_1 = X_1 - Y_1$
2	X_2	Y_2	$D_2 = X_2 - Y_2$
⋮	⋮	⋮	⋮
n	X_n	Y_n	$D_n = X_n - Y_n$

Statistiken zur Schätzung von Erwartungswert und Varianz:

$$\bar{D} = \frac{1}{n} \sum_{i=1}^{n} D_i \quad (16.173)$$

$$S^2_D = \frac{\sum_{i=1}^{n} \left(D_i - \bar{D}\right)^2}{n - 1} \quad (16.174)$$

Obwohl die Paare (X_i, Y_i) unabhängig sind, sind X_i und Y_i in jedem Paar für gewöhnlich abhängig. Ist die Paarbildung richtig vorgenommen worden, so ist sogar mit einer positiven Korrelation zwischen X_i und Y_i zu rechnen. Die Differenzen werden hingegen als untereinander unabhängig angenommen. Es wird folgendes statistisches Modell angenommen:

1. Die Zufallsvariablen D_i stammen aus einer Grundgesamtheit mit $E(D_i) = \delta$ und $Var(D_i) = \sigma^2_D$.

2. Die Zufallsvariablen D_i sind unabhängig identisch verteilt.

Auch hier muss wieder die Situation von großer und kleiner Stichprobe unterschieden werden.

16.8.2.1 Statistische Aussagen bei großen Stichproben

Unter Anwendung des zentralen Grenzwertsatzes ist die Zufallsvariable $\bar{D}$ normalverteilt mit Erwartungswert δ und Varianz σ_D^2. Das $1-\alpha$-Konfidenzintervall ist dann:

$$P\left(\bar{D} - z_{1-\alpha/2}\,\frac{S_D}{\sqrt{n}} < \delta < \bar{D} + z_{1-\alpha/2}\,\frac{S_D}{\sqrt{n}}\right) = 1 - \alpha \qquad (16.175)$$

Wie oben erfolgt mit Anwendung des zentralen Grenzwertsatzes die Bestimmung der Verteilung der Statistik unter der Nullhypothese $H_0 : \delta_0 = \delta$:

$$Z_n = \frac{\bar{D} - \delta_0}{S_D/\sqrt{n}} \;\dot\sim\; N(0,1) \qquad (16.176)$$

16.8.2.2 Statistische Aussagen bei kleinen Stichproben

Es liegt wieder der Fall mit weniger als 30 Elementen in einer der beiden Stichproben vor, so dass ergänzende Annahmen zum statistischen Modell von oben getroffen werden müssen:

Die Zufallsvariable D_i ist normalverteilt mit Mittelwert δ und Varianz σ_D^2.

Ein $1 - \alpha$-Konfidenzintervall für δ ist dann gegeben mit:

$$P\left(\bar{D} - t_{1-\alpha/2}\,\frac{S_D}{\sqrt{n}} < \delta < \bar{D} + t_{1-\alpha/2}\,\frac{S_D}{\sqrt{n}}\right) = 1 - \alpha \qquad (16.177)$$

wobei mit $t_{1-\alpha/2}$ das $1 - \alpha/2$-Quantil einer t-Verteilung mit $n - 1$ Freiheitsgraden bezeichnet wird. Ein Test der Hypothese $H_0 : \delta_0 = \delta$ basiert auf der Statistik:

$$T_n = \frac{\bar{D} - \delta_0}{S_D/\sqrt{n}} \sim t(n - 1) \qquad (16.178)$$

Beispiel 16.23. Ein Medikament soll auf seine blutdrucksenkende Wirkung hin überprüft werden (vgl. [13, Seite 304]). Es wird eine Stichprobe von 15 Probanten ausgewählt. Es handelt sich um eine verbundene Stichprobe, da die gleichen Personen einmal ohne (X = Blutdruck vor Medikamenteneinnahme) und einmal mit (Y = Bludruck nach Medikamenteneinnahme) medikamentöser Wirkung bzgl. des Blutdrucks untersucht werden. Da weniger als 30 Probanten untersucht werden, liegt der Fall einer kleinen Stichprobe vor. Es muss, da die blutdrucksenkende Wirkung überprüft werden soll, ein einseitiger Test

$$H_0 : \delta_0 \le 0 \quad \text{gegen} \quad H_1 : \delta_0 > 0 \qquad (16.179)$$

Tabelle 16.16. Blutdruck

	Probant							
	1	2	3	4	5	6	7	8
x_i	70	80	72	76	76	76	72	78
y_i	68	72	62	70	58	66	68	52
$d_i = x_i - y_i$	2	8	10	6	18	10	4	26

	9	10	11	12	13	14	15
x_i	82	64	74	92	74	68	84
y_i	64	72	74	60	74	72	74
$d_i = x_i - y_i$	18	-8	0	32	0	-4	10

angewandt werden. Das Ergebnis der Untersuchung ist in Tabelle 16.16 wiedergegeben.

Die mittlere Differenz beträgt $\bar{D} = 8.8$ und die geschätzte Standardabweichung wird mit $s_D = 10.975$ ermittelt. Wird ein Signifikanzniveau von $\alpha = 0.01$ angenommen, so liegt der kritische Wert bei $t_{0.99}(14) = 2.624$. Der Wert der Teststatistik ergibt:

$$T_n = \frac{8.8}{10.975/\sqrt{15}} = 3.105 \tag{16.180}$$

Die Hypothese H_0 wird zugunsten von H_1 abgelehnt, da $T_n > t_{0.99}(14)$ ist. Die Messwerte indizieren eine blutdrucksenkende Wirkung. Aber auch hier wieder der Hinweis: Eigentlich ist nur überprüft worden, dass wenn H_0 gilt, in 1 Prozent der Fälle eine erhöhende Wirkung festgestellt wird, obwohl keine vorliegt. Es ist damit überhaupt nicht geklärt, wie hoch der Irrtum ist, dass Medikament als wirksam einzustufen, obwohl es wirkungslos ist (siehe Beispiel 16.12 auf Seite 392). Ferner kann der Test natürlich nicht die Ursache-Wirkungsbeziehung überprüfen. Dass heißt, es wird angenommen, dass das Medikament für die Wirkung verantwortlich ist.

16.8.3 Unterschied zwischen verbundenen und unabhängigen Stichproben

Bei einer verbundenen Stichprobe mit n Paaren werden $2\,n$ Beobachtungen benötigt. Eine vergleichbare Situation sind zwei unabhängige Stichproben mit jeweils n Beobachtungen. Die Differenz der Stichprobenmittel ist bei beiden Stichprobensituationen die gleiche, denn es gilt:

$$\bar{D} = \frac{1}{n} \sum_{i=1}^{n} (X_i - Y_i) = \bar{X} - \bar{Y} \tag{16.181}$$

Daher haben beide Konfidenzintervalle eine ähnliche Struktur. Die Unterschiede rühren aus der Bestimmung der Standardabweichungen her. In der Tabelle 16.17

Tabelle 16.17. Standardfehler in kleinen Stichproben

	Stichprobe	
	unabhängig	verbunden
geschätzter Standardfehler	$S_{pooled} \sqrt{1/n_X + 1/n_Y}$	$S_D/\sqrt{n}$
Freiheitsgrade	$n_X + n_Y - 2$	$n - 1$

wird die Situation bei kleinen Stichproben miteinander verglichen, wenn die Statistik t-verteilt ist.

Es zeigt sich, dass im Fall der verbundenen Stichproben weniger Freiheitsgrade zur Verfügung stehen. Hingegen haben die verbundenen Stichproben bei der Schätzung der Standardabweichung einen Vorteil. Wenn die Paarbildung richtig erfolgt ist, also ähnliche Elemente zusammengelegt wurden, so sind die Zufallsvariablen in den einzelnen Paaren positiv korreliert; treten also große (kleine) Effekte bei X auf, so treten sie auch bei Y auf. Dies bedeutet, dass die Differenzen D_i recht klein ausfallen und somit auch die Varianz σ_D^2. Sie ist wegen dieser Systematik kleiner als die gepoolte Varianz bei unabhängigen Zufallsstichproben. Die kleinere Varianz und damit kleinere Standardabweichung überkompensiert häufig den Verlust an Freiheitsgraden. Also ist eine verbundene Stichprobe immer dann von Vorteil, wenn Paare mit großer Ähnlichkeit gebildet werden können. Ist dies nicht der Fall so sind unabhängige Stichproben vorzuziehen (vgl. [58, Seite 439]).

16.9 Übungen

Übung 16.1. Diskutieren Sie den BSE-Test im Lichte der Aussagen von Kapitel 16.5.

Übung 16.2. Aufgrund einer Theorie über die Vererbung von Intelligenz erwartet man bei einer bestimmten Gruppe von Personen einen mittleren Intelligenzquotienten (IQ) von 105. Dagegen erwartet man bei Nichtgültigkeit der Theorie einen mittleren IQ von 100. Damit erhält man das folgende statistische Testproblem:

$$H_0 : \mu_X = 100 \quad \text{gegen} \quad H_1 : \mu_X = 105 \tag{16.182}$$

Die Standardabweichung des als nomalverteilt angenommenen IQs sei $\sigma_X = 15$; das Signifikanzniveau sei mit $\alpha = 0.1$ festgelegt. Geben Sie für eine Stichprobe vom Umfang $n = 25$

1. den Ablehnungs- und Annahmebereich eines geeigneten statistischen Tests und
2. die Wahrscheinlichkeit für den Fehler 2. Art an.
3. Sie beobachten in Ihrer Stichprobe einen mittleren IQ von 104. Zu welcher Testentscheidung kommen Sie?

Übung 16.3. Ein Marktforschungsinstitut führt jährliche Untersuchungen zu den monatlichen Lebenshaltungskosten durch. Die Kosten für einen bestimmten Warenkorb beliefen sich in den letzten Jahren auf durchschnittlich 600 €. Im Beispieljahr wurde in einer Stichprobe von 40 zufällig ausgewählten Kaufhäusern jeweils der aktuelle Preis des Warenkorbs bestimmt. Als Schätzer für den aktuellen Preis des Warenkorbs ergab sich ein mittlerer Preis von 605 €. Die Varianz $\sigma_X^2 = 225$ sei aufgrund langjähriger Erfahrung bekannt.

1. Hat sich der Preis des Warenkorbs im Vergleich zu den Vorjahren signifikant zum Niveau $\alpha = 0.01$ erhöht?
2. Bestimmen Sie den Fehler 2. Art unter der Annahme, dass 610 € der tatsächliche aktuelle Preis des Warenkorbs ist. Was sagt der Fehler 2. Art aus?
3. Wie groß müsste der Stichprobenumfang sein, um bei einem Niveau von $\alpha = 0.01$ eine Erhöhung des mittleren Preises um 5 € als signifikant nachzuweisen?

Übung 16.4. Es sind folgende zwei Stichproben gezogen worden (siehe Tabelle 16.18).

Tabelle 16.18. Stichproben

1. Stichprobe 8 5 7 6 9 7
2. Stichprobe 2 6 4 7 6 –

Überprüfen Sie, ob die beiden Stichprobenmittel sich signifikant unterscheiden ($\alpha = 0.02$).

Übung 16.5. Bestimmen Sie den notwendigen Stichprobenumfang für einen Differenzentest, wenn die wahre Differenz $\delta = \mu_X - \mu_Y = 2$ mit einer Wahrscheinlichkeit von 90% ermittelt werden soll. Gehen Sie von einer Differenz unter $H_0 : \delta_0 = 0$ aus. Das Signifikanzniveau sei $1 - \alpha = 0.95$. Ferner wird angenommen, dass $\sigma_X = \sigma_Y = \sigma$ und $n_X = n_Y = n$ gelte.

Hinweis: Bestimmen Sie die Gütefunktion der Statistik

$$Z_n = \frac{\bar{X} - \bar{Y} - \delta_0}{\sigma \sqrt{2/n}} \sim N(0, 1) \tag{16.183}$$

17

Statistische Tests für kategoriale Merkmale

Inhaltsverzeichnis

17.1 Einführung

Die hier vorgestellten statistischen Tests für kategoriale Merkmale werden auf Basis der **quadratischen Kontingenz** χ^2 (siehe Definition 5.9, Seite 113) konstruiert. In diese Statistik gehen keine Parameter einer Verteilung ein, sondern die empirischen und theoretischen Häufigkeiten einer Verteilung. Damit unterscheidet sich diese Statistik in zweifacher Hinsicht von den bisherigen. Für die Verteilung der theoretischen Häufigkeiten werden keine Annahmen getroffen, sondern es wird eine Hypothese formuliert. Die Verteilung der Statistik ist unabhängig von der Verteilung der Stichprobe. Man nennt diese Art von Tests daher auch **verteilungsfreie Tests**. Da die Hypothese nicht über einen Parameter einer Verteilung formuliert wird, verwendet man synonym auch den Begriff **nichtparametrischer Test**. Zum anderen erfordert die Messung von Häufigkeiten keine metrischen Merkmale.

17.2 χ^2-Anpassungstest

Beim χ^2-Anpassungstest wird in der Nullhypothese überprüft, ob die empirische Verteilung mit einer vorgegebenen theoretischen Verteilung übereinstimmt. Bei der Vorgabe der theoretischen Verteilung in der Nullhypothese ist zu unterscheiden, ob die Verteilung inklusiv der Parameter oder exklusiv der Parameter formuliert wird. Die Parameter sind aus der Stichprobe zu schätzen. Der erste Fall wird als **vollspezifizierte Nullhypothese**, der zweite Fall als **teilspezifizierte Nullhypothese** bezeichnet.

Der χ^2-Test wird mittels der Teststatistik

$$\chi^2 = \sum_{j=1}^{m} \frac{\left(n(x_j) - \hat{n}(x_j)\right)^2}{\hat{n}(x_j)} \tag{17.1}$$

konstruiert. Mit $\hat{n}(x_j)$ wird die absolute Häufigkeit bezeichnet, die mit der theoretischen Verteilung geschätzt wird. Im Fall einer diskreten Verteilungsfunktion ist

$$\hat{n}(x_j) = f_X(x_j)\, n \tag{17.2}$$

und im Fall einer stetigen Verteilungsfunktion

$$\hat{n}(x_j) = P\big((x_{j-1}, x_j]\big)\, n \tag{17.3}$$

Die Verteilung der χ^2-Statistik lässt sich nur asymptotisch angeben. Wird die Statistik

$$Z_j = \frac{\left(n(x_j) - \hat{n}(x_j)\right)}{\sqrt{\hat{n}(x_j)}} \tag{17.4}$$

betrachtet, so kann sie als eine Standardisierung einer poissonverteilten Zufallsvariablen $X = n(x_j) \sim Poi\big(\hat{n}(x_j), \hat{n}(x_j)\big)$ – weil Erwartungswert und Varianz identisch sind – aufgefasst werden (vgl. [95, Seite 251f]). Nun lässt sich die Poissonverteilung durch eine Normalverteilung approximieren (siehe Kapitel 14.6.3). Damit ist die Grenzverteilung von Z_j die Standardnormalverteilung. Nun wird in der Teststatistik (17.1) nicht Z_j, sondern Z_j^2 verwendet. Nach dem Hauptsatz der Stichprobentheorie (siehe Kapitel 14.8) sind Z_j und Z_j^2 statistisch unabhängig und $Z_j^2 \overset{\cdot}{\sim} \chi^2(1)$. Damit gilt dann für:

$$\sum_{j=1}^{m} Z_j^2 \overset{\cdot}{\sim} \chi^2(m) \tag{17.5}$$

Da nun Z_j nur approximativ normalverteilt ist, ist auch Z_j^2 nur approximativ χ^2-verteilt. Die theoretischen Häufigkeiten $\hat{n}(x_j)$ sind mittels der theoretischen Verteilung und dem Stichprobenumfang n zu schätzen. Aufgrund der Restriktion $\sum_{j=1}^{m} \hat{n}(x_j) = 1$ geht ein Freiheitsgrad verloren.

$$\sum_{j=1}^{m} \frac{\left(n(x_j) - \hat{n}(x_j)\right)^2}{\hat{n}(x_j)} \overset{\cdot}{\sim} \chi^2(m-1) \tag{17.6}$$

Damit die approximative Verteilung hinreichend gut ist, sollte für

$$m \leq 8 \quad \hat{n}(x_j) \geq 5 \qquad (17.7)$$

und für

$$m > 8 \quad \hat{n}(x_j) \geq 1 \qquad (17.8)$$

gelten (vgl. [103, Seite 282]). Falls dies nicht erfüllt wird, kann dies durch Zusammenlegung von Kategorien bzw. Klassen erreicht werden. Jedoch ist dabei zu beachten, dass dies Auswirkungen auf den Wert der Teststatistik und deren $1 - \alpha$-Quantil hat.

Definition 17.1. *Als χ^2-Anpassungstest wird die Überprüfung des vollspezifizierten Hypothesenpaars*

$$H_0 : F_n(x) = F_X(x \mid \boldsymbol{\theta}) \quad gegen \quad H_1 : F_n(x) \neq F_X(x \mid \boldsymbol{\theta}) \qquad (17.9)$$

mittels der Teststatistik

$$\sum_{j=1}^{m} \frac{\left(n(x_j) - \hat{n}(x_j)\right)^2}{\hat{n}(x_j)} \overset{\cdot}{\sim} \chi^2(m - 1) \qquad (17.10)$$

bezeichnet. $\boldsymbol{\theta}$ ist ein bekannter p-dimensionaler Parametervektor der Verteilung. Ist der Wert der Teststatistik χ^2 größer als der kritische Wert $\chi^2_{1-\alpha}(m - 1)$, wird die Nullhypothese abgelehnt.

Die Überprüfung des teilspezifizierten Hypothesenpaares

$$H_0 : F_n(x) = F_X(x) \quad gegen \quad H_1 : F_n(x) \neq F_X(x), \qquad (17.11)$$

erfolgt mittels der Teststatistik:

$$\sum_{j=1}^{m} \frac{\left(n(x_j) - \hat{n}(x_j)\right)^2}{\hat{n}(x_j)} \overset{\cdot}{\sim} \chi^2(m - p - 1) \qquad (17.12)$$

Der Parametervektor $\boldsymbol{\theta}$ ist unbekannt und muss aus der Stichprobe geschätzt werden. Daher tritt er nicht mehr als Bedingung in der Verteilungsfunktion auf.

Beispiel 17.1. Bei einer Meinungsumfrage wurden 600 zufällig ausgewählte Personen nach ihrer bevorzugten Fernsehprogrammzeitschrift gefragt. Das Ergebnis ist in den ersten beiden Spalten der Tabelle 17.1 wiedergegeben.

Es soll überprüft werden, ob die Nachfrage nach den Zeitschriften gleichverteilt ist.

$$H_0 : X \text{ ist gleichverteilt} \quad gegen \quad H_1 : X \text{ ist nicht gleichverteilt} \qquad (17.13)$$

Da $m \leq 8$ ist, muss für alle Klassen $n(x_j) \geq 5$ gelten. Dies ist hier erfüllt, so dass keine Zusammenlegung von Klassen erforderlich ist. Wenn H_0 gilt, ist die

Tabelle 17.1. Meinungsumfrage Fernsehprogrammzeitschrift

Zeitschrift x_j	$n(x_j)$	$f_X(x_j)$	$\hat{n}(x_j)$	$\frac{\left((n(x_j)-\hat{n}(x_j)\right)^2}{\hat{n}(x_j)}$
TV-Spielfilm	118	1/6	100	3.24
HörZu	112	1/6	100	1.44
TV-Movie	98	1/6	100	0.04
TV-Today	92	1/6	100	0.64
TV-Hören und Sehen	94	1/6	100	0.36
Gong	86	1/6	100	1.96
$\sum$	600	1	600	7.68

(Quelle: [125, Seite 453])

Wahrscheinlichkeit eine bestimmte TV-Zeitschrift zu lesen, $f_X(x_j) = 1/6$ für $j = 1, \ldots, 6$. Daraus ergeben sich die absoluten theoretischen Häufigkeiten:

$$\hat{n}(x_j) = f_X(x_j)\, n = \frac{1}{6}\, 600 = 100 \tag{17.14}$$

Der Wert der Teststatistik berechnet sich auf

$$\chi^2 = 7.68. \tag{17.15}$$

Alternativ kann auch mit der relativen Häufigkeit die Statistik berechnet werden (siehe Gleichung 5.23, Seite 113). Bei einem Fehler 1. Art von $\alpha = 0.05$ und $m = 6 - 1 = 5$ Freiheitsgraden liegt das $(1 - \alpha)$-Quantil der χ^2-Verteilung bei

$$\chi^2_{0.95}(5) = 11.07. \tag{17.16}$$

Der Wert der Teststatistik fällt hier kleiner aus als der kritische Wert. Die Nullhypothese kann nicht verworfen werden. Die Nachfrage nach den TV-Programmzeitschriften kann als gleichverteilt angesehen werden.

$$\chi^2 = 7.68 < \chi^2_{0.95}(5) = 11.07 \tag{17.17}$$

Beispiel 17.2. Ein χ^2-Anpassungstest für die Preise (Benfordsche Gesetz) aus dem Beispiel 10.8 (Seite 237) zeigt, dass die Verteilung der Anfangsziffern auf dem 5% Niveau nicht mit der der Benfordschen Verteilung vereinbar ist. Die Nullhypothese

$$H_0 : X \text{ folgt dem Benfordschen Gesetz} \quad \text{gegen} \quad H_1 : \text{nicht } H_0 \tag{17.18}$$

kann nicht angenommen werden. Die Zufallsvariable X gibt hier die Anzahl der Anfangsziffern 1 bis 9 an. Die Gründe hierfür sind im Beispiel 10.8 bereits genannt worden.

$$\chi^2 = 182.579 > \chi^2_{0.95}(9 - 1) = 15.507 \tag{17.19}$$

Tabelle 17.2. Arbeitstabelle zu Beispiel 17.2

x_j	$n(x_j)$	$f(x_j)$	$f_X(x_j)$	$\hat{n}(x_j)$
1	443	0.486	0.301	274.238
2	156	0.171	0.176	160.419
3	77	0.850	0.125	113.819
4	61	0.067	0.097	88.285
5	36	0.040	0.079	72.134
6	30	0.033	0.067	60.989
7	28	0.031	0.058	52.831
8	26	0.029	0.051	46.599
9	54	0.059	0.046	41.685
$\sum$	911	1.000	1.000	911

Wird der χ^2-Anpassungstest auch bei kardinalen Merkmalen angewendet, so müssen diese klassiert werden, damit man eine Häufigkeitsverteilung erhält. Wie bereits erwähnt, hat die Klasseneinteilung Auswirkung auf den Wert der Teststatistik selbst, als auch über die Freiheitsgrade auf den kritischen Wert.

Beispiel 17.3. Es sind 50 standardnormalverteilte Zufallszahlen erzeugt worden (siehe Tabelle 17.3). Die Nullhypothese lautet somit:

$$H_0 : F_n(x) = N(0,1) \quad \text{gegen} \quad H_1 : F_n(x) \neq N(0,1) \qquad (17.20)$$

Tabelle 17.3. Standardnormalverteilte Zufallszahlen

				x					
1.171	-1.065	-1.103	1.407	2.424	1.060	-1.450	-0.751	-0.338	-1.808
-0.551	-0.809	0.005	0.870	2.220	1.313	0.315	-1.384	1.183	1.863
1.345	-0.140	-0.754	-1.209	0.526	-0.737	-1.033	0.392	-0.354	0.803
0.743	-0.497	0.336	-0.337	-1.074	0.407	-1.578	-0.138	-0.580	-0.013
-0.991	-1.487	-1.227	1.016	-0.335	1.030	-0.485	-0.471	0.811	0.278

Es handelt sich – da Erwartungswert und Varianz bekannt sind – um eine **vollspezifizierte Nullhypothese.** Aufgrund der standardnormalverteilten Zufallsvariablen in der Stichprobe ist anzunehmen, dass hier die Nullhypothese angenommen wird. Der Test soll hier vor allem zeigen, wie er angewendet wird und wie der Einfluss der Klasseneinteilung auf die Teststatistik χ^2 ist. Dazu werden zwei verschiedene Methoden zur Klasseneinteilung verwendet. In der ersten Methode werden die Klassen so gebildet, dass alle die gleiche Häufigkeit besitzen. Die Anzahl der Klassen ist explizit vorzugeben. Es wird hier $m = 10$ gewählt. Die Klassengrenzen werden unter der Verteilung von H_0 bestimmt. Sie sind damit die j/m-Quantile ($j = 1, \dots, m$) der Standardnormalverteilung. Das erste Intervall umfasst dann den

Bereich $(-\infty, x_{(0.1)}]$, das zweite Intervall $(x_{(0.1)}, x_{(0.2)}]$, usw. bis zum letzten Intervall $(x_{(0.9)}, x_{(1)}]$. Für das erste Quantil ergibt sich ein Wert von:

$$x_{(0.1)} = F_X^{-1}(0.1) = 1 - F_X^{-1}(0.9) = -1.282 \tag{17.21}$$

Die Wahrscheinlichkeit für das Eintreten eines Wertes in der j-ten Klasse ist nun durch

$$P\big((x_{j-1}, x_j]\big) = F_X(x_j) - F_X(x_{j-1}) \tag{17.22}$$

und für das erste Quantil durch

$$P\big((x_0, x_1]\big) = F_X(-1.282) - F_X(-\infty) = 0.1 \tag{17.23}$$

gegeben. Die Wahrscheinlichkeit ist für alle j Klassen identisch. Die Häufigkeiten $n(x_j)$ und $\hat{n}(x_j)$ beziehen sich auf die Klassenmitten x_j.

Tabelle 17.4. Klassierung der Zufallszahlen bei gleichwahrscheinlichen Klassen

j	$(x_{j-1}, x_j]$	$n(x_j)$	$P\big((x_{j-1}, x_j]\big)$	$\hat{n}(x_j)$
1	$(-\infty, -1.282]$	5	0.1	5
2	$(-1.282, -0.842]$	7	0.1	5
3	$(-0.842, -0.524]$	6	0.1	5
4	$(-0.524, -0.253]$	7	0.1	5
5	$(-0.253, 0]$	3	0.1	5
6	$(0, 0.253]$	1	0.1	5
7	$(0.253, 0.524]$	5	0.1	5
8	$(0.524, 0.842]$	4	0.1	5
9	$(0.842, 1.282]$	6	0.1	5
10	$(1.282, \infty]$	6	0.1	5
$\sum$	–	50	1	50

Der Wert der Teststatistik berechnet sich damit auf:

$$\chi^2 = 6.400 \tag{17.24}$$

Sie folgt einer asymptotischen χ^2-Verteilung mit 9 Freiheitsgraden. Bei einem Fehler 1. Art von $\alpha = 0.05$ beträgt der kritische Wert:

$$\chi^2_{0.95}(9) = 16.919 \tag{17.25}$$

Die Nullhypothese wird – wie erwartet – nicht verworfen.

Eine alternative Vorgehensweise bei der Klassierung der Werte ist, äquidistante Klassen vorzugeben mit z. B. $\Delta_j = 1$, $j = 1, \ldots, m$, wobei sich die Klassenzahl

m einerseits aus der Weite der Werte ergeben kann oder andererseits aus einer fest-
gesetzten Anzahl von Klassen, aus der dann die Klassengrenzen entsprechend zu
bestimmen sind.

Im vorliegenden Fall beträgt das Minimum der Werte -1.808 und das Maximum
der Werte 3.192. Somit ergeben sich bei einer Klassenbreite von eins $m = 5$ Klassen (siehe Tabelle 17.5). Bei der Berechnung der Wahrscheinlichkeiten ist bei den
Randklassen hier zu berücksichtigen, dass die Normalverteilung einen Wertebereich
von $-\infty$ bis $+\infty$ besitzt. Daher ist zur Berechnung der ersten und der letzten Wahrscheinlichkeit die Unter- bzw. Obergrenze auf $-\infty$ bzw. auf ∞ zu setzen. Damit
wird sichergestellt, dass die Summe der Wahrscheinlichkeiten eins ist.

Tabelle 17.5. Klassierung der Zufallszahlen mit äquidistanten Klassen

j	$(x_{j-1}, x_j]$	$n(x_j)$	$P\big((x_{j-1}, x_j]\big)$	$\hat{n}(x_j)$
1	$(-\infty, -0.808]$	13	0.210	10.482
2	$(-0.808, 0.192]$	16	0.367	18.332
3	$(0.192, 1.192]$	15	0.307	15.358
4	$(1.192, 2.192]$	4	0.102	5.119
5	$(2.192, \infty]$	2	0.014	0.709
$\sum$	$-$	50	1	50

Die Berechnung der theoretischen Wahrscheinlichkeiten ergibt sich aus den Intervallen der jeweiligen Klassen. Für die ersten beiden Klassen sieht die Berechnung
wie folgt aus:

$$P\big((-\infty, -0.808]\big) = F_X(-0.808) - F_X(-\infty) = 0.210 \qquad (17.26)$$

$$P\big((-0.808, 0.192]\big) = F_X(0.192) - F_X(-0.808) = 0.367 \qquad (17.27)$$

Der Wert der Teststatistik beträgt:

$$\chi^2 = 3.506 \qquad (17.28)$$

Der kritische Wert beträgt:

$$\chi^2_{0.95}(4) = 9.488 \qquad (17.29)$$

Die Nullhypothese kann nicht verworfen werden. Es zeigt sich aber deutlich, dass
aufgrund der anderen Klasseneinteilung der Wert der Teststatisik stark beeinflusst
wird. Wegen der kleineren Klassenzahl ergibt sich auch ein anderes $1 - \alpha$-Quantil
der χ^2-Verteilung. Die Anwendungsempfehlung besagt, dass bei $m \leq 8$ die theoretischen Häufigkeiten $\hat{n}(x_j) \geq 5$ sein sollten. Dies ist bei der letzten Klassen verletzt.
Wird diese daher mit der vorherigen zusammengefasst, so ergibt sich eine neue 4-te
Klasse (siehe Tabelle 17.6).

Der Wert der Teststatistik beträgt dann:

Tabelle 17.6. Zusammengefasste 4-te und 5-te Klasse

j	$(x_{j-1}, x_j]$	$n(x_j)$	$P\big((x_{j-1}, x_j]\big)$	$\hat{n}(x_j)$
4	(1.1923.192]	6	0.117	5.830

$$\chi^2 = 0.914 \qquad\qquad (17.30)$$

Der kritische Wert ändert sich auf:

$$\chi^2_{0.95}(3) = 7.81 \qquad\qquad (17.31)$$

Die Nullhypothese wird erneut nicht abgelehnt. Der Wert der Teststatistik hat sich stark reduziert. Daraus wäre die Tendenz ableitbar, dass mit kleiner werdender Klassenzahl die Nullhypothese seltener verworfen würde. Dies wird in der Literatur aber so nicht bestätigt.

Eine zu kleine Klassenzahl m wird in der Literatur (vgl. a. u. [13], [18, Seite 80], [38]) als kritisch angesehen; zu niedrig besetzte Klassen hingegen auch, die bei einer höheren Klassenzahl schnell auftreten können. In der Literatur existieren zum Teil widersprüchliche Empfehlungen zur Wahl der Zahl der Klassen und der minimalen und maximalen Klassenhäufigkeiten. Eine unter strengen Annahmen (u. a. gleiche Häufigkeiten in jeder Klasse, im Beispiel 17.3 als erstes Verfahren bezeichnet) abgeleitete „beste" Klassenzahl haben die Autoren [79] ausgearbeitet.

$$m = 4 \sqrt[5]{\frac{2\,(n-1)^2}{z^2_{1-\alpha}}} \qquad\qquad (17.32)$$

Sie kann als (oberer) Richtwert angesehen werden. Mit $z_{1-\alpha}$ wird das $1-\alpha$-Quantil der Standardnormalverteilung bezeichnet. Im Beispiel 17.3 (Seite 427) hätte dies zu einer Klassenanzahl von $m \approx 20$ geführt. Diese Klassenzahl führt insbesondere nach dem zweiten Verfahren zu einer Reihe von sehr niedrig besetzten Klassen. Die Werte der Teststatistiken steigen dadurch deutlich an. Im ersten Fall beträgt $\chi^2 = 12.4$, im zweiten $\chi^2 = 22.686$. Der kritische Wert liegt bei $\chi^2_{0.95}(19) = 30.144$, so dass die Nullhypothese nicht abgelehnt wird. Man sollte daher durch Variation der Klasseneinteilung und der Klassenzahl die Sensitivität des Testergebnisses überprüfen.

Auf jeden Fall sollte zur Beurteilung der Verteilung auch die grafische Darstellung der empirischen und theoretischen Verteilung eingesetzt werden (siehe Abbildung 17.1). Für die Werte im Beispiel 17.3 sind hier Histogramme mit den Dichtefunktionen der Normalverteilung, ein QQ-Plot und die Verteilungsfunktionen gezeichnet worden. Es zeigt sich, dass die Histogramme aufgrund der unterschiedlichen Klasseneinteilung deutlich verschieden ausfallen. Das zweite Histogramm weist eine etwas bessere Anpassung an die Normalverteilung aus als das erste. Dies zeigt sich auch im Wert der χ^2-Statistik: der zweite Wert ist kleiner als der erste. Der QQ-Plot zeigt für die unklassierten Werte, dass im unteren Bereich eine größere

Abweichung zu den Quantilen der Normalverteilung vorliegt, die empirische Verteilungsfunktion hingegen weist im mittleren Bereich eine stärkere Abweichung zur Normalverteilung auf. Insgesamt sind die Abweichungen jedoch als relativ gering zu bewerten, was ja aufgrund der vorgegebenen Werte zu erwarten war.

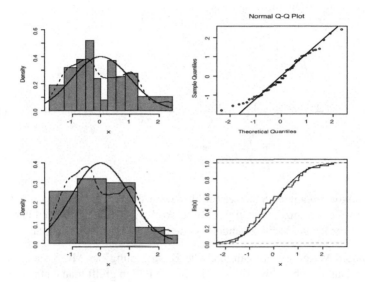

Abb. 17.1. Grafischer Vergleich mit Normalverteilung

Wird nun die Verteilungsfunktion unter H_0 ohne Parameter spezifiziert, so handelt es sich um eine **teilspezifizierte Nullhypothese**. Die Parameter müssen aus der Stichprobe geschätzt werden. Es tritt nun das Problem auf, welches Schätzverfahren anzuwenden ist und wie sich die Verteilung der Teststatistik dadurch verändert. Werden die Parameter mit dem Maximum-Likelihood Verfahren aus den klassierten Werten geschätzt, so folgt die Teststatistik asymptotisch einer χ^2-Verteilung mit $(m - p - 1)$ Freiheitsgraden (vgl. [38, Seite 513]).

Beispiel 17.4. Sofern für die Verteilung der Parameter zumindest asymptotisch eine Normalverteilung angenommen werden kann, ist die **Maximum-Likelihood Schätzung** für μ und σ^2 für klassierte Werte einfach. Aus der Likelihood Funktion für klassierte Werte

$$L(\hat{\boldsymbol{\Theta}}) = \prod_{j=1}^{m} f_{X_j}(x_j \mid \hat{\boldsymbol{\Theta}})^{n(x_j)} \to \max \qquad (17.33)$$

$$\ln L(\hat{\boldsymbol{\Theta}}) = \sum_{j=1}^{m} n(x_j)\, f_{X_j}(x_j \mid \hat{\boldsymbol{\Theta}}) \to \max \qquad (17.34)$$

erhält man im Fall der Normalverteilung (siehe auch Beispiel 15.6, Seite 347) folgende Schätzer:

$$\ln L(\hat{\mu}_X, \hat{\sigma}_X^2) = \sum_{j=1}^{m} n(x_j) \left(-\ln \sqrt{2} - \ln \hat{\sigma}_X \right. \tag{17.35}$$
$$\left. - \frac{(x_j - \hat{\mu}_X)^2}{2\,\hat{\sigma}_X^2} \right) \rightarrow \max$$

$$\frac{\partial \ln L(\hat{\mu}_X, \hat{\sigma}_X^2)}{\partial \hat{\mu}_X} = \sum_{j=1}^{m} \frac{x_j - \hat{\mu}_X}{\hat{\sigma}_X^2}\, n(x_j) \overset{!}{=} 0 \tag{17.36}$$

$$\hat{\mu}_X = \frac{1}{n} \sum_{j=1}^{m} x_j\, n(x_j) \tag{17.37}$$

$$\frac{\partial \ln L(\hat{\mu}_X, \hat{\sigma}_X^2)}{\partial \hat{\sigma}_X} = \sum_{j=1}^{m} \left(-\frac{n(x_j)}{\hat{\sigma}_X} - \frac{(x_j - \hat{\mu}_X)^2}{\hat{\sigma}_X}\, n(x_j) \right) \overset{!}{=} 0 \tag{17.38}$$

$$\hat{\sigma}_X^2 = \frac{1}{n} \sum_{j=1}^{m} (x_j - \hat{\mu}_X)^2\, n(x_j) \tag{17.39}$$

Das sind die bekannten Schätzer für klassierte Werte. Der Maximum-Likelihood Schätzer für die Varianz ist mit n gemittelt, so dass es sich um keinen erwartungstreuen Schätzer für die Varianz handelt (siehe auch Beispiele 15.17ff, Seite 360).

Für andere Verteilungen kann aber die Bestimmung der ML-Schätzer aus den gruppierten Daten recht schwierig sein. In diesen Fällen greift man dann auf die ML-Schätzung für Einzelwerte zurück (siehe Kapitel 15.2.2). Jedoch ist die Teststatistik dann nicht mehr asymptotisch χ^2-verteilt. Es ist jedoch gezeigt worden (vgl. [4], [9, Seite 200]), dass die $1 - \alpha$ Fraktile zwischen den entsprechenden Fraktilen einer χ^2-Verteilung mit $(m - 1)$ und $(m - p - 1)$ Freiheitsgraden liegen.

$$\chi^2(m - p - 1) < \chi^2 < \chi^2(m - 1) \tag{17.40}$$

Gilt $\chi^2 > \chi^2_{1-\alpha}(m - 1)$ so kann davon ausgegangen werden, dass die Nullhypothese abzulehnen ist. Gilt hingegen $\chi^2 < \chi^2_{1-\alpha}(m - p - 1)$ so ist davon auszugehen, dass die Nullhypothese beizubehalten ist. Für hinreichend großes m sind die Fraktile jedoch nahezu identisch. In der Praxis wird das Fraktil der χ^2-Verteilung mit $(m - p - 1)$ Freiheitsgraden verwendet, was bedeutet, dass H_0 eher abgelehnt wird (konservative Regel).

Sind die Parameter unbekannt, so scheidet auch die Klassierung der Werte in Klassen mit gleichen Wahrscheinlichkeiten (erste Methode in Beispiel 17.3, Seite 427) aus, da hierzu die Parameter der Verteilung bekannt sein müssen. Es kann nur das zweite Verfahren zur Klasseneinteilung zur Anwendung kommen.

Beispiel 17.5. Für die 50 zufällig erzeugten Werte in Beispiel 17.3 (Seite 427) wird nun angenommen, dass μ_X und σ_X unbekannt seien. Die Nullhypothese lautet somit:

$$H_0 : F_n(x) = F_X(x) \quad \text{gegen} \quad H_1 : F_n(x) \neq F_X(x) \tag{17.41}$$

$F_X(x)$ ist hier die Verteilungsfunktion der Normalverteilung. Die Parameter sind nun unbekannt und müssen somit mittels der oben angegebenen Schätzer aus den klassierten Werten der Stichprobe geschätzt werden (siehe Tabelle 17.7).

$$\hat{\mu}_X = \bar{X} = 0.012 \tag{17.42}$$

$$\hat{\sigma}_X^2 = 1.067 \tag{17.43}$$

Nun können wie im letzten Beispiel 17.3 die Wahrscheinlichkeiten und die theoretischen Häufigkeiten berechnet werden (siehe Tabelle 17.7).

Tabelle 17.7. Klassierung der Zufallszahlen mit äquidistanten Klassen bei unbekannten Parametern

j	$(x_{j-1}, x_j]$	$n(x_j)$	$P((x_{j-1}, x_j])$	$\hat{n}(x_j)$
1	$(-1.808, -0.808]$	13	0.211	11.050
2	$(-0.808, 0.192]$	16	0.346	17.300
3	$(0.192, 1.192]$	15	0.299	14.935
4	$(1.192, 2.192]$	4	0.114	5.690
5	$(2.192, 3.192]$	2	0.021	1.024
$\sum$	–	50	1	50

Der Wert der Teststatistik beträgt nun:

$$\chi^2 = 1.874 \tag{17.44}$$

Sie ist χ^2-verteilt mit $5 - 2 - 1 = 2$ Freiheitsgraden. Bei einem Fehler 1. Art von $\alpha = 0.05$ liegt der kritische Wert bei:

$$\chi^2_{0.95}(2) = 5.991 \tag{17.45}$$

Die Nullhypothese kann nicht abgelehnt werden. Die Verteilung der Stichprobe ist vereinbar mit einer Normalverteilung mit $\mu_X = 0.01$ und $\sigma = 1.07$.

17.3 χ^2-Homogenitätstest

Bei dem χ^2-Homogenitätstest wird überprüft, ob k Verteilungen identisch sind. Dies ist die Nullhypothese. Die Verteilungen selbst werden nicht weiter spezifiziert, also anders als beim χ^2-Anpassungstest. Die theoretische Verteilung ergibt sich unter der Nullhypothese durch Zusammenfassung aller k Stichproben, da dann alle k Verteilungen identisch sein sollen. Aus ihr werden dann die theoretischen Häufigkeiten $\hat{n}_i(x_j)$ für jede Verteilung bestimmt. Jede der k Zufallsvariablen besitzt m Ausprägungen. Der empirische Befund der k Verteilungen kann in Form einer Kontingenztabelle (siehe Tabelle 17.8) dargestellt werden.

Tabelle 17.8. Kontingenztabelle

X_i	x_1	$\ldots$	x_m	$\sum$
X_1	$n_1(x_1)$	$\ldots$	$n_1(x_m)$	n_1
$\vdots$	$\vdots$		$\vdots$	$\vdots$
X_k	$n_k(x_1)$	$\ldots$	$n_k(x_m)$	n_k
$\sum$	$n(x_1)$	$\ldots$	$n(x_m)$	n

Die bereits bekannte χ^2-Teststatistik aus dem Anpassungstest wird hier in ähnlicher Form verwendet. Da nun aber die Abweichungen von k Verteilungen zu der theoretischen Verteilung berechnet werden müssen, ist die Summenbildung nicht nur über die m Merkmalsausprägungen, sondern auch über k Verteilungen notwendig.

Besitzen die Merkmale metrische Eigenschaften, so ist wieder eine Klassenbildung in m Klassen notwendig, wobei hier die gleichen Probleme auftreten wie beim χ^2-Anpassungstest. Der Wert der Teststatistik reagiert sensibel auf die Klasseneinteilung und auf die Anzahl der Klassen.

Definition 17.2. *Gegeben seien k einfache, voneinander unabhängige Zufallsstichproben $X_1, \ldots, X_k$ aus Grundgesamtheiten, wobei die Zufallsstichproben $n_1, \ldots, n_k$ Realisationen besitzen. Die Wertebereiche von X_i ($i = 1, \ldots, k$) stimmen überein.*

*Als χ^2-**Homogenitätstest** wird die Überprüfung der Homogenitätshypothese*

$$H_0 : F_{X_1}(x) = \ldots = F_{X_k}(x) \quad gegen \quad H_1 : F_{X_1}(x) \neq \ldots \neq F_{X_k}(x) \quad (17.46)$$

mittels der Teststatistik

$$\chi^2 = \sum_{i=1}^{k} \sum_{j=1}^{m} \frac{\left(n_i(x_j) - \hat{n}_i(x_j)\right)^2}{\hat{n}_i(x_j)} \overset{\cdot}{\sim} \chi^2\left((k-1)(m-1)\right) \quad (17.47)$$

bezeichnet. Die Nullhypothese wird abgelehnt, wenn der Wert der Teststatistik χ^2 größer als das $1 - \alpha$-Quantil $\chi^2_{1-\alpha}\left((k-1)(m-1)\right)$ der χ^2-Verteilung ist.

$\hat{n}_i(x_j)$ bezeichnet die Häufigkeit, die sich aus den k zusammengefassten Stichproben bzgl. der Merkmalsausprägung x_j ergibt.

$$n(x_j) = \sum_{i=1}^{k} n_i(x_j) \quad (17.48)$$

$$n = \sum_{j=1}^{m} n(x_j) \quad (17.49)$$

$$f_X(x_j) = \frac{n(x_j)}{n} \quad (17.50)$$

$$\hat{n}_i(x_j) = f_X(x_j)\, n_i(x_j) \quad (17.51)$$

Die Zahl der Freiheitsgrade resultiert aus den k Verteilungen und den m Kategorien bzw. Klassen. Aufgrund der Restriktion $\sum_{j=1}^{m} n_i(x_j) = n_i$ besitzen die m Kategorien nur $(m-1)$ Freiheitsgrade. Für jede der k Verteilungen ist eine theoretische Häufigkeit zu ermitteln, die der Restriktion $\sum_{i=1}^{k} n_i(x_j) = n(x_j)$ unterliegt, so dass hier nur $k-1$ Freiheitsgrade zur Verfügung stehen. Insgesamt besitzt die Statistik also $(k-1)(m-1)$ Freiheitsgrade.

Die χ^2-Statistik folgt für großes n und Werten der χ^2-Statistik mit

$$P(\chi^2(FG) \leq \chi^2) \geq 0.1 \qquad (17.52)$$

(FG = Freiheitsgrade, hier $(k-1)(m-1)$) asymptotisch einer χ^2-Verteilung. Für kleine n und Werte der χ^2-Statistik mit

$$P(\chi^2(FG) \leq \chi^2) < 0.1 \qquad (17.53)$$

wird die Approximation zur χ^2-Verteilung schlechter, insbesondere für Fehler 1. Art kleiner als 0.05 (siehe Beispiel 17.7, Seite 437 zur Anwendung). Daher wird empfohlen mit einem Fehler 1. Art von 0.1 oder 0.05 zu arbeiten (vgl. [50], [99, Seite 594]). Ferner sollten die Häufigkeiten in den Kategorien bzw. Klassen

$$n_i(x_j) \geq 10 \qquad (17.54)$$

und die theoretischen Häufigkeiten

$$\hat{n}_i(x_j) \geq 5 \qquad (17.55)$$

sein. Ist die Kontingenztafel schwach besetzt, so kann man auf dem 5%-Niveau folgende modifizierte Statistik verwenden (vgl. [76]):

$$\chi^2_{mod} = \frac{\chi^2}{1 - (1 - 1/\sqrt{FG})/n} \qquad (17.56)$$

Beispiel 17.6. Eine Untersuchung über Alkoholismus in verschiedenen Berufsgruppen hat zu folgendem Ergebnis geführt (siehe Tabelle 17.9).

Tabelle 17.9. Alkoholismus und Berufsgruppe

	Alkoholiker	Nichtalkoholiker	$\sum$
Geistliche	32	268	300
Pädagogen	51	199	250
Manager	67	233	300
Kaufleute	83	267	350
$\sum$	233	967	1200

(Quelle: [13, Seite 437])

Es soll nun mittels des χ^2-Homogenitätstests festgestellt werden, ob sich die Verteilungen über die beiden Merkmalsausprägungen Alkoholiker und Nichtalkoholiker über die Berufsgruppen (Zufallsstichproben) signifikant unterscheiden. Die Nullhypothese lautet somit:

$$H_0 : F_{X_1}(x) = \ldots = F_{X_4}(x) \qquad (17.57)$$

Aus der Arbeitstabelle (17.10) errechnet sich ein Wert der χ^2-Statistik von:

$$\chi^2 = 20.597 \qquad (17.58)$$

Tabelle 17.10. Arbeitstabelle zu Beispiel 17.6

x_j	$n_1(x_j)$	$n_2(x_j)$	$n_3(x_j)$	$n_4(x_j)$	$n(x_j)$	$f_X(x_j)$	$\hat{n}_1(x_j)$	$\hat{n}_2(x_j)$	$\hat{n}_3(x_j)$	$\hat{n}_4(x_j)$
Alkoh.	32	51	67	83	233	0.1942	58.25	48.54	58.25	67.96
Nichtalk.	268	199	233	267	967	0.8058	241.75	201.46	241.75	282.04
$\sum$	300	250	300	350	1200	1	300	250	300	350

Der kritische Wert liegt bei einem angenommenen Fehler 1. Art von $\alpha = 0.05$ und $(4-1)(2-1) = 3$ Freiheitsgraden bei:

$$\chi^2_{0.95}(3) = 7.815 \qquad (17.59)$$

Die Anwendungsvoraussetzungen sind erfüllt:

$$P\big(\chi^2(3) \le \chi^2\big) = F_{U_3}(20.597) = 0.999 \qquad (17.60)$$

Die Nullhypothese kann daher als verworfen angesehen werden. Die Verteilungen unterscheiden sich signifikant. Es ist zu beachten, dass es sich grundsätzlich um eine andere Untersuchung handelt, wenn man aus zwei Zufallsstichproben „Alkoholiker" und „Nichtalkoholiker" verschiedene Berufsgruppen (Merkmalsausprägungen) ermittelt. Die Bedingung wird vertauscht: Es wird n(Berufsgruppe | Alkoholiker) und nicht mehr n(Alkoholiker | Berufsgruppe) untersucht.

Zusätzlich zum Test sollte stets eine weitere statistische Analyse erfolgen. Eine grafische Darstellung der vier Verteilungen sieht man in Abbildung 17.2. Das Merkmal „Alkoholiker" kann man als bernoulliverteilte Zufallsvariable annehmen. Dann ist $\hat{\theta}_i = f_i(x_1)$ eine binomialverteilte Zufallsgröße (siehe Kapitel 14.9.1). In der Abbildung sind die relativen Häufigkeiten durch die Punkte gekennzeichnet. Die Strichlänge ist das 1.96-fache der Standardabweichung von $\hat{\theta}_i$.

$$P\left(\hat{\theta}_i \pm 1.96\sqrt{\frac{\hat{\theta}_i(1-\hat{\theta}_i)}{n_i - 1}}\right) \approx 0.95 \qquad (17.61)$$

Da binomialverteilte Zufallsvariable für große Stichproben, die hier vorliegen, als annähernd normalverteilt angesehen werden können, enthält das Konfidenzintervall hier mit 95% Wahrscheinlichkeit den wahren Anteilswert. Man kann davon ausgehen, dass der Anteil der Alkoholiker unter den Geistlichen mit hoher Wahrscheinlichkeit deutlich niedriger als in den anderen erfassten Berufsgruppen ist, da das Konfidenzintervall nicht die anderen überdeckt.

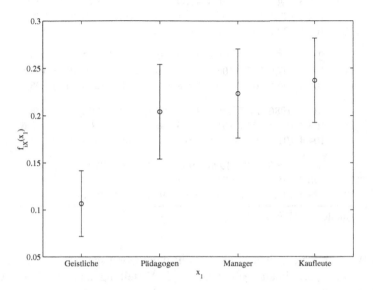

Abb. 17.2. Alkoholikeranteile in Berufsgruppen

Beispiel 17.7. In diesem Beispiel wird der Index der realen Lohnstückkosten von 1965 bis 2002 für Deutschland und Frankreich auf eine ähnliche (homogene) Entwicklung hin untersucht. Es sind also 2 Verteilungen ($k = 2$) auf Homogenität in der Nullhypothese

$$H_0 : F_D(x) = F_F(x) \tag{17.62}$$

zu überprüfen. Die Werte der realen Lohnstückkosten sind in Tabelle 17.11 wiedergegeben. Da es sich hier um ein quantitatives Merkmal handelt ist zuerst eine Klassierung der Werte notwendig.

Die Werte werden in 3 Klassen eingeteilt, damit die Forderungen erfüllt sind. Die Zahl der Klassen ist durch Probieren gefunden worden.

1. mindestens 10 Werte in jeder Klasse,
2. die theoretischen Häufigkeiten sollen mindestens 5 betragen und
3. die Wahrscheinlichkeit von $P(\chi^2(2) \leq \chi^2) \geq 0.1$ soll gelten.

Mit 3 Klassen ergibt sich dann die Arbeitstabelle 17.12. Aus ihr errechnet sich der Wert der χ^2-Statistik, die mit $(2-1)(3-1) = 2$ Freiheitsgraden χ^2-verteilt ist.

$$\chi^2 = 1.514 \tag{17.63}$$

Tabelle 17.11. Index der realen Lohnstückkosten von Deutschland und Frankreich (1960 = 100)

	Jahr									
Land	1965	1966	1967	1968	1969	1970	1971	1972	1973	1974
D	102.2	103.1	101.8	100.8	100.1	104.0	104.7	105.0	106.5	109.3
F	100.5	99.2	98.5	101.4	99.8	100.2	100.5	99.6	99.2	102.3
	1975	1976	1977	1978	1979	1980	1981	1982	1983	1984
D	109.1	107.0	107.1	106.1	105.5	107.9	108.3	107.8	104.8	103.5
F	106.8	106.7	107.0	106.2	105.8	107.2	108.1	108.0	107.1	105.4
	1985	1986	1987	1988	1989	1990	1991	1992	1993	1994
D	103.0	102.5	103.1	101.6	99.9	98.8	97.1	98.4	98.6	96.6
F	104.4	101.5	100.1	97.8	96.3	96.7	96.8	96.9	96.7	94.8
	1995	1996	1997	1998	1999	2000	2001	2002		
D	96.7	95.9	94.4	93.3	93.1	93.3	92.5	92.2		
F	94.6	94.4	93.8	93.5	93.7	93.2	93.1	93.1		

Quelle: [40, Tab. 9.10]

Die Wahrscheinlichkeit, dass dieser Wert den theoretischen Wert übersteigt liegt bei 0.531. Die Approximation mit einer $\chi^2(2)$-Verteilung kann als hinreichend gut angesehen werden.

$$P\left(\chi^2(2) \leq 1.514\right) = F_{U_n}(1.514, 2) = 0.531 \qquad (17.64)$$

Tabelle 17.12. Arbeitstabelle zu Beispiel 17.7

j	$(x_{j-1}, x_j]$	$n_1(x_j)$	$n_2(x_j)$	$f_X(x_j)$	$\hat{n}_1(x_j)$	$\hat{n}_2(x_j)$
1	(92.19, 97.90]	10	15	0.329	12.5	12.5
2	(97.90, 103.60]	14	12	0.342	13.0	13.0
3	(103.60, 109.30]	14	11	0.329	12.5	12.5
$\sum$	–	38	38	1	38	38

Der kritische Wert für $\alpha = 0.05$ liegt bei:

$$\chi^2_{0.95}(2) = 5.991 \qquad (17.65)$$

Die Nullhypothese, dass die beiden Entwicklungen identisch verlaufen sind kann nicht verworfen werden. Eine grafische Darstellung mit Verlaufsgrafik, Boxplot, QQ-Plot und empirischer Verteilungsfunktion (siehe Abbildung 17.3) zeigt auch eine ähnliche Entwicklung zwischen den beiden Ländern.

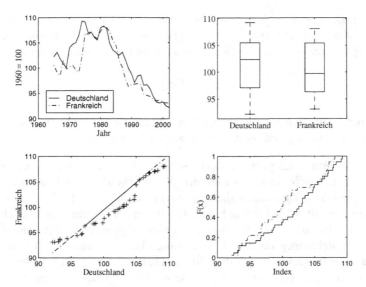

Abb. 17.3. Vergleich des Indexes der realen Lohnstückkosten Deutschland / Frankreich

17.4 χ^2-Unabhängigkeitstest

Bei dem χ^2-Test auf Unabhängigkeit wird überprüft, ob die statistische Abhängigkeit zwischen zwei Merkmalen X und Y signifikant ist. Die Beobachtungen liegen in Form einer Kontingenztabelle (siehe Tabelle 5.1, Seite 102) vor. Diese Fragestellung ist mit der beim Homogenitätstest insofern ähnlich, da die Fragestellung der Unabhängigkeit auch mit der Homogenität (Gleichheit) der bedingten Verteilungen $F_{X|Y}(x \mid y) = F_X(x)$ bzw. $F_{Y|X}(y \mid x_i) = F_Y(y)$ beschrieben werden kann. Der Unterschied besteht in der Art wie die Verteilungen entstehen. Beim Homogenitätstest werden k verschiedene Stichproben miteinander verglichen. Beim Unabhängigkeitstest wird ein zweidimensionales Merkmal in einer Stichprobe betrachtet. Hierfür wird die bereits bekannte χ^2-Statistik (siehe auch Kapitel 5.3) eingesetzt.

Definition 17.3. *Es seien zwei Zufallsvariablen (Merkmale) mit der gemeinsamen Verteilung $F_{X,Y}(x,y)$ gegeben. Die Merkmale X und Y besitzen k bzw. m Kategorien oder sind in entsprechende Klassen eingeteilt.*

*Als χ^2-**Unabhängigkeitstest** wird die Überprüfung der Unabhängigkeitshypothese*

$$H_0 : F_{X,Y}(x,y) = F_X(x)\,F_Y(y) \quad gegen$$
$$H_1 : F_{X,Y}(x,y) \neq F_X(x)\,F_Y(y) \quad (17.66)$$

mittels der Teststatistik

$$\chi^2 = \sum_{i=1}^{k} \sum_{j=1}^{m} \frac{\big(n(x_i,x_j) - \hat{n}(x_i,x_j)\big)^2}{\hat{n}(x_i,x_j)} \;\dot{\sim}\; \chi^2_{1-\alpha}\big((k-1)\,(m-1)\big) \quad (17.67)$$

bezeichnet. Die H_0 Hypothese wird abgelehnt, wenn der Wert der Teststatistik χ^2 größer als das $1 - \alpha$-Quantil $\chi^2_{1-\alpha}\big((k - 1)(m - 1)\big)$ der χ^2-Verteilung ist.
$\hat{n}(x_i, y_j)$ bezeichnet die Häufigkeit, die sich bei Unabhängigkeit ergeben würde.

$$\hat{n}(x_i, y_j) = \frac{n(x_i)\, n(y_j)}{n} \qquad (17.68)$$

Die Approximation wird als hinreichend gut angesehen, wenn die Bedingungen wie sie für den Homogenitätstest beschrieben sind, erfüllt sind.

Beispiel 17.8. Fortsetzung von Beispiel 5.9, Seite 114: In diesem Beispiel wurde ein χ^2 Wert von 8.56 berechnet. Das Merkmal X und das Merkmal Y besitzen jeweils 3 Ausprägungen, so dass die Statistik approximativ mit $(3 - 1)(3 - 1) = 4$ Freiheitsgraden verteilt ist. Bei einem Fehler 1. Art von 0.05 beträgt der kritische Wert: $\chi_{0.95}(4) = 9.49$, so dass die Nullhypothese nicht abgelehnt werden kann. Die Anwendungsempfehlungen für den χ^2-Unabhängigkeitstest sind jedoch nicht erfüllt. Beide Tabellen (tatsächliche und theoretische Häufigkeiten) weisen Werte von unter 10 bzw. unter 5 auf. Da aber die Wahrscheinlichkeit für den berechneten χ^2-Wert über 0.1 liegt (siehe Gleichung 17.69), kann das Testergebnis – die beiden Merkmale werden als unabhängig voneinander angesehen – als einigermaßen zuverlässig eingestuft werden.

$$P\big(\chi^2(4) \le 8.56\big) = F_{U_n}(8.56, 4) = 0.986 \qquad (17.69)$$

Insgesamt gibt es zu den χ^2-Tests eine Fülle von verschiedenen Testprozeduren (vgl. u. a. [14], [99], [110]).

17.5 Übungen

Übung 17.1. In einem Supermarkt wurden über einen langen Zeitraum hinweg drei Kaffeesorten (K_1, K_2, K_3) im Verhältnis 1:1:3 nachgefragt. Nachdem für die Sorte K_1 eine Werbekampagne durchgeführt und bei Sorte K_2 eine Preissenkung vorgenommen wurde, entfielen von 150 kg verkauften Kaffee in diesem Supermarkt 36 kg auf Sorte K_1, 42 kg auf Sorte K_2 und 72 kg auf Sorte K_3. Testen Sie auf einem Signifikanzniveau von $\alpha = 0.05$, ob die Marktaufteilung 1:1:3 erhalten geblieben ist (vgl. [9, Seite 200]).

Tabelle 17.13. Schraubendurchmesser

Nr.	1	2	3	4	5	6	7	8	9	10
ø	0.79	0.68	0.75	0.73	0.69	0.77	0.76	0.74	0.73	0.68

Nr.	11	12	13	14	15	16	17	18	19	20
ø	0.72	0.75	0.71	0.76	0.69	0.72	0.70	0.77	0.71	0.74

Übung 17.2. Aus einer Menge von Schrauben werden zufällig $n = 20$ Stück ausgewählt und ihre Durchmesser gemessen (in mm) (siehe Tabelle 17.13).

Testen Sie zum Niveau $\alpha = 0.05$, ob der Durchmesser der Schrauben einer Normalverteilung folgt (vgl. [49, Seite 186]). Wählen Sie $m = 5$.

Übung 17.3. Berechnen Sie für die beiden Gebiete A_1 und A_2 sowie für das zusammengefasste Gebiet in der Übung 5.6 (Seite 134) χ^2-Homogenitätstests.

Übung 17.4. Berechnen Sie zu der Übung 5.3 (Seite 134) einen χ^2-Unabhängigkeitstest.

Teil III

Einführung in die multivariaten Verfahren

18

Überblick über verschiedene multivariate Verfahren

Inhaltsverzeichnis

18.1 Einführung

Multivariate Verfahren sind statistische Verfahren, bei denen simultan die Zusammenhänge zwischen mehreren Merkmalen (Variablen) untersucht werden. Solche Zusammenhänge liegen in vielen betriebswirtschaftlichen Fragestellungen vor: Entscheidungen des Managements über die Einführung neuer Produkte (Gestaltung, Preis, Verpackung, etc.), im Marketing über geeignete Werbestrategien, über Abhängigkeiten (z. B. der Absatzmenge eines Produktes vom Preis, Werbeausgaben und Einkommen). Dies sind nur einige Beispiele für die Anwendung multivariater Analysemethoden in der Betriebswirtschaft, bei denen simultan mehrere Merkmale Einfluss haben.

Der Begriff multivariate Verfahren umfasst die verschiedensten Methoden. Ihre mathematische Darstellung und ihre Anwendung setzen unterschiedliche Kenntnisse in den Bereichen Mathematik und Statistik voraus. Die Anwendung der Methoden, insbesondere der komplizierteren, sind durch Computerprogramme wie z. B. Matlab,

SPSS oder R relativ einfach geworden. Für die einfacheren Verfahren eignen sich Tabellenkalkulationsprogramme wie z. B. Excel.

Im folgenden wird versucht, eine Einordnung dieser multivariaten Analysemethoden vor dem Hintergrund des Anwendungsbezuges vorzunehmen. Unter anwendungsbezogenen Fragestellungen bietet sich eine Einteilung in asymmetrische Modelle (oder Dependenzmodelle) und symmetrische Modelle (oder Interdependenzmodelle) an.

18.2 Asymmetrische Modelle

Asymmetrische Verfahren sind solche multivariate Verfahren, deren primäres Ziel in der Überprüfung von Zusammenhängen zwischen Variablen liegt. Der Anwender besitzt eine auf theoretischen Überlegungen basierende Vorstellung über die Zusammenhänge zwischen Variablen und möchte diese mit Hilfe multivariater Verfahren überprüfen. Zur Durchführung von solchen Kausalanalysen (z. B. Abhängigkeit der Nachfrage eines Produktes von dessen Qualität, dem Preis, der Werbung und dem Einkommen der Konsumenten) müssen i. d. R. die Variablen in abhängige und unabhängige Variablen unterteilt werden.

Tabelle 18.1. Asymmetrische Modelle

Verfahren	Skalenniveau der abhängigen / unabhängigen Variablen
Regression	metrisch / beliebig
Varianzanalyse	metrisch / kategorial
kategoriale Regression	kategorial / nominal
Diskriminanzanalyse	kategorial / metrisch, kategorial, gemischt

18.2.1 Regressionsanalyse

Bei der Regressionsanalyse, die bereits in Kapitel 6 ausführlich beschrieben wurde, wird der Zusammenhang zwischen einer abhängigen und einer oder mehreren unabhängigen Variablen betrachtet, wobei i. d. R. unterstellt wird, dass alle Variablen auf metrischem Skalenniveau gemessen werden können. Mit Hilfe der Regressionsanalyse können dann die unterstellten Beziehungen überprüft und quantitativ abgeschätzt werden. Die der Regressionsanalyse zugrundeliegende Frage lautet: Welcher Anteil aller Abweichungen der Beobachtungswerte von ihrem gemeinsamen Mittelwert lässt sich durch den unterstellten linearen Einfluss der unabhängigen Variablen erklären, und welcher Anteil verbleibt als unerklärtes Residuum?

Beispiel 18.1. Ein Beispiel für eine Regressionsanalyse bildet die Frage, ob und wie die Absatzmenge eines Produkts vom Preis, den Werbeausgaben, der Zahl der Verkaufsstätten und dem Volkseinkommen abhängt.

Für eine Regressionsanalyse reicht es nicht aus, dass zwei Variablen in irgendeiner Weise zusammenhängen. Sie unterstellt eine eindeutige Richtung des Zusammenhangs unter den Variablen, der nicht umkehrbar ist.

Bei der kategorialen Regression wird stets vorausgesetzt, dass die abhängigen Variablen kategorial sind (vgl. [7]). Sie ist eine spezielle Weiterentwicklung des allgemeinen Regressionsmodells, das aufgrund einer andereren Fragestellung ein eigenständiges Teilgebiet darstellt.

Beispiel 18.2. Ein Anwendungsbeispiel ist die Untersuchung der Einflussgrößen auf die Kreditwürdigkeit, wobei hier auch nominale Merkmale wie bisherige Zahlungsmoral (gut versus schlecht) berücksichtigt werden können.

Es kann im Rahmen der kategorialen Regression auch die Interaktionswirkung von Merkmalen untersucht werden. Sie misst den gemeinsamen Einfluss einer bestimmten Kombination von Kategorien von zwei oder mehr unabhängigen Merkmalen.

Die Regressionsanalyse ist ein außerordentlich flexibles Verfahren, das sowohl für die Erklärung von Zusammenhängen wie auch für die Durchführung von Prognosen große Bedeutung besitzt. Darüber hinaus können andere multivariate Verfahren auch in der Form einer Regressionsanalyse dargestellt werden (z. B. Varianzanalyse, Diskriminanzanalyse). Es ist damit sicherlich das wichtigste und am häufigsten angewendete multivariate Analyseverfahren.

18.2.2 Varianzanalyse

In der Varianzanalyse werden die unabhängigen Variablen auf kategorialem Skalenniveau gemessen und die abhängigen Variablen häufig auf metrischem Skalenniveau. Wie in der Regressionsanalyse existiert auch für die Varianzanalyse ein Ansatz, dass die abhängige Variable nur kategoriales Messniveau besitzt. Dieses Verfahren besitzt besondere Bedeutung für die Analyse von Experimenten, wobei die kategorialen unabhängigen Variablen die experimentellen Einwirkungen repräsentieren. So kann z. B. in einem Experiment untersucht werden, welche Wirkung alternative Verpackungen eines Produkts oder dessen Plazierung im Geschäft auf die Absatzmenge haben. Es wird auch in der Varianzanalyse, ähnlich wie in der Regressionsanalyse, untersucht, inwieweit die Variabilität eines Teils der Merkmale durch andere Merkmale erklärt werden kann. Werden neben den kategorialen Faktoren noch metrische unabhängige Variablen (Kovariablen) erhoben, so spricht man von Kovarianzanalyse. In der Varianzanalyse existieren verschiedene Darstellungen.

18.2.3 Diskriminanzanalyse

Die Diskriminanzanalyse ist ein Verfahren zur Analyse von Gruppenunterschieden. Sie ermöglicht es, die Unterschiedlichkeit von zwei oder mehreren Gruppen hinsichtlich einer Mehrzahl von Variablen zu untersuchen. Dabei kann einerseits untersucht werden, ob sich Gruppen hinsichtlich der Variablen signifikant voneinander unterscheiden[1] (symmetrische Fragestellung) oder andererseits, welche Variablen zur Unterscheidung der Gruppen geeignet bzw. ungeeignet sind (asymmetrische Fragestellung). Bei der asymmetrischen Fragestellung ist in der Diskriminanzanalyse die abhängige Variable nominal skaliert, die unabhängigen Variablen können metrisches oder kategoriales Skalenniveau besitzen.

Beispiel 18.3. Ein Beispiel bildet die Frage, ob und wie sich die Wähler der verschiedenen Parteien hinsichtlich z. B. persönlicher Merkmale unterscheiden. Die abhängige nominale Variable identifiziert die Gruppenzugehörigkeit, hier die gewählte Partei, und die unabhängigen Variablen beschreiben die Gruppenobjekte, hier die Wähler.

In der Diskriminanzanalyse, wie auch in anderen multivariaten Verfahren, existieren verschiedene statistische Ansätze. Ein weiteres Anwendungsgebiet der Diskriminanzanalyse bildet die Klassifikation von Objekten (symmetrische Fragestellung). Nachdem für eine gegebene Menge von Objekten die Zusammenhänge zwischen der Gruppenzugehörigkeit der Objekte und ihren Merkmalen analysiert wurden, lässt sich darauf aufbauend eine Prognose der Gruppenzugehörigkeit von neuen Objekten vornehmen.

Beispiel 18.4. Ein illustratives, wenn auch in der praktischen Durchführung nicht ganz unproblematisches Anwendungsbeispiel, bildet die Kreditwürdigkeitsprüfung (Einstufung von Kreditkunden einer Bank in Risikoklassen).

18.3 Symmetrische Modelle

Symmetrische Verfahren lassen sich zur Entdeckung von Zusammenhängen zwischen Variablen oder zwischen Objekten einsetzen. Es erfolgt daher vorab durch den Anwender keine Zweiteilung der Variablen in abhängige und unabhängige Variablen, wie es bei den asymmetrischen Verfahren der Fall ist.

18.3.1 Kontingenzanalyse

Die Kontingenzanalyse dient dazu, Zusammenhänge zwischen nominal skalierten Variablen aufzudecken und zu untersuchen. Sie ist in ihren Grundzügen bereits im Kapitel 5 und im Kapitel 17 beschrieben worden.

Beispiel 18.5. Typische Beispiele sind die Untersuchung von Zusammenhängen zwischen der Einkommensklasse, der Größe und dem Konsumverhalten von Haushalten oder die Überprüfung der Frage, ob der Bildungsstand oder die Zugehörigkeit zu einer sozialen Klasse einen Einfluss auf die Mitgliedschaft einer bestimmten politischen Partei hat.

---

[1] Will man prüfen, ob sich Gruppen hinsichtlich nur eines einzigen Merkmals signifikant unterscheiden, so kann dies auch mit der Varianzanalyse erfolgen.

Beispiel 18.6. Ein anderes Beispiel wäre die Frage, ob ein Zusammenhang zwischen Arbeitszeitregelung (fest versus gleitend) und Arbeitsmotivation (hoch, normal, niedrig) besteht.

Mit Hilfe weiterführender Verfahren, wie der Logit-Analyse, lässt sich auch die Abhängigkeit einer nominalen Variablen von mehreren nominalen Einflussgrößen untersuchen. Hinsichtlich der Fragestellung ist dieses Verfahren der Varianzanalyse ähnlich, auch bezüglich der Darstellung der Logit-Modelle besitzt es Ähnlichkeit mit der Varianz- / Regressionsanalyse.

18.3.2 Faktorenanalyse

Das Ziel einer Faktorenanalyse ist stets die Zurückführung einer größeren Menge beobachtbarer Variablen auf möglichst wenige hypothetische Variablen, die Faktoren. Unter der Faktorenanalyse versteht man kein bestimmtes statistisches Verfahren, sondern es handelt sich um einen Sammelbegriff für viele, z. T. sehr unterschiedliche Techniken. Die beiden wichtigsten Verfahren sind die Maximum Likelihood (ML) Faktorenanalyse und die Hauptfaktorenanalyse. Die Faktorenanalyse findet insbesondere dann Anwendung, wenn im Rahmen einer Erhebung eine Vielzahl von Variablen zu einer bestimmten Fragestellung erhoben wurde, und der Anwender nun an einer Reduktion bzw. Bündelung der Variablen interessiert ist. Von Bedeutung ist die Frage, ob sich möglicherweise sehr zahlreiche Merkmale, die zu einem bestimmten Sachverhalt erhoben wurden, auf einige wenige zentrale Faktoren zurückführen lassen.

Beispiel 18.7. Ein einfaches Beispiel bildet die Verdichtung der zahlreichen technischen Eigenschaften von Kraftfahrzeugen auf wenige Dimensionen, wie Größe, Leistung und Sicherheit.

Beispiel 18.8. Ein betriebswirtschaftliches Beispiel wäre eine Kostenanalyse. Es werden verschiedene Kostenarten differenziert nach Kostenarten als Merkmale erhoben. Ziel ist es, Faktoren zu ermitteln, wie Beeinflussbarkeit, Deckungsdringlichkeit.

Einen weiteren wichtigen Anwendungsbereich der Faktorenanalyse bilden Positionierungsanalysen. Dabei werden die subjektiven Eigenschaftsbeurteilungen von Objekten (z. B. Produktmarken, Unternehmen) mit Hilfe der Faktorenanalyse auf zugrundeliegende Beurteilungsdimensionen verdichtet. Ist eine Verdichtung auf zwei oder drei Dimensionen möglich, so lassen sich die Objekte im Raum dieser Dimensionen grafisch darstellen.

18.3.3 Clusteranalyse

Die Clusteranalyse wird zur Bündelung von Objekten (Klassenbildung) verwendet, während die Faktorenanalyse eine Bündelung von Variablen (Merkmale des Objekts)

---

[2] Der Vollständigkeit wegen ist die Diskriminanzanalyse hier nochmals genannt.

Tabelle 18.2. Symmetrische Modelle

Verfahren	Skalenniveau der Merkmale
Kontingenztabellen	nominal
Faktorenanalyse	(vorwiegend) metrisch
Clusteranalyse	beliebig
Diskriminanzanalyse[2]	metrisch, nominal, gemischt
Mehrdimensionale Skalierung /	metrisch oder ordinal
Conjoint Analyse	

vornimmt. Das Ziel ist dabei, die Objekte so zu Gruppen / Klassen (Clustern) zusammenzufassen, dass die Objekte in einer Gruppe / Klasse möglichst ähnlich und die Gruppen untereinander möglichst unähnlich sind.

Beispiel 18.9. Beispiele sind die Bildung von Persönlichkeitstypen auf Basis der psychografischen Merkmale von Personen oder die Bildung von Marktsegmenten auf Basis nachfragerelevanter Merkmale von Käufern.

Zur Überprüfung der Ergebnisse einer Clusteranalyse kann die Diskriminanzanalyse herangezogen werden. In der Diskriminanzanalyse sind die Klassen vorgegeben. Es ist aber unbekannt aus welcher Klasse das Objekt stammt. Daher ist die Problemstellung das Objekt der richtigen Klasse zuzuordnen. In der Clusteranalyse sind hingegen keine Klassen vorgegeben. Die Aufgabe der Clusteranalyse besteht darin, Klassen zu bilden. Dabei wird untersucht, inwieweit bestimmte Variablen zur Unterscheidung zwischen den Gruppen, die mittels Clusteranalyse gefunden wurden, beitragen bzw. diese erklären. Auch in der Clusteranalyse existiert eine Anzahl verschiedener Ansätze zur Bildung von Klassen.

18.3.4 Multidimensionale Skalierung

Das Hauptanwendungsgebiet der multidimensionalen Skalierung (MDS) bilden Positionierungsanalysen. Mit diesen Verfahren wird versucht, Informationen darüber zu erhalten, wie bestimmte Objekte (Reize, Stimuli) wahrgenommen werden. Stellt man sich den Wahrnehmungs- bzw. Beurteilungsvorgang als eine Abbildung der Objektive in einem mehrdimensionalen Raum vor, dann besteht das Ziel darin, einen Anhaltspunkt über die Merkmale (Eigenschaften, Skalen, Achsen) zu gewinnen, die den Raum aufspannen, d. h. die Positionierung von Objekten im Wahrnehmungsraum von Personen. Sie bildet somit eine Alternative zur faktoriellen Positionierung der Faktorenanalyse. Im Unterschied zur faktoriellen Positionierung werden bei Anwendung der MDS nicht die subjektiven Beurteilungen von Eigenschaften der untersuchten Objekte erhoben, sondern es werden nur wahrgenommene globale Ähnlichkeiten zwischen den Objekten erfragt. Mittels der MDS werden aus diesen Ähnlichkeiten die zugrundeliegenden Wahrnehmungsdimensionen abgeleitet. Wie schon bei der faktoriellen Positionierung lassen sich sodann die Objekte im Raum dieser Dimensionen positionieren und grafisch darstellen. Die MDS findet insbesondere dann

Anwendung, wenn der Forscher keine oder nur vage Kenntnisse darüber hat, welche Eigenschaften für die subjektive Beurteilung von Objekten (z. B. Produktnamen, Unternehmen) von Relevanz sind. Die Vorteile der MDS gegenüber Verfahren, die sich auf Eigenschaftsbeurteilungen stützen, sind, dass die relevanten Eigenschaften unbekannt sein können und dass keine Beeinflussung des Ergebnisses durch die Auswahl der Eigenschaften erfolgt. Nachteilig ist, dass die Ergebnisse einer MDS schwieriger zu interpretieren sind.

18.3.5 Conjoint Analyse

Ein weiteres Verfahren zur Positionierung von Objekten im Beurteilungsraum der Befragten ist die Conjoint Analyse. Zwischen ihr und der MDS besteht sowohl inhaltlich wie auch methodisch eine enge Beziehung. Beide Verfahren befassen sich mit der Analyse psychischer Sachverhalte und bei beiden Verfahren können auch ordinale Daten analysiert werden, weshalb sie z. T. auch identische Algorithmen verwenden. Ein wichtiger Unterschied besteht dagegen darin, dass der Forscher bei der Anwendung der Conjoint Analyse bestimmte Merkmale auszuwählen hat.

Mit Hilfe der Conjoint Analyse werden ordinal gemessene Präferenzen analysiert. Ziel ist es dabei, den Beitrag einzelner Merkmale von Produkten oder sonstiger Objekte zum Gesamtnutzen dieser Objekte herauszufinden. Einen wichtigen Anwendungsbereich bildet die Gestaltung neuer Produkte. Dazu ist es von Wichtigkeit, den Einfluss oder Beitrag alternativer Produktmerkmale, z. B. alternative Materialien, Formen, Farben oder Preisstufen, auf die Nutzenbeurteilung zu kennen. Bei der Conjoint Analyse muss der Forscher vorab festlegen, welche Merkmale in welchen Ausprägungen berücksichtigt werden sollen. Hierauf basierend wird sodann ein Erhebungsdesign gebildet, im Rahmen dessen Präferenzen, z. B. bei potentiellen Käufern eines neuen Produktes, gemessen werden. Auf Basis dieser Daten erfolgt dann die Analyse zur Ermittlung der Nutzenbeiträge der berücksichtigten Merkmale und ihrer Ausprägungen. Die Conjoint Analyse bildet also eine Kombination aus Erhebungs- und Analyseverfahren.

In den folgenden Kapiteln werden die Varianz-, Diskriminanz- und Clusteranalyse in ihren Grundzügen beschrieben. Die Regressionsanalyse und die Kontingenzanalyse sind in vorhergehenden Kapiteln bereits beschrieben worden. Die Faktorenanalyse, Multidimensionale Skalierung und die Conjoint Analyse werden hier nicht weiter erläutert.

19

Varianzanalyse

Inhaltsverzeichnis

19.1 Einführung

Die Varianzanalyse ist ein Verfahren, das die Wirkung einer oder mehrerer unabhängiger Variablen auf eine oder mehrere abhängige Variablen untersucht. Wie in der Regressionsanalyse, die einen gerichteten Erklärungszusammenhang über in der Regel metrische Variablen herstellt, formuliert auch die Varianzanalyse einen solchen Zusammenhang, allein mit dem Unterschied, dass die erklärenden Variablen nominal skaliert sein dürfen. Sie ist auch für kategoriale abhängige Variable einsetzbar.

Definition 19.1. *Die unabhängigen Variablen werden in der Varianzanalyse als* **Faktoren** *bezeichnet; die einzelnen (Merkmals-) Ausprägungen als* **Faktorstufen***.*

Das Ziel der Varianzanalyse besteht darin, zu testen, ob die Faktoren einzeln und / oder in Kombination sich voneinander unterscheiden. Insofern stellt sie eine Erweiterung des Tests auf Gleichheit von zwei Mittelwerten dar (siehe Kapitel 16.8, Seite 409). Der Name Varianzanalyse stammt aus der Streuungszerlegung (siehe Seite 78 und Seite 148), die hier analysiert wird.

Man spricht von einer einfaktoriellen Varianzanalyse, wenn die abhängige Variable durch einen Faktor erklärt wird. Werden zwei Faktoren zur Erklärung der abhängigen Variablen verwendet spricht man von einer zweifaktoriellen Varianzanalyse.

Bei mehr als zwei Faktoren spricht man von einer mehrdimensionalen Varianzanalyse. Die einfaktorielle Varianzanalyse ist eine Erweiterung des Tests auf Mittelwertsvergleich (siehe Kapitel 16.8).

Es gibt eine Anzahl verschiedener Darstellungen. Hier wurde diejenige gewählt, die Anlehnung an die Regressionsanalyse hat.

19.2 Einfaktorielle Varianzanalyse

Für die einfaktorielle Varianzanalyse wird von folgendem Modell ausgegangen:

$$Y_{ik} = \mu_i + u_{ik} \quad \text{mit } i = 1, \ldots, m \text{ und } k = 1, \ldots, n_i \tag{19.1}$$

Mit $i = 1, \ldots, m$ werden die so genannten Faktorstufen des Faktors A bezeichnet, für die jeweils n_i Beobachtungen vorliegen. Mit dem Index k werden hier die Beobachtungen in der i-ten Gruppe gezählt. Die Gesamtzahl der Beobachtungen beträgt:

$$\sum_{i=1}^{m} n_i = n \tag{19.2}$$

Es müssen nicht auf jeder Faktorstufe gleich viele Beobachtungen vorliegen. Für jede Zufallsvariable u_{ik} wird angenommen, dass sie einer Normalverteilung folgen:

$$u_{ik} \sim N(0, \sigma_u^2) \tag{19.3}$$

Daraus folgt für die abhängige Variable unmittelbar:

$$y_{ik} \sim N(\mu_i, \sigma_u^2) \tag{19.4}$$

Die Annahme der normalverteilten Residuen ist für die Verteilung der Teststatistik wichtig. Die Variable Y_{ik} wird hier durch einen Faktor erklärt. Es wird untersucht, ob der erklärende Faktor einen signifikanten Niveauunterschied (Mittelwert) in den verschiedenen Faktorstufen besitzt. Die jeweilige Faktorstufe wird hier auch als Gruppe bezeichnet. Um diesen Mittelwertsvergleich durchzuführen, werden die quadratischen Abweichungen der Werte von den Gruppenmittelwerten und die quadratischen Abweichungen der Gruppenmittelwerte vom Gesamtmittelwert zu einander verglichen. Ist die Varianz zwischen den Gruppen relativ groß im Vergleich zu der Varianz innerhalb der Gruppen, so spricht dies dafür, dass sich die Mittelwerte der Gruppen unterscheiden.

Mittels des Regressionsansatzes aus Gleichung (19.1) kann das Modell in Matrixnotation wie folgt aufgeschrieben werden:

$$\mathbf{y} = \mathbf{X}\boldsymbol{\mu} + \mathbf{u}$$

$$\begin{pmatrix} \mathbf{y}_1 \\ \mathbf{y}_2 \\ \vdots \\ \mathbf{y}_m \end{pmatrix} = \begin{pmatrix} \mathbf{1}_{(n_1)} & \mathbf{0}_{(n_1)} & \cdots & \mathbf{0}_{(n_1)} \\ \mathbf{0}_{(n_2)} & \mathbf{1}_{(n_2)} & \cdots & \mathbf{0}_{(n_2)} \\ \vdots & & \ddots & \vdots \\ \mathbf{0}_{(n_m)} & \mathbf{0}_{(n_m)} & \cdots & \mathbf{1}_{(n_m)} \end{pmatrix} \begin{pmatrix} \mu_1 \\ \mu_2 \\ \vdots \\ \mu_m \end{pmatrix} + \begin{pmatrix} \mathbf{u}_1 \\ \mathbf{u}_2 \\ \vdots \\ \mathbf{u}_m \end{pmatrix} \tag{19.5}$$

Die Vektoren $\mathbf{y}_1$ bis $\mathbf{y}_m$ enthalten die n Beobachtungen jeder Gruppe.

$$\mathbf{y}_i' = \begin{pmatrix} y_{i1} & y_{i2} & \cdots & y_{in_i} \end{pmatrix} \quad i = 1, \ldots, m \qquad (19.6)$$

Mit $\mathbf{1}_{(n_i)}$ wird ein Vektor mit n_i Einsen und mit $\mathbf{0}_{(n_i)}$ ein Vektor mit n_i Nullen bezeichnet. Die Matrix $\mathbf{X}$ wird in diesem Zusammenhang auch als **Designmatrix** bezeichnet, wobei hier die **Dummy-Kodierung** verwendet wurde. Sie steht dafür, dass jede Faktorstufe durch ihr Gruppenmittel parametrisiert ist. Die Vektoren mit den Einsen werden als Dummy bezeichnet, da sie selbst keinen erklärenden Beitrag liefern.

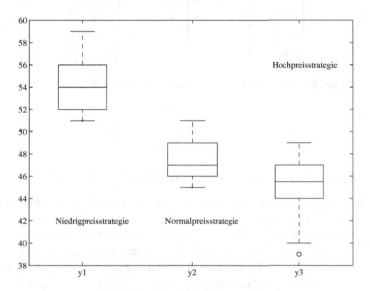

Abb. 19.1. Boxplot der Absatzzahlen

Beispiel 19.1. Es wird untersucht, ob verschiedene Preisstrategien (Niedrigpreis-(y_1), Normalpreis- (y_2) und Hochpreisstrategie (y_3), $m = 3$) einen siginifikanten Absatzunterschied bewirken.

Tabelle 19.1. Absatzzahlen bei verschiedenen Preisstrategien

k	1	2	3	4	5	6	7	8	9	10
$\mathbf{y}_1$	59	57	54	56	53	51	52	55	54	52
$\mathbf{y}_2$	51	45	46	48	49	50	47	46	45	47
$\mathbf{y}_3$	47	39	40	46	45	49	44	48	47	44

Quelle: [31, Seite 168]

Aus dem Regressionsansatz ergibt sich dann folgendes Gleichungssystem, wobei hier jeder Subvektor $\mathbf{y}_i$, $\mathbf{1}_{(n_i)}$, $\mathbf{0}_{(n_i)}$ und $\mathbf{u}_i$ ($i = 1, \ldots, 3$) mit dem jeweils ersten und letzten Wert des Vektors ausgeschrieben wurde:

$$\begin{pmatrix} 59 \\ \vdots \\ 52 \\ 51 \\ \vdots \\ 47 \\ 47 \\ \vdots \\ 44 \end{pmatrix} = \begin{pmatrix} 1 & 0 & 0 \\ \vdots & \vdots & \vdots \\ 1 & 0 & 0 \\ 0 & 1 & 0 \\ \vdots & \vdots & \vdots \\ 0 & 1 & 0 \\ 0 & 0 & 1 \\ \vdots & \vdots & \vdots \\ 0 & 0 & 1 \end{pmatrix} \begin{pmatrix} \mu_1 \\ \mu_2 \\ \mu_3 \end{pmatrix} + \begin{pmatrix} u_{11} \\ \vdots \\ u_{1\,10} \\ u_{21} \\ \vdots \\ u_{2\,10} \\ u_{31} \\ \vdots \\ u_{3\,10} \end{pmatrix} \tag{19.7}$$

Die Kleinst-Quadrate-Schätzung führt zu folgenden Werten:

$$\hat{\mu}_1 = 54.3 \tag{19.8}$$
$$\hat{\mu}_2 = 47.4 \tag{19.9}$$
$$\hat{\mu}_3 = 44.9 \tag{19.10}$$

Dies sind die Mittelwerte der einzelnen Gruppen (Faktorstufen).

Der Test, ob die Mittelwerte signifikant unterschiedlich sind, wird über einen **F-Test** durchgeführt, wie er auf Seite 386ff beschrieben ist. Aufgrund der Normalverteilungsannahme sind die Varianzen χ^2-verteilt. Die Gesamtvarianz wird zerlegt in eine Varianz zwischen den Gruppen σ_b^2 (b - between) und eine innerhalb der Gruppen σ_w^2 (w - within). Ist die Varianz zwischen den Gruppen relativ groß im Vergleich zu der Varianz innerhalb der Gruppen, so spricht dies dafür, dass sich die Mittelwerte der Gruppen unterscheiden. Die Nullhypothese geht von der Gleichheit der Erwartungswerte aus.

$$H_0 : \mu_1 = \ldots = \mu_m \quad \text{gegen}$$
$$H_1 : \mu_i \neq \mu_j \quad \text{für mindestens ein Paar } i, j \tag{19.11}$$

Die Varianz innerhalb der Gruppen ist hier gleich der Residualvarianz $\sigma_{\hat{u}}^2$ und die Varianz zwischen den Gruppen ist hier gleich der durch die Regression erklärte Varianz $\sigma_{\hat{y}}^2$. Es gilt also die Streuungszerlegung entsprechend den Gleichungen (4.126) bzw. (6.27).

$$\sigma_y^2 = \sigma_b^2 + \sigma_w^2$$
$$= \sigma_{\hat{u}}^2 + \sigma_{\hat{y}}^2 \tag{19.12}$$

Die Varianz zwischen den Gruppen ist aufgrund der Normalverteilungsannahme eine χ^2-verteilte Zufallsvariable mit $(m - 1)$ Freiheitsgraden. Es sind die Faktorstufen minus eins, die hier die Freiheitsgrade bestimmen. Die Varianz innerhalb der

Gruppen folgt ebenfalls einer χ^2-Verteilung, allerdings mit $(n - m)$ Freiheitgraden. Der F-Test zur Überprüfung der Nullhypothese lautet damit:

$$F_\mu = \frac{\sigma_b^2/(m-1)}{\sigma_w^2/(n-m)} \sim F\big((m-1),(n-m)\big) \qquad (19.13)$$

Unter H_0 ist die Statistik F-verteilt und H_0 ist abzulehnen, falls

$$F_\mu > F_{1-\alpha}\big((m-1),(n-m)\big) \qquad (19.14)$$

ausfällt.

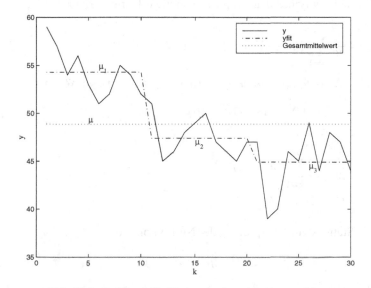

Abb. 19.2. einfaktorielle Varianzanalyse der Absatzzahlen

Beispiel 19.2. Fortsetzung von Beispiel 19.1 (Seite 455): In der Abbildung 19.2 ist das Ergebnis der Regression abgetragen. Man erkennt anhand der geschätzten Werte die drei Faktorstufen. Mit der Varianz innerhalb der Gruppen ist die quadratische Abweichung in den drei Faktorstufen gemeint. Die Varianz zwischen den Gruppen, also die erklärte Varianz, ist die quadratische Abweichung der geschätzten Werte vom Gesamtmittelwert.

Die Varianz innerhalb der Gruppen, also die Residualvarianz, beträgt in dem Beispiel:

$$\sigma_w^2 = \frac{1}{30} \sum_{i=1}^{3} \sigma_i^2 \, n(y_i)$$

$$= \frac{1}{30} \left(5.610 \times 10 + 3.840 \times 10 + 9.690 \times 10 \right)$$

$$= \sigma_{\hat{u}}^2 \qquad\qquad (19.15)$$

$$\sigma_{\hat{u}}^2 = \frac{1}{30} \sum_{i=1}^{3} \sum_{k=1}^{10} \left(y_{ik} - \hat{y}_{ik} \right)^2$$

$$= 6.380$$

Die Varianz zwischen den Gruppen, also die erklärte Varianz, beträgt:

$$\sigma_b^2 = \frac{1}{30} \sum_{i=1}^{3} \left(\bar{y}_i - \bar{y} \right)^2 n(y_i)$$

$$= \frac{1}{30} \left((54.300 - 48.867)^2 \times 10 + (47.400 - 48.867)^2 \times 10 \right.$$

$$\left. + (44.900 - 48.867)^2 \times 10 \right) \qquad (19.16)$$

$$= \sigma_{\hat{y}}^2$$

$$\sigma_{\hat{y}}^2 = \frac{1}{30} \sum_{i=1}^{3} \sum_{k=1}^{10} \left(\hat{y}_{ik} - \bar{y} \right)^2$$

$$= 15.802$$

Die F-Statistik zur Überprüfung der Nullhypothese

$$H_0 : \mu_1 = \mu_2 = \mu_3 \qquad\qquad (19.17)$$

besitzt den Wert:

$$F_\mu = \frac{15.802/(3-1)}{6.380/(30-3)} = 33.437 \qquad\qquad (19.18)$$

Bei einem Signifikanzniveau von 95% hat das $1 - \alpha$-Quantil den Wert von 3.354. Die Nullhypothese wird also klar verworfen. Die Preisstrategien führen zu signifikant verschiedenen Mittelwerten. Dass die verschiedenen Preisstrategien zu verschiedenen Absätzen führen, ist auch deutlich im Boxplot (siehe obere Grafik in Abbildung 19.1) zusehen.

Voraussetzung für den F-Test ist die Normalverteilung der Residuen. Mit der Dichtespur und der QQ-Grafik (siehe Abbildung 19.3) kann dies leicht überprüft werden. Die Residuen sind danach nahezu normalverteilt, obwohl an den Rändern sich eine stärkere Abweichung zur Normalverteilung zeigt. Ferner kann natürlich auch der χ^2-Anpassungstest bei unbekannter Varianz zur Überprüfung der Normalverteilungsannahme eingesetzt werden. Bei $m = 14$ Klassen errechnet sich ein χ^2-Wert von 5.9. Der kritische Wert beträgt $\chi_{0.95}(12) = 21.0$. Die Nullhypothese der

Normalverteilung kann beibehalten werden. Die Statistik dürfte approximativ einer F-Verteilung folgen. Der Test einen hoch signifikanten Wert ausweist dürfte das Ergebnis aussagefähig sein.

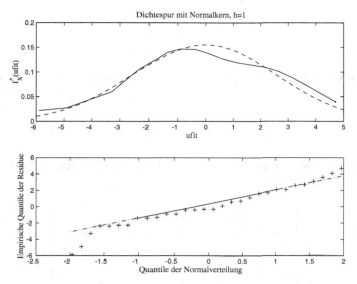

Abb. 19.3. Dichtespur und QQ-Plot der Residuen

Eine alternative Darstellung des **Regressionsmodells** (19.5) ist die so genannte **Effekt-Kodierung**. Hierbei wird mit den Regressionskoeffizienten der Gesamtmittelwert und die Abweichung von diesem (der Effekt) geschätzt. In der Abbildung 19.2 ist der Effekt die jeweilige Differenz der Faktorstufen zum Gesamtmittelwert. Bei der Effekt-Kodierung erkennt man aus den geschätzten Parametern sofort das Gesamtmittel und die Abweichung zu diesem. Diese Darstellung wird insbesondere für die zweifaktorielle Varianzanalyse bevorzugt. Für die Effekt-Kodierung muss das Modell reparametrisiert werden.

$$\begin{aligned}\mu_i &= \mu + (\mu_i - \mu) \\ &= \mu + \alpha_i\end{aligned} \tag{19.19}$$

Mit α_i wird der Effekt der i-ten Faktorstufe bezeichnet. μ ist der Gesamtmittelwert von y. Es gilt:

$$\mu = \frac{1}{m} \sum_{i=1}^{m} \mu_i \tag{19.20}$$

und daher muss die Bedingung

$$\sum_{i=1}^{m} \alpha_i = 0 \tag{19.21}$$

erfüllt sein. Es existiert für den m-ten Effekt also die Nebenbedingung:

$$\alpha_m = - \sum_{i=1}^{m-1} \alpha_i \qquad (19.22)$$

Das Regressionsmodell sieht in der Effekt-Kodierung dann wie folgt aus:

$$Y_{ik} = \mu + \alpha_i + u_{ik} \qquad (19.23)$$

In der Matrixdarstellung ergibt sich die zu Gleichung (19.5) äquivalente Form durch:

$$\mathbf{y} = \begin{pmatrix} 1 & \mathbf{X}_\alpha \end{pmatrix} \begin{pmatrix} \mu \\ \alpha \end{pmatrix} + \mathbf{u} \quad \text{mit } \mathbf{X}_\alpha = \begin{pmatrix} \mathbf{x}_{\alpha_1}, \dots, \mathbf{x}_{\alpha_{m-1}} \end{pmatrix} \qquad (19.24)$$

Werden die Vektoren und Matrizen wie zuvor in Subvektoren unterteilt, so erhält man folgende Darstellung:

$$
\begin{pmatrix} \mathbf{y}_1 \\ \mathbf{y}_2 \\ \vdots \\ \mathbf{y}_{m-1} \\ \mathbf{y}_m \end{pmatrix}
=
\left(
\underbrace{\begin{matrix} \mathbf{1}_{(n_1)} \\ \mathbf{1}_{(n_2)} \\ \vdots \\ \mathbf{1}_{(n_{m-1})} \\ \mathbf{1}_{(n_m)} \end{matrix}}_{\mathbf{1}}
\;
\underbrace{\begin{matrix} \mathbf{1}_{(n_1)} & \mathbf{0}_{(n_1)} & \cdots & \mathbf{0}_{(n_1)} \\ \mathbf{0}_{(n_2)} & \mathbf{1}_{(n_2)} & \cdots & \mathbf{0}_{(n_2)} \\ \vdots & & \ddots & \vdots \\ \mathbf{0}_{(n_{m-1})} & \mathbf{0}_{(n_{m-1})} & \cdots & \mathbf{1}_{(n_{m-1})} \\ -\mathbf{1}_{(n_m)} & -\mathbf{1}_{(n_m)} & \cdots & -\mathbf{1}_{(n_m)} \end{matrix}}_{\mathbf{X}_\alpha}
\right)
\begin{pmatrix} \mu \\ \alpha_1 \\ \alpha_2 \\ \vdots \\ \alpha_{m-1} \end{pmatrix}
$$

$$
+ \begin{pmatrix} \mathbf{u}_1 \\ \mathbf{u}_2 \\ \vdots \\ \mathbf{u}_{m-1} \\ \mathbf{u}_m \end{pmatrix} \qquad (19.25)
$$

Die Vektoren $\mathbf{x}_{\alpha_i}$ $(i = 1, \dots, m-1)$ der Matrix $\mathbf{X}_\alpha$ sind in der Effekt-Kodierung durch

$$\mathbf{x}_{\alpha_i} = \begin{cases} 1 & \text{falls Gruppe } i \text{ vorliegt} \\ -1 & \text{falls Gruppe } m \text{ vorliegt} \\ 0 & \text{sonst} \end{cases} \qquad (19.26)$$

gegeben. Bei der Erstellung der Designmatrix in der Effekt-Kodierung muss die Nebenbedingung für α_m berücksichtigt werden, weil sonst die Matrix keinen vollen Rang besitzen würde.

Beispiel 19.3. Das Beispiel 19.1 (Seite 455) wird nun in der Effekt-Kodierung berechnet. Aus dem Regressionsansatz ergibt sich nun folgendes Gleichungssystem, wobei hier die einzelnen Subvektoren jeweils durch ihren ersten und letzten Wert angegeben sind:

$$
\begin{pmatrix} 59 \\ \vdots \\ 52 \\ 51 \\ \vdots \\ 47 \\ 47 \\ \vdots \\ 44 \end{pmatrix}
=
\begin{pmatrix} 1 & 1 & 0 \\ \vdots & \vdots & \vdots \\ 1 & 1 & 0 \\ 1 & 0 & 1 \\ \vdots & \vdots & \vdots \\ 1 & 0 & 1 \\ 1 & -1 & -1 \\ \vdots & \vdots & \vdots \\ 1 & -1 & -1 \end{pmatrix}
\begin{pmatrix} \mu \\ \alpha_1 \\ \alpha_2 \end{pmatrix}
+
\begin{pmatrix} u_{11} \\ \vdots \\ u_{1\,10} \\ u_{21} \\ \vdots \\ u_{2\,10} \\ u_{31} \\ \vdots \\ u_{3\,10} \end{pmatrix}
\tag{19.27}
$$

Die Kleinst-Quadrate-Schätzung führt zu folgenden Werten:

$$\hat{\mu} = \ \ 48.867 \tag{19.28}$$

$$\hat{\alpha}_1 = \ \ 5.433 \tag{19.29}$$

$$\hat{\alpha}_2 = -1.467 \tag{19.30}$$

Hieraus lassen sich wieder die Mittelwerte der Faktorstufen bestimmen:

$$\hat{\mu}_1 = \hat{\mu} + \hat{\alpha}_1 = 54.3 \tag{19.31}$$

$$\hat{\mu}_2 = \hat{\mu} + \hat{\alpha}_2 = 47.4 \tag{19.32}$$

$$\hat{\mu}_3 = \hat{\mu} - \hat{\alpha}_1 - \hat{\alpha}_2 = 44.9 \tag{19.33}$$

Der F-Test kann analog zu dem oben durchgeführt werden, da die Varianzen unverändert geblieben sind. Es besteht aber auch die Möglichkeit, die Vorgehensweise von Seite 386f anzuwenden. Dies bedeutet, dass die Nullhypothese über die Effekte formuliert wird. Aufgrund der Restriktion (19.22) muss die Hypothese nur über $m-1$ Parameter formuliert werden.

$$H_0 : \alpha_i = 0 \quad \text{für } i = 1, \dots, m-1$$

$$\text{gegen} \quad H_1 : \alpha_i \neq 0 \quad \text{für min ein } i \tag{19.34}$$

Unter der Nullhypothese ist dann das Regressionsmodell (19.24) in einer restringierten Form zu formulieren, wo die Effekte α_i entfallen.

$$\mathbf{y} = \mathbf{1}\,\mu_R + \mathbf{u}_R \tag{19.35}$$

Der Vektor μ_R enthält nun nur den Parameter μ. Damit gilt hier dann auch (wie auf Seite 386f):

$$\sigma^2_{\hat{u}_R} = \sigma^2_y \tag{19.36}$$

Das Verhältnis von $(\sigma^2_{\hat{u}_R} - \sigma^2_{\hat{u}})$ zu $\sigma^2_{\hat{u}}$ ist F-verteilt.

$$F_\mu = \frac{(\sigma^2_{\hat{u}_R} - \sigma^2_{\hat{u}})/(m-1)}{\sigma^2_{\hat{u}}/(n-m)} \sim F\big((m-1), (n-m)\big) \tag{19.37}$$

Beispiel 19.4. Für die Zahlen aus dem Beispiel 19.1 (Seite 455) errechnen sich folgende Varianzen:

$$\sigma_{\hat{u}_R} = 22.182$$
$$= \sigma_y^2 \tag{19.38}$$

$$\sigma_{\hat{y}}^2 = \sigma_y^2 - \sigma_{\hat{u}}^2$$
$$= 22.182 - 6.380 = 15.802 \tag{19.39}$$

Damit ergibt sich das gleiche Testergebnis. Die Wahl der Kodierung ändert nicht die Aussage, dass die Preisstrategie hier einen Einfluss auf die Absatzzahlen hat.

19.3 Zweifaktorielle Varianzanalyse

Für die zweifaktorielle Varianzanalyse werden zwei Faktoren zur Erklärung der abhängigen Variable eingesetzt. Der Faktor A liegt dann in $i = 1, \dots, m_1$ und der Faktor B in $j = 1, \dots, m_2$ Faktorstufen vor. Grundsätzlich können auch hier in jeder Gruppe unterschiedlich viele Beobachtungen auftreten. Man bezeichnet solche Erhebungen dann auch als „unbalanced". Der Index k läuft dann von $k = 1, \dots, n_{ij}$. Dies führt aber beim statistischen Überprüfen der Signifikanz der Effekte zu einer Schwierigkeit, wie später erläutert wird. Liegen in allen Gruppen gleich viele Beobachtungen vor, ergibt sich diese Schwierigkeit nicht. Man spricht dann auch von „balanced data".

Das statistische Modell lautet in der zweifaktoriellen Varianzanalyse:

$$Y_{ijk} = \mu_{ij} + u_{ijk} \quad i = 1, \dots, m_1, j = 1, \dots, m_2, k = 1, \dots, n_{ij} \tag{19.40}$$

Die Residuen u_{ijk} werden wieder als unabhängig identisch normalverteilt angenommen:

$$u_{ijk} \sim N(0, \sigma_u^2) \tag{19.41}$$

Daraus folgt für die abhängige Variable unmittelbar:

$$y_{ijk} \sim N(\mu_{ij}, \sigma_u^2) \tag{19.42}$$

Da man primär an den Wirkungen der Faktorstufen i und j auf die abhängige Variable interessiert ist, wird das Modell in der **Effekt-Kodierung** geschrieben. Die Reparametrisierung der Gruppenmittelwerte wird wie folgt vorgenommen:

$$\mu_{ij} = \mu + (\mu_i - \mu) + (\mu_j - \mu) + (\mu_{ij} - \mu_i - \mu_j + \mu)$$
$$= \mu + \alpha_i + \beta_j + (\alpha\beta)_{ij} \tag{19.43}$$

Mit μ_i werden die Gruppenmittelwerte des Faktors A und mit μ_j die Gruppenmittelwerte des Faktors B bezeichnet. Mit α_i und β_j wird der Effekt des jeweiligen Faktors gekennzeichnet. Der Term

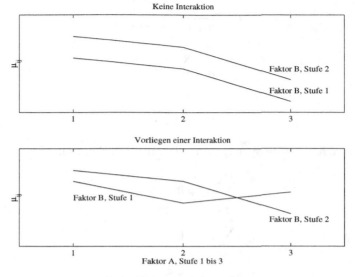

Abb. 19.4. Interaktionseffekt

$$\alpha_i = \mu_i - \mu \qquad (19.44)$$

hängt nur von der Stufe i des Faktor A ab und repräsentiert die Effekte dieses Faktors. Der zweite Term

$$\beta_j = \mu_j - \mu \qquad (19.45)$$

hängt nur von der j-ten Stufe des Faktors B ab und repräsentiert die Effekte dieses Faktors. Dies ist analog zur einfaktoriellen Varianzanalyse. Neu ist hingegen der so genannte Interaktionseffekt $(\alpha\beta)_{ij}$. Er ergibt sich nach Gleichung (19.43) zu

$$(\alpha\beta)_{ij} = \mu_{ij} - \mu - \alpha_i - \beta_j \qquad (19.46)$$

und repräsentiert einen Effekt, der übrig bleibt, wenn man von der Differenz $\mu_{ij} - \mu$ die Haupteffekte α_i und β_j abgezogen hat. Er reflektiert einen möglichen zusätzlichen Effekt, der zustande kommt, wenn die Stufe i des Faktor A und die Stufe j des Faktor B zusammentreffen. Verhalten sich die Mittelwerte stets proportional zueinander, dann liegt kein Interaktionseffekt vor. Die Faktorstufen von A wirken auf die Faktorstufen von B stets gleich. Liegt ein Interaktionseffekt vor, so wirken die Faktorstufen von A unterschiedlich auf die Faktorstufen von B (siehe Abbildung 19.4).

Das Modell der zweifaktoriellen Varianzanalyse lautet dann in der Effektdarstellung:

$$Y_{ijk} = \mu + \alpha_i + \beta_j + (\alpha\beta)_{ij} + u_{ijk} \qquad (19.47)$$

Aus den Bedingungen

$$\mu = \frac{1}{m_1 \, m_2} \sum_{i=1}^{m_1} \sum_{j=1}^{m_2} \mu_{ij} \qquad (19.48)$$

$$\mu_i = \frac{1}{m_2} \sum_{j=1}^{m_2} \mu_{ij} \qquad (19.49)$$

$$\mu_j = \frac{1}{m_1} \sum_{i=1}^{m_1} \mu_{ij} \qquad (19.50)$$

folgen für die Reparametrisierung unmittelbar die Restriktionen:

$$\sum_{i=1}^{m_1} \alpha_i = 0 \qquad (19.51)$$

$$\sum_{j=1}^{m_2} \beta_j = 0 \qquad (19.52)$$

$$\sum_{i=1}^{m_1} (\alpha\beta)_{i\cdot} = \sum_{j=1}^{m_2} (\alpha\beta)_{\cdot j} = 0 \qquad (19.53)$$

In der Matrixdarstellung unterteilt man die Designmatrix $\mathbf{X}$ in einzelne Teilmatrizen, die den jeweiligen Effekt der Faktoren wiedergegeben.

$$\mathbf{y} = \begin{pmatrix} \mathbf{1} & \mathbf{X}_\alpha & \mathbf{X}_\beta & \mathbf{X}_{(\alpha\beta)} \end{pmatrix} \begin{pmatrix} \mu \\ \alpha \\ \beta \\ (\alpha\beta) \end{pmatrix} + \mathbf{u} \qquad (19.54)$$

Die Teilmatrizen sind orthogonal zu einander, wenn in allen Gruppen eine gleichgroße Zahl von Beobachtungen vorliegt. Die Effekte sind dann unkorreliert. In diesem Fall sind die Schätzungen für die Effekte aus dem Modell (19.54) identisch mit denen aus den Modellen mit den entsprechenden Teilmatrizen. Es werden dann zum Beispiel die gleichen Interaktionseffekte mit dem Modell (19.54) und dem folgenden Modell geschätzt.

$$\mathbf{y} = \mathbf{X}_{(\alpha\beta)} \, (\alpha\beta) + \mathbf{u}_{(\alpha\beta)} \qquad (19.55)$$

Liegen unterschiedlich viele Beobachtungen in den Gruppen vor, so sie sind die Teilmatrizen nicht mehr orthogonal zu einander und die Effekte sind damit unter einander korreliert. Daher führen dann auch die Schätzungen aus dem Modell (19.54) und den Teilmodellen, hier z. B. (19.55), zu unterschiedlichen Ergebnissen. Dies wirkt sich dann auch auf die Testergebnisse aus.

Die Kodierung der Vektoren $\mathbf{x}_{\alpha_i}$, $\mathbf{x}_{\beta_j}$, $\mathbf{x}_{(\alpha\beta)_{ij}}$ in den Teilmatrizen $\mathbf{X}_\alpha$, $\mathbf{X}_\beta$, $\mathbf{X}_{(\alpha\beta)}$ der Designmatrizen ist unter Berücksichtigung der Restriktionen wie folgt:

$$\mathbf{x}_{\alpha_i} = \begin{cases} 1 & \text{falls Stufe } i \text{ des Faktors A vorliegt, } i = 1, \dots, m_1 \\ -1 & \text{falls Stufe } m_1 \text{ des Faktors A vorliegt} \\ 0 & \text{sonst} \end{cases} \quad (19.56)$$

$$\mathbf{x}_{\beta_j} = \begin{cases} 1 & \text{falls Stufe } j \text{ des Faktors B vorliegt, } j = 1, \dots, m_2 \\ -1 & \text{falls Stufe } m_2 \text{ des Faktors B vorliegt} \\ 0 & \text{sonst} \end{cases} \quad (19.57)$$

$$\mathbf{x}_{(\alpha\beta)_{ij}} = \mathbf{x}_{\alpha_i} \mathbf{x}_{\beta_j} \quad (19.58)$$

Wird nun die Matrixgleichung wieder etwas ausführlicher geschrieben, so wird die Effektkodierung in der Designmatrix deutlicher. In der Designmatrix werden aufgrund der Restriktionen (19.51), (19.52) und (19.53) nur die Koeffizienten $i = 1, \dots, m_1 - 1, j = 1, \dots, m_2 - 1$ und die entsprechenden Interaktionskoeffizienten $(ij) = 11, \dots, (m_1 - 1)(m_2 - 1)$ aufgenommen. Mit den Vektoren $\mathbf{y}_{ij}$ werden die Beobachtung der Faktorstufen ij bezeichnet.

$$\mathbf{y}'_{ij} = \begin{pmatrix} y_{ij_1} & y_{ij_2} & \cdots & y_{ij_{n_{ij}}} \end{pmatrix} \quad i = 1, \dots, m_1; j = 1, \dots, m_2 \quad (19.59)$$

$$\begin{pmatrix} \mathbf{y}_{11} \\ \vdots \\ \mathbf{y}_{m_1 1} \\ \vdots \\ \mathbf{y}_{m_1 m_2} \end{pmatrix}_{(n)} =$$

$$\begin{pmatrix} \mathbf{1}_{(n_{11})} & \mathbf{1}_{(n_{11})} & \cdots & \mathbf{0}_{(n_{11})} & \mathbf{1}_{(n_{11})} & \cdots & \mathbf{0}_{(n_{11})} \\ \vdots & \vdots & & \vdots & \vdots & & \vdots \\ \mathbf{1}_{(n_{m_1 1})} & -\mathbf{1}_{(n_{m_1 1})} & \cdots & -\mathbf{1}_{(n_{m_1 1})} & \mathbf{1}_{(n_{m_1 1})} & \cdots & \mathbf{0}_{(n_{m_1 1})} \\ \vdots & \vdots & & \vdots & \vdots & & \vdots \\ \mathbf{1}_{(n_{m_1 m_2})} & -\mathbf{1}_{(n_{m_1 m_2})} & \cdots & -\mathbf{1}_{(n_{m_1 m_2})} & -\mathbf{1}_{(n_{m_1 m_2})} & \cdots & -\mathbf{1}_{(n_{m_1 m_2})} \end{pmatrix} \cdots$$

$$\underbrace{\qquad}_{\mathbf{1}} \quad \underbrace{\qquad\qquad}_{\mathbf{X}_\alpha} \quad \underbrace{\qquad\qquad}_{\mathbf{X}_\beta}$$

$$\begin{pmatrix} \mathbf{1}_{(n_{11})} & \cdots & \mathbf{0}_{(n_{11})} \\ \vdots & & \vdots \\ -\mathbf{1}_{(n_{m_1 1})} & \cdots & \mathbf{0}_{(n_{m_1 1})} \\ \vdots & & \vdots \\ \mathbf{1}_{(n_{m_1 m_2})} & \cdots & \mathbf{1}_{(n_{m_1 m_2})} \end{pmatrix} \quad \left(n \times (m_1 m_2) \right)$$

$$\underbrace{\qquad\qquad}_{\mathbf{X}_{(\alpha\beta)}}$$

$$\times \begin{pmatrix} \mu \\ \alpha_1 \\ \vdots \\ \alpha_{m_1-1} \\ \beta_1 \\ \vdots \\ \beta_{m_2-1} \\ (\alpha\beta)_{11} \\ \vdots \\ (\alpha\beta)_{m_1-1m_2-1} \end{pmatrix}_{(m_1m_2)}$$

$$+ \begin{pmatrix} \mathbf{u}_{11} \\ \vdots \\ \mathbf{u}_{m_11} \\ \vdots \\ \mathbf{u}_{m_1m_2} \end{pmatrix}_{(n)} \qquad (19.60)$$

Beispiel 19.5. Die aus dem Beispiel 19.1 (Seite 455) bekannte Preisstrategie ($m_1 = 3$) wird hier zusätzlich mit dem Faktor B „Werbestrategie" unterteilt. Sie liegt in den Ausprägungen „Postwurfsendung" und „Anzeigenwerbung" vor ($m_2 = 2$), so dass nun folgende Strategiekombinationen auftreten:

y_{11} = Niedrigpreisstrategie und Postwurfwerbung

y_{12} = Niedrigpreisstrategie und Anzeigenwerbung

y_{21} = Normalpreisstrategie und Postwurfwerbung

y_{22} = Normalpreisstrategie und Anzeigenwerbung

y_{31} = Hochpreisstrategie und Postwurfwerbung

y_{32} = Hochpreisstrategie und Anzeigenwerbung

Tabelle 19.2. Absatzzahlen für die unterschiedliche Preis- und Werbestrategien

k	1	2	3	4	5	6	7	8	9	10
$\mathbf{y}_{11}$	68	65	63	59	67	64	66	59	64	63
$\mathbf{y}_{12}$	59	57	54	56	53	51	52	55	54	52
$\mathbf{y}_{21}$	59	50	51	48	53	49	50	52	53	50
$\mathbf{y}_{22}$	51	45	46	48	49	50	47	46	45	47
$\mathbf{y}_{31}$	40	39	35	36	37	35	34	38	39	36
$\mathbf{y}_{32}$	47	39	40	46	45	49	44	48	47	44

Quelle: [31, Seite 168]

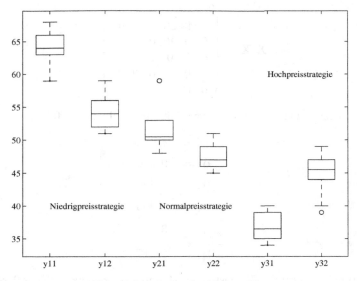

Abb. 19.5. Boxplot der Absatzzahlen

Eine erste grafische Analyse mit Boxplots (siehe Abbildung 19.5) zeigt, dass sich nicht nur die einzelnen Preisstrategien unterscheiden, sondern auch die Art der Werbung Einfluss auf den Absatz nimmt. Bei der Niedrig- und Normalpreisstrategie ist die Postwurfwerbung erfolgreicher. Hingegen zeigt sich bei der Hochpreisstrategie die Anzeigenwerbung als absatzfördernder. Diese Wirkung des Faktors B ist der so genannte Interaktionseffekt. Es sind aufgrund der Restriktionen zwei Effekte für die Werbestrategie, ein Effekt für die Preisstrategie und zwei Interaktionseffekte zu schätzen. Die Matrixgleichung mit der Designmatrix sieht in diesem Beispiel wie folgt aus:

$$
\begin{pmatrix} \mathbf{y}_{11} \\ \mathbf{y}_{12} \\ \mathbf{y}_{13} \\ \mathbf{y}_{21} \\ \mathbf{y}_{22} \\ \mathbf{y}_{23} \end{pmatrix} = \begin{pmatrix} \mathbf{1}_{(10)} & \mathbf{1}_{(10)} & \mathbf{0}_{(10)} & \mathbf{1}_{(10)} & \mathbf{1}_{(10)} & \mathbf{0}_{(10)} \\ \mathbf{1}_{(10)} & \mathbf{0}_{(10)} & \mathbf{1}_{(10)} & \mathbf{1}_{(10)} & \mathbf{0}_{(10)} & \mathbf{1}_{(10)} \\ \mathbf{1}_{(10)} & -\mathbf{1}_{(10)} & -\mathbf{1}_{(10)} & \mathbf{1}_{(10)} & -\mathbf{1}_{(10)} & -\mathbf{1}_{(10)} \\ \mathbf{1}_{(10)} & \mathbf{1}_{(10)} & \mathbf{0}_{(10)} & -\mathbf{1}_{(10)} & -\mathbf{1}_{(10)} & \mathbf{0}_{(10)} \\ \mathbf{1}_{(10)} & \mathbf{0}_{(10)} & \mathbf{1}_{(10)} & -\mathbf{1}_{(10)} & \mathbf{0}_{(10)} & -\mathbf{1}_{(10)} \\ \mathbf{1}_{(10)} & -\mathbf{1}_{(10)} & -\mathbf{1}_{(10)} & -\mathbf{1}_{(10)} & \mathbf{1}_{(10)} & \mathbf{1}_{(10)} \end{pmatrix} \begin{pmatrix} \mu \\ \alpha_1 \\ \alpha_2 \\ \beta_1 \\ (\alpha\beta)_{11} \\ (\alpha\beta)_{21} \end{pmatrix} + \begin{pmatrix} \mathbf{u}_{11} \\ \mathbf{u}_{12} \\ \mathbf{u}_{13} \\ \mathbf{u}_{21} \\ \mathbf{u}_{22} \\ \mathbf{u}_{23} \end{pmatrix}
$$

$$(19.61)$$

Es liegen hier in allen Gruppen gleich viele Beobachtungen vor. Daher zeigt die symmetrische Matrix $\mathbf{X}'\mathbf{X}$ eine blockdiagonale Struktur (siehe Matrix 19.62). Daher weist das volle Modell (19.54, Seite 464) und die Teilmodelle, die nur eine Teilmatrix enthalten (z. B. 19.55, Seite 464) bzgl. der entsprechenden Parameter die gleichen Werte auf. Fehlt diese Eigenschaft aufgrund unterschiedlich großer Gruppen, so werden die verschiedenen Regressionen auch unterschiedliche Koeffizientenschätzungen ausweisen.

$$\mathbf{X'X} = \begin{pmatrix} 60 & 0 & 0 & 0 & 0 & 0 \\ 0 & 40 & 20 & 0 & 0 & 0 \\ 0 & 20 & 40 & 0 & 0 & 0 \\ 0 & 0 & 0 & 60 & 0 & 0 \\ 0 & 0 & 0 & 0 & 40 & 20 \\ 0 & 0 & 0 & 0 & 20 & 40 \end{pmatrix} \qquad (19.62)$$

Mit der Kleinst-Quadrat-Regression schätzt man folgende Effekte:

$$\hat{\mu} = 49.800 \qquad (19.63)$$

$$\hat{\alpha}_1 = 9.250 \qquad (19.64)$$

$$\hat{\alpha}_2 = -0.350 \qquad (19.65)$$

$$\hat{\beta}_1 = 0.933 \qquad (19.66)$$

$$\widehat{(\alpha\beta)}_{11} = 3.817 \qquad (19.67)$$

$$\widehat{(\alpha\beta)}_{21} = 1.117 \qquad (19.68)$$

Der dritte Effekt für die Werbestrategie (Faktor A) errechnet sich aus der Restriktion (19.51).

$$\hat{\alpha}_3 = -\hat{\alpha}_1 - \hat{\alpha}_2 = -8.900 \qquad (19.69)$$

Der zweite Effekt für die Preisstrategie (Faktor B) bestimmt sich analog aus Restriktion (19.52).

$$\hat{\beta}_2 = -\hat{\beta}_1 = -0.933 \qquad (19.70)$$

Es existieren insgesamt sechs Interaktionseffekte, die aus den beiden Restriktionen in Gleichung (19.53) berechnet werden.

$$\widehat{(\alpha\beta)}_{12} = -\widehat{(\alpha\beta)}_{11} = -3.817 \qquad (19.71)$$

$$\widehat{(\alpha\beta)}_{22} = -\widehat{(\alpha\beta)}_{21} = -1.117 \qquad (19.72)$$

$$\widehat{(\alpha\beta)}_{31} = -\widehat{(\alpha\beta)}_{11} - \widehat{(\alpha\beta)}_{21} = -4.933 \qquad (19.73)$$

$$\widehat{(\alpha\beta)}_{32} = -\widehat{(\alpha\beta)}_{12} - \widehat{(\alpha\beta)}_{22}$$
$$= \widehat{(\alpha\beta)}_{11} + \widehat{(\alpha\beta)}_{21} = 4.933 \qquad (19.74)$$

Aus den Effekten können unter Berücksichtigung der Restriktionen die einzelnen Mittelwerte der Faktorstufen zurückgerechnet werden.

$$\mu_{A1} = \hat{\mu} + \hat{\alpha}_1 = 59.050 \qquad (19.75)$$

$$\mu_{A2} = \hat{\mu} + \hat{\alpha}_2 = 49.450 \qquad (19.76)$$

$$\mu_{A3} = \hat{\mu} + \hat{\alpha}_3 = 40.900 \qquad (19.77)$$

$$\mu_{B1} = \hat{\mu} + \hat{\beta}_1 = 50.733 \qquad (19.78)$$

$$\mu_{B2} = \hat{\mu} + \hat{\beta}_2 = 48.867 \qquad (19.79)$$

$$\mu_{11} = \hat{\mu} + \hat{\alpha}_1 + \hat{\beta}_1 + (\widehat{\alpha\beta})_{11} = 63.800 \qquad (19.80)$$

$$\mu_{21} = \hat{\mu} + \hat{\alpha}_2 + \hat{\beta}_1 + (\widehat{\alpha\beta})_{21} = 51.500 \qquad (19.81)$$

$$\mu_{31} = \hat{\mu} + \hat{\alpha}_3 + \hat{\beta}_1 + (\widehat{\alpha\beta})_{31} = 36.900 \qquad (19.82)$$

$$\mu_{12} = \hat{\mu} + \hat{\alpha}_1 + \hat{\beta}_2 + (\widehat{\alpha\beta})_{12} = 54.300 \qquad (19.83)$$

$$\mu_{22} = \hat{\mu} + \hat{\alpha}_2 + \hat{\beta}_2 + (\widehat{\alpha\beta})_{22} = 47.400 \qquad (19.84)$$

$$\mu_{32} = \hat{\mu} + \hat{\alpha}_3 + \hat{\beta}_2 + (\widehat{\alpha\beta})_{32} = 44.900 \qquad (19.85)$$

Die Haupteffekte messen die Abweichung vom Gesamtmittelwert. Hier liegt der durchschnittliche Absatz bei der Niedrigpreisstrategie um 9.250 Einheiten über dem durchschnittlichen Gesamtabsatz. In Abbildung 19.6 ist dies gut zu erkennen. Die verschiedenen Preisstrategien haben einen deutlichen Einfluss auf die Absatzzahlen. Bei den verschiedenen Werbestrategie ist kein so deutlicher Unterschied erkennbar. Ferner ist sieht man, dass die Faktorstufen von A nicht gleich auf die Faktorstufen von B wirken. Es liegt also ein Interaktionseffekt vor. Beispielsweise gibt der Interaktionseffekt $(\widehat{\alpha\beta})_{11} = 3.816$ hier den zusätzlichen Effekt an, der durch Zusammenwirken von Niedrigpreisstrategie und Postwurfwerbung zustande kommt. Beide Maßnahmen können den Absatz fördern. In der gleichzeitigen Anwendung wirken sie aber stärker als die Summe ihrer Einzelwirkungen.

Im nächsten Schritt der Varianzanalyse ist nun von Interesse, ob die Effekte signifikant sind?

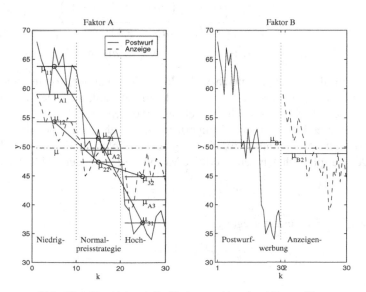

Abb. 19.6. Zweifaktorielle Varianzanalyse der Absatzzahlen

Gewöhnlich wird bei der statistischen Auswertung eines zweifaktoriellen Versuchsplans zuerst die Hypothese

$$H_0 : (\alpha\beta)_{ij} = 0 \quad \text{für } i = 1, \ldots, m_1 - 1, j = 1, \ldots, m_2 - 1 \quad \text{gegen}$$
$$H_1 : (\alpha\beta)_{ij} \neq 0 \quad \text{für min ein } i \text{ und ein } j \quad (19.86)$$

der Interaktion zwischen beiden Faktoren überprüft. Es ist von besonderem Interesse, dass die Interaktionseffekte Null sind. Dann wirken die Faktoren „unabhängig" bzw. „additiv" auf die abhängige Variable y. Der zweifaktorielle Versuchsplan kann dann auch durch zwei einfaktorielle Versuchspläne ausgewertet werden, die dieselben Resultate liefern.

Liegt eine signifikante Interaktion zwischen den beiden Faktoren vor, ist die Interpretation der Haupteffekte schwieriger. Der Effekt des einen Faktors lässt sich dann nur adäquat beschreiben, wenn zugleich Bezug auf die Stufe des anderen Faktors genommen wird.

Die Nullhypothese (19.86) wird mit den Residuenvrianzen aus dem nicht restringierten (siehe Gleichung 19.54, Seite 464) und dem restringierten Regressionsansatz (Ansatz unter der Nullhypothese) überprüft. Hier wird das restringierte Modell (19.87) aufgrund der Nullhypothese angenommen.

$$\mathbf{y} = \begin{pmatrix} 1 & \mathbf{X}_\alpha & \mathbf{X}_\beta \end{pmatrix} \begin{pmatrix} \mu \\ \alpha \\ \beta \end{pmatrix} + \mathbf{u}_{R_{(\alpha\beta)}} \qquad (19.87)$$

Der F-Test ermittelt, ob die Residuenvarianzen signifikant unterschiedlich sind.

$$F_{(\alpha\beta)} = \frac{(\sigma^2_{\hat{u}_{R_{(\alpha\beta)}}} - \sigma^2_{\hat{u}})/((m_1 - 1)(m_2 - 1))}{\sigma^2_{\hat{u}}/(m_1 m_2 (n - 1))}$$
$$\sim F\big((m_1 - 1)(m_2 - 1), m_1 m_2 (n - 1)\big) \qquad (19.88)$$

Liegen in allen Gruppen gleich viele Beobachtungen vor, so sind wie bereits erwähnt die Effekte unkorreliert (orthogonal) und es stellt sich die blockdiagonale Struktur der Matrix $\mathbf{X}'\mathbf{X}$ (siehe Gleichung 19.62, Seite 468) ein. Und nur dann führen die Regressionen mit den Teilmatrizen zu den gleichen Ergebnissen wie die Regression mit der Gesamtmatrix $\mathbf{X}$. Aufgrund der blockdiagonalen Struktur der Matrix $\mathbf{X}'\mathbf{X}$ ergibt sich dann eine additive Varianzzerlegung der erklärten Varianz.

$$\sigma^2_{\hat{y}} = \sigma^2_{\hat{y}_{(\alpha\beta)}} + \sigma^2_{\hat{y}_{R_{(\alpha\beta)}}} \qquad (19.89)$$

Da stets die Streuungszerlegung

$$\sigma^2_y = \sigma^2_{\hat{y}} + \sigma^2_{\hat{u}} \qquad (19.90)$$

bzw. hier

$$\sigma_y^2 = \sigma_{\hat{y}_{R_{(\alpha\beta)}}}^2 + \sigma_{\hat{u}_{R_{(\alpha\beta)}}}^2 \tag{19.91}$$

$$= \sigma_{\hat{y}_{(\alpha\beta)}}^2 + \sigma_{\hat{u}_{(\alpha\beta)}}^2 \tag{19.92}$$

gilt, kann dann bei der Voraussetzung gleicher Gruppengrößen folgender Zusammenhang abgeleitet werden:

$$\sigma_{\hat{y}_{(\alpha\beta)}}^2 = \sigma_{\hat{u}_{R_{(\alpha\beta)}}}^2 - \sigma_{\hat{u}}^2 \tag{19.93}$$

$\sigma_{\hat{y}_{(\alpha\beta)}}^2$ wird aus der Regression (19.55, Seite 464) berechnet. Daher kann dann der F-Test auch alternativ mit der Regression (19.55) berechnet werden.

Liegen aber unterschiedliche Gruppengrößen vor (unbalanced data), dann führen die beiden Berechnungen zu unterschiedlichen Ergebnissen, da dann die Effekte untereinander korreliert sind. Dies ist vor allem dann problematisch, wenn $\sigma_{\hat{u}_{R_{(\alpha\beta)}}}^2 - \sigma_{\hat{u}}^2$ deutlich von $\sigma_{\hat{y}_{(\alpha\beta)}}^2$ abweicht, so dass einmal ein signifikantes und einmal ein nicht signifikanter Effekt angezeigt wird. In diesem Fall wird bei der Signifikanz eines Ergebnisses der Faktor als signifikant angenommen. Meistens wird die Signifikanz aber nur mit dem restringierten gegenüber dem unrestringierten Modell überprüft.

Beispiel 19.6. Fortsetzung von Beispiel 19.5 (Seite 466): Aus dem restringierten Ansatz (19.87) ergibt sich eine Residuenvarianz von:

$$\sigma_{\hat{u}_{R_{(\alpha\beta)}}}^2 = 19.991 \tag{19.94}$$

Aus der nicht restringierten Regression erhält man eine Residuenvarianz von:

$$\sigma_{\hat{u}}^2 = 6.607 \tag{19.95}$$

Die F-Statistik ist somit:

$$F_{(\alpha\beta)} = \frac{(19.991 - 6.607)/((3-1)(2-1))}{6.607/(3 \times 2 \times (10-1))} = 54.697 \sim F(2, 54) \tag{19.96}$$

Sie ist aber nur dann aussagefähig, wenn die Residuen annähernd normalverteilt sind. Die Dichtespur und der Quantil-Quantil-Plot der geschätzten Residuen in Abbildung 19.7 zeigen, dass an den Rändern eine Abweichung von der Normalverteilung vorliegt. Sie ist aber nicht so groß, dass hier die Normalverteilungsannahme verletzt wäre. Zusätzlich könnte auch die empirische Verteilungsfunktion abgetragen werden. Ferner wäre der Einsatz des χ^2-Anpassungstest (bei unbekannter Residuenvarianz) zur Überprüfung der Normalverteilungsannahme möglich. Bei einer Klassenzahl von $m = 19$ ergibt sich ein χ^2-Wert von 14.9. Der kritische Wert beträgt $\chi_{0.95}(17) = 27.6$, so dass die Nullhypothese der Normalverteilung beibehalten werden kann.

Das Quantil der F-Verteilung liegt bei einem Fehler 1. Art von $\alpha = 0.05$ bei $F_{0.95}(2, 54) = 3.168$. Die Nullhypothese kann daher verworfen werden. Es liegt eine signifikante Wechselwirkung zwischen den Faktoren vor. Dies zeigt sich auch in den Abbildung 19.5 und 19.6. Die Postwurfwerbung ist für die Niedrig- und die Normalpreisstrategie günstiger. Hingegen ist die Anzeigenwerbung für die Hochpreisstrategie hier vorteilhafter.

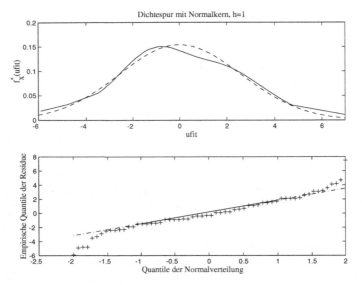

Abb. 19.7. Dichtespur und QQ-Plot der Residuen

Zur Überprüfung des Faktors A wird die Hypothese

$$H_0 : \alpha_i = 0 \quad \text{für } i = 1, \dots, m_1 - 1 \quad \text{gegen}$$

$$H_1 : \alpha_i \neq 0 \quad \text{für min ein } i \quad (19.97)$$

verwendet. Der restringierten Ansatz ist jetzt:

$$\mathbf{y} = \begin{pmatrix} 1 & \mathbf{X}_\beta & \mathbf{X}_{(\alpha\beta)} \end{pmatrix} \begin{pmatrix} \mu \\ \beta \\ (\alpha\beta) \end{pmatrix} + \mathbf{u}_{R_\alpha} \qquad (19.98)$$

Der entsprechende F-Test ist:

$$F_\alpha = \frac{(\sigma^2_{\hat{u}_{R_\alpha}} - \sigma^2_{\hat{u}})/(m_1 - 1)}{\sigma^2_{\hat{u}}/(m_1 \, m_2 \, (n-1))} \sim F\big((m_1 - 1), m_1 \, m_2 \, (n-1)\big) \qquad (19.99)$$

Die obigen Überlegung können hier adäquat angewendet werden. Daher gilt dann hier die folgende Streuungszerlegung.

$$\sigma^2_{\hat{y}_\alpha} = \sigma^2_{\hat{u}_{R_\alpha}} - \sigma^2_{\hat{u}} \qquad (19.100)$$

Die Varianz $\sigma^2_{\hat{y}_\alpha}$ kann somit auch aus der Regression

$$\mathbf{y} = \mathbf{X}_\alpha \, \boldsymbol{\alpha} + \mathbf{u}_\alpha \qquad (19.101)$$

berechnet werden. Jedoch führt dieser nur bei gleichen Gruppengrößen zu dem gleichen Regressionsergebnis wie der restringierte Ansatz.

Beispiel 19.7. Fortsetzung von Beispiel 19.5 (Seite 466): Überprüfung des Faktors A auf Signifikanz. Aus dem restringierten Ansatz (19.98) ergibt sich eine Residuenvarianz von:

$$\sigma^2_{\hat{u}_{R_\alpha}} = 61.572 \qquad (19.102)$$

Die F-Statistik ist somit:

$$F_\alpha = \frac{(61.572 - 6.607)/(3-1)}{6.607/(3 \times 2 \times (10-1))} = 224.629 \sim F(2, 54) \qquad (19.103)$$

Die Nullhypothese wird klar verworfen. Der Faktor A hat einen signifikanten Einfluss auf die Absatzzahlen.

Die statistische Überprüfung des Faktors B erfolgt über die Nullhypothese:

$$H_0 : \beta_j = 0 \quad \text{für } j = 1, \dots, m_2 - 1 \quad \text{gegen}$$

$$H_1 : \beta_j \neq 0 \quad \text{für min ein } j \quad (19.104)$$

Die Regressionsgleichung unter der Nullhypothese lautet somit

$$\mathbf{y} = \begin{pmatrix} 1 & \mathbf{X}_\alpha & \mathbf{X}_{(\alpha\beta)} \end{pmatrix} \begin{pmatrix} \mu \\ \boldsymbol{\alpha} \\ (\boldsymbol{\alpha\beta}) \end{pmatrix} + \mathbf{u}_{R_\beta} \qquad (19.105)$$

und der dazu entsprechende F-Test:

$$F_\beta = \frac{(\sigma^2_{\hat{u}_{R_\beta}} - \sigma^2_{\hat{u}})/(m_2 - 1)}{\sigma^2_{\hat{u}}/(m_1 \, m_2 \, (n-1))} \sim F\big((m_2 - 1), m_1 \, m_2 \, (n-1)\big) \qquad (19.106)$$

Es gilt auch hier:

$$\sigma^2_{\hat{y}_\beta} = \sigma^2_{\hat{u}_{R_\beta}} - \sigma^2_{\hat{u}} \qquad (19.107)$$

Analog besteht hier dann auch die Möglichkeit bei gleichen Gruppengrößen $\sigma^2_{\hat{y}_\beta}$ aus

$$\mathbf{y} = \mathbf{X}_\beta \, \boldsymbol{\beta} + \mathbf{u}_\beta \qquad (19.108)$$

zu berechnen.

Beispiel 19.8. Fortsetzung von Beispiel 19.5 (Seite 466): Überprüfung des Faktors B auf Signifikanz. Aus dem restringierten Ansatz (19.105) ergibt sich eine Residuenvarianz von:

$$\sigma^2_{\hat{u}_{R_\beta}} = 7.478 \qquad (19.109)$$

Die F-Statistik ist somit:

$$F_\beta = \frac{(7.478 - 6.607)/(2-1)}{6.607/\big(3 \times 2 \times (10-1)\big)} = 7.120 \sim F(1,54) \qquad (19.110)$$

Das $1 - \alpha$-Quantil der F-Verteilung mit den Freiheitgraden $(1, 54)$ ist:

$$F_{0.95}(1,54) = 4.019 \qquad (19.111)$$

Die Nullhypothese wird verworfen. Die Werbestrategie hat einen signifikanten Einfluss auf die Absatzzahlen.

19.4 Andere Versuchspläne

Es existieren eine Reihe von Erweiterung der Varianzanalyse, die für die verschiedensten Fragestellungen entwickelt worden sind.

Eine häufig auftretende Erweiterung ist die der **zufälligen Effekte**. Bisher waren nur **feste Effekte** berücksichtigt worden. Von festen Effekten spricht man, wenn die Faktorstufen eines Faktors fest vorgegeben sind. Sie können zwar eine Auswahl aus vielen möglichen Faktorstufen sein, die aber nicht zufällig, sondern bewusst in den Versuchsplan aufgenommen werden.

Werden die Faktorstufen eines Faktors hingegen aufgrund einer Zufallsauswahl in den Versuchsplan aufgenommen, so spricht man von einem Modell mit zufälligen Effekten. Der entscheidende Punkt ist, dass das Auftreten der Faktorstufen hier zufällig geschieht und nicht bewusst. Für die Zufälligkeit der Effekte wird wie für die Residuen stochastische Unabhängigkeit, ein Erwartungswert von Null und eine konstante Varianz, die für alle Faktorstufen gleich ist, angenommen. Daher wird bei einem Modell mit zufälligen Effekten nicht die Mittelwerte, sondern die Varianz auf Signifikanz überprüft. Liegen mehrere Beobachtungen für jeden zufälligen Effekt vor, so sind die Beobachtungen innerhalb einer Gruppe (wiederholte Messung) aufgrund der Bedingung nicht mehr unabhängig. Oft werden die Annahmen um eine Normalverteilungsannahme erweitert (siehe hierzu [31, Seite 193ff], [106, Seite 377ff]).

Beispiel 19.9. Werden bestimmte Preisstrategien auf ihre Wirksamkeit hin untersucht, so werden sie bewusst ausgewählt, weil man genau diese Preisstrategien untersuchen möchte. Dies ist der Fall fester Effekte, der bisher vorlag. Hier wird die Unterschiedlichkeit der Preisstrategien überprüft.

Soll hingegen das Kaufverhalten (gemessen z. B. mit der Ausgabenhöhe) von (allen) Kunden untersucht werden, so wird aus allen Kunden eine Zufallsstichprobe gezogen. Es wird nicht bewusst ein Kunde ausgewählt, sondern zufällig. Dann liegt ein zufälliger Effekt vor. Hier schließt man von einigen zufällig gemessenen Faktorstufen (Kunden) auf die Varianz aller Kunden in der Grundgesamtheit. Werden pro Kunde mehrere Ausgaben gemessen, so liegen wiederholte Messungen vor, die aufgrund der Bedingung, dass sie vom gleichen Kunden getätigt wurden, abhängig voneinander sind.

Liegt bei einer zweifaktoriellen Varianzanalyse der Fall vor, dass es sich bei dem einen Faktor um einen festen Faktor handelt, bei dem anderen um einen Zufallsfaktor, so liegt ein Modell mit **gemischten Effekten** vor.

Beispiel 19.10. Bei einem Leistungstest liegen drei Parallelformen vor. Da es sich um Parallelformen handelt, müssen sie dasselbe messen und sollten somit, wenn sie drei nach Zufall gebildeten Gruppen der Größe n vorgegebenen werden, Mittelwerte ergeben, die nicht mehr als nach Zufall zu erwarten ist, voneinander abweichen – anders gesagt, die sich nicht signifikant unterscheiden. Dies sei das eine, was untersucht werden soll. Bei dem Faktor Leistungstest handelt es sich um einen festen Faktor, da sie bewusst ausgewählt wurden.

Der zweite Faktor, der hier von Interesse ist, sei der Einfluss des Testleiters. Angenommen es werden fünf Testleiter (Faktorstufen) ausgewählt, so stellen sie eine Zufallsauswahl aus der Menge aller Testleiter dar. Es handelt sich hier um einen zweifaktoriellen Versuchsplan mit einem festen und einem zufälligen Faktor.

Wird der in Beispiel 19.10 beschriebene Leistungstest mit nur einem Kandidaten unter dem jeweiligen Testleiter durchgeführt, so spricht liegt ein Sonderfall von nur einer Beobachtung pro Gruppe vor. Aufgrund der Daten ist bei Hinzunahme von Interaktionseffekten eine Schätzung der Residualvarianz dann aufgrund der fehlenden Freiheitsgrade nicht mehr möglich. Ein Test für eine spezielle Art von Wechselwirkung ist von Tukey entwickelt worden (vgl. [31, Seite 181f], [42, Seite 185f]).

Eine andere Art einer Erweiterung liegt in der Form von **Meßwiederholungen** vor. Hier werden an der gleichen Faktorstufe des einen Faktors (z. B. Versuchsperson) alle Faktorstufen des anderen Faktors angewendet. Daraus resultiert, dass die Messergebnisse nicht mehr unabhängig voneinander sein können. Die Residuen hängen voneinander ab. Dies muss bei der Schätzung der Effekte berücksichtigt werden. Diese Form der Erweiterung hat Ähnlichkeit mit dem gemischten Modell, wenn jede Gruppe aus nur einer Versuchsperson besteht.

Die bisher dargestellten varianzanalytischen Designs waren dadurch gekennzeichnet, dass alle Faktorstufen vollständig gekreuzt waren. Daher nennt man solche Versuchspläne auch **vollständig**. Es ist allerdings bei bestimmten Fragestellungen nicht sinnvoll oder möglich alle Faktorstufen miteinander zu kreuzen. Dann spricht man von **unvollständigen Versuchsplänen**.

Die Technik der Varianzanalyse kann auch mit abhängigen kategorialen Variablen angewendet werden (vgl. [3]).

19.5 Multivariate Varianzanalyse

Eine Erweiterung anderer Art ist, wenn die abhängige Variable mehrdimensional ist. Dann spricht man von einer **multivariaten Varianzanalyse**. Mit dieser Erweiterung erfährt der Begriff „multivariat" die eigentliche Rechtfertigung.

Es werden nun statt einer abhängigen Variablen q abhängige Variable gemessen, die durch die Faktoren erklärt werden sollen. Damit müssen die abhängigen Variablen auf der linken Seite in Form einer Matrix aufgeschrieben werden. Es ergibt sich so ein $n \times q$ dimensionales Matrixsystem. In der Darstellung wird sich hier auf eine multivariate einfaktorielle Varianzanalyse beschränkt, das in der Effektkodierung aufgeschrieben wird.

$$
\begin{pmatrix}
\mathbf{y}_{11} & \mathbf{y}_{12} & \cdots & \mathbf{y}_{1q} \\
\mathbf{y}_{21} & \mathbf{y}_{22} & \cdots & \mathbf{y}_{2q} \\
\vdots & \vdots & \ddots & \vdots \\
\mathbf{y}_{m-11} & \mathbf{y}_{m-12} & \cdots & \mathbf{y}_{m-1q} \\
\mathbf{y}_{m1} & \mathbf{y}_{m2} & \cdots & \mathbf{y}_{mq}
\end{pmatrix}_{(n \times q)} =
$$

$$
\begin{pmatrix}
\mathbf{1}_{(n_1)} & \mathbf{1}_{(n_1)} & \mathbf{0}_{(n_1)} & \cdots & \mathbf{0}_{(n_1)} \\
\mathbf{1}_{(n_2)} & \mathbf{0}_{(n_2)} & \mathbf{1}_{(n_2)} & \cdots & \mathbf{0}_{(n_2)} \\
\vdots & \vdots & & \ddots & \vdots \\
\mathbf{1}_{(n_{m-1})} & \mathbf{0}_{(n_{m-1})} & \mathbf{0}_{(n_{m-1})} & \cdots & \mathbf{1}_{(n_{m-1})} \\
\mathbf{1}_{(n_m)} & -\mathbf{1}_{(n_m)} & -\mathbf{1}_{(n_m)} & \cdots & -\mathbf{1}_{(n_m)}
\end{pmatrix}_{(n \times m)}
\quad \underbrace{}_{\mathbf{1}} \underbrace{}_{\mathbf{X}_\alpha}
$$

$$
\times
\begin{pmatrix}
\mu_1 & \mu_2 & \cdots & \mu_q \\
\alpha_{11} & \alpha_{12} & \cdots & \alpha_{1q} \\
\alpha_{21} & \alpha_{22} & \cdots & \alpha_{2q} \\
\vdots & \vdots & \ddots & \vdots \\
\alpha_{m-11} & \alpha_{m-12} & \cdots & \alpha_{m-1q}
\end{pmatrix}_{(m \times q)}
$$

$$
+
\begin{pmatrix}
\mathbf{u}_{11} & \mathbf{u}_{12} & \cdots & \mathbf{u}_{1q} \\
\mathbf{u}_{21} & \mathbf{u}_{22} & \cdots & \mathbf{u}_{2q} \\
\vdots & \vdots & \ddots & \vdots \\
\mathbf{u}_{m-11} & \mathbf{u}_{m-12} & \cdots & \mathbf{u}_{m-1q} \\
\mathbf{u}_{m1} & \mathbf{u}_{m2} & \cdots & \mathbf{u}_{mq}
\end{pmatrix}_{(n \times q)}
\tag{19.112}
$$

Die Vektoren $\mathbf{y}_{ij}$ mit $i = 1, \dots, m$ und $j = 1, \dots, q$ (hier bezeichnet der Index j die j-te Variable und nicht den j-ten Faktor) enthalten die Beobachtungen.

$$
\mathbf{y}'_{ij} = \left(y_{ij1}, \dots, y_{ijn_i} \right) \quad i = 1, \dots, m
\tag{19.113}
$$

Für jede abhängige Variable müssen m Faktorstufen vorliegen, die jeweils mit n_i Beobachtungen gemessen werden muss. Das Gleichungssystem (19.112) kann nun kompakter geschrieben werden.

$$
\begin{aligned}
\mathbf{Y} &= \mathbf{X}\mathbf{M} + \mathbf{U} \\
&= \begin{pmatrix} \mathbf{1} & \mathbf{X}_\alpha \end{pmatrix} \begin{pmatrix} \mu \\ \mathbf{A} \end{pmatrix} + \mathbf{U}
\end{aligned}
\tag{19.114}
$$

Der Vektor μ und die Matrix $\mathbf{A}$ haben folgenden Inhalt:

$$\boldsymbol{\mu} = \begin{pmatrix} \mu_1 \ \mu_2 \ \dots \ \mu_q \end{pmatrix} \tag{19.115}$$

$$\mathbf{A} = \begin{pmatrix} \boldsymbol{\alpha}_1 \ \boldsymbol{\alpha}_2 \ \dots \ \boldsymbol{\alpha}_q \end{pmatrix} \tag{19.116}$$

Die Schätzung der Koeffizientenmatrix kann wie gewohnt mit den bekannten Eigenschaften (siehe Kapitel 15.4.4) nach der Kleinst-Quadrate-Methode erfolgen.

$$\hat{\mathbf{M}} = \left(\mathbf{X}'\mathbf{X} \right)^{-1} \mathbf{X}'\mathbf{Y} \tag{19.117}$$

Für die Residuen wird hier eine **multivariate Normalverteilung**, eine q-dimensionale Normalverteilung, angenommen (vgl. hierzu u. a. [29], [120]).

$$\mathbf{U} \sim N_q(\mathbf{0}, \boldsymbol{\Sigma}) \tag{19.118}$$

Aus ihr resultiert die Normalverteilung der abhängigen Variablen, wie im univariaten Fall, nur dass sie hier multivariat ist.

$$\mathbf{Y} \sim N_q(\mathbf{X}\,\mathbf{M}, \boldsymbol{\Sigma}) \tag{19.119}$$

Die Varianz-Kovarianzmatrix $\boldsymbol{\Sigma}$ der Residuen besitzt unter der Annahme, dass die abhängige Variablen unabhängig sind dann folgende Struktur.

$$\boldsymbol{\Sigma} = \begin{pmatrix} \begin{pmatrix} \sigma^2_{u_{11}} & & \\ & \ddots & \\ & & \sigma^2_{u_{qq}} \end{pmatrix}_{(q \times q)} & & \mathbf{0} \\ & \ddots & \\ \mathbf{0} & & \begin{pmatrix} \sigma^2_{u_{11}} & & \\ & \ddots & \\ & & \sigma^2_{u_{qq}} \end{pmatrix}_{(q \times q)} \end{pmatrix}_{(nq \times nq)} \tag{19.120}$$

$$= \mathbf{I}_{(n \times n)} \otimes \begin{pmatrix} \sigma^2_{u_{11}} & & \\ & \ddots & \\ & & \sigma^2_{u_{qq}} \end{pmatrix}_{(q \times q)} \tag{19.121}$$

Mit $\sigma^2_{u_{jj}}$ ($j = 1, \dots, q$) wird die Residuenvarianz der j-ten Variable bezeichnet. Die Kovarianzen zwischen den verschiedenen Variablen sind aufgrund der Unabhängigkeitsannahme Null. Mit $\otimes$ wird das Kroneckerprodukt bezeichnet. Es bedeutet, dass die linksstehende Matrix auf jedes Element der rechtsstehenden Matrix multipliziert wird.

Nun steht wieder die Frage an: Sind die Effekte $\mathbf{A}$ signifikant unterschiedlich? Die Nullhypothese lautet also:

$$H_0 : \boldsymbol{\alpha}_1 = \boldsymbol{\alpha}_2 = \dots = \boldsymbol{\alpha}_q \tag{19.122}$$

Zur Überprüfung dieser Nullhypothese wird eine Statistik benötigt, die die multivariate Verteilung berücksichtigt. Eine solche Statistik ist **Wilks Lambda** (siehe auch Kapitel 20.3, Seite 489).

$$\Lambda = \frac{|\,\hat{\mathbf{U}}'\hat{\mathbf{U}}\,|}{|\,\hat{\mathbf{U}}_R'\hat{\mathbf{U}}_R\,|} \tag{19.123}$$

Die Residuenmatrix $\hat{\mathbf{U}}_R$ aus dem restringierten Modell erhält man aus der Regression:

$$\mathbf{Y} = \mathbf{1}\,\boldsymbol{\mu} + \mathbf{U}_R \tag{19.124}$$

Alternativ kann Wilks Lambda

$$\Lambda = \prod_{i=1}^{s}(1 + \lambda_i)^{-1} \quad \text{mit } s = \min\{m-1, q\} \tag{19.125}$$

auch über die Eigenwerte aus

$$|\,(\hat{\mathbf{U}}_R'\,\hat{\mathbf{U}}_R - \hat{\mathbf{U}}\,\hat{\mathbf{U}}) - \lambda\,\hat{\mathbf{U}}\,\hat{\mathbf{U}}\,| \overset{!}{=} 0 \tag{19.126}$$

berechnet werden.

Weitere Statistiken sind u. a. bei [120, Seite 309f] genannt. Wilks Lambda folgt unter H_0 einer **U-Verteilung**[1] (vgl. [6, Seite 298f], [59, Seite 323], [120, Seite 147f, 624]).

$$\Lambda \sim U_\alpha(q, m-1, n-m) \tag{19.127}$$

Diese Verteilung gilt nur, wenn die multivariate Normalverteilungsannahme erfüllt ist. Eine einfache Überprüfung der multivariaten Normalverteilung ist nicht möglich. Mit der **Barlett-Approximation** (vgl. [32, Seite 326]) wird Wilks Lambda approximativ in eine χ^2-verteilte Statistik transformiert:

$$\Lambda^* = -\left(n - \frac{m+q}{2} - 1\right)\ln\Lambda \overset{\cdot}{\sim} \chi^2\big(q\,(m-1)\big) \tag{19.128}$$

Wie schon für die einfaktorielle Varianzanalyse beschrieben gilt auch hier die Streuungszerlegung (siehe Gleichung 19.12, Seite 456).

$$\hat{\mathbf{U}}'\hat{\mathbf{U}} = \mathbf{W} \tag{19.129}$$

$$\hat{\mathbf{U}}_R'\,\hat{\mathbf{U}}_R - \hat{\mathbf{U}}\,\hat{\mathbf{U}} = \mathbf{B} \tag{19.130}$$

$\mathbf{B}$ und $\mathbf{W}$ sind die Varianz- / Kovarianzmatrizen, die die Varianzen und Kovarianzen zwischen und innerhalb der Gruppen enthalten (siehe Seite 485). Damit ist Wilks Lambda auch in folgender Form zu schreiben:

$$\Lambda = \frac{\mathbf{W}}{\mathbf{W} + \mathbf{B}} \tag{19.131}$$

---

[1] In einigen Werken (vgl. [31, Seite 325], [47, Seite 308], [80, Seite 81, 335]) wird die Verteilung von Λ mit $\Lambda(q, n-m, m-1)$ angegeben, die dann als Wilks Lambda Verteilung bezeichnet wird. Die Freiheitsgrade werden dabei vertauscht angegeben. Für einige Freiheitsgrade ist die Λ-Verteilung identisch mit der F-Verteilung (vgl. [80, Seite 83]).

Beispiel 19.11. In dem Beispiel handelt es sich um einen Hersteller von Magarine, der wissen möchte, ob die Merkmale „Streichfähigkeit" (Variable 1) und „Haltbarkeit" (Variable 2) bei der Wahl der Magarinemarken von Bedeutung sind.

Bei den Daten handelt es sich um Beurteilungen von 12 Stammkäufern der Marke A (Faktorstufe 1) und der Marke B (Faktorstufe 2) (also $m = 2$), die sie hinsichtlich der beiden Variablen „Streichfähigkeit" und „Haltbarkeit" auf einer Ratingskala von 1 bis 7 beurteilen mussten (also $q = 2$). Damit sind die Merkmalswerte nur komparativen Typs. Sie werden hier aber wie metrische Merkmale behandelt. Dies wird in der Praxis öfters gemacht. Die gemessenen Werte sind:

$$\mathbf{y}'_{11} = \begin{pmatrix} 2\ 3\ 6\ 4\ 3\ 4\ 3\ 2\ 5\ 3\ 3\ 4 \end{pmatrix} \tag{19.132}$$

$$\mathbf{y}'_{12} = \begin{pmatrix} 3\ 4\ 5\ 4\ 2\ 7\ 5\ 4\ 6\ 6\ 3\ 5 \end{pmatrix} \tag{19.133}$$

$$\mathbf{y}'_{21} = \begin{pmatrix} 5\ 4\ 7\ 3\ 4\ 5\ 4\ 5\ 6\ 5\ 6\ 6 \end{pmatrix} \tag{19.134}$$

$$\mathbf{y}'_{22} = \begin{pmatrix} 4\ 3\ 5\ 3\ 4\ 2\ 2\ 5\ 7\ 3\ 4\ 6 \end{pmatrix} \tag{19.135}$$

Die Beobachtungsvektoren wurden hier aus Platzgründen transponiert aufgeschrieben. Im multivariaten Varianzmodell in Effektkodierung, das die folgende Form besitzt, sind sie als Spaltenvektoren abzutragen:

$$\begin{pmatrix} \mathbf{y}_{11}\ \mathbf{y}_{12} \\ \mathbf{y}_{21}\ \mathbf{y}_{22} \end{pmatrix} = \begin{pmatrix} \mathbf{1}_{(12)} & \mathbf{1}_{(12)} \\ \mathbf{1}_{(12)} & -\mathbf{1}_{(12)} \end{pmatrix} \begin{pmatrix} \mu_1 & \mu_2 \\ \alpha_{11} & \alpha_{12} \end{pmatrix} + \begin{pmatrix} \mathbf{u}_{11}\ \mathbf{u}_{12} \\ \mathbf{u}_{21}\ \mathbf{u}_{22} \end{pmatrix} \tag{19.136}$$

Die Kleinst-Quadrate-Schätzung der Koeffizientenmatrix **B** ergibt folgende Ergebnis:

$$\hat{\mathbf{M}} = \begin{pmatrix} 4.20 & 4.25 \\ -0.75 & 0.25 \end{pmatrix} \tag{19.137}$$

Die geschätzten Koeffizienten weisen bzgl. der Faktoren als auch bzgl. der Variablen unterschiedliche Effekte auf. Nun ist die Frage, sind diese Unterschiede signifikant. Um die Teststatistik Wilks Lambda zu berechnen, müssen die Residuenmatrizen des vollen und des restringierten Modells bestimmt werden. Die des vollen Modells errechnet sich analog zur Technik der linearen Regression aus der folgenden Gleichung:

$$\hat{\mathbf{U}}' \hat{\mathbf{U}} = \mathbf{Y}' \mathbf{Y} - \mathbf{Y} \mathbf{X} (\mathbf{X}' \mathbf{X})^{-1} \mathbf{X}' \mathbf{Y}$$

$$= \begin{pmatrix} 29 & 21 \\ 21 & 49 \end{pmatrix} \tag{19.138}$$

Die Matrix der Residuen unter H_0 berechnet sich aus der multivariaten Regression (19.124).

$$\hat{\mathbf{U}}'_R \hat{\mathbf{U}}_R = \begin{pmatrix} 42.5 & 16.5 \\ 16.5 & 50.5 \end{pmatrix} \tag{19.139}$$

Wilks Lambda ist nun das Verhältnis der Determinanten der beiden Matrizen.

$$\Lambda = \frac{980}{1874} = 0.523 \qquad (19.140)$$

Der Wert dieser Teststatistik folgt einer U-Verteilung, auf deren Angabe hier verzichtet wird. Eine Tabelle der U-Verteilung findet man in [120, Seite 624]. Stattdessen wird die Barlett-Approximation angewendet, die zu einer χ^2-verteilten Zufallsvariable führt.

$$\Lambda^* = - \left(24 - \frac{2+2}{2} - 1 \right) \ln 0.523 = 13.614 \qquad (19.141)$$

Dieser Wert ist approximativ χ^2-verteilt mit $2\,(2-1)$ Freiheitsgraden. Bei einem Signifikanzniveau von 5% beträgt der kritische Wert 5.992, so dass die Effekte bzgl. der beiden Variablen als signifikant unterschiedlich zu beurteilen sind. Die beiden Marken unterscheiden sich also hinsichtlich der beiden Faktoren Streichfähigkeit und Haltbarkeit.

Die im nächsten Kapitel beschriebene Diskriminanzanalyse dreht nun in gewisser Hinsicht die Fragestellung um: Während in der Varianzanalyse primär auf die Unterschiede zwischen den Faktoren (Marken) getestet wird, wird in der Diskriminanzanalyse anhand der Merkmale eine Gruppenzugehörigkeit gesucht. In der Varianzanalyse hat man diese Gruppenzugehörigkeit als Faktorstufen bezeichnet. Eine Überprüfung, ob die Elemente / Objekte zu dieser Faktorstufe passen, wird in der Varianzanalyse nicht vorgenommen. Diese Überprüfung der Gruppenzugehörigkeit ist die diskriminanzanalytische Fragestellung. Dies erklärt auch, warum hier in der Diskriminanzanalyse die Bezeichnungen geändert werden. Die Anzahl der Faktorstufen m wird dort als Anzahl der Gruppen g bezeichnet. Die Anzahl der Variablen q wird in der Diskriminanzanalyse als die Anzahl der Merkmale p (wie schon in den ersten beiden Teilen) bezeichnet. Es bestehen also Zusammenhänge zwischen der Varianzanalyse und der Diskriminanzanalyse. Dies zeigt sich auch daran, dass sich für das Beispiel 20.3 (Seite 491) in der Diskriminanzanalyse die gleichen Ergebnisse für die Streuungszerlegung wie im obigen Beispiel 19.11 (Seite 479) ergeben.

Weiterführende Literatur zur multivariaten Varianzanalyse sind u. a. [15], [120].

20

Diskriminanzanalyse

Inhaltsverzeichnis

20.1 Problemstellung der Diskriminanzanalyse

Die Diskriminanzanalyse ist ein Verfahren zur Analyse von Gruppen- bzw. Klassen-
unterschieden. Der Begriff Klasse und Gruppe wird hier synonym verwendet. Sie
ermöglicht es, die Unterschiede von zwei oder mehreren Gruppen hinsichtlich einer
Mehrzahl von Variablen zu untersuchen. Dabei kann einerseits untersucht werden,
ob sich Gruppen hinsichtlich der Variablen (Merkmale) signifikant voneinander unterscheiden[1] oder andererseits, welche Variablen zur Unterscheidung der Gruppen
geeignet bzw. ungeeignet sind. In der Diskriminanzanalyse ist die abhängige Variable nominal skaliert, die unabhängigen Variablen besitzen metrisches Skalenniveau.

Beispiel 20.1. Ein Beispiel bildet die Frage, ob und wie sich die Wähler der verschiedenen Parteien hinsichtlich der Merkmale unterscheiden. Die abhängige nominale Variable identifiziert die Gruppenzugehörigkeit, hier die gewählte Partei, und
die unabhängigen Variablen beschreiben die Gruppenelemente, hier Wähler.

---

[1] Dies ist eher die varianzanalytische Fragestellung.

Beispiel 20.2. Ein weiteres Anwendungsgebiet der Diskriminanzanalyse bildet die Klassifikation von Elementen. Nachdem für eine gegebene Menge von Elementen die Zusammenhänge zwischen der Gruppenzugehörigkeit der Elemente und ihren Merkmalen analysiert wurden, lässt sich darauf aufbauend eine Prognose der Gruppenzugehörigkeit von neuen Elementen vornehmen.

Die Diskriminanzanalyse behandelt folgende Problemstellung: Eine Grundgesamtheit besteht aus mehreren Teilgesamtheiten (Klassen bzw. Gruppen), so dass jedes Element (Objekt) genau einer Teilgesamtheit angehört. Das Ziel der Diskriminanzanalyse besteht darin, ein Objekt aus dieser Grundgesamtheit, dessen Klassenzugehörigkeit unbekannt ist, an dem aber ein Merkmalsvektor $\mathbf{x}$ beobachtbar ist, aufgrund dieser Beobachtungen derjenigen Klasse zuzuordnen, der es entstammt (vgl. [32, Seite 301]). Man spricht häufig auch von Klassifikations- oder Zeichenerkennungsproblemen. Im Folgenden wird die übliche „klassische" Diskriminanzanalyse beschrieben, die lineare Diskriminanzanalyse nach Fisher. Sie liegt vielen gängigen Programmpaketen wie z. B. SPSS zugrunde. Dieser Ansatz findet häufig dann Anwendung, wenn nicht das Zuordnungsproblem, sondern eine möglichst gute Trennung der Lernstichprobe im Vordergrund steht. Die andere „klassische" Diskriminanzanalyse beruht auf der Normalverteilungsannahme der Elemente und wird als **Maximum-Likelihood (ML) Verfahren** bezeichnet. Im Fall von nur zwei Klassen sind beide Verfahren identisch; bei mehr als zwei Klassen unterscheiden sich die Verfahren. Weitere Verfahren der Diskriminanzanalyse sind die für rein kategoriale Merkmale sowie für gemischte (metrische und kategoriale) Merkmale. Ferner existieren so genannte verteilungsfreie Verfahren. Im Folgenden wird der Ansatz von Fisher, dem nur mittelbar eine Verteilungsannahme zugrundeliegt, beschrieben.

Die Problemstellung lässt sich mathematisch wie folgt beschreiben: Die betrachtete Grundgesamtheit Ω bestehe aus $g \geq 2$ disjunkten Klassen bzw. Teilgesamtheiten $\Omega_1, \ldots, \Omega_g$. Jedem Objekt ω ist sowohl die Ausprägung eines p-dimensionalen Merkmalsvektors $\mathbf{x}$ als auch seine wahre Klassenzugehörigkeit k, wenn $\omega \in \Omega_k$ ist ($k \in \{1, \ldots, g\}$), als Ausprägung zugeordnet.

Die Aufgabenstellung der Diskriminanzanalyse ist Folgende: Ein Objekt $\omega \in \Omega$, von dem nicht bekannt ist, welcher Klasse es angehört (d. h. dessen Klassenindex k unbekannt ist) soll, mit Hilfe des an ihm beobachteten Merkmalsvektors $\mathbf{x}$ eindeutig einer Klasse zugeordnet werden. Gilt $\omega \in \Omega_k$, d. h. k ist der tatsächliche Klassenindex, so ist die Entscheidung genau dann richtig, wenn die geschätzte Klassenzuteilung $\hat{k} = k$ gilt, für $\hat{k} \neq k$ ist sie falsch. Fehlentscheidungen sollen so wenig wie möglich vorkommen (vgl. [32, Seite 302]).

Die Klassen werden durch „Zentren" charakterisiert. Das Objekt ω mit dem Merkmalsvektor $\mathbf{x}_k$ wird der Klasse $\Omega_{\hat{k}}$ zugeordnet, wenn das Zentrum des Merkmalsvektors $\mathbf{x}_k$ dem Klassenzentrum von $\Omega_{\hat{k}}$ am nächsten ist. Diese Zuordnung wird mit der Diskriminanzfunktion vorgenommen.

Zur Schätzung der Diskriminanzfunktion ist eine Lernstichprobe notwendig. Darunter wird eine Stichprobe von Objekten ω_i, $i = 1, \ldots, n$ verstanden, für die, zusätzlich zum beobachteten Merkmalsvektor $\mathbf{x}_i$, auch die Klassenzugehörigkeit k_i

bestimmbar ist. Insgesamt stehen also n Wertepaare $(\mathbf{x}_i, k_i)$ zur Verfügung. Dabei sind verschiedene Stichprobensituationen möglich (vgl. [32, Seite 310]):

- Eine Gesamtstichprobe, aus der $(\mathbf{x}_i, k_i)$ $i = 1, \ldots, n$ unabhängige Beobachtungen bestimmt werden, d. h. aus der gemeinsamen Verteilung von $\mathbf{x}$ und k.
- Eine **geschichtete Zufallsstichprobe**, die bzgl. der Klassenzugehörigkeit geschichtet ist. Dies ist der Fall, wenn in jeder Klasse k für einen festen Stichprobenumfang n_k die Merkmalsausprägungen $\mathbf{x}$ beobachtet werden, d. h. es werden jeweils n_k unabhängige Beobachtungen aus einer bedingten Verteilung $f(\mathbf{x} \mid k)$, $k = 1, \ldots, g$ gezogen. Der Gesamtstichprobenumfang ist dann $n = n_1 + \ldots + n_g$. Stichproben dieser Art sind notwendig, wenn bestimmte Klassen sehr selten auftreten, da man dann auch in großen Gesamtstichproben nur wenige Objekte mit dieser Klassenzugehörigkeit und entsprechend schlechte Schätzungen erhält.

20.2 Klassische Diskriminanzanalyse nach Fisher

Zur Bestimmung der Diskriminanzfunktion wird nach dem Ansatz von Fisher (1936) angenommen, dass es eine optimale Zusammenfassung von den p Merkmalen der Form $y = \mathbf{v}'\mathbf{x}$ mit $\mathbf{v}'$ einem p-dimensionalen Parametervektor, der zu schätzen ist, gibt (vgl. [32, Seite 321]). $\mathbf{v}$ ist ein Eigenvektor.

Definition 20.1. *Als* **lineare Diskriminanzfunktion** *wird*

$$y = \mathbf{v}'\mathbf{x} \tag{20.1}$$

bezeichnet. y wird als **Diskriminanzvariable** *bezeichnet.*

Die Diskriminanzfunktion wird auch als kanonische Diskriminanzfunktion und y als kanonische Variable bezeichnet. Der Ausdruck kanonisch kennzeichnet, dass eine Linearkombination von Variablen vorliegt.

Die Idee eine Linearkombination $\mathbf{v}'\mathbf{x}$ zu bilden ist, das p-dimensionale Problem auf ein eindimensionales Problem zurückzuführen, um mit dieser Größe dann leichter entscheiden zu können, welcher Klasse das Element zu zuordnen ist. Zur Bestimmung von $\mathbf{v}$ ist ein Kriterium erforderlich, das die Unterschiedlichkeit der Gruppen misst. Dieses Kriterium wird als Diskriminanzkriterium bezeichnet. Die Schätzung erfolgt dann so, dass das Diskriminanzkriterium maximiert wird.

Zur Beschreibung der Homogenität der g Klassen wird die Streuung innerhalb der Klassen verwendet; zur Beschreibung der Unterschiedlichkeit zwischen den Klassen, die Streuung zwischen den Klassen. Die Streuung zwischen den Klassen wird durch die quadrierten Abweichungen der Klassenmittelwerte vom Gesamtmittel gemessen. Um unterschiedliche Klassengrößen zu berücksichtigen, werden die Abweichungen jeweils mit der Klassengröße n_k multipliziert. Die Streuung in den Klassen wird durch die quadrierten Abweichungen der Klassenelemente vom jeweiligen Klassenmittelwert gemessen. Nun soll die Streuung in den Klassen möglichst klein, zwischen den Klassen soll die Streuung möglichst groß sein (vgl. [8, Seite 113], [32, Seite 323]). Das Diskriminanzkriterium Γ ergibt sich damit als

$$\Gamma = \frac{SS_b}{SS_w} \rightarrow \max \tag{20.2}$$

mit

$$SS_b = \sum_{k=1}^{g} n_k \left(\bar{y}_k - \bar{y}\right)^2 \tag{20.3}$$

und

$$SS_w = \sum_{k=1}^{g} \sum_{i=1}^{n_k} \left(y_{ki} - \bar{y}_k\right)^2 . \tag{20.4}$$

$\bar{y}_k$ ist das Klassenmittel der k-ten Klasse und wird auch als mittlerer **Diskriminanzwert** oder **Klassencentroid** bezeichnet, $\bar{y}$ ist das Gesamtmittel der Stichprobe und y_{ki} die Linearkombination aus den p Merkmalen. Die Streuungen, eigentlich nur die Summe der quadrierten Abweichungen vom Mittelwert, SS_b und SS_w addieren sich zur Gesamtstreuung der Stichprobe auf. Die Indices b und w stehen für „within" bzw. „between" und beziehen sich auf die Klassen. Die oben angegebene Aufteilung in SS_b und SS_w ist die **Streuungszerlegung**. Der Zähler, die Streuung zwischen den Klassen, wird auch als durch die Diskriminanzfunktion erklärte Streuung und der Nenner, die Streuung in den Klassen, als nicht erklärte Streuung bezeichnet.

Werden $y_{ki} = \mathbf{v}'\mathbf{x}_{ki}$, $\bar{y}_k = \mathbf{v}'\bar{\mathbf{x}}_k$, und $\bar{y} = \mathbf{v}'\bar{\mathbf{x}}$ durch die Linearkombinationen ersetzt, so lautet das zu maximierende Diskriminanzkriterium in Matrixschreibweise:

$$\Gamma = \frac{\mathbf{v}' \left(\sum\limits_{k=1}^{g} n_k \left(\bar{\mathbf{x}}_k - \bar{\mathbf{x}}\right) \left(\bar{\mathbf{x}}_k - \bar{\mathbf{x}}\right)' \right) \mathbf{v}}{\mathbf{v}' \left(\sum\limits_{k=1}^{g} \sum\limits_{i=1}^{n_k} \left(\mathbf{x}_{ki} - \bar{\mathbf{x}}_k\right) \left(\mathbf{x}_{ki} - \bar{\mathbf{x}}_k\right)' \right) \mathbf{v}} \tag{20.5}$$

$$= \frac{\mathbf{v}'\mathbf{B}_{(p \times p)} \mathbf{v}}{\mathbf{v}'\mathbf{W}_{(p \times p)} \mathbf{v}} \rightarrow \max_{\mathbf{v} \neq 0}$$

mit

$$\mathbf{W} = \sum_{k=1}^{g} \mathbf{W}_k \tag{20.6}$$

$$\mathbf{W}_k = \sum_{i=1}^{n_k} \left(\mathbf{x}_{ki} - \bar{\mathbf{x}}_k\right) \left(\mathbf{x}_{ki} - \bar{\mathbf{x}}_k\right)' \tag{20.7}$$

und

$$\mathbf{B} = \sum_{k=1}^{g} n_k \left(\bar{\mathbf{x}}_k - \bar{\mathbf{x}} \right) \left(\bar{\mathbf{x}}_k - \bar{\mathbf{x}} \right)' \tag{20.8}$$

Die Matrizen $\mathbf{B}$ und $\mathbf{W}$ sind Varianz- / Kovarianzmatrizen. Die erste enthält die Varianzen / Kovarianzen zwischen den Gruppen (between), die letztere die Varianzen / Kovarianzen in den Gruppen (within).

Die Maximierung von Γ führt zur Schätzung von $\mathbf{v}$. Dies wird im Folgenden beschrieben. Zuvor jedoch eine Festlegung der verwendeten Symbole: Mit $\mathbf{X}$ wird die Datenmatrix (wie bei der Regressionsanalyse) bezeichnet, die die Beobachtungen aller p Merkmale für g Klassen enthält. Sie wird partitioniert in $\mathbf{X}_k$ Submatrizen für die jeweiligen Klassen. Mit $\mathbf{x}_{ki}$ wird der p-dimensionale Merkmalsvektor für die in der k-ten Klasse i-te Beobachtung bezeichnet.

$$\mathbf{X}_{(p \times n)} = (\mathbf{X}_1, \ldots, \mathbf{X}_k, \ldots \mathbf{X}_g) \tag{20.9}$$

$$\mathbf{X}_{k(p \times n_k)} = \left(\mathbf{x}_{k_{n_1}}, \ldots, \mathbf{x}_{ki}, \ldots \mathbf{x}_{k_{n_k}} \right), \quad k = 1, \ldots, g \tag{20.10}$$

$$\mathbf{x}_{ki(p)} = \begin{pmatrix} x_1 \\ \vdots \\ x_p \end{pmatrix}, \quad i = 1, \ldots, n_k \tag{20.11}$$

$$\bar{\mathbf{x}}_{k(p)} = \frac{1}{n_k} \mathbf{X}_k \mathbf{1}_{(n_k)}, \quad \mathbf{1}_{(n_k)} = \begin{pmatrix} 1 \\ \vdots \\ 1 \end{pmatrix} \tag{20.12}$$

$$\bar{\mathbf{x}}_{(p)} = \frac{1}{n} \mathbf{X} \mathbf{1}_{(n)}, \quad n = \sum_{k=1}^{g} n_k \tag{20.13}$$

Zur Maximierung von Γ wird nach dem Ansatz von Fisher den Ausgangsverteilungen $\Omega_1, \ldots, \Omega_g$ kein bestimmter Verteilungstyp unterstellt, sondern nur verlangt, dass die Summe der Abweichungsquadrate und -produkte zwischen den Stichproben im Verhältnis zur Summe der Abweichungsquadrate und -produkte innerhalb der Stichproben möglichst groß sein muss. Um Γ zu maximieren muss Γ nach der Quotientenregel der Differentialrechnung abgeleitet und gleich Null gesetzt werden (vgl. [73, Seite 9]):

$$\begin{aligned} \frac{\partial \Gamma}{\partial \mathbf{v}} &= \frac{2 \big((\mathbf{B}\mathbf{v})(\mathbf{v}'\mathbf{W}\mathbf{v}) - (\mathbf{v}'\mathbf{B}\mathbf{v})(\mathbf{W}\mathbf{v}) \big)}{(\mathbf{v}'\mathbf{W}\mathbf{v})^2} \overset{!}{=} \mathbf{0} \\ &= \frac{2 \, (\mathbf{B}\mathbf{v} - \Gamma \mathbf{W}\mathbf{v})}{\mathbf{v}'\mathbf{W}\mathbf{v}} \overset{!}{=} \mathbf{0} \end{aligned} \tag{20.14}$$

Die Gleichung (20.14) ist genau dann Null, wenn der Zähler der Gleichung null und der Nenner ungleich null ist. Daraus ergibt sich die Forderung:

$$(\mathbf{B} - \Gamma \mathbf{W}) \, \mathbf{v} \overset{!}{=} \mathbf{0} \tag{20.15}$$

Die Lösung der Gleichung (20.15) führt zum **Eigenwertproblem**

$$\left(\mathbf{W}^{-1}\mathbf{B} - \gamma\,\mathbf{I}_{(p\times p)}\right)\mathbf{v} \overset{!}{=} \mathbf{0} \tag{20.16}$$

deren Lösung

$$\mathbf{W}^{-1}\mathbf{B}\mathbf{v} = \gamma\,\mathbf{v} \tag{20.17}$$

ist. Die Gleichung

$$\left(\mathbf{W}^{-1}\mathbf{B} - \gamma\,\mathbf{I}\right)\mathbf{v} = 0 \tag{20.18}$$

stellt bei gegebenen γ ein homogenes lineares Gleichungssystem in $\mathbf{v}$ dar. Aus

$$\det\left(\mathbf{W}^{-1}\mathbf{B} - \gamma\,\mathbf{I}\right) \overset{!}{=} 0 \tag{20.19}$$

ergibt sich ein charakteristisches Polynom, dessen Nullstellen γ_h $h = 1, \ldots, q$ die Eigenwerte von $\mathbf{W}^{-1}\mathbf{B} - \gamma\,\mathbf{I}$ sind. Die zu γ_i gehörigen Eigenvektoren $\mathbf{v}_i$ von $\mathbf{W}^{-1}\mathbf{B}$ sind die Lösungen des homogenen linearen Gleichungssystems. Da $\operatorname{rg}\mathbf{W} = p$ und $\operatorname{rg}\mathbf{B} = q \le \min\{p, g-1\}$ ist, besitzt $\mathbf{W}^{-1}\mathbf{B}$ höchstens q-Eigenwerte $\gamma_1, \ldots, \gamma_q > 0$ mit den dazugehörigen q Eigenvektoren $\mathbf{v}_1, \ldots, \mathbf{v}_q$ der Dimension p.

Die Gleichung (20.16) setzt voraus, dass $\mathbf{W}$ nicht singulär ist. Werden die Eigenwerte der Größe nach geordnet ($\gamma_1 > \ldots > \gamma_q > 0$), so geben die linearen Diskriminanzfunktionen

$$y_r = \mathbf{v}_r'\mathbf{x} \quad \text{mit } r \le q \tag{20.20}$$

in dieser Reihenfolge die Trennung der Ausgangsverteilung wieder (vgl. [8, Seite 113], [32, Seite 325]). y_r wird auch als **kanonische Variable** bezeichnet.

20.2.1 Klassifikationsregel

Nach der linearen Diskriminanzanalyse von Fisher wird die zu klassifizierende Einheit mit den Merkmalsausprägungen $\mathbf{x}$ bei nur einem Eigenvektor ($r = 1$) der Ausgangsverteilung Ω_k zugeordnet, für die gilt (vgl. [32, Seite 323], [73, Seite 9]):

$$|\,y_1 - \bar{y}_k\,| < |\,y_1 - \bar{y}_\ell\,|$$
$$|\,\mathbf{v}_1'\,\mathbf{x} - \mathbf{v}_1'\,\bar{\mathbf{x}}_k\,| < |\,\mathbf{v}_1'\,\mathbf{x} - \mathbf{v}_1'\,\bar{\mathbf{x}}_\ell\,| \tag{20.21}$$
$$\text{für } k, \ell = 1, \ldots, g$$

Die der Merkmalsausprägung $\mathbf{x}$ zugeordnete Klasse wird mit $\hat{k}$ als geschätzte Klasse bezeichnet. Werden $m \le q$ Eigenwerte zur Trennung der Ausgangsverteilung Ω_k verwendet, dann wird die zu klassifizierende Einheit $\mathbf{x}$ der Ausgangsverteilung Ω_k zugeordnet, wenn gilt:

$$\sum_{r=1}^{m \leq q} | \, y_r - \bar{y}_k \, | \leq \sum_{r=1}^{m \leq q} | \, y_r - \bar{y}_\ell \, |$$

$$\sum_{r=1}^{m \leq q} | \, \mathbf{v}'_r \, \mathbf{x} - \mathbf{v}'_r \, \bar{\mathbf{x}}_k \, | \leq \sum_{r=1}^{m \leq q} | \, \mathbf{v}'_r \, \mathbf{x} - \mathbf{v}'_r \, \bar{\mathbf{x}}_\ell \, | \tag{20.22}$$

$$\text{für } k, \ell = 1, \dots, g$$

Die obigen Zuordnungsregeln entsprechen der L^1-Norm, die, wie die L^2-Norm (euklidische Distanz), häufig verwendet wird. In der weiterführenden Literatur sind weitere Normen angegeben.

Ob neben dem Eigenvektor $\mathbf{v}_1$, der dem größten Eigenwert entspricht, weitere Eigenvektoren zur Trennung brauchbar sind, kann mit Hilfe eines **LQ-Tests** (Likelihood Quotienten Test) überprüft werden. Ein Test stammt von Wilk (vgl. [8, Seite 118], [32, Seite 325]).

Definition 20.2. *Mit Λ wird* **Wilks Lambda** *bezeichnet.*

$$\Lambda = \frac{\det(\mathbf{W})}{\det(\mathbf{W} + \mathbf{B})} = \prod_{r=1}^{q} (1 + \gamma_r)^{-1} \tag{20.23}$$

Mit dieser Teststatistik können die Eigenwerte auf ihren Beitrag zur Trennung der Klassen überprüft werden. Die Teststatistik folgt der **U-Verteilung**

$$\Lambda \sim U_\alpha(p, g-1, n-g), \tag{20.24}$$

die sich durch die χ^2-Verteilung approximieren lässt (siehe Gleichung 20.33, Seite 490 und Gleichung 19.128, Seite 478).

20.2.2 Spezialfall zwei Gruppen

Für den Fall $g = 2$ hat die Matrix $\mathbf{B}$ den Rang 1 und kann wie folgt geschrieben werden:

$$\mathbf{B} = \left(\frac{n_1 \, n_2}{n} \right) \mathbf{d} \, \mathbf{d}' \quad \text{mit } \mathbf{d} = \bar{\mathbf{x}}_1 - \bar{\mathbf{x}}_2 \tag{20.25}$$

$\mathbf{W}^{-1}\mathbf{B}$ hat daher nur einen positiven Eigenwert. Dieser Eigenwert ist gleich $\gamma_1 = \mathbf{d}'\mathbf{W}^{-1}\mathbf{d}$ und der dazugehörige Eigenvektor lautet

$$\mathbf{v}_1 = \mathbf{W}^{-1}\mathbf{d} \tag{20.26}$$

Die allgemeine Zuordnungsregel vereinfacht sich dann wie folgt: Ordne das Objekt mit der Merkmalsausprägung $\mathbf{x}$ der Ausgangsverteilung Ω_1 zu, falls y näher bei $\bar{y}_1$ als bei $\bar{y}_2$ liegt, d. h. falls $| \, y - \bar{y}_1 \, | < | \, y - \bar{y}_2 \, |$ (siehe Gleichung 20.21) bzw. äquivalent $y > \frac{1}{2} (\bar{y}_1 + \bar{y}_2)$ (vgl. [73, Seite 9]), [81, Seite 56]). Durch Umformungen erhält man dann für den Zwei-Klassen-Fall die folgende Diskriminanzfunktion:

$$y = (\bar{\mathbf{x}}_1 - \bar{\mathbf{x}}_2)' \, \mathbf{W}^{-1} \left(\mathbf{x} - \frac{1}{2} (\bar{\mathbf{x}}_1 + \bar{\mathbf{x}}_2) \right) \tag{20.27}$$

Die Entscheidungsregel lautet: Ordne $\mathbf{x}$ zu Ω_1 falls $y > 0$, sonst zu Ω_2. Für den Fall $g > 2$ kann eine Diskriminanzfunktion in der Form nicht angegeben werden.

20.2.3 Weitere Klassifikationsregeln

Das Distanzkonzept wurde oben bereits mit der L^1-Norm angesprochen. Danach wird ein Element in diejenige Gruppe eingeordnet, der es am nächsten liegt, d. h. bezüglich derer die Distanz zwischen Element und **Gruppencentroid** minimal wird. Eine weitere Form der Distanzmessung ist die euklidische und die quadrierte euklidische Distanz (vgl. [8, Seite 127f], siehe hierzu auch Kapitel 21.2.4).

$$D_{ik} = \left(\sum_{r=1}^{m \leq q} (y_{ri} - \bar{y}_{rk})^2 \right)^{\frac{1}{2}} \tag{20.28}$$

$$D_{ik}^2 = (D_{ik})^2 \tag{20.29}$$

Mit y_{ri} wird der Diskriminanzwert von Element i bezüglich der r-ten Diskriminanzfunktion und mit $\bar{y}_{rk}$ der Centroid von Gruppe k bezüglich der r-ten Diskriminanzfunktion bezeichnet.

Die Anwendbarkeit der euklidischen Distanz ist infolge Orthogonalität und Normierung der Diskriminanzfunktionen zulässig, die sich aus der Lösung des Eigenwertproblems ergibt.

Auf dem Distanzkonzept basiert auch das Wahrscheinlichkeitskonzept, welches die Behandlung der Klassifizierung als ein statistisches Entscheidungsproblem ermöglicht. Es können in diesem Konzept auch a priori Wahrscheinlichkeiten berücksichtigt werden. Die **Klassifizierungswahrscheinlichkeiten** lassen sich aus den Distanzen unter Anwendung des Bayes-Theorems wie folgt berechnen (vgl. [8, Seite 129, 132], [32, Seite 303]):

$$\begin{aligned} P(k \mid y_i) &= \frac{P(y_i \mid k)}{\sum P(y_i \mid k)} \\ &= \frac{e^{-D_{ik}^2/2} \, P_i(k)}{\sum\limits_{k=1}^{g} e^{-D_{ik}^2/2} \, P_i(k)} \end{aligned} \tag{20.30}$$

Mit D_{ik} wird die Distanz zwischen Element y_i und dem Centroid der Gruppe k und mit $P_i(k)$ die a priori Wahrscheinlichkeit für die Zugehörigkeit von Element y_i zur Gruppe k bezeichnet. Die Standardnormalverteilung wird durch den Term $e^{-D_{ik}^2/2}$ approximiert. Der konstante Normierungsausdruck $1/\sqrt{2\pi}$ entfällt, um die Formel in der Berechnung einfach zu halten. Voraussetzung für die Berechnung ist, dass in den Gruppen gleiche Streuung vorliegt. Dies kann u. a. mit dem Box M-Test überprüft werden, der in SPSS optional als Teststatistik ausgewiesen wird. Liegt gleiche Streuung in den Gruppen vor, so kann angenommen werden, dass die Distanzen D_{ik} asymptotisch normalverteilt sind.

Die **a posteriori Wahrscheinlichkeit** $P(k \mid y_i)$ wird so bestimmt, dass die k-te Gruppe Elemente mit der Distanz D_{ik} (Bedingung) beinhaltet. Daraus ergibt sich die Klassifikationsregel: Ordne ein Element y_i derjenigen Gruppe k zu, für die die Wahrscheinlichkeit $P(k \mid y_i)$ maximal ist. Dies ist jedoch keine Aussage darüber, wie wahrscheinlich es ist, dass das Element y_i zur Gruppe k gehört. Hierzu siehe die Überprüfung der Klassifizierung.

Die Überprüfung der Klassifizierung erfolgt durch die bedingte Wahrscheinlichkeit $P(y_i \mid k)$ (**Distanzwahrscheinlichkeit**). Es gibt die Wahrscheinlichkeit an, dass ein Element y_i der Gruppe k (Bedingung) eine Distanz der Größe D_{ik} aufweist. Je größer die Distanz D_{ik} wird, desto unwahrscheinlicher wird es, dass für ein Element von der Gruppe k eine gleich große oder gar größere Distanz beobachtet wird, und desto geringer wird damit die Wahrscheinlichkeit der Hypothese „Element y_i gehört zur Gruppe k". Die bedingte Wahrscheinlichkeit ist die Wahrscheinlichkeit bzw. das Signifikanzniveau dieser Hypothese. Da die Distanz positive und negative Werte annehmen kann, muss die Fläche am oberen und unteren Ende der Dichtefunktion bestimmt werden, also $P(-X < x) = F_Z(-x) = 1 - F_Z(x)$ und $P(x < X) = 1 - F_Z(x)$, mit X der Zufallsvariablen und x der Realisation der Zufallsvariablen.

$$P(y_i \mid k) = 2\left(1 - F_Z(\mid D_{ik} \mid)\right) \tag{20.31}$$

Mit y_i wird die i-te kanonischen Variable, mit D_{ik} die Distanz des i-ten Elements in der Gruppe k und mit $F_Z(\cdot)$ die Standardnormalverteilungsfunktion bezeichnet.

Die Distanzwahrscheinlichkeit wird genauer über die Standardnormalverteilung bestimmt und nicht approximativ wie bei der Klassifizierungswahrscheinlichkeit. Beide Wahrscheinlichkeiten, die Klassifizierungswahrscheinlichkeit $P(k \mid y_i)$ und die Distanzwahrscheinlichkeit $P(y_i \mid k)$ werden in SPSS optional ausgegeben.

20.3 Überprüfung der Diskriminanzfunktion

Die Güte (Trennkraft) einer Diskriminanzfunktion wird durch die Unterschiedlichkeit der Klassen, wie sie sich in den Diskriminanzwerten widerspiegelt, gemessen. Zur Prüfung kann daher auf das Diskriminanzkriterium (siehe Gleichung 20.2) zurückgegriffen werden.

Eine zweite Möglichkeit der Prüfung der Diskriminanzfunktion besteht darin, die durch die Diskriminanzfunktion bewirkte Klassifizierung der Untersuchungsobjekte mit der tatsächlichen Klassenzugehörigkeit zu vergleichen. Beide Möglichkeiten sind inhaltlich eng miteinander verknüpft und müssen somit zu ähnlichen Ergebnissen führen. Im folgenden wird zuerst der Test beschrieben, mit dem die Trenneigenschaft der geschätzten Diskriminanzfunktion überprüft werden kann.

Voraussetzung für die Tests ist, dass die Stichproben klassenweise normalverteilt sind und identische Kovarianzmatrizen besitzen ($\Sigma_1 = \Sigma_2 = \ldots = \Sigma_g$). Unverzerrte Schätzer für die Kovarianzmatrizen Σ_k sind die Matrizen $\mathbf{W}_k/(n-g)$.

Das gebräuchlichste Kriterium zur Prüfung der Diskriminanz ist das bereits erwähnte **Wilks Lambda** (vgl. [8, Seite 117], [32, Seite 325]).

$$\Lambda = \frac{\det(\mathbf{W})}{\det(\mathbf{W} + \mathbf{B})} = \frac{\text{nicht erklärte Streuung}}{\text{Gesamtstreuung}} \tag{20.32}$$

Bei nur einem Eigenwert reduziert sich Wilks Lambda zu $\Lambda = 1/(1 + \gamma_1)$. Wilks Lambda ist ein inverses Gütemaß, d. h. kleinere Werte bedeuten höhere Trennkraft der Diskriminanzfunktion und umgekehrt. Die Bedeutung von Wilks Lambda liegt darin, dass es sich in eine probabilistische Variable transformieren lässt und damit Wahrscheinlichkeitsaussagen über die Unterschiedlichkeit der Klassen erlaubt. Dadurch wird eine Signifikanzprüfung der Diskriminanzfunktion möglich. Die Transformation für die Statistik lautet (**Barlett-Approximation**) (vgl. [32, Seite 326], siehe auch Kapitel 19.5, Seite 475):

$$\Lambda^* = -\left(n - \frac{p+g}{2} - 1\right) \ln \Lambda \overset{.}{\sim} \chi^2(p(g-1)) \tag{20.33}$$

Die Verteilung der Statistik ist eine χ^2-Verteilung mit $p(g-1)$ Freiheitsgraden. Der Wert χ^2 wird mit kleinerem Λ größer. Höhere Werte bedeuten eine größere Unterschiedlichkeit der Klassen. Liegt der berechnete Wert über dem theoretischen der Verteilung, so wird die Nullhypothese „die Klassen unterscheiden sich nicht" abgelehnt und die Alternativhypothese „die Klassen unterscheiden sich" angenommen. Die Testentscheidung erfolgt mit einer bestimmten Fehlerwahrscheinlichkeit, die in der Regel mit 5% angenommen wird. Statt des χ^2-Tests ist auch ein F-Test möglich, der im Fall von nur zwei Klassen mit dem χ^2-Test identisch ist.

Bei der zweiten Möglichkeit werden die mit der geschätzten Diskriminanzfunktion korrekt klassifizierten Elemente ins Verhältnis zu den tatsächlich in der Klasse befindlichen Elementen gesetzt. Die errechnete Trefferquote ist ein Maß für die Güte der Diskriminanzfunktion.

Um die Klassifikationsfähigkeit einer Diskriminanzfunktion richtig beurteilen zu können, muss man deren Trefferquote mit derjenigen Trefferquote vergleichen, die man bei rein zufälliger Zuordnung der Elemente erreichen würde. Eine Diskriminanzfunktion kann nur dann von Nutzen sein, wenn sie höhere Trefferquoten erzielt, als nach dem Zufallsprinzip zu erwarten sind. Weiterhin ist zu berücksichtigen, dass die Trefferquote immer überhöht ist, wenn sie, wie allgemein üblich, auf Basis derselben Stichprobe berechnet wird, die auch für die Schätzung der Diskriminanzfunktion verwendet wurde. Da die Diskriminanzfunktion immer so ermittelt wird, dass die Trefferquote in der verwendeten Stichprobe maximal wird, ist bei Anwendung auf eine andere Stichprobe mit einer niedrigeren Trefferquote zu rechnen. Dieser Stichprobeneffekt vermindert sich allerdings mit zunehmendem Umfang der Stichprobe (vgl. [8, Seite 116]).

Die Häufigkeiten der korrekt und falsch klassifizierten Elemente für die verschiedenen Klassen lassen sich übersichtlich in einer so genannten **Klassifikationsmatrix** zusammenfassen.

20.4 Überprüfung der Merkmalsvariablen

Die zweite Art von Test bezieht sich auf die Prüfung der Merkmalsvariablen. Es ist aus zweierlei Gründen von Interesse, die Relevanz der Merkmalsvariablen in der

Diskriminanzfunktion beurteilen zu können. Zum einen, um die Unterschiedlichkeit der Klassen zu erklären, und zum anderen, um unwichtige Variablen aus der Diskriminanzfunktion zu entfernen. Die Signifikanzprüfung der einzelnen Merkmalsvariablen ist ein **partieller F-Test** (vgl. [32, Seite 328]):

$$F_{x_j} = \frac{\mathbf{B}_{jj}}{\mathbf{W}_{jj}} \frac{n-g}{g-1} \sim F(g-1, n-g) \quad \text{mit } j = 1, \ldots, p \qquad (20.34)$$

$\mathbf{B}_{jj}$ und $\mathbf{W}_{jj}$ sind die Matrixelemente auf der Hauptdiagonalen der Matrizen $\mathbf{B}$ und $\mathbf{W}$. Ist der berechnete F-Wert größer als der theoretische, so wird die Nullhypothese „die Variable hat keinen Einfluss" zugunsten der Alternativhypothese „die Variable hat einen von Null verschiedenen Einfluss" – mit einer bestimmten Fehlerwahrscheinlichkeit – abgelehnt.

Eine weitere Möglichkeit die Bedeutung der Merkmalsvariablen zu beurteilen, liegt in der Berechnung der **standardisierten Diskriminanzkoeffizienten** v_j^* (vgl. [8, Seite 111, 122]). Sie repräsentieren den Einfluss einer Merkmalsvariablen $\mathbf{x}_k$) auf die Diskriminanzvariable y. Die Standardisierung erfolgt, um willkürliche Skalierungseffekte zu bereinigen. Dazu wird der Diskriminanzkoeffizient v_j mit der (Innergruppen-) Standardabweichung der Merkmalsvariablen x_j multipliziert:

$$v_j^* = v_j \sqrt{\frac{\mathbf{W}_{jj}}{n-g}} \quad \text{mit } j = 1, \ldots p \qquad (20.35)$$

Existieren mehrere Diskriminanzkoeffizienten, werden die standardisierten Diskriminanzkoeffizienten v_{jr}^* mit dem Eigenwertanteil $\tilde{\gamma}_r$ der jeweiligen Diskriminanzfunktion

$$\tilde{\gamma}_r = \frac{\gamma_r}{\sum\limits_{i=1}^{q} \gamma_i} \qquad (20.36)$$

zu einem mittleren Diskriminanzkoeffizienten zusammengefasst (vgl. [8, Seite 123]).

$$\bar{v}_j = \sum_{r=1}^{q} v_{jr}^* \tilde{\gamma}_r \qquad (20.37)$$

20.5 Anwendungsbeispiel

Nachfolgend soll die Diskrimananzanalyse an einem einfachen Beispiel durchgeführt werden, das die eben erläuterten Zusammenhänge verdeutlichen soll. Es ist aus [8, Seite 102ff] entnommen.

Beispiel 20.3. Es werden die Daten aus Beispiel 19.11 (Seite 479) hier auch für die Diskriminanzanalyse verwendet. Dies zeigt, dass sich die Fragestellung, ob Unterschiede zwischen den Faktoren bzw. Merkmalen Streichfähigkeit und Haltbarkeit bzgl. der Marken existieren auch mit der Diskriminanzanalyse beantworten lässt, wobei hier die Fragestellung eher lautet, ob sich die beiden Gruppen bzgl. der Merkmalen diskriminieren lassen. Bei der multivariaten Varianzanalyse lautet sie hingegen eher, ob sich die Faktoren (Effekte) unterscheiden.

Bei den Daten handelt es sich um Beurteilungen von 12 Stammkäufern der Marke A und der Marke B, die die beiden Merkmale „Streichfähigkeit" (x_1) und „Haltbarkeit" (x_2) auf einer Ratingskala von 1 bis 7 beurteilen mussten. Damit sind die Merkmalswerte nur komparativen Typs. Sie werden hier aber wie metrische Merkmale behandelt. Dies wird in der Praxis öfters gemacht.

Die Datenmatrix für die erste Klasse (Stammkäufer A) lautet:

$$\mathbf{X}_1 = \begin{pmatrix} 2\,3\,6\,4\,3\,4\,3\,2\,5\,3\,3\,4 \\ 3\,4\,5\,4\,2\,7\,5\,4\,6\,6\,3\,5 \end{pmatrix} \tag{20.38}$$

In der ersten Zeile stehen die 12 Beurteilungen für das erste Merkmal „Streichfähigkeit" und in der zweiten Zeile die für das zweite Merkmal „Haltbarkeit". Entsprechend ist die Datenmatrix für die zweite Klasse (Stammkäufer B) aufgebaut.

$$\mathbf{X}_2 = \begin{pmatrix} 5\,4\,7\,3\,4\,5\,4\,5\,6\,5\,6\,6 \\ 4\,3\,5\,3\,4\,2\,2\,5\,7\,3\,4\,6 \end{pmatrix} \tag{20.39}$$

Aus diesen Daten errechnen sich die Mittelwerte:

$$\bar{\mathbf{x}}_1 = \frac{1}{12}\,\mathbf{X}_1\,\mathbf{1}_{(12)} = \begin{pmatrix} 3.5 \\ 4.5 \end{pmatrix} \tag{20.40}$$

$$\bar{\mathbf{x}}_2 = \frac{1}{12}\,\mathbf{X}_2\,\mathbf{1}_{(12)} = \begin{pmatrix} 5.0 \\ 4.0 \end{pmatrix} \tag{20.41}$$

$$\bar{\mathbf{x}} = \frac{1}{24}\,\mathbf{X}\,\mathbf{1}_{(24)} = \begin{pmatrix} 4.25 \\ 4.25 \end{pmatrix} \tag{20.42}$$

Die Käufer der Marke B bewerten im Mittel deren Streichfähigkeit höher als die der Marke A. Hingegen bewerten die Käufer der Marke A im Mittel die Haltbarkeit höher als die der Marke B. Dies zeigt sich auch der Boxplot in Abbildung 20.1.

Mit Hilfe der Mittelwerte werden die Varianz- / Kovarianzmatrizen $\mathbf{B}$ und $\mathbf{W}$ bestimmt:

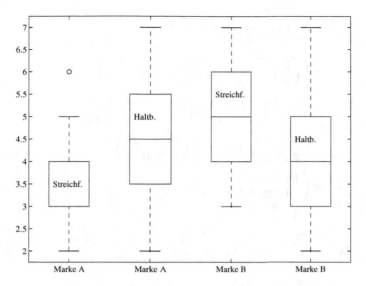

Abb. 20.1. Boxplot der Merkmale

$$\mathbf{B} = \sum_{k=1}^{2} n_k \left(\bar{\mathbf{x}}_k - \bar{\mathbf{x}}\right)\left(\bar{\mathbf{x}}_k - \bar{\mathbf{x}}\right)'$$

$$= 12 \left(\left(\begin{pmatrix} 3.5 \\ 4.5 \end{pmatrix} - \begin{pmatrix} 4.25 \\ 4.25 \end{pmatrix}\right)\left(\begin{pmatrix} 3.5 \\ 4.5 \end{pmatrix} - \begin{pmatrix} 4.25 \\ 4.25 \end{pmatrix}\right)'\right)$$

$$+ 12 \left(\left(\begin{pmatrix} 5.0 \\ 4.0 \end{pmatrix} - \begin{pmatrix} 4.25 \\ 4.25 \end{pmatrix}\right)\left(\begin{bmatrix} 5.0 \\ 4.0 \end{bmatrix} - \begin{pmatrix} 4.25 \\ 4.25 \end{pmatrix}\right)'\right)$$

$$= 12 \left(\begin{pmatrix} -0.75 \\ 0.25 \end{pmatrix} \left(-0.75\ 0.25\right)\right) \tag{20.43}$$

$$+ 12 \left(\begin{pmatrix} 0.75 \\ -0.25 \end{pmatrix} \left(0.75\ -0.25\right)\right)$$

$$= 12 \begin{pmatrix} 0.5625 & -0.1875 \\ -0.1875 & 0.0625 \end{pmatrix} + 12 \begin{pmatrix} 0.563 & -0.188 \\ -0.188 & 0.063 \end{pmatrix}$$

$$= \begin{pmatrix} 13.5 & -4.5 \\ -4.5 & 1.5 \end{pmatrix}$$

$$\mathbf{W}_1 = \sum_{i=1}^{12} (\mathbf{x}_{1i} - \bar{\mathbf{x}}_1)(\mathbf{x}_{1i} - \bar{\mathbf{x}}_1)'$$

$$= \left(\begin{pmatrix} 2 \\ 3 \end{pmatrix} - \begin{pmatrix} 3.5 \\ 4.5 \end{pmatrix} \right) \left(\begin{pmatrix} 2 \\ 3 \end{pmatrix} - \begin{pmatrix} 3.5 \\ 4.5 \end{pmatrix} \right)' + \dots$$

$$+ \left(\begin{pmatrix} 4 \\ 5 \end{pmatrix} - \begin{pmatrix} 3.5 \\ 4.5 \end{pmatrix} \right) \left(\begin{pmatrix} 4 \\ 5 \end{pmatrix} - \begin{pmatrix} 3.5 \\ 4.5 \end{pmatrix} \right)' \qquad (20.44)$$

$$= \begin{pmatrix} 2.25 & 2.25 \\ 2.25 & 2.25 \end{pmatrix} + \dots + \begin{pmatrix} 0.25 & 0.25 \\ 0.25 & 0.25 \end{pmatrix}$$

$$= \begin{pmatrix} 15.0 & 9.0 \\ 9.0 & 23.0 \end{pmatrix}$$

$$\mathbf{W}_2 = \sum_{i=1}^{12} (\mathbf{x}_{2i} - \bar{\mathbf{x}}_2)(\mathbf{x}_{2i} - \bar{\mathbf{x}}_2)'$$

$$= \left(\begin{pmatrix} 5 \\ 4 \end{pmatrix} - \begin{pmatrix} 5.0 \\ 4.0 \end{pmatrix} \right) \left(\begin{pmatrix} 5 \\ 4 \end{pmatrix} - \begin{pmatrix} 5.0 \\ 4.0 \end{pmatrix} \right)' + \dots$$

$$+ \left(\begin{pmatrix} 6 \\ 6 \end{pmatrix} - \begin{pmatrix} 5.0 \\ 4.0 \end{pmatrix} \right) \left(\begin{pmatrix} 6 \\ 6 \end{pmatrix} - \begin{pmatrix} 5.0 \\ 4.0 \end{pmatrix} \right)' \qquad (20.45)$$

$$= \begin{pmatrix} 0 & 0 \\ 0 & 0 \end{pmatrix} + \dots + \begin{pmatrix} 1.0 & 2.0 \\ 2.0 & 4.0 \end{pmatrix}$$

$$= \begin{pmatrix} 14.0 & 12.0 \\ 12.0 & 26.0 \end{pmatrix}$$

$$\mathbf{W} = \sum_{k=1}^{2} \mathbf{W}_k = \mathbf{W}_1 + \mathbf{W}_2 = \begin{pmatrix} 29.0 & 21.0 \\ 21.0 & 49.0 \end{pmatrix} \qquad (20.46)$$

Die Schätzung der Diskriminanzfunktion erfolgt über die Berechnung der Eigenwerte und Eigenvektoren von $\mathbf{W}^{-1}\mathbf{B}$. Die Inversion von $\mathbf{W}$ ergibt:

$$\mathbf{W}^{-1} = \begin{pmatrix} 0.050 & -0.021 \\ -0.021 & 0.029 \end{pmatrix} \qquad (20.47)$$

Die Multiplikation der Inversen mit $\mathbf{B}$ liefert die Matrix:

$$\mathbf{W}^{-1}\mathbf{B} = \begin{pmatrix} 0.771 & -0.257 \\ 0.423 & 0.141 \end{pmatrix} \qquad (20.48)$$

Durch Nullsetzen der Determinante von $\left(\mathbf{W}^{-1}\mathbf{B} - \gamma\mathbf{I} \right)$ erhält man die charakteristische Gleichung, deren Nullstellen die Eigenwerte von $\mathbf{W}^{-1}\mathbf{B}$ sind.

$$\det\left(\mathbf{W}^{-1}\mathbf{B}\right) = \begin{vmatrix} 0.771 - \gamma & -0.257 \\ -0.422 & 0.140 - \gamma \end{vmatrix} \overset{!}{=} 0$$

$$= \gamma^2 - 0.912\,\gamma \overset{!}{=} 0 \tag{20.49}$$

$$\Rightarrow \gamma_1 = 0.912, \quad (\gamma_2 = 0)$$

$\gamma_1 = 0.912$ ist der gesuchte Eigenwert. Es existiert nur ein Eigenwert ungleich null im Zwei-Gruppen-Fall. Aus

$$\left(\mathbf{W}^{-1}\mathbf{B} - \gamma_1\,\mathbf{I}\right)\mathbf{v} = \begin{pmatrix} -0.140 & -0.257 \\ -0.422 & -0.771 \end{pmatrix} \mathbf{v} \overset{!}{=} 0 \tag{20.50}$$

bestimmt sich ein zugehöriger Eigenvektor, dessen Koeffizienten die Koeffizienten der Diskriminanzfunktion sind. Da die Zeilen der obigen Matrix linear abhängig sind, ergibt sich als ein möglicher Eigenvektor

$$\mathbf{v} = \begin{pmatrix} 0.771 \\ -0.422 \end{pmatrix}. \tag{20.51}$$

In der Regel werden aber durch Computerprogramme wie Matlab oder R normierte Eigenvektoren ausgegeben, d. h. die Länge des Eigenvektors ist dann auf eins normiert.

$$\|\,\mathbf{v}\,\| = \sqrt{\sum_{j=1}^{p} v_j^2} = 1 \tag{20.52}$$

Jeder Eigenvektor, der proportional zu $\mathbf{v}$ ist, ist ebenfalls ein möglicher Eigenvektor und daher auch der normierte Eigenvektor, der durch die Division mit

$$\|\,\mathbf{v}\,\| = \sqrt{0.771^2 + (-0.422)^2} = 0.879 \tag{20.53}$$

auf die Länge eins normiert ist:

$$\mathbf{v} = \frac{1}{0.879} \begin{pmatrix} 0.771 \\ -0.422 \end{pmatrix} = \begin{pmatrix} 0.877 \\ -0.480 \end{pmatrix} \tag{20.54}$$

Die Diskriminanzfunktion mit dem normierten Eigenvektor lautet somit:

$$y = \mathbf{v}'\mathbf{x} = \begin{pmatrix} 0.877 & -0.480 \end{pmatrix} \begin{pmatrix} x_1 \\ x_2 \end{pmatrix} \tag{20.55}$$

Die Diskriminanzkoeffizienten werden nun so umgerechnet, dass sie eine Diskriminanzlinie zwischen den Werten ergibt. Diese Diskriminanzkoeffizienten werden auch als kanonische Diskriminanzkoeffizienten bezeichnet. Dazu werden die Koeffizienten des normierten Eigenvektors mit der Bedingung, dass die gepoolte (vereinte) Innergruppenvarianz der Diskriminanzwerte in der Stichprobe den Wert eins erhält, normiert. Sie müssen die Bedingung

$$\frac{1}{n-g}\, \tilde{\mathbf{v}}'\mathbf{W}\tilde{\mathbf{v}} \overset{!}{=} 1 \tag{20.56}$$

erfüllen, wobei $\tilde{\mathbf{v}}$ die kanonischen Koeffizienten enthält. Man erhält sie durch folgende Transformation:

$$\tilde{\mathbf{v}} = \mathbf{v}\,\frac{1}{S} \quad \text{mit } S^2 = \frac{1}{n-g}\,\mathbf{v}'\mathbf{W}\mathbf{v} \tag{20.57}$$

S^2 errechnet sich aus dem normierten Eigenvektor und der Varianz- / Kovarianzmatrix.

$$S^2 = \frac{1}{24-2}\,\begin{pmatrix} 0.877 & -0.480 \end{pmatrix}\begin{pmatrix} 29 & 21 \\ 21 & 49 \end{pmatrix}\begin{pmatrix} 0.877 \\ -0.480 \end{pmatrix} = 0.724 \tag{20.58}$$

Damit erhält man die kanonischen Koeffizienten:

$$\tilde{\mathbf{v}} = \frac{1}{\sqrt{0.724}}\begin{pmatrix} 0.877 \\ -0.480 \end{pmatrix} = \begin{pmatrix} 1.031 \\ -0.565 \end{pmatrix} \tag{20.59}$$

Nun wird noch ein konstantes Glied bestimmt, damit der Gesamtmittelwert der Diskriminanzwerte ($\tilde{\mathbf{v}}'\,\bar{\mathbf{x}}$) null wird. Die Diskriminanzfunktion erhält damit die Form:

$$y = \tilde{v}_0 + \tilde{v}_1\,x_1 + \tilde{v}_2\,x_2 \tag{20.60}$$

Dies bedeutet, dass die Zuordnungsgrenze (kritischer Diskriminanzwert) zwischen den beiden Gruppen die Null ist.

$$\tilde{v}_0 = -\sum_{j=1}^{p} \tilde{v}_j\,\bar{x}_j \tag{20.61}$$

Die so berechneten Diskriminanzkoeffizienten ergeben die kanonische Diskriminanzfunktion:

$$y = -1.982 + 1.031\,x_1 - 0.565\,x_2 \tag{20.62}$$

Werden die Gesamtmittelwerte der beiden Merkmale eingesetzt, so erfüllen sie jetzt die Bedingung:

$$-1.982 + 1.031 \times 4.25 - 0.565 \times 4.25 = 0 \tag{20.63}$$

Diskriminanzwerte kleiner als null werden also damit der ersten Gruppe zugeordnet; Diskriminanzwerte größer als null werden der zweiten Gruppe zugeordnet. Die Gruppencentroide errechnen sich aus:

$$\bar{y}_1 = -1.982 + 1.031 \times 3.5 - 0.565 \times 4.5 = -0.915 \tag{20.64}$$

$$\bar{y}_2 = -1.982 + 1.031 \times 5 - 0.565 \times 4 = 0.915 \tag{20.65}$$

Dies bedeutet, dass die erste Gruppe um den Gruppencentroid -0.915 und die zweite Gruppe um den Gruppencentroid 0.915 liegt. Der Diskriminanzwert für den ersten Merkmalsvektor $\mathbf{x}'_{A1} = \begin{pmatrix} 2 & 3 \end{pmatrix}'$ beträgt somit:

$$
\begin{aligned}
y &= -1.982 + 1.031 \times 2 - 0.565 \times 3 \\
&= -1.614
\end{aligned}
\tag{20.66}
$$

Damit werden die Merkmalsausprägungen der ersten Person der ersten Gruppe zugeordnet, da der Wert kleiner als Null ist und somit näher am Gruppencentroid $\bar{y}_1$ liegt. Die Rechnung wird nun für alle Merkmalspaare vorgenommen (siehe Tabelle 20.1). Die Käufer 3, 16 und 17 werden der falschen Gruppe zugeordnet.

Tabelle 20.1. Diskriminanzwerte

Käufer i	Marke A	Käufer i	Marke B
1	-1.614	13	0.915
2	-1.148	14	0.448
3	**1.381**	15	2.412
4	-0.117	**16**	**-0.583**
5	-0.018	**17**	**-0.117**
6	-1.811	18	2.044
7	-1.712	19	1.013
8	-2.179	20	0.349
9	-0.215	21	0.252
10	-2.277	22	1.479
11	-0.583	23	1.945
12	-0.681	24	0.816
$\bar{y}_A$	-0.915	$\bar{y}_B$	0.915

Es kann die Klassenzugehörigkeit aber auch mit der Entscheidungsregel (20.21 oder 20.27 bzw. 20.22 für den Mehrgruppenfall) geschätzt werden. Zum Beispiel ergibt sich nach der Zuordnungregel (20.21) für das Element mit dem Merkmalsvektor $\mathbf{x}'_{A1} = \begin{pmatrix} 2 & 3 \end{pmatrix}'$:

$$
\begin{aligned}
\mid \mathbf{v}' \mathbf{x}_{A1} - \mathbf{v}' \bar{\mathbf{x}}_1 \mid &= \left| \begin{pmatrix} 0.877 & -0.480 \end{pmatrix} \begin{pmatrix} 2 \\ 3 \end{pmatrix} \right. \\
&\quad \left. - \begin{pmatrix} 0.877 & -0.480 \end{pmatrix} \begin{pmatrix} 3.5 \\ 4.5 \end{pmatrix} \right| \\
&= \mid -0.595 \mid
\end{aligned}
\tag{20.67}
$$

$$| \mathbf{v}' \mathbf{x}_{A1} - \mathbf{v}' \bar{\mathbf{x}}_2 | = \left| \left(0.877 \ -0.480 \right) \begin{pmatrix} 2 \\ 3 \end{pmatrix} \right.$$
$$\left. - \left(0.877 \ -0.480 \right) \begin{pmatrix} 5.0 \\ 4.0 \end{pmatrix} \right| \qquad (20.68)$$
$$= | -2.151 |$$

Hiernach ist das obige Element der 1. Gruppe bzw. der Stammkäufergruppe A zuzuordnen, weil gilt:

$$| y_1 - \bar{y}_1 | < | y_1 - \bar{y}_2 | \qquad (20.69)$$

Dieses Element stammt auch tatsächlich aus der 1. Gruppe und damit ist die Klassifizierung richtig geschätzt worden. So kann nun für jedes Element wie zuvor eine Klassifizierung geschätzt werden. Das Ergebnis ist das gleiche. Es können auch die normierten Koeffizienten in $\mathbf{v}$ verwendet werden; am Ergebnis ändert dies nichts.

Die Trennlinie der Diskriminanzfunktion kann im Zwei-Gruppen-Fall auch in einem Streuungsdiagramm dargestellt werden (vgl. [8, Seite 110]), [32, Seite 322]). Hierzu ist die kanonische Diskriminanzfunktion geeignet, da sie genau so im Streuungsdiagramm liegt, dass sie zu den beiden Gruppencentroiden den gleichen Abstand besitzt. Das Verhältnis der Koeffizienten des Eigenvektors gibt die Steigung der Diskriminanzfunktion an.

$$x_2 = \frac{v_1}{v_2} x_1 = \frac{\tilde{v}_1}{\tilde{v}_2} x_1 \qquad (20.70)$$

Die kanonische Diskriminanzfunktion im kartesischen Koordinatensystem besitzt dann folgende Form:

$$x_2 = -\frac{\tilde{v}_0}{\tilde{v}_2} - \frac{\tilde{v}_1}{\tilde{v}_2} x_1 \qquad (20.71)$$

Aufgrund der Normierung hat sie eine Nullstelle bei $-\tilde{v}_0$. In der Abbildung 20.2 ist gut zu erkennen, dass ein Element der Gruppe A und zwei Elemente der Gruppe B falsch zu geordnet werden. Die Diskriminanzwerte aus Tabelle 20.1 geteilt durch $\tilde{v}_2$ wegen der Umformung in Gleichung (20.71) sind die orthogonalen Projektionen auf die Trennlinie. Für einige Wert ist der Abstand in die Abbildung 20.2 eingetragen. Die Höhe des Diskriminanzwertes ist auf der Diskriminanzfunktion abzulesen (siehe Gruppencentroid 1). Die Diskriminanzfunktion stellt somit eine gedrehte Achse im Raum dar, deren Nullpunkt beim Schnittpunkt mit der kanonischen Diskriminanzfunktion liegt.

Die Klassifizierung der Elemente mit der a posteriori Wahrscheinlichkeit und deren Überprüfung wird im folgenden für das erste Element y_1 berechnet. Der normierte Diskriminanzwert lautet für die erste Beobachtung $y_1 = -1.6141$. Damit ergeben sich die folgenden Distanzen:

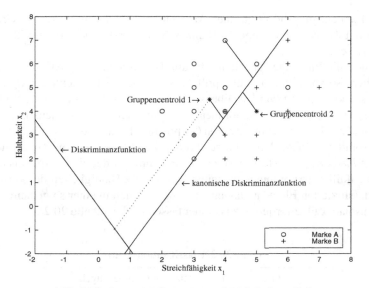

Abb. 20.2. Streuungsdiagramm und Diskriminanzlinie

$$D_{11} = \big(-1.614 - (-0.915) \big) = -0.699 \tag{20.72}$$

$$D_{11}^2 = 0.489 \tag{20.73}$$

$$D_{12} = (-1.614 - 0.915) = -2.529 \tag{20.74}$$

$$D_{12}^2 = 6.394 \tag{20.75}$$

Die a priori Wahrscheinlichkeiten $P_n(k)$ werden gleich eins gesetzt; es liegt keine Information vor, dass bestimmte Elemente in eine der beiden Gruppen eher gehören würden. Damit berechnen sich die a posteriori Wahrscheinlichkeiten wie folgt:

$$P(1 \mid y_1) = \frac{e^{-0.49/2}}{e^{-0.49/2} + e^{-6.39/2}} = 0.95 \tag{20.76}$$

$$P(2 \mid y_1) = \frac{e^{-6.39/2}}{e^{-0.49/2} + e^{-6.39/2}} = 0.05 \tag{20.77}$$

Das Element y_1 ist der Gruppe A zuzuordnen, weil es eine höhere a posteriori Wahrscheinlichkeit besitzt. Die Überprüfung der Klassifizierung erfolgt mit der Distanzwahrscheinlichkeit. Dazu müssen in der Tabelle für die Standardnormalverteilung die Werte für $\mid D_{11} \mid = 0.7$ und $\mid D_{12} \mid = 2.52$ nachgeschlagen werden: $F_Z(0.7) = 0.758$; $F_Z(2.52) = 0.994$. Damit können die bedingten Wahrscheinlichkeiten berechnet werden.

$$P(y_1 \mid 1) = 2 \big(1 - F_Z(0.7) \big) = 2 \, (1 - 0.758) = 0.484 \tag{20.78}$$

$$P(y_1 \mid 2) = 2 \big(1 - F_Z(2.52) \big) = 2 \, (1 - 0.994) = 0.012 \tag{20.79}$$

Das Element y_1 gehört mit einer Wahrscheinlichkeit von 48.4% zur Gruppe A und nur mit 1.18% zur Gruppe B. Damit scheint das Element richtig klassifiziert worden zu sein.

Werden alle Elemente der Stichprobe mit der geschätzten Diskriminanzfunktion klassifiziert, so kann man nun überprüfen, wie viele der Elemente richtig und wie viele falsch klassifiziert wurden. Ebenso ließen sich die Elemente mit der eben berechneten Wahrscheinlichkeit zuordnen. Es ergibt sich, dass ein Element der ersten Gruppe und zwei Elemente der zweiten Gruppe falsch zugeordnet werden. Insgesamt werden somit 21 von 24 Beurteilungen korrekt klassifiziert und die Trefferquote beträgt 87.57% (vgl. [8, Seite 115f]). Dieses Ergebnis ist deutlich besser als das, das sich bei zufälliger Anordnung einstellen würde. Die Häufigkeiten der korrekt und falsch klassifizierten Elemente lassen sich übersichtlich in einer so genannten Klassifikationsmatrix (Trefferquote) zusammenfassen (siehe Tabelle 20.2).

Tabelle 20.2. Klassifikationsmatrix

tatsächliche Gruppenzughörigkeit	prognostizierte Gruppenzugehörigkeit	
	Marke A	Marke B
Marke A	11 (91.7%)	1 (8.3%)
Marke B	2 (16.7%)	10 (83.3%)

Der Test zur Überprüfung der Trenngüte der Diskriminanzfunktion ergibt folgendes Ergebnis:

$$\Lambda = \frac{1}{1+\gamma} = \frac{1}{1+0.912} = 0.523 \tag{20.80}$$

$$\Lambda^* = -\left(24 - \frac{2+2}{2} - 1\right) \ln 0.523 = 13.614 \tag{20.81}$$

Das modifizierte Wilks Lambda ist mit $2\,(2-1)$ Freiheitsgraden approximativ χ^2-verteilt. Aus der χ^2-Tabelle ergibt sich damit ein Signifikanzniveau (Überschreitungswahrscheinlichkeit) α von annähernd 0.001. Die ermittelte Diskriminanzfunktion ist also hoch signifikant. Die Nullhypothese, dass die beiden Gruppen sich nicht unterscheiden wird zugunsten der Alternativhypothese, dass sich die beiden Gruppen hinsichtlich der beiden Merkmale unterscheiden abgelehnt.

Die Bedeutung der beiden Merkmalsvariablen für die Diskriminanz kann über die standardisierten Diskriminanzkoeffizienten beurteilt werden. Die standardisierten Koeffizienten ergeben sich durch Multiplikation der Koeffizienten mit der Innergruppenstandardabweichung:

$$v_1^* = v_1 \sqrt{\frac{\mathbf{W}_{11}}{22}} = 1.031 \sqrt{1.318} = 1.184 \qquad (20.82)$$

$$v_2^* = v_2 \sqrt{\frac{\mathbf{W}_{22}}{22}} = -0.565 \sqrt{2.227} = -0.843 \qquad (20.83)$$

Für die Beurteilung der diskriminatorischen Bedeutung spielt das Vorzeichen der Koeffizienten keine Rolle. Die Variable „Haltbarkeit" besitzt eine geringere Bedeutung als die Variable „Streichfähigkeit". Zur Unterscheidung von den standardisierten Diskriminanzkoeffizienten werden die (normierten) Koeffizienten in der Diskriminanzfunktion auch als nicht standardisierte Diskriminanzkoeffizienten bezeichnet. Zur Berechnung von Diskriminanzwerten müssen immer die nicht standardisierten Diskriminanzkoeffizienten verwendet werden. Die Bedeutung der Merkmalsvariablen für die Diskriminanz kann auch mittels eines F-Tests geprüft werden.

$$F_{x_1} = \frac{\mathbf{B}_{11}}{\mathbf{W}_{11}} \frac{n-g}{g-1} = \frac{13.5}{29.0} \frac{24-2}{2-1} = 10.24 \sim F(1, 22) \qquad (20.84)$$

$$F_{x_2} = \frac{\mathbf{B}_{22}}{\mathbf{W}_{22}} \frac{n-g}{g-1} = \frac{1.5}{49.0} \frac{24-2}{2-1} = 0.67 \sim F(1, 22) \qquad (20.85)$$

Für die Diskriminanz der ersten Variablen „Streichfähigkeit" ergibt sich ein Signifikanzniveau von 0.4%, für die zweite Variable „Haltbarkeit" dagegen von 42.1%. Das heißt, die erste Variable trägt für sich genommen stark zur Unterscheidung der beiden Gruppen bei, hingegen ist die zweite Variable nicht signifikant zur Diskriminierung. Jedoch ist infolge möglicher Interdependenz zwischen den Merkmalsvariablen die univariate Prüfung nicht allein aussagekräftig. Obwohl die zweite Variable allein nur minimale Diskriminanz besitzt, trägt sie doch in Kombination mit der ersten Variable erheblich zur Erhöhung der Diskriminanz bei, wie sich durch einen Vergleich der partiellen (auch univariaten) Diskriminanzwerte mit dem multivariaten Diskriminanzwert zeigt.

$$\Gamma_1 = \frac{13.5}{29.0} = 0.466 \qquad (20.86)$$

$$\Gamma_2 = \frac{1.5}{49.0} = 0.031 \qquad (20.87)$$

Die Summe der beiden **partiellen Diskriminanzwerte** ist kleiner als der Diskriminanzwert insgesamt: $\Gamma_1 + \Gamma_2 < \Gamma \Rightarrow 0.466 + 0.031 < 0.912$.

Fazit: Die beiden Gruppen von Stammkäufern sind unterschiedlich hinsichtlich ihrer Einstellung bezüglich der beiden Merkmale „Streichfähigkeit" und „Haltbarkeit". Dies war auch mit der multivariaten Varianzanalyse festgestellt worden (siehe Beispiel 19.11, Seite 479). Aus dem Boxplot (siehe Abbildung 20.1) der Urteilswerte bezüglich der beiden Marken ergibt sich, dass die Stammkäufer der Marke A die „Haltbarkeit" tendenziell höher einstufen als die der Marke B; dagegen beurteilen die Stammkäufer der Marke B die „Streichfähigkeit" im Durchschnitt höher als die Stammkäufer der Marke A. Damit weiß der Magarinehersteller nun, dass die Stammkäufer seiner Marke A seine Magarine überwiegend wegen des Merkmals „Haltbarkeit" kaufen.

Für den Zwei-Gruppen-Fall liefert die ML-Diskriminanzfunktion für normalverteilte Merkmale die gleiche Entscheidungsregel wie der Fisher-Ansatz. Die Normalverteilungsannahme mit identischen Kovarianzmatrizen für die Gruppen ist recht restriktiv und daher häufig nicht erfüllt (Überprüfung mit Box's M). In diesem Fall
ist auf die quadratische Diskriminanzfunktion überzugehen. Diese Klassifizierungs-
regeln führen dann natürlich zu anderen Ergebnissen. Die fehlende Verteilungsannahme bei dem Fisher-Ansatz stellt eine gewisse Robustheit des Verfahrens bezüglich unterschiedlicher Kovarianzmatrizen in den Gruppen sicher. Jedoch muss die
Normalverteilungsannahme bei den Tests eingeführt werden. Bei den ML-Verfahren
können a priori Wahrscheinlichkeiten (Bayes-Regel) bezüglich der Gruppenzugehörigkeit von Elementen eingebracht werden. Auch diese Verfahren beherrscht SPSS.
Verwendete und weiterführende Literatur siehe u. a.: [5], [8], [22], [32], [47], [73],
[81].

21

Grundlagen der hierarchischen Clusteranalyse

Inhaltsverzeichnis

21.1 Problemstellung der Clusteranalyse

Die Clusteranalyse wird zur Bündelung von Objekten (Klassenbildung) verwendet, d. h. zur Einteilung einer Menge von Objekten in Teilmengen. Mit dem Begriff Objekt wird in der Clusteranalyse die statistische Einheit bezeichnet. Das Ziel ist dabei, die Objekte so zu **Klassen** (Clustern) zusammenzufassen, dass die Objekte in einer Klasse möglichst ähnlich und die Klassen untereinander möglichst unähnlich sind. Die Objekte werden durch Merkmale beschrieben. In der Clusteranalyse existieren verschiedene Ansätze zur Bildung von Klassen. Daher kann man nicht von *der* Clusteranalyse sprechen. Von den vielen Clusterverfahren werden hier nur die hierarchischen Verfahren und von diesen nur ein Teil der vielen verschiedenen Ansätze erläutert. Was hierarchische Verfahren sind, wird im Kapitel 21.3 erklärt. Bevor jedoch einige Verfahren erläutert werden, wird auf Erfassung von Unterschieden bzw. Ähnlichkeiten von Objekten eingegangen, da sie Voraussetzung für eine Klassenbildung sind.

Bei allen Problemstellungen, die mit Hilfe der Clusteranalyse gelöst werden können, geht es immer um die Analyse einer heterogenen Gesamtheit von Objekten (z. B. Personen, Unternehmen), mit dem Ziel, homogene Teilmengen von Objekten aus der Objektgesamtheit zu identifizieren. In der Tabelle 21.1 (vgl. [8, Seite 262]) sind einige Anwendungsbeispiele der Clusteranalyse im Rahmen der Wirtschaftswissenschaften zusammengestellt.

Tabelle 21.1. Anwendungsbeispiele der Clusteranalyse

Problemstellung	Merkmale	Objekte	Klassenzahl
Auswahl von Testmärkten (vgl. [45])	14 Merkmale, wie Einwohnerzahl, Zahl der Haushalte, der Einzel- und Großhandlungen	88 Großstädte in den USA	18
Klassifikation von Unternehmungen, um Aufschluss über Organisationsstrukturen und Unternehmenstypen zu gewinnen (vgl. [43])	30 Merkmale, wie Produktivität, Beschäftigte, Technologie, Absatzwege	50 Unternehmen	4
Auffinden von Persönlichkeitstypen (vgl. [119])	Zustimmung oder Ablehnung von Aussagen, wie „Faulenzen könnte ich nie genug"	2133 Männer, 2294 Frauen	15
Bestimmung von Konjunkturphasen	Konjunktur- indikatoren	Jahre	

Zur Überprüfung der Ergebnisse einer Clusteranalyse kann die Diskriminanzanalyse herangezogen werden. In der Diskriminanzanalyse sind die Klassen vorgegeben und die Aufgabe besteht darin, ein Objekt der richtigen Klasse zuzuordnen. In der Clusteranalyse sind hingegen keine Klassen vorgegeben; sie sind aus den Daten zu ermitteln.

Im Folgenden wird, wie bereits geschehen, stets von Klassen gesprochen, wenn durch ein Clusterverfahren Objekte klassiert werden. In der Literatur wird das englische Wort Cluster sehr häufig auch mit Gruppe übersetzt. Aber auch im Englischen werden verschiedene Begriffe für *cluster*, wie *set*, *group* oder *class* verwendet. Im vorliegenden Text wird nur dann von einer Gruppe gesprochen, wenn das Wort Klasse sprachlich ungeeignet erscheint, wie z. B. bei Splittergruppe statt Splitterklasse. Allerdings wird das Wort Clusterverfahren nicht mit „Verfahren zur Klassenbildung" übersetzt, da der englisch-deutsche Begriff in der Literatur nahezu durchgängig verwendet wird.

Man könnte von Gruppe bzw. Cluster sprechen, solange man von der in den statistischen Daten enthaltenen im Allgemeinen unbekannten Struktur spricht und von Klasse, wenn man die Klassenbildung eines Verfahrens meint, das auf die Daten angewendet wurde. Stimmen die Gruppen mit den Klassen überein, so hätte das Verfahren richtig klassifiziert. Auf diese Unterscheidung wird hier jedoch, bis auf die kurze Diskussion zur Definition von Clustern in Kapitel 21.7.1, verzichtet.

Die Clusteranalyse wurde ursprünglich für Klassifikationsfragen in der Biologie und Ethnologie entwickelt. Daher findet sich eine große Anzahl von Literatur in diesem Wissenschaftsbereich. Im Folgenden wird versucht, die Clusterverfahren wenig mathematisch-formal zu beschreiben. Für eine mathematisch-formalere Beschreibung der Techniken vgl. u. a. [64]. Als weiterführende und ergänzende Literatur eignen sich z. B. [8], [28] und [119].

21.2 Ähnlichkeits- und Distanzmaße

Die Mehrzahl der Clusterverfahren beginnen mit der Berechnung einer Ähnlichkeits- bzw. Distanzmatrix zwischen den Objekten bzw. Klassen. Mittels dieser wird bei diesen Verfahren dann eine Fusionierung der Objekte vorgenommen. Da die Informationsverdichtung auf Basis dieser Matrizen bei den meisten der im Folgenden beschriebenen Verfahren vorgenommen wird, kommt den Distanz- und Ähnlichkeitsmaßen (auch als **Proximitätsmaße** bezeichnet) eine besondere Bedeutung zu.

Definition 21.1. *Als* **Ähnlichkeitsmaß** *wird ein Maß bezeichnet, wenn es die Ähnlichkeit zwischen zwei Objekten misst. Es besitzt die Eigenschaft, dass es mit zunehmender Ähnlichkeit zweier Objekte ansteigt.*

Definition 21.2. *Als* **Distanzmaß** *wird ein Maß bezeichnet, wenn es die Unähnlichkeit zwischen zwei Objekten misst. Es besitzt die Eigenschaft, dass es mit zunehmender Unterschiedlichkeit zweier Objekte ansteigt wird.*

Die Berechnung von Ähnlichkeiten oder Distanzen aus der Datenmatrix ist stets mit einer Informationsreduktion verbunden. Welches Ähnlichkeits- oder Distanzmaß im konkreten Fall gewählt wird, hängt vom Sachverhalt ab. Als formales Kriterium für die Wahl kann man die Invarianz der Ähnlichkeiten oder Distanzen gegenüber den Transformationen fordern, die aufgrund des Skalenniveaus der Merkmale zulässig sind.

Eng verbunden mit der Messung von Ähnlichkeiten und Distanzen zwischen Objekten ist bei mehr als einem Merkmal die Frage der unterschiedlichen Gewichtung der Merkmale (auch Variablen hier genannt). Werden die Merkmale nicht gleich gewichtet, so besteht das Problem woher das Gewichtungsschema kommt. In den meisten Fällen wird dies durch den Anwender aufgrund seiner Vorstellungen und / oder Kenntnisse bestimmt. Es besteht dann die Gefahr, dass mit der Gewichtung eine bestimmte Klassierung der Daten erzeugt wird, die nicht der „wahren" entspricht. Andererseits werden Ähnlichkeits- und Distanzmaße, in die alle Merkmale mit dem selben Gewicht eingehen, häufig mit dem Argument kritisiert, dass dann korrelierte Merkmale zu stark gewichtet werden. Als Begründung wird angeführt, dass korrelierte Merkmale im Prinzip dasselbe messen und insofern nur verschiedene Umschreibungen für ein latentes Merkmal sind. Im Fall von korrelierten Merkmalen wird somit ein latentes Merkmal mehrfach erhoben und dieses Merkmal erfährt bei gleicher Gewichtung aller Merkmale eine höhere Gewichtung. Dieser Nachteil lässt sich dadurch beheben, dass man zuvor die Korrelationen berechnet und darauf aufbauend eine Merkmalsgewichtung einführt. Es ist aber nicht selbstverständlich, dass immer ein Nachteil entsteht. Man kann nämlich folgendes entgegenhalten: Da die korrelierten Merkmale ausgewählt wurden, werden sie offenbar für die Klassifikation als relevant erachtet und das dahinterstehende latente Merkmal soll bewusst oder unbewusst bei der Klassifikation ein höheres Gewicht erhalten. Ferner kann gezeigt werden, dass bereits mit der Wahl eines Ähnlichkeits- oder Distanzmaßes ein bestimmtes Gewichtungsschema der Merkmale unterstellt wird (vgl. [28, Seite 49]).

21.2.1 Nominalskalierte binäre Merkmale

Es wird angenommen, dass sämtliche Merkmale nominalskaliert sind und genau zwei Ausprägungen haben. Solche Merkmale werden auch binäre Merkmale genannt. Die beiden Ausprägungen werden oft als „Merkmal vorhanden" und „Merkmal nicht vorhanden" bezeichnet und üblicherweise mit 1 (Merkmal vorhanden) und 0 (Merkmal nicht vorhanden) verschlüsselt. Aus der Kontingenztabelle (siehe Tabelle 21.2) lässt sich ablesen, wie häufig bei den Objekten ω_n und ω_m die Ausprägungen von p binären Merkmalen übereinstimmen ($a_{nm} + e_{nm}$) bzw. wie häufig sie nicht übereinstimmen ($b_{nm} + c_{nm}$).

Die Maße für nominalskalierte Merkmale unterteilen sich in so genannte **M-Koeffizienten** (matching coefficients) und **S-Koeffizienten** (similarity coefficients). In jeder der beiden Kategorien existieren einige Varianten.

Definition 21.3. *Die Klasse der M-Koeffizienten ist durch die Formel*

$$M_{nm} = \frac{a + \delta\, e}{a + e + \lambda\,(b + c)} \tag{21.1}$$

definiert.

Bei dieser Kategorie von Koeffizienten werden die übereinstimmenden Ausprägungen ins Verhältnis zu allen Ausprägungen gesetzt. Die M-Koeffizienten sind invariant gegenüber eineindeutigen Transformationen eines oder mehrerer Merkmale. Da sämtliche Merkmale voraussetzungsgemäß nominalskaliert sind und eine Nominalskala eindeutig bis auf eineindeutige Transformationen ist, ist dies eine wünschenswerte Eigenschaft. Inhaltlich hat die Invarianz den Vorteil, dass die Ähnlichkeit unabhängig davon ist, was man als „Merkmal vorhanden" und was man als „Merkmal nicht vorhanden" bezeichnet. Beispiele für mögliche Proximitätsmaße dieser Kategorie zeigt die Tabelle 21.3. Sie enthält den M-Koeffizienten, der auch als simple matching coefficient bezeichnet wird, sowie mit dem M-Koeffizienten verwandte Koeffizienten.

Definition 21.4. *Die Klasse der S-**Koeffizienten** ist durch die Formel*

$$S_{nm} = \frac{a}{\alpha a + \lambda\,(b + c)} \tag{21.2}$$

definiert.

Bei dieser Kategorie von Koeffizienten werden negative Übereinstimmungen, die durch das gemeinsame Fehlen von Eigenschaften gegebenen sind, nicht gezählt. Die Ähnlichkeitsrangordnung stimmt aber im Allgemeinen nicht mit der der M-Koeffizienten überein. Der Ähnlichkeitskoeffizient ist nicht invariant gegenüber eineindeutigen Transformationen eines oder mehrerer Merkmale. Vertauscht man beispielsweise die „1" mit der „0", dann nimmt der S-Koeffizient in der Regel einen anderen Wert an. Im Gegensatz zum M-Koeffizienten hängt insbesondere der Wert des S-Koeffizienten davon ab, welcher Merkmalsausprägung man die „1" zuordnet. Dies ist ein Nachteil, wenn man sich nicht sicher ist, welche von beiden Merkmalsausprägungen man als „Merkmal vorhanden" bezeichnen soll (vgl. [64, Seite 380]).

Einige Beispiele von S-Koeffizienten sind in der Tabelle 21.4 wiedergegeben. Der Koeffizient von Tanimoto bzw. Jaccard wird auch als S-Koeffizient bezeichnet. Die anderen Koeffizienten sind mit dem S-Koeffizient verwandte Koeffizienten.

Tabelle 21.2. Kontingenztabelle für zwei Objekte bei p binären Merkmalen

ω_n	ω_m		
	1	0	$\sum$
1	a_{nm}	c_{nm}	$a_{nm} + c_{nm}$
0	b_{nm}	e_{nm}	$b_{nm} + e_{nm}$
$\sum$	$a_{nm} + b_{nm}$	$c_{nm} + e_{nm}$	p

Tabelle 21.3. M-Koeffizienten

Koeffizient	Definition	Gewichtung
M	$\frac{a+e}{p}$	$\delta = 1,\ \lambda = 1$
Rao & Russel (RR)	$\frac{a}{p}$	$\delta = 0,\ \lambda = 1$
Sokal & Sneath (SS)	$\frac{2\,(a+e)}{2\,(a+e)+b+c}$	$\delta = 1,\ \lambda = \frac{1}{2}$
Rogers & Tanimoto (RT)	$\frac{a+e}{a+e+2\,(b+c)}$	$\delta = 1,\ \lambda = 2$

Beispiel 21.1. Mit den binären Daten wird das unterschiedliche Verhalten der oben genannten Ähnlichkeitsmaße kurz beschrieben. Es werden drei binäre Merkmale an 5 Objekten (statistischen Einheiten) betrachtet.

$$\mathbf{X} = \begin{array}{c} \\ \omega_1 \\ \omega_2 \\ \omega_3 \\ \omega_4 \\ \omega_5 \end{array} \begin{array}{c} x_1\ x_2\ x_3 \\ \begin{pmatrix} 0 & 1 & 1 \\ 1 & 1 & 0 \\ 1 & 1 & 1 \\ 1 & 1 & 0 \\ 0 & 0 & 1 \end{pmatrix} \end{array} \tag{21.3}$$

Um die Koeffizienten ohne Computerprogramm berechnen zu können, müssen die zehn möglichen Objektkombinationen in Kontingenztabellen ausgewertet werden. Für die Kombination (ω_2, ω_4) ergibt sich beispielsweise die Kontingenztabelle 21.5, aus der dann mit den Formeln in Tabelle 21.3 und Tabelle 21.4 die Ähnlichkeitsmaße für diese Kombination (ω_2, ω_4) bestimmt werden können:

Tabelle 21.4. S-Koeffizienten

Koeffizient	Definition	Gewichtung
Tanimoto bzw. Jaccard (S)	$\frac{a}{a+b+c}$	$\alpha = 1,\ \lambda = 1$
Dice (D)	$\frac{2a}{2a+b+c}$	$\alpha = 1,\ \lambda = \frac{1}{2}$
Kulczynski (K)	$\frac{a}{b+c}$	$\alpha = 0,\ \lambda = 1$

Tabelle 21.5. Kontingenztablle

ω_4	ω_2 1	0	$\sum$
1	2	0	2
0	0	1	1
$\sum$	2	1	3

$$M_{24} = \frac{2 + \delta\,1}{2 + 1 + \lambda\,(0 + 0)} \tag{21.4}$$

$$S_{24} = \frac{2}{\alpha\,2 + \lambda\,(0 + 0)} \tag{21.5}$$

Die Matrix mit dem einfachen M-Koeffizient sieht dann wie folgt aus:

$$
\mathbf{M} = \begin{array}{c}
\\ \omega_1 \\ \omega_2 \\ \omega_3 \\ \omega_4 \\ \omega_5
\end{array}
\begin{array}{c}
\omega_1\ \ \omega_2\ \ \omega_3\ \ \omega_4\ \ \omega_5 \\
\left(\begin{array}{ccccc}
1 & \frac{1}{3} & \frac{2}{3} & \frac{1}{3} & \frac{2}{3} \\
 & 1 & \frac{2}{3} & \frac{1}{3} & 0 \\
 & & 1 & \frac{2}{3} & \frac{1}{3} \\
 & & & 1 & 0 \\
 & & & & 1
\end{array}\right)
\end{array} \tag{21.6}
$$

Die anderen Werte der Ähnlichkeitskoeffizienten sind des Platzes wegen in Tabelle 21.6 angegeben. Sie wurden mit Hilfe von SPSS berechnet. Dieses Programm enthält noch weitere Optionen, Ähnlichkeitmaße zu berechnen. Das hier erwähnte Maß von Sokal & Sneath sowie das von Kulczynski wird in SPSS mit Sokal & Sneath 1 bzw. Kulczynski 1 bezeichnet.

Tabelle 21.6. Ähnlichkeitskoeffizienten

Kombination	M_{nm}	RR_{nm}	SS_{nm}	RT_{nm}	S_{nm}	D_{nm}	K_{nm}
ω_1, ω_2	$\frac{1}{3}$	$\frac{1}{3}$	$\frac{1}{4}$	$\frac{1}{5}$	$\frac{1}{3}$	$\frac{1}{4}$	$\frac{1}{2}$
ω_1, ω_3	$\frac{2}{3}$	$\frac{1}{3}$	$\frac{4}{5}$	$\frac{1}{2}$	$\frac{1}{3}$	$\frac{4}{5}$	2
ω_1, ω_4	$\frac{1}{3}$	$\frac{1}{3}$	$\frac{1}{4}$	$\frac{1}{5}$	$\frac{1}{3}$	$\frac{1}{4}$	$\frac{1}{2}$
ω_1, ω_5	$\frac{2}{3}$	$\frac{2}{3}$	$\frac{4}{5}$	$\frac{1}{2}$	$\frac{2}{3}$	$\frac{4}{5}$	1
ω_2, ω_3	$\frac{2}{3}$	$\frac{2}{3}$	$\frac{4}{5}$	$\frac{1}{2}$	$\frac{2}{3}$	$\frac{4}{5}$	2
ω_2, ω_4	1	$\frac{2}{3}$	1	1	1	1	∞
ω_2, ω_5	0	0	0	0	0	0	0
ω_3, ω_4	$\frac{2}{3}$	$\frac{2}{3}$	$\frac{4}{5}$	$\frac{1}{2}$	$\frac{2}{3}$	$\frac{4}{5}$	2
ω_3, ω_5	$\frac{1}{3}$	$\frac{1}{3}$	$\frac{1}{2}$	$\frac{1}{5}$	$\frac{1}{3}$	$\frac{1}{2}$	5
ω_4, ω_5	0	0	0	0	0	0	0

Die M-Koeffizienten (M, RR, SS) sind identisch, wenn $e = 0$ ist, d. h. wenn beide Objekte das Merkmal nicht aufweisen. Die S-Koeffizienten sind gleich, wenn $b = c = 0$ ist.

Welches Ähnlichkeits- bzw. Distanzmaß im Rahmen einer Analyse vorzuziehen ist, lässt sich nicht allgemein gültig sagen. Eine große Bedeutung bei dieser nur im Einzelfall zu treffenden Entscheidung hat die Frage, ob das Nichtvorhandensein eines Merkmals für die Problemstellung die gleiche Bedeutung bzw. Aussagekraft besitzt wie das Vorhandensein der Eigenschaft.

Beispiel 21.2. Beim Merkmal Geschlecht z. B. kommt der Ausprägung „männlich" (= 1) die gleiche Aussagekraft wie der Ausprägung „weiblich" (= 0) zu. Bei einem

Merkmal Nationalität mit den Ausprägungen „Deutscher" und „Nicht-Deutscher" wäre das anders; denn durch die Aussage „Nicht-Deutscher" lässt sich die genaue Nationalität, die möglicherweise von Interesse ist, nicht bestimmen.

Wenn also das Vorhandensein einer Eigenschaft (eines Merkmals) dieselbe Aussagekraft für die Klassifizierung besitzt wie das Nichtvorhandensein, so ist Ähnlichkeitsmaßen, die im Zähler alle Übereinstimmungen berücksichtigen (z. B. M-Koeffizient) der Vorzug zu geben. Umgekehrt ist es ratsam, den S-Koeffizienten (Tanimoto) oder verwandte Proximitätsmaße heranzuziehen (vgl. [8, Seite 270f]).

21.2.2 Nominalskalierte mehrstufige Merkmale

Von mehrstufigen nominalen Merkmalen wird gesprochen, wenn die Merkmale drei und mehr Ausprägungen besitzen. Es ist zugelassen, dass die Merkmale verschieden viele Ausprägungen haben. Das gebräuchlichste Ähnlichkeitsmaß bei mehrstufigen Merkmalen ist der verallgemeinerte $\tilde{M}$-Koeffizient.

$$\tilde{M}_{nm} = \frac{u_{nm}}{p} \tag{21.7}$$

Mit u_{nm} wird die Anzahl der übereinstimmenden Merkmalskomponenten von ω_n und ω_m und mit p die Anzahl der Merkmale bezeichnet.

Der Ähnlichkeitskoeffizient in Gleichung (21.7) hat den Wertebereich $0 \leq \tilde{M}_{nm} \leq 1$ und ist invariant gegenüber eineindeutigen Transformationen eines oder mehrerer Merkmale. Der Koeffizient lässt sich so modifizieren, dass Übereinstimmungen und Nichtübereinstimmungen verschieden gewichtet werden (vgl. [64, Seite 380]). Der verallgemeinerte $\tilde{M}$-Koeffizient ist unabhängig davon, wie viele Ausprägungen jedes Merkmal hat. Will man den Objekten ω_n und ω_m eine höhere Ähnlichkeit zuordnen, wenn sie in einem Merkmal mit vielen Ausprägungen übereinstimmen, dann kann man auch folgenden Ähnlichkeitskoeffizienten verwenden:

$$\tilde{\tilde{M}}_{nm} = \frac{1}{\sum\limits_{j=1}^{p} m_j} \sum_{j=1}^{p} m_j\, \tau(x_{nj}, x_{mj}) \tag{21.8}$$

mit m_j der Anzahl der Ausprägungen des Merkmals x_j und

$$\tau(x_{nj}, x_{mj}) = \begin{cases} 1 & \text{für } x_{nj} = x_{mj} \\ 0 & \text{sonst.} \end{cases} \tag{21.9}$$

Der $\tilde{\tilde{M}}$-Koeffizient hat den Wertebereich $0 \leq \tilde{\tilde{M}}_{nm} \leq 1$ und ist invariant gegenüber eineindeutigen Transformationen eines oder mehrerer Merkmale.

Beispiel 21.3. Es wird zu den bisher verwendeten Beispieldaten ein weiteres Merkmal mit vier Ausprägungen (0 bis 3) hinzugenommen. Die Daten könnten dann z. B. wie folgt aussehen.

$$
\mathbf{X} = \begin{array}{c} \\ \omega_1 \\ \omega_2 \\ \omega_3 \\ \omega_4 \\ \omega_5 \end{array} \overset{\begin{array}{cccc} x_1 & x_2 & x_3 & x_4 \end{array}}{\begin{pmatrix} 0 & 1 & 1 & 1 \\ 1 & 1 & 0 & 2 \\ 1 & 1 & 1 & 2 \\ 1 & 1 & 0 & 1 \\ 0 & 0 & 1 & 3 \end{pmatrix}} \tag{21.10}
$$

Die Werte für den verallgemeinerten $\tilde{M}$-Koeffizienten sind in einer Dreiecksmatrix wiedergegeben, da eine Vertauschung der Objekte keine Auswirkungen auf die Ähnlichkeit hat (Symmetrieeigenschaft).

$$
\tilde{\mathbf{M}} = \begin{array}{c} \\ \omega_1 \\ \omega_2 \\ \omega_3 \\ \omega_4 \\ \omega_5 \end{array} \overset{\begin{array}{ccccc} \omega_1 & \omega_2 & \omega_3 & \omega_4 & \omega_5 \end{array}}{\begin{pmatrix} 1 & \frac{1}{4} & \frac{2}{4} & \frac{2}{4} & \frac{2}{4} \\ & 1 & \frac{3}{4} & \frac{2}{4} & 0 \\ & & 1 & \frac{2}{4} & \frac{1}{4} \\ & & & 1 & 0 \\ & & & & 1 \end{pmatrix}} \tag{21.11}
$$

Der gewichtete verallgemeinerte $\tilde{\tilde{M}}$-Koeffizient berechnet sich aus den Beispieldaten folgendermaßen: Die Gewichtungskoeffizienten der vier Merkmale sind $m_1 = m_2 = m_3 = 2, m_4 = 4$. Die Summe $\sum_{j=1}^{4} m_j = 10$. Den Wert der Vergleichsfunktion $\tau(x_{nj}, x_{mj})$ erhält man aus dem paarweisen Vergleich der Zeilen in der Datentabelle. Die Kombination (12) wird hier stellvertretend für die anderen Kombinationen angegeben.

$$
\begin{aligned}
\tilde{\tilde{M}}_{12} &= \frac{1}{10} \sum_{j=1}^{4} m_j \, \tau(x_{1j}, x_{2j}) \\
&= \frac{1}{10} \left(2\,\tau(x_{11}, x_{21}) + 2\,\tau(x_{12}, x_{22}) + 2\,\tau(x_{13}, x_{23}) \right. \\
&\quad \left. + 4\,\tau(x_{14}, x_{24}) \right) \\
&= \frac{1}{5}
\end{aligned} \tag{21.12}
$$

Die weiteren Werte des gewichteten verallgemeinerten $\tilde{\tilde{M}}$-Koeffizienten ergeben sich äquivalent und sind in der folgenden Matrix wiedergegeben.

$$
\tilde{\tilde{\mathbf{M}}} = \begin{array}{c} \\ \omega_1 \\ \omega_2 \\ \omega_3 \\ \omega_4 \\ \omega_5 \end{array} \overset{\begin{array}{ccccc} \omega_1 & \omega_2 & \omega_3 & \omega_4 & \omega_5 \end{array}}{\begin{pmatrix} 1 & \frac{2}{10} & \frac{4}{10} & \frac{6}{10} & \frac{2}{10} \\ & 1 & \frac{8}{10} & \frac{4}{10} & 0 \\ & & 1 & \frac{4}{10} & \frac{2}{10} \\ & & & 1 & 0 \\ & & & & 1 \end{pmatrix}} \tag{21.13}
$$

Es werden bei dem $\tilde{\tilde{M}}$-Koeffizienten die Werte der Kombinationen bei denen die Komponenten des vierten Merkmals übereinstimmen überproportional angehoben.

Ein anderes häufig verwendetes Verfahren ist, die nominalen Merkmale, die mehr als zwei mögliche Merkmalsausprägungen aufweisen, in binäre Hilfsvariablen zu zerlegen, und jeder Merkmalsausprägung (Kategorie) entweder den Wert 1 „Eigenschaft vorhanden" oder den Wert 0 „Eigenschaft nicht vorhanden" zuzuweisen. Damit lassen sich mehrkategoriale Merkmale in Binärvariablen zerlegen, und man kann die oben genannten Ähnlichkeitsmaße für binäre Variablen als Spezialfall nominaler Merkmale behandeln. Dabei ist aber zu berücksichtigen, dass bei großer und unterschiedlich großer Anzahl von Kategorien solche Ähnlichkeitsmaße zu starken Verzerrungen führen können, die den gemeinsamen Nichtbesitz einer Eigenschaft als Übereinstimmung von Objekten betrachten, wie den M-Koeffizienten.

21.2.3 Ordinalskalierte Merkmale

Alle p Merkmale sind ordinalskaliert. Aus den m_j Ausprägungen des Merkmals x_j ist dann die Rangordnung

$$x_{1j} \lesssim x_{2j} \lesssim \ldots \lesssim x_{m_j j} \quad j = 1, \ldots, p \qquad (21.14)$$

definiert, wobei das Symbol $\lesssim$ für besser, wird vorgezogen steht.

Zur Berechnung der Ähnlichkeit der Objekte ω_n und ω_m werden bei einem nominalskalierten Merkmal x_j nur Übereinstimmung bzw. Nichtübereinstimmung berücksichtigt. Hinsichtlich eines ordinalskalierten Merkmals x_j wird man jedoch die Objekte ω_n und ω_m als um so ähnlicher betrachten, je näher die Werte x_{nj} und x_{mj} hinsichtlich der Rangordnung beieinanderliegen.

Ein Vorschlag zur Berechnung von Ähnlichkeiten, der die Rangordnung berücksichtigt, sieht folgendermaßen aus: Für jedes ordinalskalierte Merkmal werden so viele binäre Hilfsvariablen eingeführt, wie das Merkmal Ausprägungen hat. Nimmt der Merkmalswert x_{nj} die Position k bezüglich der Rangordnung ein, dann weist man den ersten k binären Merkmalen den Wert 1 zu und den verbleibenden binären Merkmalen den Wert 0. Die Berechnung der Ähnlichkeit zweier Objekte erfolgt mit einem der für binäre Merkmale vorgestellten Koeffizienten (vgl. [64, Seite 381]).

Beispiel 21.4. Das Merkmal Schulbildung kann man als ordinalskaliert mit den 4 Ausprägungen „Hauptschulabschluss", „qualifizierter Hauptschulabschluss", „mittlere Reife" und „Abitur" ansehen. Für drei Personen mit den Merkmalsausprägungen

- Person 1: qualifizierter Hauptschulabschluss
- Person 2: mittlere Reife
- Person 3: Abitur

erhält man mit dem obigen Vorschlag die Beobachtungsvektoren:

$$\mathbf{x}_1' = (1, 1, 0, 0) \qquad (21.15)$$
$$\mathbf{x}_2' = (1, 1, 1, 0) \qquad (21.16)$$
$$\mathbf{x}_3' = (1, 1, 1, 1) \qquad (21.17)$$

Misst man die Ähnlichkeiten mittels des M-Koeffizienten, dann folgt:

$$M_{12} = \frac{3}{4} \tag{21.18}$$

$$M_{13} = \frac{2}{4} \tag{21.19}$$

$$M_{23} = \frac{3}{4}. \tag{21.20}$$

In der Literatur wird auch vorgeschlagen die ordinalskalierten Merkmale als intervallskaliert zu betrachten und die Ähnlichkeit zweier Objekte durch ein Distanzmaß für intervallskalierte Merkmale zu messen. Dabei werden die Merkmalsausprägungen von x_j in der Reihenfolge der Rangordnung meist mit $1, \ldots, m_j$ verschlüsselt. Haben die Merkmale verschieden viele Ausprägungen, wird zudem oft eine Normierung der erhobenen Werte auf das Intervall $[0, 1]$ vorgenommen, indem $\tilde{x}_{nj} = x_{nj}/m_j$ gesetzt wird.

Liegt nur ein Merkmal mit nicht normierten Merkmalsausprägungen vor, so gibt bei diesem Vorgehen der L^q-Abstand zwischen zwei Objekten die Zahl der Rangplätze zwischen den Objekten an. Dem numerischen Abstand entspricht also ein empirischer Abstand. Bei mehreren Merkmalen ist das Vorgehen problematisch, da man im Allgemeinen für die numerischen Abstände keine empirische Interpretation mehr finden kann (vgl. [64, Seite 382]).

Beispiel 21.5. Die Merkmalsausprägungen des Merkmals Schulabschluss werden wie folgt verschlüsselt: Hauptschulabschluss = 1, qualifizierter Hauptschulabschluss = 2, mittlere Reife = 3 und Abitur = 4. Aus den gemessenen Merkmalsausprägungen für das Merkmal „Schulabschluss" der drei Personen $x_{11} = 2, x_{21} = 3, x_{31} = 4$ ergibt sich folgende Rangordnung:

$$x_{11} \lesssim x_{21} \lesssim x_{31} \tag{21.21}$$

Wird mit der L^2-Norm (siehe Kapitel 21.2.4) die Distanz bzw. Ähnlichkeit zwischen den Personen (Objekten) gemessen, so ergibt sich:

$$d_{12}^2 = \sqrt{(x_1 - x_2)^2} = \sqrt{(2-3)^2} = 1 \tag{21.22}$$

$$d_{13}^2 = \sqrt{(x_1 - x_3)^2} = \sqrt{(2-4)^2} = 2 \tag{21.23}$$

$$d_{23}^2 = \sqrt{(x_2 - x_3)^2} = \sqrt{(3-4)^2} = 1 \tag{21.24}$$

21.2.4 Quantitative Merkmale

Bei intervall- und verhältnisskalierten Merkmalen kann die Maßeinheit frei gewählt werden. Daher kann man fordern, dass auch die Distanz der Objekte zueinander nicht von den Maßeinheiten abhängt. Dies ist der Fall, wenn die Merkmalsausprägungen eines Merkmals alle mit derselben Konstanten multipliziert werden. Ein solches Distanzmaß heißt skaleninvariant.

Die Forderung der Skaleninvarianz ist sehr streng. Bei intervallskalierten Merkmalen ist außer der Maßeinheit auch der Koordinatenursprung frei wählbar. Deshalb kann man bei intervallskalierten Merkmalen fordern, dass die Distanz nicht von der Wahl des Koordinatenursprungs abhängt. Ein solches Distanzmaß heißt translationsinvariant (vgl. [64, Seite 382]). Bei metrischen bzw. quantitativen Merkmalen sind die benutzten Distanzmaße sehr oft Spezialfälle der L^q-Normen oder L^q-Distanzen (Minkowski-q-Metriken).

Definition 21.5. *Als* **Minkowski-Metrik** *ist*

$$d^q_{nm} = \left(\sum_{j=1}^{p} |x_{nj} - x_{mj}|^q \right)^{\frac{1}{q}} , \quad q \geq 1 \qquad (21.25)$$

definiert.

L^q-Normen sind metrische Distanzen und translationsinvariant, jedoch nicht skaleninvariant. Die fehlende Skaleninvarianz hat zur Folge, dass die Distanzen von den Maßeinheiten der Merkmale abhängen. Verschiedene Maßeinheiten müssen aufgrund der fehlenden Skaleninvarianz vor Berechnung der L^q-Distanzen auf eine gemeinsame Maßeinheit gebracht werden. Diesen Vorgang bezeichnet man als Normierung. Die L^q-Distanzen hängen mithin von der Normierung der Daten ab. Geläufig ist folgende Normierung (vgl. [64, Seite 383]):

$$\tilde{x}_{ij} = \frac{x_{ij} - \bar{x}_j}{\sigma_j^{(q)}} \quad i = 1, \dots, n, \; j = 1, \dots, p \qquad (21.26)$$

mit

$$\bar{x}_j = \frac{1}{n} \sum_{i=1}^{n} x_{ij} \qquad (21.27)$$

$$\sigma_j^{(q)} = \left(\frac{1}{n} \sum_{i=1}^{n} |x_{ij} - \bar{x}_j|^q \right)^{\frac{1}{q}} \qquad (21.28)$$

Angewandt werden hauptsächlich L^1-Normen

$$d^1_{nm} = \sum_{j=1}^{p} |x_{nj} - x_{mj}|, \qquad (21.29)$$

die auch als **City-Block-Metrik** (Manhattan- oder Taxifahrer-Metrik) bezeichnet werden, weil sie im zweidimensionalen Raum die Distanz zwischen zwei Punkten angeben. Die City-Block-Metrik wird vor allem bei der Klassifizierung von Standorten verwendet. Eine weitere sehr häufig verwendete Distanz ist die L^2-Norm, die als euklidische Distanz bezeichnet wird.

$$d_{nm}^2 = \left(\sum_{j=1}^{p} (x_{nj} - x_{mj})^2 \right)^{\frac{1}{2}} \tag{21.30}$$

$$= \left((\mathbf{x}_n - \mathbf{x}_m)(\mathbf{x}_n - \mathbf{x}_m) \right)^{\frac{1}{2}}$$

Neben den bereits erwähnten Eigenschaften von L^q-Normen (translationsinvariant, nicht skaleninvariant) hat die euklidische Distanz zusätzlich die Eigenschaft, invariant gegenüber orthogonalen Transformationen zu sein. Dies besagt, dass sich die euklidische Distanz bei einer Drehung oder Spiegelung des Koordinatensystems nicht ändert.

Der rechnerischen Einfachheit wegen wird oft mit der quadrierten euklidischen Distanz gerechnet. Diese Distanz ist jedoch keine L^q-Distanz und auch keine metrische Distanz (vgl. [64, Seite 384]). Weitergehende Invarianzeigenschaften als die L^q-Distanzen hat die **Mahalanobis-Distanz**.

$$d_{nm}^M = (\mathbf{x}_n - \mathbf{x}_m)'\mathbf{K}^{-1}(\mathbf{x}_n - \mathbf{x}_m) \tag{21.31}$$

mit

$$\mathbf{K} = \frac{1}{n} \sum_{i=1}^{n} (\mathbf{x}_i - \bar{\mathbf{x}})(\mathbf{x}_i - \bar{\mathbf{x}})' \tag{21.32}$$

$$\bar{\mathbf{x}} = \frac{1}{n} \sum_{i=1}^{n} \mathbf{x}_i \tag{21.33}$$

$\mathbf{K}$ wird auch als Varianz-Kovarianz-Matrix bezeichnet. Die Mahalanobis-Distanz ist invariant gegenüber beliebigen nichtsingulären linearen Transformationen, insbesondere also skaleninvariant und translationsinvariant. Eine weitere Eigenschaft der Mahalanobis-Distanz besteht darin, dass die Distanzen stets unter Verwendung von p unkorrelierten Merkmalen berechnet werden, auch wenn die ursprünglichen p Merkmale korreliert sind. Die transformierten Vektoren $\tilde{\mathbf{x}}_i = \mathbf{K}^{-\frac{1}{2}}\mathbf{x}_i$ sind (empirisch) unkorreliert, und die quadrierte euklidische Distanz der Vektoren $\tilde{\mathbf{x}}_n, \tilde{\mathbf{x}}_m$ ist gleich der Mahalanobis-Distanz der Vektoren $\mathbf{x}_n, \mathbf{x}_m$. Die Matrix $\mathbf{K}^{-\frac{1}{2}}$ erhält man durch die Diagonalisierung der symmetrischen Matrix $\mathbf{K}$. Die Diagonalisierung einer symmetrischen Matrix ist letztlich ein Eigenwertproblem (siehe Diskriminanzanalyse). Werden also Mahalanobis-Distanzen berechnet, dann ist dies äquivalent dazu, dass die Merkmale zunächst so transformiert werden, dass unkorrelierte Merkmale entstehen, und anschließend die quadrierten euklidischen Distanzen berechnet werden. In diesem Sinne werden Korrelationen der ursprünglichen Merkmale eliminiert. Die Mahalanobis-Distanz lässt sich in SPSS nicht standardmäßig berechnen.

Beispiel 21.6. Die L^1, L^2 Distanzen sowie die Mahalanobis-Distanz werden mit den Daten in der folgenden Matrix (21.34) berechnet. Diese Daten werden auch in den Beispielen 21.7 bis 21.14 für die agglomerativen hierarchischen Clusterverfahren verwandt.

$$\mathbf{X} = \begin{matrix} & \begin{matrix} x_1 & x_2 \end{matrix} \\ \begin{matrix} \omega_1 \\ \omega_2 \\ \omega_3 \\ \omega_4 \\ \omega_5 \end{matrix} & \begin{pmatrix} 1 & 1 \\ 1 & 2 \\ 6 & 3 \\ 8 & 2 \\ 8 & 0 \end{pmatrix} \end{matrix} \tag{21.34}$$

Die City-Block-Distanz wird z. B. zwischen dem ersten und zweiten Objekt wie folgt berechnet:

$$\begin{aligned} d_{12}^1 &= \sum_{j=1}^{2} |x_{1j} - x_{2j}| \\ &= |1 - 1| + |1 - 2| \\ &= 1 \end{aligned} \tag{21.35}$$

Die Berechnung auf alle Objektkombinationen angewandt erzeugt eine symmetrische Distanzmatrix $\mathbf{D}^1$ mit der City-Block-Metrik.

$$\mathbf{D}^1 = \begin{matrix} & \begin{matrix} \omega_1 & \omega_2 & \omega_3 & \omega_4 & \omega_5 \end{matrix} \\ \begin{matrix} \omega_1 \\ \omega_2 \\ \omega_3 \\ \omega_4 \\ \omega_5 \end{matrix} & \begin{pmatrix} 0 & 1 & 7 & 8 & 8 \\ & 0 & 6 & 7 & 9 \\ & & 0 & 3 & 5 \\ & & & 0 & 2 \\ & & & & 0 \end{pmatrix} \end{matrix} \tag{21.36}$$

Wird mit den Daten die euklidische Distanz berechnet, so ist zwischen dem ersten und zweiten Objekt folgender Rechengang durchzuführen:

$$\begin{aligned} d_{12}^2 &= \left(\sum_{j=1}^{2} |x_{1j} - x_{2j}|^2 \right)^{\frac{1}{2}} \\ &= \sqrt{(1-1)^2 + (1-2)^2} \\ &= 1 \end{aligned} \tag{21.37}$$

Die Distanzen zwischen allen Objektkombinationen enthält die Distanzmatrix $\mathbf{D}^2$:

$$\mathbf{D}^2 = \begin{matrix} & \begin{matrix} \omega_1 & \omega_2 & \omega_3 & \omega_4 & \omega_5 \end{matrix} \\ \begin{matrix} \omega_1 \\ \omega_2 \\ \omega_3 \\ \omega_4 \\ \omega_5 \end{matrix} & \begin{pmatrix} 0 & 1 & 5.39 & 7.07 & 7.07 \\ & 0 & 5.10 & 7 & 7.28 \\ & & 0 & 2.24 & 3.61 \\ & & & 0 & 2 \\ & & & & 0 \end{pmatrix} \end{matrix} \tag{21.38}$$

Die quadrierte euklidische Distanz ist die nicht radizierte euklidische Distanz. Mit dieser Distanz werden die Berechnungsverfahren der Clustertechniken in den

Beispielen erläutert. Die quadrierte euklidische Distanz ist in der Distanzmatrix (Gleichung 21.45) angegeben.

Die Berechnung der Mahalanobis-Distanz ist aufwendiger, da hierzu erst die Varianz-Kovarianz-Matrix $\mathbf{K}$ bestimmt werden muss. Der Mittelwertsvektor $\bar{\mathbf{x}}$ enthält hier die Mittelwerte von den zwei Merkmalen, also $\bar{x}_1 = 4.8$ und $\bar{x}_2 = 1.6$. Die Matrixschreibweise für $\sum(\mathbf{x}_i - \bar{\mathbf{x}})(\mathbf{x}_i - \bar{\mathbf{x}})'$ ist ein dyadisches Produkt. Auf der Hauptdiagonalen der Matrix wird die Summe der quadrierten Abweichungen der Merkmalsausprägungen vom Mittelwert berechnet, auf der Nebendiagonalen die Kreuzprodukte zwischen den beiden Merkmalsausprägungen, also die Kovarianz.

$$
\begin{aligned}
\mathbf{K} &= \frac{1}{5} \sum_{i=1}^{5} (\mathbf{x}_i - \bar{\mathbf{x}})(\mathbf{x}_i - \bar{\mathbf{x}})' \\
&= \frac{1}{5} \left(\begin{pmatrix} 14.44 & 2.28 \\ 2.28 & 0.36 \end{pmatrix} + \begin{pmatrix} 14.44 & -1.52 \\ -1.52 & 0.16 \end{pmatrix} + \right. \\
&\quad \left. \begin{pmatrix} 1.44 & 1.68 \\ 1.68 & 1.96 \end{pmatrix} + \begin{pmatrix} 10.24 & 1.28 \\ 1.28 & 0.16 \end{pmatrix} + \begin{pmatrix} 10.24 & -5.12 \\ -5.12 & 2.56 \end{pmatrix} \right) \\
&= \frac{1}{5} \begin{pmatrix} 50.8 & -1.4 \\ -1.4 & 5.2 \end{pmatrix} \\
&= \begin{pmatrix} 10.16 & -0.28 \\ -0.28 & 1.04 \end{pmatrix} \\
\mathbf{K}^{-1} &= \begin{pmatrix} 0.10 & 0.03 \\ 0.03 & 0.97 \end{pmatrix}
\end{aligned}
$$
(21.39)

(21.40)

Die Mahalanobis-Distanzen berechnen sich nun ähnlich wie die quadrierte euklidische Distanz, nur wird die Differenz der Merkmalsausprägungen mit der Inversen der Varianz-Kovarianz-Matrix transformiert. Für die Distanz zwischen dem ersten und dem zweiten Objekt berechnet sich dann folgende Mahalanobis-Distanz.

$$
\begin{aligned}
d_{12}^M &= (\mathbf{x}_1 - \mathbf{x}_2)' \mathbf{K}^{-1} (\mathbf{x}_1 - \mathbf{x}_2) \\
&= \left(\begin{pmatrix} 1 & 1 \end{pmatrix} - \begin{pmatrix} 1 & 2 \end{pmatrix} \right) \begin{pmatrix} 0.10 & 0.03 \\ 0.03 & 0.97 \end{pmatrix} \left(\begin{pmatrix} 1 \\ 1 \end{pmatrix} - \begin{pmatrix} 1 \\ 2 \end{pmatrix} \right) \\
&= \begin{pmatrix} 0 & -1 \end{pmatrix} \begin{pmatrix} 0.10 & 0.03 \\ 0.03 & 0.97 \end{pmatrix} \begin{pmatrix} 0 \\ -1 \end{pmatrix} \\
&= \begin{pmatrix} -0.03 & -0.97 \end{pmatrix} \begin{pmatrix} 0 \\ -1 \end{pmatrix} = 0.97
\end{aligned}
$$
(21.41)

Diese Rechnung muss nun auch für die anderen Objektpaare durchgeführt werden. Die gesamte Mahalanobis-Distanzmatrix ist dann:

$$\mathbf{D}^M = \begin{array}{c} \\ \omega_1 \\ \omega_2 \\ \omega_3 \\ \omega_4 \\ \omega_5 \end{array} \begin{array}{ccccc} \omega_1 & \omega_2 & \omega_3 & \omega_4 & \omega_5 \\ \left(\begin{array}{ccccc} 0 & 0.97 & 6.89 & 6.20 & 5.45 \\ & 0 & 3.71 & 4.86 & 7.99 \\ & & 0 & 1.26 & 8.79 \\ & & & 0 & 3.87 \\ & & & & 0 \end{array}\right) \end{array} \qquad (21.42)$$

Es zeigt sich im Vergleich der drei verschiedenen Distanzmaße, dass die Distanzen zwischen den Objekten unterschiedlich groß ausfallen. Ferner zeigt sich, dass die Mahalanobis-Distanz die Objekte zum Teil anders als die beiden anderen Distanzmaße anordnet. Es ist daher leicht einzusehen, dass die Wahl des Distanzmaßes auf das Ergebnis der agglomerativen Clusterverfahren in Kapitel 21.4 einen großen Einfluß haben kann.

21.2.5 Merkmale mit unterschiedlichem Skalenniveau

Bei praktischen Problemstellungen wird man sehr oft sowohl qualitative (nominal- oder ordinalskalierte) als auch quantitative Merkmale erheben. Obwohl dieser Fall also sehr wichtig ist, haben die angebotenen Ähnlichkeits- und Distanzmaße für diesen Fall noch viele Mängel.

Die älteren Vorschläge laufen darauf hinaus, entweder qualitative Merkmale als quantitative Merkmale zu betrachten und ein für quantitative Merkmale gebräuchliches Distanzmaß zu berechnen oder quantitative Merkmale auf nominalskalierte Merkmale zu reduzieren und ein auf nominalskalierte Merkmale zugeschnittenes Ähnlichkeitsmaß zu berechnen.

Die skizzierte Vorgehensweise ist sehr unbefriedigend. Werden qualitative Merkmale als quantitative Merkmale betrachtet, so wird den qualitativen Merkmalen mehr Aussagegehalt zugebilligt, als sie haben. Werden umgekehrt quantitative Merkmale auf nominalskalierte reduziert, so wird Information verschenkt. Beides ist insbesondere unter dem Aspekt unbefriedigend, dass die Arbeit, die man sich bei der Auswahl der Merkmale gemacht hat, dadurch zum Teil wieder verloren geht.

In neueren Ansätzen wird versucht, dem Problem mehr gerecht zu werden. In Abhängigkeit vom Skalenniveau der einzelnen Merkmale werden zunächst merkmalsspezifische Ähnlichkeits- oder Distanzmaße berechnet und anschließend werden diese Maße aggregiert. Wird mit d_{nm}^N die Distanz der nominalskalierten Objekte ω_n und ω_m bezeichnet, mit d_{nm}^O die Distanz ordinanlskalierter Objekte und mit d_{nm}^Q die Distanz metrischskalierter Objekte, so besteht eine mögliche Aggregation darin, die Distanzen durch Mittelwertsbildung zusammenzufassen.

$$d_{nm} = \frac{1}{p} \left(n_N d_{nm}^N + n_O d_{nm}^O + n_Q d_{nm}^Q \right) \qquad (21.43)$$

n_N steht dabei für die Anzahl der nominalskalierten Merkmale (analog n_O und n_Q). Vorausgesetzt werden muss, dass die Maßeinheiten der Merkmale übereinstimmen, was stets durch eine Normierung erreicht werden kann. Weitere Vorschläge findet man in [89] (vgl. [64, Seite 386]).

21.3 Hierarchische Clusteranalyse

Der Begriff hierarchische Verfahren rührt daher, dass stufenweise Objekte bzw. Klassen fusioniert werden, wobei die Klassen die später fusioniert werden eine größere Heterogenität aufweisen sollten. Diese Eigenschaft wird Monotonie genannt. Bis auf das Centroid und Median Verfahren weisen die hier beschriebenen Verfahren diese Eigenschaft auf. Dadurch entsteht eine Hierarchie von Klassen, wobei die Klassen zunehmend heterogener werden.

Hierarchische Clusterverfahren können in agglomerative und divisive Verfahren unterteilt werden. Agglomerative Verfahren vereinen sukzessive n Objekte in Klassen, hingegen teilen divisive Verfahren die Klassen aus n Objekten in feinere Partitionen auf. Die Ergebnisse beider Verfahren werden in Form von Dendrogrammen präsentiert. **Dendrogramme** sind zweidimensionale Diagramme, die zeigen, auf welchem Level Vereinigungen bzw. Teilungen von den Verfahren erzeugt werden. Beispiele von Dendrogrammen folgen in den nächsten Kapiteln.

Beide Typen der hierarchischen Clusterverfahren führen eine Teilung bzw. Vereinigung unwiderruflich durch. Hat das Verfahren eine ungünstige anfängliche Division bzw. Fusion vorgenommen, so kann das ganze weitere Ergebnis dadurch negativ beeinflusst werden. Eine spätere Regruppierung der Objekte ist bei den hierarchischen Verfahren nicht möglich.

Da agglomerative hierarchische Verfahren eine Datenreduzierung bis hin zu einer Klasse vornehmen bzw. divisive hierarchische Verfahren die Daten bis hin zu n Objekten aufteilen, muss der Anwender entscheiden, auf welcher Stufe er den Fusionsbzw. Divisionsprozess abbricht. Das Problem der Bestimmung der richtigen Anzahl von Klassen wird in Kapitel 21.7.2 angesprochen.

In der Praxis haben die agglomerativen Verfahren eine größere Bedeutung als die divisiven Verfahren (vgl. [8, Seite 282]). Erstere sind z. B. auch im Programmpaket SPSS oder R implementiert.

21.4 Agglomerative Verfahren

Die Grundprozedur ist bei allen agglomerativen Verfahren die gleiche. Sie beginnen mit der Berechnung von Ähnlichkeits- bzw. Distanzmaßen zwischen den n Objekten.

Zwei Klassen werden vereint, wenn die Distanz zwischen ihnen minimal ist bzw. die größte Ähnlichkeit vorliegt. Die Anwendung der verschiedenen Ähnlichkeits- und Distanzmaße erzeugen unterschiedliche Resultate. Die Unterschiede zwischen den agglomerativen Verfahren ergeben sich daraus, wie die Distanz zwischen einer Klasse C_i und der neuen Klasse $(C_j \cup C_k)$ ermittelt wird.

Die beschriebenen agglomerativen hierarchischen Clusterverfahren stellen nur eine Auswahl der gängigsten dar. Der Einfachheit wegen werden alle diese Verfahren anhand der metrischskalierten Daten in Beispiel 21.6, Gleichung (21.34) (Seite 515) erläutert. Diese Daten weisen die in Abbildung 21.1 wiedergegebene Struktur auf. Es ist deutlich auszumachen, dass die Datenpunkte 1 und 2 sowie 4 und 5 zusammengehören. Insofern weisen diese Daten eine einfache Struktur auf, die von den folgenden Verfahren erkannt werden müsste. Die Distanzen werden in allen folgenden Beispielen mit der quadratischen euklidischen Distanz berechnet.

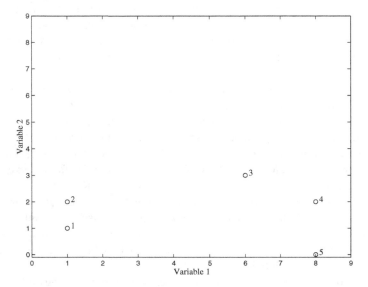

Abb. 21.1. Struktur der Beispieldaten

Bei dem Nearest Neighbour, Furthest Neighbour, Average Linkage Verfahren können sowohl Ähnlichkeits- als auch Distanzmaße angewendet werden. Diese Verfahren ermöglichen es auch, nominalskalierte Merkmalswerte zu verwenden. Beim Centroid, Median und Ward Verfahren können hingegen nur Distanzmaße und damit metrische Merkmalswerte verwendet werden.

21.4.1 Nearest Neighbour Verfahren

Die Beschreibung des Nearest Neighbour Verfahrens (Synonyme: single linkage method, minimum distance method) geht auf Sneath [112] und Johnson [60] zurück. Die anfängliche Teilung besteht aus den n Objekten. Die Objekte mit den kleinsten Distanzen zu den Nachbarobjekten werden zu einer Klasse zusammengefasst; die Klassen mit den kleinsten Distanzen werden fusioniert. Die Distanzen zwischen den Objekten / Klassen ergeben sich damit aus:

$$d_{(ij)} = \min_{\substack{i \in C_k \\ j \in C_l}} \{d_{ij}\} \tag{21.44}$$

Mit C_k und C_l werden die Objekte bzw. Klassen bezeichnet, deren Distanz gemessen wird. Die bei d_{ij} im Suffix stehenden Buchstaben bezeichnen die entsprechenden Objekte. Eine Klammerung des Suffix soll verdeutlichen, dass Objekte zusammengefasst sind. Wird eine Zahl hinter die Klammer gesetzt, z. B. $d_{(12)3}$, so wird damit ausgedrückt, dass die Objekte ω_1 und ω_2 bereits zu einer Klasse zusammengefasst wurden und nun die Distanz zwischen dieser Klasse und dem Objekt ω_3 gemessen wird.

Jede Fusion reduziert die Anzahl der Klassen. Bei dieser Methode ist die Distanz zwischen den Klassen definiert als die Distanz zwischen ihren nächsten Nachbarn.

Beispiel 21.7. Es sind fünf Objekte (siehe Gleichung 21.34, Seite 516) zu klassifizieren; die Matrix der quadrierten euklidischen Distanz zwischen den Objekten ergibt sich aus den quadrierten Distanzen (Elementen) der Matrix $\mathbf{D}^2$ (siehe Gleichung 21.38, Seite 516):

$$
\mathbf{D}_1 =
\begin{array}{c}
 \\
\omega_1 \\
\omega_2 \\
\omega_3 \\
\omega_4 \\
\omega_5
\end{array}
\begin{array}{c}
\begin{array}{ccccc} \omega_1 & \omega_2 & \omega_3 & \omega_4 & \omega_5 \end{array} \\
\left(
\begin{array}{ccccc}
0 & 1 & 29 & 50 & 50 \\
 & 0 & 26 & 49 & 53 \\
 & & 0 & 5 & 13 \\
 & & & 0 & 4 \\
 & & & & 0
\end{array}
\right)
\end{array}
\tag{21.45}
$$

Das Objekt in Zeile i und Spalte j gibt die Distanz d_{ij} zwischen den Objekten i und j an. Auf der ersten Stufe werden die Objekte ω_1 und ω_2 fusioniert, da d_{12} der kleinste Eintrag in der Matrix $\mathbf{D}_1$ ist. Die Distanz zwischen der Klasse mit den Objekten ω_1 und ω_2 und den restlichen Objekten $\omega_3, \omega_4, \omega_5$ ergibt sich aus der Matrix $\mathbf{D}_1$ wie folgt:

$$
d_{(12)3} = \min\{d_{13} = 29, d_{23} = 26\} = d_{23} = 26 \tag{21.46}
$$

$$
d_{(12)4} = \min\{d_{14} = 50, d_{24} = 49\} = d_{24} = 49 \tag{21.47}
$$

$$
d_{(12)5} = \min\{d_{15} = 50, d_{25} = 53\} = d_{25} = 50 \tag{21.48}
$$

Es kann nun eine neue Distanzmatrix $\mathbf{D}_2$ erstellt werden:

$$
\mathbf{D}_2 =
\begin{array}{c}
 \\
C_{(12)} \\
\omega_3 \\
\omega_4 \\
\omega_5
\end{array}
\begin{array}{c}
\begin{array}{cccc} C_{(12)} & \omega_3 & \omega_4 & \omega_5 \end{array} \\
\left(
\begin{array}{cccc}
0 & 26 & 49 & 50 \\
 & 0 & 5 & 13 \\
 & & 0 & 4 \\
 & & & 0
\end{array}
\right)
\end{array}
\tag{21.49}
$$

Der kleinste Eintrag in der Distanzmatrix $\mathbf{D}_2$ ist $d_{45} = 4$, so dass die Objekte ω_4 und ω_5 zu einer zweiten Klasse fusioniert werden. Die neuen Distanzen zwischen den Objekten bzw. Klassen sind:

$$
d_{(12)3} = \min\{d_{13}, d_{23}\} = d_{23} = 26 \tag{21.50}
$$

$$
d_{(12)(45)} = \min\{d_{14}, d_{15}, d_{24}, d_{25}\} = d_{25} = 49
$$
$$
= \min\{d_{(12)4}, d_{(12)5}\} = d_{(12)4} = 49 \tag{21.51}
$$

$$
d_{(45)3} = \min\{d_{34}, d_{35}\} = d_{34} = 5 \tag{21.52}
$$

Daraus ergibt sich die Distanzmatrix $\mathbf{D}_3$.

$$\mathbf{D}_3 = \begin{matrix} C_{(12)} \\ \omega_3 \\ C_{(45)} \end{matrix} \begin{matrix} C_{(12)} & \omega_3 & C_{(45)} \\ \begin{pmatrix} 0 & 26 & 49 \\ & 0 & 5 \\ & & 0 \end{pmatrix} \end{matrix} \qquad (21.53)$$

Der kleinste Eintrag in der Distanzmatrix $\mathbf{D}_3$ ist nun $d_{(45)3} = 5$, so dass jetzt das Objekt ω_3 zur Klasse $C_{(45)}$ hinzugenommen wird. Die letzte Fusion besteht aus den beiden Klassen $C_{(12)}$ und $C_{(345)}$ zu einer Klasse, die nun alle Objekte enthält. Diese Distanz berechnet sich aus der Matrix $\mathbf{D}_1$ bzw. $\mathbf{D}_3$ wie folgt:

$$d_{(12)(345)} = \min \left\{ d_{(12)3}, d_{(12)(45)} \right\} = d_{(12)3} = 26 \qquad (21.54)$$

Die Ergebnisse der einzelnen Fusionen sind in dem Dendrogramm in Abbildung 21.2 dargestellt. Auf der Ordinaten werden die jeweiligen Fusionsstufen abgetragen und mit den Werten der entsprechenden Distanzen skaliert.

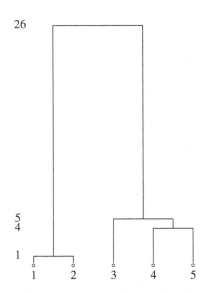

Abb. 21.2. Dendrogramm Nearest Neighbour Verfahren

Um zwei Klassen fusionieren zu können genügt es, dass ein Objekt aus der einen Klasse und ein Objekt aus der anderen Klasse im Sinne des Distanzmaßes d nahe beieinanderliegen. An die Distanzen zwischen den übrigen Objekten werden keine Forderungen gestellt, so dass diese Objekte durchaus sehr weit auseinander liegen können. Aufgrund dieser Eigenschaft ist das Nearest Neighbour Verfahren am ehesten von den hier vorgestellten Verfahren in der Lage, Klassen von beliebiger Form zu erkennen (siehe auch Kapitel 21.7.1). Erkennen heißt dabei, dass die Klassen als Klassen im Dendrogramm erscheinen. Vorausgesetzt werden muss allerdings, dass der Raum zwischen den Klassen nicht besetzt ist. Klassen, die durch eine „Brücke" verbunden sind, d. h. zwischen zwei Klassen liegen einige wenige Datenpunkte, werden, selbst wenn sie ansonsten deutlich getrennt sind, nicht herausgearbeitet, sondern vermischt. Man spricht in diesem Zusammenhang auch von der **Verkettungseigenschaft** des Nearest Neighbour Verfahrens. Aufgrund der Verkettungseigenschaft kann dieses Verfahrens aber zur Entdeckung von so genannten Ausreißern im Objektraum verwendet werden, um diese eventuell für weitere Analysen auszuschließen (vgl. [28, Seite 61]).

21.4.2 Furthest Neighbour Verfahren

Das Furthest Neighbour Verfahren (Synonyme: complete linkage method, maximum distance method) kann als die genau gegenteilige Strategie vom Nearest Neighbour Verfahren betrachtet werden. Bei diesem Verfahren wird die Distanz zwischen den Klassen als die Distanz definiert, die zwischen den beiden entferntesten Objekten auftritt, also der maximalen Distanz zwischen den Objekten von zwei Klassen.

$$d_{(ij)} = \max_{\substack{i \in C_k \\ j \in C_l}}\{d_{ij}\} \tag{21.55}$$

Aus der so bestimmten Distanzmatrix wird die minimale Distanz zwischen den Objekten / Klassen gesucht. Es wird also unter den maximalen Distanzen die kleinste gesucht.

$$d_{(ij)} = \min_{i \neq j} \max_{\substack{i \in C_k \\ j \in C_l}}\{d_{ij}\} \tag{21.56}$$

Diese Objekte / Klassen werden vereinigt. Solange nur Objekte und nicht Klassen zusammengefasst werden, sind das Furthest Neighbour und das Nearest Neighbour Verfahren identisch.

Beispiel 21.8. Es wird wieder von der Distanzmatrix $\mathbf{D}_1$ ausgegangen. Es werden die Objekte im ersten Schritt vereint, die die kleinste Distanz aufweisen. Dieser Schritt ist identisch mit dem im Nearest Neighbour Verfahren. Es werden also die Objekte ω_1 und ω_2 fusioniert. Die Distanzen zwischen den restlichen Objekten und der Klasse $C_{(12)}$ bestimmen sich nun wie folgt:

$$d_{(12)3} = \max\{d_{13} = 29, d_{23} = 26\} = d_{13} = 29 \tag{21.57}$$

$$d_{(12)4} = \max\{d_{14} = 50, d_{24} = 49\} = d_{14} = 50 \tag{21.58}$$

$$d_{(12)5} = \max\{d_{15} = 50, d_{25} = 53\} = d_{25} = 53 \tag{21.59}$$

Aus diesen Distanzen ergibt sich die Distanzmatrix $\mathbf{D}_4$.

$$\mathbf{D}_4 = \begin{matrix} & \begin{matrix} C_{(12)} & \omega_3 & \omega_4 & \omega_5 \end{matrix} \\ \begin{matrix} C_{(12)} \\ \omega_3 \\ \omega_4 \\ \omega_5 \end{matrix} & \begin{pmatrix} 0 & 29 & 50 & 53 \\ & 0 & 5 & 13 \\ & & 0 & 4 \\ & & & 0 \end{pmatrix} \end{matrix} \tag{21.60}$$

In dieser wird nun nach der minimalen Distanz gesucht. Dies ist $d_{45} = 4$; also werden wieder die Objekte ω_4 und ω_5 zu einer Klasse vereint. Um die neue Distanzmatrix bestimmen zu können, werden die maximalen Distanzen zwischen den Klassen bzw. Objekten von $C_{(12)}\omega_3$, $C_{(12)}C_{(45)}$ und $C_{(45)}\omega_3$ bestimmt.

$$d_{(12)3} = \max\{d_{13}, d_{23}\} = d_{(12)3} = 29 \tag{21.61}$$

$$d_{(12)(45)} = \max\{d_{(12)4}, d_{(12)5}\} = d_{(12)5} = 53 \tag{21.62}$$

$$d_{(45)3} = \max\{d_{34}, d_{35}\} = d_{35} = 13 \tag{21.63}$$

Die Distanzmatrix enthält damit folgende Werte:

$$\mathbf{D}_5 = \begin{array}{c} C_{(12)} \\ \omega_3 \\ C_{(45)} \end{array} \begin{pmatrix} \begin{array}{ccc} C_{(12)} & \omega_3 & C_{(45)} \end{array} \\ 0 & 29 & 53 \\ & 0 & 13 \\ & & 0 \end{pmatrix} \tag{21.64}$$

Aus dieser Distanzmatrix wird wieder die minimale Distanz ermittelt. Der minimale Eintrag $d_{(45)3} = 13$ führt erneut zur Fusion des Objekts ω_3 mit der Klasse $C_{(45)}$. Im letzten Fusionsschritt werden die beiden Klassen $C_{(12)}$ und $C_{(345)}$ vereint. Die Distanz zwischen ihnen beträgt:

$$d_{(12)(345)} = \max\{d_{(12)3}, d_{(12)(45)}\} = d_{(12)(45)} = 53 \tag{21.65}$$

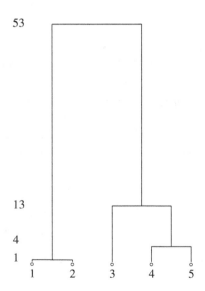

Abb. 21.3. Dendrogramm Furthest Neighbour Verfahren

Das Ergebnis des Fusionsprozesses ist in dem Dendrogramm in Abbildung 21.3 dargestellt.

Das ähnliche Ergebnis mit dem Nearest Neighbour Verfahren rührt aus der einfachen Datenstruktur her. Dies muss nicht der Fall sein. Das Furthest Neighbour Verfahren tendiert im Gegensatz zum Nearest Neighbour Verfahren eher zur Bildung kleiner Klassen. Das liegt darin begründet, dass als Distanz jeweils der größte Wert der Einzeldistanzen herangezogen wird. Von daher ist das Furthest Neighbour Verfahren nicht dazu geeignet, „Ausreißer" in einer Objektgesamtheit zu entdecken. Ausreißer können bei diesem Verfahren zu einer Verzerrung des Klassifizierungsprozesses führen.

21.4.3 Centroid Verfahren

Diese Methode, die sich auf die Klassierung von Variablen konzentriert, wurde von Sokal und Michener [113] sowie von King [65], [66] entwickelt. Das Centroid Verfahren ist unter messtheoretischen Aspekten nur zu empfehlen, wenn sämtliche Merkmale mindestens intervallskaliert sind. Es wird angenommen, dass die Klassen im euklidischen Raum liegen. Als Centroid wird der Mittelwert der Variablenwerte bezeichnet. Die Distanz zwischen den Klassen ist definiert als die Distanz zwischen den Klassencentroiden. Die Distanzen werden bei diesem Verfahren durch die quadratische euklidische Distanz gemessen. Hinter dem Verfahren steht die Idee, dass jede Klasse durch den Klassenschwerpunkt (Centroid) repräsentiert wird (vgl. [64, Seite 398]). $n(C_k)$ bezeichnet die Anzahl der Objekte in C_k.

$$\bar{x}_{kj} = \frac{1}{n(C_k)} \sum_{i \in C_k} x_{ij} \quad \text{für das } j\text{-te Merkmal} \qquad (21.66)$$

Der Abstand zwischen den Objekten / Klassen wird durch die quadrierte euklidische Distanz der Klassenschwerpunkte gemessen. Es werden die beiden Klassen fusioniert, die die kleinste Distanz zueinander aufweisen.

$$d_{(ki)} = \min_{k \neq i} \left\{ d_{ki} = \sum_{j=1}^{m} |\bar{x}_{ki} - \bar{x}_{ij}|^2 \right\} \qquad (21.67)$$

Das Verfahren fusioniert also die Objekte / Klassen, für die die Distanz zwischen den Centroiden minimal ist. Bei diesem Verfahren kann es vorkommen, dass eine Fusion aus zwei Klassen homogener, im Sinne von einem kleineren Klassencentroid, ist als die beiden Klassen, aus denen sie zusammengefügt wurde. Ein solcher Fall wird als Inversion bezeichnet. Dieses Problem kann auch beim Median Verfahren auftreten.

Beispiel 21.9. Im ersten Schritt des Verfahrens werden aus der Distanzmatrix $\mathbf{D}_1$ die Objekte fusioniert, die die kleinste Distanz aufweisen. In dem Beispiel ist dies die Distanz $d_{12} = 1$. Es werden die Objekte ω_1 und ω_2 zu einer Klasse zusammengefügt und der Centroid dieser Klasse berechnet.

$$\mathbf{X} = \begin{array}{c} \\ C_{(12)} \\ \omega_3 \\ \omega_4 \\ \omega_5 \end{array} \begin{array}{cc} x_1 & x_2 \\ \begin{pmatrix} 1 & 1.5 \\ 6 & 3 \\ 8 & 2 \\ 8 & 0 \end{pmatrix} \end{array} \tag{21.68}$$

Aus den reduzierten Daten wird eine neue Distanzmatrix $\mathbf{D}_6$ mittels Gleichung (21.67) berechnet.

$$\mathbf{D}_6 = \begin{array}{c} \\ C_{(12)} \\ \omega_3 \\ \omega_4 \\ \omega_5 \end{array} \begin{array}{cccc} C_{(12)} & \omega_3 & \omega_4 & \omega_5 \\ \begin{pmatrix} 0 & 27.25 & 49.25 & 51.25 \\ & 0 & 5 & 13 \\ & & 0 & 4 \\ & & & 0 \end{pmatrix} \end{array} \tag{21.69}$$

Der kleinste Wert in der Matrix $\mathbf{D}_6$ weist $d_{45} = 4$ auf. Die zweite Klasse wird daher aus den Objekten ω_4 und ω_5 gebildet, deren Klassencentroid berechnet wird.

$$\mathbf{X} = \begin{array}{c} \\ C_{(12)} \\ \omega_3 \\ C_{(45)} \end{array} \begin{array}{cc} x_1 & x_2 \\ \begin{pmatrix} 1 & 1.5 \\ 6 & 3 \\ 8 & 1 \end{pmatrix} \end{array} \tag{21.70}$$

Aus diesen Werten errechnet sich eine neue Distanzmatrix $\mathbf{D}_7$.

$$\mathbf{D}_7 = \begin{array}{c} \\ C_{(12)} \\ \omega_3 \\ C_{(45)} \end{array} \begin{array}{ccc} C_{(12)} & \omega_3 & C_{(45)} \\ \begin{pmatrix} 0 & 27.25 & 49.25 \\ & 0 & 8 \\ & & 0 \end{pmatrix} \end{array} \tag{21.71}$$

In der Distanzmatrix $\mathbf{D}_7$ ist die Distanz zwischen dem Objekt ω_3 und der Klasse $C_{(45)}$ am kleinsten, so dass diese zu einer neuen Klasse fusioniert werden. Für die Objekte ergeben sich dann folgende Werte:

$$\mathbf{X} = \begin{array}{c} C_{(12)} \\ C_{(345)} \end{array} \begin{array}{cc} x_1 & x_2 \\ \begin{pmatrix} 1 & 1.5 \\ 7.\overline{33} & 1.\overline{66} \end{pmatrix} \end{array} \tag{21.72}$$

Aus diesen Werten ergibt sich dann die Distanzmatrix $\mathbf{D}_8$:

$$\mathbf{D}_8 = \begin{array}{c} C_{(12)} \\ C_{(345)} \end{array} \begin{array}{cc} C_{(12)} & C_{(345)} \\ \begin{pmatrix} 0 & 40.14 \\ & 0 \end{pmatrix} \end{array} \tag{21.73}$$

Die Centroide der Klasse $C_{(345)}$ berechnen sich aus den Werten der entsprechenden Objekte. Im Beispiel berechnet sich der Centroid für das Merkmal 1 in der Klasse aus $(6+8+8)/3$ und für das Merkmal 2 aus $(3+2+0)/3$. Die Werte stammen aus der Datenmatrix im Beispiel 21.6 (Seite 515).

Im letzten Schritt wird dann die neugebildete Klasse $C_{(345)}$ mit der Klasse $C_{(12)}$ fusioniert. Das Ergebnis der Fusionen ist im Dendrogramm in Abbildung 21.4 dargestellt.

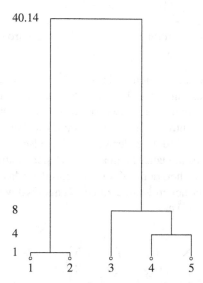

Abb. 21.4. Dendrogramm Centroid Verfahren

Das Centroid Verfahren ist in dem Sinne verwandt mit dem Average Linkage Verfahren (siehe Kapitel 21.4.5), als in beiden Verfahren die Objekte zweier Klassen nur im Mittel hinreichend ähnlich sein müssen, um die Klassen zu fusionieren. Aussagen über Unterschiede zwischen den beiden Klassifikationsverfahren sind ohne Kenntnis des beim Average Linkage Verfahren gewählten Distanzmaßes d nicht möglich. Wird beim Average Linkage Verfahren die quadrierte euklidische Distanz verwandt, so kann man zeigen, dass beim Average Linkage Verfahren nicht nur die quadrierte euklidische Distanz zwischen den Klassenschwerpunkten möglichst klein sein muss, sondern zusätzlich müssen auch die Varianzen innerhalb der Klassen möglichst klein sein, damit zwei Klassen fusioniert werden. Während das Centroid Verfahren nahe beieinander liegende Klassen fusioniert, können beim Average Linkage Verfahren unter Verwendung quadrierter euklidischer Distanzen auch weiter entfernte Klassen fusioniert werden, sofern sie kompakt sind (vgl. [64, Seite 399]).

21.4.4 Median Cluster Verfahren

Ein Nachteil des Centroid Verfahrens ist, dass, wenn die Größe von zwei Klassen, die fusioniert werden sollen, sehr unterschiedlich ist, der Centroid der neuen Klasse sehr nah an der größeren Klasse liegt. Dies ist ein allgemeines Problem der Mittelwertsberechnung. Die Charakteristik der kleineren Klasse geht nahezu verloren. Aus dieser Problematik wurde das Median Verfahren entwickelt. Der **Median** ist hier der mittige Wert in einer geordneten Reihe von Merkmalswerten und nicht, wie in der deskriptiven Statistik definiert, die Merkmalsausprägung, die größer als mindestens 50% der Merkmalsausprägungen ist.

$$x^M_{(ki)j} = \frac{x_{kj} + x_{ij}}{2} \tag{21.74}$$

Solange nur zwei Objekte vereint werden, sind das Centroid und das Median Verfahren identisch.

Beispiel 21.10. Die ersten zwei Fusionen verlaufen identisch mit dem Centroid Verfahren, da hier nur Objekte fusioniert werden. Die Objekte ω_1, ω_2 und ω_4, ω_5 werden zu jeweils einer Klasse zusammengefasst. Erst die dritte Fusion kann zu einem Unterschied im Vergleich zum Centroid Verfahren führen. Da aber die Klassen nur jeweils zwei Objekte beinhalten, sind nach der verwendeten Berechnung des Medians Mittelwert und Median identisch. Daher kann aus der Distanzmatrix $\mathbf{D}_7$ entnommen werden, dass die Distanz zwischen dem Objekt ω_3 und der Klasse $C_{(45)}$ am kleinsten ist, so dass diese zu einer neuen Klasse zusammengefasst werden. Die Objekte haben dann folgende medialen Werte:

$$\mathbf{X} = \begin{matrix} & x_1 & x_2 \\ C_{(12)} & \\ C_{(345)} \end{matrix} \begin{pmatrix} 1 & 1.5 \\ 7 & 2 \end{pmatrix} \tag{21.75}$$

Hieraus errechnet sich die Distanzmatrix $\mathbf{D}_9$.

$$\mathbf{D}_9 = \begin{matrix} & C_{(12)} & C_{(345)} \\ C_{(12)} & \\ C_{(345)} \end{matrix} \begin{pmatrix} 0 & 36.25 \\ & 0 \end{pmatrix} \tag{21.76}$$

Das Ergebnis der Fusionen ist in der Abbildung 21.5 wiedergegeben. Das Dendrogramm ähnelt dem aus dem Centroid Verfahren sehr, was auf die große Nähe zum Centroid Verfahren zurückzuführen ist.

21.4.5 Average Linkage Verfahren

Bei dem Average Linkage Verfahren werden die Distanzen in der Distanzmatrix zwischen den Objekten bzw. Klassen gemittelt. Beim Centroid Verfahren hingegen werden die Merkmalswerte selbst gemittelt. Man unterscheidet zwei Varianten des Verfahrens. In dem Between Groups Verfahren werden die Distanzen zwischen den Klassen gemittelt, um die Abstände zwischen den Objekten / Klassen zu bestimmen. Die Objekte / Klassen mit dem kleinsten Abstand werden fusioniert. In dem Within Groups Verfahren werden die Distanzen innerhalb der Klassen zwischen den einzelnen Objekten gemittelt, wobei jeweils ein neues noch nicht in der Klasse enthaltenes Objekt aufgenommen wird. Das Objekt, dass zur kleinsten mittleren Distanz führt, wird in die Klasse aufgenommen.

21.4.5.1 Between Group Linkage Verfahren

Bei dieser Variante des Average Linkage Verfahrens wird der Abstand zwischen der entstandenen Klasse und den verbleibenden Objekten gemittelt.

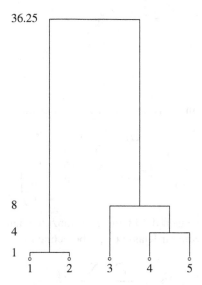

Abb. 21.5. Dendrogramm Median Verfahren

$$d_{(kl)} = \frac{1}{n(C_i)\, n(C_j)} \sum_{k \in C_i} \sum_{l \in C_j} d_{kl} \qquad (21.77)$$

$n(C_i), n(C_j)$ bezeichnen hier die Anzahl der Objekte in den Klassen C_i, C_j; die Summe $\sum_{k \in C_i} \sum_{l \in C_j}$ bedeutet, dass der Index k bzw. l auf alle Objekte in den Klassen C_i und C_j angewandt wird.

Beispiel 21.11. Aus der Distanzmatrix $\mathbf{D}_1$ ergibt sich wieder, dass die Objekte ω_1 und ω_2 die kleinste Distanz zueinander aufweisen. Sie werden daher zur Klasse $C_{(12)}$ fusioniert. Nun wird die Distanz der Klasse $C_{(12)}$ zu den verbleibenden Objekten $\omega_3, \omega_4, \omega_5$ berechnet.

$$
\begin{aligned}
d_{(12)3} &= \frac{1}{2 \times 1} \sum_{k \in \{1,2\}} \sum_{l \in \{3\}} d_{kl} \\
&= \frac{1}{2} \left(d_{13} + d_{23} \right) \\
&= \frac{1}{2} \left(29 + 26 \right) = 27.5
\end{aligned}
\qquad (21.78)
$$

$$
\begin{aligned}
d_{(12)4} &= \frac{1}{2 \times 1} \sum_{k \in \{1,2\}} \sum_{l \in \{4\}} d_{kl} \\
&= \frac{1}{2} \left(d_{14} + d_{24} \right) \\
&= \frac{1}{2} \left(50 + 49 \right) = 49.5
\end{aligned}
\qquad (21.79)
$$

$$d_{(12)5} = \frac{1}{2 \times 1} \sum_{k \in \{1,2\}} \sum_{l \in \{5\}} d_{kl}$$

$$= \frac{1}{2} (d_{15} + d_{25}) \tag{21.80}$$

$$= \frac{1}{2} (50 + 53) = 51.5$$

Aus diesen Distanzen kann die Distanzmatrix $\mathbf{D}_{10}$ bestimmt werden.

$$\mathbf{D}_{10} = \begin{array}{c} \\ C_{(12)} \\ \omega_3 \\ \omega_4 \\ \omega_5 \end{array} \begin{array}{c} C_{(12)} \quad \omega_3 \quad \omega_4 \quad \omega_5 \\ \begin{pmatrix} 0 & 27.5 & 49.5 & 51.5 \\ & 0 & 5 & 13 \\ & & 0 & 4 \\ & & & 0 \end{pmatrix} \end{array} \tag{21.81}$$

Die Objekte ω_4 und ω_5 weisen die kleinste Distanz zueinander auf; sie werden fusioniert. Die neuen Distanzen zur Klasse $C_{(45)}$ berechnen sich wie folgt:

$$d_{(12)3} = \frac{1}{2 \times 1} \sum_{k \in \{1,2\}} \sum_{l \in \{3\}} d_{kl}$$

$$= \frac{1}{2} (d_{13} + d_{23}) \tag{21.82}$$

$$= \frac{1}{2} (29 + 26) = 27.5$$

$$d_{(12)(45)} = \frac{1}{2 \times 2} \sum_{k \in \{1,2\}} \sum_{l \in \{4,5\}} d_{kl}$$

$$= \frac{1}{4} (d_{14} + d_{15} + d_{24} + d_{25}) \tag{21.83}$$

$$= \frac{1}{4} (50 + 50 + 49 + 53) = 50.5$$

$$d_{(45)3} = \frac{1}{2 \times 1} \sum_{k \in \{4,5\}} \sum_{l \in \{3\}} d_{kl}$$

$$= \frac{1}{2} (d_{43} + d_{53}) \tag{21.84}$$

$$= \frac{1}{2} (5 + 13) = 9$$

$$\mathbf{D}_{11} = \begin{array}{c} \\ C_{(12)} \\ \omega_3 \\ C_{(45)} \end{array} \begin{array}{c} C_{(12)} \quad \omega_3 \quad C_{(45)} \\ \begin{pmatrix} 0 & 27.5 & 50.5 \\ & 0 & 9 \\ & & 0 \end{pmatrix} \end{array} \tag{21.85}$$

Aus der Distanzmatrix $\mathbf{D}_{11}$ ergibt sich, dass die Klasse $C_{(45)}$ zum Objekt ω_3 die kleinste Distanz besitzt. Es wird also Objekt ω_3 mit der Klasse $C_{(45)}$ fusioniert. Die Distanz zwischen den beiden Klassen $C_{(12)}$ und $C_{(345)}$ ist dann:

$$d_{(12)(345)} = \frac{1}{2 \times 3} \sum_{k \in \{1,2,3\}} \sum_{l \in \{3,4,5\}} d_{kl}$$

$$= \frac{1}{6} (d_{13} + d_{14} + d_{15} + d_{23} + d_{24} + d_{25}) \qquad (21.86)$$

$$= \frac{1}{6} (29 + 50 + 50 + 26 + 49 + 53) = 42.8\overline{33}$$

Damit sind nun alle Objekte fusioniert. Das Ergebnis des Fusionsprozesses ist im Dendrogramm in Abbildung 21.6 wiedergegeben.

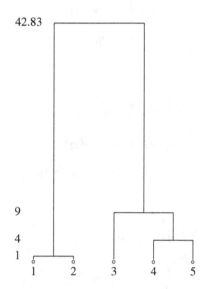

Abb. 21.6. Dendrogramm Between Groups Linkage Verfahren

21.4.5.2 Within Group Linkage Verfahren

Bei dem Within Group Linkage Verfahren werden die Distanzen der einzelnen Objekte innerhalb der k-ten Klasse gemittelt.

$$d_{(kl)} = \frac{1}{\binom{n(C_i)+n(C_j)}{2}} \sum_{\substack{k,l \in C_i \cup C_j \\ k < l}} d_{kl} \qquad (21.87)$$

Mit $n(C_i), n(C_j)$ wird wieder die Anzahl der Objekte in den Klassen C_i, C_j bezeichnet. Der Binomialkoeffizient $\binom{n(C_i)+n(C_j)}{2}$ bestimmt die Anzahl der Objektkombinationen, die sich aus beiden Klassen ergeben. Die Summe $\sum_{\substack{k,l \in C_i \cup C_j \\ k < l}}$ bedeutet, dass der Index k bzw. l auf alle Objekte in den beiden Klassen angewandt wird, sofern $k < l$ ist. In der Summe treten also immer $\binom{n(C_i)+n(C_j)}{2}$ Glieder auf. Daher ist mit dieser Zahl der Durchschnitt zu bilden.

Beispiel 21.12. Es wird wieder von der Distanzmatrix $\mathbf{D}_1$ ausgegegangen. Die Objekte ω_1 und ω_2 werden aufgrund der kleinsten Distanz zueinander fusioniert. Nun werden die durchschnittlichen Distanzen in der Klasse $C_{(12)}$ berechnet, wenn jeweils eines der nicht in der Klasse enthaltenen Objekte hinzugenommen wird.

$$
\begin{aligned}
d_{(12)3} &= \frac{1}{\binom{3}{2}} \sum_{\substack{k,l \in \{1,2,3\} \\ k<l}} d_{kl} \\
&= \frac{1}{3} \left(d_{21} + d_{31} + d_{32} \right) \\
&= \frac{1}{3} \left(1 + 29 + 26 \right) = 18.\overline{66}
\end{aligned}
\tag{21.88}
$$

$$
\begin{aligned}
d_{(12)4} &= \frac{1}{\binom{3}{2}} \sum_{\substack{k,l \in \{1,2,4\} \\ k<l}} d_{kl} \\
&= \frac{1}{3} \left(d_{21} + d_{41} + d_{42} \right) \\
&= \frac{1}{3} \left(1 + 50 + 49 \right) = 33.\overline{33}
\end{aligned}
\tag{21.89}
$$

$$
\begin{aligned}
d_{(12)5} &= \frac{1}{\binom{3}{2}} \sum_{\substack{k,l \in \{1,2,5\} \\ k<l}} d_{kl} \\
&= \frac{1}{3} \left(d_{21} + d_{25} + d_{15} \right) \\
&= \frac{1}{3} \left(1 + 53 + 50 \right) = 34.\overline{66}
\end{aligned}
\tag{21.90}
$$

$$
\mathbf{D}_{12} = \begin{array}{c}
C_{(12)} \\
\omega_3 \\
\omega_4 \\
\omega_5
\end{array}
\begin{array}{c}
\begin{array}{cccc}
C_{(12)} & \omega_3 & \omega_4 & \omega_5
\end{array} \\
\begin{pmatrix}
0 & 18.\overline{66} & 33.\overline{33} & 34.\overline{66} \\
 & 0 & 5 & 13 \\
 & & 0 & 4 \\
 & & & 0
\end{pmatrix}
\end{array}
\tag{21.91}
$$

Aus der Distanzmatrix $\mathbf{D}_{12}$ ergibt sich, dass erneut die Objekte ω_4 und ω_5 fusioniert werden. Die Distanzen innerhalb der Klassen sind wie folgt:

$$d_{(12)3} = \frac{1}{\binom{3}{2}} \sum_{\substack{k,l \in \{1,2,3\} \\ k<l}} d_{kl}$$

$$= \frac{1}{3}\left(d_{21} + d_{31} + d_{32}\right) \tag{21.92}$$

$$= \frac{1}{3}\left(1 + 29 + 26\right) = 18.\overline{66}$$

$$d_{(12)(45)} = \frac{1}{\binom{4}{2}} \sum_{\substack{k,l \in \{1,2,4,5\} \\ k<l}} d_{kl}$$

$$= \frac{1}{6}\left(d_{21} + d_{14} + d_{15} + d_{24} + d_{25} + d_{45}\right) \tag{21.93}$$

$$= \frac{1}{6}\left(1 + 50 + 50 + 49 + 53 + 4\right) = 34.5$$

$$d_{(45)3} = \frac{1}{\binom{3}{2}} \sum_{\substack{k,l \in \{3,4,5\} \\ k<l}} d_{kl}$$

$$= \frac{1}{3}\left(d_{34} + d_{35} + d_{45}\right) \tag{21.94}$$

$$= \frac{1}{3}\left(5 + 13 + 4\right) = 7.\overline{33}$$

$$\mathbf{D}_{13} = \begin{matrix} & C_{(12)} & \omega_3 & C_{(45)} \\ C_{(12)} \\ \omega_3 \\ C_{(45)} \end{matrix} \begin{pmatrix} 0 & 18.\overline{66} & 34.5 \\ & 0 & 7.\overline{33} \\ & & 0 \end{pmatrix} \tag{21.95}$$

Im nächsten Schritt werden das Objekt ω_3 und die Klasse $C_{(45)}$ fusioniert, da ihre Distanz innerhalb der Klasse die kleinste aus allen möglichen Kombinationen ist. Nach der Fusion ergibt sich die mittlere Distanz in der Klasse:

$$d_{(12)(345)} = \frac{1}{\binom{5}{2}} \sum_{\substack{k,l \in \{1,2,3,4,5\} \\ k<l}} d_{kl}$$

$$= \frac{1}{10}\left(d_{12} + d_{13} + d_{14} + d_{15} + d_{23} + d_{24} + d_{25} + \right. \tag{21.96}$$

$$\left. d_{34} + d_{35} + d_{45}\right) = 28$$

Damit sind nun alle Fusionen abgeschlossen, da zuletzt nur die Fusion der beiden verbleibenden Klassen $C_{(12)}$ und $C_{(345)}$ verbleibt. Die einzelnen Stufen der Fusion sind im Dendrogramm in Abbildung 21.7 wiedergegeben.

21.4.6 Ward's Verfahren

Das Verfahren von Ward [126] unterscheidet sich von den vorhergehenden nicht nur durch die Art der Distanzbildung, sondern auch durch die Vorgehensweise bei der

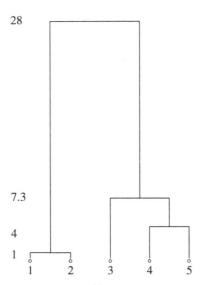

Abb. 21.7. Dendrogramm Within Groups Linkage Verfahren

Fusion von Klassen bzw. Objekten. Ward schlägt vor, nicht diejenigen Klassen zusammenzufassen, die die geringste Distanz zueinander aufweisen, sondern die Objekte zu vereinen, die ein vorgegebenes Heterogenitätsmaß am wenigsten vergrößern.
Das Ziel des Ward Verfahrens besteht darin, auf jeder Stufe des Fusionsprozesses
den Verlust an Information, der durch die Zusammenfassung der Objekte entsteht,
so klein wie möglich zu halten. Der Verlust an Information wird durch die Summe
der quadrierten Abweichungen vom Gruppenmittel (Centroid) gemessen, also letztlich mittels der Varianz (ESS $= n \times \sigma^2$, ESS = explained sum of squares).

Die Summe der quadrierten Abweichungen wird für jedes Merkmal über alle
Klassen bzw. Objekte berechnet.

$$\text{ESS}(C_k) = \sum_{j=1}^{p} \sigma_j^2(C_k)\, n(C_k)$$

$$= \sum_{j=1}^{p} \sum_{i \in C_k} \left(x_{ij} - \bar{x}_j(C_k)\right)^2$$

$$= \sum_{j=1}^{p} \left(\sum_{i \in C_k} x_{ij}^2 - \frac{\left(\sum\limits_{i \in C_k} x_{ij}\right)^2}{n(C_k)} \right) \tag{21.97}$$

In der Formel bedeutet der Ausdruck $\sum_{i \in C_k}$, dass die Summe über alle Objekte
in der Klasse C_k gebildet wird. Die Anzahl der Objekte in der Klasse C_k wird ange-

geben durch $n(C_k)$. Der Index $j = 1, \ldots, p$ bezeichnet die Anzahl der Merkmale. Mit $\sigma_j^2(C_k)$ ist die Varianz der k-ten Klasse bzgl. des j-ten Merkmals bezeichnet (siehe auch Streuungszerlegung, Seite 78).

Beispiel 21.13. Zum Beispiel berechnet sich die Streuung von $\mathrm{ESS}(C_k) = \mathrm{ESS}_{(13)}$ aus den Werten in 21.34 wie folgt:

$$
\mathrm{ESS}_{(13)} = \sum_{j=1}^{2} \left(\sum_{i \in \{1,3\}} x_{ij}^2 - \frac{\left(\sum\limits_{i \in \{1,3\}} x_{ij} \right)^2}{n(C_k)} \right) \tag{21.98}
$$

$$
= x_{11}^2 + x_{31}^2 - \frac{(x_{11} + x_{31})^2}{2} + x_{12}^2 + x_{32}^2 - \frac{(x_{12} + x_{32})^2}{2}
$$

$$
= 1^2 + 6^2 - \frac{(1+6)^2}{2} + 1^2 + 3^2 - \frac{(1+3)^2}{2} = 14.5
$$

Die Homogenität einer Partition (Gruppe von Klassen) wird durch die Summe der Streuungen innerhalb der Klassen gemessen. Auf jeder Stufe der Analyse wird für jede mögliche Fusion von Objekten bzw. Klassen die Varianz gemessen. Die Fusion der Klassen, die den kleinsten Varianzzuwachs hat, wird vorgenommen.

Das Verfahren von Ward ist unter messtheoretischen Aspekten nur zu empfehlen, wenn sämtliche Merkmale mindestens intervallskaliert sind. Das Ward-Verfahren unterstellt implizit die quadratische euklidische Distanz, da diese mit dem Varianzkonzept übereinstimmt.

$$
d_{(ij)} = 2\,\mathrm{ESS}_{ij} \tag{21.99}
$$

$$
d_{(ijk)} = 3\,\mathrm{ESS}_{ijk} \tag{21.100}
$$

$$
\vdots
$$

Dies bedeutet, dass die Distanz zwischen den Objekten ω_i und ω_j bzw. $\omega_i, \omega_j, \omega_k$ usw. auch aus den Varianzen berechnet werden kann. Die Streuungszuwächse können also auf jeder Fusionsstufe auch mittels der Distanzmatrix berechnet werden.

Das Ward-Verfahren kann grundsätzlich auch mit anderen Distanzmaßen (Minkowski-Metriken) arbeiten. Dies führt dann aber dazu, dass die Streuung auch nicht mehr mit dem Varianzkonzept, sondern mit dem eingesetzten Distanzmaß gemessen wird.

Beispiel 21.14. Für die Beispieldaten im Beispiel 21.6 (Seite 515) ergeben sich die folgenden Streuungen:

Fusion	$\omega_1 \cup \omega_2$	$\omega_1 \cup \omega_3$	$\omega_1 \cup \omega_4$	$\omega_1 \cup \omega_5$	$\omega_2 \cup \omega_3$	$\omega_2 \cup \omega_4$	$\omega_2 \cup \omega_5$
ESS	0.5	14.5	25	25	13	24.5	26.5

Fusion	$\omega_3 \cup \omega_4$	$\omega_3 \cup \omega_5$	$\omega_4 \cup \omega_5$
ESS	2.5	6.5	2

Die Zusammenfassung der Objekte ω_1 und ω_2 zu einer Klasse $C_{(12)}$ führt zu der Streuung 0.5. Unter allen möglichen Kombinationen hat diese Kombination die kleinste Streuung. Daher werden in der ersten Stufe diese Objekte zusammengefasst. In der nächsten Stufe werden die Streuungen aus den Kombinationen der Objekte $\omega_3, \omega_4, \omega_5$ und der Klasse $C_{(12)}$ berechnet.

Fusion	$C_{(12)} \cup \omega_3$	$C_{(12)} \cup \omega_4$	$C_{(12)} \cup \omega_5$	$\omega_3 \cup \omega_4$	$\omega_3 \cup \omega_5$	$\omega_4 \cup \omega_5$
ESS	$18.\overline{66}$	$33.\overline{33}$	$34.\overline{66}$	2.5	6.5	2

Auf dieser Fusionsstufe weist die Kombination $\omega_4 \cup \omega_5$ die kleinste Streuung auf, so dass diese Objekte zu einer Klasse zusammengefasst werden. Die Streuung wächst um 2 auf 2.5. In der dritten Stufe können die Klassen $C_{(12)}, C_{(45)}$ sowie das Objekt ω_3 entsprechend fusioniert werden.

Fusion	$C_{(12)} \cup \omega_3$	$C_{(12)} \cup C_{(45)}$	$\omega_3 \cup C_{(45)}$
ESS	$18.\overline{66}$	51.75	$7.\overline{33}$

Den kleinsten Streuungszuwachs weist eine Fusion des Objekts ω_3 mit der Klasse $C_{(45)}$ auf. Die Gesamtstreuung auf der Fusionsstufe $C_{(12)}, C_{(345)}$ beträgt $\text{ESS}_{(12)(345)} = 7.8\overline{33}$, die sich aus der Addition der Streuung von $\text{ESS}_{(12)} = 0.5$ und $\text{ESS}_{(345)} = 7.\overline{33}$ ergibt. In der letzten Stufe werden alle Klassen zusammengefasst zu $C_{(12345)}$. Die Streuung beträgt $\text{ESS} = 56$.

Wie bereits erwähnt, können die Streuungszuwächse auf jeder Fusionsstufe auch mittels der Distanzmatrix $\mathbf{D}_1$ im Beispiel 21.7 (Seite 521) errechnet werden.

$$\text{ESS}_{(12)} = \frac{d_{(12)}}{2} = \frac{1}{2} \tag{21.101}$$

$$\text{ESS}_{(45)} = \frac{d_{(45)}}{2} = \frac{4}{2} \tag{21.102}$$

$$\text{ESS}_{(345)} = \frac{d_{(345)}}{3}$$

$$= \frac{\sum\limits_{i=3}^{4} \sum\limits_{j=i+1}^{5} d_{(ij)}}{3} \tag{21.103}$$

$$= \frac{5 + 13 + 4}{3} = \frac{22}{3}$$

$$\text{ESS}_{(12345)} = \frac{d_{(12345)}}{5}$$

$$= \frac{\sum\limits_{i=1}^{4} \sum\limits_{j=i+1}^{5} d_{(ij)}}{5} = \frac{280}{5} \tag{21.104}$$

Werden die einzelnen Fusionsstufen anhand der jeweiligen Streuung grafisch dargestellt, so erhält man das Dendrogramm in Abbildung 21.8.

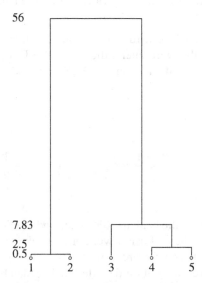

56

7.83
2.5
0.5

1   2   3   4   5

Abb. 21.8. Dendrogramm Ward Verfahren

Die Verfahren vereinen in den Beispielen stets die gleichen Objekte; sie werden nur auf verschiedenen Niveaus zusammengeführt. Dies hängt zum einen von den Beispieldaten ab, zum anderen weist dies aber auch auf die Ähnlichkeit der Verfahren hin.

21.4.7 Entropieanalyse

Die **Entropieanalyse**, auch als **Informationsanalyse** bezeichnet, ist die Technik des Ward-Verfahren zur Gruppenbildung auf qualitative Merkmale übertragen. Bei qualitativen Merkmalen wird die Streuung der Merkmalsausprägungen mit der Informationsentropie gemessen. Die Homogenität einer Klasse C_k wird durch die Addition der Informationsentropie, die für jede der p Merkmale vorliegt, erfasst. Es ist die Erweiterung der Informationsentropie aus Kapitel 4.2.2.

$$h(C_k) = - \sum_{j=1}^{p} \sum_{\ell=1}^{m_\ell} f_{C_k}(x_{j\ell}) \log_{m_\ell} f_{C_k}(x_{j\ell}) \qquad (21.105)$$

Mit m_ℓ wird die Zahl der Merkmalsausprägungen bzgl. des j-ten Merkmals bezeichnet. $x_{j\ell}$ ist der Wert der ℓ-ten Merkmalsausprägung des j-ten Merkmals. Damit misst dann $f_{C_k}(x_{j\ell})$ den relativen Anteil der ℓ-ten Merkmalsausprägung für das j-te Merkmal in der Klasse C_k. Es werden die Klassen / Objekte fusioniert, bei denen der geringste Entropieanstieg zu messen ist. Eine ausführliche Darstellung findet man bei [124, Seite 252ff]. Dort wird auch ausgeführt, dass die Entropieanalyse bei einer sehr hohen Anzahl von Merkmalen ($p \geq 100$) Probleme mit der Klassifikation hat.

Insgesamt wird dieses Verfahren als überaus brauchbar für die Klassifikation binärer Merkmale angesehen.

Beispiel 21.15. Die Entropieanalyse wird auf die binären Daten aus Beispiel 21.1 (Seite 508) angewendet. Hierbei wird zuerst die paarweise Fusion der Objekte berechnet. Die Entropie, die sich bei der Fusion der Objekte ω_1 und ω_2 ergibt, berechnet sich wie folgt:

$$h(C_{(12)}) = -\sum_{j=1}^{3}\sum_{\ell=1}^{2} f_{C_{(12)}}(x_{j\ell}) \log_2 f_{C_{(12)}}(x_{j\ell})$$
$$= \frac{0}{2} \log_2 \frac{0}{2} + \frac{2}{2} \log_2 \frac{2}{2} + \frac{1}{2} \log_2 \frac{1}{2} + \frac{1}{2} \log_2 \frac{1}{2} + \frac{1}{2} \log_2 \frac{1}{2} \quad (21.106)$$
$$+ \frac{1}{2} \log_2 \frac{1}{2}$$

Das erste Merkmal weist für die beiden Objekte ω_1 und ω_2 die Merkmalsausprägung $x_{11} = 0$ nicht auf. Bei dieser Fusion werden 2 Objekte einbezogen, so dass die relative Häufigkeit auf 2 bezogen werden muss: $f_{C_{(12)}}(x_{11}) = 0/2$. Die Merkmalsausprägung $x_{12} = 1$ wird zweimal für das Merkmal bei den beiden betrachteten Objekten gemessen. Die relative Häufigkeit beträgt daher $f_{C_{(12)}}(x_{12}) = 1$. Diese Auswertung ist nun für die anderen Merkmale auch vorzunehmen. Das Ergebnis dieser Berechnung ist wie folgt:

Fusion	$\omega_1 \cup \omega_2$	$\omega_1 \cup \omega_3$	$\omega_1 \cup \omega_4$	$\omega_1 \cup \omega_5$	$\omega_2 \cup \omega_3$	$\omega_2 \cup \omega_4$	$\omega_2 \cup \omega_5$
$h(C_k)$	2	1	2	1	1	0	3

Fusion	$\omega_3 \cup \omega_4$	$\omega_3 \cup \omega_5$	$\omega_4 \cup \omega_5$
$h(C_k)$	1	2	3

Der geringste Entropieanstieg liegt bei der Fusion der Objekte ω_2 und ω_4 vor. Daher werden diese zu einer Klasse zusammengefasst. Auf der nächsten Fusionsstufe werden nun die Entropiewerte der Klasse $C_{(24)}$ zu den verbliebenen Objekten ermittelt.

Fusion	$C_{(24)} \cup \omega_1$	$C_{(24)} \cup \omega_3$	$C_{(24)} \cup \omega_5$	$\omega_1 \cup \omega_3$	$\omega_1 \cup \omega_5$	$\omega_3 \cup \omega_5$
$h(C_k)$	1.84	0.92	2.75	1	1	1

Nun wird die Klassen $C_{(24)}$ mit dem Objekt ω_3 fusioniert, weil hier der geringste Entropiezuwachs zu verzeichnen ist. Auf der nächsten Fusionsstufe sind nun die Entropien der Klassen $C_{(1234)}$, $C_{(2345)}$ neu zu berechnen.

Fusion	$C_{(234)} \cup \omega_1$	$C_{(234)} \cup \omega_5$	$\omega_3 \cup \omega_5$
$h(C_k)$	1.81	2.62	1

Nun werden die beiden Objekte ω_1 und ω_5 zusammengefasst. Es existieren also jetzt die Klassen $C_{(234)}$ und $C_{(15)}$. Die letzte Fusion umfasst diese beiden Klassen und erzeugt einen Entropiewert von $h(C_{(12345)}) = 2.66$. Der Fusionsvorgang ist im Dendrogramm 21.9 (Seite 539) abgebildet.

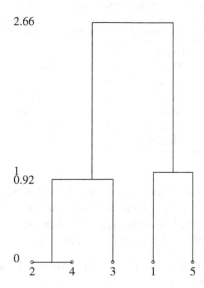

Abb. 21.9. Dendrogramm Entropieanalyse

21.5 Fusionseigenschaften agglomerativer Verfahren

Die betrachteten Clusterverfahren lassen sich bezüglich ihrer Fusionseigenschaften allgemein in dilatierende (erweiternde), kontrahierende (zusammenziehende) und konservative (erhaltende) Verfahren unterteilen (vgl. [8] und dort angegebene Literatur). Dilatierende Verfahren neigen dazu, die Objekte verstärkt in einzelne etwa gleich große Klassen zusammenzufassen, während kontrahierende Algorithmen dazu tendieren, zunächst wenige große Klassen zu bilden, denen viele kleine gegenüberstehen. Kontrahierende Verfahren sind damit geeignet, insbesondere „Ausreißer" in einem Objektraum zu identifizieren. Weist ein Verfahren weder Tendenzen zur Dilatation noch zur Kontraktion auf, so wird es als konservativ bezeichnet. Daneben lassen sich Verfahren auch danach beurteilen, ob sie zur Kettenbildung (siehe Kapitel 21.4.1) neigen. Schließlich kann noch danach unterschieden werden, ob mit zunehmender Fusionierung das verwendete Heterogenitätsmaß monoton ansteigt oder ob auch ein Absinken des Heterogenitätsmaßes möglich ist. Die Charakterisierung der Clusterverfahren nach den angegebenen Kriterien ist in Tabelle 21.7 wiedergegeben (vgl. [8, Seite 298]).

Anzufügen sind noch einige Bemerkungen zu den in der Tabelle 21.7 genannten Verfahren. Wie bereits erwähnt, neigt das Nearest Neighbour Verfahren zur Kettenbildung. Hingegen neigt das Furthest Neighbour Verfahren dazu, zu kleine Klassen zu bilden. Das Ward Verfahren (mit der quadratischen euklidischen Distanz) zeichnet sich dadurch aus, dass es etwa gleich große Klassen bildet.

Untersuchungen haben gezeigt, dass unter bestimmten Bedingungen das Ward Verfahren im Vergleich zu den anderen hier genannten Verfahren gute Partitionen

Tabelle 21.7. Charakterisierung agglomerativer Clusterverfahren

Verfahren	Eigenschaft	Monotonie	Proximitätsmaße
Nearest Neighbour	kontrahierend	ja	alle
Furthest Neighbour	dilatierend	ja	alle
Average Linkage	konservativ	ja	alle
Centroid	konservativ	nein	Distanzmaße
Median	konservativ	nein	Distanzmaße
Ward	konservativ	ja	(Distanzmaße)
Entropieanalyse	dilatierend	?	Entropie

findet und die Objekte „richtig" klassifiziert. Jedoch ist das Ward Verfahren nicht in der Lage, langgestreckte Objektgruppen (bildlich gesehen) oder solche mit einer kleinen Objektzahl zu erkennen. Das Ward Verfahren kann somit als guter Fusionsierungsalgorithmus angesehen werden, wenn folgende Bedingungen vorliegen:

- die Verwendung eines ist Distanzmaßes ein inhaltlich sinnvolles Kriterium zur Ähnlichkeitsbestimmung;
- die Variablen werden auf metrischem Niveau gemessen werden;
- die Objektmenge enthält keine Ausreißer;
- die Variablen sind unkorreliert;
- die erwartete Klassengröße ist ungefähr gleich groß.

Aus den dargestellten Zusammenhängen lässt sich die Empfehlung ableiten, dass bei Untersuchungen zunächst mit dem Nearest Neighbour Verfahren Ausreißer aufgespürt und eventuell entfernt werden. Anschließend kann dann mit einem der beschriebenen agglomerativen Verfahren die Klassenbildung vorgenommen werden, wobei das Ward Verfahren bei Erfüllung der obigen Voraussetzungen zu bevorzugen ist (vgl. [8, Seite 298]).

21.6 Divisive Verfahren

Eine andere Möglichkeit der Klassenbildung liefern die divisiven Verfahren. Hier werden die n Objekte $\omega_1, \ldots, \omega_n$ zuerst als eine Klasse aufgefasst, die durch einen Teilungsprozess in Klassen zu unterteilen ist. Im ersten Schritt wird die Objektmenge in zwei Klassen unterteilt. Jede dieser beiden Klassen wird dann wieder in zwei Klassen zerlegt. Man wendet den Zerlegungsprozess so lange an, bis einelementige Klassen entstehen. Dabei kann man in jedem Schritt entweder alle Klassen gleichzeitig in zwei Klassen aufspalten oder alternativ jede Klasse unabhängig von den anderen Klassen bis zum Ende aufspalten.

Für die erste Teilung in zwei Klassen können bei n Objekten $2^{n-1} - 1$ mögliche Zweierklassen gebildet werden. Schon bei $n = 15$ Objekten können $16\,383$ mögliche Zweierteilungen vorgenommen werden. Um eine optimale Klassenbildung zu finden, wäre es angebracht jede Anfangsteilung hinsichtlich der weiteren Klassenbildung zu untersuchen. Dies ist aber aufgrund der schnell ansteigenden Zahl von möglichen Anfangsteilung meistens nicht möglich. Daher wird in den divisiven Verfahren nach einem Teilungskriterium gesucht, dass eine Anfangsteilung liefert. Die anderen möglichen Anfangsteilung bleiben dann unberücksichtigt.

Divisive Verfahren werden in monothetische und polythetische Verfahren unterschieden. Monothetische Verfahren zeichnen sich dadurch aus, dass sie nur ein einziges Merkmal zur Klassenbildung verwenden. Polythetische Verfahren nutzen hingegen alle zur Verfügung stehenden Merkmale zur Klassenbildung.

21.6.1 Ein polythetisches Verfahren

Ein leicht anwendbares polythetisches divisives Verfahren wird von McNaughton-Smith et al. [82] in Everitt [28] beschrieben.

Die Anfangsteilung der gesamten Klasse erfolgt, indem das Objekt mit der maximalen durchschnittlichen Distanz (Splittergruppe) abgespalten wird. Es werden weitere Objekte in die Splittergruppe aufgenommen, wenn die maximale durchschnittliche Distanz zwischen einem in der Splittergruppe befindlichen Objekt und den in der Hauptklasse verbliebenen Objekten positiv ist. Wird diese negativ, wird eine neue Teilung der Hauptklasse vorgenommen, eine zweite Splittergruppe gebildet und der Prozess beginnt erneut.

Beispiel 21.16. Folgende Distanzmatrix ergibt sich aus den Daten in der Matrix (21.34, Seite 516):

$$
\mathbf{D}_1 = \begin{matrix} & \begin{matrix} \omega_1 & \omega_2 & \omega_3 & \omega_4 & \omega_5 \end{matrix} \\ \begin{matrix} \omega_1 \\ \omega_2 \\ \omega_3 \\ \omega_4 \\ \omega_5 \end{matrix} & \begin{pmatrix} 0 & 1 & 29 & 50 & 50 \\ 1 & 0 & 26 & 49 & 53 \\ 29 & 26 & 0 & 5 & 13 \\ 50 & 49 & 5 & 0 & 4 \\ 50 & 53 & 13 & 4 & 0 \end{pmatrix} \end{matrix} \tag{21.107}
$$

| $\sum$ | 130 | 129 | 93 | 108 | 120 |
| $\bar{x}$ | 32.5 | 32.3 | 23.3 | 27.0 | 30.0 |

Die durchschnittlichen Distanzen jedes Objekts zu den verbleibenden ergeben sich aus der Addition der Distanzen geteilt durch deren Anzahl. Objekt ω_1 weist mit 32.5 die größte durchschnittliche Distanz auf. Es wird daher die Anfangsteilung

$$C_{(1)} \text{ und } C_{(2345)} \tag{21.108}$$

vorgenommen. Als nächstes Objekt wird jenes in die Splittergruppe aufgenommen, das die maximale durchschnittliche Distanz zwischen den aus den restlichen Objekten in der Hauptklasse und dem Objekt in der Splittergruppe aufweist (siehe Tabelle 21.8). Die maximale Differenz zwischen Hauptklasse und Splittergruppe besitzt Objekt ω_2 mit $41.\overline{6}$. Somit wird dieses Objekt in die Splittergruppe aufgenommen. Die Teilung ist nun

$$C_{(12)} \text{ und } C_{(345)}. \qquad\qquad (21.109)$$

Tabelle 21.8. Arbeitstabelle 1: 2. Teilung

Objekt	ø-Distanz in der Splittergruppe (1)	ø-Distanz in der Hauptklasse (2)	Δ (2) − (1)
ω_2	1	$42.\overline{6}$	$41.\overline{6}$
ω_3	29	$14.\overline{6}$	$-14.\overline{3}$
ω_4	50	$19.\overline{3}$	$-30.\overline{6}$
ω_5	50	$23.\overline{3}$	$-26.\overline{6}$

Die Rechnung wird erneut durchgeführt (siehe Tabelle 21.9). Da die Differenzen jetzt alle negativ sind, kann entweder eine neue Splittergruppe gebildet werden und das Verfahren für jede Teilklasse erneut angewandt werden oder der Teilungsprozess wird wie hier beendet.

Tabelle 21.9. Arbeitstabelle 2

Objekt	ø-Distanz in der Splittergruppe (1)	ø-Distanz in der Hauptklasse (2)	Δ (2) − (1)
ω_3	27.5	9	−18.5
ω_4	49.5	4.5	−45
ω_5	51.5	8.5	−43

Dieses Verfahren hat den Vorteil, dass es wenig Rechenaufwand benötigt, sofern die anderen möglichen Anfangsteilungen nicht untersucht werden. Eine ungünstige Anfangsteilung kann später nicht mehr korrigiert werden. Dieses Problem tritt auch bei den agglomerativen Verfahren auf. Hier kann eine ungünstige erste Klassenbildung nicht mehr korrigiert werden.

21.6.2 Ein monothetisches Verfahren

Bei den monothetischen Verfahren wird nur ein Merkmal zur Klasseneinteilung eingesetzt. Die Verfahren geben ein Kriterium vor, mit dem das Merkmal zur Klasseneinteilung bestimmt wird. Ein bekanntes monothetisches Verfahren zur Klassifikation ist die **Assoziationsanalyse**, das hier vorgestellt wird. Es ist für binäre Daten entwickelt worden. Für n Objekte werden p binäre Merkmale gemessen. Die Anfangsteilung erfolgt über ein noch zubestimmendes Merkmal, indem eine Klasse mit den Objekten gebildet wird, die die Eigenschaft des Merkmals besitzen und eine Klasse die die Eigenschaft des Merkmals nicht besitzen. Für die nächste Teilung wird wieder ein Merkmal bestimmt, das zur Teilung dient. Jede Klasse wird damit wieder in zwei Klassen unterteilt. Eine Klasse die die Eigenschaft des Merkmals besitzt und eine die die Eigenschaft des Merkmals nicht besitzt.

Werden nur so einfache Teilungen berücksichtigt, so gibt es bei p verschiedenen Merkmalen für die Objekte nur p mögliche Anfangsteilungen, $(p-1)$ mögliche Teilungen jeder Subklasse u.s.w. Eine solche Teilung wird als monothetisch bezeichnet und eine Hierarchie von solchen Teilungen wird als monothetische Klassifikation bezeichnet.

Es existieren verschiedene Varianten dieser Assoziationsanalyse (vgl. [74], [75], [82]), die sich hinsichtlich des Teilungskriteriums unterscheiden.

Allen Verfahren gemeinsam ist, dass für die p Merkmale paarweise die Assoziation (der Zusammenhang) über den χ^2-Koeffizienten gemessen wird. Damit können für zwei Merkmale i und j jeweils eine Vierfeldertabelle mit den Feldern a, b, c, e (siehe Tabelle 21.2, Seite 507) zur Berechnung der χ^2-Koeffizienten erstellt werden (vgl. [28, Seite 23]):

$$\chi_{ij}^2 = \frac{(a\,e - b\,c)^2\,n}{(a+b)\,(a+c)\,(b+e)\,(c+e)} \qquad (21.110)$$

Das häufigste Teilungskriterium in der Assoziationsanalyse ist, die Teilung an Hand des j-ten Merkmals vorzunehmen, für das

$$\sum_{\substack{i=1 \\ i \neq j}}^{p} \chi_{ij}^2 = \max \qquad (21.111)$$

gilt.

Andere Teilungskriterien sind (vgl. [28, Seite 23]):

$$\max\left\{ \sum_{\substack{i=1 \\ i \neq j}}^{p} \sqrt{\chi}_{ij}^2 \right\} \qquad (21.112)$$

$$\max\left\{ \sum_{\substack{i=1 \\ i \neq j}}^{p} |a\,e - b\,c| \right\} \qquad (21.113)$$

$$\max\left\{ \sum_{\substack{i=1 \\ i \neq j}}^{p} (a\,e - b\,c)^2 \right\} \qquad (21.114)$$

Beispiel 21.17. Es sollen fünf Objekte klassifiziert werden, die die folgenden drei binären Attribute aufweisen (siehe Beispiel 21.1, Seite 508):

$$\mathbf{X} = \begin{matrix} & \begin{matrix} x_1 & x_2 & x_3 \end{matrix} \\ \begin{matrix} \omega_1 \\ \omega_2 \\ \omega_3 \\ \omega_4 \\ \omega_5 \end{matrix} & \begin{pmatrix} 0 & 1 & 1 \\ 1 & 1 & 0 \\ 1 & 1 & 1 \\ 1 & 1 & 0 \\ 0 & 0 & 1 \end{pmatrix} \end{matrix} \tag{21.115}$$

Das Merkmal für die Teilung wird aus der maximalen Summe der paarweise Assoziation der Merkmale gesucht. Damit wird das Merkmal ermittelt, das die größte Ähnlichkeit zu allen p Merkmalen besitzt. Die drei χ^2-Koeffizienten zwischen den drei Merkmalen können aus den folgenden drei 2×2 Kontingenztabellen berechnet werden.

$$
\begin{array}{c}
x_2 \\ \hline
\end{array}
$$

x_1	1	0	$\sum$
1	3	0	3
0	1	1	2
$\sum$	4	1	5

$\Longrightarrow \chi^2_{12} = \chi^2_{21} = 1.875$ (21.116)

$$
\begin{array}{c}
x_3 \\ \hline
\end{array}
$$

x_1	1	0	$\sum$
1	1	2	3
0	2	0	2
$\sum$	3	2	5

$\Longrightarrow \chi^2_{13} = \chi^2_{31} = 2.\overline{22}$ (21.117)

$$
\begin{array}{c}
x_3 \\ \hline
\end{array}
$$

x_2	1	0	$\sum$
1	2	2	4
0	1	0	1
$\sum$	3	2	5

$\Longrightarrow \chi^2_{23} = \chi^2_{32} = 0.8\overline{33}$ (21.118)

Aus den χ^2-Koeffizienten können nun die Summen der χ^2-Koeffizienten bzgl. des j-ten Merkmals gebildet werden.

$$x_1: \quad \chi^2_{21} + \chi^2_{31} = 4.09 \tag{21.119}$$

$$x_2: \quad \chi^2_{12} + \chi^2_{32} = 2.70 \tag{21.120}$$

$$x_3: \quad \chi^2_{13} + \chi^2_{23} = 3.05 \tag{21.121}$$

Hieraus ergibt sich, dass die erste Teilung der Objekte mit dem Merkmal 1 erfolgt. Die Objekte werden bzgl. der Eigenschaft des Merkmals 1 in zwei Klassen eingeteilt. Es entstehen Klassen $C_{(234)}$ und $C_{(15)}$. Die nächste Teilung der beiden Klassen erfolgt mit dem Merkmal 3, da das Teilungskriterium hier den zweiten höchsten Wert aufweist. Die Klasse $C_{(15)}$ wird hierbei nicht geteilt, da beide Objekte die gleiche Merkmalseigenschaft aufweisen. Die Klasse $C_{(234)}$ wird in die Klassen $C_{(24)}$ und $C_{(3)}$ unterteilt, so dass nun die Klassen $C_{(15)}$, $C_{(24)}$ und $C_{(3)}$ entstanden sind. Als letztes Teilungskriterium steht das Merkmal 2 noch zur Verfügung. Dies teilt die Klasse $C_{(15)}$ in die Klassen $C_{(1)}$ und $C_{(5)}$. Die beiden anderen Klassen werden nach diesem Merkmal nicht weiter geteilt. Insgesamt hat das Verfahren die maximale Klasseneinteilung $C_{(1)}$, $C_{(24)}$, $C_{(3)}$, $C_{(5)}$ erzeugt.

21.7 Probleme von Clusterverfahren

21.7.1 Definition von Clustern

In diesem Kapitel wird von den in den Daten verborgenen Clustern gesprochen, die durch ein Clusterverfahren aufgedeckt werden sollen. Man könnte auch von „wahren Klassen" sprechen. Im Gegensatz dazu wurde bisher von Klassen gesprochen, wenn die Klassifizierung der Objekte mittels eines Clusterverfahrens erfolgte (siehe auch Kapitel 21.1). Stimmen die Klassen mit den Clustern überein, so ist die wahre Struktur gefunden worden.

Es existieren viele Versuche den Begriff Cluster zu definieren, wobei diese aber in der Regel vage bleiben oder auf nicht definierte Begriffe wie Ähnlichkeit und Distanz zurückgreifen. Es gibt keine allgemeine Übereinstimmung, was ein Cluster in diesem Sinne ist. So bleibt es letztlich dem Werturteil des Anwenders überlassen, den Begriff zu bestimmen. Eine Definition von Kendall und Buckland im Dictionary of Statistical Terms deutet diese Problematik an (vgl. [28, Seite 43]):

Definition 21.6. Cluster – *a group of contiguous elements of a statistical population; for example, a group of people living in a single house, a consecutive run of observations in an order series, or a set of adjacent plots in a field.*

Eine Beschreibung, was ein Cluster bildet, die eng mit der intuitiven Vorstellung einhergeht, ist die Überlegung, dass die Objekte als Punkte in einem p-dimensionalen Raum abgebildet werden können. Jedes Objekt wird durch p Variablen beschrieben, deren Werte auf den Koordinaten abgetragen werden. Cluster können nun als eine kontinuierliche Region dieses Raums beschrieben werden, die eine relativ hohe Dichte von Punkten aufweisen und von anderen Clustern durch eine Region relativ niedriger Dichte getrennt sind. Diese Beschreibung wird manchmal als natürliches Cluster bezeichnet, da sie mit unserer Vorstellung im zwei- und dreidimensionalen Raum übereinstimmt.

Ein Vorteil dieser Beschreibung ist, dass sie nicht auf die Form des Clusters abstellt. In Definitionen, in denen die Distanzen zwischen den Objekten mit dem euklidischen Distanzmaß gemessen werden, wird unterstellt, dass die Clusterform sphärisch (kugelförmig) ist. Die Objekte in so einem Cluster liegen engst möglichst zueinander. Somit würden Verfahren, die sich dieser Definition bedienen, diese Clusterform in den Daten suchen. Liegt aber eine andere Clusterform vor, so können die Daten mit diesem Verfahren nicht klassifiziert werden. Da aber in der Regel kein a priori Wissen über die Clusterform in den Daten vorliegt, sollten die Verfahren in dieser Hinsicht nicht restriktiv sein.

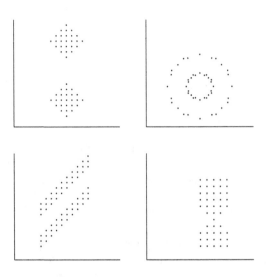

Abb. 21.10. Datenstrukturen

Die meisten Clusterverfahren können sphärisch gruppierte Daten, wie in der ersten Grafik oben links in der Abbildung 21.10 dargestellt ist, problemlos klassifizieren. Mit den anderen abgebildeten Datenstrukturen in Abbildung 21.10 haben die hier vorgestellten Verfahren mehr oder weniger Probleme (vgl. [28, Seite 43ff]).

21.7.2 Entscheidung über die Anzahl der Klassen

Ein weiteres Problem aller Clusterverfahren ist die Schwierigkeit, die richtige Anzahl der Klassen in den Daten zu bestimmen. Für die hier beschriebenen Ansätze existieren kaum Methoden. Statistische Test scheiden wegen fehlender Annahmen über die Verteilung der Merkmale aus.

Eine Möglichkeit besteht mit dem so genannte Elbow-Kriterium, bei dem das Clusterkriterium gegen die Klassenzahl grafisch abgetragen wird. Die „korrekte" Anzahl der Klassen wird durch einen signifikanten Anstieg im Verlauf der Kurve angedeutet. Der Mangel bei dieser Methode ist, dass der signifikante Anstieg im Kurvenverlauf nicht objektiv durch ein statistisches Verfahren, sondern subjektiv durch den Betrachter bestimmt wird. Weiterhin ist zu beachten, dass sich beim Übergang von der Zwei- zur Einklassenlösung immer ein relativ großer Heterogenitätssprung herausbildet (vgl. [8, Seite 387]).

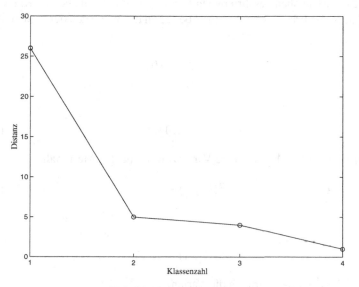

Abb. 21.11. Elbow-Kriterium

In Abbildung 21.11 sind die Distanzen des Nearest Neighbour Verfahrens abgetragen. Es ergibt sich ein deutlicher **Knick** des Grafen bei einer Klassenzahl von 2; also die Teilung der Objekte in eine Klasse mit den Objekten ω_1, ω_2 und eine zweite mit den Objekten $\omega_3, \omega_4, \omega_5$. Für die anderen Verfahren ergeben sich hier bei den verwendeten Beispieldaten ganz ähnliche Diagramme wie in Abbildung 21.11.

21.7.3 Beurteilung der Klassen

Zur Beurteilung der Homogenität der gebildeten Klassen existieren kaum Methoden. Eine Möglichkeit besteht darin, in Anlehnung an den F-Test einen empirischen **F-Wert** zu berechnen, jedoch ist zu beachten, dass hier keine Verteilungsannahme für die Merkmale getroffen wird. Der F-Wert wird für jedes Merkmal in einer Klasse berechnet.

$$F_j(C_k) = \frac{\sigma_j^2(C_k)}{\sigma_j^2} \qquad (21.122)$$

Mit $\sigma_j^2(C_k)$ wird die Varianz des Merkmals j in der Klasse k und σ_j^2 der Varianz des Merkmals j in der Erhebungsgesamtheit bezeichnet.

Je kleiner der F-Wert ist, desto geringer ist die Streuung der Merkmale in der Klasse im Vergleich zur Erhebungsgesamtheit. Der F-Wert sollte eins nicht übersteigen, da in diesem Fall das entsprechende Merkmal in der Klasse eine größere

Streuung aufweist als in der Erhebungsgesamtheit. Eine Klasse ist als vollkommen homogen anzusehen, wenn alle F-Werte kleiner eins sind (vgl. [8, Seite 310]).

Beispiel 21.18. Die oben beschriebenen Verfahren bildeten die beiden Klassen $C_{(12)}$ und $C_{(345)}$. In der Erhebungsgesamtheit betragen die Varianzen der beiden Merkmale

$$\sigma_1^2 = 10.16 \tag{21.123}$$

und

$$\sigma_2^2 = 1.04. \tag{21.124}$$

In der Klasse $C_{(12)}$ betragen die Varianzen der beiden Merkmale

$$\sigma_1^2(C_{(12)}) = 0 \tag{21.125}$$

und

$$\sigma_2^2(C_{(12)}) = 0.25. \tag{21.126}$$

In der Klasse $C_{(345)}$ betragen die Varianzen

$$\sigma_1^2(C_{(345)}) = 0.\overline{88} \tag{21.127}$$

und

$$\sigma_2^2(C_{(345)}) = 1.\overline{55}. \tag{21.128}$$

Daraus ergeben sich folgende F-Werte:

$$F_1(C_{(12)}) = 0 \tag{21.129}$$
$$F_2(C_{(12)}) = 0.24 \tag{21.130}$$
$$F_1(C_{(345)}) = 0.087 \tag{21.131}$$
$$F_2(C_{(345)}) = 1.49 \tag{21.132}$$

Die Klasse eins $C_{(12)}$ kann als vollkommen homogen angesehen werden, da die beiden F-Werte unter eins liegen. In der zweiten Klasse $C_{(345)}$ weist das Merkmal 2 eine höhere Varianz auf als in der Erhebungsgesamtheit. Diese Klasse ist insofern nicht ganz homogen.

Ein weiteres Kriterium zur Beurteilung der Klassen ist der t-Wert. Auch dieses Kriterium wurde in Anlehnung an den **t-Test** konstruiert, jedoch weist es aufgrund der fehlenden Verteilungsannahme für die Merkmale keinerlei statistische Eigenschaften auf, wie die t-Statistik. Der T-Wert berechnet sich für jedes Merkmal in einer Klasse wie folgt:

$$T_j(C_k) = \frac{\bar{x}_j(C_k) - \bar{x}_j}{\sigma_j} \qquad (21.133)$$

Mit $\bar{x}_j(C_k)$ wird der Mittelwert des Merkmals j über die Objekte in der Klasse k, $\bar{x}_j$ dem Gesamtmittelwert des Merkmals j in der Erhebungsgesamtheit und σ_j der Standardabweichung des Merkmals j in der Erhebungsgesamtheit bezeichnet.

Die T-Werte stellen normierte Werte dar, wobei negative T-Werte anzeigen, dass ein Merkmal in der betrachteten Klasse im Vergleich zur Erhebungsgesamtheit unterrepräsentiert ist; positive T-Werte zeigen an, dass ein Merkmal in der betrachteten Klasse im Vergleich zur Erhebungsgesamtheit überrepräsentiert ist.

Beispiel 21.19. Aus der Klassenbildung $C_{(12)}$ und $C_{(345)}$ ergeben sich die folgenden T-Werte:

$$T_1(C_{(12)}) = -1.19 \qquad (21.134)$$

$$T_2(C_{(12)}) = -0.098 \qquad (21.135)$$

$$T_1(C_{(345)}) = 0.79 \qquad (21.136)$$

$$T_2(C_{(345)}) = 0.065 \qquad (21.137)$$

Die T-Werte zeigen das an, was bei diesem einfachen Beispiel auch so zu erkennen gewesen war: In der Klasse $C_{(12)}$ sind die Merkmale unterrepräsentiert, da nur zwei von fünf Objekten darin enthalten sind; in der Klasse $C_{(345)}$ sind die beiden Merkmale überrepräsentiert, da sie drei von fünf Objekten enthält.

21.7.4 Anwendungsempfehlungen

Vor Durchführung einer Clusteranalyse, sollte der Anwender einige Überlegungen zur Auswahl und Aufbereitung der Ausgangsdaten anstellen. Im einzelnen sollten insbesondere folgende Punkte beachtet werden (vgl. [8]):

- Anzahl der Objekte
- Problem der Ausreißer
- Anzahl zu betrachtender Merkmale (Variablen)
- Gewichtung der Merkmale
- Vergleichbarkeit der Merkmale

Wurde eine Clusteranalyse auf Basis einer Stichprobe durchgeführt und sollen aufgrund der gefundenen Klassenbildung Rückschlüsse auf die Grundgesamtheit gezogen werden, so muss sichergestellt werden, dass auch genügend Elemente (Objekte) in den einzelnen Klassen enthalten sind, um die entsprechenden Teilgesamtheiten in der Grundgesamtheit zu repräsentieren. Da man in der Regel im Voraus aber nicht weiß, welche Klassen in einer Erhebungsgesamtheit vertreten sind – denn das Auffinden solcher Gruppen ist ja gerade das Ziel der Clusteranalyse –, sollte man insbesondere Ausreißer aus einer gegebenen Objektmenge herausnehmen. Sie führen dazu, dass der Fusionierungsprozess der übrigen Objekte stark beeinflusst wird und damit das Erkennen der Zusammenhänge zwischen den übrigen Objekten erschwert wird und Verzerrungen auftreten. Eine Möglichkeit zum Auffinden solcher Ausreißer bietet z. B. das Nearest-Neighbour-Verfahren.

Ebenso wie für die Anzahl der zu betrachtenden Objekte gibt es auch für die Zahl der in einer Clusteranalyse heranzuziehenden Merkmale keine eindeutigen Vorschriften. Der Anwender sollte darauf achten, dass nur solche Merkmale im Klassiffizierungsprozess Berücksichtigung finden, die aus theoretischen Überlegungen als relevant für den zu untersuchenden Sachverhalt anzusehen sind.

Weiterhin lässt sich im Voraus in der Regel nicht bestimmen, ob die betrachteten Merkmale mit unterschiedlichem Gewicht zur Klassifizierung beitragen sollen, so dass in praktischen Anwendungen weitgehend eine Gleichgewichtung der Merkmale unterstellt wird. Hierbei ist darauf zu achten, dass insbesondere durch hoch korrelierte Merkmale bei der Fusionierung der Objekte bestimmte Aspekte überbetont werden, was wiederum zu einer Verzerrung der Ergebnisse führen kann. Will man eine Gleichgewichtung der Merkmale sicherstellen und liegen korrelierte Ausgangsdaten vor, so bieten sich vor allem folgende Lösungsmöglichkeiten an (vgl. [8]):

- Verwendung der Mahalanobis-Distanz: Verwendet man zur Ermittlung der Unterschiede zwischen den Objekten die Mahalanobis-Distanz, so lassen sich dadurch bereits im Rahmen der Distanzberechnung zwischen den Objekten etwaige Korrelationen zwischen den Variablen ausschließen. Die Mahalanobis-Distanz stellt allerdings bestimmte Voraussetzungen an das Datenmaterial (z. B. einheitliche Mittelwerte der Variablen (Merkmale) in allen Klassen), die gerade bei Clusteranalyseproblemen häufig nicht erfüllt sind.

- Vorschalten einer explorativen Faktorenanalyse: Das Ziel der explorativen Faktorenanalyse liegt vor allem in der Reduktion hoch korrelierter Variablen (Merkmale) auf unabhängige Faktoren. Werden die Ausgangsvariablen mit Hilfe einer Faktorenanalyse auf solche Faktoren verdichtet, so kann auf Basis der Faktorwerte, zwischen denen keine Korrelationen mehr auftreten, eine Clusteranalyse durchgeführt werden. Dabei ist aber darauf zu achten, dass die Faktoren und damit auch die Faktorwerte in der Regel Interpretationsschwierigkeiten aufweisen und nur einen Teil der Ausgangsinformation widerspiegeln.

- Ausschluss korrelierter Variablen: Weisen zwei Merkmale hohe Korrelationen auf ($|\rho_{xy}| > 0.9$), so gilt es zu überlegen, ob eines der Merkmale nicht aus den Ausgangsdaten auszuschließen ist. Die Informationen, die eine hoch korrelierte Variable liefert, werden größtenteils durch die andere Variable mit erfasst und können von daher als redundant angesehen werden. Der Ausschluss korrelierter Merkmale aus der Ausgangsmatrix ist, sofern keine Gewichtung der Merkmale vorgenommen werden soll, die einfachste Möglichkeit, eine Gleichgewichtung der Daten sicherzustellen.

Zu einer impliziten Gewichtung kann es dann kommen, wenn die Ausgangsdaten in unterschiedlichen Einheiten erhoben wurden. So kommt es allein dadurch zu einer Vergrößerung der Differenzen zwischen den Merkmalsausprägungen, wenn ein

Merkmal auf einer sehr fein dimensionierten Skala erhoben wurde. Um eine Vergleichbarkeit zwischen den Variablen herzustellen, empfiehlt es sich, zu Beginn der Analyse z. B. eine Standardisierung der Daten vorzunehmen.

$$z_j(\omega_k) = \frac{x_j(\omega_k) - \bar{x}_j}{\sigma_j} \qquad (21.138)$$

Mit x_{jk} wird die Ausprägung von Merkmal j bei Objekt k, mit $\bar{x}_j$ der Mittelwert von Merkmal j und mit σ_j die Standardabweichung von Merkmal j bezeichnet.

Mit der Standardisierung wird erreicht, dass alle Variablen einen Mittelwert von Null und eine Varianz von Eins besitzen.

Erst nach diesen Vorüberlegungen beginnt die eigentliche Clusteranalyse. Der Anwender muss nun entscheiden, welches Proximitätsmaß und welcher Fusionsalgorithmus verwendet werden sollen. Diese Entscheidungen können nur jeweils vor dem Hintergrund einer konkreten Anwendungssituation getroffen werden. Besteht bezüglich der Anwendung eines bestimmten Clusterverfahrens keine Präferenz, so empfiehlt es sich, zunächst einmal das Verfahren von Ward anzuwenden. Simulationen haben gezeigt, dass das Ward-Verfahren gleichzeitig gute Partitionen findet und meistens die richtige Clusterzahl signalisiert. Anschließend können die Ergebnisse des Ward-Verfahrens durch Anwendung anderer Algorithmen überprüft werden. Dabei sollte man aber die unterschiedlichen Fusionierungseigenschaften einzelner Algorithmen beachten.

21.8 Anmerkung

Aufgrund der einfachen Datenstruktur im verwendeten Beispiel haben die hier beschriebenen Clusterverfahren die gleichen Klassen erzeugt. Bei anderen Datenstrukturen können die Verfahren sehr wohl deutlich unterschiedliche Ergebnisse erzeugen. Welches Verfahren das beste Ergebnis liefert, kann meistens erst entschieden werden, wenn die Ergebnisse im Lichte ihres Zusammenhangs auf ihre Plausibilität hin überprüft werden. Generell sollte man nicht die Vorstellung haben, eine „natürliche" oder „richtige" Klassifikation zu finden. Eine Klassifikation sollte man eher als „brauchbar" oder „unbrauchbar" beurteilen. Im Allgemeinen wird man eine Klassifikation als „brauchbar" ansehen, wenn sich die Klassen gut interpretieren lassen.

Ferner beeinflussen die unterschiedlichen Distanz- und Ähnlichkeitsmaße die Ergebnisse der Clusterverfahren zum Teil erheblich. Daher sollte diese Wahl sorgfältig erfolgen. Mit Programmen wie SPSS oder R ist es leicht, den Einfluss der verschiedenen Ähnlichkeits- und Distanzmaße sowie der verschiedenen Clustertechniken auf den zu untersuchenden Datensatz anzuwenden und zu untersuchen.

Partitionierungstechniken, Mischverteilungsverfahren, stochastische Partitionsverfahren und verteilungsfreie Verfahren sind hier nicht behandelt worden. Bei den Partitionierungsverfahren wird eine Zerlegung der Objektmenge durch die Optimierung eines Gütekriteriums, die die Qualität der Partitionen misst, bestimmt. Der Vorteil dieser Verfahren ist, dass die Klassen bzw. Partitionen durch Austausch der Objekte optimiert werden. Eine ungünstige Anfangseinteilung kann so wieder revidiert werden. Bei den hierarchischen Clusterverfahren ist dies nicht möglich. Die Misch-verteilungsverfahren unterstellen, dass die Beobachtungen der Merkmale eine Realisation von Zufällen ist. In der Regel wird eine Normalverteilung hierfür unterstellt. Daraus ergibt sich, dass die Klassenzugehörigkeit eines Objekts mit einer bestimmten Wahrscheinlichkeit versehen ist. Bei den stochastischen Partitionsverfahren wird nicht die Klassenzugehörigkeit als Zufallsgröße angenommen, sondern lediglich die Realisationen der Beobachtungen in den Klassen. Die verteilungsfreien Verfahren unterstellen, dass die Verteilung der Zufallsgrößen nicht bekannt sind.

Hierarchische Verfahren werden meistens eingesetzt, um Verbindungen zwischen Klassen aufzudecken. Ist man hingegen in erster Linie an homogenen Klassen interessiert, bieten sich Partitionstechniken an. Kann man von begründeten Annahmen über die Klassenverteilung ausgehen, dann ist die Anwendung von Mischverteilungs- oder stochastischen Partitionsverfahren naheliegend.

A

Lösungen zu den Übungen

Inhaltsverzeichnis

A.1 Deskriptive Statistik

Lösung zu Aufgabe 2.1:

- Wählerverhalten: Die statistische Masse sind z. B. die Bürger in Nordrhein-Westfalen. Die statistischen Einheiten sind die einzelnen Bürger. Die räumliche Abgrenzung ist dann das Land Nordrhein-Westfalen, die sachliche Abgrenzung der wahlberechtigte Bürger und die zeitliche Abgrenzung der Tag der Umfrage.
- Studiendauer: Die statistische Masse sind die Studenten an deutschen Hochschulen. Die statistische Einheit ist die Studentin, der Student. Die räumliche Abgrenzung sind die Studenten an deutschen Hochschulen, die sachliche Abgrenzung die examinierten Studenten und die zeitliche Abgrenzung der Zeitraum der Untersuchung.

Lösung zu Aufgabe 2.2:

- Eheschließungen: Ereignismasse
- Wahlberechtigte Bundesbürger: Bestandsmasse
- Zahl der Verkehrsunfälle: Ereignismasse
- Auftragseingang: Ereignismasse

Lösung zu Aufgabe 2.3:

- $X(\omega_i) =$ Haarfarbe, $\mathcal{A}_X = \{$blond, schwarz, ...$\}$
- $X(\omega_i) =$ Einkommen, $\mathcal{A}_X \subseteq \mathbb{R}^+$, z. B. $2\,631.78$ €, $1\,415.47$ €, $3\,541.01$ €

- $X(\omega_i)$ = Klausurnote, $\mathcal{A}_X = \{1, 2, 3, 4, 5\}$
- $X(\omega_i)$ = Schulabschluss, $\mathcal{A}_X = \{$kein, Hauptschulabschluss,
  Realschulabschluss, Fachhochschulreife, Abitur, sonstiger$\}$
- $X(\omega_i)$ = Freizeitbeschäftigung, $\mathcal{A}_X = \{$Segeln, Lesen, Musik, sonstige$\}$

Es sind nicht alle möglichen Ausprägungen aufzuzählen, sondern nur die, die in der statistischen Untersuchung von Interesse sind. Die letzten beiden Merkmale sind häufbar. Es können durch Weiterbildung verschiedene Schulabschlüsse erreicht werden. In der Freizeit kann man verschiedenen Beschäftigungen nachgehen.

Lösung zu Aufgabe 2.4:

- Semesterzahl: Verhältnisskala
- Temperatur: Intervallskala
- Klausurpunkte: Ordinalskala
- Längen- und Breitengrade der Erde: Intervallskala
- Studienfach: Nominalskala
- Handelsklassen von Obst: Ordinalskala

Lösung zu Aufgabe 2.5: Für die erste Klasseneinteilung betragen die relativen Häufigkeiten:

$$f(x_1) = \frac{1}{5}, \quad f(x_2) = \frac{2}{5}, \quad f(x_3) = \frac{2}{5} \tag{A.1}$$

Für die zweite Klasseneinteilung ergibt sich folgende Verteilung der relativen Häufigkeiten:

$$f(x_1) = 0, \quad f(x_2) = \frac{2}{5}, \quad f(x_3) = \frac{3}{5} \tag{A.2}$$

Man erkennt sofort die Wirkung der unterschiedlichen Klasseneinteilung auf die relativen Häufigkeiten.

Lösung zu Aufgabe 2.6: Jeder fünfte Autofahrer bedeutet von fünfen einer, von zehnen zwei, von hundert zwanzig. Das sind natürlich nicht 5 Prozent der Autofahrer, sondern 20 Prozent der Autofahrer. Also ist der Anteil der „Raser" nicht von 10% auf 5% gefallen, sondern auf 20% gestiegen.

Lösung zu Aufgabe 4.1: Die Werte der Informationsentropie sind wie folgt:

$$h_2\big(f(x_1), f(x_2)\big) = 0 \qquad \Longleftrightarrow r_2\big(f(x_1), f(x_2)\big) = 1 \tag{A.3}$$

$$h_2\big(f(x_1), f(x_2)\big) = 0.4690 \Longleftrightarrow r_2\big(f(x_1), f(x_2)\big) = 0.5310 \tag{A.4}$$

$$h_2\big(f(x_1), f(x_2)\big) = 0.8813 \Longleftrightarrow r_2\big(f(x_1), f(x_2)\big) = 0.1187 \tag{A.5}$$

$$h_2\big(f(x_1), f(x_2)\big) = 1.0000 \Longleftrightarrow r_2\big(f(x_1), f(x_2)\big) = 0 \tag{A.6}$$

Der Zuwachs der Informationsentropie ist von der Verteilung (0.1,0.9) auf (0.3, 0.7) wesentlich größer als von der Verteilung (0.3,0.7) auf die Gleichverteilung (0.5,

0.5), obwohl sich die relativen Häufigkeiten nur um 20 Prozentpunkte verschoben haben. Dies ist mit dem nicht linearen Zuwachs des Streuungsmaßes gemeint. Die Redundanz der Information nimmt mit steigender Informationsentropie, steigender Streuung ab. Im ersten Fall nimmt die Redundanz ihren maximal Wert an, weil von n Ereignissen (Beobachtungen) $n - 1$ redundant sind, im zweiten Fall ist rd. 53% der Information redundant und im Extremfall einer Gleichverteilung ist keine Information redundant.

Lösung zu Aufgabe 4.2: Die Quartile der Häufigkeitsverteilung können aus der empirischen Verteilungsfunktion abgelesen werden (siehe Tabelle A.1). Zu beachten ist hier, dass das erste und zweite Quartil die gleiche Merkmalsausprägung aufweisen, da der Anfang der Häufigkeitsverteilung zu schwach besetzt ist. Im Boxplot zeigt sich dies dadurch, dass die Box nicht sichtbar durch den Median unterteilt wird. Der Median liegt auf der Linie des 1. Quartils. Die Verteilung ist sehr linkssteil ($QS = 0$).

$$x_{0.25} = 800 \quad x_{0.50} = 800 \quad x_{0.75} = 1\,000 \tag{A.7}$$

Tabelle A.1. Häufigkeitsverteilung

Klasse	$(\ldots,\ldots]$	x_j	Δ_j	$n(x_j)$	$f(x_j)$	$F(x_k)$	$f^*(x_j)$
1	$(300, 500]$	400	200	3	0.10	0.10	0.0005
2	$(500, 700]$	600	200	3	0.10	0.20	0.0005
3	$(700, 900]$	800	200	13	0.43	0.63	0.00215
4	$(900, 1\,100]$	$1\,000$	200	8	0.27	0.90	0.00135
5	$(1\,100, 1\,300]$	$1\,200$	200	3	0.10	1.00	0.0005
$\sum$	–	–	–	30	1.00	–	–

Die Werte in der ersten Klasse sind als Ausreißer zu werten. Das Merkmal „Stunden" ist ein verhältnisskaliertes (metrisches) Merkmal.

Lösung zu Aufgabe 4.3: Der mittlere Quartilsabstand beträgt

$$MQA = \frac{1}{2}(1\,000 - 800) = 100 \tag{A.8}$$

Die mittlere Quartilsabweichung ist mit 100 Stunden mäßig groß, wenn man bedenkt, dass die Werte zwischen rd. 400 und 1 200 Stunden liegen. Das Streuungsmaß von Vogel und Dobbener zeigt ebenfalls eine mäßig starke Streuung der Merkmalswerte an. Bedenken Sie, dass das Streuungsmaß recht schnell Werte in der Höhe von 0.5 ausweist, höhere Werte aber erst bei deutlich stärkerer Streuung der Merkmalswerte (nicht linearer Zuwachs).

$$VD_5 = 2.61 \quad VD_5^* = 0.65 \tag{A.9}$$

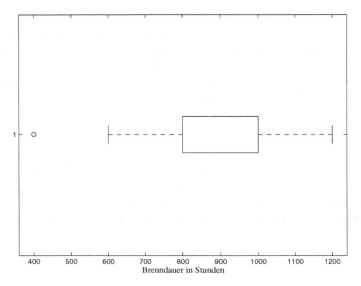

Abb. A.1. Boxplot der Glühbirnenbrenndauer

Lösung zu Aufgabe 4.4: Es handelt sich um ein metrisches Messniveau, genauer um eine Verhältnisskala, auf der die Werte erfasst sind.

Der Stamm für das Stamm-Blatt Diagramm ist in Einheiten von 100 Stunden abgetragen (siehe Abbildung A.2). Die Stundenangaben wurden auf ganze Zehner gerundet. Die gleiche Häufigkeitsverteilung ist in Abbildung A.3 als Histogramm dargestellt.

3	89
4	7
5	09
6	6
7	45577
8	00011157
9	024567
10	11
11	9
12	12

Abb. A.2. Stamm-Blatt Diagramm

Lösung zu Aufgabe 4.5: Aus der gegebenen Tabelle in der Aufgabe müssen die Wachstumsfaktoren (x_i) der Gewinne (G_i) berechnet werden (siehe Tabelle A.2):

$$x_i = \frac{G_i}{G_{i-1}} \tag{A.10}$$

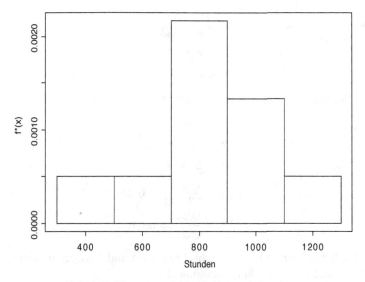

Abb. A.3. Histogramm der Glühbirnenbrenndauer

Tabelle A.2. Wachstumsfaktoren

			Jahr		
	1993	1994	1995	1996	1997
Gewinne	500	525	577.5	693	900.9
x_i	–	1.05	1.1	1.2	1.3

Aus den Wachstumsfaktoren wird das geometrische Mittel berechnet.

$$
\begin{aligned}
\bar{x}_g &= \sqrt[4]{\prod_{i=1}^{4} x_i} \\
&= \sqrt[4]{(1.05 \times 1.1 \times 1.2 \times 1.3)} \\
&\approx 1.158 \Rightarrow 15.8\%
\end{aligned}
\tag{A.11}
$$

Wachstumsfaktoren werden multiplikativ auf die Basis angewendet, um den Zuwachs zu errechnen. Dabei wird der Zuwachs aus der Vorperiode mit berücksichtigt (Zinseszins). Daher ist das geometrische Mittel das geeignete Mittel. Das arithmetische Mittel hingegen addiert die Wachstumsfaktoren auf, was inhaltlich bedeutet, dass der Zinseszins nicht berücksichtigt wird. Das arithmetische Mittel weist daher bei monoton wachsenden Folgen stets eine zu hohe Wachstumsrate aus; hier 16.25%.

Lösung zu Aufgabe 4.6: Aus der Häufigkeitsverteilung der Aufgabe 4.4 errechnen sich folgende Maßzahlen (die Angaben sind auf zwei Stellen der Mantisse gerundet):

$$x_{0.5} = 800 \tag{A.12}$$

$$\bar{x} = 833.33 \tag{A.13}$$

$$\sigma = 213.44 \tag{A.14}$$

$$\sigma_{korr} = 205.48 \tag{A.15}$$

Die Maßzahlen, die sich aus der Urliste errechnen, sind:

$$x_{0.5} = 808.70 \tag{A.16}$$

$$\bar{x} = 819.73 \tag{A.17}$$

$$\sigma = 209.37 \tag{A.18}$$

$$\mid v \mid = \frac{205.48}{833.33} = 0.25 \tag{A.19}$$

$$\mid v^* \mid = \frac{0.25}{\sqrt{29}} = 0.046 \tag{A.20}$$

Bei klassierten Werten sind Median, Mittelwert und Varianz nur eine Approximation der tatsächlichen Stichprobenmomente.

Lösung zu Aufgabe 4.7: Die Verteilung der Brenndauer der Glühbirnen zeigt in den Grafen (Stamm-Blatt Diagramm, Histogramm, Boxplot) eine deutliche Häufung im Bereich von 700 bis 900 Stunden an. Die Werte schwanken mäßig um dieses Zentrum. Der Variationskoeffizient zeigt eine recht homogene Verteilung an. Dies liegt daran, dass bei einer mittleren Brenndauer von rd. 800 Stunden die Werte relativ nah beieinander liegen, wenn man davon ausgeht, dass alle positiven Werte aus den reellen Zahlen beobachtet werden könnten. Insofern ist der Variationskoeffizient hier nicht so sehr für die Beurteilung der Streuung dieser Verteilung geeignet. Die Konstruktion des Variationskoeffizienten ist für einen Vergleich von Verteilungen ausgelegt.

Lösung zu Aufgabe 4.8: In der Aufgabe sind die relativen Marktanteile gegeben. Die anteilige Merkmalssumme ist somit:

$$g(x_k) = \{0, 0.12, 0.24, 0.36, 0.68, 1.00\} \tag{A.21}$$

Die empirische Verteilungsfunktion besitzt folgenden Verlauf:

$$F(x_k) = \{0, 0.20, 0.40, 0.60, 0.80, 1.00\} \tag{A.22}$$

Werden beide Funktionen gegeneinander abgetragen, so erhält man die Lorenzkurve (siehe Abbildung A.4).

Der Gini-Koeffizient berechnet sich aus

$$
\begin{aligned}
L &= 1 - \frac{2}{n-1} \sum_{i=1}^{n-1} g(x_k) \\
&= 1 - \frac{2}{4} \left(0.12 + 0.24 + 0.36 + 0.68 \right) \\
&= 0.30
\end{aligned}
\tag{A.23}
$$

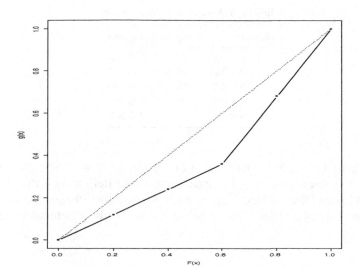

Abb. A.4. Lorenzkurve der Marktanteile

Der Herfindahl-Index bestimmt sich aus den quadrierten relativen Marktanteilen.

$$\pi_i = \{0.12^2, 0.12^2, 0.12^2, 0.32^2, 0.32^2\} \tag{A.24}$$

$$HF = \sum_{i=1}^{5} \pi_i \tag{A.25}$$
$$= 0.248$$

$$HF^* = \frac{HF - \frac{1}{n}}{1 - \frac{1}{n}} \tag{A.26}$$
$$= \frac{0.248 - 0.20}{1 - 0.20} = 0.06$$

Die Informationsentropie berechnet sich aus:

$$h_n = -\frac{1}{\ln 5} \sum_{i=1}^{5} \pi_i \ln \pi_i \tag{A.27}$$
$$= -\frac{1}{1.609}(-1.238) = 0.769$$

Alle drei Maße weisen eine geringe Marktkonzentration aus. Bei der Informationsentropie ist zu beachten, dass je höher das Maß ausfällt, desto geringer die Konzentration der Merkmalswerte ist.

Lösung zu Aufgabe 4.9: Aus den gegebenen Daten ergibt sich die Häufigkeitsverteilung in Tabelle A.3.

Tabelle A.3. Relative Konzentration

Klasse	x_j	$n(x_j)$	$F(x_k)$	$g(x_k)$
1	400	3	0.1	0.048
2	600	3	0.2	0.120
3	800	13	0.63	0.536
4	1 000	8	0.9	0.856
5	1 200	3	1.0	1.000

Die Fläche F wird aus der Formel 4.186 mit $m = 5$ bestimmt: $F = 0.0687$ mit $g(x_0) = 0$. Die Fläche F_{max} berechnet sich aus der Beziehung 4.187, da keiner der beiden Extremfälle vorliegt: $F_{\mathrm{max}} = 0.426$. Der Gini-Koeffizient ist damit: $L = 0.1612$. Die Brenndauer der Glühbirnen verteilt sich recht gleichmäßig auf die 5 Klassen.

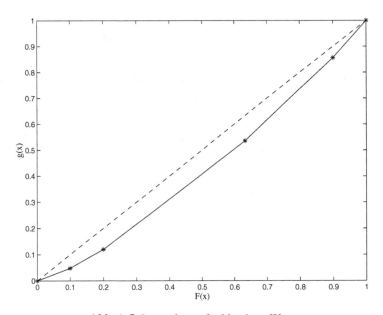

Abb. A.5. Lorenzkurve für klassierte Werte

Lösung zu Aufgabe 5.1: Um die statistische Unabhängigkeit der Verteilungen zu überprüfen, müssen die bedingten Verteilungen von $f(X|Y)$ oder $f(Y|X)$ bestimmt werden (siehe Tabelle A.4).

Die bedingten Verteilungen von Y sind verschieden. Daraus folgt, dass die Merkmale X und Y statistisch voneinander abhängen. Alternativ könnte man auch die bedingten Verteilungen von X bestimmen (siehe Tabelle A.5).

Tabelle A.4. Bedingte Verteilung von Y

$f(y_j|x_1)$	$f(y_j|x_2)$	$f(y_j|x_3)$
0.20	0.30	0.50
0.25	0.35	0.40
0.55	0.35	0.10

Tabelle A.5. Bedingte Verteilung von X

$f(x_i|y_1)$	0.20	0.30	0.50
$f(x_i|y_2)$	0.25	0.35	0.40
$f(x_i|y_3)$	0.55	0.35	0.10

Für die zweite Häufigkeitsverteilung ergeben sich folgende bedingte Verteilungen von Y (siehe Tabelle A.6).

Tabelle A.6. Bedingte Verteilung von Y

$f(y_j|x_1)$	$f(y_j|x_2)$	$f(y_j|x_3)$
0.17	0.17	0.17
0.50	0.50	0.50
0.33	0.33	0.33

Die bedingten Verteilungen von Y sind identisch. Die beiden Merkmale X und Y sind statistisch unabhängig. Daher müssen auch die bedingten Verteilungen von X identisch sein (siehe Tabelle A.7).

Tabelle A.7. Bedingte Verteilung von X

$f(x_i|y_1)$	0.2	0.5	0.3
$f(x_i|y_2)$	0.2	0.5	0.3
$f(x_i|y_3)$	0.2	0.5	0.3

Lösung zu Aufgabe 5.2:

1. Aus den Angaben kann die Tabelle bestimmt werden (siehe Tabelle A.8).
2. In dem Aufgabentext wurde die Angabe $f(P \mid G) = 5/9$ mitgeteilt. Es wird auf die geheilten Patienten Bezug genommen.
3. Der Anteil der insgesamt geheilten Patienten beträgt $f(G) = 9/30$.
4. Der Anteil der nicht geheilten Patienten, die in der Klinik behandelt wurden, beträgt $f(\overline{G} \mid P) = 20/25$. Ein großer Anteil der klinisch behandelten Patienten ist nicht geheilt worden. Er liegt mit $f(G \mid P) = 0.2$ sogar unter dem

Tabelle A.8. Kontingenztabelle

	P	$\overline{P}$	$\sum$
G	5	4	9
$\overline{G}$	20	1	21
$\sum$	25	5	30

durchschnittlichen Heilungserfolg $f(G)$. Dies spricht hier gegen die klinische Behandlung.

Was erst wie ein Erfolg aussieht, ist dennoch ein Misserfolg. Für den Patienten ist interessant, wie hoch die Heilungsrate ist, wenn er sich in der Klinik behandeln lässt und nicht, wie hoch der Anteil der klinisch behandelten Patienten unter den geheilten ist. Es kommt auf die Bedingung an!

Lösung zu Aufgabe 5.3: Für die Berechnung von χ^2 sind zuerst die theoretischen Häufigkeiten bei statistischer Unabhängigkeit zu berechnen (siehe Tabelle A.9), die sich aus den Produkten der Häufigkeiten der Randverteilungen ergibt.

Tabelle A.9. Theoretische Häufigkeit bei Unabhängigkeit

$\hat{n}(x_i, y_j)$			
22.5	15	7.5	5
36.0	24	12.0	8
27.0	18	9.0	6
4.5	3	1.5	1

Tabelle A.10. Arbeitstabelle

$\frac{\left(n(x_i,y_j)-\hat{n}(x_i,y_j)\right)^2}{\hat{n}(x_i,y_j)}$			
13.61	1.67	7.50	5.0
0.44	0.04	4.08	0.5
10.70	2.72	28.44	6.0
4.50	3.00	1.50	81.0

Die Summe der Zahlen in der Tabelle A.10 ist die χ^2 Statistik.

$$\chi^2 = 170.718 \tag{A.28}$$

$$\phi^2 = \frac{170.7}{200} = 0.8535 \tag{A.29}$$

$$C = \sqrt{\frac{0.8535}{3}} = 0.5334 \qquad (A.30)$$

Zur Berechnung der Transinformation werden die relativen Häufigkeiten benötigt (siehe Tabelle A.11).

Tabelle A.11. Relative Häufigkeiten

Merkmal	x_1	x_2	x_3	x_4	$f(y_j)$
y_1	0.20	0.050	0.000	0.00	0.25
y_2	0.20	0.125	0.025	0.05	0.40
y_3	0.05	0.125	0.125	0.00	0.30
y_4	0.00	0.000	0.000	0.05	0.05
$f(x_i)$	0.45	0.300	0.150	0.10	1

Aus der Tabelle A.11 lassen sich die gemeinsame Entropie H_{pq}, die Entropien der Randverteilungen H_p und H_q sowie die Transinformation berechnen.

$$h_{44} = 0.7628 \qquad (A.31)$$

$$h_4 = 0.8911 \times \log_{16} 4 = 0.4455 \qquad (A.32)$$

$$h_4 = 0.8829 \times \log_{16} 4 = 0.4415 \qquad (A.33)$$

$$T = 0.1242 \qquad (A.34)$$

$$T^* = \frac{0.4970}{1.7660} = 0.2814 \qquad (A.35)$$

Der Cramérsche Kontingenzkoeffizient zeigt der Größe nach einen etwas stärkeren Zusammenhang als die normierte Entropie an, welcher auf die unterschiedliche Konstruktion der beiden Zusammenhangsmaße zurückzuführen ist. Beide Maße weisen aber insgesamt nur einen schwachen Zusammenhang zwischen dem Beruf des Vaters und dem des Sohnes aus.

Lösung zu Aufgabe 5.4: Die Beobachtungswerte in der Tabelle weisen keine Bindungen zwischen den Merkmalen X und Y auf. Daher kann der Spearmansche Korrelationskoeffizient ρ_S mit der vereinfachten Formel

$$\rho_S = 1 - \frac{6 \sum\limits_{i=1}^{n} \big(R(x_i) - R(y_i)\big)^2}{n\,(n^2 - 1)} \qquad (A.36)$$

berechnet werden. Die Rangzahlen sind in Tabelle A.12 angegeben.

$$\rho_S = 1 - \frac{6 \times 150}{12\,(12^2 - 1)} = 0.4755 \qquad (A.37)$$

Tabelle A.12. Rangzahlen

$R(x_i)$	1	2	3	4	5	6	7	8
$R(y_i)$	12	2	3	1	4	8	5	6
$\left(R(x_i) - R(y_i)\right)^2$	121	0	0	9	1	4	4	4
$R(x_i)$	9	10	11	12				
$R(y_i)$	7	9	10	11				
$\left(R(x_i) - R(y_i)\right)^2$	4	1	1	1				

Die Rangkorrelation zwischen Ligaplatz und Prämie ist hier schwach. Dies bedeutet, dass die Prämienhöhe und der Ligaplatz nur wenig miteinander verbunden sind. Eine Kausalität darf hieraus aber nicht abgeleitet werden.

Lösung zu Aufgabe 5.5:

$$\bar{x} = 1\,556.8 \tag{A.38}$$

$$\bar{y} = 10.495 \tag{A.39}$$

$$\frac{1}{10} \sum_{i=1}^{10} x_i\, y_i = 16\,076.565 \tag{A.40}$$

$$cov(x, y) = -262.051 \tag{A.41}$$

Lösung zu Aufgabe 5.6: Um die Wirksamkeit der Behandlung zu beurteilen, werden die Heilungsraten $f(\text{geheilt}|\text{behandelt})$ und $f(\text{geheilt}|\text{nicht behandelt})$ berechnet. Für die beiden Gebiete A_1, A_2 und $A = A_1 + A_2$ stehen die Raten in der Tabelle A.13.

Tabelle A.13. Heilungsraten

	A_1		A_2		A	
	beh.	$\overline{\text{beh.}}$	beh.	$\overline{\text{beh.}}$	beh.	$\overline{\text{beh.}}$
geh.	10	100	100	50	110	150
$\overline{\text{geh.}}$	100	730	50	20	150	750
$\sum$	110	830	150	70	260	900
Heilungsrate	9.09%	12.05%	66.67%	71.43%	42.31%	16.67%

Die Heilungsrate in den Teilgebieten ist bei den nicht behandelten Patienten größer, woraus auf die Unwirksamkeit der Behandlung geschlossen werden könnte. Wird die Heilungsrate im Gesamtgebiet betrachtet, so ist sie bei den behandelten Patienten höher, woraus auf die Wirksamkeit der Behandlung geschlossen werden könnte, wenngleich eine Rate von 42.3% nicht gerade überzeugend wirkt. Die Ursache der Umkehrung liegt am hohen Anteil der behandelten Patienten im Gebiet A_2 und der nicht behandelten Patienten in A_1.

Um das Phänomen zu erklären, muss man dieser Ursache nachgehen. Beispielsweise könnte A_1 ein ländliches Gebiet sein, und A_2 eine Stadt, wodurch der Anteil der behandelten zu den nicht behandelten Personen erklärt werden könnte. Ferner könnte damit eventuell auch erklärt werden, warum der Behandlungserfolg im Gebiet A_1 so gering ist; die Personen gehen auf dem Land, vielleicht wegen der schlechteren ärztlichen Versorgung, erst in einem fortgeschrittenen Stadium der Erkrankung zum Arzt.

$$0.1667 = 0.1205\,\frac{830}{900} + 0.7143\,\frac{70}{900} \tag{A.42}$$

$$0.4231 = 0.0909\,\frac{110}{260} + 0.6667\,\frac{150}{260} \tag{A.43}$$

Die Berechnung des Cramérschen Kontingenzkoeffizienten zeigt für die Teilgebiete einen sehr niedrigen Zusammenhang an: $C_{A_1} = 0.0296$, $C_{A_2} = 0.0476$. Hingegen wird für das Gesamtgebiet ein deutlich höherer Wert ausgewiesen ($C_A = 0.2564$), obwohl der Zusammenhang zwischen Heilung und Behandlung als eher schwach einzustufen ist.

Lösung zu Aufgabe 6.1: Um die Normalgleichung

$$\mathbf{X'Xb} = \mathbf{X'y} \tag{A.44}$$

mit den Matrizen

$$\mathbf{X'X} = \begin{pmatrix} 5.00 & 7.40 \\ 7.40 & 14.88 \end{pmatrix} \tag{A.45}$$

$$\mathbf{X'y} = \begin{pmatrix} 3.90 \\ 6.91 \end{pmatrix} \tag{A.46}$$

zu lösen, muss die Inverse der Varianz-Kovarianzmatrix $\mathbf{X'X}$ berechnet werden.

$$(\mathbf{X'X})^{-1} = \begin{pmatrix} 0.7576 & -0.3768 \\ -0.3768 & 0.2546 \end{pmatrix} \tag{A.47}$$

Die Regressionskoeffizienten ergeben sich dann aus folgender aufgelösten Matrixgleichung:

$$\hat{\mathbf{b}} = (\mathbf{X'X})^{-1}\,\mathbf{X'y}$$
$$= \begin{pmatrix} 0.3512 \\ 0.2897 \end{pmatrix} \tag{A.48}$$

Im Fall der Einfachregression kann der Regressionskoeffizient β_1 auch wie folgt bestimmt werden:

$$\hat{\beta}_1 = \frac{cov(x, y)}{\sigma_x^2} = \frac{0.2276}{0.7856} = 0.2897 \qquad (A.49)$$

Der Regressionskoeffizient $\hat{\beta}_1$ gibt die Änderung der abhängigen Variable y bei Änderung der unabhängigen Variable x an. Ändert sich x um $x\%$ so ändert sich y um $\hat{\beta}_1 x\% = y\%$. Steigt das Einkommen um 100 DM, so steigen die Lebensmittelausgaben um durchschnittlich 28.97 DM. Aus den standardisierten Regressionskoeffizienten lässt sich erkennen, ob die Koeffizienten bezogen auf das Niveau der Daten groß oder klein sind. Aus den Varianzen

$$\sigma_x^2 = 0.7856 \qquad (A.50)$$

$$\sigma_y^2 = 0.0696 \qquad (A.51)$$

können die standardisierten Koeffizienten $\tilde{\beta}_0$ und $\tilde{\beta}_1$ errechnet werden:

$$\tilde{\beta}_0 = \frac{0.3512}{\sqrt{0.0696}} = 1.3312 \qquad (A.52)$$

$$\tilde{\beta}_1 = 0.2897 \frac{\sqrt{0.7856}}{\sqrt{0.0696}} = 0.9733 \qquad (A.53)$$

Es zeigt sich, dass die Einkommensabhängigkeit einen kleineren Einfluss als der Niveauparameter auf das Einkommen besitzt. Dies weist auf eine Trendkomponente in den Daten hin. Interessant ist der Vergleich der standardisierten Regressionskoeffizienten vor allem dann, wenn mehrere Regressoren zur Erklärung der abhängigen Variable eingesetzt werden. Dann lässt sich ermitteln und zwar unabhängig vom Niveau der Daten, welcher Regressor den stärksten Einfluss auf die abhängige Variable hat. Die Überprüfung der Stärke des Einflusses auf die abhängige Variable wird auch mit dem t-Test überprüft. Dazu ist jedoch dann eine Verteilungsannahme notwendig, die in der deskriptiven Statistik nicht gemacht wird.

Lösung zu Aufgabe 6.2:

$$R^2 = \frac{cov(x, y)^2}{\sigma_x^2 \, \sigma_y^2} = \frac{0.2276^2}{0.7856 \times 0.0696} = 0.9474$$
$$= \frac{\sigma_{\hat{y}}^2}{\sigma_y^2} = \frac{0.06594}{0.0696} = 0.9474 \qquad (A.54)$$

Die lineare Regression erklärt somit ungefähr 94.74% der Varianz der Ausgaben für Lebensmittel und damit einen recht hohen Anteil der Streuung der Lebensmittelausgaben.

Lösung zu Aufgabe 6.3: Ja, die Werte ändern sich, jedoch nur in der Größenordnung. Wird das Einkommen in den Größen 900, 700, u. s. w. in der Regression verwendet, die Ausgaben verbleiben in der Angabe in Tausend €, so werden die Koeffizienten um den Faktor 100 wachsen, aber in den Ziffern gleich bleiben. Also von 0.3512 auf 35.12 für $\hat{\beta}_0$ und 0.2897 auf 28.97 für $\hat{\beta}_1$. Bei den standardisierten Koeffizienten bleibt dieser Effekt aus.

Werden auf alle Einkommen der Wert 2 addiert, so ändert sich das Absolutglied auf $\hat{\beta}_0 = 2.3512$, aber Koeffizient $\hat{\beta}_1$ bleibt unverändert. Die Niveauänderung verändert nicht den Zusammenhang zwischen Einkommen und Ausgaben. Wird kein β_0 in der Regressionsfunktion berücksichtigt, dann ändert sich mit der Niveauänderung auch der Koeffizient $\hat{\beta}_1$!

Lösung zu Aufgabe 6.4: Es wird der Kleinst-Quadrate Schätzer ohne Matrixalgebra hergeleitet. Die zu minimierende Funktion lautet:

$$S(\hat{\beta}_0, \hat{\beta}_1) = \sum_{t=1}^{n} u(\hat{\beta}_0, \hat{\beta}_1)_t^2 = \min \tag{A.55}$$

Die partiellen Ableitungen nach $\hat{\beta}_0$ und $\hat{\beta}_1$ ergeben sich unter Anwendung der Kettenregel:

$$\begin{aligned}
\frac{\partial S}{\partial \hat{\beta}_0} &= 2 \sum_{t=1}^{n} u(\hat{\beta}_0, \hat{\beta}_1)_t \frac{\partial u}{\partial \hat{\beta}_0} \\
&= 2 \sum_{t=1}^{n} (y_t - \hat{\beta}_0 - \hat{\beta}_1 x_t)(-1) \overset{!}{=} 0
\end{aligned} \tag{A.56}$$

$$\begin{aligned}
\frac{\partial S}{\partial \hat{\beta}_1} &= 2 \sum_{t=1}^{n} u(\hat{\beta}_0, \hat{\beta}_1)_t \frac{\partial u}{\partial \hat{\beta}_1} \\
&= 2 \sum_{t=1}^{n} (y_t - \hat{\beta}_0 - \hat{\beta}_1 x_t)(-x_t) \overset{!}{=} 0
\end{aligned} \tag{A.57}$$

mit:

$$\frac{\partial u}{\partial \hat{\beta}_0} = -1 \tag{A.58}$$

$$\frac{\partial u}{\partial \hat{\beta}_1} = -x \tag{A.59}$$

Auflösen der ersten Bedingung nach $\hat{\beta}_0$ führt zur ersten Normalgleichung. Übrigens diese erste Normalgleichung existiert nur, wenn ein β_0 mitgeschätzt wird. Sie stellt sicher, dass $\sum_{t=1}^{n} \hat{u}_t = 0$ gilt, wie in Gleichung (A.56) zu sehen ist.

$$\hat{\beta}_0 = \bar{y} - \hat{\beta}_1 \bar{x} \tag{A.60}$$

Die Auflösung der zweiten Normalgleichung nach $\hat{\beta}_1$ unter Einsetzen des Ergebnisses für $\hat{\beta}_0$ liefert die Schätzung für $\hat{\beta}_1$.

$$\frac{\partial S}{\partial \hat{\beta}_1} = \sum_{t=1}^{n} y_t x_t - \hat{\beta}_0 \sum_{t=1}^{n} x_t - \hat{\beta}_1 \sum_{t=1}^{n} x_t^2 \overset{!}{=} 0 \tag{A.61}$$

$$\hat{\beta}_1 \frac{1}{n} \sum_{t=1}^{n} x_t^2 = \sum_{t=1}^{n} y_t\, x_t - \left(\bar{y} - \hat{\beta}_1\, \bar{x}\right) \bar{x} \tag{A.62}$$

$$\hat{\beta}_1 = \frac{\frac{1}{n} \sum_{t=1}^{n} x_t\, y_t - \bar{x}\, \bar{y}}{\frac{1}{n} \sum_{t=1}^{n} x_t^2 - \bar{x}^2} \tag{A.63}$$

$$= \frac{cov(x,y)}{\sigma_x^2}$$

Lösung zu Aufgabe 7.1:

$$U_{2000}^{1995} = \frac{\sum_{i=1}^{3} p_{2000}(i)\, q_{2000}(i)}{\sum_{i=1}^{3} p_{1995}(i)\, q_{1995}(i)} = \frac{36\,000}{29\,000} \times 100 = 124.14 \tag{A.64}$$

$$P_{2000}^{1995\,P} = \frac{\sum_{i=1}^{3} p_{2000}(i)\, q_{2000}(i)}{\sum_{i=1}^{3} p_{1995}(i)\, q_{2000}(i)} = \frac{36\,000}{33\,000} \times 100 = 109.09 \tag{A.65}$$

$$P_{2000}^{1995\,L} = \frac{\sum_{i=1}^{3} p_{2000}(i)\, q_{1995}(i)}{\sum_{i=1}^{3} p_{1995}(i)\, q_{1995}(i)} = \frac{28\,000}{29\,000} \times 100 = 96.55 \tag{A.66}$$

$$Q_{2000}^{1995\,P} = \frac{\sum_{i=1}^{3} p_{2000}(i)\, q_{2000}(i)}{\sum_{i=1}^{3} p_{2000}(i)\, q_{1995}(i)} = \frac{36\,000}{28\,000} \times 100 = 128.57 \tag{A.67}$$

$$Q_{2000}^{1995\,L} = \frac{\sum_{i=1}^{3} p_{1995}(i)\, q_{2000}(i)}{\sum_{i=1}^{3} p_{1995}(i)\, q_{1995}(i)} = \frac{33\,000}{29\,000} \times 100 = 113.79 \tag{A.68}$$

Ein Vergleich der Preisindizes zeigt, dass beim Laspeyres Preisindex der Einfluss der Preissenkung bei Produkt 1 gegenüber der Preiserhöhung bei Produkt 2 überwiegt, da Produkt 1 in der Basisperiode den größeren Mengenanteil besitzt. Beim Preisindex nach Paasche überwiegt dagegen die Preiserhöhung bei Produkt 2, da hier die Menge von Produkt 2 in der Berichtsperiode den größeren Mengenanteil besitzt. Hinzu kommt, dass die Preissenkung bei Produkt 1 mit der geringeren Menge gewichtet wird. Ähnliches ist beim Vergleich der Mengenindizes festzustellen. Man kann also beobachten, dass insbesondere bei größeren Mengen- bzw. Preisänderungen die Wahl der Indexformel einen stärkeren Einfluss auf die Höhe der Indexwerte hat.

Lösung zu Aufgabe 7.2:

1. Die Änderungsraten gegenüber dem Vorjahresquartal stehen in Tabelle A.14.

Tabelle A.14. Änderungsraten

2002			
1	2	3	4
8.0%	8.0%	8.8%	5.6%

Man erkennt deutlich, dass die prozentuale Änderung gegenüber dem Vorjahresquartal vom 3. Quartal auf das 4. Quartal zurückgegangen ist, obwohl der Index von 111 auf 113 gestiegen ist. Die Zunahme hat sich sogar beschleunigt: von 1.08 Prozentpunkten über 1.92 auf 2 Prozentpunkte gegenüber den jeweiligen Vorquartalen. Dass hier die Änderung gegenüber dem Vorjahresquartal dennoch zurückgeht liegt am Basiseffekt. Im entsprechenden Vorjahreszeitraum ist der Index wesentlich stärker gestiegen, um 5 Prozentpunkte.

2. Die annualisierte Änderungsrate berechnet sich aus der hochgerechneten Quartalsänderungsrate. Es wird dabei unterstellt, dass sich die Quartalsänderung über die nächsten drei Quartale unverändert fortsetzt. Die annualisierte Wachstumsrate für das erste Quartal ist:

$$r = \left(\frac{108}{107} \right)^4 - 1 = 0.038 \tag{A.69}$$

Es errechnen sich die annualisierten Änderungsraten in Tabelle A.15.

Tabelle A.15. Annualisierte Änderungsrate

3.8%	4.1%	7.2%	7.4%

Die annualisierten Änderungsraten zeigen den beschleunigten Zuwachs des Index im Jahr 2002 an. Gleichwohl sind die Werte völlig anders als die tatsächliche Änderungsrate in den letzten vier Quartalen, da die Berechnungsart eine andere ist.

A.2 Indukitve Statistik

Lösung zu Aufgabe 8.1: Es handelt sich hier um eine Kombination der Karten ohne Wiederholung. Die Reihenfolge, in der die Karten auf der Hand sortiert sind, spielt keine Rolle. Der 1. Spieler kann $\binom{32}{10}$, der 2. Spieler $\binom{22}{10}$ und der 3. Spieler $\binom{12}{10}$ verschiedene Kartenkombinationen auf die Hand bekommen. Insgesamt ergeben sich damit

$$\binom{32}{10} \times \binom{22}{10} \times \binom{12}{10} = 2.7533 \times 10^{15} \qquad (A.70)$$

verschiedene Anfangssituationen für die Spieler.

Lösung zu Aufgabe 8.2: Die Studenten haben also folgende Möglichkeiten, die Klausurfragen zu beantworten:

1. aus den ersten 5 Fragen 3 und aus den letzten 7 Fragen 5,
2. aus den ersten 5 Fragen 4 und aus den letzten 7 Fragen 4,
3. aus den ersten 5 Fragen 5 und aus den letzten 7 Fragen 3.

Es handelt sich hier um eine Kombination ohne Wiederholung, da die Reihenfolge der Beantwortung keine Rolle spielt. Insgesamt ergeben sich

$$\binom{5}{3} \times \binom{7}{5} + \binom{5}{4} \times \binom{7}{4} + \binom{5}{5} \times \binom{7}{3} = 420 \qquad (A.71)$$

verschiedene Möglichkeiten, die Klausurfragen zu beantworten.

Lösung zu Aufgabe 8.3: Bei $n = 5, 4, 3$ Richtigen müssen n aus den 6 gezogenen Kugeln und $6 - n$ aus den 43 nicht gezogenen Kugeln angekreuzt sein. Es gibt

$$\binom{6}{n} \binom{43}{6-n} \qquad (A.72)$$

verschiedene Gewinnmöglichkeiten für n Richtige. Für $n = 5$ sind es 258, für $n = 4$ sind es 13545 und für $n = 3$ sind es 246820 verschiedene Möglichkeiten einen Gewinn zu erzielen.

Lösung zu Aufgabe 9.1:

$$P(A) = \frac{10}{1\,000} = 0.01 \qquad (A.73)$$

$$P(B) = \frac{80}{1\,000} = 0.08 \qquad (A.74)$$

$$P(A \cup B) = P(A) + P(B) = 0.09 \qquad (A.75)$$

Die letzte Aussage gilt, weil die Ereignisse disjunkt sind.

Lösung zu Aufgabe 9.2:

$$P(A \cup B) = P(A) + P(B) - P(A \cap B)$$
$$= \frac{70}{200} + \frac{50}{200} - \frac{20}{200} = 0.5 \tag{A.76}$$

Lösung zu Aufgabe 9.3:

$$P(A \text{ oder } B) = P(A \cup B)$$
$$= P(A) + P(B) - P(A \cap B)$$
$$= \frac{8}{32} + \frac{4}{32} - \frac{1}{32} = \frac{11}{32} \tag{A.77}$$

Lösung zu Aufgabe 9.4: Die Augensumme wird mit dem Ereignis A bezeichnet. Es wird nach der Wahrscheinlichkeit $P(A > 3)$ gefragt. Bei drei Würfeln ist die kleinste Augensumme $A = 3$; sie tritt nur in einer Kombination auf. Daher ist hier $P(A \leq 3) = P(A = 3)$. Die Gesamtzahl verschiedener Anordnungen ist eine Variation mit Wiederholung $n^m = 6^3 = 216$, von der aber nur eine mit 3 Punkten existiert.

$$P(A > 3) = 1 - P(A \leq 3)$$
$$= 1 - \frac{1}{216} \tag{A.78}$$
$$= \frac{215}{216}$$

Lösung zu Aufgabe 9.5: Sei B_n das Ereignis, dass sich unter den ersten n Würfen mindestens eine Sechs befindet. Über den Umkehrschluss ist es hier einfach, auf das gewünschte Ergebnis zu kommen. In den ersten n Würfen keine Sechs zu werfen ist dann:

$$\overline{B}_n = \overline{A}_1 \cap \overline{A}_2 \cap \ldots \cap \overline{A}_n \tag{A.79}$$

und wegen der Unabhängigkeit der $\overline{A}_i$ folgt:

$$P(\overline{B}_n) = P(\overline{A}_1)\, P(\overline{A}_2) \times \cdots \times P(\overline{A}_n) = \left(\frac{5}{6}\right)^n \tag{A.80}$$

Da B_n und $\overline{B}_n$ disjunkte Ereignisse sind, kann aus dem Komplement

$$P(B_n) = 1 - P(\overline{B}_n) \tag{A.81}$$

auf die gesuchte Wahrscheinlichkeit geschlossen werden.

$$P(B_n) = 1 - P(\overline{B}_n) = 1 - \left(\frac{5}{6}\right)^n \tag{A.82}$$

$P(B_n)$ ist größer als 0.9, wenn $(5/6)^n < 0.1$ ist; also muss n größer als 13 sein, da $(5/6)^{13} = 0.093$ ist.

Lösung zu Aufgabe 9.6: Es wird das Ereignis A_i definiert, dass der Würfel eine 6 anzeigt ($i = 1, \ldots, 4$).

$$P(\overline{A_i}) = \frac{5}{6} \tag{A.83}$$

Dies ist die Wahrscheinlichkeit, dass keine 6 eintritt. Es wird das Ereignis B definiert, dass sich unter 4 Würfen eine 6 befindet. Die Ereignisse A_i sind unabhängig. Mit $\overline{B}$ wird das Ereignis bezeichnet, dass keine 6 in 4 Würfen fällt.

$$P(\overline{B}) = P(\overline{A_1})\, P(\overline{A_2})\, P(\overline{A_3})\, P(\overline{A_4})$$
$$= \left(\frac{5}{6}\right)^4 = 0.48 \tag{A.84}$$
$$P(B) = 1 - P(\overline{B}) = 0.52 \tag{A.85}$$

Die gesuchte Wahrscheinlichkeit beträgt 0.52. Es wird das Ereignis C_i definiert, dass das Würfelpaar eine Doppelsechs anzeigt ($i = 1, \ldots, 24$).

$$P(C_i) = \frac{1}{36} \tag{A.86}$$

$$P(\overline{C_i}) = 1 - \frac{1}{36} = 0.97 \tag{A.87}$$

Es wird das Ereignis D definiert, dass sich unter 24 Würfen eine Doppelsechs befindet. Somit ist die Wahrscheinlichkeit für „keine 6 in 24 Würfen":

$$P(\overline{D}) = \prod_{i=1}^{24} P(\overline{C_i})$$
$$= \left(1 - \frac{1}{36}\right)^{24} = 0.51 \tag{A.88}$$

Die gesuchte Wahrscheinlichkeit ist damit:

$$P(D) = 1 - P(\overline{D}) = 0.49 \tag{A.89}$$

Es ist wahrscheinlicher mit einem Würfel in 4 Würfen mindestens eine 6 zu würfeln als in 24 Würfen mit zwei Würfeln eine Doppelsechs.

Lösung zu Aufgabe 9.7:

1. Es wird das Ereignis N definiert, dass das Erzeugnis normgerecht sei. Es wird das Ereignis G definiert, dass das Prüfverfahren normgerecht anzeigt. Aus der Aufgabe sind folgende Werte bekannt:

$$P(N) = 0.9 \quad P(G \mid N) = 0.95 \quad P(G \mid \overline{N}) = 0.1 \tag{A.90}$$

$$P(N \mid G) = \frac{P(N \cap G)}{P(G)} = \frac{P(G \mid N) \, P(N)}{P(G)} \quad \text{Bayes Theorem} \qquad (A.91)$$

$$P(G) = P(G \cap N) + P(G \cap \overline{N}) \quad \text{Satz der totalen Wahrscheinlichkeit}$$
$$= P(G \mid N) \, P(N) + P(G \mid \overline{N}) \, P(\overline{N})$$
$$= 0.95 \times 0.9 + 0.1 \times 0.1 = 0.865$$

$$\qquad (A.92)$$

$$P(N \mid G) = \frac{0.95 \times 0.9}{0.865} = 0.9884 \qquad (A.93)$$

2. Es wird das Ereignis GG definiert, dass das Prüfverfahren für dasselbe Erzeugnis zweimal unabhängig voneinander normgerecht anzeigt.

$$P(GG \mid N) = P(G \mid N) \, P(G \mid N) = 0.95^2 \qquad (A.94)$$

$$P(GG \mid \overline{N}) = P(G \mid \overline{N}) \, P(G \mid \overline{N}) = 0.1^2 \qquad (A.95)$$

$$P(N \mid GG) = \frac{P(GG \mid N) \, P(N)}{P(GG \mid N) \, P(N) + P(GG \mid \overline{N}) \, P(\overline{N})}$$
$$= \frac{0.95^2 \times 0.9}{0.95^2 \times 0.9 + 0.1^2 \times 0.1} \qquad (A.96)$$
$$= 0.9988$$

Die Wahrscheinlichkeit wird durch zweimaliges Anwenden des Prüfverfahrens nicht deutlich erhöht.

Lösung zu Aufgabe 9.8: Es sind die bedingten Wahrscheinlichkeiten $P(K \mid \overline{B})$ und $P(\overline{K} \mid B)$ gesucht (siehe hierzu auch Kapitel 16.5). Im Aufgabentext sind die Angaben $P(K) = 0.05$, $P(B \mid K) = 0.95$ und $P(B \mid \overline{K}) = 0.10$ angegeben. Aus den Komplementen erhält man folgende Wahrscheinlichkeiten:

$$P(\overline{K}) = 0.95 \qquad (A.97)$$

$$P(\overline{B} \mid K) = 0.05 \qquad (A.98)$$

$$P(\overline{B} \mid \overline{K}) = 0.90 \qquad (A.99)$$

Mittels des Bayesschen Satzes kann man nun die gesuchten Wahrscheinlichkeiten berechnen.

$$P(K \mid \overline{B}) = \frac{P(\overline{B} \mid K) \, P(K)}{P(\overline{B} \mid K) \, P(K) + P(\overline{B} \mid \overline{K}) \, P(\overline{K})}$$
$$= \frac{0.05 \times 0.05}{0.05 \times 0.05 + 0.90 \times 0.95} = \frac{0.0025}{0.8575} = 0.0029 \qquad (A.100)$$

$$P(\overline{K} \mid B) = \frac{P(B \mid \overline{K}) \, P(\overline{K})}{P(B \mid K) \, P(K) + P(B \mid \overline{K}) \, P(\overline{K})}$$
$$= \frac{0.1 \times 0.95}{0.95 \times 0.05 + 0.10 \times 0.95} = \frac{0.095}{0.1425} = 0.6667 \qquad (A.101)$$

Lösung zu Aufgabe 10.1: Für eine Dichtefunktion muss

$$f_X(x) \geq 0 \quad \text{für alle } x \tag{A.102}$$

und

$$\int_{-\infty}^{+\infty} f_X(x)\, dx = 1 \tag{A.103}$$

gelten. Die erste Bedingung ist erfüllt, weil

$$f_X(x) = \frac{1}{3} \quad \text{für } 1 < x < 4 \tag{A.104}$$

gilt und sonst null. Aus

$$\int_1^4 \frac{1}{3}\, dx = \left. \frac{1}{3}\, x \right|_1^4 = 1 \tag{A.105}$$

ergibt sich auch, dass die zweite Bedingung erfüllt ist. Es handelt sich also um eine Dichtefunktion.

Lösung zu Aufgabe 10.2:

$$P\left(\frac{1}{4} < x < \frac{1}{2}\right) = \int_{1/4}^{1/2} 2\, x\, dx = \left. x^2 \right|_{1/4}^{1/2} = \frac{3}{16} \tag{A.106}$$

$$E(X) = \int_0^1 x\, 2\, x\, dx = \left. \frac{2}{3}\, x^3 \right|_0^1 = \frac{2}{3} \tag{A.107}$$

$$Var(X) = \int_0^1 x^2\, 2\, x\, dx - \left(\frac{2}{3}\right)^2 = 2\, \left. \frac{x^4}{4} \right|_0^1 - \frac{4}{9} = \frac{1}{18} \tag{A.108}$$

$$\sigma_X = \sqrt{\frac{1}{18}} \tag{A.109}$$

Lösung zu Aufgabe 10.3:

$$F_X(x) = \int_2^x 0.2\, d\xi = \left. 0.2\, \xi \right|_2^x$$

$$= \begin{cases} 0 & \text{für } x < 2 \\ 0.2\, x - 0.4 & \text{für } 2 \leq x < 7 \\ 1 & \text{für } 7 \leq x \end{cases} \tag{A.110}$$

Lösung zu Aufgabe 10.4:

$$E(X) = \sum_{x=2}^{12} x_i \, f_X(x_i)$$

$$= 2\,\frac{1}{36} + 3\,\frac{2}{36} + 4\,\frac{3}{36} + 5\,\frac{4}{36} + 6\,\frac{5}{36} + 7\,\frac{6}{36} \qquad \text{(A.111)}$$

$$+ 8\,\frac{5}{36} + 9\,\frac{4}{36} + 10\,\frac{3}{36} + 11\,\frac{2}{36} + 12\,\frac{1}{36}$$

$$= 7$$

Lösung zu Aufgabe 10.5:

$$E(X) = \int_2^6 (0.125\,x - 0.25)\,dx$$

$$= \int_2^6 0.125\,x\,dx - \int_2^6 0.25\,dx \qquad \text{(A.112)}$$

$$= 0.125\,\frac{x^2}{2}\bigg|_2^6 - 0.25\,x\bigg|_2^6$$

$$= 1$$

Lösung zu Aufgabe 10.6:

$$E(X) = \sum_{i=1}^{5} x_i \, f_X(x_i)$$

$$= 2 \times 0.1 + 3 \times 0.4 + 5 \times 0.2 + 8 \times 0.1 + 9 \times 0.2 \qquad \text{(A.113)}$$

$$= 5$$

$$Var(X) = \sum_{i=1}^{5} x_i^2 \, f_X(x_i) - 5^2$$

$$= 4 \times 0.1 + 9 \times 0.4 + 25 \times 0.2 + 64 \times 0.1 + 81 \times 0.2 - 25 \qquad \text{(A.114)}$$

$$= 31.6 - 25$$

$$= 6.6$$

Lösung zu Aufgabe 10.7: Aus

$$P\big(\,|\,X - \mu_X\,| \geq c\,\sigma_X\big) \leq \frac{1}{c^2} \qquad \text{(A.115)}$$

ergibt sich, dass

$$c\,\sigma_X = 1 \tag{A.116}$$

$$c = \frac{1}{\sigma_X} = \frac{1}{0.1} \tag{A.117}$$
$$= 10$$

gelten muss. Somit beträgt die Wahrscheinlichkeit einen Metallstift mit mehr als 1 mm Abweichung vom Sollmaß in der Produktion zu finden höchstens 0.01.

$$P(\,|\,X - 100\,|\geq 1) \leq \frac{1}{100} \tag{A.118}$$

Lösung zu Aufgabe 10.8: Aus

$$P(\,|\,X - 1000\,|< c\,\sigma_X) > 1 - \frac{1}{c^2} \tag{A.119}$$

$$P(\,|\,X - 1000\,|< 10) > 1 - \frac{1}{c^2} \tag{A.120}$$

ergibt sich:

$$c\,\sigma_X = 10 \tag{A.121}$$

$$c = \frac{10}{4} = 2.5 \tag{A.122}$$

$$1 - \frac{1}{c^2} = 0.84 \tag{A.123}$$

Die Wahrscheinlichkeit, dass eine Zuckertüte die Sollvorschrift erfüllt, beträgt 0.84.

Lösung zu Aufgabe 11.1:

1. Aus dem Satz der totalen Wahrscheinlichkeit ergibt sich:

$$\begin{aligned} P(X \leq x) = {} & P(X \leq x \,|\, Y = 0)\,P(Y = 0) \\ & + P(X \leq x \,|\, Y = 1)\,P(Y = 1) \end{aligned} \tag{A.124}$$

Für $x \leq 0.5$ gilt

$$P(X \leq x \,|\, Y = 1) = 0 \tag{A.125}$$

und damit

$$P(X \leq x) = x\,(1 - p) + 0 \times p \tag{A.126}$$

und für $x \geq 0.5$ gilt

$$P(X \leq x \,|\, Y = 1) = 1 \tag{A.127}$$

und damit

$$P(X \leq x) = x\,(1 - p) + 1 \times p. \tag{A.128}$$

Die Verteilungsfunktion ist bestimmt.

$$F_X(x) = \begin{cases} (1 - p)\,x & \text{für } x \leq x < 0.5 \\ p + (1 - p)\,x & \text{für } 0.5 \leq x \leq 1 \end{cases} \tag{A.129}$$

Die Funktion springt an der Stelle $x = 0.5$ um den Betrag p, wie in Abbildung A.6 zu sehen ist. Hier wurde $p = 0.5$ angenommen. Aufgrund dieser Sprungstelle ist $P(X = 0.5) \neq 0$.

2. Aus dem Bayes Theorem folgt

$$P(Y = 0 \mid X = 0.5) = \frac{P(X = 0.5 \mid Y = 0)\,P(Y = 0)}{P(X = 0.5)} = \frac{0\,(1 - p)}{p} = 0 \tag{A.130}$$

und

$$P(Y = 1 \mid X = 0.5) = \frac{P(X = 0.5 \mid Y = 1)\,P(Y = 1)}{P(X = 0.5)} = \frac{1\,p}{p} = 1 \tag{A.131}$$

3. Für $P(0.49 < X < 0.51)$ ergibt sich

$$\begin{aligned} P(0.49 < X < 0.51) &= F_X(0.51) - F_X(0.49) \\ &= p + (1 - p)\,0.51 - (1 - p)\,0.49 \\ &= p + (1 - p)\,0.02 = 0.02 + 0.98\,p \end{aligned} \tag{A.132}$$

Aus dem Bayes Theorem ist damit die Lösung bestimmbar:

$$\begin{aligned} P(Y = 1 \mid 0.49 < X < 0.51) &= \frac{P(0.49 < X < 0.51 \mid Y = 1)\,P(Y = 1)}{P(0.49 < X < 0.51)} \\ &= \frac{\big(F_X(0.51 \mid Y = 1) - F_X(0.49 \mid Y = 1)\big)\,P(Y = 1)}{P(0.49 < X < 0.51)} \\ &= \frac{(1 - 0)\,P(Y = 1)}{0.02 + 0.98\,p} \\ &= \frac{p}{0.02 + 0.98\,p} \end{aligned} \tag{A.133}$$

Für $p = 0.5$ ergibt sich dann $50/51$.

Lösung zu Aufgabe 11.2:

1. Da die Erwartungswertbildung eine lineare Operation ist, kann der Erwartungswert wie folgt berechnet werden:

$$E(2\,X - Y + 4) = 2\,E(X) - E(Y) + 4 = 2 - 2 + 4 = 4 \tag{A.134}$$

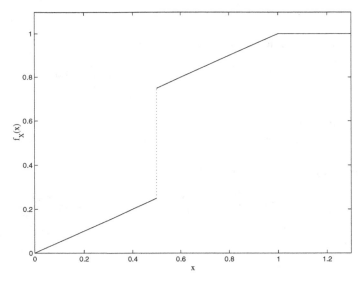

Abb. A.6. $F_X(x)$ von Aufgabe 11.1

2. Aufgrund der in den Kapiteln 10.7 und 11.4 dargelegten Eigenschaften der Varianz und Kovarianz ist die Varianz der Linearkombination folgende:

$$
\begin{aligned}
Var(2\,X - Y + 4) &= Var(2\,X - Y) \\
&= Var(2\,X) + Var(-Y) + 2\,Cov(2\,X, -Y) \\
&= 4\,Var(X) + Var(Y) - 4\,Cov(X, Y) \\
&= 16 + 1 + 4 = 21
\end{aligned}
\tag{A.135}
$$

3. Für die Bestimmung der Kovarianz werden ebenfalls die in Kapitel 11.4 beschriebenen Zusammenhänge angewendet.

$$
\begin{aligned}
Cov(X + Y, X - Y) &= Cov(X, X) + Cov(X, -Y) \\
&\quad + Cov(Y, X) + Cov(Y, -Y) \\
&= Var(X) - Cov(X, Y) \\
&\quad + Cov(X, Y) - Var(Y) = 3
\end{aligned}
\tag{A.136}
$$

4. Um den Erwartungswert $E\big((X + Y)^2\big)$ berechnen zu können, muss die Varianz von $X + Y$ bestimmt werden und dann die allgemeine Berechnungsformel für die Varianz

$$
Var(X) = E(X^2) - \big(E(X)\big)^2
\tag{A.137}
$$

angewendet werden.

$$
\begin{aligned}
Var(X + Y) &= Var(X) + Var(Y) + 2\,Cov(X, Y) \\
&= 4 + 1 - 2 = 3
\end{aligned}
\tag{A.138}
$$

$$E\big((X+Y)^2\big) = Var(X+Y) + \big(E(X+Y)\big)^2$$
$$= 3 + 9 = 12$$
(A.139)

Lösung zu Aufgabe 11.3: Es wird zuerst die Verteilungsfunktion der Zufallsvariablen X bestimmt.

$$F_X(x) = \int_0^x e^{-u}\,du = 1 - e^{-x} \quad \text{für } x > 0$$
(A.140)

1. Mit dem obigen Ergebnis lässt sich $P(X > 1)$ leicht bestimmen.

$$P(X > 1) = 1 - F_X(1) = e^{-1}$$
(A.141)

2. Bei der Berechnung von $P(X > 2 \mid X > 1)$ ist zu beachten, dass die Bedingung schwächer ist als das Argument: Denn wenn $X > 2$ eintreten soll, muss zwangsläufig auch die Bedingung $X > 1$ erfüllt sein. Daher gilt:

$$P(X > 2 \mid X > 1) = \frac{P(X > 1 \text{ und } X > 2)}{P(X > 1)}$$
$$= \frac{P(X > 2)}{P(X > 1)} = \frac{1 - F_X(2)}{1 - F_X(1)}$$
$$= \frac{e^{-2}}{e^{-1}} = \frac{1}{e}$$
(A.142)

3. Hier gilt die gleiche Überlegung wie unter 2): Wenn $X < 1$ gilt, gilt stets auch $X < 2$.

$$P(X < 2 \mid X < 1) = \frac{P(X < 2 \text{ und } X < 1)}{P(X < 1)} = \frac{P(X < 1)}{P(X < 1)} = 1 \quad \text{(A.143)}$$

Lösung zu Aufgabe 12.1: Die Zufallsvariable

$$Z = \frac{X - 900}{100}$$
(A.144)

ist standardnormalverteilt. Damit gilt:

$$P(X < 650) = F_Z\left(\frac{650 - 900}{100}\right) = F_Z(-2.5)$$
$$= 1 - F_Z(2.5) = 0.0062$$
(A.145)

$$P(800 < X < 1\,050) = P\left(\frac{800 - 900}{100} < Z < \frac{1\,050 - 900}{100}\right)$$
$$= F_Z(1.5) - F_Z(-1) = 0.7745$$
(A.146)

$$P(X < 800 \vee X > 1\,200) = F_Z \left(\frac{800 - 900}{100} \right)$$

$$+ 1 - F_Z \left(\frac{1\,200 - 900}{100} \right) \tag{A.147}$$

$$= F_Z(-1) + 1 - F_Z(3) = 0.1600$$

Lösung zu Aufgabe 12.2: Die Wahrscheinlichkeit, dass die Zufallsvariable X zwischen den Werten $\mu_X \pm z\,\sigma_X$ mit $z = 1, 2, 3$ liegt ist unabhängig von μ_X und σ_X, da wegen der Standardisierung gilt:

$$X = \mu_X \pm z\,\sigma_X \tag{A.148}$$

$$Z = \frac{X - \mu_X}{\sigma_X}$$

$$= \frac{\mu_X \pm z\,\sigma_X - \mu_X}{\sigma_X} = \pm z \tag{A.149}$$

Es sind also die Wahrscheinlichkeiten folgender Konfidenzintervalle zu berechnen deren Werte sich aus der Tabelle der Standardnormalverteilung ergeben:

$$P(-1 < Z < 1) = F_Z(1) - F_Z(-1) = 2 \times 0.8413 - 1 = 0.6826 \tag{A.150}$$

$$P(-2 < Z < 2) = F_Z(2) - F_Z(-2) = 0.9544 \tag{A.151}$$

$$P(-3 < Z < 3) = F_Z(3) - F_Z(-3) = 0.9974 \tag{A.152}$$

68.26% der Werte einer normalverteilten Zufallsvariablen liegen innerhalb der Standardabweichung σ_X, 95.44% der Werte liegen innerhalb des „Zwei-Sigma-Bandes" und 99.74% der Werte liegen innerhalb des „Drei-Sigma-Bandes".

Lösung zu Aufgabe 12.3: Ist Z standardnormalverteilt, so gilt:

$$P(-1 < Z < 1) = 0.68 \tag{A.153}$$

Aus

$$Z = \frac{X - \mu_X}{\sigma_X} \tag{A.154}$$

erhält man

$$X = Z\,\sigma_X + \mu_X \tag{A.155}$$

Damit gilt:

$$x_u = -1 \times 4 + 3 = -1 \tag{A.156}$$

$$x_o = 1 \times 4 + 3 = 7 \tag{A.157}$$

Die Zufallsvariable X liegt mit 68% Wahrscheinlichkeit zwischen -1 und 7.

$$P(-1 < X < 7) = 0.68 \tag{A.158}$$

Lösung zu Aufgabe 13.1:

1. Die Zufallsvariable $X :=$ Anzahl der fehlerhaften Stücke wird binomialverteilt mit $n = 5$ und $\theta = 0.2$ angenommen, weil die Produktserie als unendlich unterstellt wird. Es ist nach den Wahrscheinlichkeiten $P(X = 0)$, $P(X = 1)$, ..., $P(X = 4)$ gefragt.

$$P(X = 0) = f_X(0) = Bin(0, 5, 0.2) = 0.3277 \qquad \text{(A.159)}$$
$$P(X = 1) = f_X(1) = Bin(1, 5, 0.2) - Bin(0, 5, 0.2) = 0.4096 \qquad \text{(A.160)}$$
$$P(X = 2) = f_X(2) = Bin(2, 5, 0.2) - Bin(1, 5, 0.2) = 0.2048 \qquad \text{(A.161)}$$
$$P(X = 3) = f_X(3) = Bin(3, 5, 0.2) - Bin(2, 5, 0.2) = 0.0512 \qquad \text{(A.162)}$$

2. Die Zufallsvariable $Y :=$ Anzahl der einwandfreien Stücke ist auch binomialverteilt mit $n = 5$, jedoch mit $\theta = 0.8$.

$$\begin{aligned} P(Y = 0) = f_Y(0) &= Bin(0, 5, 0.8) \\ &= Bin(5, 5, 0.2) - Bin(4, 5, 0.2) \qquad \text{(A.163)} \\ &= 1 - 0.9997 = 0.0003 \end{aligned}$$

$$\begin{aligned} P(Y = 1) = f_Y(1) &= Bin(1, 5, 0.8) - Bin(0, 5, 0.8) \\ &= Bin(4, 5, 0.2) - Bin(3, 5, 0.2) = 0.0064 \end{aligned} \qquad \text{(A.164)}$$

$$\begin{aligned} P(Y = 2) = f_Y(2) &= Bin(2, 5, 0.8) - Bin(1, 5, 0.8) \\ &= Bin(3, 5, 0.2) - Bin(2, 5, 0.2) = 0.0512 \end{aligned} \qquad \text{(A.165)}$$

$$\begin{aligned} P(Y = 3) = f_Y(3) &= Bin(3, 5, 0.8) - Bin(2, 5, 0.8) \\ &= Bin(2, 5, 0.2) - Bin(1, 5, 0.2) = 0.2048 \end{aligned} \qquad \text{(A.166)}$$

Lösung zu Aufgabe 13.2: Die Zufallsvariable X, die die Anzahl der richtig getippten Zahlen angibt, ist hypergeometrisch verteilt mit $n = 7$, $M = 7$ und $N = 38$. Damit sind die Wahrscheinlichkeiten für $X = 4, 5, 6, 7$ Richtige zu tippen:

$$P(X = 4) = \frac{\binom{7}{4}\binom{31}{3}}{\binom{38}{7}} = 0.0125 \qquad \text{(A.167)}$$

$$P(X = 5) = \frac{\binom{7}{5}\binom{31}{2}}{\binom{38}{7}} = 0.0008 \qquad \text{(A.168)}$$

$$P(X = 6) = \frac{\binom{7}{6}\binom{31}{1}}{\binom{38}{7}} = 0.00002 \qquad \text{(A.169)}$$

$$P(X = 7) = \frac{\binom{7}{7}\binom{31}{0}}{\binom{38}{7}} = 0.00000008 \qquad \text{(A.170)}$$

Lösung zu Aufgabe 13.3: Die Zufallsvariable X „Anzahl der Telefonanrufe in einer Minute ist poissonverteilt mit $\lambda = 1$. Damit sind die Wahrscheinlichkeiten für:

$$P(X = 1) = \frac{1^1}{1!} e^{-1} = 0.3679 \qquad\qquad\text{(A.171)}$$

$$P(X \leq 1) = F_X(1) = \sum_{x=0}^{1} \frac{1^x}{x!} e^{-1} = 0.7358 \qquad\qquad\text{(A.172)}$$

$$P(X \geq 1) = 1 - P(X = 0) = 1 - \frac{1^0}{0!} e^{-1} = 0.6321 \qquad\text{(A.173)}$$

$$P(X = 2 \cup X = 3) = P(X = 2) + P(X = 3) = 0.2453 \qquad\text{(A.174)}$$

Die letzte Gleichung gilt, weil für die Zufallsvariable X angenommen wird, dass die einzelnen Ereignisse stochastisch unabhängig sind. Ferner wird die Reproduktivität der Poissonverteilung genutzt.

Lösung zu Aufgabe 13.4: Die Zufallsvariable X „Anzahl der defekten Teile" in der Stichprobe ist binomialverteilt mit $n = 100$ und $\theta = 0.04$. Bei großem n und kleinem θ ist die Poissonverteilung eine gute Approximation für die Binomialverteilung. Die Zufallsvariable X „Anzahl der Ausschussstücke pro Stunde" ist dann approximativ poissonverteilt. Die Angabe, dass die defekten Teile innerhalb einer Stunde gezählt werden sollen, ist für die Approximation notwendig: $\lambda = 100 \times 0.04 = 4$. X kann als approximativ poissonverteilt mit $\lambda = 4$ angenommen werden. Die Wahrscheinlichkeiten sind in Tabelle A.16 abgetragen.

Tabelle A.16. Wahrscheinlichkeiten

	Bin	Poi
$P(X = 4)$	0.1994	0.1954
$P(X \geq 7)$	0.1064	0.1107
$P(X \leq 8)$	0.9810	0.9786

Die Wahrscheinlichkeit von $P(X \geq 7)$ ist über folgenden Zusammenhang bestimmt worden:

$$P(X \geq 7) = 1 - P(X \leq 6) \qquad\qquad\text{(A.175)}$$

Lösung zu Aufgabe 13.5:

1. Die Zufallsvariable X misst die Zeit bis zum ersten Ereignis. X ist somit exponentialverteilt mit dem Erwartungswert $E(X) = 2$. Daraus ergibt sich der Parameter $\nu = 0.5$: $X \sim Exp(0.5)$. Es ist nach der Wahrscheinlichkeit $P(X > 6)$ gefragt, die sich aus $1 - P(X < 6)$ berechnet.

$$P(X > 6) = e^{-0.5 \times 6} = e^{-3} = 0.049 \qquad\qquad\text{(A.176)}$$

2. Die Zufallsvariable X zählt die Anzahl der Kunden. X ist somit poissonverteilt mit $\lambda = \nu\, t$. Die Zeitspanne ist mit 6 Minuten angeben, so dass $\lambda = 0.5 \times 6 = 3$ beträgt: $X \sim Poi(3)$. Die gesuchte Wahrscheinlichkeit beträgt folglich:

$$P(X \leq 2) = \sum_{x=0}^{2} \frac{3^x}{x!} e^{-3} = 0.423 \qquad (A.177)$$

3. Die Zufallsvariable X misst die Zeit bis zum Eintreffen des nächsten Kunden. X ist somit wieder exponentialverteilt mit $\nu = 0.5$. Es ist die Wahrscheinlichkeit $P(X < 2)$ gesucht.

$$P(X < 2) = 1 - e^{-0.5 \times 2} = 0.632 \qquad (A.178)$$

4. Die durchschnittliche Wartezeit für einen Kunden beträgt hier $E(X) = 2$. Somit beträgt die durchschnittliche Wartezeit für 3 Kunden $3\,E(X) = 6\,[min]$.

Lösung zu Aufgabe 14.1: Aus $\alpha = 0.2$ resultiert $\alpha/2 = 0.1$. Für $n = 25$ ergibt sich aus der Tabelle der χ^2-Quantile

$$\chi^2_{0.1}(25) = 16.4734 \qquad (A.179)$$
$$\chi^2_{0.9}(25) = 34.3816 \qquad (A.180)$$

Lösung zu Aufgabe 14.2: Es gilt:

$$
\begin{aligned}
P(-t < T_{24} < 0) &= F_{T_{24}}(0) - F_{T_{24}}(-t) \\
&= 0.5 - F_{T_{24}}(-t) = 0.5 - \big(1 - F_{T_{24}}(t)\big) \qquad (A.181) \\
&= F_{T_{24}}(t) - 0.5 = 0.49
\end{aligned}
$$
$$F_{T_{24}}(t) = 0.99 \Rightarrow t_{0.99}(24) = 2.4922 \qquad (A.182)$$

Aufgrund der Symmetrie der t-Verteilung gilt:

$$F_{T_{24}}(-t) = -F_{T_{24}}(t) \qquad (A.183)$$

und somit ist $-t = -2.4922$.

Lösung zu Aufgabe 14.3: Die Zufallsvariable V ist F-verteilt mit $FG_1 = 4$ und $FG_2 = 5$. Das 0.9-Quantil der entsprechenden F-Verteilung beträgt:

$$F_{0.9}(4,5) = F_V^{-1}(0.9, 4, 5) = 3.5202 \qquad (A.184)$$

Für das 0.1-Quantil gilt:

$$F_{0.1}(4,5) = \frac{1}{F_V^{-1}(0.9, 5, 4)} = \frac{1}{4.0506} = 0.2469 \qquad (A.185)$$

Lösung zu Aufgabe 15.1:

1. Die Zufallsvariable X_i ist bernoulliverteilt mit $\theta = 1/6$. Die Zufallsvariable $n\bar{X}$ ist binomialverteilt mit $n = 300$ und $\theta = 1/6$. Approximativ ist die Zufallsvariable $n\bar{X}$ normalverteilt mit Erwartungswert $n\theta$ und Varianz $n\theta(1-\theta)$:

$$n\bar{X} \stackrel{\cdot}{\sim} N\big(n\theta, n\theta(1-\theta)\big) \tag{A.186}$$

Daraus folgt, dass die Zufallsvariable $\hat{\theta} = \bar{X}$ normalverteilt ist mit Erwartungswert θ und Varianz $\theta(1-\theta)/n$.

$$\hat{\theta} \stackrel{\cdot}{\sim} N\big(\theta, \theta(1-\theta)/n\big) \tag{A.187}$$

2. Die Varianz des Stichprobenmittels wird durch

$$
\begin{aligned}
S_{\hat{\theta}}^2 &= \frac{\hat{\theta}(1-\hat{\theta})}{n-1} \\
&= \frac{0.1467(1-0.1467)}{299} = 0.00042
\end{aligned}
\tag{A.188}
$$

erwartungstreu geschätzt. Das approximative Konfidenzintervall für θ berechnet sich nach:

$$P\left(\hat{\theta} \pm z_{1-\alpha/2}\, S_{\hat{\theta}}\right) = 1 - \alpha \tag{A.189}$$

Für $z_{0.95}$ ergibt sich aus der Standardnormalverteilungstabelle ein Wert von: 1.645. Damit hat das Konfidenzintervall folgende Werte:

$$P(0.113 < \theta < 0.180) \approx 0.90 \tag{A.190}$$

3. Das Konfidenzintervall überdeckt den wahren Wert von $\theta = 1/6$. Wird der Versuch oft wiederholt, so wird der wahre Wert von θ mit 90 prozentiger Wahrscheinlichkeit zwischen den Intervallgrenzen liegen.

Lösung zu Aufgabe 15.2: Der geschätzte Anteilswert beträgt $\hat{\theta} = 0.15$. Es handelt sich hier um eine Stichprobe ohne Zurücklegen, da defekte Elemente nicht mehr zurückgegeben werden. Eine erwartungstreue Schätzung der Varianz des Anteilwerts ist:

$$
\begin{aligned}
S_{\hat{\theta}}^2 &= \frac{\hat{\theta}(1-\hat{\theta})}{n-1}\left(1 - \frac{n}{N}\right) \\
&= \frac{0.15(1-0.15)}{100-1}\left(1 - \frac{100}{1000}\right) = 0.0012
\end{aligned}
\tag{A.191}
$$

Das approximative Konfidenzintervall lautet:

$$
\begin{aligned}
P\big(\hat{\theta} - z_{1-\alpha/2}\, S_{\hat{\theta}} < \theta < \hat{\theta} + z_{1-\alpha/2}\, S_{\hat{\theta}}\big) &\approx 1 - \alpha \\
P\big(0.15 - 1.96 \times 0.034 < \theta < 0.15 + 1.96 \times 0.034\big) &\approx 0.95 \\
P\big(0.083 < \theta < 0.217\big) &\approx 0.95
\end{aligned}
\tag{A.192}
$$

Lösung zu Aufgabe 15.3:

$$MSE(\hat{\pi}) = Var(\hat{\pi}) - Bias(\hat{\pi})^2 \qquad (A.193)$$

$$
\begin{aligned}
Bias(\hat{\pi}) &= E(\hat{\pi}) - \pi = E\left(\frac{1}{n}\sum_{i=1}^{n} X_i\right) - \pi \\
&= \frac{1}{n}\sum_{i=1}^{n} E(X_i) - \pi = \frac{1}{n}\sum_{i=1}^{n} \pi - \pi = 0
\end{aligned}
\qquad (A.194)
$$

$$Var(\hat{\pi}) = Var\left(\frac{1}{n}\sum_{i=1}^{n} X_i\right) = \frac{1}{n^2}\sum_{i=1}^{n} Var(X_i) \qquad (A.195)$$

$$E(X_i^2) = \sum_{i=1}^{n} X_i^2 f_X(x_i) = 0 \times (1-\pi) + 1 \times \pi = \pi \qquad (A.196)$$

$$Var(X_i) = \pi - \pi^2 = \pi(1-\pi) \qquad (A.197)$$

$$Var(\hat{\pi}) = \frac{1}{n^2}\sum_{i=1}^{n} \pi(1-\pi) = \frac{1}{n}\pi(1-\pi) \qquad (A.198)$$

$$MSE(\hat{\pi}) = \frac{1}{n}\pi(1-\pi) - 0 = \frac{1}{n}\pi(1-\pi) \qquad (A.199)$$

Die Werte für $MSE(\hat{\pi})$ werden durch einsetzen der Werte für π berechnet. In der Grafik A.7 sieht man deutlich, dass für $\pi = 0.5$ sich der größte MSE ergibt. Der Schätzer variiert für diese Wahrscheinlichkeit am stärksten, er lässt sich am ungenausten bestimmen (siehe auch Informationsentropie).

Lösung zu Aufgabe 16.1: Die interssierende Hypothese ist beim BSE-Test: H_1 : „Das Tier hat BSE." Mit dem BSE-Test wird lediglich überprüft, ob sich unter der Hypothese H_0 : „Das Tier hat kein BSE." Anzeichen für BSE finden. Es wird nicht überprüft, wie oft ein Tier fälschlicherweise als BSE-krank eingestuft wird, obwohl es gesund ist und natürlich ist mit dem Test überhaupt nicht festzustellen, wie oft die Hypothese H_0 angenommen wurde, obwohl das Tier tatsächlich krank war.

Lösung zu Aufgabe 16.2: Unter der Nullhypothese $\mu_0 = \mu_X$ gilt ($X_i = IQ$):

$$X_i \sim N(\mu_0, \sigma_X^2 = 15^2) \qquad (A.200)$$

Damit ist dann das standardisierte Stichprobenmittel standardnormalverteilt.

$$Z_n = \frac{\bar{X} - 100}{15/5} \sim N(0,1) \qquad (A.201)$$

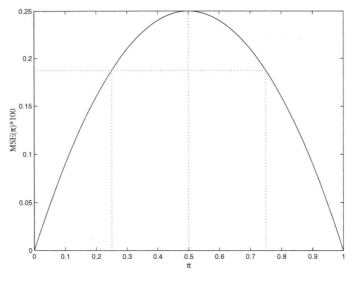

Abb. A.7. $MSE(\hat{\pi})$

1. Für das Hypothesenpaar

$$H_0 : \mu_X \le 100 \quad \text{gegen} \quad H_1 : \mu_X > 100 \qquad (A.202)$$

ist der Ablehnungsbereich $K = \{Z_n : Z_n > z_{1-\alpha}\}$ ist für $\alpha = 0.1 \Rightarrow z_{0.9} = 1.28$ gleich $K = \{Z_n : Z_n > 1.28\}$ und der Annahmebereich entsprechend $\bar{K} = \{Z_n : Z_n \le 1.28\}$.

2. Der Fehler 2. Art ist definitionsgemäß

$$
\begin{aligned}
P(\text{Fehler 2. Art}) &= P(H_0 \text{ beibehalten} \mid H_1 \text{ wahr}) \\
&= 1 - P(H_0 \text{ ablehnen} \mid H_1 \text{ wahr}) \qquad (A.203) \\
&= 1 - g_{G_n}(\mu_X) \quad \text{mit } \mu_X \in H_1
\end{aligned}
$$

$$
\begin{aligned}
g_{G_n}(\mu_X) &= P\left(\frac{\bar{X} - \mu_0}{\sigma_X / \sqrt{n}} > z_{1-\alpha} \mid \mu_X\right) \\
&= 1 - F_{Z_n}\left(z_{1-\alpha} - \frac{\mu_X - \mu_0}{\sigma_X / \sqrt{n}}\right)
\end{aligned}
\qquad (A.204)
$$

$$
\begin{aligned}
g_{G_n}(105) &= 1 - F_{Z_n}\left(1.28 - \frac{105 - 100}{15/5}\right) \\
&= 1 - F_{Z_n}(-0.385) \\
&= 1 - \left(1 - F_{Z_n}(0.385)\right)
\end{aligned}
\qquad (A.205)
$$

$$\sim 0.65 \quad \text{Fehler 1. Art}$$

$$1 - g_{G_n}(105) = 1 - 0.65 \sim 0.35 \quad \text{Fehler 2. Art} \qquad (A.206)$$

Der Fehler 2. Art beträgt 35%.

3. Mit einem Stichprobenmittel von $\bar{X} = 104$ errechnet sich ein Wert von 4/3 für die Teststatistik. Da der kritische Wert $z_{1-\alpha} = 1.28$ kleiner als Z_n ist, wird die Nullhypothese abgelehnt.

Lösung zu Aufgabe 16.3: Der Preis ist der Aufgabenstellung zufolge normalverteilt ($X_i = p_i$).

$$X_i \sim N(\mu_X = 600, \sigma_X^2 = 225) \tag{A.207}$$

1. Es ist folgendes Hypothesenpaar zu überprüfen ($\mu_0 = 600$):

$$H_0 : \mu_X \leq 600 \quad \text{gegen} \quad H_1 : \mu_X > 600 \tag{A.208}$$

Bei einem Stichprobenmittel von $\bar{X} = 605$ hat die Teststatistik den Wert:

$$Z_n = \frac{605 - 600}{\sqrt{225}/\sqrt{40}} = 2.108 \tag{A.209}$$

Bei einem α von 0.01 ergibt sich ein $z_{0.99}$ von 2.33. Da $Z_n < z_{0.99}$ ist, hat sich der Preis nicht signifikant erhöht; die Nullhypothese wird beibehalten.

2. Es wird angenommen, dass $\mu_X = 610$ gilt, so dass von folgendem Hypothesenpaar ausgegangen wird.

$$H_0 : \mu_X \leq 600 \quad \text{gegen} \quad H_1 : \mu_X > 600 \tag{A.210}$$

μ_X liegt damit in H_1. Die Gütefunktion zu diesem Hypothesenpaar lautet:

$$g_{G_n}(\mu_X) = 1 - F_{Z_n}\left(z_{1-\alpha} - \frac{\mu_X - \mu_0}{\sigma_X/\sqrt{n}}\right) \tag{A.211}$$

$$g_{G_n}(610) = 1 - F_{Z_n}\left(2.33 - \frac{610 - 600}{15/\sqrt{40}}\right)$$

$$= 1 - F_{Z_n}(-1.89) \tag{A.212}$$

$$= F_{Z_n}(1.89) = 0.97$$

$$= P(H_0 \text{ ablehnen} \mid H_1 \text{ wahr}) = \alpha$$

$$P(H_0 \text{ annehmen} \mid H_1 \text{ wahr}) = \beta$$

$$= 1 - g_{G_n}(610) \tag{A.213}$$

$$= 1 - 0.971 = 0.029$$

Bei $\mu_X = 610$ ist es sehr unwahrscheinlich H_0 beizubehalten.

3. Es wird nach dem Stichprobenumfang gesucht, der unter $H_1 : \mu_X = 605$ sicherstellt, dass H_0 nur in 1% der Fälle abgelehnt wird. Dies ist der Fehler 2. Art.

$$g_{G_n}(605) = 1 - F_{Z_n}\left(2.33 - \frac{5}{15/\sqrt{n}}\right)$$
$$= P(H_0 \text{ ablehnen} \mid 605) = 0.99 \tag{A.214}$$
$$= F_{Z_n}(-2.33 + 5/15\sqrt{n}) = 0.99$$

$$-2.33 + 5/15\sqrt{n} \overset{!}{=} 2.33 \tag{A.215}$$

$$n \geq 196 \tag{A.216}$$

Bei diesem Stichprobenumfang wird sichergestellt, dass für $\mu_X = 600$ in 1% der Fälle eine Fehlentscheidung getroffen wird (H_0 ablehnen obwohl H_0 gilt) und für $\mu_X = 605$ ebenfalls in 1% der Fälle eine Fehlentscheidung getroffen wird (H_0 annehmen obwohl H_1 gilt).
Bei dem Ansatz

$$F_{Z_n}\left(\frac{5}{15/\sqrt{n}}\right) = 0.99 \tag{A.217}$$

$$n = (15/5 \times 2.33)^2 \sim 49 \tag{A.218}$$

ist nur sichergestellt, dass unter H_0 in 1% der Fälle eine Fehlentscheidung getroffen wird. Der Fehler 2. Art bleibt hier unberücksichtigt.

Lösung zu Aufgabe 16.4: Aus den beiden Stichproben errechnen sich folgende Stichprobenmaßzahlen:

$$\bar{X} = 7 \tag{A.219}$$

$$\bar{Y} = 5 \tag{A.220}$$

$$s_X^2 = 2 \tag{A.221}$$

$$s_Y^2 = 4 \tag{A.222}$$

Da in der kleinen Stichprobe die Annahme identischer Varianzen getroffen wird, wird S_{pooled} bestimmt.

$$S_{pooled} = \sqrt{\frac{5 \times 2 + 4 \times 4}{6 + 5 - 2}} = 1.699 \tag{A.223}$$

Der Test über das Hypothesenpaar

$$H_0 : \mu_X = \mu_Y \quad \text{gegen} \quad H_1 : \mu_X \neq \mu_Y \tag{A.224}$$

wird mit der Teststatistik

$$T_n = \frac{7 - 5}{1.699\sqrt{1/6 + 1/5}} = 1.944 \tag{A.225}$$

überprüft. Bei einem Niveau von $\alpha = 0.02$ ergibt sich ein kritischer Wert von

$$t_{0.99}(5 + 6 - 2) = 2.821.$$ (A.226)

Die Nullhypothese wird beibehalten.

Lösung zu Aufgabe 16.5: Die Gütefunktion der Statistik bestimmt sich analog zu der Vorgehensweise in Kapitel 16.6.

$$
\begin{aligned}
g_{G_n}(\delta) &= P\left(\frac{\bar{X} - \bar{Y} - \delta_0 + \delta - \delta}{\sigma}\sqrt{\frac{n}{2}} > z_{1-\alpha/2} \mid \delta\right) \\
&\quad + P\left(\frac{\bar{X} - \bar{Y} - \delta_0 + \delta - \delta}{\sigma}\sqrt{\frac{n}{2}} < -z_{1-\alpha/2} \mid \delta\right) \\
&= 1 - F_{Z_n}\left(z_{1-\alpha/2} - \frac{\delta - \delta_0}{\sigma}\sqrt{\frac{n}{2}}\right) \\
&\quad + F_{Z_n}\left(-z_{1-\alpha/2} - \frac{\delta - \delta_0}{\sigma}\sqrt{\frac{n}{2}}\right) \\
&= F_{Z_n}\left(-z_{1-\alpha/2} + \frac{\delta - \delta_0}{\sigma}\sqrt{\frac{n}{2}}\right) \\
&\quad + F_{Z_n}\left(-z_{1-\alpha/2} - \frac{\delta - \delta_0}{\sigma}\sqrt{\frac{n}{2}}\right)
\end{aligned}
$$ (A.227)

Der erste Term in der Gütefunktion gibt die Wahrscheinlichkeit H_0 zu verwerfen an, wenn $\delta > 0$ ist, der zweite Term gibt die Wahrscheinlichkeit an, wenn $\delta < 0$ ist. Die Summe

$$
F_{Z_n}\left(-z_{1-\alpha/2} + \frac{\delta - \delta_0}{\sigma}\sqrt{\frac{n}{2}}\right) \\
+ F_{Z_n}\left(-z_{1-\alpha/2} - \frac{\delta - \delta_0}{\sigma}\sqrt{\frac{n}{2}}\right) = 0.9 \quad \text{(A.228)}
$$

ist nicht eindeutig lösbar. Da sich hier aber nur der erste Teil deutlich von null unterscheidet, wird zur Lösung der zweite vernachlässigt. Ferner ist angenommen, dass die Nullhypothese $\delta_0 = 0$ lautet, so dass sich der Ausdruck weiter vereinfacht.

$$F_{Z_n}\left(-z_{1-\alpha/2} + \frac{\delta}{\sigma}\sqrt{\frac{n}{2}}\right) = 0.9$$ (A.229)

$$-z_{1-\alpha/2} + \frac{\delta}{\sigma}\sqrt{\frac{n}{2}} = z_{1-\alpha}$$ (A.230)

$$
\begin{aligned}
n &= \frac{(z_{1-\alpha} + z_{1-\alpha/2})^2\,\sigma^2}{\delta^2}\,2 \\
&= \frac{(z_{0.9} + z_{0.975})^2\,\sigma^2}{\delta^2}\,2 \\
&= \frac{(1.28 + 1.96)^2 \times 6^2}{2^2}\,2 \sim 189
\end{aligned}
$$ (A.231)

Um eine Differenz von 2 bei einem Signifikanzniveau von 95% mit einer Wahrscheinlichkeit von 90% feststellen zu können, bedarf es einer Stichprobe von mindestens 189 Elementen. Je größer die wahre Differenz ist, desto kleiner wird der unter sonst gleichen Bedingungen notwendige Stichprobenumfang; je größer die Varianz, desto größer wird auch der Stichprobenumfang.

Lösung zu Aufgabe 17.1: Es ist das Hypothesenpaar

$$H_0 : f_n(x) = \begin{cases} 0.2 & \text{für } x = \{K_1, K_2\} \\ 0.6 & \text{für } x = \{K_3\} \end{cases} \quad \text{gegen} \quad H_1 : f_n(x) \neq f_X(x) \quad \text{(A.232)}$$

zu testen. Da es sich um ein kategoriales Merkmal handelt, kann der χ^2-Text direkt angewendet werden, ohne eine Klassierung der Werte extra durchführen zu müssen (siehe Tabelle A.17).

Tabelle A.17. Arbeitstabelle Marktanteile Kaffeesorten

K_j	$n(x_j)$	$f_X(x_j)$	$\hat{n}(x_j)$
K_1	36	0.2	30
K_2	42	0.2	30
K_3	72	0.6	90
$\sum$	150	1	150

Der Wert der χ^2-Statistik berechnet sich auf 9.6; der kritische Wert liegt bei $\chi^2_{0.95}(2) = 5.991$. Die Nullhypothese ist abzulehnen. Die Kampagnen haben die Marktanteile der Kaffeesorten verschoben.

Lösung zu Aufgabe 17.2: Es ist die teilspezifizierte Hypothese

$$H_0 : F_n(x) = F_X(x) \quad \text{gegen} \quad F_n(x) \neq F_X(x) \quad \text{(A.233)}$$

mit $F_X(x)$ der Verteilungsfunktion der Normalverteilung. Die Parameter Erwartungswert und Varianz sind aus den klassierten Werten zu schätzen. Für 5 Klassen ergibt sich aus den Werten eine Klassenbreite von:

$$\Delta_j = \frac{\max(x) - \min(x)}{m} = \frac{0.11}{5} = 0.022 \quad \text{(A.234)}$$

Damit werden die Werte klassiert (siehe Tabelle A.18). Die ML-Schätzer für Mittelwert und Varianz aus den klassierten Werten sind:

$$\hat{\mu}_X = 0.731 \quad \text{(A.235)}$$

$$\hat{\sigma}_X = 0.031 \quad \text{(A.236)}$$

Die Wahrscheinlichkeiten berechnen sich aus der Normal- bzw. Standardnormalverteilung. Für die erste Klasse ist es hier angegeben. Hier muss noch beachtet werden, dass der Wertebereich der Normalverteilung von $-\infty$ bis ∞ geht und somit für die Untergrenze der ersten Klasse $-\infty$ und für die Obergrenze der letzten Klasse ∞ gewählt werden muss. Nur dann ist sichergestellt, dass die Summe der Wahrscheinlichkeiten eins ergibt.

$$
\begin{aligned}
P\big((-\infty, 0.702]\big) &= F_X(0.702) - F_X(-\infty) \\
&= F_Z\left(\frac{0.702 - 0.731}{0.031}\right) \\
&= 1 - F_Z(0.929) = 0.177
\end{aligned}
\tag{A.237}
$$

Tabelle A.18. Klassierte Schraubendurchmesser

j	$(x_{j-1}, x_j]$	$n(x_j)$	$P\big((x_{j-1}, x_j]\big)$	$\hat{n}(x_j)$
1	$(0.680, 0.702]$	5	0.177	3.531
2	$(0.702, 0.724]$	4	0.239	4.772
3	$(0.724, 0.746]$	4	0.276	5.526
4	$(0.746, 0.768]$	4	0.196	3.924
5	$(0.768, 0.790]$	3	0.112	2.246
$\sum$	–	20	1	20

Aus den Wahrscheinlichkeiten $P\big((x_{j-1}, x_j]\big)$ werden die theoretischen Häufigkeiten bestimmt.

$$
P\big((x_{j-1}, x_j]\big)\, n = \hat{n}(x_j)
\tag{A.238}
$$

Der Wert der χ^2-Statistik berechnet sich auf 1.412. Der kritische Wert liegt bei

$$
\chi^2_{0.95}(2) = 5.991,
\tag{A.239}
$$

so dass die Nullhypothese nicht abgelehnt wird. Nach der Gleichung für die optimale Klassenzahl ergibt sich $m = 14$. Mit dieser Klassenzahl errechnet sich ein Wert der Teststatistik von $\chi^2 = 7.549$. Der kritische Wert liegt bei

$$
\chi^2_{0.95}(11) = 19.675.
\tag{A.240}
$$

Die Nullhypothese wird auch jetzt nicht abgelehnt.

Lösung zu Aufgabe 17.3: In der Lösung zur Übung A.1 (Seite 564) sind die Kontingenztabellen angeben. Die Zufallsvariable X_1 gebe die Anzahl der geheilten, die Zufallsvariable X_2 gebe die Anzahl der nicht geheilten Personen an jeweils bezogen auf die Merkmalsausprägung „behandelt" bzw. „nicht behandelt". Die Heilung wird hier als ein Zufallsprozess aufgefasst.

Mit den Zahlen aus der Tabelle A.19 werden die theoretischen Häufigkeiten bestimmt, die sich bei gleichen Verteilungen unter den beiden Merkmalen „behandelt" und „nicht behandelt" einstellen müssten (siehe Tabelle A.20).

Tabelle A.19. Kontingenztabelle für Gebiet A_1

	beh.	$\overline{\text{beh.}}$
$X_1 = \text{geh.}$	10	100
$X_2 = \overline{\text{geh.}}$	100	730
$\sum$	110	830

Tabelle A.20. Arbeitstabelle zur Übung 17.3

x_j	$n_1(x_j)$	$n_2(x_j)$	$n(x_j)$	$f_X(x_j)$	$\hat{n}_1(x_j)$	$\hat{n}_2(x_j)$
beh.	10	100	110	0.117	12.87	97.13
$\overline{\text{beh.}}$	100	730	830	0.883	97.13	732.87
$\sum$	110	830	960	1.000	110	830

Aus der Tabelle A.20 errechnet sich ein χ^2-Statistikwert von 0.822. Der kritische Wert beträgt $\chi^2_{0.95}(1) = 3.842$, so dass die Nullhypothese, dass die Verteilungen ähnlich sind, nicht verworfen werden kann. Die Voraussetzungen für eine gute Approximation sind gegeben. Die tatsächlichen und die theoretischen Häufigkeiten liegen stets über 10 bzw. 5. Die Wahrscheinlichkeit, dass der Wert der Teststatistik den theoretischen Wert übersteigt liegt über 0.1.

$$P(\chi^2 > \chi^2(1)) = 0.635 \tag{A.241}$$

Nun ist die gleiche Rechnung für das Gebiet A_2 zu wiederholen. Der Wert der Teststatistik beträgt nun $\chi^2 = 0.499$. Der kritische Wert aufgrund der gleichen Freiheitsgrade wieder $\chi^2_{0.95}(1) = 3.842$, so dass die Nullhypothese nicht verworfen werden kann. Auch die Voraussetzungen für eine gute Approximation sind gegeben.

$$P(\chi^2 > \chi^2(1)) = 0.520 \tag{A.242}$$

Werden nun die beiden Teilgebiete zusammengefasst, so weist die χ^2-Statistik einen Wert von 76.267 aus. Die Wahrscheinlichkeit, dass die Teststatistik größer als der theoretische Wert ist beträgt nahezu eins.

$$P(\chi^2 > \chi^2(1)) \approx 1 \tag{A.243}$$

Die Nullhypothese wird nun klar verworfen. Dies ist das Simpson-Paradoxon, das in der Aufgabe 5.6 behandelt wurde.

Lösung zu Aufgabe 17.4: In der Lösung zur Übung A.1 (Seite 562) wurde die χ^2-Statistik bereits berechnet.

$$\chi^2 = 170.718 \tag{A.244}$$

Die Voraussetzungen für eine gute Approximation der Verteilung der χ^2-Statistik an die χ^2-Verteilung sind hier nur teilweise erfüllt. Die tatsächlichen und die theoretischen Häufigkeiten unterschreiten zum Teil die geforderten Werte von 10 bzw.

5. Die Wahrscheinlichkeit, dass der Wert der Teststatistik den theoretischen Wert übersteigt, beträgt eins.

$$P\big(170.718 > \chi^2(9)\big) \approx 1 \tag{A.245}$$

Der kritische Wert beträgt bei $(k-1)\,(m-1) = 9$ Freiheitsgraden und einem 5% Signifikanzniveau

$$\chi^2_{0.95}(9) = 16.919. \tag{A.246}$$

Da aber der Wert der χ^2-Statistik deutlich über dem kritischen Wert liegt, kann man die Nullhypothese der statistischen Unabhängigkeit als verworfen ansehen. Die Berufswahl des Kindes hängt von dem Beruf des Vaters ab. Es ist aber damit natürlich nicht gesagt, dass der Beruf des Vaters kausal den Beruf des Kindes bestimmt, sondern lediglich, dass ein statistischer Zusammenhang bei dieser Stichprobe zwischen den beiden Merkmalen aufgetreten ist. Eine theoretische Überlegung die einen kausalen Zusammenhang erklärt wird aber durch dieses Testergebnis gestützt.

B

Tabellen

Inhaltsverzeichnis

In den folgenden Tabellen sind bestimmte Werte einiger wichtiger Verteilungsfunktionen bzw. häufig verwendete Quantile von Verteilungsfunktionen abgedruckt, je nach dem welche tabellarische Darstellung geeignet ist. Nicht gelistete Werte können durch Interpolation oder besser mit geeigneten Computerprogrammen (bereits Tabellenkalkulationsprogramme besitzen diese Funktionen) bestimmt werden.

B.1 Binomialverteilung

Tabelle B.1. Binomialverteilung $F_X(x)$, $n = 5$

x	θ									
	0.0500	0.1000	0.1500	0.2000	0.2500	0.3000	0.3500	0.4000	0.4500	0.5000
0	0.7738	0.5905	0.4437	0.3277	0.2373	0.1681	0.1160	0.0778	0.0503	0.0312
1	0.9774	0.9185	0.8352	0.7373	0.6328	0.5282	0.4284	0.3370	0.2562	0.1875
2	0.9988	0.9914	0.9734	0.9421	0.8965	0.8369	0.7648	0.6826	0.5931	0.5000
3	1.0000	0.9995	0.9978	0.9933	0.9844	0.9692	0.9460	0.9130	0.8688	0.8125
4	1.0000	1.0000	0.9999	0.9997	0.9990	0.9976	0.9947	0.9898	0.9815	0.9687

Tabelle B.2. Binomialverteilung $F_X(x)$, $n = 10$

x	θ									
	0.0500	0.1000	0.1500	0.2000	0.2500	0.3000	0.3500	0.4000	0.4500	0.5000
0	0.5987	0.3487	0.1969	0.1074	0.0563	0.0282	0.0135	0.0060	0.0025	0.0010
1	0.9139	0.7361	0.5443	0.3758	0.2440	0.1493	0.0860	0.0464	0.0233	0.0107
2	0.9885	0.9298	0.8202	0.6778	0.5256	0.3828	0.2616	0.1673	0.0996	0.0547
3	0.9990	0.9872	0.9500	0.8791	0.7759	0.6496	0.5138	0.3823	0.2660	0.1719
4	0.9999	0.9984	0.9901	0.9672	0.9219	0.8497	0.7515	0.6331	0.5044	0.3770
5	1.0000	0.9999	0.9986	0.9936	0.9803	0.9527	0.9051	0.8338	0.7384	0.6230
6	1.0000	1.0000	0.9999	0.9991	0.9965	0.9894	0.9740	0.9452	0.8980	0.8281
7	1.0000	1.0000	1.0000	0.9999	0.9996	0.9984	0.9952	0.9877	0.9726	0.9453
8	1.0000	1.0000	1.0000	1.0000	1.0000	0.9999	0.9995	0.9983	0.9955	0.9893
9	1.0000	1.0000	1.0000	1.0000	1.0000	1.0000	1.0000	0.9999	0.9997	0.9990

Tabelle B.3. Binomialverteilung $F_X(x)$, $n = 15$

x	θ									
	0.0500	0.1000	0.1500	0.2000	0.2500	0.3000	0.3500	0.4000	0.4500	0.5000
0	0.4633	0.2059	0.0874	0.0352	0.0134	0.0047	0.0016	0.0005	0.0001	0.0000
1	0.8290	0.5490	0.3186	0.1671	0.0802	0.0353	0.0142	0.0052	0.0017	0.0005
2	0.9638	0.8159	0.6042	0.3980	0.2361	0.1268	0.0617	0.0271	0.0107	0.0037
3	0.9945	0.9444	0.8227	0.6482	0.4613	0.2969	0.1727	0.0905	0.0424	0.0176
4	0.9994	0.9873	0.9383	0.8358	0.6865	0.5155	0.3519	0.2173	0.1204	0.0592
5	0.9999	0.9978	0.9832	0.9389	0.8516	0.7216	0.5643	0.4032	0.2608	0.1509
6	1.0000	0.9997	0.9964	0.9819	0.9434	0.8689	0.7548	0.6098	0.4522	0.3036
7	1.0000	1.0000	0.9994	0.9958	0.9827	0.9500	0.8868	0.7869	0.6535	0.5000
8	1.0000	1.0000	0.9999	0.9992	0.9958	0.9848	0.9578	0.9050	0.8182	0.6964
9	1.0000	1.0000	1.0000	0.9999	0.9992	0.9963	0.9876	0.9662	0.9231	0.8491
10	1.0000	1.0000	1.0000	1.0000	0.9999	0.9993	0.9972	0.9907	0.9745	0.9408
11	1.0000	1.0000	1.0000	1.0000	1.0000	0.9999	0.9995	0.9981	0.9937	0.9824
12	1.0000	1.0000	1.0000	1.0000	1.0000	1.0000	0.9999	0.9997	0.9989	0.9963
13	1.0000	1.0000	1.0000	1.0000	1.0000	1.0000	1.0000	1.0000	0.9999	0.9995
14	1.0000	1.0000	1.0000	1.0000	1.0000	1.0000	1.0000	1.0000	1.0000	1.0000

Tabelle B.4. Binomialverteilung $F_X(x)$, $n = 20$

x	θ									
	0.0500	0.1000	0.1500	0.2000	0.2500	0.3000	0.3500	0.4000	0.4500	0.5000
0	0.3585	0.1216	0.0388	0.0115	0.0032	0.0008	0.0002	0.0000	0.0000	0.0000
1	0.7358	0.3917	0.1756	0.0692	0.0243	0.0076	0.0021	0.0005	0.0001	0.0000
2	0.9245	0.6769	0.4049	0.2061	0.0913	0.0355	0.0121	0.0036	0.0009	0.0002
3	0.9841	0.8670	0.6477	0.4114	0.2252	0.1071	0.0444	0.0160	0.0049	0.0013
4	0.9974	0.9568	0.8298	0.6296	0.4148	0.2375	0.1182	0.0510	0.0189	0.0059
5	0.9997	0.9887	0.9327	0.8042	0.6172	0.4164	0.2454	0.1256	0.0553	0.0207
6	1.0000	0.9976	0.9781	0.9133	0.7858	0.6080	0.4166	0.2500	0.1299	0.0577
7	1.0000	0.9996	0.9941	0.9679	0.8982	0.7723	0.6010	0.4159	0.2520	0.1316
8	1.0000	0.9999	0.9987	0.9900	0.9591	0.8867	0.7624	0.5956	0.4143	0.2517
9	1.0000	1.0000	0.9998	0.9974	0.9861	0.9520	0.8782	0.7553	0.5914	0.4119
10	1.0000	1.0000	1.0000	0.9994	0.9961	0.9829	0.9468	0.8725	0.7507	0.5881
11	1.0000	1.0000	1.0000	0.9999	0.9991	0.9949	0.9804	0.9435	0.8692	0.7483
12	1.0000	1.0000	1.0000	1.0000	0.9998	0.9987	0.9940	0.9790	0.9420	0.8684
13	1.0000	1.0000	1.0000	1.0000	1.0000	0.9997	0.9985	0.9935	0.9786	0.9423
14	1.0000	1.0000	1.0000	1.0000	1.0000	1.0000	0.9997	0.9984	0.9936	0.9793
15	1.0000	1.0000	1.0000	1.0000	1.0000	1.0000	1.0000	0.9997	0.9985	0.9941
16	1.0000	1.0000	1.0000	1.0000	1.0000	1.0000	1.0000	1.0000	0.9997	0.9987
17	1.0000	1.0000	1.0000	1.0000	1.0000	1.0000	1.0000	1.0000	1.0000	0.9998
18	1.0000	1.0000	1.0000	1.0000	1.0000	1.0000	1.0000	1.0000	1.0000	1.0000
19	1.0000	1.0000	1.0000	1.0000	1.0000	1.0000	1.0000	1.0000	1.0000	1.0000

Tabelle B.5. Binomialverteilung $F_X(x)$, $n = 25$

x					θ					
	0.0500	0.1000	0.1500	0.2000	0.2500	0.3000	0.3500	0.4000	0.4500	0.5000
0	0.2774	0.0718	0.0172	0.0038	0.0008	0.0001	0.0000	0.0000	0.0000	0.0000
1	0.6424	0.2712	0.0931	0.0274	0.0070	0.0016	0.0003	0.0001	0.0000	0.0000
2	0.8729	0.5371	0.2537	0.0982	0.0321	0.0090	0.0021	0.0004	0.0001	0.0000
3	0.9659	0.7636	0.4711	0.2340	0.0962	0.0332	0.0097	0.0024	0.0005	0.0001
4	0.9928	0.9020	0.6821	0.4207	0.2137	0.0905	0.0320	0.0095	0.0023	0.0005
5	0.9988	0.9666	0.8385	0.6167	0.3783	0.1935	0.0826	0.0294	0.0086	0.0020
6	0.9998	0.9905	0.9305	0.7800	0.5611	0.3407	0.1734	0.0736	0.0258	0.0073
7	1.0000	0.9977	0.9745	0.8909	0.7265	0.5118	0.3061	0.1536	0.0639	0.0216
8	1.0000	0.9995	0.9920	0.9532	0.8506	0.6769	0.4668	0.2735	0.1340	0.0539
9	1.0000	0.9999	0.9979	0.9827	0.9287	0.8106	0.6303	0.4246	0.2424	0.1148
10	1.0000	1.0000	0.9995	0.9944	0.9703	0.9022	0.7712	0.5858	0.3843	0.2122
11	1.0000	1.0000	0.9999	0.9985	0.9893	0.9558	0.8746	0.7323	0.5426	0.3450
12	1.0000	1.0000	1.0000	0.9996	0.9966	0.9825	0.9396	0.8462	0.6937	0.5000
13	1.0000	1.0000	1.0000	0.9999	0.9991	0.9940	0.9745	0.9222	0.8173	0.6550
14	1.0000	1.0000	1.0000	1.0000	0.9998	0.9982	0.9907	0.9656	0.9040	0.7878
15	1.0000	1.0000	1.0000	1.0000	1.0000	0.9995	0.9971	0.9868	0.9560	0.8852
16	1.0000	1.0000	1.0000	1.0000	1.0000	0.9999	0.9992	0.9957	0.9826	0.9461
17	1.0000	1.0000	1.0000	1.0000	1.0000	1.0000	0.9998	0.9988	0.9942	0.9784
18	1.0000	1.0000	1.0000	1.0000	1.0000	1.0000	1.0000	0.9997	0.9984	0.9927
19	1.0000	1.0000	1.0000	1.0000	1.0000	1.0000	1.0000	0.9999	0.9996	0.9980
20	1.0000	1.0000	1.0000	1.0000	1.0000	1.0000	1.0000	1.0000	0.9999	0.9995
21	1.0000	1.0000	1.0000	1.0000	1.0000	1.0000	1.0000	1.0000	1.0000	0.9999
22	1.0000	1.0000	1.0000	1.0000	1.0000	1.0000	1.0000	1.0000	1.0000	1.0000
23	1.0000	1.0000	1.0000	1.0000	1.0000	1.0000	1.0000	1.0000	1.0000	1.0000
24	1.0000	1.0000	1.0000	1.0000	1.0000	1.0000	1.0000	1.0000	1.0000	1.0000

Tabelle B.6. Binomialverteilung $F_X(x)$, $n = 30$

x	θ									
	0.0500	0.1000	0.1500	0.2000	0.2500	0.3000	0.3500	0.4000	0.4500	0.5000
0	0.2146	0.0424	0.0076	0.0012	0.0002	0.0000	0.0000	0.0000	0.0000	0.0000
1	0.5535	0.1837	0.0480	0.0105	0.0020	0.0003	0.0000	0.0000	0.0000	0.0000
2	0.8122	0.4114	0.1514	0.0442	0.0106	0.0021	0.0003	0.0000	0.0000	0.0000
3	0.9392	0.6474	0.3217	0.1227	0.0374	0.0093	0.0019	0.0003	0.0000	0.0000
4	0.9844	0.8245	0.5245	0.2552	0.0979	0.0302	0.0075	0.0015	0.0002	0.0000
5	0.9967	0.9268	0.7106	0.4275	0.2026	0.0766	0.0233	0.0057	0.0011	0.0002
6	0.9994	0.9742	0.8474	0.6070	0.3481	0.1595	0.0586	0.0172	0.0040	0.0007
7	0.9999	0.9922	0.9302	0.7608	0.5143	0.2814	0.1238	0.0435	0.0121	0.0026
8	1.0000	0.9980	0.9722	0.8713	0.6736	0.4315	0.2247	0.0940	0.0312	0.0081
9	1.0000	0.9995	0.9903	0.9389	0.8034	0.5888	0.3575	0.1763	0.0694	0.0214
10	1.0000	0.9999	0.9971	0.9744	0.8943	0.7304	0.5078	0.2915	0.1350	0.0494
11	1.0000	1.0000	0.9992	0.9905	0.9493	0.8407	0.6548	0.4311	0.2327	0.1002
12	1.0000	1.0000	0.9998	0.9969	0.9784	0.9155	0.7802	0.5785	0.3592	0.1808
13	1.0000	1.0000	1.0000	0.9991	0.9918	0.9599	0.8737	0.7145	0.5025	0.2923
14	1.0000	1.0000	1.0000	0.9998	0.9973	0.9831	0.9348	0.8246	0.6448	0.4278
15	1.0000	1.0000	1.0000	0.9999	0.9992	0.9936	0.9699	0.9029	0.7691	0.5722
16	1.0000	1.0000	1.0000	1.0000	0.9998	0.9979	0.9876	0.9519	0.8644	0.7077
17	1.0000	1.0000	1.0000	1.0000	0.9999	0.9994	0.9955	0.9788	0.9286	0.8192
18	1.0000	1.0000	1.0000	1.0000	1.0000	0.9998	0.9986	0.9917	0.9666	0.8998
19	1.0000	1.0000	1.0000	1.0000	1.0000	1.0000	0.9996	0.9971	0.9862	0.9506
20	1.0000	1.0000	1.0000	1.0000	1.0000	1.0000	0.9999	0.9991	0.9950	0.9786
21	1.0000	1.0000	1.0000	1.0000	1.0000	1.0000	1.0000	0.9998	0.9984	0.9919
22	1.0000	1.0000	1.0000	1.0000	1.0000	1.0000	1.0000	1.0000	0.9996	0.9974
23	1.0000	1.0000	1.0000	1.0000	1.0000	1.0000	1.0000	1.0000	0.9999	0.9993
24	1.0000	1.0000	1.0000	1.0000	1.0000	1.0000	1.0000	1.0000	1.0000	0.9998
25	1.0000	1.0000	1.0000	1.0000	1.0000	1.0000	1.0000	1.0000	1.0000	1.0000
26	1.0000	1.0000	1.0000	1.0000	1.0000	1.0000	1.0000	1.0000	1.0000	1.0000
27	1.0000	1.0000	1.0000	1.0000	1.0000	1.0000	1.0000	1.0000	1.0000	1.0000
28	1.0000	1.0000	1.0000	1.0000	1.0000	1.0000	1.0000	1.0000	1.0000	1.0000
29	1.0000	1.0000	1.0000	1.0000	1.0000	1.0000	1.0000	1.0000	1.0000	1.0000

B.2 Poissonverteilung

Tabelle B.7. Poissonverteilung $F_X(x)$

x	λ									
	0.02	0.04	0.06	0.08	0.10	0.25	0.30	0.35	0.40	0.45
0	0.9802	0.9608	0.9418	0.9231	0.9048	0.7788	0.7408	0.7047	0.6703	0.6376
1	0.9998	0.9992	0.9983	0.9970	0.9953	0.9735	0.9631	0.9513	0.9384	0.9246
2	1.0000	1.0000	1.0000	0.9999	0.9998	0.9978	0.9964	0.9945	0.9921	0.9891
3	1.0000	1.0000	1.0000	1.0000	1.0000	0.9999	0.9997	0.9995	0.9992	0.9988
4	1.0000	1.0000	1.0000	1.0000	1.0000	1.0000	1.0000	1.0000	0.9999	0.9999

Tabelle B.8. Poissonverteilung $F_X(x)$

x	λ									
	0.50	0.55	0.60	0.65	0.70	0.75	0.80	0.85	0.90	0.95
0	0.6065	0.5769	0.5488	0.5220	0.4966	0.4724	0.4493	0.4274	0.4066	0.3867
1	0.9098	0.8943	0.8781	0.8614	0.8442	0.8266	0.8088	0.7907	0.7725	0.7541
2	0.9856	0.9815	0.9769	0.9717	0.9659	0.9595	0.9526	0.9451	0.9371	0.9287
3	0.9982	0.9975	0.9966	0.9956	0.9942	0.9927	0.9909	0.9889	0.9865	0.9839
4	0.9998	0.9997	0.9996	0.9994	0.9992	0.9989	0.9986	0.9982	0.9977	0.9971
5	1.0000	1.0000	1.0000	0.9999	0.9999	0.9999	0.9998	0.9997	0.9997	0.9995

Tabelle B.9. Poissonverteilung $F_X(x)$

x	λ									
	1.0	1.2	1.4	1.6	1.8	2.0	2.2	2.4	2.6	2.8
0	0.3679	0.3012	0.2466	0.2019	0.1653	0.1353	0.1108	0.0907	0.0743	0.0608
1	0.7358	0.6626	0.5918	0.5249	0.4628	0.4060	0.3546	0.3084	0.2674	0.2311
2	0.9197	0.8795	0.8335	0.7834	0.7306	0.6767	0.6227	0.5697	0.5184	0.4695
3	0.9810	0.9662	0.9463	0.9212	0.8913	0.8571	0.8194	0.7787	0.7360	0.6919
4	0.9963	0.9923	0.9857	0.9763	0.9636	0.9473	0.9275	0.9041	0.8774	0.8477
5	0.9994	0.9985	0.9968	0.9940	0.9896	0.9834	0.9751	0.9643	0.9510	0.9349
6	0.9999	0.9997	0.9994	0.9987	0.9974	0.9955	0.9925	0.9884	0.9828	0.9756
7	1.0000	1.0000	0.9999	0.9997	0.9994	0.9989	0.9980	0.9967	0.9947	0.9919
8	1.0000	1.0000	1.0000	1.0000	0.9999	0.9998	0.9995	0.9991	0.9985	0.9976
9	1.0000	1.0000	1.0000	1.0000	1.0000	1.0000	0.9999	0.9998	0.9996	0.9993

Tabelle B.10. Poissonverteilung $F_X(x)$

x					λ					
	3.0	3.2	3.4	3.6	3.8	4.0	4.2	4.4	4.6	4.8
0	0.0498	0.0408	0.0334	0.0273	0.0224	0.0183	0.0150	0.0123	0.0101	0.0082
1	0.1991	0.1712	0.1468	0.1257	0.1074	0.0916	0.0780	0.0663	0.0563	0.0477
2	0.4232	0.3799	0.3397	0.3027	0.2689	0.2381	0.2102	0.1851	0.1626	0.1425
3	0.6472	0.6025	0.5584	0.5152	0.4735	0.4335	0.3954	0.3594	0.3257	0.2942
4	0.8153	0.7806	0.7442	0.7064	0.6678	0.6288	0.5898	0.5512	0.5132	0.4763
5	0.9161	0.8946	0.8705	0.8441	0.8156	0.7851	0.7531	0.7199	0.6858	0.6510
6	0.9665	0.9554	0.9421	0.9267	0.9091	0.8893	0.8675	0.8436	0.8180	0.7908
7	0.9881	0.9832	0.9769	0.9692	0.9599	0.9489	0.9361	0.9214	0.9049	0.8867
8	0.9962	0.9943	0.9917	0.9883	0.9840	0.9786	0.9721	0.9642	0.9549	0.9442
9	0.9989	0.9982	0.9973	0.9960	0.9942	0.9919	0.9889	0.9851	0.9805	0.9749
10	0.9997	0.9995	0.9992	0.9987	0.9981	0.9972	0.9959	0.9943	0.9922	0.9896
11	0.9999	0.9999	0.9998	0.9996	0.9994	0.9991	0.9986	0.9980	0.9971	0.9960
12	1.0000	1.0000	0.9999	0.9999	0.9998	0.9997	0.9996	0.9993	0.9990	0.9986
13	1.0000	1.0000	1.0000	1.0000	1.0000	0.9999	0.9999	0.9998	0.9997	0.9995
14	1.0000	1.0000	1.0000	1.0000	1.0000	1.0000	1.0000	0.9999	0.9999	0.9999

Tabelle B.11. Poissonverteilung $F_X(x)$

x					λ					
	5.0	5.2	5.4	5.6	5.8	6.0	6.2	6.4	6.6	6.8
0	0.0067	0.0055	0.0045	0.0037	0.0030	0.0025	0.0020	0.0017	0.0014	0.0011
1	0.0404	0.0342	0.0289	0.0244	0.0206	0.0174	0.0146	0.0123	0.0103	0.0087
2	0.1247	0.1088	0.0948	0.0824	0.0715	0.0620	0.0536	0.0463	0.0400	0.0344
3	0.2650	0.2381	0.2133	0.1906	0.1700	0.1512	0.1342	0.1189	0.1052	0.0928
4	0.4405	0.4061	0.3733	0.3422	0.3127	0.2851	0.2592	0.2351	0.2127	0.1920
5	0.6160	0.5809	0.5461	0.5119	0.4783	0.4457	0.4141	0.3837	0.3547	0.3270
6	0.7622	0.7324	0.7017	0.6703	0.6384	0.6063	0.5742	0.5423	0.5108	0.4799
7	0.8666	0.8449	0.8217	0.7970	0.7710	0.7440	0.7160	0.6873	0.6581	0.6285
8	0.9319	0.9181	0.9027	0.8857	0.8672	0.8472	0.8259	0.8033	0.7796	0.7548
9	0.9682	0.9603	0.9512	0.9409	0.9292	0.9161	0.9016	0.8858	0.8686	0.8502
10	0.9863	0.9823	0.9775	0.9718	0.9651	0.9574	0.9486	0.9386	0.9274	0.9151
11	0.9945	0.9927	0.9904	0.9875	0.9841	0.9799	0.9750	0.9693	0.9627	0.9552
12	0.9980	0.9972	0.9962	0.9949	0.9932	0.9912	0.9887	0.9857	0.9821	0.9779
13	0.9993	0.9990	0.9986	0.9980	0.9973	0.9964	0.9952	0.9937	0.9920	0.9898
14	0.9998	0.9997	0.9995	0.9993	0.9990	0.9986	0.9981	0.9974	0.9966	0.9956
15	0.9999	0.9999	0.9998	0.9998	0.9996	0.9995	0.9993	0.9990	0.9986	0.9982
16	1.0000	1.0000	0.9999	0.9999	0.9999	0.9998	0.9997	0.9996	0.9995	0.9993
17	1.0000	1.0000	1.0000	1.0000	1.0000	0.9999	0.9999	0.9999	0.9998	0.9997

Tabelle B.12. Poissonverteilung $F_X(x)$

x	λ									
	7.0	7.2	7.4	7.6	7.8	8.0	8.5	9.0	9.5	10.0
0	0.0009	0.0007	0.0006	0.0005	0.0004	0.0003	0.0002	0.0001	0.0001	0.0000
1	0.0073	0.0061	0.0051	0.0043	0.0036	0.0030	0.0019	0.0012	0.0008	0.0005
2	0.0296	0.0255	0.0219	0.0188	0.0161	0.0138	0.0093	0.0062	0.0042	0.0028
3	0.0818	0.0719	0.0632	0.0554	0.0485	0.0424	0.0301	0.0212	0.0149	0.0103
4	0.1730	0.1555	0.1395	0.1249	0.1117	0.0996	0.0744	0.0550	0.0403	0.0293
5	0.3007	0.2759	0.2526	0.2307	0.2103	0.1912	0.1496	0.1157	0.0885	0.0671
6	0.4497	0.4204	0.3920	0.3646	0.3384	0.3134	0.2562	0.2068	0.1649	0.1301
7	0.5987	0.5689	0.5393	0.5100	0.4812	0.4530	0.3856	0.3239	0.2687	0.2202
8	0.7291	0.7027	0.6757	0.6482	0.6204	0.5925	0.5231	0.4557	0.3918	0.3328
9	0.8305	0.8096	0.7877	0.7649	0.7411	0.7166	0.6530	0.5874	0.5218	0.4579
10	0.9015	0.8867	0.8707	0.8535	0.8352	0.8159	0.7634	0.7060	0.6453	0.5830
11	0.9467	0.9371	0.9265	0.9148	0.9020	0.8881	0.8487	0.8030	0.7520	0.6968
12	0.9730	0.9673	0.9609	0.9536	0.9454	0.9362	0.9091	0.8758	0.8364	0.7916
13	0.9872	0.9841	0.9805	0.9762	0.9714	0.9658	0.9486	0.9261	0.8981	0.8645
14	0.9943	0.9927	0.9908	0.9886	0.9859	0.9827	0.9726	0.9585	0.9400	0.9165
15	0.9976	0.9969	0.9959	0.9948	0.9934	0.9918	0.9862	0.9780	0.9665	0.9513
16	0.9990	0.9987	0.9983	0.9978	0.9971	0.9963	0.9934	0.9889	0.9823	0.9730
17	0.9996	0.9995	0.9993	0.9991	0.9988	0.9984	0.9970	0.9947	0.9911	0.9857
18	0.9999	0.9998	0.9997	0.9996	0.9995	0.9993	0.9987	0.9976	0.9957	0.9928
19	1.0000	0.9999	0.9999	0.9999	0.9998	0.9997	0.9995	0.9989	0.9980	0.9965
20	1.0000	1.0000	1.0000	1.0000	0.9999	0.9999	0.9998	0.9996	0.9991	0.9984
21	1.0000	1.0000	1.0000	1.0000	1.0000	1.0000	0.9999	0.9998	0.9996	0.9993
22	1.0000	1.0000	1.0000	1.0000	1.0000	1.0000	1.0000	0.9999	0.9999	0.9997

Tabelle B.13. Poissonverteilung $F_X(x)$

x					λ					
	10.5	11.0	11.5	12.0	12.5	13.0	13.5	14.0	14.5	15.0
1	0.0003	0.0002	0.0001	0.0001	0.0001	0.0000	0.0000	0.0000	0.0000	0.0000
2	0.0018	0.0012	0.0008	0.0005	0.0003	0.0002	0.0001	0.0001	0.0001	0.0000
3	0.0071	0.0049	0.0034	0.0023	0.0016	0.0011	0.0007	0.0005	0.0003	0.0002
4	0.0211	0.0151	0.0107	0.0076	0.0053	0.0037	0.0026	0.0018	0.0012	0.0009
5	0.0504	0.0375	0.0277	0.0203	0.0148	0.0107	0.0077	0.0055	0.0039	0.0028
6	0.1016	0.0786	0.0603	0.0458	0.0346	0.0259	0.0193	0.0142	0.0105	0.0076
7	0.1785	0.1432	0.1137	0.0895	0.0698	0.0540	0.0415	0.0316	0.0239	0.0180
8	0.2794	0.2320	0.1906	0.1550	0.1249	0.0998	0.0790	0.0621	0.0484	0.0374
9	0.3971	0.3405	0.2888	0.2424	0.2014	0.1658	0.1353	0.1094	0.0878	0.0699
10	0.5207	0.4599	0.4017	0.3472	0.2971	0.2517	0.2112	0.1757	0.1449	0.1185
11	0.6387	0.5793	0.5198	0.4616	0.4058	0.3532	0.3045	0.2600	0.2201	0.1848
12	0.7420	0.6887	0.6329	0.5760	0.5190	0.4631	0.4093	0.3585	0.3111	0.2676
13	0.8253	0.7813	0.7330	0.6815	0.6278	0.5730	0.5182	0.4644	0.4125	0.3632
14	0.8879	0.8540	0.8153	0.7720	0.7250	0.6751	0.6233	0.5704	0.5176	0.4657
15	0.9317	0.9074	0.8783	0.8444	0.8060	0.7636	0.7178	0.6694	0.6192	0.5681
16	0.9604	0.9441	0.9236	0.8987	0.8693	0.8355	0.7975	0.7559	0.7112	0.6641
17	0.9781	0.9678	0.9542	0.9370	0.9158	0.8905	0.8609	0.8272	0.7897	0.7489
18	0.9885	0.9823	0.9738	0.9626	0.9481	0.9302	0.9084	0.8826	0.8530	0.8195
19	0.9942	0.9907	0.9857	0.9787	0.9694	0.9573	0.9421	0.9235	0.9012	0.8752
20	0.9972	0.9953	0.9925	0.9884	0.9827	0.9750	0.9649	0.9521	0.9362	0.9170
21	0.9987	0.9977	0.9962	0.9939	0.9906	0.9859	0.9796	0.9712	0.9604	0.9469
22	0.9994	0.9990	0.9982	0.9970	0.9951	0.9924	0.9885	0.9833	0.9763	0.9673
23	0.9998	0.9995	0.9992	0.9985	0.9975	0.9960	0.9938	0.9907	0.9863	0.9805
24	0.9999	0.9998	0.9996	0.9993	0.9988	0.9980	0.9968	0.9950	0.9924	0.9888
25	1.0000	0.9999	0.9998	0.9997	0.9994	0.9990	0.9984	0.9974	0.9959	0.9938
26	1.0000	1.0000	0.9999	0.9999	0.9997	0.9995	0.9992	0.9987	0.9979	0.9967
27	1.0000	1.0000	1.0000	0.9999	0.9999	0.9998	0.9996	0.9994	0.9989	0.9983
28	1.0000	1.0000	1.0000	1.0000	1.0000	0.9999	0.9998	0.9997	0.9995	0.9991
29	1.0000	1.0000	1.0000	1.0000	1.0000	1.0000	0.9999	0.9999	0.9998	0.9996
30	1.0000	1.0000	1.0000	1.0000	1.0000	1.0000	1.0000	0.9999	0.9999	0.9998

B.3 Standardnormalverteilung

Tabelle B.14. Standardnormalverteilung $F_Z(z)$

z	0.00	0.01	0.02	0.03	0.04	0.05	0.06	0.07	0.08	0.09
0.0	0.5000	0.5040	0.5080	0.5120	0.5160	0.5199	0.5239	0.5279	0.5319	0.5359
0.1	0.5398	0.5438	0.5478	0.5517	0.5557	0.5596	0.5636	0.5675	0.5714	0.5753
0.2	0.5793	0.5832	0.5871	0.5910	0.5948	0.5987	0.6026	0.6064	0.6103	0.6141
0.3	0.6179	0.6217	0.6255	0.6293	0.6331	0.6368	0.6406	0.6443	0.6480	0.6517
0.4	0.6554	0.6591	0.6628	0.6664	0.6700	0.6736	0.6772	0.6808	0.6844	0.6879
0.5	0.6915	0.6950	0.6985	0.7019	0.7054	0.7088	0.7123	0.7157	0.7190	0.7224
0.6	0.7257	0.7291	0.7324	0.7357	0.7389	0.7422	0.7454	0.7486	0.7517	0.7549
0.7	0.7580	0.7611	0.7642	0.7673	0.7704	0.7734	0.7764	0.7794	0.7823	0.7852
0.8	0.7881	0.7910	0.7939	0.7967	0.7995	0.8023	0.8051	0.8078	0.8106	0.8133
0.9	0.8159	0.8186	0.8212	0.8238	0.8264	0.8289	0.8315	0.8340	0.8365	0.8389
1.0	0.8413	0.8438	0.8461	0.8485	0.8508	0.8531	0.8554	0.8577	0.8599	0.8621
1.1	0.8643	0.8665	0.8686	0.8708	0.8729	0.8749	0.8770	0.8790	0.8810	0.8830
1.2	0.8849	0.8869	0.8888	0.8907	0.8925	0.8944	0.8962	0.8980	0.8997	0.9015
1.3	0.9032	0.9049	0.9066	0.9082	0.9099	0.9115	0.9131	0.9147	0.9162	0.9177
1.4	0.9192	0.9207	0.9222	0.9236	0.9251	0.9265	0.9279	0.9292	0.9306	0.9319
1.5	0.9332	0.9345	0.9357	0.9370	0.9382	0.9394	0.9406	0.9418	0.9429	0.9441
1.6	0.9452	0.9463	0.9474	0.9484	0.9495	0.9505	0.9515	0.9525	0.9535	0.9545
1.7	0.9554	0.9564	0.9573	0.9582	0.9591	0.9599	0.9608	0.9616	0.9625	0.9633
1.8	0.9641	0.9649	0.9656	0.9664	0.9671	0.9678	0.9686	0.9693	0.9699	0.9706
1.9	0.9713	0.9719	0.9726	0.9732	0.9738	0.9744	0.9750	0.9756	0.9761	0.9767
2.0	0.9772	0.9778	0.9783	0.9788	0.9793	0.9798	0.9803	0.9808	0.9812	0.9817
2.1	0.9821	0.9826	0.9830	0.9834	0.9838	0.9842	0.9846	0.9850	0.9854	0.9857
2.2	0.9861	0.9864	0.9868	0.9871	0.9875	0.9878	0.9881	0.9884	0.9887	0.9890
2.3	0.9893	0.9896	0.9898	0.9901	0.9904	0.9906	0.9909	0.9911	0.9913	0.9916
2.4	0.9918	0.9920	0.9922	0.9925	0.9927	0.9929	0.9931	0.9932	0.9934	0.9936
2.5	0.9938	0.9940	0.9941	0.9943	0.9945	0.9946	0.9948	0.9949	0.9951	0.9952
2.6	0.9953	0.9955	0.9956	0.9957	0.9959	0.9960	0.9961	0.9962	0.9963	0.9964
2.7	0.9965	0.9966	0.9967	0.9968	0.9969	0.9970	0.9971	0.9972	0.9973	0.9974
2.8	0.9974	0.9975	0.9976	0.9977	0.9977	0.9978	0.9979	0.9979	0.9980	0.9981
2.9	0.9981	0.9982	0.9982	0.9983	0.9984	0.9984	0.9985	0.9985	0.9986	0.9986
3.0	0.9987	0.9987	0.9987	0.9988	0.9988	0.9989	0.9989	0.9989	0.9990	0.9990
3.1	0.9990	0.9991	0.9991	0.9991	0.9992	0.9992	0.9992	0.9992	0.9993	0.9993
3.2	0.9993	0.9993	0.9994	0.9994	0.9994	0.9994	0.9994	0.9995	0.9995	0.9995
3.3	0.9995	0.9995	0.9995	0.9996	0.9996	0.9996	0.9996	0.9996	0.9996	0.9997
3.4	0.9997	0.9997	0.9997	0.9997	0.9997	0.9997	0.9997	0.9997	0.9997	0.9998

B.4 χ^2–Verteilung

Tabelle B.15. Quantile der χ^2–Verteilung $\chi^2_{1-\alpha}(FG) = F^{-1}_{U_n}(1-\alpha)$

FG	$u_{0,01}$	$u_{0,025}$	$u_{0,05}$	$u_{0,1}$	$u_{0,9}$	$u_{0,95}$	$u_{0,975}$	$u_{0,99}$
1	0.0002	0.0010	0.0039	0.0158	2.7055	3.8415	5.0239	6.6349
2	0.0201	0.0506	0.1026	0.2107	4.6052	5.9915	7.3778	9.2103
3	0.1148	0.2158	0.3518	0.5844	6.2514	7.8147	9.3484	11.3449
4	0.2971	0.4844	0.7107	1.0636	7.7794	9.4877	11.1433	13.2767
5	0.5543	0.8312	1.1455	1.6103	9.2364	11.0705	12.8325	15.0863
6	0.8721	1.2373	1.6354	2.2041	10.6446	12.5916	14.4494	16.8119
7	1.2390	1.6899	2.1673	2.8331	12.0170	14.0671	16.0128	18.4753
8	1.6465	2.1797	2.7326	3.4895	13.3616	15.5073	17.5345	20.0902
9	2.0879	2.7004	3.3251	4.1682	14.6837	16.9190	19.0228	21.6660
10	2.5582	3.2470	3.9403	4.8652	15.9872	18.3070	20.4832	23.2093
11	3.0535	3.8157	4.5748	5.5778	17.2750	19.6751	21.9200	24.7250
12	3.5706	4.4038	5.2260	6.3038	18.5493	21.0261	23.3367	26.2170
13	4.1069	5.0088	5.8919	7.0415	19.8119	22.3620	24.7356	27.6882
14	4.6604	5.6287	6.5706	7.7895	21.0641	23.6848	26.1189	29.1412
15	5.2293	6.2621	7.2609	8.5468	22.3071	24.9958	27.4884	30.5779
16	5.8122	6.9077	7.9616	9.3122	23.5418	26.2962	28.8454	31.9999
17	6.4078	7.5642	8.6718	10.0852	24.7690	27.5871	30.1910	33.4087
18	7.0149	8.2307	9.3905	10.8649	25.9894	28.8693	31.5264	34.8053
19	7.6327	8.9065	10.1170	11.6509	27.2036	30.1435	32.8523	36.1909
20	8.2604	9.5908	10.8508	12.4426	28.4120	31.4104	34.1696	37.5662
21	8.8972	10.2829	11.5913	13.2396	29.6151	32.6706	35.4789	38.9322
22	9.5425	10.9823	12.3380	14.0415	30.8133	33.9244	36.7807	40.2894
23	10.1957	11.6886	13.0905	14.8480	32.0069	35.1725	38.0756	41.6384
24	10.8564	12.4012	13.8484	15.6587	33.1962	36.4150	39.3641	42.9798
25	11.5240	13.1197	14.6114	16.4734	34.3816	37.6525	40.6465	44.3141
26	12.1981	13.8439	15.3792	17.2919	35.5632	38.8851	41.9232	45.6417
27	12.8785	14.5734	16.1514	18.1139	36.7412	40.1133	43.1945	46.9629
28	13.5647	15.3079	16.9279	18.9392	37.9159	41.3371	44.4608	48.2782
29	14.2565	16.0471	17.7084	19.7677	39.0875	42.5570	45.7223	49.5879
30	14.9535	16.7908	18.4927	20.5992	40.2560	43.7730	46.9792	50.8922
40	22.1643	24.4330	26.5093	29.0505	51.8051	55.7585	59.3417	63.6907
60	37.4849	40.4817	43.1880	46.4589	74.3970	79.0819	83.2977	88.3794
120	86.9233	91.5726	95.7046	100.6236	140.2326	146.5674	152.2114	158.9502

B.5 t–Verteilung

Tabelle B.16. Quantile der t–Verteilung $t_{1-\alpha}(FG) = F_{T_n}^{-1}(1-\alpha)$

FG	$t_{0,6}$	$t_{0,75}$	$t_{0,8}$	$t_{0,9}$	$t_{0,95}$	$t_{0,975}$	$t_{0,99}$	$t_{0,995}$
1	0.3249	1.0000	1.3764	3.0777	6.3138	12.7062	31.8205	63.6567
2	0.2887	0.8165	1.0607	1.8856	2.9200	4.3027	6.9646	9.9248
3	0.2767	0.7649	0.9785	1.6377	2.3534	3.1824	4.5407	5.8409
4	0.2707	0.7407	0.9410	1.5332	2.1318	2.7764	3.7469	4.6041
5	0.2672	0.7267	0.9195	1.4759	2.0150	2.5706	3.3649	4.0321
6	0.2648	0.7176	0.9057	1.4398	1.9432	2.4469	3.1427	3.7074
7	0.2632	0.7111	0.8960	1.4149	1.8946	2.3646	2.9980	3.4995
8	0.2619	0.7064	0.8889	1.3968	1.8595	2.3060	2.8965	3.3554
9	0.2610	0.7027	0.8834	1.3830	1.8331	2.2622	2.8214	3.2498
10	0.2602	0.6998	0.8791	1.3722	1.8125	2.2281	2.7638	3.1693
11	0.2596	0.6974	0.8755	1.3634	1.7959	2.2010	2.7181	3.1058
12	0.2590	0.6955	0.8726	1.3562	1.7823	2.1788	2.6810	3.0545
13	0.2586	0.6938	0.8702	1.3502	1.7709	2.1604	2.6503	3.0123
14	0.2582	0.6924	0.8681	1.3450	1.7613	2.1448	2.6245	2.9768
15	0.2579	0.6912	0.8662	1.3406	1.7531	2.1314	2.6025	2.9467
16	0.2576	0.6901	0.8647	1.3368	1.7459	2.1199	2.5835	2.9208
17	0.2573	0.6892	0.8633	1.3334	1.7396	2.1098	2.5669	2.8982
18	0.2571	0.6884	0.8620	1.3304	1.7341	2.1009	2.5524	2.8784
19	0.2569	0.6876	0.8610	1.3277	1.7291	2.0930	2.5395	2.8609
20	0.2567	0.6870	0.8600	1.3253	1.7247	2.0860	2.5280	2.8453
21	0.2566	0.6864	0.8591	1.3232	1.7207	2.0796	2.5176	2.8314
22	0.2564	0.6858	0.8583	1.3212	1.7171	2.0739	2.5083	2.8188
23	0.2563	0.6853	0.8575	1.3195	1.7139	2.0687	2.4999	2.8073
24	0.2562	0.6848	0.8569	1.3178	1.7109	2.0639	2.4922	2.7969
25	0.2561	0.6844	0.8562	1.3163	1.7081	2.0595	2.4851	2.7874
26	0.2560	0.6840	0.8557	1.3150	1.7056	2.0555	2.4786	2.7787
27	0.2559	0.6837	0.8551	1.3137	1.7033	2.0518	2.4727	2.7707
28	0.2558	0.6834	0.8546	1.3125	1.7011	2.0484	2.4671	2.7633
29	0.2557	0.6830	0.8542	1.3114	1.6991	2.0452	2.4620	2.7564
30	0.2556	0.6828	0.8538	1.3104	1.6973	2.0423	2.4573	2.7500
40	0.2550	0.6807	0.8507	1.3031	1.6839	2.0211	2.4233	2.7045
60	0.2545	0.6786	0.8477	1.2958	1.6706	2.0003	2.3901	2.6603
120	0.2539	0.6765	0.8446	1.2886	1.6577	1.9799	2.3578	2.6174

B.6 F–Verteilung

Tabelle B.17. Quantile der F–Verteilung $F_{0.90}(FG_1, FG_2) = F_{F_n}^{-1}(0.90, FG_1, FG_2)$

FG_2	FG_1									
	1	2	3	4	5	6	7	8	9	10
1	39.864	49.500	53.593	55.833	57.240	58.204	58.906	59.439	59.858	60.195
2	8.5263	9.0000	9.1618	9.2434	9.2926	9.3255	9.3491	9.3668	9.3805	9.3916
3	5.5383	5.4624	5.3908	5.3426	5.3092	5.2847	5.2662	5.2517	5.2400	5.2304
4	4.5448	4.3246	4.1909	4.1072	4.0506	4.0097	3.9790	3.9549	3.9357	3.9199
5	4.0604	3.7797	3.6195	3.5202	3.4530	3.4045	3.3679	3.3393	3.3163	3.2974
6	3.7759	3.4633	3.2888	3.1808	3.1075	3.0546	3.0145	2.9830	2.9577	2.9369
7	3.5894	3.2574	3.0741	2.9605	2.8833	2.8274	2.7849	2.7516	2.7247	2.7025
8	3.4579	3.1131	2.9238	2.8064	2.7264	2.6683	2.6241	2.5893	2.5612	2.5380
9	3.3603	3.0065	2.8129	2.6927	2.6106	2.5509	2.5053	2.4694	2.4403	2.4163
10	3.2850	2.9245	2.7277	2.6053	2.5216	2.4606	2.4140	2.3772	2.3473	2.3226
12	3.1765	2.8068	2.6055	2.4801	2.3940	2.3310	2.2828	2.2446	2.2135	2.1878
15	3.0732	2.6952	2.4898	2.3614	2.2730	2.2081	2.1582	2.1185	2.0862	2.0593
20	2.9747	2.5893	2.3801	2.2489	2.1582	2.0913	2.0397	1.9985	1.9649	1.9367
30	2.8807	2.4887	2.2761	2.1422	2.0492	1.9803	1.9269	1.8841	1.8490	1.8195
40	2.8354	2.4404	2.2261	2.0909	1.9968	1.9269	1.8725	1.8289	1.7929	1.7627
50	2.8087	2.4120	2.1967	2.0608	1.9660	1.8954	1.8405	1.7963	1.7598	1.7291
60	2.7911	2.3933	2.1774	2.0410	1.9457	1.8747	1.8194	1.7748	1.7380	1.7070
100	2.7564	2.3564	2.1394	2.0019	1.9057	1.8339	1.7778	1.7324	1.6949	1.6632
120	2.7478	2.3473	2.1300	1.9923	1.8959	1.8238	1.7675	1.7220	1.6842	1.6524
200	2.7308	2.3293	2.1114	1.9732	1.8763	1.8038	1.7470	1.7011	1.6630	1.6308

	12	15	20	30	40	50	60	100	120	200
1	60.705	61.220	61.740	62.265	62.529	62.688	62.794	63.007	63.061	63.168
2	9.4081	9.4247	9.4413	9.4579	9.4662	9.4712	9.4746	9.4812	9.4829	9.4862
3	5.2156	5.2003	5.1845	5.1681	5.1597	5.1546	5.1512	5.1443	5.1425	5.1390
4	3.8955	3.8704	3.8443	3.8174	3.8036	3.7952	3.7896	3.7782	3.7753	3.7695
5	3.2682	3.2380	3.2067	3.1741	3.1573	3.1471	3.1402	3.1263	3.1228	3.1157
6	2.9047	2.8712	2.8363	2.8000	2.7812	2.7697	2.7620	2.7463	2.7423	2.7343
7	2.6681	2.6322	2.5947	2.5555	2.5351	2.5226	2.5142	2.4971	2.4928	2.4841
8	2.5020	2.4642	2.4246	2.3830	2.3614	2.3481	2.3391	2.3208	2.3162	2.3068
9	2.3789	2.3396	2.2983	2.2547	2.2320	2.2180	2.2085	2.1892	2.1843	2.1744
10	2.2841	2.2435	2.2007	2.1554	2.1317	2.1171	2.1072	2.0869	2.0818	2.0713
12	2.1474	2.1049	2.0597	2.0115	1.9861	1.9704	1.9597	1.9379	1.9323	1.9210
15	2.0171	1.9722	1.9243	1.8728	1.8454	1.8284	1.8168	1.7929	1.7867	1.7743
20	1.8924	1.8449	1.7938	1.7382	1.7083	1.6896	1.6768	1.6501	1.6433	1.6292
30	1.7727	1.7223	1.6673	1.6065	1.5732	1.5522	1.5376	1.5069	1.4989	1.4824
40	1.7146	1.6624	1.6052	1.5411	1.5056	1.4830	1.4672	1.4336	1.4248	1.4064
50	1.6802	1.6269	1.5681	1.5018	1.4648	1.4409	1.4242	1.3885	1.3789	1.3590
60	1.6574	1.6034	1.5435	1.4755	1.4373	1.4126	1.3952	1.3576	1.3476	1.3264
100	1.6124	1.5566	1.4943	1.4227	1.3817	1.3548	1.3356	1.2934	1.2819	1.2571
120	1.6012	1.5450	1.4821	1.4094	1.3676	1.3400	1.3203	1.2767	1.2646	1.2385
200	1.5789	1.5218	1.4575	1.3826	1.3390	1.3100	1.2891	1.2418	1.2285	1.1991

Tabelle B.18. Quantile der F–Verteilung $F_{0.95}(FG_1, FG_2) = F_{F_n}^{-1}(0.95, FG_1, FG_2)$

FG_2	FG_1									
	1	2	3	4	5	6	7	8	9	10
1	161.45	199.50	215.71	224.58	230.16	233.99	236.77	238.88	240.54	241.88
2	18.513	19.000	19.164	19.247	19.296	19.330	19.353	19.371	19.385	19.396
3	10.128	9.5521	9.2766	9.1172	9.0135	8.9406	8.8867	8.8452	8.8123	8.7855
4	7.7086	6.9443	6.5914	6.3882	6.2561	6.1631	6.0942	6.0410	5.9988	5.9644
5	6.6079	5.7861	5.4095	5.1922	5.0503	4.9503	4.8759	4.8183	4.7725	4.7351
6	5.9874	5.1433	4.7571	4.5337	4.3874	4.2839	4.2067	4.1468	4.0990	4.0600
7	5.5914	4.7374	4.3468	4.1203	3.9715	3.8660	3.7870	3.7257	3.6767	3.6365
8	5.3177	4.4590	4.0662	3.8379	3.6875	3.5806	3.5005	3.4381	3.3881	3.3472
9	5.1174	4.2565	3.8625	3.6331	3.4817	3.3738	3.2927	3.2296	3.1789	3.1373
10	4.9646	4.1028	3.7083	3.4780	3.3258	3.2172	3.1355	3.0717	3.0204	2.9782
12	4.7472	3.8853	3.4903	3.2592	3.1059	2.9961	2.9134	2.8486	2.7964	2.7534
15	4.5431	3.6823	3.2874	3.0556	2.9013	2.7905	2.7066	2.6408	2.5876	2.5437
20	4.3512	3.4928	3.0984	2.8661	2.7109	2.5990	2.5140	2.4471	2.3928	2.3479
30	4.1709	3.3158	2.9223	2.6896	2.5336	2.4205	2.3343	2.2662	2.2107	2.1646
40	4.0847	3.2317	2.8387	2.6060	2.4495	2.3359	2.2490	2.1802	2.1240	2.0772
50	4.0343	3.1826	2.7900	2.5572	2.4004	2.2864	2.1992	2.1299	2.0734	2.0261
60	4.0012	3.1504	2.7581	2.5252	2.3683	2.2541	2.1665	2.0970	2.0401	1.9926
100	3.9361	3.0873	2.6955	2.4626	2.3053	2.1906	2.1025	2.0323	1.9748	1.9267
120	3.9201	3.0718	2.6802	2.4472	2.2899	2.1750	2.0868	2.0164	1.9588	1.9105
200	3.8884	3.0411	2.6498	2.4168	2.2592	2.1441	2.0556	1.9849	1.9269	1.8783

	12	15	20	30	40	50	60	100	120	200
1	243.91	245.95	248.01	250.10	251.14	251.77	252.20	253.04	253.25	253.68
2	19.413	19.429	19.446	19.462	19.471	19.476	19.479	19.486	19.487	19.491
3	8.7446	8.7029	8.6602	8.6166	8.5944	8.5810	8.5720	8.5539	8.5494	8.5402
4	5.9117	5.8578	5.8025	5.7459	5.7170	5.6995	5.6877	5.6641	5.6581	5.6461
5	4.6777	4.6188	4.5581	4.4957	4.4638	4.4444	4.4314	4.4051	4.3985	4.3851
6	3.9999	3.9381	3.8742	3.8082	3.7743	3.7537	3.7398	3.7117	3.7047	3.6904
7	3.5747	3.5107	3.4445	3.3758	3.3404	3.3189	3.3043	3.2749	3.2674	3.2525
8	3.2839	3.2184	3.1503	3.0794	3.0428	3.0204	3.0053	2.9747	2.9669	2.9513
9	3.0729	3.0061	2.9365	2.8637	2.8259	2.8028	2.7872	2.7556	2.7475	2.7313
10	2.9130	2.8450	2.7740	2.6996	2.6609	2.6371	2.6211	2.5884	2.5801	2.5634
12	2.6866	2.6169	2.5436	2.4663	2.4259	2.4010	2.3842	2.3498	2.3410	2.3233
15	2.4753	2.4034	2.3275	2.2468	2.2043	2.1780	2.1601	2.1234	2.1141	2.0950
20	2.2776	2.2033	2.1242	2.0391	1.9938	1.9656	1.9464	1.9066	1.8963	1.8755
30	2.0921	2.0148	1.9317	1.8409	1.7918	1.7609	1.7396	1.6950	1.6835	1.6597
40	2.0035	1.9245	1.8389	1.7444	1.6928	1.6600	1.6373	1.5892	1.5766	1.5505
50	1.9515	1.8714	1.7841	1.6872	1.6337	1.5995	1.5757	1.5249	1.5115	1.4835
60	1.9174	1.8364	1.7480	1.6491	1.5943	1.5590	1.5343	1.4814	1.4673	1.4377
100	1.8503	1.7675	1.6764	1.5733	1.5151	1.4772	1.4504	1.3917	1.3757	1.3416
120	1.8337	1.7505	1.6587	1.5543	1.4952	1.4565	1.4290	1.3685	1.3519	1.3162
200	1.8008	1.7166	1.6233	1.5164	1.4551	1.4146	1.3856	1.3206	1.3024	1.2626

Tabelle B.19. Quantile der F–Verteilung $F_{0.975}(FG_1, FG_2) = F_{F_n}^{-1}(0.975, FG_1, FG_2)$

FG_2	FG_1									
	1	2	3	4	5	6	7	8	9	10
1	647.79	799.50	864.16	899.58	921.85	937.11	948.22	956.66	963.28	968.63
2	38.506	39.000	39.166	39.248	39.298	39.332	39.355	39.373	39.387	39.398
3	17.443	16.044	15.439	15.101	14.885	14.735	14.624	14.540	14.473	14.419
4	12.218	10.649	9.9792	9.6045	9.3645	9.1973	9.0741	8.9796	8.9047	8.8439
5	10.007	8.4336	7.7636	7.3879	7.1464	6.9777	6.8531	6.7572	6.6811	6.6192
6	8.8131	7.2599	6.5988	6.2272	5.9876	5.8198	5.6955	5.5996	5.5234	5.4613
7	8.0727	6.5415	5.8898	5.5226	5.2852	5.1186	4.9949	4.8993	4.8232	4.7611
8	7.5709	6.0595	5.4160	5.0526	4.8173	4.6517	4.5286	4.4333	4.3572	4.2951
9	7.2093	5.7147	5.0781	4.7181	4.4844	4.3197	4.1970	4.1020	4.0260	3.9639
10	6.9367	5.4564	4.8256	4.4683	4.2361	4.0721	3.9498	3.8549	3.7790	3.7168
12	6.5538	5.0959	4.4742	4.1212	3.8911	3.7283	3.6065	3.5118	3.4358	3.3736
15	6.1995	4.7650	4.1528	3.8043	3.5764	3.4147	3.2934	3.1987	3.1227	3.0602
20	5.8715	4.4613	3.8587	3.5147	3.2891	3.1283	3.0074	2.9128	2.8365	2.7737
30	5.5675	4.1821	3.5894	3.2499	3.0265	2.8667	2.7460	2.6513	2.5746	2.5112
40	5.4239	4.0510	3.4633	3.1261	2.9037	2.7444	2.6238	2.5289	2.4519	2.3882
50	5.3403	3.9749	3.3902	3.0544	2.8327	2.6736	2.5530	2.4579	2.3808	2.3168
60	5.2856	3.9253	3.3425	3.0077	2.7863	2.6274	2.5068	2.4117	2.3344	2.2702
100	5.1786	3.8284	3.2496	2.9166	2.6961	2.5374	2.4168	2.3215	2.2439	2.1793
120	5.1523	3.8046	3.2269	2.8943	2.6740	2.5154	2.3948	2.2994	2.2217	2.1570
200	5.1004	3.7578	3.1820	2.8503	2.6304	2.4720	2.3513	2.2558	2.1780	2.1130

	12	15	20	30	40	50	60	100	120	200
1	976.71	984.87	993.10	1001.4	1005.6	1008.1	1009.8	1013.2	1014.0	1015.7
2	39.415	39.431	39.448	39.465	39.473	39.478	39.481	39.488	39.490	39.493
3	14.337	14.253	14.167	14.081	14.037	14.010	13.992	13.956	13.947	13.929
4	8.7512	8.6565	8.5599	8.4613	8.4111	8.3808	8.3604	8.3195	8.3092	8.2885
5	6.5245	6.4277	6.3286	6.2269	6.1750	6.1436	6.1225	6.0800	6.0693	6.0478
6	5.3662	5.2687	5.1684	5.0652	5.0125	4.9804	4.9589	4.9154	4.9044	4.8824
7	4.6658	4.5678	4.4667	4.3624	4.3089	4.2763	4.2544	4.2101	4.1989	4.1764
8	4.1997	4.1012	3.9995	3.8940	3.8398	3.8067	3.7844	3.7393	3.7279	3.7050
9	3.8682	3.7694	3.6669	3.5604	3.5055	3.4719	3.4493	3.4034	3.3918	3.3684
10	3.6209	3.5217	3.4185	3.3110	3.2554	3.2214	3.1984	3.1517	3.1399	3.1161
12	3.2773	3.1772	3.0728	2.9633	2.9063	2.8714	2.8478	2.7996	2.7874	2.7626
15	2.9633	2.8621	2.7559	2.6437	2.5850	2.5488	2.5242	2.4739	2.4611	2.4352
20	2.6758	2.5731	2.4645	2.3486	2.2873	2.2493	2.2234	2.1699	2.1562	2.1284
30	2.4120	2.3072	2.1952	2.0739	2.0089	1.9681	1.9400	1.8816	1.8664	1.8354
40	2.2882	2.1819	2.0677	1.9429	1.8752	1.8324	1.8028	1.7405	1.7242	1.6906
50	2.2162	2.1090	1.9933	1.8659	1.7963	1.7520	1.7211	1.6558	1.6386	1.6029
60	2.1692	2.0613	1.9445	1.8152	1.7440	1.6985	1.6668	1.5990	1.5810	1.5435
100	2.0773	1.9679	1.8486	1.7148	1.6401	1.5917	1.5575	1.4833	1.4631	1.4203
120	2.0548	1.9450	1.8249	1.6899	1.6141	1.5649	1.5299	1.4536	1.4327	1.3880
200	2.0103	1.8996	1.7780	1.6403	1.5621	1.5108	1.4742	1.3927	1.3700	1.3204

Tabelle B.20. Quantile der F–Verteilung $F_{0.99}(FG_1, FG_2) = F_{F_n}^{-1}(0.99, FG_1, FG_2)$

FG_2	FG_1									
	1	2	3	4	5	6	7	8	9	10
1	4052.2	4999.5	5403.4	5624.6	5763.6	5859.0	5928.4	5981.1	6022.5	6055.8
2	98.503	99.000	99.166	99.249	99.299	99.333	99.356	99.374	99.388	99.399
3	34.116	30.817	29.457	28.710	28.237	27.911	27.672	27.489	27.345	27.229
4	21.198	18.000	16.694	15.977	15.522	15.207	14.976	14.799	14.659	14.546
5	16.258	13.274	12.060	11.392	10.967	10.672	10.456	10.289	10.158	10.051
6	13.745	10.925	9.7795	9.1483	8.7459	8.4661	8.2600	8.1017	7.9761	7.8741
7	12.246	9.5466	8.4513	7.8466	7.4604	7.1914	6.9928	6.8400	6.7188	6.6201
8	11.259	8.6491	7.5910	7.0061	6.6318	6.3707	6.1776	6.0289	5.9106	5.8143
9	10.561	8.0215	6.9919	6.4221	6.0569	5.8018	5.6129	5.4671	5.3511	5.2565
10	10.044	7.5594	6.5523	5.9943	5.6363	5.3858	5.2001	5.0567	4.9424	4.8491
12	9.3302	6.9266	5.9525	5.4120	5.0643	4.8206	4.6395	4.4994	4.3875	4.2961
15	8.6831	6.3589	5.4170	4.8932	4.5556	4.3183	4.1415	4.0045	3.8948	3.8049
20	8.0960	5.8489	4.9382	4.4307	4.1027	3.8714	3.6987	3.5644	3.4567	3.3682
30	7.5625	5.3903	4.5097	4.0179	3.6990	3.4735	3.3045	3.1726	3.0665	2.9791
40	7.3141	5.1785	4.3126	3.8283	3.5138	3.2910	3.1238	2.9930	2.8876	2.8005
50	7.1706	5.0566	4.1993	3.7195	3.4077	3.1864	3.0202	2.8900	2.7850	2.6981
60	7.0771	4.9774	4.1259	3.6490	3.3389	3.1187	2.9530	2.8233	2.7185	2.6318
100	6.8953	4.8239	3.9837	3.5127	3.2059	2.9877	2.8233	2.6943	2.5898	2.5033
120	6.8509	4.7865	3.9491	3.4795	3.1735	2.9559	2.7918	2.6629	2.5586	2.4721
200	6.7633	4.7129	3.8810	3.4143	3.1100	2.8933	2.7298	2.6012	2.4971	2.4106

	12	15	20	30	40	50	60	100	120	200
1	6106.3	6157.3	6208.7	6260.6	6286.8	6302.5	6313.0	6334.1	6339.4	6350.0
2	99.416	99.433	99.449	99.466	99.474	99.479	99.483	99.489	99.491	99.494
3	27.052	26.872	26.690	26.505	26.412	26.354	26.316	26.240	26.221	26.183
4	14.374	14.198	14.020	13.838	13.745	13.690	13.652	13.577	13.558	13.520
5	9.8883	9.7222	9.5526	9.3793	9.2912	9.2378	9.2020	9.1299	9.1118	9.0754
6	7.7183	7.5590	7.3958	7.2285	7.1432	7.0915	7.0567	6.9867	6.9690	6.9336
7	6.4691	6.3143	6.1554	5.9920	5.9084	5.8577	5.8236	5.7547	5.7373	5.7024
8	5.6667	5.5151	5.3591	5.1981	5.1156	5.0654	5.0316	4.9633	4.9461	4.9114
9	5.1114	4.9621	4.8080	4.6486	4.5666	4.5167	4.4831	4.4150	4.3978	4.3631
10	4.7059	4.5581	4.4054	4.2469	4.1653	4.1155	4.0819	4.0137	3.9965	3.9617
12	4.1553	4.0096	3.8584	3.7008	3.6192	3.5692	3.5355	3.4668	3.4494	3.4143
15	3.6662	3.5222	3.3719	3.2141	3.1319	3.0814	3.0471	2.9772	2.9595	2.9235
20	3.2311	3.0880	2.9377	2.7785	2.6947	2.6430	2.6077	2.5353	2.5168	2.4792
30	2.8431	2.7002	2.5487	2.3860	2.2992	2.2450	2.2079	2.1307	2.1108	2.0700
40	2.6648	2.5216	2.3689	2.2034	2.1142	2.0581	2.0194	1.9383	1.9172	1.8737
50	2.5625	2.4190	2.2652	2.0976	2.0066	1.9490	1.9090	1.8248	1.8026	1.7567
60	2.4961	2.3523	2.1978	2.0285	1.9360	1.8772	1.8363	1.7493	1.7263	1.6784
100	2.3676	2.2230	2.0666	1.8933	1.7972	1.7353	1.6918	1.5977	1.5723	1.5184
120	2.3363	2.1915	2.0346	1.8600	1.7628	1.7000	1.6557	1.5592	1.5330	1.4770
200	2.2747	2.1294	1.9713	1.7941	1.6945	1.6295	1.5833	1.4811	1.4527	1.3912

Literaturverzeichnis

1. R. L. Ackoff. *The Design of Social Research.* The University of Chicago Press, Chicago, London, 1953.
2. A. A. Afifi und V. Clark. *Computer-Aided Multivariate Analysis.* Chapman & Hall, London, Weinheim, New York, 3. Auflage, 1996.
3. A. Agresti. *Categorial Data Analysis.* John Wiley & Sons, Hoboken, New Jersey, 2. Auflage, 2002.
4. P. Albrecht. *On the Correct Use of the Chi-square Goodness-of-fit-Test. Scandinavian Actuarial Journal,* Seiten 149–160, 1980.
5. T. W. Anderson. *An Introduction to Multivariate Statistical Analysis.* John Wiley & Sons, New York, London, Sydney, 1958.
6. T. W. Anderson. *An Introduction to Multivariate Statistical Analysis.* John Wiley & Sons, New York, Chichester, Brisbane, 2. Auflage, 1984.
7. H. J. Andreß, J. A. Hagenaars und S. Kühnel. *Analyse von Tabellen und kategorialen Daten.* Springer, Berlin, Heidelberg, New York, 1997.
8. K. Backhaus, B. Erichson, W. Plinke und R. Weiber. *Multivariate Analysemethoden.* Springer, Berlin, Heidelberg, New York, 7. Auflage, 1994.
9. Günter Bamberg und Franz Baur. *Statitsik.* Oldenbourg, München, Wien, 11., überarb. Auflage, 2001.
10. H.-P. Beck-Bornholdt und H.-H. Dubben. *Der Schein der Weisen.* Hoffmann und Campe, Hamburg, 2. Auflage, 2001.
11. F. Benford. *The law of anomalous numbers.* in: *Proceedings of the Philosophical Society,* Band 78, Seiten 551–572, 1938.
12. D. A. Berry und B. W. Lindgren. *Statistics: Theory and Methods.* Duxbury Press, Belmont, Albany, Bonn, 2. Auflage, 1990.
13. G. K. Bhattacharyya und R. A. Johnson. *Statistical Concepts and Methods.* John Wiley & Sons, New York, Chichester, Brisbane, 1977.
14. H. M. Blalock, Jr. *Social Statistics.* McGraw-Hill, New York, St. Louis, San Francisco, 2. Auflage, 1972.
15. R. D. Bock. *Multivariate Statistical Methods in Behavioral Research.* McGraw-Hill, New York, St. Louis San Francisco, 1975.
16. J. Bortz. *Lehrbuch der empirischen Sozialforschung.* Springer, Berlin, Heidelberg, New York, 2. Auflage, 1985.
17. N. M. Bradburn und S. Sudman. *Polls and Surveys: Understanding What They Tell Us.* Jossey-Bass, San Francisco, 1988.

18. H. Büning und G. Trenkler. *Nichtparametrische statistische Methoden.* de Gruyter, Berlin, New York, 2. erw. und völlig überar. Auflage, 1994.

19. S. K. Campbell. *Applied Business Statistics.* Harper & Row, New York, 1987.

20. J. M. Chambers, W. S. Cleveland, B. Kleiner und P. A. Tukey. *Graphical Methods for Data Analysis.* Chapman & Hall/CRC, Boca Raton, London, 1983.

21. S. Chatterjee und B. Price. *Praxis der Regressionsanalyse.* Oldenbourg, München, Wien, 2. Auflage, 1995.

22. W. W. Cooley und P. R. Lohnes. *Multivariate Data Analysis.* John Wiley & Sons, New York, London, Sydney, 1971.

23. E. Czuber. *Wahrscheinlichkeitsrechnung und ihre Anwendung auf Fehlerausgleichung, Statistik und Lebensversicherung.* Teubner, Leipzig, Berlin, 4. Auflage, 1924.

24. P. Dorer, H. Mainbusch und H. Tubies. *Bundesstatistikgesetz: Gesetz über die Statistik für Bundeszwecke mit den Leitsätzen des Volkszählungsurteils, Mikrozensusgesetz und Volkszählungsgesetz; Kommentar.* C. H. Beck, München, 1988.

25. G. Ebel. *Die Berechnung der Wägungsschemata für die Preisindizes für die Lebenshaltung. Wirtschaft und Statistik,* 3:171–178, 1999.

26. A. S. C. Ehrenberg. *Data Reduction: Analysing and Interpreting Statistical Data.* John Wiley & Sons, London, New York, Syndney, 1975.

27. A. Einstein und L. Infeld. *The Evolution of Physics.* Simon & Schuster, New York, 1942.

28. B. Everitt. *Cluster Analysis.* Heinemann Educational Books, London, 1974.

29. L. Fahrmeir und A. Hamerle. *Mehrdimensionale Zufallsvariable und Verteilungen.* in: *Multivariate statistische Verfahren* [30], Kapitel 2.

30. L. Fahrmeir und A. Hamerle, (Hrsg.). *Multivariate statistische Verfahren.* de Gruyter, Berlin, New York, 1984.

31. L. Fahrmeir und A. Hamerle. *Varianz- und Kovarianzanalyse.* in: *Multivariate statistische Verfahren* [30], Kapitel 5.

32. L. Fahrmeir, W. Häußler und G. Tutz. *Diskriminanzanalyse.* in: Fahrmeir and Hamerle [30], Kapitel 8.

33. L. Fahrmeir, R. Künstler, I. Pigeot und G. Tutz. *Statistik.* Springer, Berlin, Heidelberg, New York, 1997.

34. W. Feller. *An Introduction to Probability Theory and Its Applications,* Band 1. John Wiley & Sons, New York, Chichester, Brisbane, 3. Auflage, 1968.

35. W. Feller. *An Inroduction to Probability Theory and Its Applications,* Band 2. John Wiley & Sons, New York, Chichester, Brisbane, 2. Auflage, 1971.

36. F. Ferschl. *Deskriptive Statistik.* Physica, Würzburg, Wien, 3., korrigierte Auflage, 1985.

37. I. Fisher. *The Making of Index Numbers.* Kelley, Reprint, New York, 3., rev. Auflage, 1967.

38. M. Fisz. *Wahrscheinlichkeitsrechnung und mathematische Statistik.* Akademie Verlag, Berlin, 8. Auflage, 1976.

39. W. A. Fuller. *Introduction to statistical time series.* John Wiley & Sons, New York, Chichester, Brisbane, 1976.

40. Bundesministerium für Arbeit und Sozialordnung, (Hrsg.). *Statistisches Taschenbuch 2001.* Clausen & Bosse, Leck, 2001.

41. Bundesministerium für Wirtschaft und Arbeit, (Hrsg.). *Die wirtschaftliche Lage in der Bundesrepublik Deutschland,* Monatsbericht, 12 2002.

42. W. Glaser. *Varianzanaylse.* UTB 584, Fischer Verlag, Stuttgart, New York, 1978.

43. F. Goronzy. *A Numerical Taxonomy of Business Enterprises.* in: A. J. Cole, (Hrsg.), *Numerical Taxonomie,* Seiten 42–52, London, New York, 1969. Academic Press. Proceedings of the Colloquium in Numerical Taxonomy held in the University of St. Andrews, Sept. 1968.

44. C. W. Granger und P. Newbold. *Forecasting Economis Time Series*. Academic Press, San Diego, New York, 2. Auflage, 1986.

45. P. E. Green, R. E. Frank und P. J. Robinson. *Cluster Analysis in Test Market Selection*. Management Science, 13:387–400, 1967.

46. O. Hafermalz. *Schriftliche Befragung: Möglichkeiten und Grenzen*. Gabler, Wiesbaden, 1976.

47. A. Handl. *Multivariate Analysemethoden*. Springer, Berlin, New York, Heidelberg, 2002.

48. G. Hansen. *Quantitative Wirtschaftsforschung*. Vahlen, München, 1993.

49. J. Hartung. *Statistik: Lehr- und Handbuch der angewandten Statistik*. Oldenbourg, München, Wien, 8., durchges. Auflage, 1991.

50. G. E. Haynam und F. C. Leone. *Analysis of categorical data*. Biometrika, 52:654–660, 1965.

51. S. Heiler und M. Michels. *Deskriptive und Explorative Datenanalyse*. Oldenbourg, München, Wien, 1994.

52. K. Holm (Hrsg.). *Die Befragung: Datenaufbereitung, Tabellenanalyse, Korrelationsmatrix*, Band 2. Francke: Unitaschenbücher, München, 1975.

53. K. Holm (Hrsg.). *Die Befragung: Der Fragebogen – Die Stichprobe*, Band 1. Francke: Unitaschenbücher, München, 4. Auflage, 1991.

54. M. Hüttner. *Grundzüge der Marktforschung*. de Gruyter, Berlin, New York, 4., völlig neubearb. u. erw. Auflage, 1989.

55. Institut der deutschen Wirtschaft Köln, (Hrsg.). *Zahlen zur wirtschaftlichen Entwicklung der Bundesrepublik Deutschland*. Deutscher Instituts-Verlag, Köln, 2000.

56. International Energy Agency, (Hrsg.). *End-User Oil Product Prices and Average Crude Oil Import Costs*, April 2001. http://www.iea.org.

57. E. T. Jaynes. *Probability Theory: The Logic of Science*. fragmentierte Edition (1996) aus dem Internet (http://omega.albany.edu:8008/JaynesBook).

58. R. A. Johnson und G. K. Bhattacharyya. *Statistics:Principles and Methods*. John Wiley & Sons, New York, Chichester, Brisbane, 3. Auflage, 1996.

59. R. A. Johnson und D. W. Wichern. *Applied Multivariate Statistical Analysis*. Prentice Hall, Upper Saddle River, New Jersey, 4. Auflage, 1999.

60. S. C. Johnson. *Hierarchical clustering schemes*. Psychometrika, 32:241–254, 1967.

61. J. Johnston und J. Dinardo. *Econometric Methods*. McGraw-Hill, New York, St. Louis, Brisbane, 4. reprint with corrections Auflage, 1997.

62. G. G. Judge, R. C. Hill, W. E. Griffiths, H. Lütkepohl und T.-C. Lee. *Introduction to the Theory and Practice of Econometrics*. John Wiley & Sons, New York, Chichester, Brisbane, 2. Auflage, 1988.

63. M. J. Karson. *Multivariate Statistical Methods: An Introduction*. Iowa State University Press, Ames, 1982.

64. H. Kaufmann und H. Pape. *Clusteranalyse*. in: Fahrmeir and Hamerle [30], Kapitel 9.

65. B. F. King. *Market and industry factors in stock price behaviour*. Journal of Business, 39:139–190, 1966.

66. B. F. King. *Step wise clustering procedures*. Journal of the American Statistical Association, 62:86–101, 1967.

67. W. Kohn. *Informationsentropie: Streuung für nominalskalierte Merkmale*. WiSt, Seiten 161–164, März 2002.

68. W. Kowalczyk und K. Ottich. *Schülern auf die Sprünge helfen*. rororo, Reinbeck, 1995.

69. W. Krämer. *So lügt man mit Statistik*. Campus, Frankfurt am Main, New York, 6., überarb. u. erw. Auflage, 1994.

70. W. Krämer. *Denkste!: Trugschlüsse aus der Welt des Zufalls und der Zahlen.* Campus, Frankfurt am Main, New York, 1995.

71. U. Krengel. *Einführung in die Wahrscheinlichkeitstheorie und Statistik.* Vieweg & Sohn, Braunschweig, Wiesbaden, 2000.

72. W. Krug, M. Nourney und J. Schmidt. *Wirtschafts- und Sozialstatistik: Gewinnung von Daten.* Oldenbourg, München, Wien, 4., durchges. Auflage, 1996.

73. P. A. Lachenbruch. *Discriminant Analysis.* Hafner Press, London, 1975.

74. J. M. Lambert und W. T. Williams. *Multivariate methods in plant ecology, IV. Nodal Analysis. Journal of Ecology,* 50:775–802, 1962.

75. J. M. Lambert und W. T. Williams. *Multivariate methods in plant ecology, IV. Comparison of information analysis and association analysis. Journal of Ecology,* 54:635–664, 1966.

76. H. B. Lawal und G. J. G. Upton. *Comparisons of some chi-squared tests for the test of independence in sparse two-way contingency tables. Biometrical Journal,* 32:59–72, 1990.

77. B. W. Lindgren. *Statistical Theory.* Chapman & Hall/CRC, Boca Raton, London, New York, 4. Auflage, 1924.

78. P. von der Lippe. *Kritik internationaler Empfehlungen zur Indexformel für Preisindizes in der amtlichen Statistik. Jahrbücher für Nationalökonomie und Statistik,* 218/3+4:385–414, 1999.

79. H. B. Mann und A. Wald. *On the Choice of the Number of Class Intervals in the Application of the Chi Square Test. Annals of Mathematical Statistics,* 13:306–317, 1942.

80. K. V. Mardia, J. T. Kent und J. M. Bibby. *Multivariate Anaylsis.* Academic Press, London, New York, Toronto, 1979.

81. G. Marinell. *Multivariate Verfahren.* Oldenbourg, München, Wien, 4., erw. Auflage, 1995.

82. P. McNaughton-Smith, W. T. Williams, N. B. Dale und L. G. Mockett. *Dissimilarity Analysis. Nature,* 202:1034–1035, 1964.

83. A. M. Mood, F. A. Graybill und D. C. Boes. *Introduction to the Theory of Statistics.* McGraw-Hill, Auckland, Bogota, London, 3. Auflage, 1974.

84. D. S. Moore und G. P. McCabe. *Introduction to the Practice of Statistics.* W. H. Freeman and Company, New York, 3. Auflage, 1998.

85. W. Neubauer. *Preisindex versus Lebenshaltungskostenindex: Substitutionseffekte und ihre Messung. Jahrbücher für Nationalökonomie und Statistik,* 217/1:49–60, 1998.

86. S. Newcomb. *Note on the frequency of the use of different digits in natural numbers. American Journal of Mathematics,* 4:39–40, 1881.

87. M. Nigrini. *Digital Analysis Using Benford's Law: Tests and Statistics for Auditors.* Global Audit Publications, Vancouver, 2. Auflage, 2000.

88. D. Ohse. *Mathematik für Wirtschaftswissenschaftler: Analysis.* Vahlen, München, 3., verb. Auflage, 1993.

89. O. Opitz. *Numerische Taxonomie.* Fischer Verlag, Stuttgart, 1980.

90. O. Opitz. *Mathematik: Lehrbuch für Ökonomen.* Oldenbourg, München, Wien, 6. Auflage, 1997.

91. A. Papoulis. *Probability, Random Variables, and Stochastic Processes.* McGraw-Hill, New York, St. Louis, San Francisco, 3. Auflage, 1991.

92. J. Pearl. *Causality.* Cambridge University Press, New York, 2000.

93. W. Piesch. *Statistische Konzentrationsmaße.* J. C. B. Mohr, Tübingen, 1975.

94. R. S. Pindyck und D. L. Rubinfeld. *Econometric Models and Economic Forecasts.* McGraw-Hill, Auckland, Bogota, 2. Auflage, 1981.

95. F. Pokropp. *Einführung in die Statistik*. Vandenhoeck & Ruprecht, Göttingen, 1977.
96. J. A. Rice. *Mathematical Statistics and Data Analysis*. Wadsworth & Brooks, Pacific Grove, 2. Auflage, 1995.
97. H. Rinne. *Taschenbuch der Statistik*. Harri Deutsch, Thun, Frankfurt am Main, 2., überar. und erw. Auflage, 1997.
98. B. Rüger. *Induktive Statistik*. Oldenbourg, München, Wien, 3., überar. Auflage, 1996.
99. L. Sachs. *Angewandte Statistik: Anwendung statistischer Methoden*. Springer, Berlin, Heidelberg, New York, 8., völlig neu berab. u. erw. Auflage, 1997.
100. T. Schildbach. *Entscheidungen*. in: Michael Bitz, Klaus Dellmann, Michel Domsch und Henning Egner, (Hrsg.), *Kompendium der Betriebswirtschaftslehre*, Band 2, Kapitel C: Führungstechniken. Vahlen, München, 3. Auflage, 1992.
101. R. Schlittgen. *Einführung in die Statistik: Analyse und Modellierung von Daten*. Oldenbourg, München, Wien, 5., verbesserte Auflage, 1995.
102. R. Schlittgen und B. H. J. Streitberg. *Zeitreihenanalyse*. Oldenbourg, München, Wien, 1984.
103. W. Schneider, J. Kornrumpf und W. Mohr. *Statistische Methodenlehre: Definitions- und Formelsammlung mit Erläuterungen*. Oldenbourg, München, Wien, 2. Auflage, 1995.
104. J. Schwarze. *Grundlagen der Statistik II: Wahrscheinlichkeitsrechnung und induktive Statistik*. Neue Wirtschafts-Briefe, Herne, Berlin, 5. Auflage, 1993.
105. J. Schwarze. *Grundlagen der Statistik I: Beschreibende Verfahren*. Neue Wirtschafts-Briefe, Herne, Berlin, 7. Auflage, 1994.
106. S. R. Searl. *Linear Models*. John Wiley & Sons, New York, London, Sydney, 1971.
107. C. E. Shannon. *A Mathematical Theory of Communication. The Bell System Technical Journal*, 27:379–423, July 1948.
108. C. E. Shannon. *A Mathematical Theory of Communication. The Bell System Technical Journal*, 27:623–656, October 1948.
109. C. E. Shannon und W. Waever. *The Mathematical Theory of Communication*. University of Illinois Press, Urbana, Chicago, 1963.
110. S. Siegel. *Nonparametric Statistics for the Behavioral Sciences*. McGraw-Hill Kogakusha, Tokyo, Düsseldorf, Johannesburg, 1956.
111. B. W. Silverman. *Density estimation for statistics and data analysis*. Chapman and Hall, London, New York, 1986.
112. P. H. A. Sneath. *The application of computers to taxonomy. Journal of general Microbiology*, 17:201–226, 1957.
113. R. R. Sokal und C. D. Michener. *A statistical method for evaluating systematic relationships. University Kansas Science Bulletin*, 38:1409–1438, 1958.
114. A. Spanos. *Probability Theory and Statistical Inference: Econometric Modeling with Observational Data*. Cambridge University Press, Cambridge, 1999.
115. Statistisches Bundesamt, (Hrsg.). *Preisindex der Lebenshaltung*, Fachserie 17, Preise, Reihe 7, Dezember 2002.
116. Statistisches Bundesamt, (Hrsg.). *Statistisches Jahrbuch für die Bundesrepublik 2002*. Metzler-Poeschel, Stuttgart, 2002.
117. Statistisches Bundesamt, (Hrsg.). *Zahlenkompass 2002*. Metzler-Poeschel, Stuttgart, 2002.
118. D. Steinhausen und K. Langer. *Clusteranalyse*. de Gruyter, Berlin, 1977.
119. D. Steinhausen und J. Steinhausen. *Clusteranalyse als Instrument der Zielgruppendefinition in der Marktforschung*. in: H. Späth, (Hrsg.), *Fallstudien Clusteranalyse*, Kapitel 1, Seiten 9–36. Oldenbourg, München, 1977.
120. N. H. Timm. *Multivariate Analysis with Applications in Education ans Psychology*. Brooks / Cole Publishing Company, Monterey, Califorina, 1975.

121. M.-T. Tinnefeld und E. Ehmann. *Einführung in das Datenschutzrecht*. Oldenbourg, München, Wien, 3., neu bearb. und erw. Auflage, 1998.

122. F. Vogel. *Beschreibende und schliessende Statistik*. Oldenbourg, München, Wien, 10., vollst. überarb. und erw. Auflage, 1997.

123. F. Vogel und R. Dobbener. *Ein Streuungsmaß für komparative Merkmale. Jahrbücher für Nationalökonomie und Statistik*, 197:145–157, 1982.

124. Friedrich Vogel. *Probleme und Verfahren der numerischen Klassifikation*. Vandenhoeck & Ruprecht, 1975.

125. W. Voß, (Hrsg.). *Taschenbuch der Statistik*. Fachbuchverlag Leipzig, München, Wien, 2000.

126. J. H. Ward. *Hierarchical grouping to optimize an objective function. Journal of the American Statistical Association*, 58:236–244, 1963.

127. Günter Wöhe. *Einführung in die Allgemeine Betriebswirtschaftslehre*. Vahlen, München, 12. Auflage, 1976.

Sachverzeichnis